Brenk / Dökmetas / Ercan / Koch

Schlüsselfertigbau

William Brenk

Sedat Dökmetas

Ibrahim Ercan

Oliver Koch

Schlüsselfertigbau

Grundlagen – Normen – Baustoffe – Ausführung

Autoren:

William Brenk, M.Sc.
Hochschule Koblenz

Sedat Dökmetas, M.Eng.
Bauleiter der Ed. Züblin AG

Ibrahim Ercan, M.Eng.
Bauleiter der Goldbeck Süd GmbH

Oliver Koch, M.Sc.
Hochschule Koblenz

Bibliografische Information der Deutschen Nationalbibliothek:
Die Deutsche Nationalbibliothek verzeichnet diese Publikation in der Deutschen Nationalbibliografie; detaillierte bibliografische Daten sind im Internet über http://dnb.d-nb.de abrufbar.

Internet: www.hanser-fachbuch.de

Lektorat: Frank Katzenmayer
Herstellung: Anne Kurth
Covergestaltung: Max Kostopoulos
Titelbild: © stock.adobe.com/peterschreiber.media
Coverkonzept: Marc Müller-Bremer, www.rebranding.de, München
Satz: Kösel Media GmbH, Krugzell
Druck und Bindung: Friedrich Pustet GmbH & Co. KG, Regensburg
Printed in Germany

Print-ISBN 978-3-446-45851-2
E-Book-ISBN 978-3-446-46085-0

Vorwort

Schlüsselfertiges Bauen (kurz SF-Bau) zählt in vielen Bereichen der Baubranche zu einer sehr häufig gewählten Projektabwicklungsform. Da die Modulangebote an den Universitäten und Hochschulen die unterschiedlichen Bereiche im Schlüsselfertigbau nicht ausreichend abdecken, kommt es oft zu einem erschwerten Berufseinstieg bzw. zu einem mangelnden Verständnis in den verschiedenen Fachgebieten der ausführenden Gewerke.

Das erarbeitete Werk soll den Studierenden als Fach- und Lehrbuch ein fundiertes Grundlagenwissen übermitteln und so den Berufseinstieg erleichtern. Die Eignung als Nachschlagewerk in der Berufspraxis ist ebenfalls Ziel dieses Buches. Erreicht wird dies durch die übersichtliche Zusammenstellung der diversen Gewerke auf einer schlüsselfertig zu errichtenden Baustelle.

Mit der Masterarbeit von Herrn Dökmetas und Herrn Ercan wurde die Grundidee eines neuen Vorlesungsmoduls geschaffen, in dem Studierenden insbesondere die Ausführungsaspekte der einzelnen Gewerke nähergebracht werden. Hierfür wurden durch eine systematische Literaturrecherche mit anschließender Auswertung verschiedener Fachbücher, Fachzeitschriften und Normen wichtige konstruktive Inhalte in der Ausführung und Planung miteinbezogen.

Die Veröffentlichung der Masterarbeit in Form eines Fach- und Lehrbuches wurde durch die sehr gute Kooperation und große Unterstützung von Herrn Brenk und Herrn Koch (Hochschule Koblenz) ermöglicht. Zudem haben Herr Brenk und Herr Koch ein weiteres Kapitel mit einem sehr hohen Stellenwert im Schlüsselfertigbau hinzugefügt.

Die Autoren hoffen, dass sich die Neuausgabe während des Studiums sowie in der Baupraxis als hilfreiches Nachschlagewerk erweist und bitten die Leser um konstruktive Kritik, um die einzelnen Themen weiter zu optimieren und auf den aktuellen Stand anzupassen.

Koblenz, im November 2019
William Brenk (M. Sc.)

Koblenz, im November 2019
Oliver Koch (M. Sc.)

Wörth am Rhein, im November 2019
Sedat Dökmetas (M. Eng.)

Ludwigsburg, im November 2019
Ibrahim Ercan (M. Eng.)

Autoreninfo (Kurzvita)

Brenk, William (M. Sc.)

William Brenk, Jahrgang 1988, absolvierte im Jahre 2016 erfolgreich sein Master-Studium zum Wirtschaftsingenieur mit der Fachrichtung Bauwesen, Schwerpunkt Baubetrieb, an der Hochschule Koblenz. Während seines Master-Studiums, in der Zeit von 06/2014 bis 03/2016 arbeitete er als Werkstudent bei der Bauüberwachung der Deutschen Bahn AG, Regionalbereich Mitte bzw. im späteren Verlauf als Projektingenieur im Regionalen Projektmanagement der DB AG. Seit 05/2016 ist er Wissenschaftlicher Mitarbeiter an der Hochschule Koblenz, Fachbereich bauen-kunst-werkstoffe, Fachgebiet Baubetrieb. Seitdem ist er ebenfalls Mitglied im GLCI. Seit 10/2016 setzt er sich mit dem Thema „Entwicklung einer Lean-Methodik zur wirtschaftlichen Optimierung der Produktionsprozesse im offenen Kanalbau" auseinander, mit der Zielsetzung: Erfolgreicher Abschluss eines Promotionsvorhabens.

Koch, Oliver (M. Sc.)

Oliver Koch, Jahrgang 1991, studierte Bauwirtschaftsingenieurwesen an der Hochschule Koblenz und absolvierte dort ebenfalls sein Master-Studium im Studiengang Wirtschaftsingenieurwesen mit der Fachrichtung Bauwesen. Von 2015 bis 2016 war er als Technischer Assistent der Geschäftsführung in einem mittelständigen Bauunternehmen tätig. Von 07/2016 bis 07/2019 erarbeitete er ein Konzept für einen Trialen Studiengang an der Hochschule Koblenz und seit 07/2019 ist er dort als wissenschaftlicher Mitarbeiter im Fachbereich bauen-kunst-werkstoffe tätig. Er beschäftigt sich mit Due Diligence in der Projektentwicklung und Konzepten zur streitarmen Verhandlungsvorbereitung und -führung.

Dökmetas, Sedat (M. Eng.)

Sedat Dökmetas studierte Baubetrieb an der Hochschule Karlsruhe und absolvierte im Anschluss den Masterstudiengang im Bauingenieurwesen an der Hochschule Koblenz. Grundlage dieser Veröffentlichung ist seine Masterarbeit, in der er die Inhalte eines neuen Vorlesungsmoduls für verschiedene Bauleistungsbereiche im Schlüsselfertigbau entwickelte. Nach seinen Tätigkeiten in der SF-Kalkulation und Arbeitsvorbereitung ist Dökmetas seit 10/2018 in der Bauleitung eines großen renommierten Bauunternehmens tätig.

Ercan, Ibrahim (M. Eng.)

Ibrahim Ercan studierte Baubetrieb an der Hochschule Karlsruhe und absolvierte im Anschluss den Masterstudiengang Bauingenieurwesen an der Hochschule Koblenz. Grundlage dieser Veröffentlichung ist seine Masterarbeit, in der er die Inhalte eines neuen Vorlesungsmoduls für verschiedene Bauleistungsbereiche im Schlüsselfertigbau entwickelte. Nach diversen Tätigkeiten in der Arbeitsvorbereitung ist Ercan seit 04/2018 in der Bauleitung von schlüsselfertigen Objekten in einem großen renommierten Bauunternehmen tätig.

Inhalt

Vorwort V

Autoreninfo (Kurzvita) VII

1 Einleitung 1

2 Rohbau 4
Von Sedat Dökmetas und Ibrahim Ercan

2.1 Baustelleneinrichtung 4

2.2 Beton- und Stahlbetonarbeiten 8
2.2.1 Der Baustoff Beton 9
2.2.2 Der Baustoff Betonstahl 15
2.2.3 Schalarbeiten 18
2.2.4 Fugenarten 34
2.2.5 Betonierarbeiten 35
2.2.6 Vorfertigung im Stahlbetonbau 39

2.3 Mauerwerksarbeiten 40
2.3.1 Steinformate 41
2.3.2 Künstliche Steine 42
2.3.3 Natürliche Steine 51
2.3.4 Mauermörtel 52
2.3.5 Mauerverbände 55
2.3.6 Bauteilkonstruktionen 58
2.3.7 Oberflächenbehandlung 67

2.4 Zimmer- und Holzbauarbeiten 67
2.4.1 Baustoffgrundlagen 68
2.4.2 Wandkonstruktionen 72
2.4.3 Deckenkonstruktionen 75
2.4.4 Dachkonstruktionen 77
2.4.5 Verbindungsmittel und Verbindungstechniken 87

2.4.6 Vorfertigung im Holzbau 99
2.4.7 Bauphysikalische Anforderungen 101

2.5 Bauwerksabdichtung 104
2.5.1 Grundlagen 105
2.5.2 Abdichtung mit wasserundurchlässigem Beton 105
2.5.3 Abdichtung mit Bentonit 118
2.5.4 Abdichtung mit Bitumen 119
2.5.5 Schutzschichten 122
2.5.6 Dränanlagen 123

3 Flachdächer 134
Von Sedat Dökmetas und Ibrahim Ercan

3.1 Begehbare Flachdächer 136
3.1.1 Schichtenaufbau 137
3.1.2 Konstruktionsdetails 139

3.2 Befahrbare Flachdächer 142
3.2.1 Schichtenaufbau 143
3.2.2 Konstruktionsdetails 145

3.3 Begrünte Flachdächer 148
3.3.1 Intensive Dachbegrünung 149
3.3.2 Extensive Dachbegrünung 150
3.3.3 Schichtenaufbau 151
3.3.4 Konstruktionsdetails 155

3.4 Nicht genutzte Flachdächer 159

3.5 Flachdachzubehör 160
3.5.1 Lichtkuppeln 160
3.5.2 Blitzschutzanlagen 161
3.5.3 Absturzsicherung 162

4 Trockenbau 166
Von Sedat Dökmetas und Ibrahim Ercan

4.1 Normen 168
4.1.1 Unterkonstruktion 168
4.1.2 Beplankung und Decklage 168
4.1.3 Dämmstoffe 169

4.2 Baustoffe und Begriffsbestimmungen 170
4.2.1 Unterkonstruktion 170
4.2.2 Beplankung und Decklage 173
4.2.3 Bearbeitung und Oberflächenbehandlung 179

4.2.4 Dämmstoffe 183
4.2.5 Kleinteile und Befestigungselemente 185

4.3 Wandsysteme 187
4.3.1 Grundlagen 187
4.3.2 Aufbau von Wandsystemen 188
4.3.3 Anschlüsse und Details 190
4.3.4 Bauphysikalische Anforderungen 195

4.4 Deckensysteme 199
4.4.1 Grundlagen 199
4.4.2 Aufbau von Deckensystemen 202
4.4.3 Anschlüsse und Details 217
4.4.4 Bauphysikalische Anforderungen 221

5 Fassadenkonstruktion **225**
Von Sedat Dökmetas und Ibrahim Ercan

5.1 Metallfassade 225
5.1.1 Gestaltung mit Well- oder Trapezprofilen 226
5.1.2 Gestaltung mit Paneelsystemen 227
5.1.3 Gestaltung mit Kassettenelementen 228
5.1.4 Konstruktionsdetails 229

5.2 Wärmedämmverbundfassade 236
5.2.1 Außenputzsysteme 236
5.2.2 Regelaufbauten 244
5.2.3 Weitere Bekleidungsschichten und Dämmstoffe 250
5.2.4 Konstruktionsdetails 253
5.2.5 Bauphysikalische Anforderungen 258

5.3 Vorhangfassade 261
5.3.1 Pfosten-Riegel-Fassade 262
5.3.2 Elementfassade 265

5.4 Glasfassade 269
5.4.1 Gelagerte Glasfassade 269
5.4.2 Structural-Glazing-Fassade 270
5.4.3 Seilnetzfassade 272

6 Fenster und Türen **273**
Von Sedat Dökmetas und Ibrahim Ercan

6.1 Fenster 273
6.1.1 Anforderungen 274
6.1.2 Bauarten und Funktionsweisen 279
6.1.3 Aufbau von Fenstern 283

6.1.4 Montage und Bauanschluss 291
6.1.5 Sonnen- und Blendschutz 298

6.2 Türen 301
6.2.1 Einteilung nach dem Verwendungszweck 301
6.2.2 Anforderungen 307
6.2.3 Bauarten und Funktionsweisen 310
6.2.4 Türzargen 312
6.2.5 Türblattkonstruktionen 316
6.2.6 Türbeschläge 320

7 Estrichkonstruktionen **327**
Von Sedat Dökmetas und Ibrahim Ercan

7.1 Estricharten 327
7.1.1 Zementestrich (CT) 329
7.1.2 Calciumsulfatestrich (CA) 330
7.1.3 Magnesiaestrich (MA) 330
7.1.4 Gussasphaltestrich (AS) 331
7.1.5 Kunstharzestrich (SR) 332

7.2 Verlegearten 333
7.2.1 Schwimmende Estriche 333
7.2.2 Verbundestriche 335
7.2.3 Estriche auf Trennschicht 337

7.3 Verkehrslasten und Nenndicken 338
7.3.1 Schwimmende Estriche 339
7.3.2 Verbundestriche 340
7.3.3 Estriche auf Trennschicht 340

7.4 Bewehrung 341

7.5 Fugen 341
7.5.1 Bewegungsfugen 341
7.5.2 Scheinfugen 343
7.5.3 Arbeitsfugen 345
7.5.4 Randfugen 345

7.6 Risse 345

7.7 Estrichprüfungen 346
7.7.1 Prüfung der Oberflächenqualität 346
7.7.2 Prüfung des Feuchtegehaltes 349

8 Gestaltung von Wänden und Fußböden 354
Von Sedat Dökmetas und Ibrahim Ercan

8.1 Bodenbeläge 354
8.1.1 Textile Bodenbeläge 355
8.1.2 Holzfußbodenbeläge 358
8.1.3 Elastische Bodenbeläge 362

8.2 Fliesen 362
8.2.1 Anforderungen 365
8.2.2 Verlegeverfahren 370
8.2.3 Wandverfliesung 371
8.2.4 Bodenverfliesung 378

8.3 Wandbeschichtungen und Wandbekleidungen 382
8.3.1 Allgemeines 382
8.3.2 Deckende Beschichtungssysteme 383
8.3.3 Fassadenimprägnierungen 386
8.3.4 Beschichtungen auf Putzgrund 387
8.3.5 Wandbekleidungen auf Innenputzen 388

9 Gebäudetechnik 391
Von Sedat Dökmetas und Ibrahim Ercan

9.1 Wärmeversorgungstechnik 391
9.1.1 Wärmeerzeugungsanlagen 391
9.1.2 Wärmeverteilernetze 399
9.1.3 Raumheizflächen 402

9.2 Raumlufttechnik 407
9.2.1 Freie Lüftungssysteme 408
9.2.2 Raumlufttechnische Anlagen 409
9.2.3 Luftkanäle 414
9.2.4 Raumströmung 415
9.2.5 Brandschutzmaßnahmen 416

9.3 Wassertechnik 417
9.3.1 Rohrleitungsmaterialien 418
9.3.2 Leitungsinstallation 419
9.3.3 Warmwasserversorgung 421

9.4 Abwassertechnik 424
9.4.1 Entwässerungssysteme 425
9.4.2 Leitungsabschnitte 426
9.4.3 Reinigungsöffnungen 427
9.4.4 Sicherung gegen Rückstau 428

9.5 Elektrotechnik 428
9.5.1 Stromnetze 430
9.5.2 Leitungsmaterial 432
9.5.3 Leitungsführung und Verlegung 433

10 Landschaftsbau 436
Von Sedat Dökmetas und Ibrahim Ercan

10.1 Wegebau 436
10.1.1 Anforderungen 437
10.1.2 Planung und Maße 438
10.1.3 Baugrund 442
10.1.4 Oberbau 442
10.1.5 Deckschichten 442
10.1.6 Einfassungen 449
10.1.7 Entwässerung 451

10.2 Zäune 454
10.2.1 Rechtliche Grundlagen 454
10.2.2 Gestaltungmöglichkeiten 455
10.2.3 Holzzäune 456
10.2.4 Metallzäune 459
10.2.5 Gabionen 462

10.3 Pflanzenarbeiten 463
10.3.1 Bodenvorbereitung 464
10.3.2 Pflanzgruben 465
10.3.3 Durchführung der Pflanzung 466
10.3.4 Sicherung der Pflanzen 467

10.4 Rasenarbeiten 468
10.4.1 Rasentypen 469
10.4.2 Herstellung der Rasenfläche 469
10.4.3 Fertigrasen 470

11 Management 473
Von William Brenk und Oliver Koch

11.1 Der Projektplanungsprozess 473

11.2 Die Ausführungsplanung und -steuerung 481

11.3 Lean Construction 490

11.4 Integrated Project Delivery 491
11.4.1 Schwierigkeiten der klassischen Vergabe – transactional contract 491

11.4.2 Lösungsansatz: vertragliche Regelung des Zusammenwirkens der am Bau beteiligten Personen – relational contract 492

11.5 IPD in Bezug auf die Anwendung der Lean-Prinzipien im Schlüsselfertigbau 494

11.5.1 IPD und LEAN 494

11.5.2 IPD und SF-Bau 495

11.5.3 Potenziale der Anwendung von IPD gegenüber konventionellem Schlüsselfertigbau 496

11.6 Fazit 497

Index **499**

1 Einleitung

Unter dem Begriff „Schlüsselfertigbau“ („SF-Bau“) wird eine vollständige Errichtung eines Bauwerks verstanden, das sich bei der Übergabe an den Bauherren in einem betriebsbereiten Zustand befindet. Im Regelfall erfolgt die Ausführung der Gesamtleistung durch einen Generalunternehmer. Hierfür müssen die verantwortliche Bauleiterin und der verantwortliche Bauleiter grundlegende Kenntnisse in den verschiedenen Bauleistungsbereichen besitzen, um eine funktionsfähige Herstellung des Bauwerks sicherzustellen. Auch bei der Sanierung von bestehenden Bauobjekten arbeiten die Bauleiter bei unterschiedlichen Ausbaugewerken zusammen, wodurch die Bedeutung der gewerkespezifischen Fachkenntnisse im Schlüsselfertigbau nochmals verstärkt wird. Gerade Berufseinsteigerinnen und Berufseinsteiger, die sich für die Tätigkeit in der Bauleitung entscheiden, können mit neuen Fachbegriffen, ihnen nicht bekannten Konstruktionen und Fachgesprächen mit den Stakeholdern konfrontiert werden. Grund hierfür ist das fehlende theoretische Wissen, das aus einem unzureichenden Modulangebot der Universitäten und Hochschulen im Bereich SF-Bau resultiert und zu Schwierigkeiten im Berufseinstieg führen kann.

Ziel dieses Buches ist die Vermittlung von fundiertem Grundlagenwissen und elementaren Konstruktionsregeln zu ausgewählten Gewerken, die für die schlüsselfertige Erstellung eines Bauvorhabens unabdingbar sind. Die Leserinnen und Leser sollen durch die Fachtheorie ein Grundverständnis für die Thematik entwickeln. Die zahlreichen Tabellen und Abbildungen sorgen zudem für einen besseren Praxisbezug und verdeutlichen Bauteilkonstruktionen sowie bauphysikalische Fragestellungen. Die Erstellung dieses Buches basiert auf einer gezielten Auswahl der wichtigsten Gewerke in der Ausbauphase. Diese basiert auf eigenen Erfahrungen und deckt die Bauleistungsbereiche im Hochbau, insbesondere im Wohnungsbau, ab. Die Arbeit wurde durch eine systematische Literaturrecherche mit anschließender Auswertung der unterschiedlichen Fachbücher, Fachzeitschriften und Normen erstellt.

Das Buch ist in elf Kapitel unterteilt, wobei das erste Kapitel die Einleitung darstellt. Die weiteren Kapitel werden nachfolgend kurz erläutert.

Im zweiten Kapitel „Rohbau“ werden insbesondere die unterschiedlichen Ausführungsvarianten für die Erstellung eines Gebäudes erläutert. Je nach Anforderungen und Wünschen der Auftraggeber können Gebäude aus Stahlbeton, Mauerwerk, Holz oder aus einer Kombination dieser Baustoffe erstellt werden. Bestandteil dieses Kapitels ist auch die Baustelleneinrichtung. Hier werden die einzelnen Elemente kurz erläutert und die Vorgehensweise für die Dimensionierung von Großgeräten anhand eines Beispiels aufgezeigt. Das Kapitel wird mit dem Thema Bauwerksabdichtung abgeschlossen. Aufgezeigt werden hier die unterschiedlichen Abdichtungsmaterialien für verschiedene Bauteile und Anwendungsgebiete.

Das dritte Kapitel „Flachdächer" zeigt die unterschiedlichen Nutzungsarten der Flachdachausführungsvarianten auf und erläutert den jeweiligen Schichtenaufbau. Verstärkt wird dies, durch die Aufführung von entsprechenden Konstruktionsdetails am Ende des Unterkapitels. Abschließend werden die Flachdachzubehörteile erläutert und dargestellt.

Im weiteren Verlauf wird im vierten Kapitel das Gewerk „Trockenbau" behandelt. Zu Beginn werden die wichtigsten zu berücksichtigenden Normen der einzelnen Elemente übersichtlich dargestellt. Die unterschiedlichen Wand- und Deckensysteme aus Trockenbau werden mit den einzelnen Bestandteilen, Baustoffen, Fachbegriffen und den bauphysikalischen Anforderungen beschrieben.

Kapitel fünf „Fassadenkonstruktionen" beinhaltet die einzelnen Fassadenarten für den Wohnungs- und Gewerbebau. Neben den Metall- und Wärmedämmverbundfassaden werden zusätzlich die Vorhang- und Glasfassaden thematisiert. Das Thema „Fenster und Türen" wird im sechsten Kapitel dieses Buches behandelt. Es werden die unterschiedlichen Fenster- und Türarten sowie deren einzelne Bestandteile vorgestellt. Bei diesen Bauteilen sind die Anforderungen bzgl. der Bauphysik (Schall-, Wärme-, Feuchte- sowie Brandschutz, etc.) und der Einbruchhemmung besonders zu berücksichtigen. Montage und Aufbau der einzelnen Elemente werden ebenfalls mit Hilfe von Abbildungen erläutert.

Im siebten Kapitel „Estrichkonstruktionen" werden in erster Linie die Unterschiede der Estrich- und Verlegearten vermittelt. Wesentliche Aspekte für die Praxis sind die Einteilung von Estrichfugen sowie die Grenzwerte der Belegreife in Bezug auf Oberflächenqualität und Feuchtegehalt. Um mögliche Folgeschäden durch fehlerhafte Fugeneinteilung und zu frühe Belegfreigabe des Estrichs zu vermeiden, werden wichtige Grenzwerte in diesem Kapitel tabellarisch und mit Bildern aufgezeigt. Die finalen Oberflächen der Wände und Böden werden im achten Kapitel „Gestaltung von Wänden und Böden" erläutert. Hier werden textile und elastische Beläge sowie Holzfußbodenbeläge unterschieden und auf Besonderheiten bei der Verlegung sowie im Material hingewiesen. Ein weiteres Unterkapitel beinhaltet die Fliesenarbeiten. Nach einer Baustoffeinführung wird insbesondere auf die Verlegung sowie auf die Anforderungen eingegangen. Zur Vermeidung von größeren Schäden in der Praxis müssen die Abdichtungsanforderungen von feuchten Innenräumen beachtet werden. Vorhandene Tabellen und Grafiken sollen hier eine gute Übersicht und Basis schaffen. Abschließend werden die Wandbeschichtungen und -bekleidungen aufgeführt. Hier werden verschiedene Wandfarben und Beschichtungsarten erläutert. Mit Hilfe von Tabellen wird zudem die Verträglichkeit mit den unterschiedlichen Putzuntergründen aufgezeigt. Wandbekleidungen, speziell die Tapetenarbeiten, schließen das Kapitel ab.

In Kapitel neun wird das Grundlagenverständnis für das sehr breit gefächerte Thema „Gebäudetechnik" geschaffen. Je nach Projekt beschäftigen sich separate TGA-Bauleiter mit den jeweiligen Themen der Gebäudetechnik. Jedoch hat sich in der Praxis gezeigt, dass Kenntnisse in der Technischen Gebäudeausrüstung (TGA) für die Ausbau-Bauleiter immer wertvoller und wichtiger für die Vermeidung von Fehlern während der Bauphase sind. Aus diesem Grund werden in diesem Kapitel die Hauptgebiete wie Wärmeversorgungs-, Raumluft-, Wasser-, Abwasser- und Elektrotechnik thematisiert. Wichtige Leitungsführungen, zentrale Fachbegriffe und Anlagenerläuterungen bilden hier eine solide Wissensbasis.

Das zehnte Kapitel Landschaftsbau dient der optischen Gestaltung rund um das Bauwerk. Themen sind die Herstellung von Zuwegungen, Einfriedungen sowie Pflanz- und Rasenarbeiten.

Im abschließenden elften Kapitel wird zusätzlich zu den zuvor dargestellten Ausführungs- und Konstruktionsvorgaben auf die erforderlichen Managementprozesse eingegangen. Während der Bauphase ist die Schnittstellenkoordination der einzelnen Gewerke ebenfalls ein wesentlicher Bestandteil für eine erfolgreiche Fertigstellung des Bauvorhabens. Insbesondere Fertigstellungstermin, Qualität und Kosten werden durch eine gewissenhafte Schnittstellenkoordination positiv beeinflusst. Um dies sicherzustellen, ist schon vor Bauausführung auf einen konsistenten Planungsprozess zu achten. Dies kann nur durch eine strukturierte und im weiteren Verlauf zunehmend detaillierte Planung in Bezug auf die drei Schlüsselparameter erreicht werden. Auch nach Vertragsabschluss ist dieser Ansatz weiter zu verfolgen.

Immer häufiger finden bereits heute die Methoden des Lean Construction (LC) Anwendung in der Bauindustrie. Hinter dieser Bezeichnung verbirgt sich die Verschlankung und Optimierung von Prozessabläufen. Zudem werden durch innovative und nachhaltige Ansätze neue Vertragsmodelle bzw. Projektabwicklungsstrukturen geschaffen, die die Kollaboration und Kooperation der Projektbeteiligten fördern sollen.

2 Rohbau

Von Sedat Dökmetas und Ibrahim Ercan

Natursteine, gefertigte Mauersteine oder Betonelemente bilden nicht nur die äußere Kontur, sondern stellen auch die statische Tragfähigkeit eines Bauwerks sicher. Dabei sorgen Wände und Decken für die Lastaufnahme und -weiterleitung. Zudem sind Anforderungen wie z. B. Schall-, Wärme- und Brandschutz sowie der Schutz vor Feuchte und Witterungseinflüssen zu erfüllen [7]. Neben Beton und Mauersteinen eignet sich mittlerweile der Baustoff Holz ebenfalls als gute Alternative [6]. Für die Fertigstellung eines Rohbaus können verschiedene Gewerke zum Einsatz kommen. Abhängig von der Bauart, Baukonstruktion und Anforderungen des Bauwerks sind Gewerke wie Stahlbetonbau, Mauerwerksbau sowie Holzbau beteiligt.

2.1 Baustelleneinrichtung

Die Baustelleneinrichtung ist Teil der Arbeitsvorbereitung. Durch eine Baustelleneinrichtungsplanung wird die Basis für optimale Bauabläufe geschaffen. Sie umfasst die Gesamtheit der im Bereich einer Baustelle erforderlichen technischen Ausrüstungen für die Produktions-, Lager-, Transport- und Arbeitsstätten, die für die Errichtung, den Umbau oder die Sanierung einer baulichen Anlage notwendig sind. Die Baustelleneinrichtungsplanung beinhaltet die Auswahl, Dimensionierung und Planung der räumlichen und zeitlichen Anordnung aller Produktions-, Lager-, Transport- und Arbeitsstätten und die zugehörigen Ausrüstungen. Das Ziel ist, dass während des eigentlichen Bauprozesses Arbeitskräfte, Material, Geräte, Maschinen, Lagerflächen und Verkehrsflächen am richtigen Ort, zum richtigen Zeitpunkt sowie in der richtigen Menge und Qualität zur Verfügung stehen.

Dabei müssen allgemeine und baustellenspezifische Einflussgrößen beachtet werden, wobei die Art und Größe des Bauvorhabens und damit die Menge an einzubauenden Baustoffen sowie die zur Verfügung stehende Bauzeit die maßgebenden Einflussgrößen sind. Diese Einflussgrößen sind also sowohl technisch, bauverfahrenstechnisch, gerätespezifisch, sicherheitsspezifisch als auch wirtschaftlich. Die Arbeitsvorbereitung beinhaltet darüber hinaus weitere wichtige Aufgabenbereiche, wie z.B. die wirtschaftlichere Vorgehensweise und günstigere Einkaufsquellen (Betrachtung von Materialalternativen), zu erkennen oder sich vorab gegen Mängelansprüche und Schadensersatzforderungen abzusichern [74].

Die wesentlichen Elemente der Baustelleneinrichtung werden in sechs Hauptelemente eingeteilt:

- Großgeräte,
- Sozial- und Büroeinrichtungen,
- Verkehrsflächen und Transportwege,
- Medienversorgung und -entsorgung,
- Baustellensicherung/Sicherheits- und Schutzeinrichtungen,
- Baugrubensicherung.

Großgeräte – am Beispiel Kran

Vorab sind ausreichende Kenntnisse zu den verschiedenen Auslegertypen (Katz-, Nadel-, Biegebalken- und Knickausleger) nötig. Darüber hinaus sind die Vor- und Nachteile zwischen Oben- und Untendreher, z.B. Platzbedarf, Traglastkurven (Bild 2.1) und Aufbauzeiten, zu beachten.

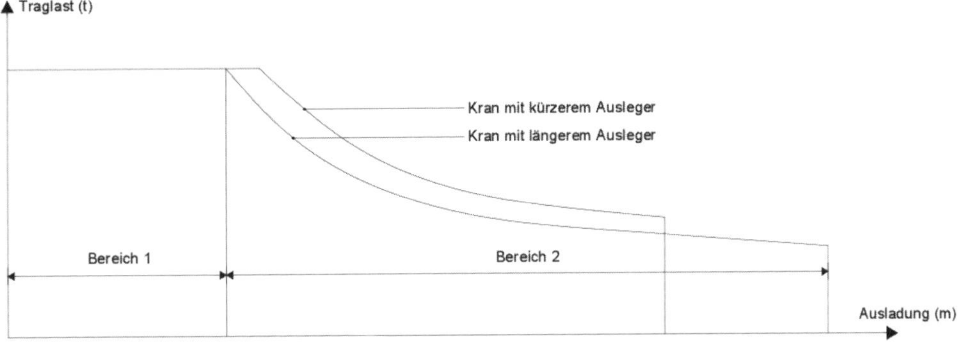

Bild 2.1 Typische Traglastkurven eines Turmdrehkrans (Eigene Darstellung i.A.a [74])

Bei der Dimensionierung und Kranauswahl sollten folgende Punkte beachtet werden:

1. Bauteilgeometrie und bauverfahrenstechnische Kriterien
   - Baustellengröße und -volumen
   - Bauweise in Ortbeton oder Fertigteilbauweise
   - Verfügbare Bauzeit
   - Anzahl der Arbeitskräfte, die bedient werden sollen
2. Gerätespezifische Kriterien
   - Ermittlung der erforderlichen Auslegerlänge durch Untersuchung der zur Verfügung stehenden Stellflächen unter Einhaltung von Arbeitsräumen, Sicherheitsabständen sowie Abständen zu Böschungen und Fassadengerüsten

- Bestimmung des Kranstandortes
- Auswahl eines ausreichend dimensionierten Krans unter Beachtung der Traglastkurven und Traglastmomente
- Ermittlung der erforderlichen Hakenhöhe (Bild 2.2) [74]

3. Wirtschaftliche Kriterien
   - Berücksichtigung der Kosten für An- und Abtransport, Auf- und Abbau sowie Nutzung während der Bauphase [74]

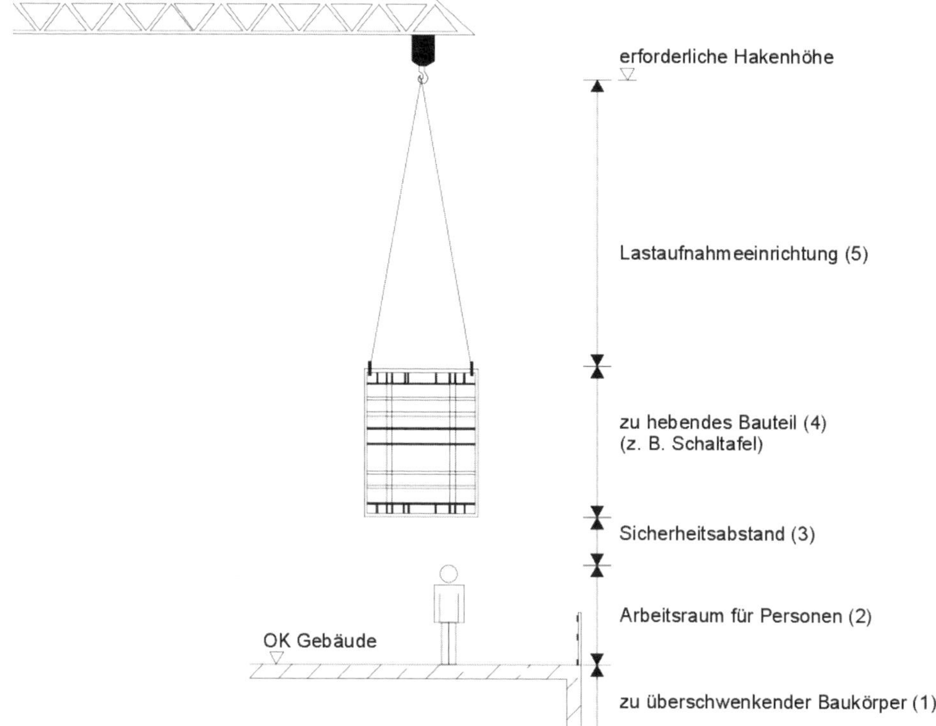

Bild 2.2 Ermittlung der erforderlichen Hakenhöhe (Eigene Darstellung i. A. a. [74])

Beim Einsatz von Großgeräten auf der Baustelle besteht eine hohe Gefahr für die Sicherheit und Gesundheit der Arbeitskräfte. Aus diesem Grund ist die Kommunikation zwischen den Geräteführern und der einweisenden Person essentiell. In Tabelle 2.1 werden gängige Handzeichen für die Verständigung aufgezeigt [74].

Tabelle 2.1 Handzeichen für Einweisungen [83] (Eigene Abbildungen (W. Brenk))

Benennung	Bedeutung	Bild	Benennung	Bedeutung	Bild
Achtung	Hinweis auf nachfolgende Handzeichen		**Langsam**	Verzögern und langsames Fortsetzen eines Bewegungsablaufes	
Halt	Beenden eines Bewegungsablaufes		**Ortsbestimmung**	Markierung eines Zielpunktes für eine Bewegung	
Halt – Gefahr	Schnellstmögliches Beenden eines Bewegungsablaufes		**Angabe des Abstandes zum Haltepunkt**	Anzeige einer Abstandsverringerung	
Auf	Einleiten einer senkrechten Aufwärtsbewegung		**Langsam auf**	Einleiten einer langsamen Aufwärtsbewegung	
Ab	Einleiten einer senkrechten Abwärtsbewegung		**Langsam ab**	Einleiten einer langsamen Abwärtsbewegung	
Abfahren	Einleiten oder Fortsetzen einer Fahrbewegung gemäß einem vorlaufenden Richtungssignal		**Herkommen**	Einleiten einer Bewegung in Richtung des Einweisers	
Richtungsangabe	Einleiten einer Bewegung in eine bestimmte Richtung		**Entfernen**	Einleiten einer Bewegung vom Einweiser weg	
Schließen, Fassen, Verriegeln	Einleiten einer schließenden Bewegung an einer Lastaufnahmeeinrichtung (z. B. Greifer oder Zange)		**Öffnen, Loslassen, Entriegeln**	Einleiten einer öffnenden Bewegung an einer Lastaufnahmeeinrichtung (z. B. Greifer, Zange)	

Sozial- und Büroeinrichtungen

Zur Planung der Baustelleneinrichtung gehört auch die vor Witterungseinflüssen geschützte Unterbringung von Arbeitskräften, Baustoffen, Kleingeräten und Ersatzteilen. Dazu können folgende Räumlichkeiten erforderlich werden:

- Pausen- und Umkleideräume,
- Sanitäranlagen,

- Unterkünfte für Arbeitskräfte,
- Büroflächen,
- Magazine für Kleingeräte und Werkzeuge,
- Baustoffprüflabore.

Die genannten Räumlichkeiten können auf oder in der Nähe der Baustelle bereitgestellt werden. Dazu werden meist Container auf der Baustelle installiert [74].

Verkehrsflächen und Transportwege

Maßgebend für die Geschwindigkeit des Baufortschritts ist eine gute Organisation der Verkehrswege und Transportflächen. Zu den Verkehrswegen und Transportflächen zählen Baustraßen und Bauwege, Baustellenzufahrten und Baustellenausfahrten, Werk- und Bearbeitungsflächen sowie Lagerflächen [74].

Medienversorgung und -entsorgung

Als Medienversorgung wird die Versorgung der Baustelle mit elektrischer Energie, Wasser, Druckluft, Treibstoff sowie der Anschluss an Kommunikationsnetze verstanden. Zur Entsorgung gehören der Abfall, Schmutz- und Niederschlagswasser [74].

Baustellensicherung/Sicherheits- und Schutzeinrichtungen

Die Baustellensicherung umfasst:

- die Sicherung der Umgebung vor Gefahren nach außen, die durch die Bautätigkeiten entstehen, wie z. B. Gewässer- und Lärmschutz, Beschädigungen von fremden Leitungen,
- die Sicherungsmaßnahmen auf der Baustelle, wie z. B. Absturzsicherung, persönliche Schutzausrüstung (PSA), Beleuchtung der Baustelle,
- die Sicherung der Baustelle vor Gefahren von außen, wie z. B. das Betreten der Baustelle durch Unbefugte, Diebstahl, Verkehr [74].

Baugrubensicherung

Baugruben sind beim Ausheben so zu sichern, dass sie während der verschiedenen Bauzustände standsicher sind. Einflüsse auf die Standsicherheit, die Standsicherheit von benachbarten Gebäuden, Beeinträchtigungen von Leitungen oder Verkehr sowie Einhaltung von Mindestabständen zu und in Baugruben sind zu berücksichtigen [74].

2.2 Beton- und Stahlbetonarbeiten

Beton ist seit vielen Jahrzehnten der universelle Baustoff im Bauwesen. Er ist feuerbeständig und weist Eigenschaften wie hohe Druckfestigkeit, Wasserundurchlässigkeit oder Widerstandsfähigkeit gegen chemische Angriffe auf. Zudem lässt er sich beliebig formen und an die Funktions- und Standortbedingungen des zu erstellenden Bauwerks anpassen [44].

2.2.1 Der Baustoff Beton

Beton ist ein künstlicher Baustoff, welcher aus Zement, Gesteinskörnung und Wasser hergestellt wird. Um bestimmte Eigenschaften gezielt zu beeinflussen, werden Betonzusatzmittel und -stoffe hinzugegeben. Beton kann an der Luft sowie unter Wasser erhärten und seine hohe Druckfestigkeit erreichen. Aufgrund der geringen Biegezug-, Zug- und Schubfestigkeit wird der Beton in Bereichen, in denen es zu Zugspannungen kommt, durch eine Stahlbewehrung verstärkt. Da Beton und Stahl ungefähr einen gleich großen thermischen Ausdehnungskoeffizienten aufweisen, der Beton fest am Stahl haftet und eine Rostbildung des Stahls durch den Beton verhindert wird, kommt es zu einer optimalen Verbundwirkung beider Baustoffe. Aufgrund der großen Festigkeit, Widerstandfähigkeit gegen Erschütterungen und Feuerbeständigkeit eignet sich Stahlbeton für die Ausführung von tragenden Bauteilen [45].

Klassifizierung des Betons

Der Beton kann in Bezug auf die Zusammensetzung wie folgt unterschieden werden:

- Standardbeton

  Einschränkungen und Grenzwerte sind vorhanden (Druckfestigkeitsklasse bis C 16/20, Expositionsklassen X0, XC1, XC2).
- Beton nach Zusammensetzung

  Der Planer gibt die genaue Mischungszusammensetzung vor und trägt somit die Verantwortung.
- Beton nach Eigenschaften

  Der Planer bestimmt lediglich die Umweltbedingungen, die in sogenannte Expositionsklassen unterteilt sind, und daraus die Eigenschaften, die der Beton haben muss.

Des Weiteren wird der Beton nach folgenden Kriterien unterteilt:

- Klassifizierung nach der Trockenrohdichte
  - Leichtbeton 0,8 bis 2,0 t/m^3
  - (Normal-)Beton > 2,0 bis 2,6 t/m^3
  - Schwerbeton > 2,6 t/m^3
- Klassifizierung nach dem Ort der Herstellung
  - Baustellenbeton

    Betonbestandteile werden auf der Baustelle gemischt.
  - Transportbeton

    Betonbestandteile werden außerhalb der Baustelle gemischt und mit Betonmischfahrzeugen in einem einbaufertigen Zustand übergeben.
- Klassifizierung nach dem Ort des Einbringens
  - Ortbeton

    Beton, im nicht ausgehärtetem Zustand, der auf der Baustelle in die vorgegebene Lage gebracht wird und dort erhärtet.
  - Betonfertigteile

    Beton im vorgefertigtem Zustand, der auf der Baustelle in die vorgegebene Lage gebracht wird.

- Klassifizierung nach dem Fördern, Verarbeiten und Verdichten
  - Rüttelbeton

    Meist verwendete Betonart, welche in die Schalung eingebracht wird und dort mittels Rüttlern verdichtet wird.
  - Fließbeton

    Die Herstellung erfolgt durch Betonzusatzmittel (Betonverflüssiger, Fließmittel). Der Verdichtungsaufwand ist dabei geringer als beim Rüttelbeton.
  - Selbstverdichtender Beton (SVB)

    Erfordert keine Verdichtung, sondern entlüftet allein durch die Schwerkraft.
  - Vakuumbeton

    Nach der Einbringung und Verdichtung wird der Beton höhengenau abgezogen und ihm mit Hilfe von Filtermatten das Überschusswasser entzogen. Durch die Senkung des w/z-Wertes kommt es zu einer zusätzlichen Verdichtung in oberflächennahen Bereichen. Es entsteht eine sehr verschleißfeste Oberfläche, welche bei Betonböden und -decken mit hoher Beanspruchung zum Einsatz kommt.
  - Schleuderbeton

    Beton wird in Hohlkörperformen durch Schleudern verdichtet.
  - Stampfbeton

    Beton wird steif oder erdfeucht eingebaut und mit Stampfern verdichtet.
  - Spritzbeton

    Beton wird mit Druck an die Oberfläche, zur Verstärkung oder Betoninstandsetzung, gespritzt und bindet dort in kurzer Zeit ab.
- Klassifizierung nach der Konsistenz
  - Die Konsistenz beschreibt die Verarbeitbarkeit und Verdichtbarkeit des Frischbetons und richtet sich nach den Gegebenheiten. Die Unterteilung erfolgt in sehr steif, steif, plastisch, weich, sehr weich, fließfähig und sehr fließfähig [45].

Prüfmethoden

Die Prüfmethoden sind in den verschiedenen Teilen der DIN EN 12 350 festgelegt. Je nach angestrebtem Ziel können folgende Prüfmethoden angewandt werden.

Verdichtungsmaß nach DIN EN 12 350-4:

Dieses Prüfverfahren bestimmt die Volumenänderung durch Verdichtung eines in einen Behälter locker eingefüllten Frischbetons. Das Ergebnis wird als Verdichtungsmaß c ausgewiesen.

Die Durchführung des Verdichtungsmaßes erfolgt folgendermaßen (Bild 2.3):

1. Innenflächen des sauberen Behälters matt anfeuchten.
2. Frischbeton mit einer Kelle nacheinander reihum über alle vier Oberkanten des Behälters einfüllen, ohne zu verdichten.
3. Überstehenden Beton mit Abstreichlineal in Sägebewegung ohne Verdichtungswirkung über die Oberkanten entfernen.

4. Beton auf Rütteltisch oder mit Innenrüttler verdichten, bis das Volumen nicht mehr abnimmt.
5. Gegebenenfalls unebene Oberfläche durch leichtes Stampfen ebnen.
6. An jeder Seitenmitte des Behälters den Abstand zwischen Betonoberfläche und Oberkante Behälter auf 1 mm genau messen.
7. Aus vier Messungen den Mittelwert s in mm bestimmen.
8. Verdichtungsmaß: $c = \frac{h}{h-s}$ ermitteln und das Ergebnis auf 0,01 genau angeben.
9. Konsistenzklasse aus Tafel 3 der DIN bestimmen [51].

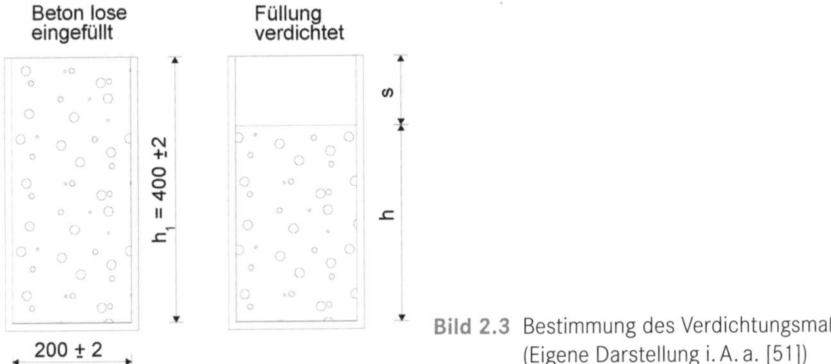

Bild 2.3 Bestimmung des Verdichtungsmaßes (Eigene Darstellung i. A. a. [51])

Ausbreitmaß nach DIN EN 12 350-5:

Um die Konsistenz des Frischbetons zuzuordnen, wird in einem Ausbreitversuch die Verformung eines in eine Kegelstumpfform eingefüllten Frischbetons durch definiertes Schocken in einen Betonkuchen simuliert. Es ist darauf zu achten, dass das Prüfergebnis durch Nachschwingungen des Ausbreittisches (Bild 2.4), Erschütterungen durch hartes Anschlagen an der oberen Hebebegrenzung sowie durch Verringerung der Fallgeschwindigkeit der Tischplatte durch zu langsames Öffnen der Finger verfälscht werden kann. Die Durchführung des Ausbreitmaßes erfolgt folgendermaßen:

1. Ausbreittisch auf eine ebene, horizontale, feste und rückprallfreie Oberfläche stellen.
2. Funktionsfähigkeit überprüfen.
3. Gereinigte Tischplatte und Form leicht anfeuchten.
4. Form mittig auf Tischplatte stellen und ausrichten.
5. Form mit Schaufel in zwei gleiche Betonschichten füllen, dabei zum Beschweren je ein Fuß auf jede Lasche der Form stellen.
6. Jede Schicht durch 10 leichte Stöße mit Stößel ausgleichen.
7. Überstand ohne Verdichtungseinwirkung bündig abstreichen.
8. Freie Tischplatte von Beton säubern.
9. Form 30 Sekunden nach Abstreichen des Betons an den Handgriffen langsam innerhalb von 1 bis 3 Sekunden vertikal anheben.
10. Aufstellrahmen über die Trittbleche fixieren.

11. Tischplatte am Handgriff 15-mal ruckfrei bis zum Anschlag anheben und frei fallen lassen.
12. Durchmesser d_1 und d_2 des Betonkuchens parallel zu den Tischkanten auf 10 mm genau messen (Bild 2.4).
13. Ausbreitmaß: $f = \frac{d_1 + d_2}{2}$ ermitteln und auf 10 mm gerundet angeben.
14. Konsistenzklasse aus Tafel 3 der DIN bestimmen [51].

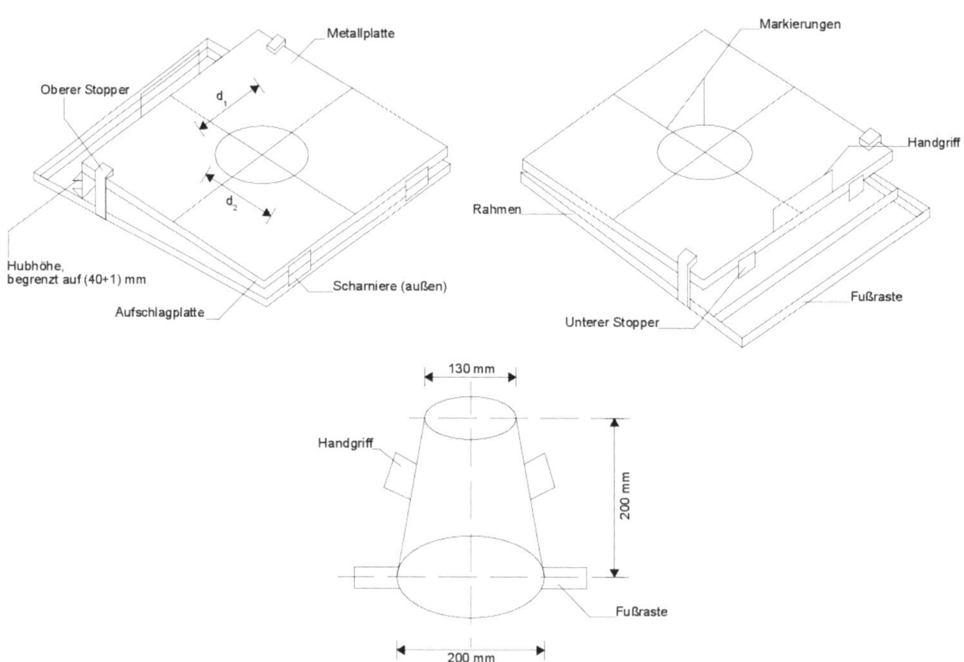

Bild 2.4 Ausbreittisch (Eigene Darstellung i. A. a. [51])

Kommt es nach 15 Aufschlägen zu keinem Stillstand des Ausbreitvorgangs, muss die Zeit bis zur Stabilisierung aufgezeichnet und im Prüfergebnis angegeben werden. Entmischungen (Zementleim von der groben Gesteinskörnung) müssen ebenfalls im Prüfergebnis angegeben werden [51].

Frischbetonrohdichte nach DIN EN 12 350-6:

Je nach Rohdichte werden Betone in Leicht-, Normal- und Schwerbeton unterschieden. Die Messung erfolgt mit einem wasserdichten und ausreichend biegesteifen Behälter aus Metall, welcher eine glatte Innenfläche und einen glattgeschliffenen Rand aufweist. Das Behältervolumen beträgt mindestens 5 l, wobei die kleinste Abmessung des Behälters mindestens 15 cm betragen muss. In Abhängigkeit von der Konsistenz und dem Verdichtungsverfahren (Innenrüttler, Rütteltisch, Stab oder Stampfer) wird die Schichtenzahl bestimmt. Es sind jedoch mindestens zwei Schichten einzufüllen und jede Schicht zu verdichten.

Die Frischbetonrohdichte D wird mit folgender Formel [51] ermittelt und in 10 kg/m³ angegeben:

$$D = \frac{m_2 - m_1}{V}$$

D Frischbetonrohdichte [kg/ m³]
m_1 Gewicht des leeren Behälters [kg]
m_2 Gewicht des Behälters mit Betonprobe [kg]
V Volumen des Behälters [m³]

Qualitätssicherung

Bei der Überwachung der Betonverarbeitung werden die maßgebenden Frisch- und Festbetoneigenschaften nach DIN 1045-3 überprüft. Dabei wird der Beton in drei Überwachungsklassen eingeteilt, wobei die Anforderungen mit aufsteigender Überwachungsklasse zunehmen (Tabelle 2.2) [37].

Tabelle 2.2 Überwachungsklassen für Beton [37]

Gegenstand	Überwachungsklasse 1	Überwachungsklasse 2[a)]	Überwachungsklasse 3[a)]
Festigkeitsklasse für Normal- und Schwerbeton	≤ C 25/30[b)]	≥ C 30/37 und ≤ C 50/60	≥ C 55/67
Festigkeitsklasse für Leichtbeton der Rohdichteklassen *D* 1,0 bis 1,4 *D* 1,6 bis 2,0	Nicht anwendbar ≤ LC 25/28	≤ LC 25/28 LC 30/33 und LC 35/38	≥ LC 30/33 ≥ LC 40/44
Expositionsklassen	X0, XC, XF1	XS, XD, XA, XM[c)], XF2, XF3, XF4	-
Besondere Betoneigenschaften	-	Beton für wasserundurchlässige Baukörper[d)] ▪ Unterwasserbeton ▪ Beton für hohe Gebrauchstemperaturen T ≤ 250 °C ▪ Strahlenschutzbeton: Für besondere Anwendungsfälle (z. B. verzögerter Beton) sind die jeweiligen DAfStb-Richtlinien anzuwenden	-

a) Wird Beton der Überwachungsklassen 2 und 3 eingebaut, muss die Überwachung durch das Bauunternehmen zusätzlich die Anforderungen von DIN 1045-3 Anhang B erfüllen und eine Überwachung durch eine dafür anerkannte Überwachungsstelle nach DIN 1045-3 Anhang C durchgeführt werden.
b) Spannbeton der Festigkeitsklasse C25/30 ist stets als Überwachungsklasse 2 einzuordnen.
c) Gilt nicht für übliche Industrieboden.
d) Beton mit hohem Wassereindringwiderstand darf in die Überwachungsklasse 1 eingeordnet werden, wenn der Baukörper maximal nur zeitweilig aufstauendem Sickerwasser ausgesetzt ist und wenn in der Projektbeschreibung nichts anderes festgelegt ist.

Bei Standardbetonen sind die Lieferscheine jedes Fahrzeuges zu überprüfen und zudem stichprobenweise die Gleichmäßigkeit des Betons sowie die Konsistenz per Augenschein zu beurteilen. In Zweifelsfällen ist eine Konsistenzprüfung durchzuführen. Zu Überwachung gehört auch die Funktionskontrolle der Verdichtungsgeräte sowie der Mess- und Laborgeräte [37].

Für Betone nach Eigenschaften sind die in Tabelle 2.3 aufgeführten Prüfungen durchzuführen.

Tabelle 2.3 Umfang und Häufigkeit von Prüfungen von Beton nach Eigenschaften [37]

Prüfungsgegenstand	Mindestprüfhäufigkeit für Überwachungsklasse		
	1	**2**	**3**
Lieferschein	Jedes Lieferfahrzeug	–	–
Konsistenzmessung[a)]	In Zweifelsfällen	Beim ersten Einbringen jeder Betonzusammensetzung Bei der Herstellung von Probekörpern für die Festigkeitsprüfung In Zweifelsfällen	
Frischbetonrohdichte von Leicht- und Schwerbeton	Bei Herstellung von Probekörpern für die Festigkeitsprüfung In Zweifelsfällen		
Gleichmäßigkeit des Betons	Stichprobe	Jedes Lieferfahrzeug	
Druckfestigkeit[b)]	In Zweifelsfällen	3 Proben je 300 m³ oder je 3 Betoniertage[c)]	3 Proben je 50 m³ oder je 1 Betoniertag[c)]
Luftgehalt von Luftporenbeton	Nicht zutreffend	Zu Beginn jedes Betonierabschnitts In Zweifelsfällen	

a) Zusätzlich Augenscheinprüfung der Konsistenz als Stichprobe an jeder Mischung für die Überwachungsklasse 1 bzw. an jedem Lieferfahrzeug für die Überwachungsklassen 2 und 3.

b) Prüfung muss für jeden verwendeten Beton erfolgen. Betone mit gleichen Ausgangsstoffen und gleichem Wasser-Zement-Wert, aber anderem Größtkorn gelten als ein Beton.

c) Maßgebend ist diejenige Anforderung, welche die größte Anzahl Proben ergibt.

Bei Betonen müssen je nach Zusammensetzung zusätzlich zu den in Tabelle 2.3 aufgezeigten Prüfungen folgende Prüfungen durchgeführt werden:

1. Die Konsistenzmessung erfolgt auch bei der Überwachungsklasse 1 sowie bei Prüfung des Luftgehalts.
2. Die Festbetonrohdichte ist an jedem Probekörper für die Festigkeitsprüfung sowie in Zweifelsfällen zu kontrollieren.
3. Die Druckfestigkeitsprüfung für Betone der Druckfestigkeitsklassen ≥ C 55/67 ist durchzuführen, bei
   - Erstherstellung: Je 100 m³ oder je Produktionstag
   - Stetiger Herstellung: Je 400 m³ oder je Produktionswoche eine Prüfung [37].

2.2.2 Der Baustoff Betonstahl

Betonstähle werden unterschieden in Betonstahl für schlaff bewehrte Konstruktionen und Spannstahl für Spannbetonkonstruktionen. Spannstähle weisen dagegen Festigkeiten auf, die um ein Vielfaches höher liegen als bei Betonstählen. Betonstahl wird in der überarbeiteten nationalen Betonstahlnorm DIN 488 geregelt, da mit einer europaweiten Harmonisierung aktuell nicht zu rechnen ist. Die Herstellung kann als Betonstabstahl (gerade Stäbe), als Betonstahl in Ringen (aufgewickelt in Coils) oder als Weiterverarbeitung zu Betonstahlmatten, Gitterträgern und sonstigen Bewehrungselementen erfolgen. Der E-Modul ist mit 200 000 N/mm² anzunehmen. Sämtliche Betonstähle weisen eine Mindeststreckgrenze von 500 N/mm² auf [37].

Gemäß Tabelle 2.4 werden nach DIN 1045-1 zwei Duktilitätsklassen definiert, die sich in Dehnung und Streckgrenzenverhältnis unterscheiden.

Tabelle 2.4 Duktilitätseinteilung von Betonstahl [37]

	Normalduktil B500A	Hochduktil B500B
Streckgrenze f_{yk} [N/mm²]	500	500
Zugfestigkeit f_{tk} [N/mm²]	≥ 525	≥ 540
Streckgrenzenverhältnis f_{tk}/f_{yk}	≥ 1,05	≥ 1,08
Gesamtdehnung bei Höchstlast [%]	2,5	5

Lieferformen

1. Betonstabstahl (DIN 488-2)

   Gerade Stäbe, die durch Warmwalzen hergestellt werden und dadurch hochduktil sind. Sie weisen an der Oberfläche eine gerippte Struktur auf, die in zwei oder mehreren Reihen von Schrägrippen und evtl. mit Längsrippen hergestellt werden können (Bild 2.5) [37].

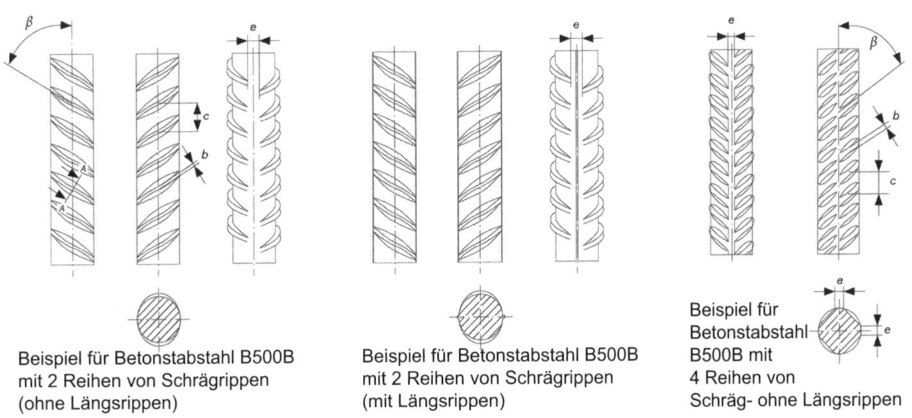

Bild 2.5 Arten von Betonstabstählen [52a]

Betonstabstahl wird hergestellt in

- Nenndurchmessern [mm]: 6, 8, 10, 12, 14, 16, 20, 25, 28, 32, 40
- Stablängen [m]: 12, 14

Bei der Bestellung von Stabstahl sind die Normbezeichnungen, die Liefermenge und die gewünschte Stablänge anzugeben.

Beispiel: Bestellung von 80 t hochduktilem Betonstabstahl nach DIN 488 aus der Sorte B500B (früher BSt 500B) mit einem Nenndurchmesser von 18,0 mm und einer Stablänge von 14 m:

80 t Betonstabstahl DIN 488 - B500B - 18,0 – 14 [37]

2. Betonstahl in Ringen (DIN 488-3)

   Die Betonstähle werden aufgespult und in Rollen geliefert. Dabei sind Durchmesser bis 16 mm möglich. Die entstehenden Rollen haben einen Außendurchmesser von 0,5 bis 1,2 m. Die Coils werden beim Verwender (meist Fertigteilhersteller) auf Richt- und Schneideanlagen geradegerichtet und auf die gewünschte Länge zugeschnitten. Es besteht auch die Möglichkeit, den Stahl in Bügelautomaten zu verarbeiten. Bei der Bearbeitung von Betonstahl in Ringen wird die Menge an Reststücken gering gehalten und dadurch die Materialkosten gesenkt. Allerdings verliert der Stahl durch das Aufrollen und Richten an Duktilität [37].

3. Bewehrungsdraht (DIN 488-3)

   Die Anwendung beschränkt sich auf die werkmäßig hergestellte Bewehrung, wie z. B. Gitterträger, Bewehrung für Porenbetonbauteile, Stahlbetonrohre. Bewehrungsdraht darf nicht für Stahlbeton- oder Spannbetontragwerke nach DIN 1045-1 eingesetzt werden. Die Lieferung der normalduktilen Stähle erfolgt in Ringen mit glatter (+G) oder profilierter (+P) Oberfläche [37].

4. Betonstahlmatten

   Betonstahlmatten werden werkseitig vorgefertigt. Sie bestehen aus rechtwinklig zueinander verlaufenden Längs- und Querstäben, die an den Kreuzungsstellen durch elektrisches Widerstandspunktschweißen scherfest miteinander verbunden sind. Anwendungsbereiche sind vor allem plattenförmige Bauteile. Die Betonstahlmatten werden in der Regel mit drei Rippenreihen und der Stahlsorte B500A (Bild 2.6) hergestellt. Die Reihen weisen parallele Rippen auf wobei bei einer Reihe die Rippen in die entgegengesetzte Richtung verlaufen müssen [37].

Bild 2.6 Stahlsorte B500A mit drei Rippenreihen [52a]

Nach DIN 488 werden zwei Mattenarten (Bild 2.7) unterschieden:

- Lagermatten:

  Matten mit festgelegten Abmessungen und festgelegtem Aufbau, die oft verwendet werden und aus diesem Grund als Lagerware zur Verfügung stehen. Zur Beschreibung der Matten werden Kurzkennzeichen definiert. Diese bestehen aus einem Buchstaben und einer dreistelligen Zahl, die den Bewehrungsquerschnitt in Mattenlängsrichtung in mm² pro m Breite angibt sowie den Buchstaben für die Duktilitätsklasse.

  Es werden die Buchstaben **Q** und **R** verwendet:

  - Q-Matten haben in beiden Tragrichtungen den gleichen Bewehrungsquerschnitt
  - R-Matten haben in Querrichtung eine deutlich geringere Tragfähigkeit als in Längsrichtung (35 - 60 %) [37]

- Listenmatten:

  Matten, die bei speziellen Anforderungen des Verwenders hergestellt werden. Zur Beschreibung sind besondere geometrische Angaben zu machen [37].

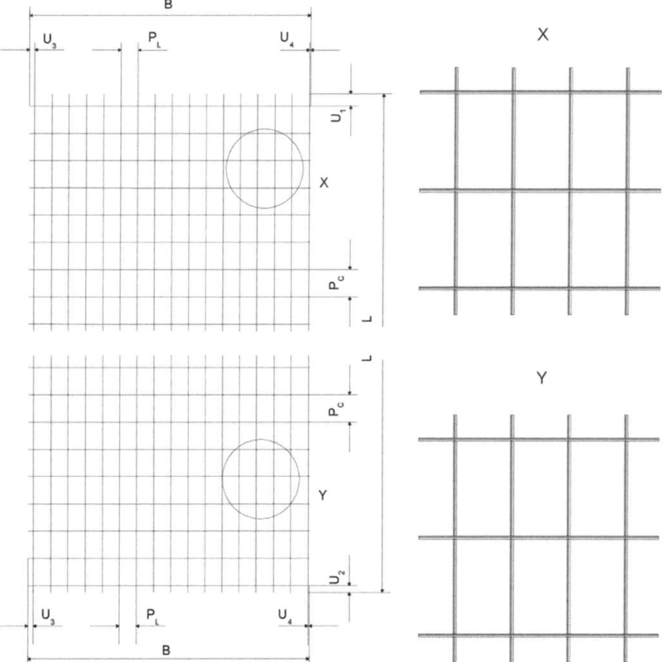

Bild 2.7 Geometrische Merkmale von Betonstahlmatten (Eigene Darstellung i. A. a. [37])
PL - Abstand der Längsstäbe
PC - Abstand der Querstäbe
L - Länge der Längsstäbe
B - Länge der Querstäbe
U1 - Überstand der Längsstäbe
U2 - Überstand der Längsstäbe
U3 - Überstand der Querstäbe
U4 - Überstand der Querstäbe

5. Gitterträger

   Gitterträger (Bild 2.8) bestehen aus einem Obergurt, einem oder mehreren Untergurten und durchgehenden oder unterbrochenen Diagonalen. Durch Widerstandspunktschweißen werden die Diagonalen mit den Gurten an allen Kreuzungspunkten verbunden. Anwendungsbereiche sind im Wesentlichen Elementwände und -decken mit statisch wirkender Ortbetonschicht. Die Gitterträger dienen als Verbund-/Schubbewehrung oder zur Erzielung einer ausreichenden Montagesteifigkeit von Fertigteilplatten [37].

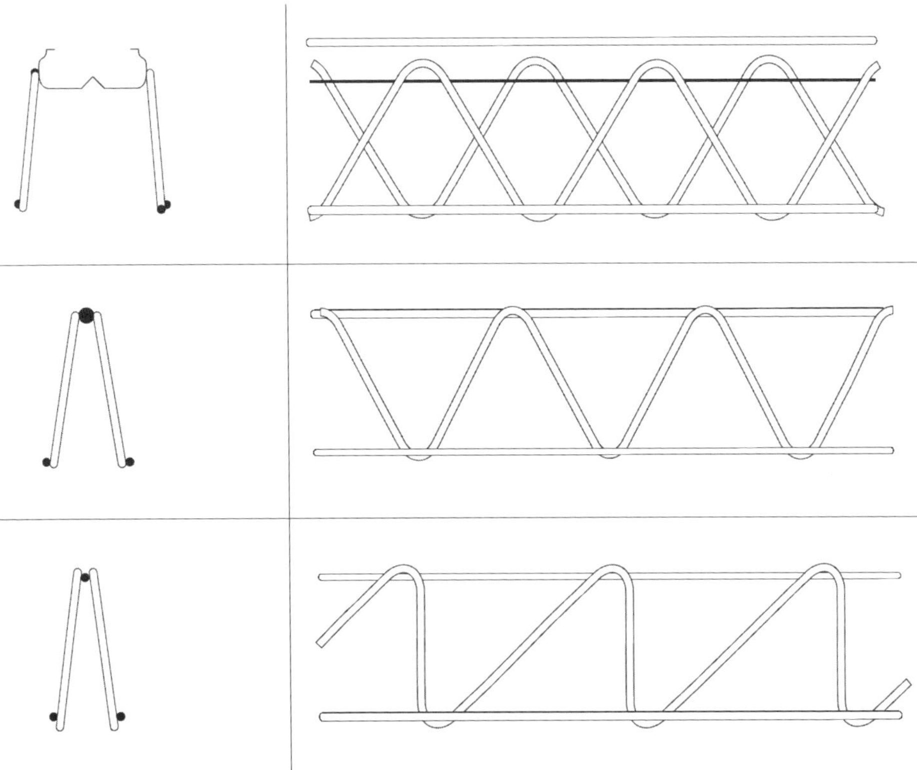

Bild 2.8 Typen von Gitterträgern: Gitterträger mit Blechprofil als Obergurt (oben), Standardgitterträger (Mitte) und Schubgitterträger (unten) [52b]

2.2.3 Schalarbeiten

Schalungen sind aufgrund der gestalterischen Anforderungen an Stahlbetonbauteile und der zunehmenden Rationalisierung ein wichtiges Gebiet im Bauwesen. Sie sind notwendig, um dem Beton seine endgültige Form und Oberflächenstruktur zu geben. Und zwar so lange, bis der Beton seine Festigkeit und damit seine Tragfähigkeit erreicht hat. Das jeweilige Schalungssystem hängt von technischen und wirtschaftlichen Faktoren ab. Dabei sind Forderungen wie Lebensdauer, Arbeitsaufwand inkl. Wartung, Wiederverwendung und Anzahl der Einsätze der Schalung bedeutend. Die wichtigsten Grundsätze des Schalungsbaus werden in diesem Abschnitt ausgearbeitet. Schalungssysteme bestehen aus der Schalhaut, welche für die Oberflächenbeschaffenheit elementar ist und der Tragkonstruktion (Schalungsgerüst) [45].

Schalhaut

Die Schalhaut kann aus Nadelholzbrettern oder -tafeln, kunstharzbeschichteten Sperrholz- oder Vollholztafeln, gehärteten Holzfaserplatten, Stahlblechen oder Kunststoffplatten bestehen. Die Begriffsbestimmungen und Ausbildung der Schalhaut sind in DIN 18 217 geregelt. Die Regelungen werden entsprechend den Anforderungen der Oberfläche differenziert.

Bei Betonflächen ohne besondere Anforderungen wird dem Auftragnehmer die Wahl der Schalhaut überlassen. Dabei sind notwendige Korrekturen der Oberfläche nach Fertigstellung erlaubt.

Bei Betonflächen mit Anforderungen an das Aussehen können die Oberflächen durch die Betonrezeptur, Art der Schalung und durch Nachbehandlung gelenkt werden.

Bei Betonflächen mit technischen Anforderungen müssen Betonoberflächen bestimmte technische Erwartungen erfüllen, die in speziellen Leistungsbeschreibungen zu definieren sind.

Zu beachten ist, dass durch die Auswahl von saugenden Schalungsoberflächen raue, oft dunkle und porenfreie Betonflächen resultieren. Im Gegensatz dazu führen glatte Schalungsflächen bei gleichem Beton zu kleinen Lufteinschlüssen und einer helleren Betonoberfläche.

Darüber hinaus sind für Fugenanordnungen, Schalungsstöße, Ankerstellen, Einbau von Abstandshaltern entsprechende Vereinbarungen zu treffen, falls besondere Anforderungen an das Aussehen gestellt werden [45].

Trennmittel

Damit der Beton nicht im direkten Kontakt mit der Schalhaut steht, werden entsprechend den Anforderungen geeignete Trennmittel auf die Schalhaut aufgebracht. Trennmittel sorgen für eine leichte Trennung der Schalhaut vom Beton und pflegen die Schalhaut. Sie dienen zur Verringerung der Wasseraufnahme durch die Schalungshaut, zur Erhöhung der Abriebfestigkeit und Einsatzhäufigkeit und zur Reduzierung der Quell- und Schwindeigenschaft von Holz. Somit wird das Ausschalen vereinfacht und eine verbesserte Qualität der Betonoberfläche bewirkt. Trennmittel werden nach ihrem Aufbau in Öle, Emulsionen, chemische Trennmittel und Beschichtungen abgegrenzt [76]. Die entsprechende Eignung ist in Tabelle 2.5 aufgeführt:

Tabelle 2.5 Übersicht der Trennmittel [76]

	a) Emulgierbare Produkte	b) Pure Öle	c) Pasten	d) Wachse	e) Chemisch reagierende Trennmittel
Bezeichnung	Schalungsöle	Formenöle	Schalungspasten	Schalungswachs	
Zusammensetzung	Mineralöle oder Wachse und Emulgatoren	Mineralöle ggf. mit Zusätzen	Wachse und Zusatzmittel	Wachse und Zusatzmittel	Chemischer Aufbau, je nach Produkt unterschiedlich
Konsistenz bei Anlieferung	Mittelviskos	Sehr dünnflüssig bis hochviskos	Feste Paste	Festes Wachs	Dünnflüssig
Anwendungsform	Mit Wasser vermischt, Konzentration ca. 3 - 15% Öl zum Wasser	Im Anlieferungszustand	Im Anlieferungszustand	Im Anlieferungszustand	Im Anlieferungszustand
Aufbringung	Lappen, Quast usw., Sprühpistole	Lappen oder besser mechanisch mit umgearbeitetem Gerät	Lappen oder besser mechanisch mit umgearbeitetem Gerät	Lappen oder besser mechanisch mit umgearbeitetem Gerät	Spritzen, möglichst mit Spezialsprühgerät, ggf. auch manueller Auftrag
Schutzwirkung	Durch Öl- bzw. Seifengehalt, ggf. Wachsfilm	Durch Ölfilm	Durch Wachsfilm	Durch Wachsfilm	Bindet chemisch mit Schalungsoberfläche, unempfindlich gegen Niederschlag und sonstige Witterungseinwirkungen
Rostschutz von Eisenteilen	Schlecht	Schlecht	Etwas besser als a) und b)	Etwas besser als a) und b)	Vorübergehend ja
Temperaturempfindlichkeit	Hitze- und kälteempfindlich	Unempfindlich	Leicht hitzeempfindlich	Unempfindlich	Unempfindlich gegen Wärme und Kälte, Viskosität bleibt unverändert
Vorteil	Preisgünstig, wasserlöslich	Leicht aufzubringen	Sparsam aufzubringen, fester Schutzfilm	Sparsam aufzubringen, fester Schutzfilm	Sparsam aufzubringen, keinerlei Verfärbung, sehr geringe Reinigungskosten, selbsttätige Regeneration der Schalung

	a) Emulgierbare Produkte	b) Pure Öle	c) Pasten	d) Wachse	e) Chemisch reagierende Trennmittel
Nachteil	Bei Überdosierung: putzhemmend und fleckenbildend, schlechte Produkte rahmen im Wasser auf, abhängig vom Erzeugnis	Leicht klebend und ölfleckenbildend bei übermäßigem Auftrag	Manuelles Auftragen, lohnaufwendig, Klebt bei übermäßigem Auftrag	Manuelles Aufbringen, lohnaufwendig, etwas teurer, daher nur mechanischer Auftrag bei anspruchsvollem Sichtbeton	Bei partieller Überdimensionierung oberflächenzerstörende Beeinflussung möglich, insbesondere bei windigem und regnerischem Wetter

Schalungsgerüste

Schalungsgerüste bestehen aus den formgebenden Schalungsteilen und deren Abstützungen, wie z. B. Deckenschalungen mit ihren waagrechten und senkrechten Abstützungen. Damit die Schalung die Belastungen durch den Frischbeton aufnehmen und sonstige auftretende Kräfte sicher in den Baugrund leiten kann, sind unter Umständen folgende Abstützungen erforderlich.

- Versteifungen

  Die Bemessung der Versteifungen ist abhängig von den Eigenschaften der Schalhaut. Dabei sind alle beim Betonieren entstehenden Kräfte aufzunehmen und auf die Abstützungen und Verspannungen zu übertragen. In der Regel werden bei Brettschalungen Kanthölzer in Abständen von ca. 50 cm, bei großen Schalflächen steifere Holzfachwerkträger oder Roste aus Metallprofilen eingesetzt. Der Abstand der Versteifung resultiert aus der Steifigkeit der Schalhaut.

- Abstützungen

  Abstützungen dienen zur Standfestigkeit der Schalelemente und leiten die auftretenden Kräfte entweder auf andere Bauteile oder in den Untergrund. Hierbei können Spreizen, Schrägstützen, Streben, Verschwertungen usw. eingesetzt werden.

- Verspannungen

  Verspannungen haben die Aufgabe den Innendruck in der Schalung aufzunehmen. Dazu werden profilierte Spannstähle mit Spannmuttern oder -schlössern befestigt. Für das Herausziehen der Spannstähle und als Abstandhalter dienen Kunststoffhülsen. Sind Sichtbeton-Anforderungen zu erfüllen, dürfen Verspannungen die Oberfläche nicht durchdringen und müssen daher außerhalb der Schalungsflächen angelegt werden.

- Aussteifungen

  Die Aussteifung der Schalungs- und Lehrgerüste erfolgt durch Dreiecksverbände in Längs- und Querrichtung. Dabei sollen die Schalungsstützen so gering wie möglich auf Biegung beansprucht werden.

- Schalungsstützen

  Hauptsächlich kommen Stahl-Schalungsstützen mit Justier- und Absenkvorrichtung zum Einsatz. Alternativ können Rundholzstützen verwendet werden. Zu beachten ist, dass bei mehrgeschossigen Rüstungen die Schalungsstützen die Last der oberen Stützen auf die darunter stehenden übertragen.

- Aussparungen

  Die Ausbildung von Aussparungen für Installationen lässt sich herstellen, indem Hartschaumblöcke im Inneren der Schalung befestigt und nach dem Ausschalen ausgeschnitten werden. Bei größeren Aussparungen erfolgt das Einschalen wie bei Deckenrändern [45].

Schalungszubehör

- Verbindungsmittel bei Wandschalungen – Trägerschalung

  Bei Wandschalungen kommt es mehrfach zu Auf- und Abstockungen (Bild 2.9) auf der Baustelle. Dies erfolgt durch Aufstocklaschen, die aus U-Profilen oder gekanteten Blechschalen bestehen. Die Laschen werden beidseitig am Trägerstoß angelegt und mit ihnen verkeilt oder verschraubt. Jedoch ist die Montage recht aufwendig und erfordert die genaue Einhaltung der Trägerabstände. Alternativ können Gitterträger für das Aufstocken verwendet werden, die wesentlich einfacher und schneller zu bedienen sind [76].

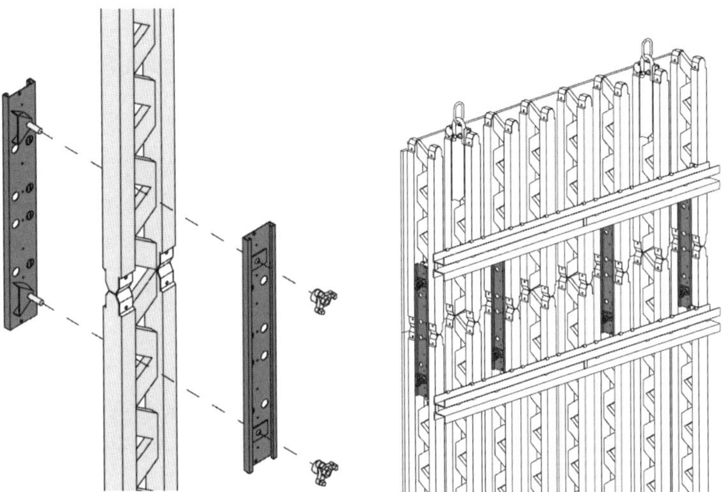

Bild 2.9 Aufstocklaschen zur Verlängerung von Trägern [71]

Die Verbindung von Wandelementen am Schalungshautstoß muss dicht und zugfest sein. Dies wird mittels Verbindungslaschen, Elementverbindern, Kupplungen oder Gurtkupplungen erreicht (Bild 2.10). Die Langlochreihen in den Stahlriegeln ermöglichen ein stufenloses Dichtziehen der Elementstöße. Dieses Prinzip beinhaltet jedoch kleine Montageungenauigkeiten. Auf die Richtung der Keile ist beim Einschlagen zu achten, da der Stoß sonst zu strammgezogen werden kann und nicht mehr fluchtet (Bild 2.11) [76].

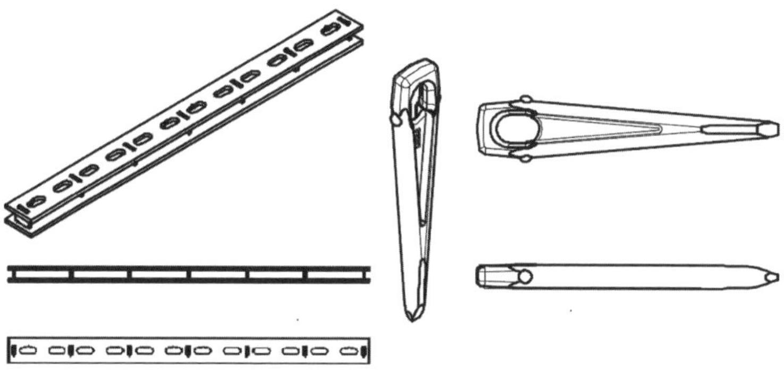

Bild 2.10 Kupplungen und Keile [71]

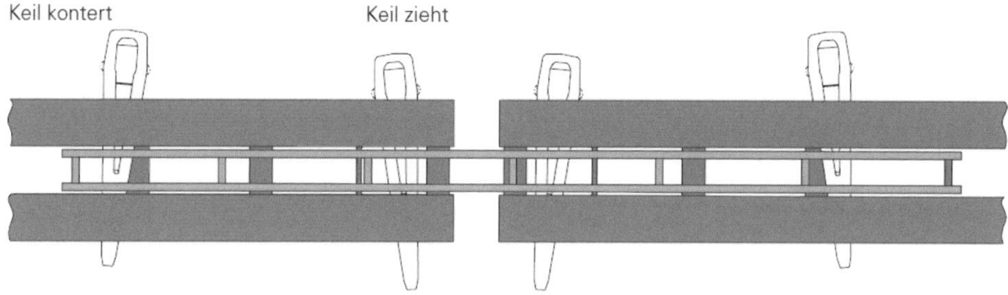

Bild 2.11 Verbindung der Elemente mit Kupplungen und Keilen [71]

Zargenartige Anschlussprofile (Halfen) werden für den Anschluss von angrenzenden Stahlbetonwänden bzw. Decken eingesetzt, um aufwendige Einschalarbeiten zu ersparen. Sie werden in die Bauteile mit einbetoniert und können in verschiedenen Breiten geliefert werden [45].

- Verbindungsmittel bei Wandschalungen - Rahmenschalung

  Als Verbindungsmittel der Elementstöße bei der Rahmenschalung kommen spezielle Richtschlösser (Bild 2.12) zum Einsatz, welche für bündige, fluchtende und dichte Elementstöße sorgen [81].

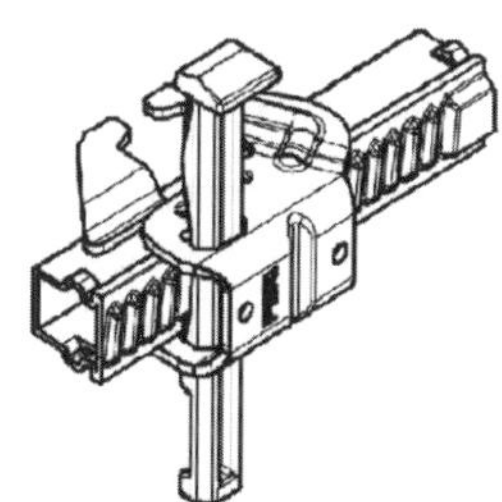

Bild 2.12 Verbindung der Rahmenschalung durch Richtschlösser (links) [72] und Richtschloss (rechts) [72]

Das Spannanker-System Dywidag (Bild 2.13 bis Bild 2.15) mit gewalztem Gewinde ist das meist verbreitete System auf den Baustellen. Sie sind in unterschiedlichen Durchmessern bis zur Länge von 15 m lieferbar. Die meisten Ankerdurchführungen bestehen aus PVC- oder Faserbetonrohren mit beidseitig angebrachten PVC-Konen als Abstandshalter. Die Konen werden nach dem Betonieren entfernt und die Hüllrohre mit Stopfen verschlossen [76].

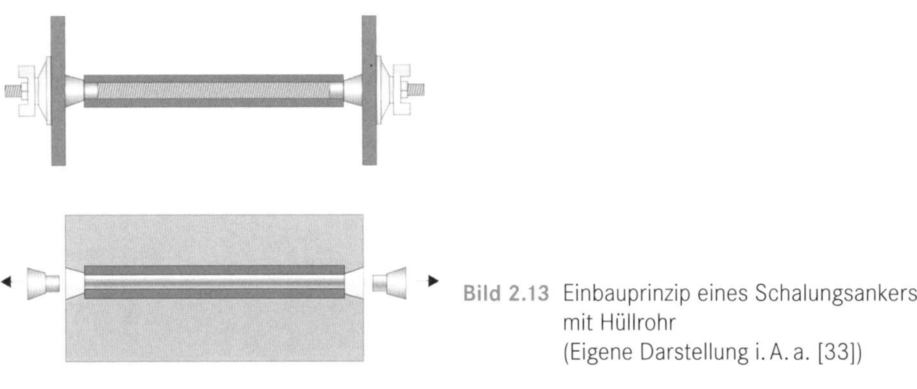

Bild 2.13 Einbauprinzip eines Schalungsankers mit Hüllrohr (Eigene Darstellung i. A. a. [33])

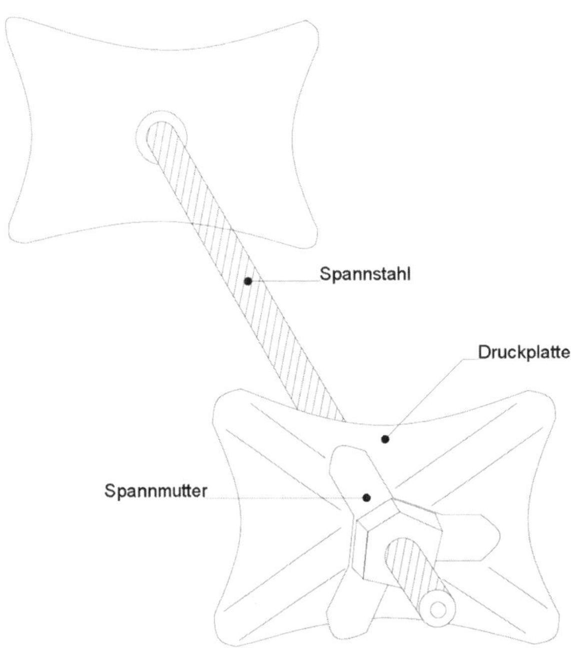

Bild 2.14 Spannanker, System Dywidag (Eigene Darstellung i. A. a. [45])

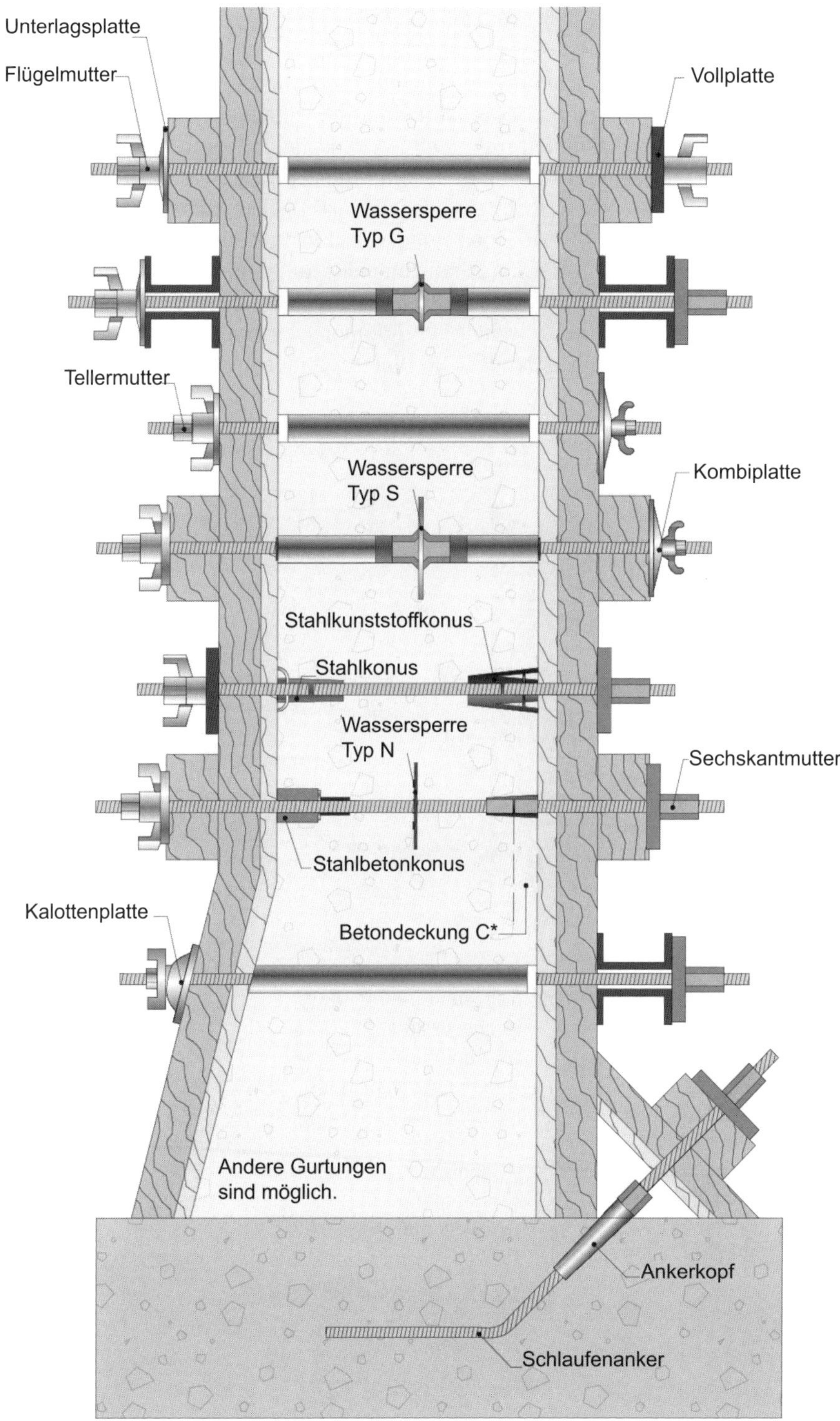

Bild 2.15 Anwendungsbeispiele für Schalungsanker (Eigene Darstellung i. A. a. [35])

- Verbindungsmittel bei Deckenschalungen

  Die ausziehbaren Stahlrohr-Schalungsstützen (Bild 2.16) werden oft in zwei Reihen angeordnet, um ein Justieren der Schalung auch in Querrichtung zu gewährleisten [45]. Es wird in freie und systemgebundene Deckenstützen unterschieden. Freie Deckenstützen werden ohne Planung zur Lastableitung einer Deckenschalung eingesetzt. Systemgebundene Deckenstützen stehen in Verbindung mit einem Deckenschalungs-System. In der EN 1065 sind die verschiedenen Stützen klassifiziert. Deckenstützen aus Stahl/Aluminium werden in der Regel bis zu einer Höhe von 5 m verwendet [81]. Bei großen Höhen und Lastkonzentrationen werden Lasttürme oder Rahmenstützen herangezogen. Die Rahmenstützen bestehen aus verschweißten Rahmen, die mit Steckverbindungen verbunden sind. Zur Aussteifung zwischen den Rahmenscheiben werden Streben oder Kreuze mit Schnellanschlüssen verwendet. Die Höhenregulierung erfolgt über die Spindeln [76].

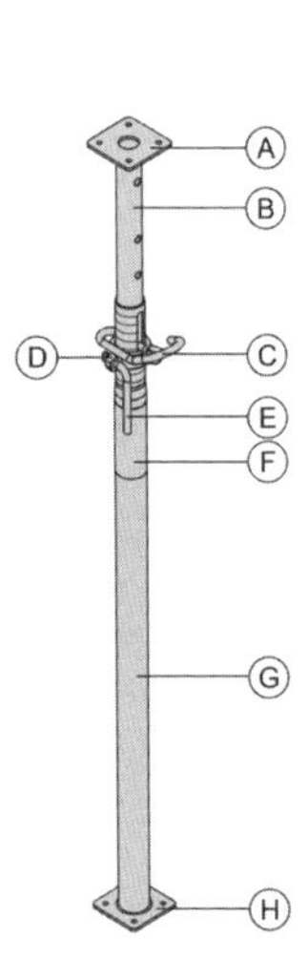

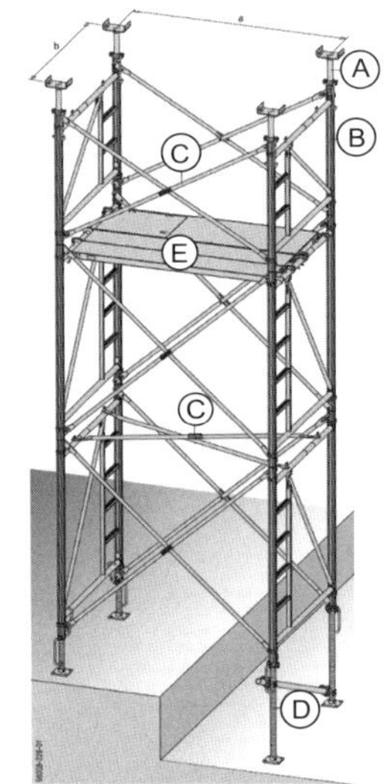

Bild 2.16 Deckenstütze (links) [31] und Traggerüst (rechts) [30]

Linkes Bild:	Rechtes Bild:
(A) Kopfplatte	(A) Kopfstück
(B) Einschubrohr	- Vierwegkopfspindel
(C) Absteckbügel	- Kopfspindel
(D) Einstellmutter	- Lastspinde
(E) Schlagknebel	- Gabelkopf
(F) Typenaufkleber	(B) Rahmen
(G) Ständerrohr	(C) Diagonalkreuz
(H) Fußplatte	(D) Fußstück
	(E) Gerüstbelag
	a = Rahmenabstand
	b = Rahmenbreite

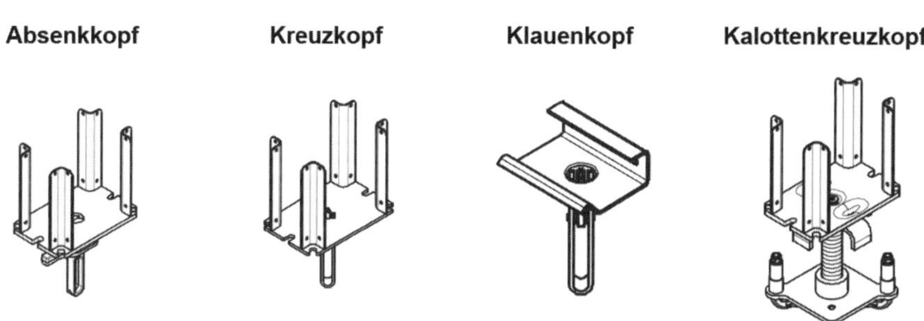

Bild 2.17 Stützenköpfe für Trägerschalungen [69]

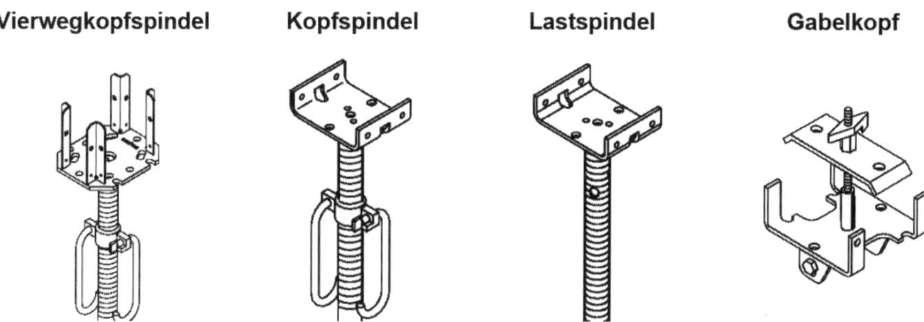

Bild 2.18 Stützenköpfe für Trägerschalungen [30]

Schalungsarten

Für die endgültige Form- und Oberflächenherstellung des Betons werden Schalungen benötigt. Die Schalung muss so lange unverrückbar und stabil stehen, bis der Beton die optimale Festigkeit erreicht hat. Es gibt eine hohe Anzahl von Schalungssystemen, die sich je nach Einsatzgebiet unterscheiden. Tabelle 2.6 soll die wesentlichsten Schalungsarten aufzeigen.

Tabelle 2.6 Schalungsgruppen [78]

Wandschalungen	Deckenschalungen
Konventionelle Schalung	System-Deckenschalung
Rahmenschalung	
Trägerschalung	Trägerschalung
Stützen- und Säulenschalung	(Flex-Deckenschalungen oder Deckentische)
Kletterschalung	Teilvorgefertigte Decken
Kletterschalung	

Wandschalungen

Je nach Anwendungsbereich und Anforderungen sowie der Größe und Geometrie des Bauteils können drei unterschiedliche Wandschalungssysteme (Bild 2.19) eingesetzt werden.

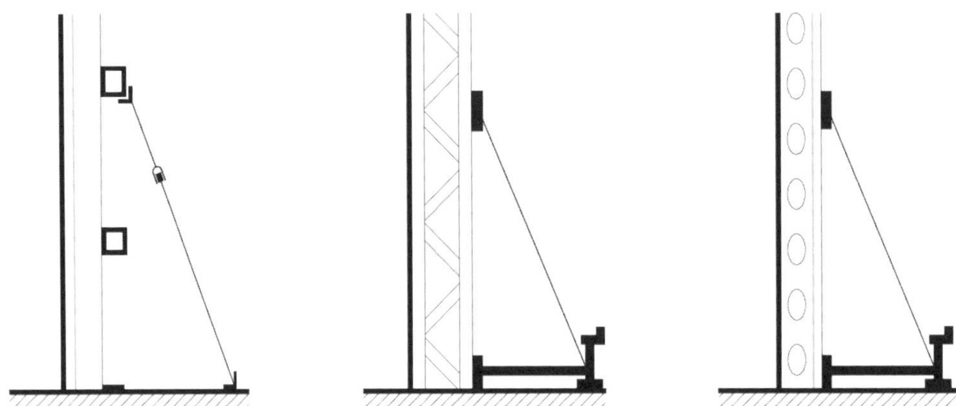

Bild 2.19 Schematische Darstellung von Wandschalungen. Links: konventionelle Schalung (Kantholzträger, Kantholzriegel, Schrägstützen); Mitte: Trägerschalung (Gitterträger mit Spindelabstützung); rechts: Rahmenschalung (Rahmenelement mit Spindelabstützung) (Eigene Darstellung i. A. a. [45])

- Konventionelle Schalungen

  Konventionelle Schalungen sind Schalungen, die aus Brettern oder Platten sowie Kanthölzern bestehen [78]. Die senkrecht stehenden Kanthölzer (Schalter) werden je nach Beanspruchung in einem Abstand von 40 bis 60 cm gegen auf den Betonboden geschlossene Drängbretter oder einbetonierte Widerlager gesetzt. Anschließend werden die Bretter oder Platten gegen die Schalter genagelt [45]. Aufgrund der freien Wahlmöglichkeit der Form und Größe ist diese Methode sehr flexibel. Nachteil ist die hohe Kostenintensität aufgrund des individuellen Zuschnitts jedes einzelnen Elements [78].

- Trägerschalungen (Bild 2.20)

  Hierbei handelt es sich um eine Weiterentwicklung der konventionellen Schalung [78]. Sie bestehen aus Vollwand- oder Gitterträgern (maßhaltige Träger mit zwei Gurten und einem Steg) in Verbindung mit einer Schalungshaut [45]. Die Einzelteile werden in einer Grundmontage zu systemartigen Elementen zusammengebaut und als Schalung verwendet. Nach der Demontage können die Einzelteile wieder neu zusammengefügt und in einem anderen Einsatzbereich verwendet werden. Dies bietet somit die Grundlage für die Herstellung von Sichtbetonoberflächen [10].

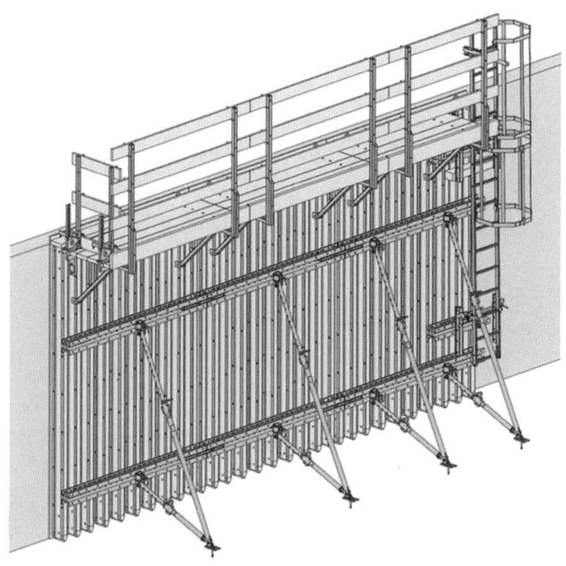

Bild 2.20 Trägerschalung [29a]

- Rahmenschalungen (Bild 2.21)

Rahmenschalungen sind vorgefertigte, industriell hergestellte Schalungselemente, die aus großformatigen kunstharzbeschichteten Schaltafeln mit dahinterliegenden Aussteifungskonstruktionen aus Metall oder Holz bestehen [45]. Die werkseitige Erstmontage führt zu einer erheblichen Arbeitszeitverkürzung. Zudem wird die Erhöhung der Lebensdauer der Schalhaut durch eine umlaufende Rahmenprofilnase an den Kanten erhöht. Jedoch ist aufgrund der Fugenverläufe an den Stößen sowie der festen Schalhaut die Herstellung einer Sichtbetonoberfläche nur bedingt möglich. Um großflächige Einheiten herzustellen, werden die Rahmenelemente mit Verbindungsmitteln aneinandergefügt und mit dem Kran umgesetzt [78].

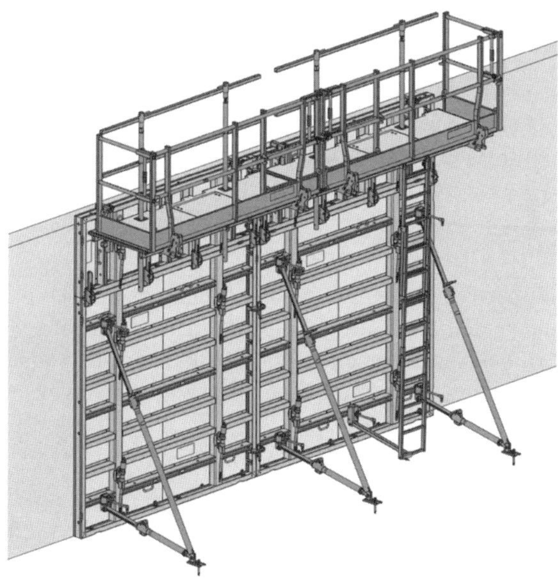

Bild 2.21 Rahmenschalung [29]

- Kletterschalungen

  Kletterschalungssysteme sind Einheiten, welche aus Wandschalungssystemen und unterschiedlichen Kletterkonsolen zu einer Umsetzeinheit fest zusammengebaut sind. Sie zählen zu den diskontinuierlichen Schalungssystemen, die zur Herstellung von turmartigen Bauteilen dienen. Die Kletterschalungen erfüllen die Herstellung jeder Sichtbetonqualität.

  Es werden zwei Arten hinsichtlich des Umsetzvorgangs zum nächsten Betonierabschnitt unterschieden:

  - kranabhängige Kletterschalung,
  - kranunabhängige Kletterschalung (Selbstkletterschalung) [5].

  Kranabhängige Kletterschalungen werden nach dem Erreichen einer Mindestfestigkeit des Betons von der Wand gelöst und mittels Fahrwagen auf der Kletterkonsole um ca. 70 cm zurückgefahren. Der entstehende Arbeitsraum kann zum Reinigen der Schalhaut und zum Bewehren der Wand nach dem Hochziehen genutzt werden. Das Umsetzen der Kletterschalungseinheit (Schalung und Gerüst) erfolgt mit dem Kran. Es wird empfohlen, die Betonierabschnitte stets gleich groß zu wählen.

  Selbstkletterschalungen sind als Kletterfahrschalung ausgebildet. Zur Umsetzung wird somit kein Kran benötigt, was eine bauzeitverkürzende Auswirkung hat. Das „Selbstklettern" erfolgt mit einer Hydraulikvorrichtung (Hubzylinder und Hubstange). Dabei wird die gesamte Einheit, die aus Bühne, Nachlaufbühne und Schalung besteht, zum nächsten Betonierabschnitt angehoben. Durch die Unabhängigkeit des Krans wird mit diesem System ein besseres und konstantes Arbeiten in windgefährdeten Bereichen ermöglicht [78].

  Eine weitere Möglichkeit bietet die Gleitschalung. Hier handelt es sich meist um doppelhäutige Schalungen. Die Gleitschalung stützt sich auf Rohrgestänge ab, welche im bereits erhärteten Beton integriert sind. Je nach Außen- und Betontemperatur gleitet die Schalung bis zu 20 bis 25 cm pro Stunde nach oben. Ist eine über 24 Stunden durchgehende Versorgung mit Transportbeton gewährleistet, ist eine Betonage, je nach Gebiet, rund um die Uhr möglich. Der Gleitvorgang kann sich nachteilig auf die Betonoberfläche auswirken (Sichtbetonwünsche nur beschränkt möglich) [78].

- Rundschalungen

  Sind besondere architektonische Anforderungen gefordert und kommt es zum Bau bestimmter Bauwerke, wie z.B. Faulbecken oder Parkhausspindeln, können gekrümmte Wände mit Rundschalungssystemen (Runde Trägerschalung oder Biegeflexible Trägerschalung) hergestellt werden [78].

Stützen- und Säulenschalungen

Bei Stützen und Säulen ist die Kraftübertragung aufgrund des Schalungsquerschnittes geschlossen, d.h. die sich gegenüberliegenden gegen die Schalung drückenden Kräfte sind paarweise gleich. Diese Kräfte werden deshalb nicht mit einer Druckankerung, sondern über eine zugfeste Umschließung der Schalung, z.B. mit Säulen- oder Winkelzwingen, aufgenommen.

- Säulenschalungen

  Bei Säulen kommen hauptsächlich Stahlschalungen zum Einsatz. Sämtliche Einzelteile wie die lastaufnehmenden und umlaufenden Profile sowie die Schalungshaut sind bei diesem Typ aus Stahl gefertigt. Besonders geeignet sind Stahlschalungen für das Herstellen von Serienrundsäulen. Werden auf einer Baustelle weniger als fünf gleiche Säulen betoniert, stellen Einwegschalungen aus gewickelter Pappe eine wirtschaftlich bessere Alternative dar. Dieser Schalungstyp wird bei Säulen mit Standarddurchmesser verwendet und beim Ausschalen zerstört.

- Stützenschalungen

  Bei rechteckigen Stützenquerschnitten kommen heute überwiegend drei unterschiedliche Systeme zum Einsatz. Die klassischen Holzschalungsträger, welche aus Stahlriegeln und einer Holzschalhaut bestehen, werden oft bei Stützen mit Sonderabmessungen und einer hohen Stückzahl oder bei speziellen Anforderungen an die Frischbetondruckaufnahme verwendet. Das Windmühlenflügelsystem besteht aus Elementen, wie sie bei der Rahmenschalung eingesetzt werden. Einsatzgebiete sind Einzelstützen mit Standardmaßen. Die Falt-Stützenschalungen sind jedoch die schnellste und sicherste Art, die Lohnkosten beim Herstellen auf ein Minimum zu reduzieren. Sämtliche Teile (Schalungselemente, Verbindungsteile, Leiteraufstieg und Betonierplattform) sind fest angebracht. Die Schalungen werden lediglich an einer Stelle geschlossen und beim Ausschalen geöffnet und aufgefaltet. Die Schalung kann außerdem auf gleichem Niveau mittels Rollen zum nächsten Einsatzort transportiert werden. Dies hat den Vorteil, dass die Schalzeiten erheblich verkürzt werden. Die Folge ist die Erhöhung der Taktzahl und Reduzierung der Bauzeit sowie der Kosten pro Stütze [78].

Deckenschalung

Die Elemente der Deckenschalungen begrenzen sich im Wesentlichen auf eine horizontale Tragkonstruktion und die Schalhaut. Dabei werden die Kräfte in das Traggerüst weitergeleitet. Differenziert wird in Systemschalungen, Trägerschalungen sowie Teilvorgefertigte Decken [9].

- Systemschalungen

  Im Gegensatz zur Trägerschalung sind bei Systemschalungen die Schalhaut und die Querträger in einem Element vereint. Dadurch kann eine einfache, schnelle und hoch flexible Montage mit einem hohen Materialnutzungsgrad erreicht werden. Passflächen können aufgrund der Kombination mehrerer Methoden ebenfalls minimiert werden.

  Bei der Fallkopf-Träger-Element-Methode (FTE) liegen die Hauptträger und Elemente in einer Ebene. Dabei bilden die Hauptträger sowie die Deckenstützen mit integrierten Fallköpfen das Lastableitungssystem. Der Stützenabstand wird von dem System automatisch durch das Einhängen der Hauptträger in den Fallkopf vorgegeben. Der Jochabstand dagegen ergibt sich durch das Einhängen der Elemente in den Hauptträger. Durch den Fallkopf kann die Schalung per Hammerschlag um ca. 60 mm gesenkt und somit ein Frühausschalen bereits nach zwei Tagen (je nach Temperatur und Betonfestigkeit) ermöglicht werden (Bild 2.22) [78].

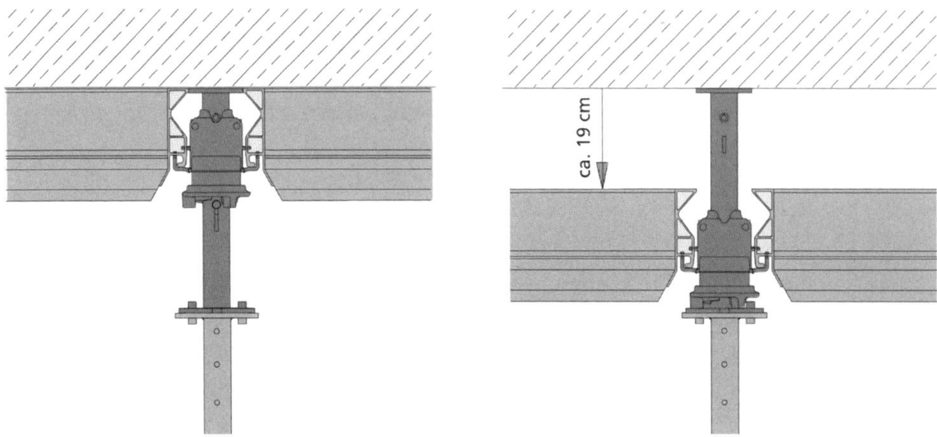

Bild 2.22 Fallkopf eingeschalt (links) und Fallkopf abgesenkt (rechts) [64]

Die Haupt- und Nebenträger liegen bei der Haupt- und Nebenträger-Methode (HN) in einer Ebene. Nach Montage der Träger wird die Schalhaut verlegt und an die Bauwerksgeometrie angepasst. Diese Methode kann als Anpassung bei der FTE-Methode sowie als Unterstützung von teilvorgefertigten Decken angewandt werden. Vorteile des Systems sind die Verwendung gleicher Teile sowie die Reduzierung der Stützenanzahl um 50 %.

Bei der Element-Methode dagegen kommen keine Träger zum Einsatz. Hier werden lediglich die Elemente in den Kreuzungsbereichen direkt unterstützt. Durch die einfache Handhabung und die Reduzierung auf nur zwei Teile (Elemente und Deckenstützen) können bei diesem System ebenfalls Vorteile gewonnen werden [78].

- Trägerschalungen

  Mit der Flex-Deckenschalung (Bild 2.23) lässt sich nahezu jede Bauwerksgeometrie mit den Hauptbestandteilen Deckenstütze, Jochträger, Querträger und Schalplatten einschalen. Die Jochträger sind in den Stützenköpfen verschiebbar eingelegt. Somit sind die Stützenposition und -anzahl nicht in der Systematik vorgegeben. Dies hat zur Folge, dass oft bis zu 50 % mehr Stützen (sog. Angststützen) vorgesehen werden. Ein frühes Ausschalen kann nur erfolgen, wenn Notunterstellungen eingebaut werden [78]. Die Deckentische (Bild 2.24) bestehen aus denselben Elementen wie die Flex-Schalung. Hier sind die Elemente jedoch zu einer Einheit fest miteinander verbunden. Diese Einheit wird als Deckentisch bezeichnet und wird als Ganzes mittels Versetztraverse umgesetzt. Ein wirtschaftlicher Einsatz zeigt sich bei Hochbauten und gewerblichen Projekten, bei denen die Regelgeschosse große Flächen mit gleichem Grundriss aufweisen. Die Kombination von Randtischen mit einem integrierten Seitenschutz und dem Einsatz von Systemdeckenschalungen im Innenbereich hat sich ebenfalls als eine sehr wirtschaftliche Variante erwiesen [78].

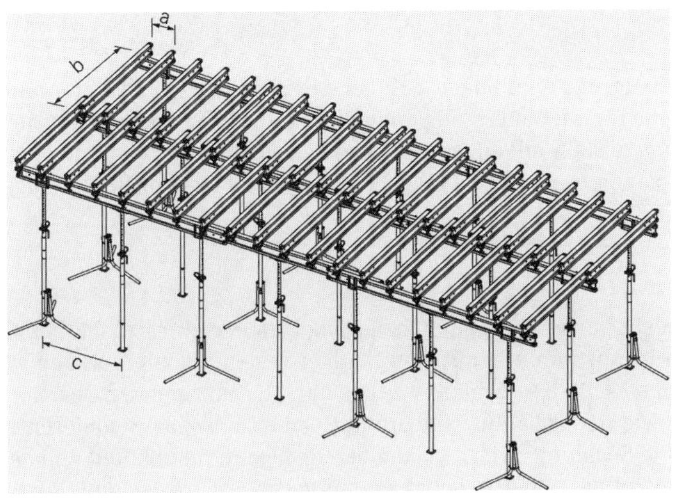

Bild 2.23 Flex-Deckenschalung [69]
a = Querträgerabstand
b = Jochträgerabstand
c = Stützenabstand

Bild 2.24 PERI-Deckentisch [70]

- Teilvorgefertigte Decken

  Teilvorgefertigte Decken haben sich im Wohnungsbau, aufgrund der in der Regel geringen Geschosszahl, mehrheitlich durchgesetzt. Hier ist zu beachten, dass die Unterstützung bis zum Erreichen der notwendigen Betonfestigkeit bestehen muss [78].

2.2.4 Fugenarten

Für die Herstellung eines Bauwerks sind Fugen zwingend erforderlich, da sie unter anderem eine entscheidende Rolle für die Dauerhaftigkeit und Gebrauchstauglichkeit übernehmen. Das Ausbilden von Fugen ist oft mit einer Schwächung des Bauwerks verbunden und die Anordnung ist gut zu planen. Aus wirtschaftlichen Gründen ist die Anzahl der Fugen auf das erforderliche Maß zu begrenzen [56].

Arbeitsfugen

Größere Bauteile können nicht immer in einem Arbeitsgang betoniert werden. Ist dies der Fall, müssen Arbeitsfugen in Abstimmung mit dem Statiker in den Betoniervorgang vorgesehen werden. Arbeitsfugen sollten so geplant werden, dass die auftretenden Beanspruchungen aufgenommen sowie der Schalungsaufbau und -abbau und das Betonieren erleichtert werden können. Die Schalung zwischen dem bereits betonierten Bauteil und dem folgenden Betonierabschnitt sollte an der Arbeitsfuge mit geringer Überdeckung gut angepresst werden (Bild 2.25). Dadurch wird die Gefahr des Aufquellens des Betons im Anschlussbereich verringert [45].

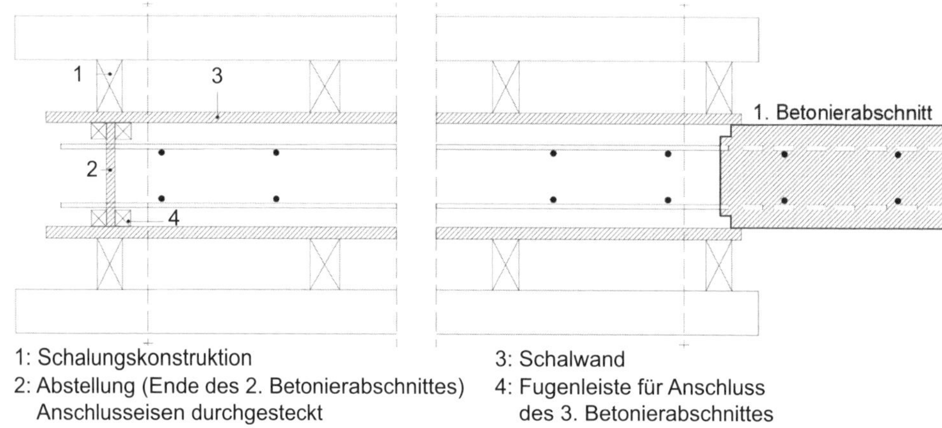

Bild 2.25 Arbeitsfuge in einer Betonwand (Eigene Darstellung i. A. a. [45])

Für den festen und dichten Zusammenschluss der Betonschichten in den Arbeitsfugen müssen folgende Punkte beachtet werden:

- Verunreinigungen, Zementschlämme und nicht einwandfreier Beton sind vor dem Weiterbetonieren zu entfernen.
- Trockener und älterer Beton ist vor dem Anbetonieren feucht zu halten.
- Zum Zeitpunkt des Anbetonierens sollte die ältere Betonoberfläche jedoch etwas angetrocknet sein [45].

Dehnfugen

Um Verformungen sowie Rissbildung bei großflächigen monolithischen Wandbauteilen infolge Temperatur, Kriechen, Schwinden und Bewegungen zu vermeiden, werden unterteilende, durchgehende Fugen angeordnet. Der Fugenabstand richtet sich nach den speziellen Verhältnissen des Bauwerks [45].

Bewegungsfugen

Sie dienen zur Aufnahme von gegenseitigen Verschiebungen benachbarter Bauteile (durch Setzung, Dehnung, Verkürzung oder Verdrehung).

Großformatige Bauteile sollten in Abständen von höchstens 10 m durch Fugen (bei hoher Sonneneinstrahlung oder Frost 4 bis 6 m) unterteilt werden [45].

Konstruktionsfugen

Werden verschiedene Betonbauteile, wie z. B. Fertigteile, Stützen und Fassadenelemente, aneinandergestoßen, ergeben sich Konstruktionsfugen, die gleichzeitig auch Setz- oder Dehnfugen sein können [45].

Fugenabschlüsse

Fugen ohne besondere Anforderungen müssen nicht abgedichtet werden. Es ist je nach Umständen für die Ableitung von Schlagregen zu sorgen.

Besonders in Außenwandflächen werden die Fugen durch dauerplastische und dauerelastische Dichtungsmassen (Thiocol, Acrylharze, Silicon-Kautschuk, Polyurethan) abgedichtet. Die Fugen werden in drei Arbeitsgängen geschlossen:

1. Ausstopfen der Fugen mit Schaumstoffstreifen.
2. Grundierung der Fugenflanken mit einem Voranstrich (Primer).
3. Ausspritzen mit einer Fugenmasse und ggf. glätten.

Die innenliegenden Fugen können durch Kunststoffklemmprofile abgedeckt bzw. bei größeren Bewegungen eingeklebt werden. Fugendichtungen müssen einer ständigen Kontrolle unterliegen [45].

2.2.5 Betonierarbeiten

Um eine optimale Betondruckfestigkeit sowie eine langanhaltende Dauerhaftigkeit der Bauteile zu erreichen, muss bereits in der Planungs- und Bauvorbereitungsphase der Betoniervorgang entsprechend durchdacht werden [45]. Hierzu zählen neben den Anforderungen aus der Statik weitere Themengebiete [36], die im Folgenden erklärt werden und deren Einhaltung auf der Baustelle zu kontrollieren ist.

Vorleistung und Einbauhilfen

Vor dem Einbringen des Betons in die Schalung sollte diese mit geeigneten Trennmitteln behandelt werden. Dadurch ist es möglich, die Schalung später leichter und ohne Schäden vom Beton zu lösen. Des Weiteren sind die Schalungen von losen Materialien (Bindedrahtreste, Holzspäne, Nägel, Styropor-Reste) zu reinigen und ggf. vorzunässen [45]. Viele Betonschäden führen auf eine nicht ausreichende Betondeckung zurück. Die Betondeckung sorgt für den Schutz des einliegenden Stahls vor Korrosion. Die Expositionsklassen des Betons bestimmen dabei die Höhe der Mindestbetonüberdeckung c_{min}.

Um baustellenbedingte Toleranzen der Betonüberdeckung zu berücksichtigen, wird eine Vorhaltemaß Δc beaufschlagt. Das Nennmaß c_{nom} der Betonüberdeckung ergibt sich aus der Summe von c_{min} und Δc. Das Verlegemaß c_{v} (Bild 2.26) beschreibt den maßgebenden Wert für die Verlegung der Bewehrung und ergibt sich

- als größtes Maß aus den Nennmaßen der Betondeckung c_{nom} für die Längsstäbe und die Bügel oder
- aus den erforderlichen Betondeckungen für den Brandschutz [45].

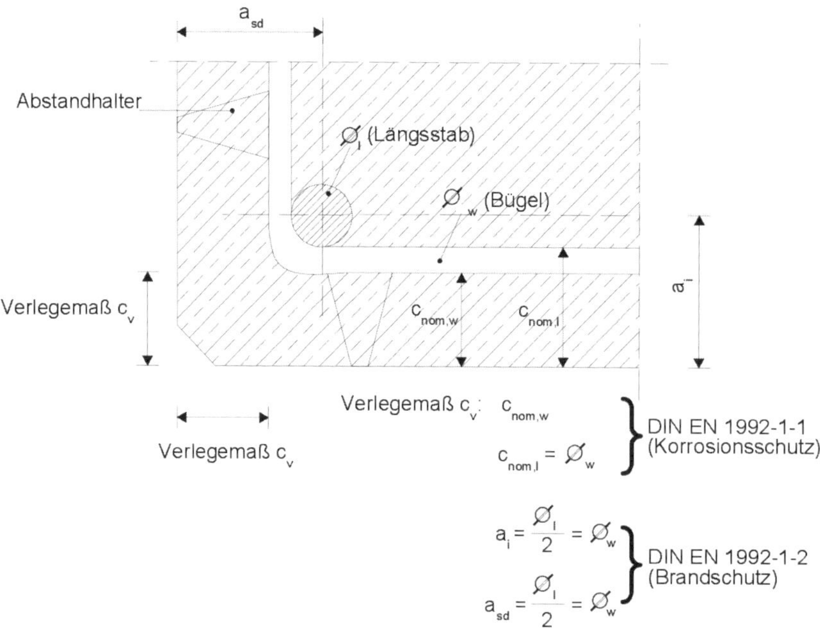

Bild 2.26 Ermittlung des Verlegemaßes der Betondeckung c_{v} (Eigene Darstellung i. A. a. [45])

Um die Einhaltung der Betonüberdeckung sicherzustellen, werden geeignete Abstandhalter, die für c_{nom} dimensioniert sein müssen, eingebaut [45].

Einbringen

Für den Betoniervorgang müssen zunächst Personal, Anzahl der Verdichtungsgeräte und die angelieferte Betonmenge aufeinander abgestimmt sein. Eine Behinderung für das Einbringen und Verdichten des Betons muss durch eine fachgerechte Anordnung der Schalung und Bewehrung ausgeschlossen sein. Der Beton darf sich während dem Transport und dem Einbringen nicht entmischen und sollte daher ohne lange Wartezeiten gleichmäßig eingebracht werden. Um eine Entmischung zu verhindern, darf die Fallhöhe des

Betons nicht größer als 1,50 m sein. Bei Fallhöhen größer 1,50 m sind Fallrohre oder Schlauchkübel einzusetzen.

Betoneinbau mit Kran und Kübel

Eine wirtschaftliche Lösung für das Betonieren von kleineren Bauteilen (Einbauleistungen bis 15 m³/h) bietet das Betonieren mit Kran und Kübel (unstetiges Verfahren). Je nach Tragfähigkeit des Krans und dem Mischerinhalt variiert die Kübelgröße zwischen 100 bis 5000 l. Die Betonkübel dienen als Lastaufnahmemittel und werden mit Anschlagmitteln am Kran angeschlagen.

Die Kübel unterscheiden sich neben der Größe hinsichtlich des Auslaufs in

- Betonkübel mit Bodenentleerung,
- Betonkübel mit Schrägauslauf,
- Kippkübel [76].

Betoneinbau mit Pumpe

Große Bauteile, wie z. B. Bodenplatten, Decken oder dicke Wände, erfordern den Einsatz von Betonpumpen. Dadurch ist ein stetiges und leistungsfähiges Betonieren möglich. Betonpumpen eignen sich gut für schwer zugängliche Einbaustellen und bei hohen Gebäuden, wo lange Kranspielzeiten benötigt werden. Für die optimale Dimensionierung der Betonpumpe sind folgende Punkte rechtzeitig zu beachten:

- Art und Größe der Pumpe,
- Förderweite, Förderhöhe,
- Bauwerksgegebenheiten (Entfernung Pumpe zum Einsatzort),
- Art und Anordnung der Rohrleitungen,
- Betonzusammensetzung (Menge und Art des Betons, Körnung, Ausbreitmaß),
- Einbauleistung [76].

Betonieren bei Frost

Aufgrund der möglichen Beeinträchtigungen der Betoneigenschaften ist der Beton bei kühler Witterung und Frost mit einer bestimmten Mindesttemperatur einzubringen und eine gewisse Zeit gegen Wärmeverluste, Durchfrieren und Austrocknen zu schützen.

- Bei Lufttemperaturen zwischen +5 °C und −3 °C muss die Einbringtemperatur des Betons mindestens +5 °C aufweisen. Bei Zementgehältern unter 240 kg/m³ oder bei Zementen mit niedriger Hydratationswärme darf die Einbringtemperatur nicht unter +10 °C liegen.
- Bei Lufttemperaturen unter −3 °C muss die Temperatur des Betons beim Einbringen mindestens +10 °C betragen. Anschließend muss die Temperatur drei Tage auf diesem Niveau gehalten werden oder so lange zu schützen, bis eine ausreichende Festigkeit erreicht ist.
- Wird erwärmtes Zugabewasser für die Betonherstellung auf Winterbaustellen benutzt, darf die Frischbetontemperatur +30 °C nicht überschreiten. Zudem darf an gefrorenen Bauteilen nicht anbetoniert werden [45].

Betonieren bei heißer Witterung

Nach den Regelungen der Norm darf die Frischbetontemperatur +30 °C nicht überschreiten, da sich sonst die Konsistenz verringert und der Beton schneller erhärtet. Der Einbau mit hohen Temperaturen kann infolge hoher Temperaturdifferenzen und Zwangsspannungen zur erhöhten Rissbildung im fertigen Zustand führen [45].

Verdichten

Um die geforderten Eigenschaften des Festbetons, wie z.B. Festigkeit, Wasserundurchlässigkeit, Oberflächenstruktur, zu erreichen, muss der Beton (mit Ausnahme von selbstverdichtendem Beton) nach dem Einbringen in die Schalung verdichtet werden. Durch den Rüttelvorgang werden die Gesteinskörnungen bei einer Frequenz von 200 Hz in Schwingungen versetzt und ordnen sich dabei zu einer dichten Lage unter gleichzeitigem Verdrängen von Luftblasen. Dadurch wird eine vollständige Umhüllung der Bewehrung erreicht. Es wird zwischen Innen-, Außen- und Oberflächenrüttler unterschieden. Innenrüttler werden in das Betongemisch eingetaucht und geben die in der Rüttelflasche erzeugten Schwingungen kreisförmig um die Eintauchstelle ab. Die Eintauchtiefe der Rüttelflasche sollte zwischen 30 bis 70 cm liegen, wobei schnell eingetaucht und langsam nach oben gezogen wird, so dass sich das entstehende Loch wieder schließen kann. Die Wirkungskreise müssen sich überschneiden, um einen geeigneten Abstand zwischen den Rüttelstellen sicherzustellen. Die Rüttelflasche sollte bei schichtweisem Betonieren 10 bis 20 cm tief in die noch nicht abgebundene Schicht eingetaucht werden. Außenrüttler werden direkt an der Schalung bzw. deren Unterkonstruktion befestigt. Dabei wir die Schalung und gleichzeitig der eingebrachte Beton in Schwingung versetzt. Außenrüttler kommen zum Einsatz, wenn der Innenrüttler aufgrund Platzmangel (stark bewehrte Bauteile) nicht verwendet werden kann. Oberflächenrüttler werden bevorzugt zum Verdichten dünner flächiger Bauteile eingesetzt. Neben dem Verdichten erfolgt gleichzeitig das Abziehen und Glätten der Betonoberfläche [43].

Nachbehandlung

Zur Erreichung eines dichten Oberflächengefüges, das einen hohen Diffusionswiderstand gegen Kohlendioxid und Schwefeldioxid aufweist, muss die Betonoberfläche nachbehandelt werden. Folgende Maßnahmen eignen sich zur Nachbehandlung:

- Belassen in der Schalung und Feuchthalten von Holzschalungen,
- Abdecken mit Folien,
- Aufbringen wasserhaltenden Abdeckungen,
- Aufbringen flüssiger Nachbehandlungsmittel,
- kontinuierliches Besprühen mit Wasser.

Die Mindestdauer der Nachbehandlung richtet sich nach den Umgebungsbedingungen und der Festigkeitsentwicklung des Betons [45].

2.2.6 Vorfertigung im Stahlbetonbau

In den Nachkriegsjahren wurde versucht, die fortgeschrittene Fertigungstechnik der Industrie analog auf die Bauproduktion zu übertragen. Die Förderung dieser Entwicklung wurde durch kurze Bauzeiten, aufgrund hoher Lohn- und Sozialkosten, Fachkraftmangel, Qualitätsansprüche und witterungsunabhängiges Fertigen begründet. Der Stahlbeton-Fertigteilbau beinhaltet die Herstellung von Bauteilen (Stützen, Unterzüge, Wände und Decken) im Fertigteilwerk und der Endmontage auf der Baustelle.

Im Gegensatz zur üblichen Bauweise in Ortbeton bietet die Vorfertigung folgende Vorteile:

- Lohnkostensenkung,
- Bauzeitverkürzung,
- Qualitäts- und Genauigkeitssteigerung,
- Witterungsunabhängigkeit [44].

Die Vorteile ergeben sich im Einzelnen aus folgenden Merkmalen:

- fabrikmäßige und Serienfertigung,
- Normung der Querschnitte und Abmessungen von Bauteilen,
- Anwendung der Spannbett-Technik,
- Werkbeton,
- differenzierte Formgebung [44].

Phasen der Herstellung

Es werden im Fertigteilbau drei Herstellungsphasen unterschieden:

1. Phase: Vorbereitung

   Erstellung der erforderlichen Planunterlagen für die Produktion, wie z. B. statische Berechnungen, Schal- und Bewehrungspläne sowie Stücklisten und Mengenermittlungen.

   Weitere Aufgaben der Arbeitsvorbereitung für die Fertigungsplanung beinhalten:

   - Bestimmung der Bauteil-Systeme für das zu erstellende Gebäude,
   - Festlegung möglichst vieler gleicher Fertigteile unter Beachtung der maximalen Abmessungen und des Höchstgewichtes,
   - Wahl von Verbindungen und Einbauteilen,
   - Aufstellung von Positionslisten mit Beschreibung,
   - Beschreibung des Transport- und Montagevorgangs [44].

2. Phase: Produktion

   Die Produktion unterteilt sich in drei Abschnitte. Der erste Abschnitt beinhaltet die Arbeiten der Nebenbetriebe. Dazu gehören z. B. die Beschaffung oder Anfertigung von Schalungselementen sowie Einbauteilen oder die Herstellung des Betons und der Bewehrung. Im zweiten Abschnitt erfolgen die eigentlichen Arbeiten an der Fertigungsstelle, wie z. B. Einschalen, Bewehren, Betonieren, Verdichten und Ausschalen. Die Arbeiten können in der Stand- oder Fließfertigung erfolgen.

   Die Nacharbeiten (Oberflächenbehandlung, Ausbesserungen, Qualitätskontrolle) und Lagerung erfolgen im dritten Fertigungsabschnitt [44].

3. Phase: Montage

Die Montage von Fertigteilen ist genau nach einem Montageplan durchzuführen. Der Einsatz von leistungsfähigen Hebezeugen wie Turmdrehkrane oder Mobilkrane ist dabei unumgänglich. Dabei müssen Faktoren wie die maximale Ausladung, größte Hakenhöhe sowie das Lastmoment beachtet werden.

Zur Justierung der Bauteile können Unterlagsplatten sowie zuvor eingebrachte Schraubenbolzen verwendet werden. Die Fertigteile werden mit Richtstützen und Montagestreben ausgerichtet und gesichert. Anschließend erfolgt der Verguss mit Zementmörtel und Beton in die Befestigungsstellen [44].

Beim Transport mit geeigneten Transportmitteln ist darauf zu achten, dass die Fertigteile sicher gelagert werden und keine unzulässigen Beanspruchungen auftreten. Des Weiteren ist bei den Transportstrecken auf Durchfahrtshöhen, Belastbarkeit von Brücken und enge Kurven zu achten [44].

2.3 Mauerwerksarbeiten

Alternativ zu Wänden aus Stahlbeton können auch aus kleinformatigen vorgefertigten künstlichen oder natürlichen Steinen Wände hergestellt werden [45].

Zur Herstellung einer Mauerwerkswand werden die Mauersteine mit einem geeigneten Mauermörtel aneinandergefügt. Die Eigenschaften des Verbundwerkstoffs sind von den Eigenschaften der einzelnen Komponenten sowie deren Zusammenwirkung abhängig. Bild 2.27 zeigt die unterschiedlichen Bezeichnungen der Maße und Oberflächen von Mauersteinen. Dabei bildet die horizontal verlaufende Fuge die Lagerfuge und die vertikal verlaufende Fuge die Stoßfuge [37].

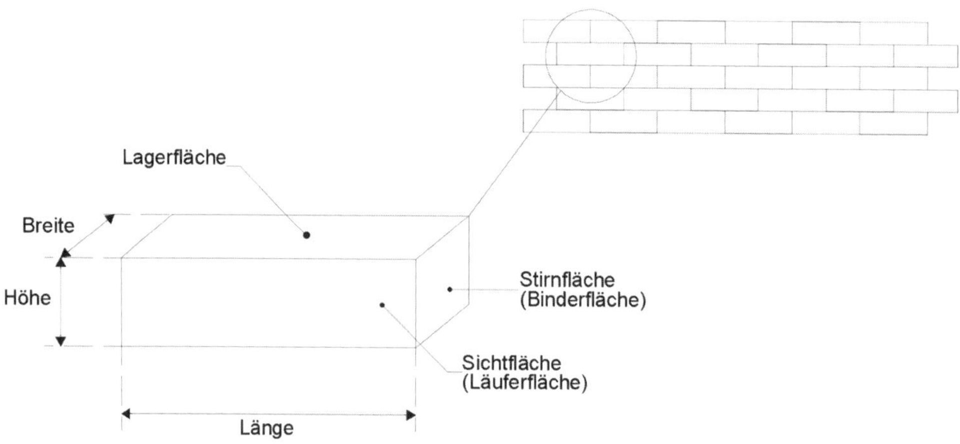

Bild 2.27 Maße und Oberflächen von Mauersteinen (Eigene Darstellung i. A. a. [37])

Die Ausführung von Mauerwerk wird ständig ergänzt und optimiert. Dies erfolgt z.B. durch neue und optimierte Steinformate, bauphysikalische Qualitätsverbesserung oder Verbesserung der Mörteleigenschaften [45].

2.3.1 Steinformate

Für die Herstellung von Mauerwerk können klein- oder großformatige Mauerziegel und Mauersteine mit unterschiedlichen Formen und Abmessungen eingesetzt werden. Übliche Mauerziegel und Mauersteine sind genormt. Produkte, die neu auf dem Markt angeboten werden, besitzen teilweise keine Normung. Jedoch müssen diese Produkte eine bauaufsichtliche Zulassung mit entsprechenden Regelungen zur Verarbeitung besitzen. Die Auswahl der Steinarten und Steinqualitäten richtet sich hauptsächlich nach den Belastungskriterien (Wärme-, Schall-, Brand-, Schlagregenschutz und Frostbeständigkeit).

Der spezielle Einsatz von kleinformatigen Mauersteinen beschränkt sich auf schwierig herzustellende Bauteile (Pfeiler, Stürze, Bögen) sowie für komplizierte Wandgeometrien.

Sind einfache und großflächige Wandflächen herzustellen, werden zur Beschleunigung der Arbeitsabläufe großformatige Mauersteine verwendet. Jedoch ist oft ein Höhenausgleich erforderlich. Hierfür eignen sich Kimmsteine, welche die erste Schicht (Wandfuß) bzw. letzte Schicht (Wandkopf) der Wand bilden (Kimmschicht). Eine sorgfältige Ausführung der Kimmschicht ist für einen Höhenausgleich unabdingbar [45].

Oktametrisches Maßsystem

DIN 4172 „Maßordnung im Hochbau" (Tabelle 2.7) legt die einzelnen Steinformate im oktametrischen System fest. Das System bezieht sich auf ein Achtel- oder Oktameter, das 12,5 cm entspricht (1/8 m = 12,5 cm = 1 am). Dabei werden eine Lagerfugendicke von 12 mm und eine Stoßfugenbreite von 10 mm berücksichtigt [37].

Tabelle 2.7 Erforderliche Anzahl der Schichten verschiedener Ziegelformate [86]

Format	DF	NF	2DF/3DF	≥ 6DF
Höhe der Ziegel	52 mm	71 mm	113 mm	238 mm[a)] 249 mm[b)]
Dicke der Lagerfuge	10,5 mm	12,3 mm	12 mm	12 mm[a)] 1 mm[b)]
Schichtmaß	62,5 mm	83,3 mm	125 mm	250 mm
Anzahl der Schichten	16	12	8	4

1,00 m

a) Bei Blockziegel
b) Bei Planziegel

Das Baunennmaß eines jeweiligen Bauteils ergibt sich nach Abzug oder Zugabe eines Fugenmaßes. Es ist das tatsächliche Maß, das in die Bauzeichnung eingetragen wird. Dabei werden die in der Tabelle 2.8 dargestellten Baunennmaße unterschieden [86].

Tabelle 2.8: Ermittlung von Baunennmaßen [86]

Außenmaß *A* bzw. Pfeilermaß	Öffnungsmaß *Ö* bzw. Innenmaß	Vorsprungsmaß *V* bzw. Anbau- oder Vorlagemaß
$A = x \cdot 12{,}5 - 1$	$Ö = x \cdot 12{,}5 + 1$	$V = x \cdot 12{,}5$

2.3.2 Künstliche Steine

Die Herstellung von künstlichen Steinen basiert auf natürlichen Rohstoffen, die vor der Erhärtung in die entsprechende Form gebracht werden. Es werden gebrannte Steine (Ziegel) und ungebrannte Steine (Kalksandsteine, Porenbetonsteine, Betonsteine) unterschieden [8].

Ziegelsteine

Die Herstellung von Ziegeln beruht auf Ton oder anderen tonhaltigen Stoffen mit oder ohne Zuschlagstoffe. Um einen keramischen Verbund zu erreichen, werden die Rohstoffe und Zuschläge nach einer Aufbereitung über mehrere Temperaturzonen hinweg gebrannt.

Die europäische Norm unterscheidet LD-Ziegel (Low Density) und HD-Ziegel (High Density). LD-Ziegel werden in der DIN EN 771-1 i. V. m. DIN 2000-401 unter P-Ziegel verstanden (Bild 2.28). HD-Ziegel hingegen werden hier als U-Ziegel betitelt (Bild 2.29).

LD-Ziegel weisen eine Brutto-Trockenrohdichte von ≤ 1000 kg/m³ auf und werden in geschütztem Mauerwerk, d. h. das Mauerwerk ist gegen eindringendes Wasser geschützt, eingesetzt.

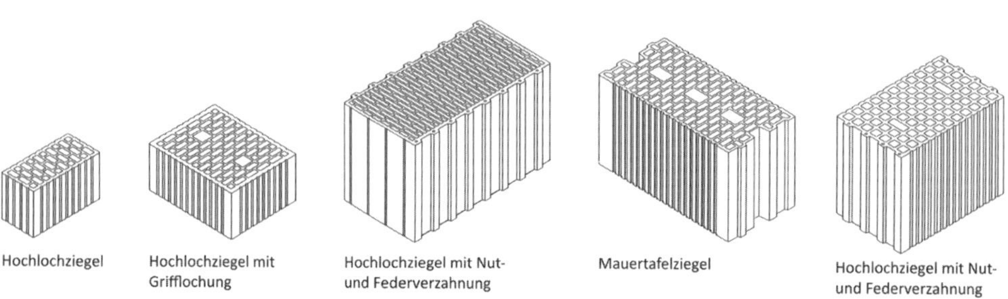

Bild 2.28 P-Ziegel nach DIN EN 771-1 i. V. m. DIN 20000-401 [86]

Im Gegensatz dazu besitzen HD-Ziegel eine Brutto-Trockenrohdichte von > 1000 kg/m³ und werden in ungeschütztem Mauerwerk verwendet [45].

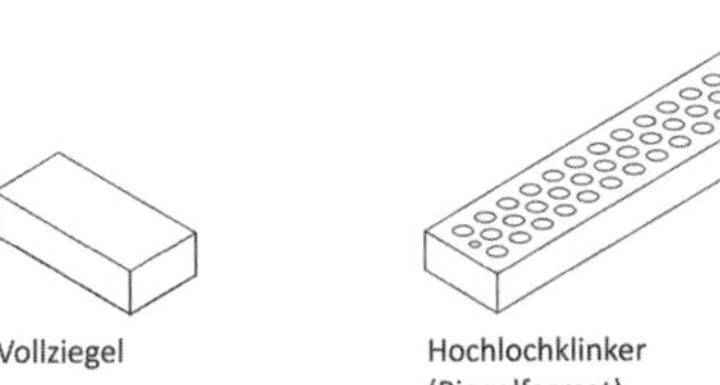

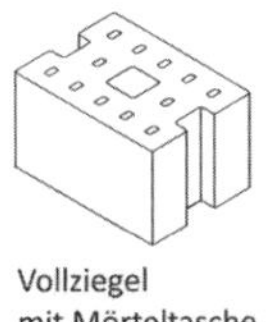

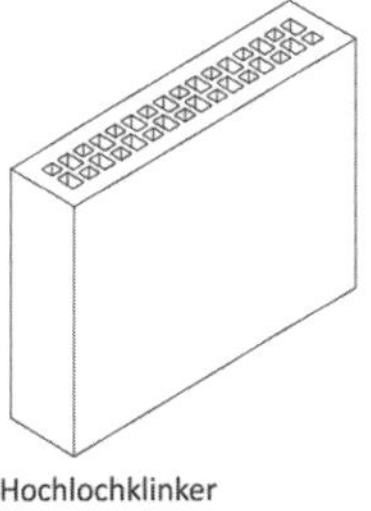

Bild 2.29 U-Ziegel nach DIN EN 771-1 i. V. m. DIN 20000-401 [86]

Des Weiteren sind Mauerziegel nach allgemeiner bauaufsichtlicher Zulassung (Zulassungsziegel) vorhanden. Sie stellen einen Großteil der verarbeiteten Ziegel dar. Die Herstellung erfolgt hauptsächlich als großformatige Planziegel mit geschliffenen Lagerflächen. Zulassungsziegel werden je nach Anforderung unterschieden in Zulassungsziegel für Außenwände (1- bis 4-geschossige Gebäude) und Zulassungsziegel für Außenwände (Mehrgeschossiger Wohnungsbau). Bei niedrigen Gebäudehöhen wie z. B. Einfamilien-, Doppel- oder Reihenhäuser ist der Wärmeschutz das überwiegende Kriterium. So erreichen Hochlochziegel ohne Dämmstofffüllung eine Wärmeleitfähigkeit von λ = 0,08 W/(m · K) bzw. mit Dämmstofffüllung eine Wärmeleitfähigkeit von λ = 0,07 W/(m · K). Die Dämmstofffüllung besteht aus hydrophobiertem Perlite- oder Mineralfaserdämmstoff und ist mineralisch, nicht brennbar sowie diffusionsoffen. Eine hohe Tragfähigkeit ist trotz des hohen Lochanteils gegeben und wird mit der Mauerwerksdruckspannung beschrieben. Sie beträgt σ_0 = 0,5 bis 1,0 MN/m².

Im mehrgeschossigen Wohnungsbau werden höhere Anforderungen an die Tragfähigkeit und den Schallschutz gestellt. Die dafür entwickelten Ziegel besitzen Druckspannungen von σ_0 = 1,15 bis 1,9 MN/m². Das Direktschalldämmmaß RW dieser Ziegel bietet mit Werten von 49 bis 52 dB die Grundlage für eine bauordnungsrechtliche Konstruktion und Ausführung.

Bei besonders hohen Anforderungen an die Tragfähigkeit (Erdbebensicheres Bauen) sowie an den baulichen Schallschutz (Haustrennwände) werden besondere Zulassungsziegel verwendet.

Zur Ausbildung von speziellen Details und Bauteilen stehen folgende Sonderziegel zur Verfügung:

- Eck und Anfängerziegel
- U-Schalen und WU-Schalen
- Schachtziegel
- Deckenabmauerziegel
- Ziegel-Heiz- und Kühlelement
- Anschlagziegel
- Ziegel-Rolladenkasten
- Ziegel Flachstürze
- Gurtwickler-Ziegel
- Akustikziegel [86]

Die Bestellbezeichnung der Ziegel erfolgt in folgender Reihenfolge:

1. Ziegel DIN-Hauptnummer
2. Kurzzeichen der Ziegelart (Tabelle 2.9) ggf. mit Lochungsart (Tabelle 2.10)

   Bei der Ausführung der Stoßfugen mit Nut und Feder kann die Bezeichnung N + F ergänzend verwendet werden.

Tabelle 2.9 Kurzzeichen der Ziegelart [86]

- HLz Hochlochziegel
- Lz Langlochziegel
- Mz Vollziegel
- VMz Vormauer-Vollziegel
- VHLz Vormauer-Hochlochziegel
- KMz Vollklinker
- KHLz Hochlochklinker
- KK Keramikvollklinker
- KHK Keramikhochlochklinker
- LLp Leichtlanglochziegelplatten

Tabelle 2.10 Lochungsarten von Mauerziegeln [37]

Lochungsart	Locheinzelquerschnitt [cm²]
A	≤ 2,5
B	≤ 6,0
C	≤ 16,0

3. Druckfestigkeitsklasse (Tabelle 2.11)

Tabelle 2.11 Druckfestigkeitsklassen von Mauerziegeln [86]

Druckfestigkeits-klasse (SFK)	4	6	8	10	12	16	20	28	36	48	60
Kleinster Einzelwert [N/mm²]	4,0	6,0	8,0	10,0	12,0	16,0	20,0	28,0	36,0	48,0	60,0
Umgerechnete mittlere Mindestdruckfestigkeit fst [N/mm²]	5,0	7,5	10,0	12,5	15,0	20,0	25,0	35,0	45,0	60,0	75,0

4. Rohdichteklasse (Tabelle 2.12)

Tabelle 2.12 Brutto-Trockenrohdichte von Mauerziegeln [86]

Art	Rochdichteklasse (RDK)	Mittelwert der Ziegelrohdichte [kg/dm³]
LD-Ziegel	0,8	0,71 bis 0,80
	0,9	0,81 bis 0,90
	1,0	0,91 bis 1,00
HD-Ziegel	0,8	0,71 bis 0,80
	0,9	0,81 bis 0,90
	1,0	0,91 bis 1,00

Art	Rochdichteklasse (RDK)	Mittelwert der Ziegelrohdichte [kg/dm³]
HD-Ziegel	1,2	1,01 bis 1,20
	1,4	1,21 bis 1,40
	1,6	1,41 bis 1,60
	1,8	1,61 bis 1,80
	2,0	1,81 bis 2,00
	2,2	2,01 bis 2,20 (2,01 bis 2,50)
	2,4	2,21 bis 2,40

5. Format-Kurzzeichen (nach DIN 105-100, Tabelle A.12) (Bild 2.30)

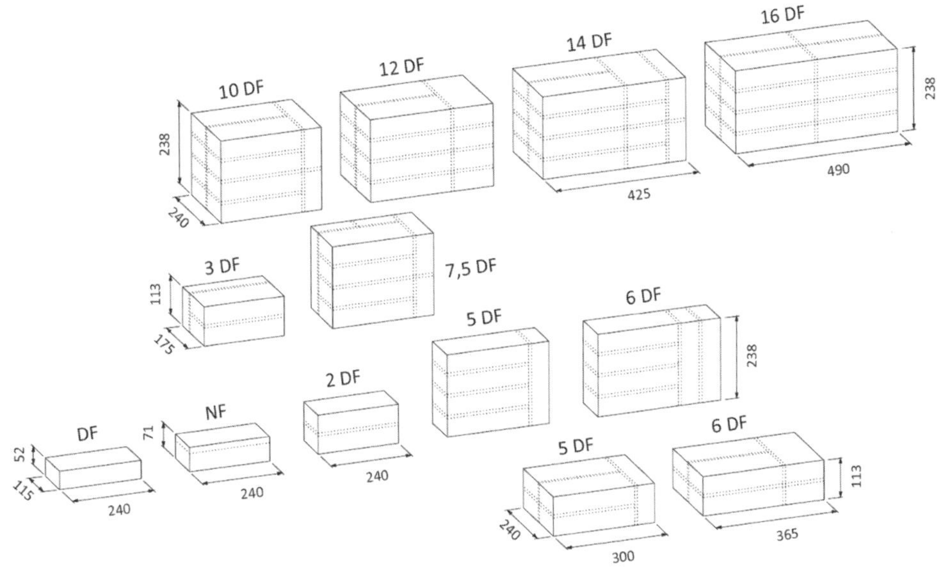

Bild 2.30 Formatkurzzeichen - Mauerziegel [86]

6. Vorgesehene Wanddicke in mm

Beispiel: Hochlochziegel mit Lochung B der Druckfestigkeitsklasse 6, der Rohdichteklasse 0,7, der Länge l = 240 mm, Breite b = 300 mm und der Höhe h = 238 mm (10 DF):

Ziegel DIN 105 - HLzB 6 - 0,7 - 10DF - 300 [86]

Alle Ziegel (außer Ziegel für Sichtmauerwerk) müssen werkseitig mit dem Herstellerzeichen versehen werden. Zusätzlich sind die Ziegel mit der Druckfestigkeits- und Rohdichteklasse auf einer Längsseite farblich zu kennzeichnen. Bei paketierten Ziegeln genügt es, wenn die Angaben auf einem Beipackzettel oder der Verpackung ersichtlich sind [37].

Kalksandsteine

Die Herstellung von Kalksandsteinen (KS-Steine) erfolgt aus den natürlichen Rohstoffen Kalk als Bindemittel und Quarzsand unter Zugabe von Wasser. Die Erhärtung findet unter Dampfdruck statt. Der Einsatzbereich von KS-Steinen liegt in der Ausführung von tragendem und nichttragendem Mauerwerk von Außen- und Innenwänden. Je nach Anwendungsbereich existieren verschiedene Steinarten, bei denen folgende Kriterien zu berücksichtigen sind:

- Lochanteil (Vollsteine/Lochsteine)
- Stoßfugenausbildung (mit/ohne Nut-Feder-System)
- Steinhöhe (Normal- oder Planstein)
- Kantenausbildung (Fase)
- Schichthöhe
- Frostwiderstand

Gegenüber gebrannten Steinen (Mauerziegel) weisen Kalksandsteine eine hohe Maßhaltigkeit auf und sind somit für Sichtmauerwerk sehr gut geeignet.

Die angeordneten Löcher bei den Block-, Loch- und Hohlblocksteinen sind einheitlich über die Lagerflächen verteilt und ungefähr gleich groß. Um den Wärmedurchgang durch die Stege zu reduzieren, sind die Lochachsen versetzt anzuordnen.

Für die Herstellung von frostbeständigem Mauerwerk sowie von Sichtmauerwerk sind insbesondere KS-Verblender geeignet. Die verwendeten Rohstoffe für KS-Verblender dürfen keine schädlichen Bestandteile aus organischen Stoffen oder Ton aufweisen. Dadurch können Abblätterungen, Ausblühungen sowie Verfärbungen von unverputzten Wänden verhindert werden [37].

Zur Vermeidung von aufwendigen Schalarbeiten bei Ringanker, Ringbalken, Stützen und Schlitze sollten hierfür KS-U-Schalen verwendet werden. Dadurch ist ein wirtschaftlicheres Arbeiten möglich. Die Bewehrungsarbeiten erfolgen analog zu klassischen Stahlbetonbauteilen.

Mit KS-Flachstürzen ($h \leq 12{,}5$ cm) und KS-Fertigteilstützen ($h \geq 24{,}8$ cm) können Überdeckungen von Öffnungen oder Nischen schnell und kostengünstig hergestellt werden. Dabei sind eine Mindestauflagertiefe von 11,5 cm und eine Mindestauflagerfläche von 400 cm^2 einzuhalten. Beim Einbau von Stürzen mit einer lichten Weite von ≥ 1,25 m wird eine Montagestütze, bei einer lichten Weite von ≥ 2,50 m werden zwei Montagestützen benötigt. Direkte Belastungen durch Einzellasten sind bei KS-Flachstützen nicht zulässig, da die Druckzone erst mit der Übermauerung entsteht. KS-Fertigteilstürze können dagegen aufgrund der bereits enthaltenen Druckzone und dem Zuggurt direkt nach dem Einbau Belastungen aufnehmen.

Zur Reduzierung geometrischer Wärmebrücken wurden besondere KS-Wärmedämmsteine für die Verwendung am Wandfuß bzw. -kopfpunkt entwickelt. Diese wärmetechnisch optimierten Kalksandsteine besitzen Steindruckfestigkeiten ≥ 12 und eine geringe Wärmeleitfähigkeit von $\lambda \leq 0{,}33$ W/(m · K). Als Vollsteine weisen sie eine Rohdichteklasse ≤ 1,2 auf. Hauptanwendungsbereiche sind die untersten und obersten Steinschichten von Innen- und Außenwänden. Die graue Farbe vermeidet das Verwechseln mit anderen Kalksandsteinen [13].

Die Bestellbezeichnung der Kalksandsteine erfolgt in folgender Reihenfolge:

1. Kalksandstein DIN-Hauptnummer
2. Steinart-Kurzzeichen nach DIN V 106 (Tabelle 2.13)

Tabelle 2.13 Steinart-Kurzzeichen nach DIN V 106

Kurzzeichen	Erklärung
KS	Kalksandstein
Vm	KS-Vormauerstein
Vb	KS-Verblender
Ohne	Vollstein ($h \leq 113$ mm) und Blocksteine ($h > 113$ mm) Lochflächenanteil bis 15 % der Lagerfläche
L	Lochstein ($h \leq 113$ mm) und Hohlblocksteine ($h > 113$ mm) Lochflächenanteil 15 bis 50 % der Lagerfläche
P	Plansteine
Planelemente	
XL	Ohne Längsnut, ohne Lochung
XL-N	Mit Längsnut, ohne Lochung
XL-E	Ohne Längsnut, mit Lochung
F	Fasensteine
BP	Bauplatten
Stirnseitengestaltung	
Ohne	Glatt
R	Nut- und Federsystem

3. Druckfestigkeitsklasse

   Siehe Tabelle 2.11. In der Praxis werden die Druckfestigkeitsklassen 12 und 20 verwendet.

4. Rohdichteklasse

   Siehe Tabelle 2.12. In der Regel werden Kalksandsteine der Rohdichteklassen 1,4 - 1,8 - 2,0 eingesetzt.

5. Format-Kurzzeichen (nach DIN 1053/EC 6) (Bild 2.31) und vorgesehene Wanddicke in mm [28]

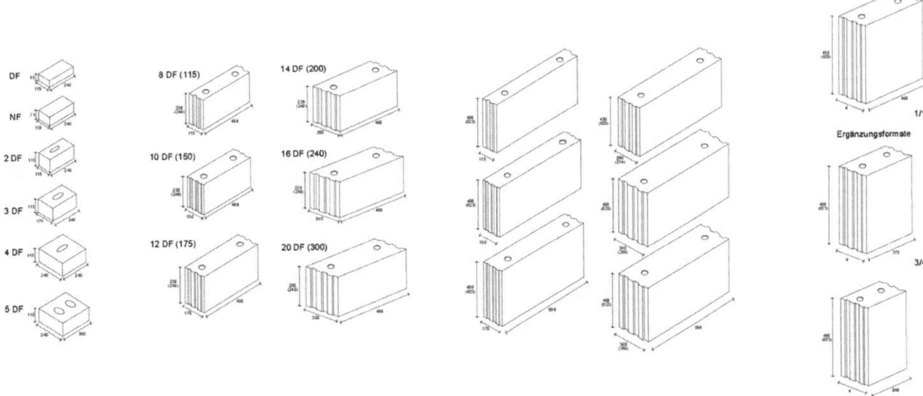

Bild 2.31 Kalksandsteine für Normalmörtel (links) und Kalksandsteine für Dünnbettmörtel (rechts) (Eigene Darstellung i. A. a. [13])

Beispiel: KS-Steine mit > 15 % Lochflächenanteil sowie Nut- und Feder-System, der Druckfestigkeitsklasse 12, der Rohdichteklasse 1,2, der Länge l = 240 mm, der Breite b = 175 mm und der Höhe h = 113 mm (3 DF):

Kalksandstein DIN V 106 – KS L-R 12 – 1,2 – 3DF (175) [28]

Kalksandsteine werden nach DIN V 106 mit der Druckfestigkeits- und Rohdichteklasse entweder durch farbliche Markierung eines außenliegenden Steins oder durch Kennzeichnung der Verpackung oder durch Beilage eines entsprechenden Begleitzettels gekennzeichnet [37].

Porenbetonsteine

Der feinporige Baustoff besteht aus hydraulischen Bindemitteln wie Zement bzw. Kalk und feinkörnigen kieselsäurehaltigen Stoffen wie Quarzsand oder Flugasche unter Zugabe von Wasser. Die Porenstruktur wird durch den Einsatz von porenbildenden Zusätzen hergestellt [45]. Trotz der fehlenden groben Gesteinskörnungen wird der Porenbeton zur Gruppe der Leichtbetone eingeordnet und nicht als Porenmörtel bezeichnet.

Die geringe Rohdichte des Porenbetonsteins kommt durch einen sehr hohen Porenanteil zustande und ermöglicht die Ausführung von leichten und zugleich massiven Bauteilen. Die Tragfähigkeit sowie die bauphysikalischen Anforderungen können dabei ohne zusätzliche Maßnahmen eingehalten werden. Auf eine zusätzliche Wärmedämmung kann verzichtet werden, da Porenbeton mit λ = 0,10 bis 0,31 W/(m · K) (je nach Rohdichteklasse) eine sehr geringe Wärmeleitfähigkeit besitzt. Der Feuchtigkeitsausgleich mit der umgebenden Luftfeuchtigkeit (Wasserdampfadsorption) wird durch die Mikroporen geschaffen. Das Kapillarporensystem des Baustoffs sorgt für ein schnelles Aufsaugen von Wasser an der Oberfläche und der Weiterleitung mittels Kapillarwirkung bis zum kritischen Feuchtegehalt von 15 bis 20 Vol.-%. Der Feuchtetransport unterhalb des kritischen Feuchtegehaltes erfolgt dann mittels Wasserdampfdiffusion, wodurch nur eine langsame Austrocknung möglich ist. Aus diesem Grund kann es zu Frostschäden bei übermäßiger Durchfeuchtung kommen und erfordert somit einen Schutz gegen eindringende Feuchtigkeit sowohl bei der Lagerung als auch im eingebauten Zustand.

Porenbeton ist ein mineralischer Baustoff, der feuerbeständig und für alle Feuerwiderstandsklassen einsetzbar ist. Die geringe Wärmeleitfähigkeit sorgt dabei für eine langsame Temperaturübertragung im Brandfall.

Durch die raue Oberfläche ist der Schallabsorptionsgrad einer Porenbetonoberfläche um das 5- bis 10-fache höher als bei einer glatten Wand.

Die Bestellbezeichnung der Kalksandsteine erfolgt in folgender Reihenfolge:

1. Porenbeton – Planstein oder Planelement DIN-Hauptnummer
2. Steinart
   - Planstein (PP)

     Quaderförmiger Vollstein mit einer Steinhöhe ≤ 249 mm, der in Dünnbettmörtel zu verlegen ist.
   - Planelement (PPE)

     Quaderförmiger Vollstein mit einer Steinhöhe > 249 mm und einer Länge ≥ 499 mm, der in Dünnbettmörtel zu verlegen ist.

- Planbauplatte (PPpl) und Bauplatte (PPl)

  Porenbetonstein für nichttragende Trennwände im Innenbereich mit erhöhten Anforderungen an die Grenzabmaße für die Höhe und keinen Anforderungen an die Druckfestigkeit [37].

3. Festigkeits- und Rohdichteklassen (Tabelle 2.14)

Tabelle 2.14 Festigkeits- und Rohdichteklassen von Porenbetonsteinen [14]

Steinart	Festigkeitsklasse	Mindestdruckfestigkeit		Rohdichte	
		Mittelwert $[N/mm^2]$	Kleinster Einzelwert $[N/mm^2]$	Klasse	Mittelwert $[kg/dm^3]$
Plansteine nach DIN V 4165-100 oder DIN V 20000-404	2	2,5	2,0	0,35	≥ 0,30 bis 0,35
				0,40	> 0,35 bis 0,40
				0,45	> 0,40 bis 0,45
				0,50	> 0,45 bis 0,50
	4	5,0	4,0	0,50*	≥ 0,45 bis 0,50
				0,55	> 0,50 bis 0,55
				0,60	> 0,55 bis 0,60
				0,65	> 0,60 bis 0,65
				0,70	> 0,65 bis 0,70
				0,80	> 0,70 bis 0,80
	6	7,5	6,0	0,60*	> 0,55 bis 0,60
				0,65	> 0,60 bis 0,65
				0,70	> 0,65 bis 0,70
				0,80	> 0,70 bis 0,80
	8	10,0	8,0	0,80	> 0,70 bis 0,80
				0,90	> 0,80 bis 0,90
				1,00	> 0,90 bis 1,00
Planelemente nach Zulassungsbescheid	2	2,5	2,0	0,40	> 0,35 bis 0,40
				0,45	> 0,40 bis 0,45
				0,50	> 0,45 bis 0,50
	4	5,0	4,0	0,50	> 0,45 bis 0,50
				0,55	> 0,50 bis 0,55
				0,60	> 0,55 bis 0,60
				0,65	> 0,60 bis 0,65
				0,70	> 0,65 bis 0,70
				0,80	> 0,70 bis 0,80
	6	7,5	6,0	0,60	> 0,60 bis 0,65
				0,70	> 0,65 bis 0,70
				0,80	> 0,70 bis 0,80

Tabelle 2.14 Festigkeits- und Rohdichteklassen von Porenbetonsteinen [14] *(Fortsetzung)*

Steinart	Festigkeitsklasse	Mindestdruckfestigkeit		Rohdichte	
		Mittelwert [N/mm²]	Kleinster Einzelwert [N/mm²]	Klasse	Mittelwert [kg/dm³]
Planbauplatten nach DIN 4166	–	–	–	0,35	≥ 0,30 bis 0,35
				0,40	> 0,35 bis 0,40
				0,45	> 0,40 bis 0,45
				0,50	> 0,45 bis 0,50
				0,55	≥ 0,50 bis 0,55
				0,60	> 0,55 bis 0,60
				0,65	> 0,60 bis 0,65
				0,70	> 0,65 bis 0,70
				0,80	> 0,70 bis 0,80
				0,90	> 0,80 bis 0,90
				1,00	> 0,90 bis 1,00

4. Maße (Tabelle 2.15)

Tabelle 2.15 Anwendungsübliche Abmessungen von Porenbeton-Produkten [14]

Produkt	Länge [mm]	Dicke/Breite [mm]	Höhe [mm]
Plansteine	499/599/624	115 bis 500	249
Planbauplatten	499/599/624	50 bis 150	499/599/624
Planelemente	499/624/999	115 bis 500	499/624
Flachstürze	1250 bis 3000	100 bis 200	124
Stürze für nichttragende Wände	1250	75/100/115	249

Die Maße sind in der Reihenfolge und dem Format Länge × Breite × Höhe in mm anzugeben.

Beispiel: Porenbeton-Planstein (Planelement) der Druckfestigkeitsklasse 2 (4), der Rohdichteklasse 0,40 (0,60), der Länge l = 599 (624) mm, der Breite b = 300 mm und der Höhe h = 249 (499) mm.

Porenbeton-Planstein DIN V 4165 – PP2 – 0,40 – 599 × 300 × 249

Porenbeton-Planelement DIN V 4165 – PPE4 – 0,60 – 624 × 300 × 499

Steinart, Maße, Festigkeitsklasse, Rohdichteklasse und das Herstellerkennzeichen sind auf mindestens jedem 10. Planstein durch eine farbliche Markierung anzugeben. Bei Paketierung gelten die Festlegungen wie für Mauerziegel [37].

Gegenüberstellung der Steinarten (Tabelle 2.16)

Tabelle 2.16 Gegenüberstellung der Steinarten

Steinart	Material	Vorteile	Nachteile
Ziegelsteine [86]	Ton oder andere tonhaltige Stoffe Wärmedämmziegel zusätzlich mit Perlite- oder Mineralfaserdämmstoffen versetzt	Gute Wärme- und Schalldämmung Guter Brandschutz Feuchteregulierende Eigenschaften Nicht anfällig für Schimmel	Bruchgefahr beim Bohren (Spezialdübel notwendig) Bestimmte Ziegeltypen nicht für tragende Wände geeignet
Kalksandsteine [13]	Kalk und kieselsäurehaltige Zuschläge Erhärtung unter Dampfdruck	Guter Schall- und Brandschutz Hohe Druckfestigkeit Unempfindlich gegen Witterungseinflüsse Sorgt für ein angenehmes Raumklima	Schlechte Wärmedämmung (zusätzliche Dämmschicht nötig) Hohe Rohdichte (aufwendige Bearbeitung)
Porenbetonsteine [84]	Quarzsand, Kalk, Zement sowie Aluminiumpulver als Porenbildner Erhärtung unter Dampfdruck	Sehr gute Wärmedämmung Leichter Baustoff Zeit- und Kostenersparnis durch große Steinformate Nicht brennbar Wohngesundes Raumklima	Schlechter Schallschutz durch geringe Rohdichte Hohe Feuchtigkeitsaufnahme (guter Schutz vor Umwelteinflüssen nötig)

2.3.3 Natürliche Steine

Natursteine sind natürlich gewachsene Gesteine, die durch geologische Abläufe entstehen und im Tagebau gewonnen werden. Der Zusammenhalt der im Stein vorhandenen Mineralien entsteht durch eine direkte Verwachsung oder durch ein Bindemittel [37]. Aufgrund des breiten Spektrums der Gesteinsarten werden sie seit Jahrhunderten für die Errichtung von massiven Bauwerken verwendet. Weiterhin weisen Natursteine eine hohe Tragfähigkeit und Widerstandsfähigkeit sowie unterschiedliche Farben und Strukturen auf. Aufgrund der wirtschaftlicheren und der rationelleren Arbeitsweise erfolgt dennoch der Einsatz von modernen Baustoffen. Das hat zur Folge, dass die Natursteine an Relevanz verloren haben und nur noch bei der architektonischen Gestaltung und der Restaurierung zur Anwendung kommen [55]. Zu den Gesteinsgruppen zählen Magmatite, Sedimentite und Metamorphite.

Magmatite entstehen durch die Abkühlung und Erstarrung des Magmas, z. B. Granit, Basalt, Diorit oder Porphyr. Gesteine, die durch schichtenförmige Ablagerungen organischer oder anorganischer Partikel im Wasser entstehen, werden als Sedimentite bezeichnet, z. B. Kalkstein, Sandstein oder Travertin [45]. Bei der Umwandlung von Erstarrungs- oder

Schichtgesteinen unter deutlich erhöhten Druck- und Temperaturbedingungen entstehen Metamorphite, z. B. Schiefer, Gneis, Quarzit oder Marmor [37].

Folgende Anforderungen an natürliche Mauersteine werden gestellt:

- Bezeichnung, Maße und Grenzabmaße

  Die Maße sind in der Reihenfolge Länge × Breite × Höhe in mm anzugeben.
- Rohdichte

  Für die Rohdichte wird ein Wert zwischen 2 und 3 g/cm^3 angenommen.
- Druck-, Biege-, Haftscher-, Biegezugfestigkeit

  Die Mineralien sowie das Gefüge und die Bindemittel bestimmen die Druckfestigkeit. Eine Belastung auf Biegung ist aufgrund der geringen Zugfestigkeit nicht möglich.
- Porosität

  Es sind kristalline, körnige, dichte, porphyrisch schiefrige, poröse Gefügestrukturen möglich.
- Wasseraufnahme

  Die Wasseraufnahme beträgt in der Regel 0,2 bis 0,7 M.-% mit Ausnahme von Basalt, Lava, einigen Sandsteinen und Travertin.
- Dauerhaftigkeit

  Die Härte- und Wetterbeständigkeit wird durch die Mineralien, das Gefüge und das Bindemittel bestimmt. Die Abnutzbarkeit, Bearbeitbarkeit und Polierfähigkeit sind von der Härte abhängig. Polierfähig sind nur Steine mit großer Härte, dichtem und gleichmäßigem Gefüge, z. B. Granit, Basalt, Porphyr, Marmor oder Kalkstein. Dagegen sind Sandsteine, Trachyt oder Tuffe nicht polierbar.
- Wärmeschutztechnische Eigenschaften

  Aufgrund der Dichte besitzen Natursteine eine geringe Wärmedämmfähigkeit.
- Brandverhalten

  Die Erhöhung der Feuerbeständigkeit erfolgt durch einen hohen Anteil an Ton, Quarz und Glimmer, z. B. tonige Sandsteine, Glimmer und Trachyte. Calciumkarbonat und Silikat-Minerale verringern dagegen die Feuerbeständigkeit.
- Wasserdampfdurchlässigkeit
- Oberflächenbeschaffenheit

Des Weiteren ist das Mauerwerk vor eindringender und aufsteigender Feuchtigkeit, Säuren, Moose und Flechten zu schützen. Dies erfolgt durch so genannte Steinschutzmittel, die gleichzeitig eine Oberflächenhärtung bewirken [45].

2.3.4 Mauermörtel

Mauermörtel ist ein Gemisch für Lager-, Stoß- und Längsfugen, der aus Bindemittel (Zement, Baukalk), Sand, Wasser und ggf. Zusatzstoffen (Flugasche, Trass) und/oder Zusatzmitteln besteht [45].

Der Mörtel erfüllt dabei folgende Aufgaben:

- Durch einen kraftschlüssigen Verbund der Mauersteine sollen Druck-, Zug-, Scher- und Biegebeanspruchungen aufgenommen werden.

- Die vollflächige Verfüllung der Zwischenräume zwischen den Mauersteinen sorgt als Druckausgleichsschicht für Feuchtigkeits-, Wärme-, Schall- und Brandschutz.
- Ausgleich der Maßabweichungen der Steine [37].

Nach DIN V 18 580 werden Mörtel unterschieden in:

- Normalmörtel (NM),
- Leichtmörtel (LM),
- Dünnbettmörtel (DM).

Normalmauermörtel

Normalmauermörtel werden mit Gesteinskörnungen, die ein dichtes Gefüge besitzen, hergestellt und weisen eine Trockenrohdichte von $\geq$ 1500 kg/m^3 auf. Sie werden mit zunehmender Druckfestigkeit in die Mörtelgruppen (MG) I, II, IIa, III und IIIa unterteilt. Die Herstellung erfolgt als Werkmörtel oder als Baustellenmörtel (Rezeptmörtel). Für Letzteren sind die Mischungsverhältnisse der DIN V 18580 sowie die besonderen Anforderungen an die Gesteinskörnung einzuhalten. Bei Abweichungen der Mischungsverhältnisse sind prinzipiell entsprechende Eignungsprüfungen durchzuführen. Die MG I beinhaltet gut zu verarbeitende Kalkmörtel mit geringen Druckfestigkeiten, an die keine Anforderungen bezüglich der Fugendruck- bzw. Verbundfestigkeit gestellt werden. Sie können praktisch nur Druckspannungen aufnehmen und sind deshalb in ihrem Einsatzgebiet eingeschränkt. Die Mörtelgruppe I ist nicht zulässig:

- für Gewölbe und Kellermauerwerk (Ausnahme: Instandsetzung von altem Mauerwerk),
- bei > 2 Geschossen und bei Wanddicken < 24 cm,
- bei Vermauerung der Außenschale (zweischaliges Mauerwerk),
- bei Mauerwerk nach Eignungsprüfung,
- bei bewehrtem Mauerwerk.

Außerdem ist bei schlechten Witterungsverhältnissen ein Mörtel der MG II zu bevorzugen. Die überwiegend eingesetzten Mörtel der MG II und IIa schließen hochhydraulische Kalkmörtel, Mörtel mit Putz- und Mauerbinder sowie Kalkzementmörtel mit mittleren Druckfestigkeiten ein. Die MG IIa liegt in Bezug auf die Festigkeitsentwicklung zwischen der MG II und der MG III. Aufgrund der ausreichenden Festigkeit sowie der guten Verarbeitbarkeit unterliegt diese Mörtelgruppe keinen Einschränkungen. Sie können für alle Wände, die einer (frühzeitigen) Belastung ausgesetzt sind, angewandt werden. Um eine Verwechslung zu vermeiden, sollten die Mörtelgruppen II und IIa nicht parallel auf einer Baustelle verbaut werden.

MG III und IIa bilden die reinen Zementmörtel, die hohe Festigkeiten aufweisen. Jedoch sind aufgrund der schlechteren Verarbeitungseigenschaften meist Zusatzmittel oder -stoffe wie z. B. Kalkhydrat, Trass enthalten. Die Verwendung der Mörtelgruppe III und IIIa ist bis auf die Verfugung freistehender Schornsteine und Verblendschalen von zweischaligem Mauerwerk nicht eingeschränkt. Die Lagerfugen-Solldicke beträgt 12 mm.

Leichtmauermörtel

Leichtmauermörtel werden mit Gesteinskörnungen mit porigem Gefüge (Leichtgefüge) wie z. B. Perlite, Blähton, Bims oder EPS-Kugeln hergestellt und weisen eine Trockenrohdichte von ≤ 1500 kg/m³ auf. Sie werden als Werk-Frischmörtel oder als Werk-Trockenmörtel geliefert. Aufgrund der geringen Rohdichte besitzen Leichtmörtel eine geringe Wärmeleitfähigkeit λ_R. Entsprechend dem Rechenwert der Wärmeleitfähigkeit werden zwei Gruppen unterschieden (Tabelle 2.17).

Tabelle 2.17 Leichtmörtelarten unterschieden nach Wärmeleitfähigkeit

Leichtmörtel LM 21	
Wärmeleitfähigkeit:	$\lambda_R = 0{,}21$ W/(m · K)
Trockenrohdichte:	$\rho_d \leq 700$ kg/m³
Leichtmörtel LM 36	
Wärmeleitfähigkeit:	$\lambda_R = 0{,}36$ W/(m · K)
Trockenrohdichte:	$\rho_d \leq 1000$ kg/m³

Kommt es zu einer Überschreitung der Trockenrohdichte, muss die Wärmeleitfähigkeit durch eine Prüfung nach DIN EN 1745 nachgewiesen werden. Leichtmauermörtel darf nicht für Gewölbe oder Sichtmauerwerk/Verblendschalen, die der Witterung ausgesetzt sind, verwendet werden. Die Lagerfugen-Solldicke beträgt wie bei der Verwendung von Normalmauermörtel ebenfalls 12 mm [37].

Dünnbettmörtel

Dünnbettmörtel ist eine spezielle Art von Normalmörtel mit einem Größtkorn ≤ 1 mm. Der Einsatz erfolgt bei der Vermauerung von Steinen mit geringen Maßabweichungen ≤ 1 mm und für Fugendicken von 1 bis 3 mm [45]. Die spezielle Mörtelzusammensetzung ermöglicht ein durchgehend deckendes Mörtelband in der Lagerfuge, wodurch ein Überlaufen des Mörtels in die Luftkammern verhindert wird [86]. Mit der Reduzierung des Fugenanteils ist es möglich, hohen Wärmeverlusten der Fugen vorzubeugen. Dünnbettmörtel werden nur in einer Festigkeitsklasse geliefert, die mit der Mörtelgruppe III vergleichbar ist. Im Vergleich zur Mörtelgruppe III wird jedoch aufgrund der geringen Fugendicke eine höhere Mauerwerksdruckfestigkeit erzielt [45]. Zur Verarbeitung von Dünnbettmörtel werden zwei ähnliche Systeme angeboten. Beim System VD erfolgt die Herstellung der Lagerfuge mittels Mörtelwalze. Im Unterschied dazu erfolgt beim System V.Plus der Auftrag mit zusätzlicher dazwischenliegender Gewebeflieseinlage [86].

Tabelle 2.18 Mörtelarten nach DIN 1053-1 [86]

Mörtelart	Mörtelgruppe nach DIN 1053-1	Mörtelklasse nach DIN EN 998-2	Druckfestigkeit β_D in N/mm² nach DIN EN 1015-11
Normalmauermörtel	NM I	M 1	≥ 1,0
	NM II	M 2,5	≥ 2,5
	NM IIa	M 5	≥ 5,0
	NM III	M 10	≥ 10,0
	NM IIIa	M 20	≥ 20,0

Mörtelart	Mörtelgruppe nach DIN 1053-1	Mörtelklasse nach DIN EN 998-2	Druckfestigkeit $ß_D$ in N/mm² nach DIN EN 1015-11
Leichtmörtel	LM 21	M 5	≥ 5,0
	LM 36	M 5	≥ 5,0
Dünnbettmörtel	DM	M 10	≥ 10,0

Lagerfugen sind im Gegensatz zu Stoßfugen immer vollflächig zu vermörteln. Für die Ausbildung der Stoßfugen gibt es mehrere Möglichkeiten, die in Bild 2.32 dargestellt sind.

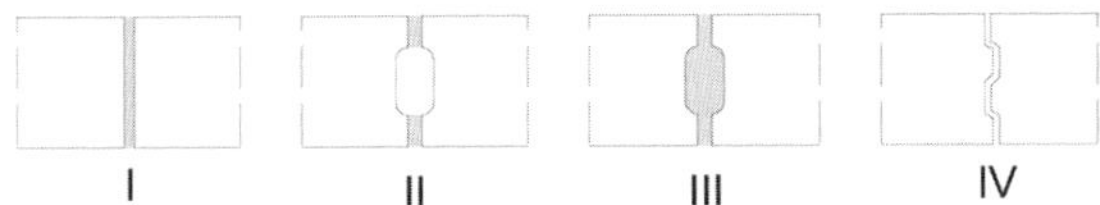

Bild 2.32 Möglichkeiten der Stoßfugenausbildung (Eigene Darstellung i. A.a. [37])
I: Vollflächige Vermörtelung
II: Auftrag des Mörtels auf die Steinflanken
III: „Knirsch"-Verlegung von Steinen mit Vermörtelung der Mörteltasche
IV: „Knirsch"-Verlegung von Nut-Feder-Steinen ohne Vermörtelung
„Knirsch" = dichtes aneinanderstoßen von Mauersteinen

2.3.5 Mauerverbände

Zur Sicherstellung der Flächentragwirkung des Mauerwerks muss dieses unabhängig vom Wandaufbau im Verband gemauert werden, d. h. die Längs- und Stoßfugen übereinanderliegender Ebenen sind in einem Versatz, dem Überbindemaß *ü*, herzustellen (Bild 2.33). Um die Vertikallast über die Wandlänge abzuführen und somit die Tragfähigkeit sowie die Rissvermeidung zu gewährleisten, ist die Einhaltung des Überbindemaßes unabdingbar [86].

Bild 2.33 Überbindemaß von Mauerwerk (Eigene Darstellung i. A. a. [32])

Mauerverbände beschreiben die Anordnung und den Verbund, wie künstliche und vereinzelt natürliche Mauersteine innerhalb des Mauerwerks aneinandergefügt und bezeichnet werden. Es können verschiedene Verbandarten angewandt werden, die sich nach der Abfolge von Binder und Läufer sowie der Fugenausrichtung richten [45].

Tabelle 2.19 Verschiedene Mauerverbände (Bilder: © Wikimedia Commons/Burny [81a])

Bezeichnung	Darstellung
Mittlerer Läuferverband	
Schleppender Läuferverband	
Binderverband	
Kreuzverband	
Blockverband	

Verbindung und Verzahnung von Mauerwänden

Um eine zug- und druckfeste Verbindung von Mauerwänden untereinander (aussteifende Wände mit auszusteifenden Wänden) herzustellen, sollten die Wände gleichzeitig hochgezogen und im Verband gemauert werden. Da aufgrund der erforderlichen Freihaltung der Verkehrswege auf den Geschossdecken oder anderen bauverfahrenstechnischen Gründen ein paralleles Hochziehen nicht möglich ist, können gleichwertige Maßnahmen eingeleitet werden [54]. Die Stumpfstoßtechnik mit Verankerung kommt dabei häufig zum Einsatz. Zur Verankerung werden sogenannte Flachstahlanker zur Aufnahme der Zugkräfte eingesetzt [86]. Um diese Kräfte vollständig aufnehmen zu können, müssen die Flachstahlanker vollständig in den Lagerfugenmörtel eingebettet werden. Die Anzahl ergibt sich in Abhängigkeit von der aufzunehmenden Last zu den zulässigen Kräften nach der allgemein bauaufsichtlichen Zulassung der Anker. Generell sind bis zu einer Geschosshöhe von 3 m mindestens drei Anker gleichmäßig über die Höhe verteilt einzubauen. Die erforderliche Anzahl ist ggf. statisch nachzuweisen [85].

Ist eine Mauerwerkswand an einer Stahlbetonwand oder -stütze zu befestigen, werden die Maueranker mit der zuvor einbetonierten Ankerschiene verbunden [86] (Bild 2.34).

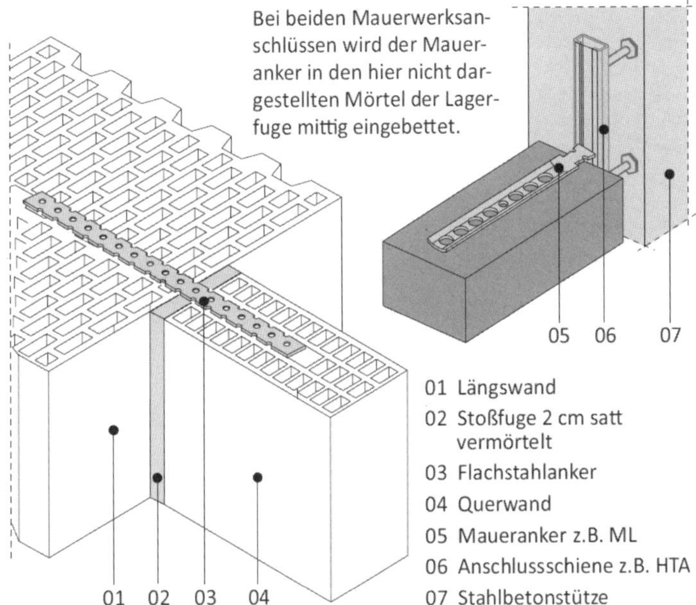

Bild 2.34 Befestigung mittels Flachstahlanker [53]

Die verzahnte Errichtung der zu verbindenden Wände stellt eine weitere Möglichkeit zur Herstellung einer zug- und druckfesten Verbindung dar [54]. Hierbei werden die in Bild 2.35 dargestellten Arten unterschieden.

Mit der Loch- und Stockverzahnung können wie mit der Stumpfstoßtechnik ohne Verankerung lediglich druckfeste Verbindungen hergestellt werden. Eine zusätzliche zugfeste Verbindung kann nur mit der liegenden und stehenden Verzahnung sowie mit der Stumpfstoßtechnik mit Verankerung erreicht werden.

Bild 2.35 Ausbildungsmöglichkeiten von Verzahnungen [13]
Oben links: Lochverzahnung
Unten links: Liegende Verzahnung
Oben rechts: Stockverzahnung
Unten rechts: Stehende Verzahnung

2.3.6 Bauteilkonstruktionen

Die heutige Herstellung von Wänden erfolgt in ähnlicher Art und Weise wie vor Jahrtausenden. Durch das Zusammenfügen von vorgefertigten künstlichen Steinen oder Natursteinen entstehen Mauern. Auch eine Kombination von verschiedenen Materialien ist möglich. Dabei übernehmen Wände entweder tragende, aussteifende oder nichttragende

Funktionen. Tragende und aussteifende Wände sind für die Standfestigkeit des Bauwerks erforderlich, während nichttragende Wände zur Raumaufteilung oder als Ausfachung zwischen tragenden Elementen dienen [45].

Tragende Wände und Pfeiler

Tragende Wände sind Bauteile, die über ihre Eigenlast hinausgehende Lasten aufnehmen und für die gesamte Konstruktion notwendig sind. Sie werden vorwiegend auf Druck beansprucht und sind als Wände oder Pfeiler vorzufinden. Der Nachweis der erforderlichen Wanddicke kann entfallen, wenn die festgesetzte Wanddicke deutlich ausreichend ist. Bei Pfeilern betragen die Abmessungen mindestens 11,6 × 36,5 cm bzw. 17,5 × 24 cm. Die Gründung von tragenden Wänden erfolgt auf lastabtragenden Bauteilen, wie z. B. Fundamente, Sohlen oder Geschossdecken. Im Unterschied dazu fungieren nichttragende Wände zur Raumaufteilung und besitzen keine statischen Beanspruchungen im Bauwerk. Sie müssen lediglich die Eigen- sowie Windlasten auf tragende Bauteile abtragen [45].

Nichttragende Wände

Nichttragende Außenwände (Ausfachungswände) sind für die Aufnahme von Lasten aus anderen Bauteilen nicht zulässig. Sie müssen jedoch so ausgeführt werden, dass sie auf sich selbst wirkende Belastungen, z. B. Eigengewicht oder Wind auf tragende Bauteile, z. B. Decken- und Wandscheiben, Stahl- und Stahlbetonstützen, abtragen können.

Werden nichttragende Ausfachungswände durch eine vierseitige Halterung, durch Verzahnung, Versatz oder Verankerung angrenzender Bauteile gesichert, kann nach Eurocode 6 Anhang C ein gesonderter Nachweis bei vorwiegender Windbelastung entfallen. Dabei ist die Fläche der Ausfachung nach Tabelle 2.20 einzuhalten. Daneben sind Mauersteine mit einer Steindruckfestigkeit von ≥ 4 zu verwenden [62].

Tabelle 2.20 Ausfachungsfläche von nichttragenden Außenwänden ohne rechnerischen Nachweis [23]

Wanddicke t in mm	Größte zulässige Werte[a),b)] der Ausfachungsfläche in m² bei einer Höhe über Gelände von			
	0 m bis 8 m		8 m bis 20 m	
	$h_i/l_i = 1{,}0$	$h_i/l_i \geq 2{,}0$ oder $h_i/l_i \leq 0{,}5$	$h_i/l_i = 1{,}0$	$h_i/l_i \geq 2{,}0$ oder $h_i/l_i \leq 0{,}5$
115[c),d)]	12	8	–	–
150[d)]	12	8	8	5
175	20	14	13	9
240	36	25	23	16
≥ 300	50	33	35	23

a) Bei Seitenverhältnissen $0{,}5 < h_i/l_i < 1{,}0$ und $1{,}0 < h_i/l_i < 2{,}0$ dürfen die größten zulässigen Werte der Ausfachungsflächen geradlinig interpoliert werden.
b) Die angegebenen Werte gelten für Mauerwerk mindestens der Steindruckfestigkeitsklasse mit Normalmauermörtel mindestens der Gruppe NM IIa und Dünnbettmörtel.
c) In Windlastzone 4 nur im Binnenland zulässig.
d) Bei Verwendung von Steinen der Festigkeitsklassen ≥ 12 dürfen die Werte dieser Zeile um 1/3 vergrößert werden.

Nichttragende Innenwände besitzen keine statischen Anforderungen für die Gesamtkonstruktion und die Gebäudeaussteifung. Außerdem sind sie keinen Windlasten ausgesetzt. Durch Abbau der Raumtrennwände ist die Gesamtstabilität des Gebäudes nicht gefährdet. Erst durch die Verbindung mit angrenzenden Bauteilen (Querwänden oder Decken) entsteht die Standsicherheit dieser Trennwände. Bei entsprechender Ausführung können die bauphysikalischen Aufgaben (Brand-, Feuchtigkeits-, Schall- und Wärmeschutz) ebenfalls übernommen werden [20].

Im Gegensatz zu nichttragenden Außenwänden sind nichttragende Innenwände in der DIN 4103-1 geregelt. Hierbei sind folgende Anforderungen zu erfüllen:

- Trennwände müssen statischen (vorwiegend ruhenden) sowie stoßartigen Belastungen, wie sie im Gebrauchszustand entstehen können, widerstehen und bei harten sowie weichen Stößen nicht insgesamt zerstört oder örtlich durchstoßen werden.
- Trennwände müssen zusätzlich zu ihrer Eigenlast (inkl. Putz oder Bekleidung) Lasten, die auf ihre Fläche wirken, aufnehmen und auf andere Bauteile wie z. B. Wände und Decken abtragen.
- Trennwände müssen in der Lage sein, leichte Konsollasten (max. 0,4 kN/m Wandlänge), deren vertikale Wirkungslinie nicht länger als 0,3 m von der Wandoberfläche verläuft, abzutragen.
- Trennwände müssen für eine ausreichende Biegegrenztragfähigkeit eine horizontal angreifende Gleichstreckenlast aufnehmen können, die mindestens 0,9 m über dem Fußpunkt der Wand wirkt [20].

Um bei Durchbiegungen der Decke Beschädigungen durch die zusätzliche Auflast an der darunter liegenden Trennwand zu vermeiden, werden bei jeder Variante im Anschlussbereich ein Füll- oder Dämmstoff angebracht. Wird die Wand seitlich gehalten, kommen Stahlwinkelprofile zum Einsatz, die einer Verschiebung entgegenwirken. Die Befestigung dieser Winkel an die Decke erfolgt entweder links und rechts der Wand oder in einer Aussparung in der Wandmitte. Dagegen werden bei einer horizontal verschiebbaren Wand keine zusätzlichen Verbindungen angeordnet [60] (Bild 2.36).

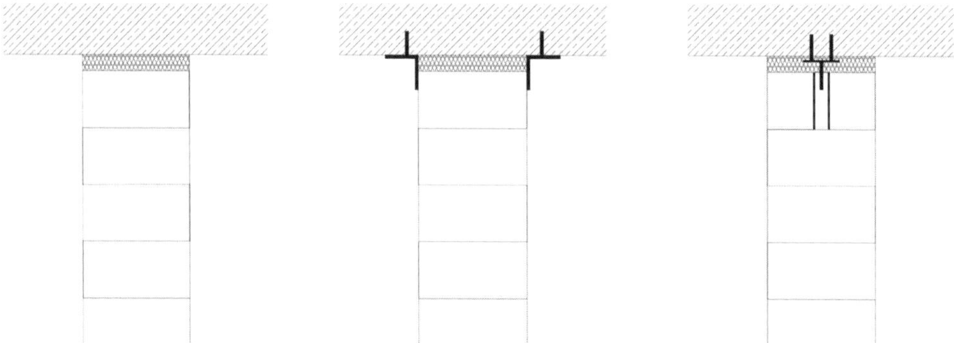

Bild 2.36 Anschluss Wand - Decke von nichttragenden Innenwänden. Links: horizontal verschiebbare Wand, Mitte: seitlich gehaltene Wand, rechts: mittig gehaltene Wand (Eigene Darstellung i.A.a. [60])

Aussteifende Wände und Pfeiler

Aussteifende Wände sind scheibenartige Bauteile und sorgen für die Standsicherheit des gesamten Bauwerks, indem sie alle vertikalen und horizontalen Lasten auf den Baugrund übertragen. Dies wird durch unverschiebbare Decken- und Wandscheiben, Ringbalken oder Rahmen sichergestellt. In Bild 2.37 sind zwei Aussteifungsmöglichkeiten einer Wand dargestellt. Zum einen besteht die Aussteifung der Wand durch Querwände, zum anderen durch Querwände in Verbindung mit der Deckenscheibe.

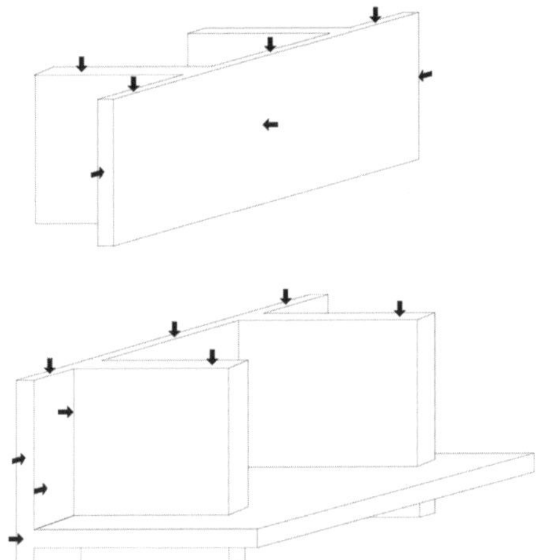

Bild 2.37 Aussteifungsmöglichkeiten einer Wand (Eigene Darstellung i. A. a. [45])

Der Nachweis der räumlichen Aussteifung kann entfallen, wenn ein Bauwerk ausreichend viele aussteifende Wände besitzt, die bis zu den Fundamenten geführt werden. Eine Wand gilt als aussteifende Wand, wenn sie eine wirksame Länge von mindestens einem Fünftel der lichten Geschosshöhe und eine Dicke von mindestens 11,5 cm besitzt. Werden Aussteifungswände einseitig angeordnet, sind sie mit der auszusteifenden Wand zug- und druckfest (z. B. durch Flachstahlanker oder Anschlussprofile) herzustellen. Die Unterscheidung der Wände erfolgt je nach Menge der orthogonal zur Wandebene gehaltenen Ränder in zwei-, drei-, und vierseitig gehalten oder freistehend. Sind bei tragenden Wänden keine aussteifenden Querwände möglich, dienen Aussteifungspfeiler aus Stahlbeton oder Stahlprofilen zur Aussteifung. Jedoch ist darauf zu achten, dass verschiedene Baustoffe angrenzen, bei denen Schall- und Wärmeschutzmaßnahmen vorzusehen sind [45].

Ringanker und Ringbalken

Ringanker (Bild 2.38) sind horizontale Bauteile, die in der Wandebene liegen, und Zugkräfte, die durch äußere Lasten (z. B. Wind) oder durch unterschiedliche Verformungen entstehen können, aufnehmen [86]. Sie werden in allen vertikalen Scheiben, die zur Weiterleitung horizontaler Lasten dienen (Außen- und Querwände), unmittelbar unter der Geschossdecke angeordnet. Ringanker sind erforderlich bei Bauwerken:

- mit > 2 Vollgeschossen oder > 18 m Länge,
- mit Wänden, in denen die summierten Öffnungsbreiten > 60 % der Wandlänge oder bei Fensterbreiten > 2/3 der Geschosshöhe > 40 % der Wandlänge sind,
- mit ungünstigen Baugrundverhältnissen.

Sie übernehmen die Funktion eines Zugbandes für einen Druckbogen in der Deckenplatte und können mit einer Massivdecke oder einem Fenstersturz kombiniert werden. Die Höhe sollte 15 cm nicht übersteigen [45]. Außerdem sind mindestens zwei durchlaufende Rundstähle mit einem Mindestdurchmesser von D =12 mm, zur Aufnahme einer Zugkraft von 45 kN nach EC 6, mit versetzten Stößen zu verlegen. Die Betongüte darf C 16/20 nicht unterschreiten [85].

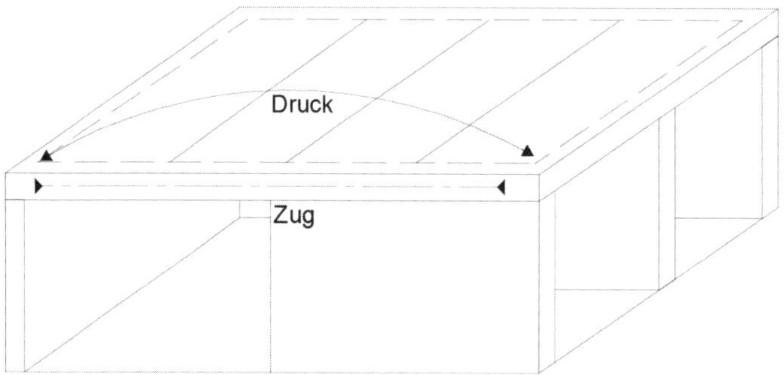

Bild 2.38 Ringankerprinzip (Eigene Darstellung i. A. a. [45])

Ringbalken (Bild 2.39) sind horizontale Bauteile, die in der Wandebene liegen, und neben Zugkräften auch Biegemomente durch rechtwinklig zur Wandebene wirkende Lasten, aufnehmen. Sie dienen in erster Linie zur horizontalen Halterung der Wände im Kopfbereich und sind notwendig:

- wenn Decken ohne Scheibenwirkung (z. B. Holzbalkendecken) verwendet werden,
- wenn Stahlbetondecken mit Gleitlagern auf den tragenden Wänden aufliegen (horizontale Festhaltung am Wandkopf nicht sichergestellt) [86].

Die Bemessung erfolgt für die anfallenden Windlastanteile und der Berücksichtigung von Lotabweichungen durch eine Horizontallast von 1/100 der vertikalen Last. Um Durchbiegungen und Rissbildungen im darunterliegenden Mauerwerk zu vermeiden, sind Ringbalken biegesteif auszuführen [63]. Außerdem sind die erforderliche Längsbewehrung mit Bügeln zu umschließen und unterhalb der Bewehrung Abstandshalter anzuordnen [85].

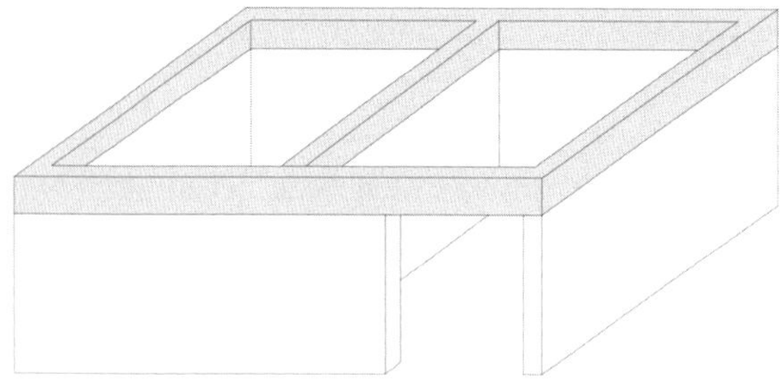

Bild 2.39 Ringbalken (Eigene Darstellung i. A. a. [45])

Die Herstellung von Ringankern und -balken kann mit vorgefertigten U-Schalen, die gleichzeitig als Schalung dienen, aus Kalksandstein oder Ziegel hergestellt werden. Bei den Ziegelprodukten können WU-Schalen mit einer integrierten Dämmung eingesetzt werden. Bild 2.40 zeigt eine beispielhafte Ausführungsmöglichkeit von Ringanker (links) und Ringbalken (rechts) mit WU-Schalen aus Ziegel.

Ringanker aus WU-Schale

Ringbalken aus WU-Schale

Bild 2.40 Herstellung von Ringanker und -balken mit WU-Schalen aus Ziegel [86]

Bewehrtes Mauerwerk

Durch die Einlage einer Bewehrung kann die Zug-, Querzug- und Biegezugfestigkeit des Mauerwerks erhöht und somit ein dem Stahlbeton ähnliches Tragverhalten erreicht werden. Bild 2.41 zeigt die Reduzierung der Rissgefahr durch konstruktive Zulage der Mauerwerksbewehrung in den Lagerfugen [86].

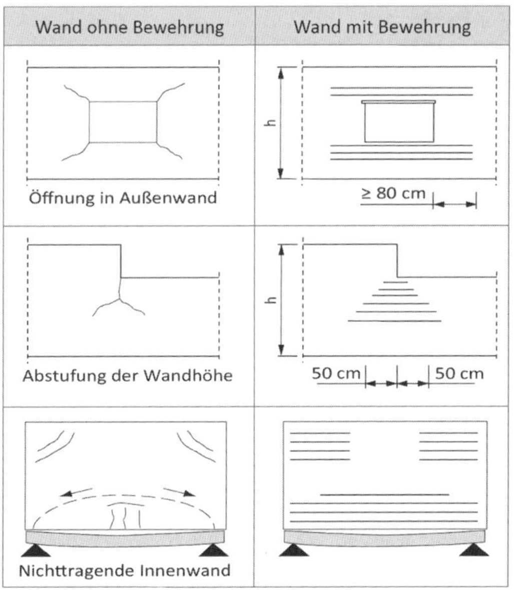

Bild 2.41 Rissvermeidung durch Mauerwerksbewehrung in den Lagerfugen [86]

Als Lagerfugenbewehrung können, wie in Bild 2.42 dargestellt, Lochbänder oder Gitterstäbe mit einer bauaufsichtlichen Zulassung und entsprechendem Korrosionsschutz verwendet werden [86].

Bild 2.42 Lagerfugenbewehrung: Gitterstäbe (links) und Lochband (rechts) [86]

Die Bewehrung darf nur in einem Normalmörtel der Gruppe III oder IIIa verlegt werden und ist aufgrund der notwendigen Lagerfugendicke bei Ausführung von Planelementen nicht erlaubt.

In Bild 2.43 sind speziell entwickelte Hohlkammersteine zur Aufnahme von Vertikallasten, in denen Bewerbungskörbe eingestellt und anschließend mit Beton verfüllt werden, dargestellt [45].

Bild 2.43 Bewehrtes Mauerwerk aus Füllziegeln [86]

Ein- und zweischaliges Mauerwerk

Einschalige Außenwände können mit mehreren Schichten hergestellt werden und weisen aus Gründen der Standsicherheit eine Dicke von mindestens 17,5 cm auf. Da der Wärmeschutz bei Außenwänden zu berücksichtigen ist, werden die Wände generell dicker ausgebildet.

Der Wandaufbau kann wie folgt erfolgen:

- einschalige Außenwände, verputzt,
- einschalige Außenwände mit WDVS,
- einschalige Außenwände mit Vorhangfassade,
- einschalige Außenwände mit Innendämmung,
- einschaliges Sichtmauerwerk.

Die Tragfunktion sowie der komplette Wärmeschutz werden von den einschichtigen Außenwänden übernommen, während bei einem mehrschichtigen Aufbau der Wärmeschutz auf die jeweiligen Schichten verteilt wird. Zur Erhöhung des Wärmeschutzes können die oben genannten Zusatzdämmungen eingesetzt werden. Die Schichten von Sichtmauerwerk bestehen aus einer Hintermauerung und einer äußeren Schale mit frostbeständigen Vormauersteinen, die durch eine 2 cm starke vollflächig vermörtelte Schalenfuge getrennt sind. Bei solch einer Ausführung kann der Wärmeschutz nicht erfüllt werden. Heute besteht Sichtmauerwerk fast ausschließlich aus zweischaligem Mauerwerk [4].

Zweischalige Außenwände (Bild 2.44) bestehen aus einer tragenden Innenschale (auch Hintermauerschale) und einer nichttragenden Außenschale (auch Verblendschale oder Vormauerschale), die mindestens 9 cm dick ist und entweder aus frostwiderstandsfähigen Mauersteinen oder nicht frostwiderstandsfähigen Mauersteinen mit Außenputz erstellt werden. Der Schalenzwischenraum (SZR) ist der Bereich zwischen den Schalen. Er kann unterschiedlich gefüllt sein mit:

- Luftschicht bzw. Luftschicht und Wärmedämmung,
- Kerndämmung [86].

Die Verbindung von Mauerwerksschalen erfolgt durch Anker, die aus nichtrostendem Stahl hergestellt sind. Dabei können Anker nach allgemeiner bauaufsichtlicher Zulassung oder Anker nach DIN EN 845-1 verwendet werden. Ankersysteme nach bauaufsichtlicher Zulassung, wie z. B. Luftschicht- oder Dübelanker, können Abstände von > 150 mm überbrücken und gleichzeitig die verformungstechnischen Eigenschaften der Verblendschale verbessern. Die in der Zulassung angegebenen Kriterien sind bei der Verwendung zu beachten [86].

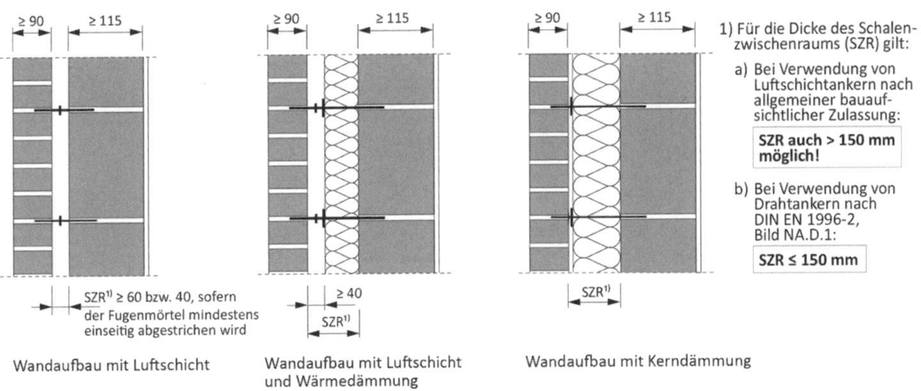

Bild 2.44 Zweischalige Ziegelaußenwände [86]

Für Drahtanker sind, sofern in der Zulassung nichts anderes festgelegt ist, folgende Kriterien relevant:

- Abstand: vertikal ≤ 500 mm und horizontal ≤ 750 mm,
- Lichter Abstand der Schalen: ≤ 150 mm,
- Durchmesser: mind. 4 mm,
- Normalmauermörtel der Gruppe IIa oder höher.

Die Mindestanzahl der anzubringenden Drahtanker (Bild 2.45) ergibt sich aus Tabelle 2.21. Außerdem sollten zusätzliche Anker neben Öffnungen, Dehnungsfugen oder Rändern eingebaut werden [86].

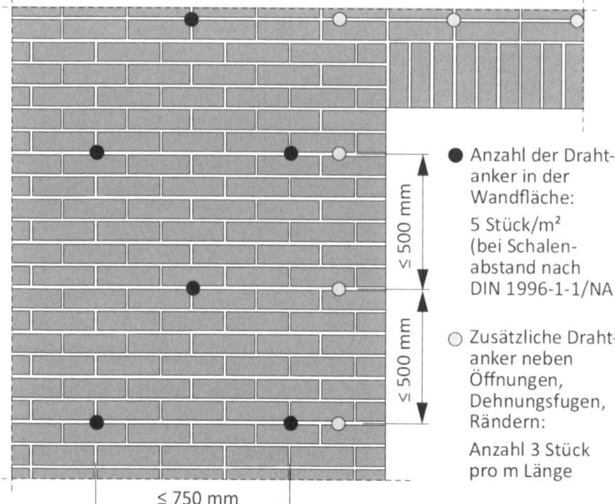

Bild 2.45: Anordnung von Drahtankern [86]

Tabelle 2.21 Mindestanzahl von Drahtankern zur Verankerung von Verblendschalen [86]

Windzone nach DIN EN 1991-1-4/NA	Gebäudehöhe		
	$h \leq 10$ m	10 m $\leq h \leq$ 18 m	18 m $\leq h \leq$ 25 m
Windzonen 1 bis 3, Windzone 4 im Binnenland	7a)	7b)	7
Windzone 4 an Küsten der Nord- und Ostsee und Inseln der Ostsee	7	8	8c)
Windzone 4 an Inseln der Nordsee	8	9	-

a) In Windzone 1 und Windzone 2 Binnenland: 5 Anker/m²
b) In Windzone 1: 5 Anker/m²
c) Ist eine Gebäudegrundrisslänge kleiner als h/4: 9 Anker/m²

Haustrennwände

Zum Schallschutz von Haustrennwänden, die dicht nebeneinander stehen, müssen Trennfugen angeordnet werden. Je nach Konstruktionsart der Wand werden die Fugen durchgehend (einschalig) oder über die Außenschale hindurch (zweischalig) geführt (Bild 2.46). Die Breite dieser Fuge ist von der flächenbezogenen Masse m' der Trennwände abhängig und beträgt bei m' ≥ 100 kg/m² mindestens 5 cm, bei m' ≥ 150 kg/m² mindestens 3 cm. Der Hohlraum der Fugen ist mit mineralischen Faserdämmplatten auszufüllen, die dicht zu stoßen und vollflächig zu verlegen sind [45].

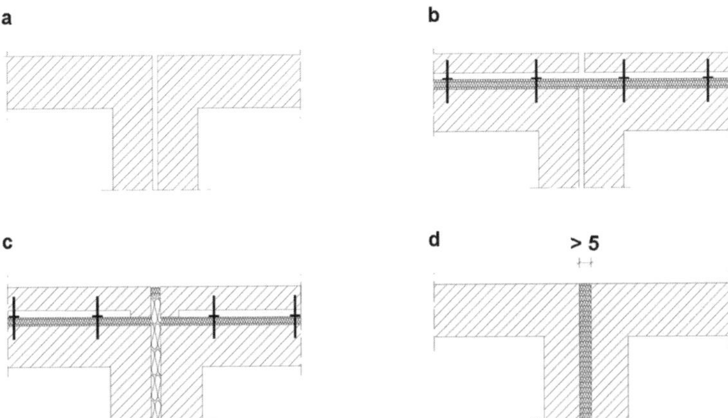

Bild 2.46 Fugen in Haustrennwänden (Eigene Darstellung i. A. a. [45])
a) Einschalige Wände, offene Fuge
b) Zweischalige Außenwände, Außenschalen stumpf gestoßen
c) Zweischalige Außenwände, Außenschalen elastisch angeschlossen, Stoßfugen jeweils mit elastischer Fugendichtung
d) Einschalige Außenwände, Trennwände > 150 kg/m^2, Fuge > 3 cm breit, außen mit Dämmstreifen und Fugenprofil geschlossen

2.3.7 Oberflächenbehandlung

Die Behandlung des Mauerwerks mittels Anstrichen und Imprägnierungen kann neben dem optischen Erscheinungsbild sowohl die Aufnahme von Feuchtigkeit durch Schlagregen als auch das Anlagern von Schmutz begrenzen. Dabei müssen die Anstriche eine geringe Wasserdurchlässigkeit aufweisen, allerdings die Diffusion von Wasserdampf nicht behindern. Für farblose Imprägnierungen eignen sich Silikonharz- oder Kieselsäureimprägnierungen, während Dispersionsfarben, Farben auf Silikonbasis oder Silikatfarben für Anstriche geeignet sind. Zu beachten ist die richtige Ausführung von Dispersionsfarben, da bereits bei kleinsten Schäden das Wasser zwischen die Farbschicht und dem Untergrund gelangt und es zu flächigen Farbabplatzungen kommt. Deshalb sind geplante Anstrichsysteme auf das Mauerwerk anzupassen [45].

■ 2.4 Zimmer- und Holzbauarbeiten

Zusammen mit Erde und Stein zählt Holz zu den ältesten Baustoffen. Aufgrund der positiven Eigenschaften, wie z. B. das natürliche Vorkommen, das vielfältige Aussehen und die günstige Verarbeitbar- und Wiederverwendbarkeit hat sich Holz als einzigartiger Baustoff erwiesen. Dies kann durch historische Gebäuden wie z. B. Fachwerkhäuser oder Kirchen bekräftigt werden [37].

In Deutschland, insbesondere in Baden-Württemberg, werden Eigenheime mit ein bis zwei Wohneinheiten immer mehr aus Holz gebaut. Die Holzbauquote stieg im Gegensatz zu 2014 von 14,0 % auf 18,2 % im Jahr 2016 [47].

2.4.1 Baustoffgrundlagen

Holz eignet sich aufgrund der Flexibilität und Wirtschaftlichkeit als ausgezeichneter Baustoff für die Herstellung von beispielsweise Dachkonstruktionen. Durch neue Verarbeitungsverfahren und Holzschutzmittel ist es möglich, eine lange Lebensdauer sowie die Konstruktion von komplexen Geometrien zu erzielen. Für die Konstruktion müssen Hölzer vor ständiger Feuchte, Spritzwasser oder Tauwasser durch geeignete konstruktive Mittel geschützt werden. Darüber hinaus kann der Feuerwiderstand von Holzkonstruktionen durch Anstriche oder Ummantelungen gesteigert werden. Nadelhölzer wie Kiefer, Fichte, Weißtanne oder Lärche eignen sich hervorragend für Zimmerarbeiten. Werden größere Querschnitte (Balken) benötigt, bestehen diese in der Regel aus Kiefern- oder Fichtenholz. Durch eine optimale Planung im Vorfeld und der Ausrichtung nach den Gütevorschriften, wie z. B. gesamte Ausnutzung der Tragfähigkeit, fachgerechter Einbau oder Holzschutzmittel, kann Holz gespart werden. Die entsprechende Berechnung ist in der DIN 1052 bzw. im Eurocode 5 (DIN EN 1995-1) geregelt. Weitere Hinweise zur Bearbeitung und Behandlung von Holz sind in der DIN 18 334 festgelegt [65].

Holzwerkstoffplatten, Unterkonstruktionen sowie Dämmstoffe werden in Abschnitt 4.1 „Normen" und Abschnitt 4.2 „Baustoffe und Begriffsbestimmungen" behandelt.

Bauholz

Die Regelungen für Bauholz (Vollholz) sind in folgenden DIN-Normen enthalten:

Tabelle 2.22 Regelungen für Bauholz (Vollholz)

DIN-Norm	Inhalt
DIN 4074	Sortierung nach der Tragfähigkeit
DIN 68 365	Sortierung nach dem Aussehen
DIN EN 338	Festigkeitsklassen
DIN EN 384	Charakteristische Werte für mechanische Eigenschaften und Rohdichte.

Die Unterscheidung in der DIN EN 338 erfolgt nach den Festigkeitsklassen für Laubhölzer (D 18 bis D 80) und Nadelhölzer (C 14 bis C 50). Dabei stehen die Zahlen für die Biegezugfestigkeit in N/mm^2 [25].

Ferner differenziert die DIN 4074-2 Güteklassen für Nadelholz:

Tabelle 2.23 Güteklassen für Nadelholz nach DIN 4074-2

Güteklasse	Bezeichnung
1	besonders hohe Tragfähigkeit
2	gewöhnliche Tragfähigkeit
3	geringe Tragfähigkeit [19].

Die Sortierung wird entsprechend den Anforderungen und Merkmalen in visuelle Sortierung (S7, S10, S13) und maschinelle Sortierung (MS7, MS10, MS13 usw.) unterteilt. Dabei ist die Verwendung von Vollholz der Sortierklasse S10 bei der Herstellung von Dachkonstruktionen üblich. Die Dichte in kg/dm³ [65] beträgt bei

- weichen Hölzern wie Fichte oder Tanne 0,55 kg/dm³,
- halbharten Hölzern wie Kiefer oder Lärche 0,60 kg/dm³,
- harten Hölzern wie Buche oder Eiche 0,75 - 0,80 kg/dm³.

Im Holzbau wird für Konstruktionsvollholz eine Reihe an Qualitätsanforderungen gestellt, die ihren Ursprung in den Vereinbarungen zwischen dem Bund Deutscher Zimmermeister (BDZ) und der Vereinigung Deutscher Sägewerksverbände haben. Konstruktionsvollholz wird deshalb unterschieden in KVH für den sichtbaren Einbaubereich (KVH-Si) und für den nicht sichtbaren Bereich (KVH-NSi). Brettschichthölzer werden verwendet, um im Holzbau große Querschnitte ohne mangelnde Holzqualitäten verwirklichen zu können. Die Herstellung von Duo- oder Triobalken erfolgt ähnlich wie bei Brettschichthölzern. Diese werden zur besseren Formstabilität und zur Rissvermeidung aus zwei oder drei Kanthölzern zu zusammengesetzten Balkenquerschnitten verleimt. Eine weitere Art von Bauholz stellen Kreuzbalken dar, die aus schwachen Hölzern mit geringen Querschnitten bestehen und so zusammen verleimt werden, dass im Zentrum ein Loch entsteht [65] (Bild 2.47).

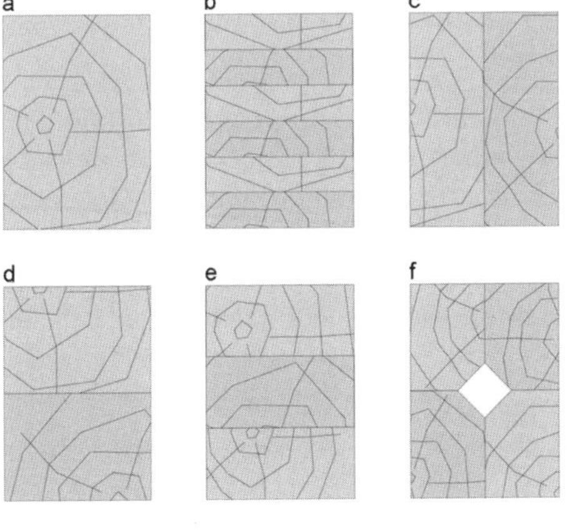

Bild 2.47 Unterscheidung von Bauholz (Eigene Darstellung i. A. a. [65])
a) Konstruktionsvollholz (KVH)
b) Brettschichtholz (BSH)
c) Halbholzbalken
d) Duobalken
e) Triobalken
f) Kreuzholz

Holzschutz

Bauliche Holzschutzmaßnahmen beginnen bereits bei der Auswahl, Lagerung und Bearbeitung der Holzarten. Die größte Gefährdung stellen Pilze dar, wenn für diese geeignete Wachstumsbedingungen existieren. In Abhängigkeit von der Luftfeuchte und der Temperatur wird der Feuchtegehalt des Holzes ermittelt, welcher nicht über 20% liegen sollte. Bei Konstruktionen, die der Bewitterung ausgesetzt sind, sollte von schwierigen Profilierungen und Anschlüssen abgesehen werden, damit das Niederschlagswasser durch geeignete Gefällebildung leicht abgeleitet werden kann. Darüber hinaus sollten Holzbauteile vorzugsweise senkrecht eingebaut werden, um das Ablaufen in Faserrichtung zu ermöglichen. Bei der Planung ist darauf zu achten, dass der Kontakt zu anderen Materialien durch Schutzlagen wie z. B. Bitumenbahnen getrennt ist.

Chemische Holzschutzmittel bieten zum einen die Aufrechterhaltung der Farbe und den Oberflächenschutz gegen Verschmutzungen im Innenbereich, zum anderen den Schutz vor zerstörenden und verfärbenden Pilzen im Außenbereich. Die Dauerhaftigkeit der Hölzer ist dabei von der verwendeten Holzart abhängig. Durch biozidfreie Anstriche und Grundierungen sind wasserableitende Oberflächen herstellbar. Auf der Grundlage der bisherigen Forschung und dem nicht ausreichenden Schutz von biologischen Holzschutzmitteln müssen chemische Holzschutzmittel biozide Wirkstoffe enthalten. Aufgrund der möglichen Gesundheitsgefährdung ist nach DIN 68 800-3 die Notwendigkeit des Schutzes gegen mögliche Schädlinge zu prüfen. Diese werden in Gefährdungsklassen eingestuft und sind in den Gefährdungsklasse 2, 3, 4 und 5 von der Dauerhaftigkeitsklasse des Holzes abhängig [65]. Zusätzlich zur Klassifikation der natürlichen Dauerhaftigkeit von Holz werden fünf Gebrauchsklassen entsprechend DIN EN 335 unterschieden:

- im Innenbereich bzw. keiner Witterung und Feuchte ausgesetzt mit einem maximalen Holzfeuchtegehalt von 20%,
- unter Dach bzw. keiner Witterung ausgesetzt, gelegentlich Befeuchtung durch Kondenswasser möglich, Holzfeuchtegehalt selten > 20%,
- Holzbauteile sind der Witterung ausgesetzt und befinden sich über dem Erdboden, Holzfeuchtegehalt gelegentlich bis häufig > 20%,
- Kontakt mit Erdboden oder Süßwasser, ständiger Holzfeuchtegehalt > 20%,
- dauerhaft oder regelmäßiger Kontakt mit Salzwasser mit einem Holzfeuchtegehalt > 20% [24].

Die Gefährdung der Bauteile leitet sich aus den verschiedenen Einflussfaktoren und den tatsächlichen Einbaubedingungen ab und sollte daher gründlich untersucht werden. Weitere zusätzliche Informationen wie Wichtigkeit und Zugänglichkeit der Holzteile, Dauerhaftigkeit und Tränkbarkeit, die Gefahr des Auswaschens behandelter Hölzer sowie Schutzmaßnahmen während der Bauphase sind aus der DIN EN 350 zu entnehmen. Neben den Prüfverfahren und der Einstufung in die Gefährdungsklassen werden in der DIN 68 800-3 [65] Fälle erläutert, bei denen chemische Holzschutzmaßnahmen nicht erforderlich sind:

- Wenn Holz in üblichem Wohnraum verbaut und gegen Insektenbefall ringsum durch Bekleidungen geschützt ist.
- Wenn Holz so eingebaut wird, dass es kontrollierbar bleibt und in allen Gefährdungsklassen Farbkernhölzer verwendet werden (insektenresistent).

Das Holz kann durch folgende Verfahren mit chemischen Schutzmitteln versehen werden, welche in DIN 68 800-3 näher erläutert sind:

- Spritzen, Streichen,
- Kurztauchen,
- Tauchen (mehrere Minuten bis Stunden),
- Trogtränkung (mehrere Stunden bis Tage),
- Kesseldrucktränkung (unter Druck wird die Schutzflüssigkeit in die Hohlräume des Holzes gedrückt),
- Diffusionstränkung (mehrere Monate) [21].

Abhängig von der Schutzmittelverteilung entsteht ein

- Oberflächen-/Deckenschutz,
- Randschutz (Eindringtiefe < 1cm),
- Tiefschutz (Eindringtiefe > 1cm),
- Vollschutz,
- Teilschutz [65].

Für Dachkonstruktionen werden Hölzer mit Salzimprägnierungen im Tränk- oder Tauchverfahren behandelt. Dabei sind lange Tränkzeiten für eine genügende Eindringtiefe notwendig. Bei der Bearbeitung der Hölzer auf der Baustelle sollten frische Schnittstellen sofort nachimprägniert und anschließend vor Regen geschützt werden, um das Auswaschen zu verhindern. Bei der Auswahl der Schutzmittel muss auf die bauaufsichtliche Zulassung, das amtliche Prüfzeichen, das Überwachungszeichen und weitere Hinweise zur Verarbeitung (Tabelle 2.24) geprüft werden [65].

Tabelle 2.24 Kurzzeichen auf Holzschutzmitteln

Kurzzeichen	Erklärung
Iv	Insekten vorbeugend
Ib	Insekten bekämpfend bei Befall
S	Zum Streichen, Sprühen, Spritzen und Tauchen
(S)	Spritzen, Sprühen, Tauchen in stationären Anlagen
W	Witterungsgeeignet ohne Erdkontakt
E	Für Erdkontakt, extreme Beanspruchung
M	Schwammbekämpfung im Mauerwerk
F	Holzschutz gegen Feuer
K	Behandeltes Holz führt bei Chrom-Nickel-Stählen nicht zu Lochkorrosion
L	Leimverträglich (bestimmte Leime)
P	Wirksam gegen Pilze [21]

Beispiel: IbSW – Schutzmittel ist geeignet zur Bekämpfung von Insekten für Sprüh-, Streich-, Kurztauch- und Tauchverfahren und für die Witterung ausgesetztes Holz.

2.4.2 Wandkonstruktionen

Die vielfältigen Konstruktionsmöglichkeiten mit Holz bieten sich auch im Bereich von Außenwänden an. Durch den ausreichenden Feuchteschutz lassen sich unterschiedliche Konstruktionen herstellen. Um einen ausreichenden Feuchtschutz zu gewährleisten, wurden verschiedene Konstruktionen und Detaillösungen entwickelt, die das Aufstauen des Wassers verhindern und gleichzeitig eine gezielte Abtrocknung durch belüftete Konstruktionen sicherstellen. Durch die Ausfachung der Zwischenräume werden aus der Skelettbauweise die Wandkonstruktionen hergestellt. Dabei können die Ausfachungen aus verschiedenen mineralischen Baustoffen (z.B. Lehm, Steine) oder organischen Baustoffen (z.B. Hanf, Stroh) bestehen. Falls die tragenden Elemente aus Massivholzkonstruktionen erstellt werden, bilden diese gleichzeitig den räumlichen Abschluss. Die Anisotropie des Holzes führt dazu, dass Holz parallel zur Faserrichtung höher beanspruchbar ist als quer zur Faserrichtung [36]. Bei mehrgeschossigen Holzbauten bieten sich für die Montage folgende Konstruktionsprinzipien an:

- Platform-Frame,
- Balloon-Frame,
- Quasi-Balloon-Frame.

Der Unterschied der Konstruktionsprinzipien liegt in der Elementierung und der Wandhöhe der Außenwände.

Holzständerbauweise

Bei der Holzständerbauweise laufen die Holzständer vom Sockel bis zum Dach hindurch. Somit können mehrere Geschosse übereinander problemlos hergestellt werden (Geschossbauweise). Die Lagerung (Bild 2.48) und Befestigung der Deckenbalken erfolgt auf den Zwischenrahmen. Die vertikal aufgestellten Ständer dienen zur Lastabtragung sämtlicher Lasten aus den darüber liegenden Geschossen in die Sockel. Im Gegensatz zu den historisch eingesetzten Streben und Verbänden erfolgt die Aussteifung der gegenwärtigen Konstruktionen über die Beplankung [36].

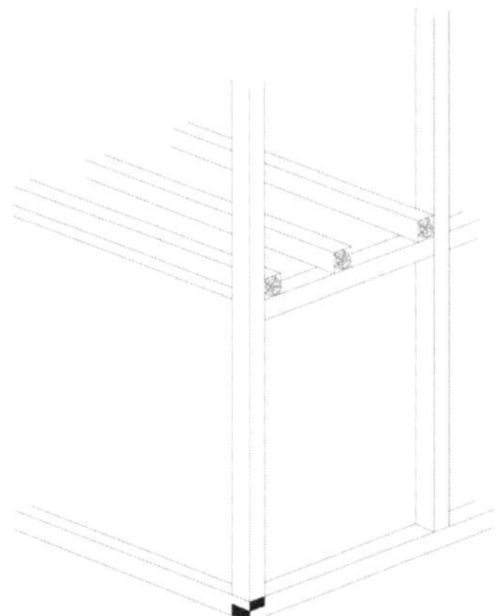

Bild 2.48 Holzständerbauweise mit aufgelagerten Deckenbalken (Eigene Darstellung i. A. a. [36])

Fachwerkbauweise

Das hölzerne Stabwerk sorgt für die Lastabtragung der Vertikal- und Horizontallasten. Die Geschosse werden so konstruiert, dass sie statisch unabhängig von den restlichen Geschossen und somit übereinander stapelbar sind (Stockwerkbauweise) [36]. Die wesentlichen Elemente einer Fachwerkwand sind in Bild 2.49 dargestellt, jedoch kann es regional zu unterschiedlichen Bezeichnungen kommen [36].

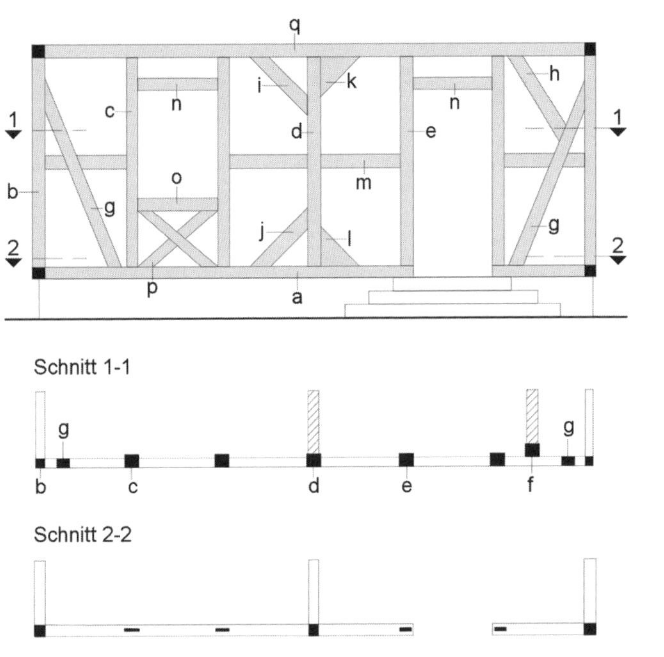

Bild 2.49 Elemente einer Fachwerkwand (Eigene Darstellung i. A. a. [36])

a) Schwelle
b) Eckstiel
c) Fensterstiel
d) Bundstiel
e) Türstiel
f) Klappstiel
g) Strebe
h) Gegenstrebe
i) Kopfband
j) Fußband
k) Kopfwinkelholz
l) Fußwinkelholz
m) Riegel
n) Sturzriegel
o) Brustriegel
p) Andreaskreuz
q) Rähm

Holztafel- und Holzrahmenbauweise

Die Holztafel- bzw. Holzrahmenbauweise (Bild 2.50) bieten durch den hohen Vorfertigungsgrad im Werk eine schnelle und witterungsunabhängige Montage auf der Baustelle. Die Beplankung erfolgt durch schubfeste Befestigung von plattenartigen Bauteilen auf der Holzkonstruktion. Auf der Innenseite können Gipskarton- oder Holzwerkstoffplatten, auf der Außenseite Faserzement- oder Weichfaserplatten verwendet werden. Im Holztafelbau werden die Wandelemente geschosshoch mit einer Breite zwischen 1,0 bis 1,2 m im Werk hergestellt und auf der Baustelle montiert. Im Gegensatz dazu werden Wandelemente im Holzrahmenbau komplett, d. h. mit der Installationsleitung, Beplankung und Dämmung, im Werk vorgefertigt. Daher sind die Abmessungen aufgrund der Transportmöglichkeiten begrenzt. Die vertikale Lastabtragung erfolgt wie bei der Holzständerbauweise über die Ständer. Die schubfest angebrachte Beplankung sorgt außerdem für eine optimierte Verbundkonstruktion. Dabei werden die Knicklänge der Vertikalstäbe verkürzt und die Beplankung vor Beulen gesichert [36].

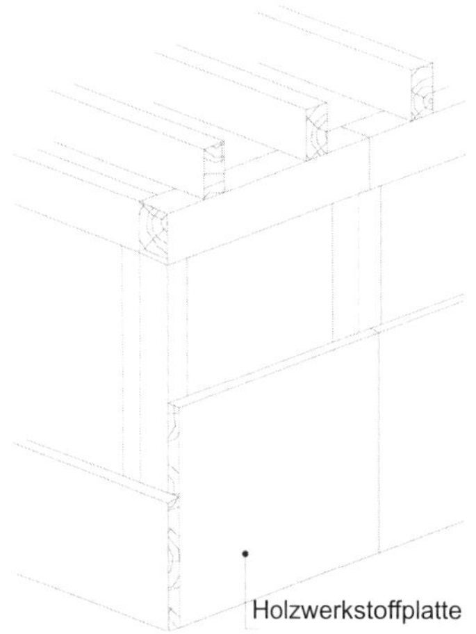

Bild 2.50 Holzrahmenbauweise (Eigene Darstellung i. A. a. [36])

Massivholzbauweise

In der Massivholzbauweise werden folgende drei Konstruktionen unterschieden (Bild 2.51):

- Blockbauweise/Blockbohlenbauweise

  Bearbeitete Holzbalken werden horizontal gestapelt und an den Enden mit Hilfe von Verbindungstechniken, wie z. B. Verkämmung, Verblattung oder Nut-Feder-Verbindung, untereinander verbunden [36].
- Bohlenbauweise

  In die Schwellen und Rähme werden vertikale Pfosten eingestellt. Die Ausfachung erfolgt anschließend mit Bohlen, die vertikal oder horizontal angeordnet werden. Diese dienen außerdem als aussteifende Elemente der Wandkonstruktion [36].
- Brettstapelbauweise

  Die Wände werden aus geschosshohen, massiven Brettstapelelementen hergestellt. Diese werden mit Hartholzdübeln, Nägeln oder durch Verklebung miteinander verbunden [36].

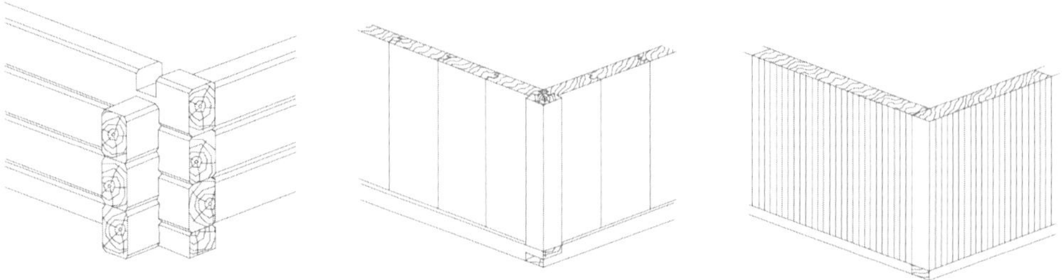

Bild 2.51 Ausführungsmöglichkeiten der Massivholzbauweise: Blockbauweise (links), Bohlenbauweise (Mitte) und Brettstapelbauweise (rechts) (Eigene Darstellung i. A. a. [36])

2.4.3 Deckenkonstruktionen

Holzdecken werden in der Regel mit paralleler Balkenlage und als einachsig gespannte statische Systeme ausgebildet. Die Aussteifung (Bild 2.52) als horizontale Scheibe kann durch eine entsprechende Beplankung und kraftschlüssige Stoß- und Fugenverbindungen erreicht werden. Eine weitere Möglichkeit zur Sicherstellung der Aussteifung bietet die Montage eines horizontalen Aussteifungsverbandes [36].

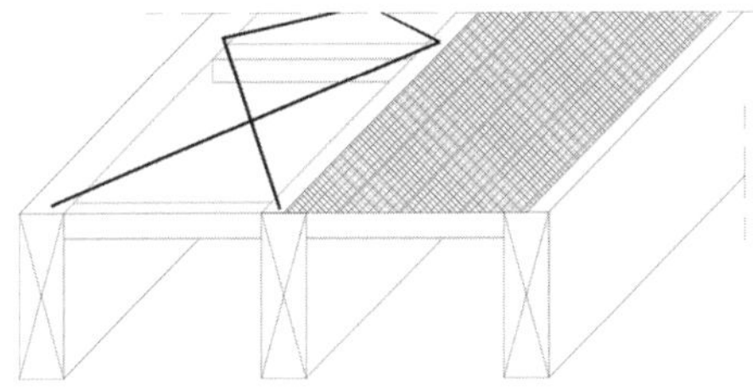

Bild 2.52 Aussteifung von Holzdecken: Aussteifungsverband (links) und Scheibe (rechts) (Eigene Darstellung i. A. a. [17])

Holzskelettbau

Unter Holzskelettbau (Bild 2.53) versteht man die Weiterentwicklung des klassischen Fachwerkbaus. Das Traggerüst besteht aus senkrechten Stützen und horizontalen Trägern. Durch die Verbindung an den Knotenpunkten entsteht ein Raster, das hohe Spannweiten ermöglicht [66]. Für den Wohnungsbau sind hauptsächlich Holzbalkendecken geeignet. Durch einen Achsabstand von 60 bis 80 cm kann mit den Standardquerschnitten üblicherweise die Standsicherheit nachgewiesen werden. Trotzdem muss insbesondere der Nachweis der Gebrauchstauglichkeit (Durchbiegungsbegrenzung) beachtet werden. Neben Holzbalken können auch vorgefertigte Verbundbauteile aus unterschiedlichen Werkstoffkombinationen eingesetzt werden (Hybridträger). Der Steg der bauaufsichtlich zugelassenen Hybridträger besteht aus Holzwerkstoffen oder Stahl, die Gurte dagegen aus Vollholz oder Furnierschichtholz [36]. Durch diese Konstruktionsart kann eine höhere Wirtschaftlichkeit sowie Leistungsfähigkeit im Gegensatz zu herkömmlich hergestellten Trägern erreicht werden [3]. Da sich der handwerkliche Aufwand, bezogen auf den Brand- und Schallschutz, als zu hoch erwiesen hat, werden Holzbalkendecken in mehrgeschossigen Gebäuden nur selten eingesetzt. Deshalb bezieht sich der Anwendungsbereich von Holzbalkendecken auf Gebäude mit geringen Anforderungen wie z. B. Einfamilienhäuser. Die gestalterische Freiheit bietet durch das Weglassen der unterseitigen Bekleidung eine sichtbare Fläche zum natürlichen Baustoff.

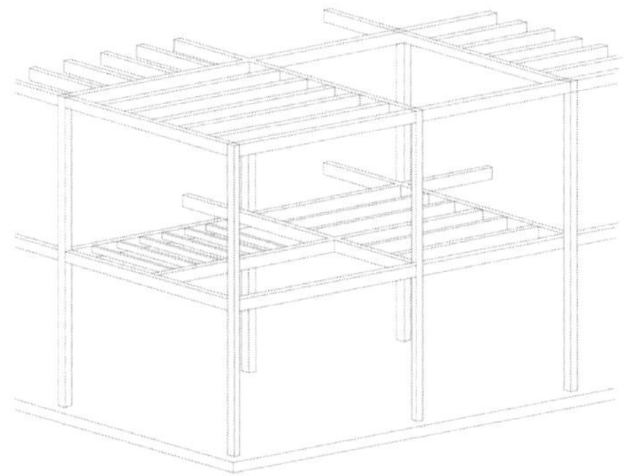

Bild 2.53 Holzskelettbauweise (Eigene Darstellung i. A. a. [57])

Holztafelbau

Der Holztafelbau verwendet vorgefertigte Verbundelemente mit Rippen aus Vollholz sowie einer Beplankung mit Holzwerkstoffplatten, welche die tragende und aussteifende Funktion übernehmen [36]. Im Unterschied zum Holzrahmenbau erfolgt die Vorfertigung durch Einlegen der Dämmung, die beidseitige Beplankung und den Putzauftrag vollständig im Werk [16] (Bild 2.54).

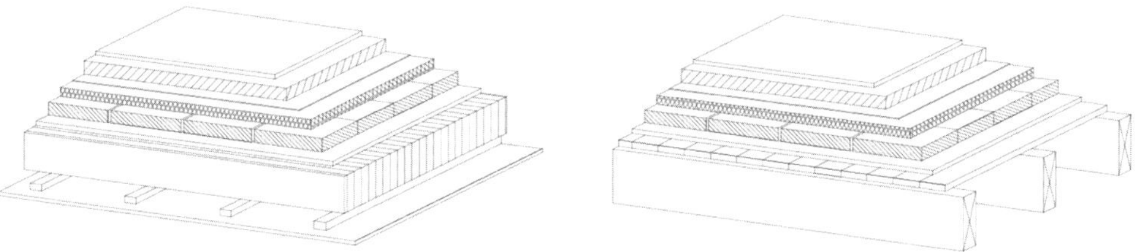

Bild 2.54 Sichtbare Holzbalkendecke (links) und nicht sichtbare Brettstapeldecke (rechts) (Eigene Darstellung i. A. a. [49])

Holzmassivbau (Brettstapeldecke)

Im Holzmassivbau werden die Deckentragwerke hauptsächlich in der Brettstapelbauweise durch senkrecht stehende Bretter ausgeführt. Diese werden durch Verbindungsmittel wie z. B. Dübel, Nägel oder Schrauben miteinander verbunden. Alternativ kann auch eine werkseitig vorgefertigte Verklebung als Verbindungsmittel eingesetzt werden. Die einachsige Lastabtragung erfolgt mit ausreichender Querverteilung, bei der lediglich die punktuellen Lasten (z. B. Stützen) speziell nachgewiesen werden müssen. Die im Werk vorgefertigten Elemente werden auf der Baustelle mit Hilfe von Überfälzungen oder Stabdübeln miteinander verbunden. Zur Verbesserung der Scheibenwirkung werden flächige Holzwerkstoffplatten als Beplankung verwendet [36].

Holz-Beton-Verbundbau

Die Holz-Beton-Verbundbauweise (Bild 2.55) stellt eine Ergänzung zur klassischen Holzmassivbauweise dar. Nach Herstellung der Holzkonstruktion als Balken- oder Plattensystem wird der Stahlbeton in der Regel vor Ort aufgebracht. Es besteht jedoch auch die Möglichkeit, vollständig vorgefertigte Deckenelemente aus dem Werk zu verwenden. Die schubsteife Verbindung zwischen Holz und Beton erfolgt durch besondere Ankersysteme, Schrauben oder eingeklebte Streckmetallstreifen. Schwimmende Fußbodenaufbauten sowie Unterdecken ermöglichen die Erfüllung von hohen Anforderungen an den Schal- und Brandschutz. Zudem besteht die Möglichkeit der Verstärkung und Stabilisierung von bestehenden Holzbalkendecken [36].

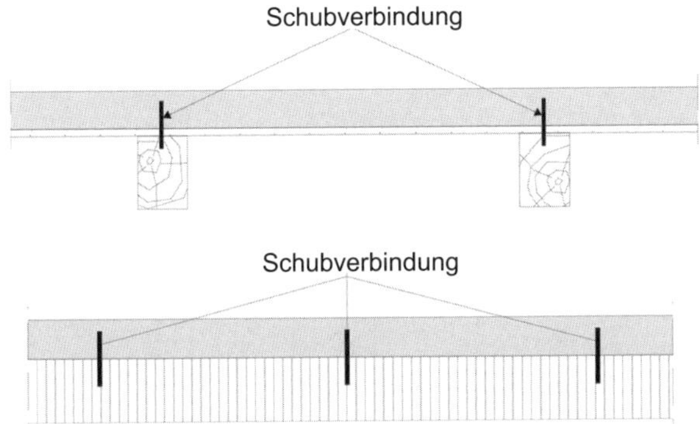

Bild 2.55 Balkendecke in Holz-Beton-Verbundbauweise (oben) und Plattendecke in Holz-Beton-Verbundbauweise (unten) (Eigene Darstellung i. A. a. [36])

2.4.4 Dachkonstruktionen

Das Gesamtbild eines Gebäudes wird stark von der Gestaltung und Form des Daches bestimmt. Die Dachkonstruktion leitet anfallende Lasten auf tragende Bauteile ab und muss so ausgebildet werden, dass die Dachdeckung sicher getragen werden kann [65]. Die einwirkenden Lasten unterteilen sich in senkrechte Lasten (Eigengewicht und Schneelast) und horizontale Lasten (Windlasten). Letztere sind abhängig von der Dachart und Dachneigung. Dabei wird die windangeströmte Seite (Luvseite) mit einer Drucklast beansprucht, während auf der windabgewandten Seite (Leeseite) eine Sogwirkung entsteht [65].

Weitere Aufgaben sind der Schutz vor Witterungseinflüssen und Wärmeverlusten. Bei Bedarf können auch Anforderungen an den Schall- und Brandschutz erfüllt werden. Folgende Angaben sind für die Kennzeichnung eines Daches erforderlich:

- Dachform,
- Dachgrundriss,
- Dachtragwerk,
- Dachneigung,
- Dachdeckungsmaterial,
- Dachdeckungsart,
- Dachentwässerung [65],
- Dachformen und Dachteile.

Abhängig von Grundriss, Höhe eines Gebäudes und der Konstruktionsart können unterschiedliche Dachformen zum Einsatz kommen. Dachaufbauten und Unterbrechungen der Dachhaut durch Belichtungsöffnungen, Installationen und Ähnliches führen zu aufwendigen Detaillösungen und komplizierten Dachformen. Deshalb wird der Einsatz von ebenen zusammenhängenden Dachflächen (Bild 2.56) bevorzugt, bei denen Dachaufbauten und Unterbrechungen auf das Nötigste reduziert werden. Sattel-, Pult-, Graben- und Mansarddächer zählen zu den einachsig gespannten (über eine Gebäuderichtung) Dachformen. Dagegen werden Walm- oder Zeltdächer zu den zweiachsig gespannten (über zwei Gebäuderichtungen) Dachformen zugeordnet. Die Herstellung von Misch- und Sonderformen ist ebenfalls möglich. Weiterhin existieren Dachformen mit gekrümmten Flächen, die einachsig als Tonnendächer oder zweiachsig als parabel- oder hyperbelförmige Schalendächer ausgebildet werden [65].

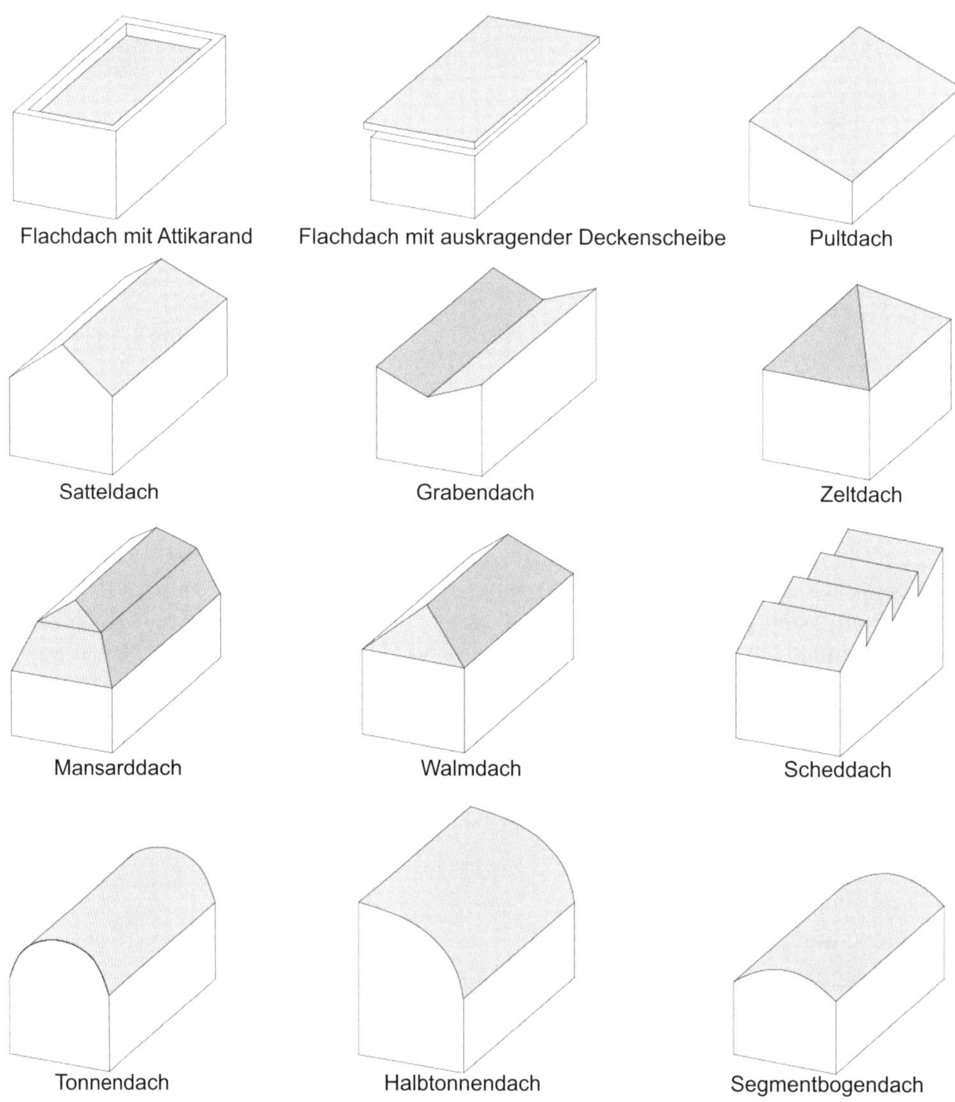

Bild 2.56 Dachformen (Eigene Darstellung i. A. a. [65])

Grundformen von Dachkonstruktionen sind die Sparren- und Pfettendächer. Sparrendächer kommen bei Dachneigungen zwischen 30 und 60 Grad zum Einsatz. Aufgrund der nicht erforderlichen Pfetten wird ein stützenfreier und uneingeschränkt nutzbarer Dachraum hergestellt. Das statische System bildet sich aus zwei gegenüberliegenden geneigten Sparren und dem Deckenbereich/-balken (unverschiebliches Dreieck). Horizontale Kehlbalken kommen bei größeren Spannweiten zum Einsatz [65]. Pfettendächer stellen eine gute wirtschaftliche Lösung bei Dachneigungen unter ca. 25 Grad dar, jedoch können die Pfetten und evtl. vorhandene Pfosten die Nutzbarkeit des Dachraums beeinträchtigen. Die einwirkenden Lasten werden dabei über Pfetten auf tragende Außen- und Innenwände übertragen und können bei Bedarf durch zusätzliche Pfosten unterstützt werden [65].

Um Missverständnisse bei der Kommunikation mit den Planern und Handwerken zu vermeiden, sind die in Abbildung Bild 2.57 gezeigten Bezeichnungen für Dachteile definiert.

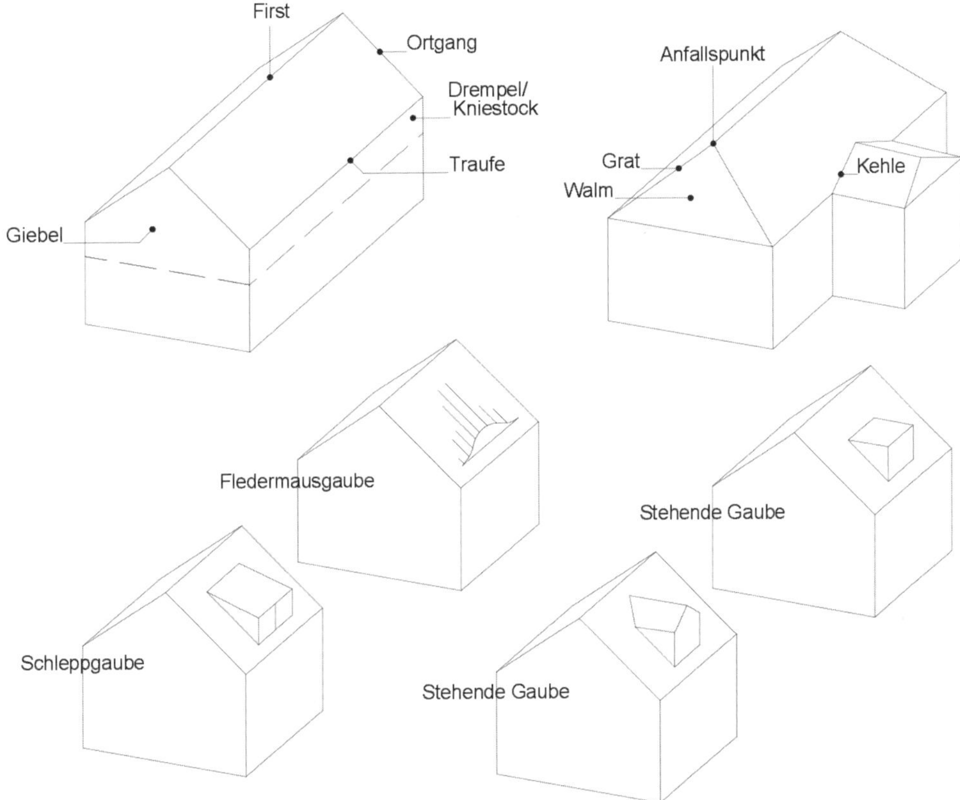

Bild 2.57 Bezeichnung von Dachelementen (Eigene Darstellung i. A. a. [65])

Dacheindeckungen

Das optische Erscheinungsbild eines Bauwerks hängt insbesondere von der Dachneigung und den Baustoffen der Dachdeckung ab. Die Gestaltung sollte sich allerdings auch dann nach den örtlichen Gegebenheiten und Bauweisen richten, wenn keine Einschränkungen durch Denkmalschutz gegeben sind. Bei Steildächern fungiert die Dachdeckung zum Ableiten des Niederschlagwassers und zum Schutz gegen Regenwasser oder Flugschnee. Weiterhin müssen Dacheindeckungen feuerbeständig und günstig in der Herstellung und Wartung sein. Durch die zunehmende Nutzung von Dachräumen und damit verbundene Wasserdampf- und Wärmeverhältnisse werden höhere Anforderungen an die bauphysikalischen Eigenschaften gestellt. Bei flacheren Dachneigungen sind weitere Anforderungen an die Dichtigkeit der Dacheindeckungen z. B. durch weitere Schichten wie Unterspannbahnen zu erfüllen. Es wird in Abhängigkeit von Werkstoff und Decktechnik unterschieden in:

- Betondachstein-Dächer
- Gründächer
- Metalldächer
- Pappdächer
- Schieferdächer
- Schindeldächer
- Stroh- und Rohrdächer
- Wellplattendächer
- Ziegeldächer

Bei Dachdeckungs- und Dachabdichtungsarbeiten gelten für die Ausführung die Vorschriften der VOB Teil C der DIN 18 338 sowie weitere Fachregeln für Dachdeckungen mit Dachziegeln und Dachsteinen. Die Ausführung von Dachziegeln oder Betondachsteinen erfolgt auf Lattungen, bei denen der Querschnitt vom Gewicht der Dachdeckung sowie vom Sparrenabstand abhängig ist [65]. Die Dachneigungen für unterschiedliche Dachdeckungen werden wie in Tabelle 2.25 dargestellt.

Tabelle 2.25 Regeldachneigungen für Dachdeckungsmaterialien [65]

Schiefer	
Altdeutsche Doppeldeckung, Deutsche Schuppenschablonen, Rechteckschablonendeckung	≥ 25°
Schablonendeckung	≥ 30°
Dachplatten	
Deutsche Deckung, Doppeldeckung	≥ 25°
Waagrechte Deckung	≥ 30°
Wellplatten	
Bei Plattenlängen von 1,25 m bis 2,50 m je nach Dachtiefe (Entfernung Traufe- First)	≥ 7 bis 12°
Kurzwellplatten (Gesamtlänge 62,5 cm)	≥ 15°
Reet- und Strohdeckung	
Mindestdeckung	≥ 45°
In windreichen Gegenden	≥ 50°
Holzschindel	
Je nach Deckungsart	ca. ≥ 30°
Metalldeckung	
Bei Dachneigungen < 5° sind Längsfälze zusätzlich abzudichten	≥ 3°

Dachziegel

Dachdeckungen in Form von Dachziegeln oder Natursteinen zählen zu den klassischen Materialien, welche seit Jahrtausenden verwendet werden. Die Lebenserwartung dieser Dachziegel können mehrere hundert Jahre betragen. Die DIN EN 1304 regelt die Anforderungen an Dach- und Formziegel für geneigte Dächer sowie für Außen- und Innenwandbekleidungen. Es wird in Abhängigkeit der Herstellung zwischen Press- und Strangdachziegeln unterschieden. Pressdachziegel werden hergestellt, indem sie einzeln aus Ton gepresst werden, während Strangdachziegel in Form eines Stranges gepresst werden. Während Strangdachziegel als Strang aus einer Schneckenpresse hergestellt werden, entstehen Pressdachziegel im Stempelpressverfahren, mit oder ohne Falz.

Strangdachziegel umfassen unter anderem Biberschwanzziegel, Strangfalzziegel und Hohlpfannen. Bei den Pressdachziegeln gibt es Falzziegel und Reformpfannen, Falz- und Flachdachpfannen sowie Krempziegel [65].

- Biberschwanzdeckung/Flachziegeldeckung

  Biberschwanzdachziegel (Bild 2.58) weisen keine Verfalzung auf und besitzen meistens eine flache Form mit oder ohne geringfügige Wölbung in Längs- oder Querrichtung [22].

Ihre Unterseite kann geradlinig, gerundet, halbkreisförmig oder mit gestutzten Ecken sein. Zum Einhängen des Ziegels auf die Dachlatten ist auf der oberen Rückseite ein Vorsprung angebracht. Durch ihr kleines Format von 18/38 cm und eine Mindestdicke von 10 mm sind sie sowohl für komplizierte Dachformen als auch für Wand- und Gaubenanschlüsse oder Kehlen sehr gut geeignet [65].

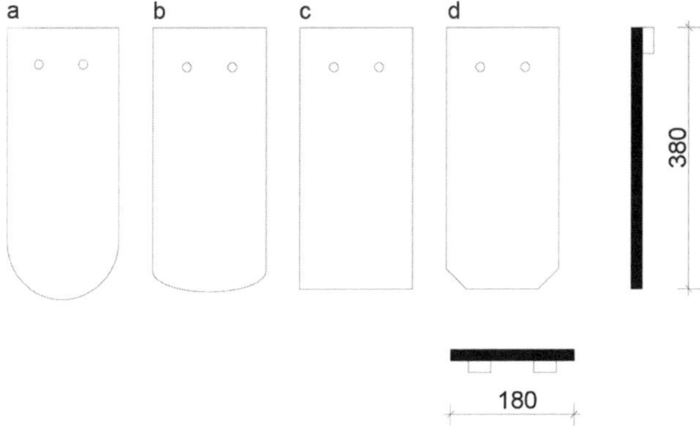

Bild 2.58 Biberschwanzformen (Eigene Darstellung i. A. a. [65])
a) Rundschnitt
b) Segmentschnitt
c) Geradschnitt
d) Gestutzte Ecken

Die Ausführung mit Biberschwanzdeckungen erfolgt insbesondere bei Doppeldächern und Kronendächern. Bei Doppeldächern werden nur am First und an der Traufe die Dachziegel doppelt verlegt. Im Zwischenbereich hängt eine Reihe Dachziegel auf jeder Latte. Im Vergleich dazu liegen bei Kronendächern die Dachziegel in allen Reihen doppelt. Dadurch werden zwar weniger Latten gebraucht, jedoch ist der Dachziegelbedarf ungefähr der gleiche [65].

- Hohlpfannendeckung

  Als Hohlpfannen werden Dachziegel genannt, die in S-Form gewölbt sind sowie keine Längs- oder Querverfalzung besitzen [22] (Bild 2.59). Die doppelte Überdeckung der Hohlpfannen in Quer- und Längsrichtung erfordert das Abschrägen der zwei gegenüberliegenden Ecken. Die Verlegung wird in Vorschnitt- und Aufschnittdeckung unterschieden [65].

- Falzziegeldeckung

  Falzziegel sind Pressdachziegel, die in Längs- und/oder Querrichtung eine oder mehrere Falzausbildungen besitzen, welche in- oder übereinander greifen und somit eine regensichere Deckung bilden. Pressdachziegel werden im Unterschied zu Strangdachziegeln in ihrem Deckmaß, nicht in ihrem Außenmaß genormt. Dabei beträgt die Deckbreite 200 mm (± 10 mm) bzw. die Decklänge 333 mm (± 10 mm), wodurch sich ein Ziegelbedarf von 15 Stück für 1 m^2 ergibt. Die Verschiebung von Falzpfannen in Decklänge bzw. Deckbreite ist nur in einem geringen Toleranzbereich möglich. Folglich sind bei der Planung die Dachlänge (Sparrenlänge) und Dachbreite unter Beachtung der verwendeten Falzpfannen, Anschlüsse an Dachrinnen und First sorgfältig zu ermitteln [65].

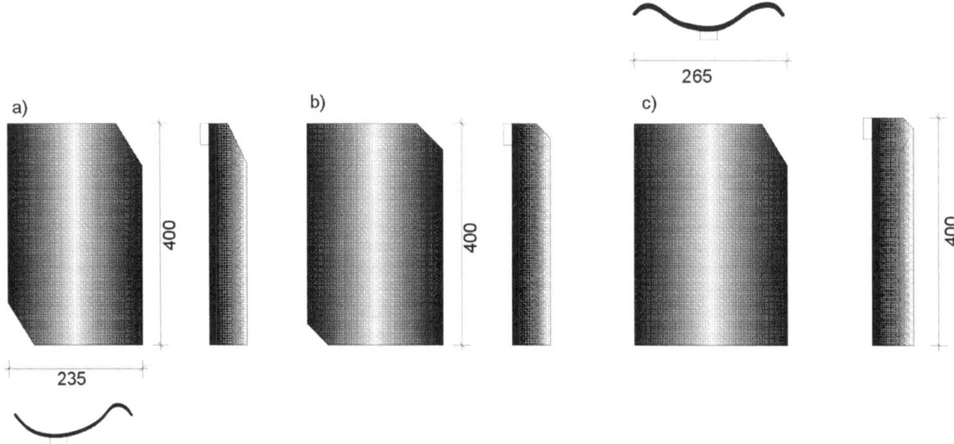

Bild 2.59 Längs- und Querverfalzung von Hohlpfannen (Eigene Darstellung i. A.a. [65])
a) Langschnittpfanne
b) Kurzschnittpfanne
c) Doppelkremper

Schieferdeckung

Schiefer wird aus dem Bergwerk gewonnen und weist je nach Region eine schwarze bis blaugraue Färbung auf [42]. Die Schieferplatten werden in verschiedenen Größen und Formen hergestellt und sind aufgrund ihrer Langlebigkeit und Gestaltungsmöglichkeit vielfältig einsetzbar. Je geringer die Dachneigung, desto höher werden die Anforderungen an die Regensicherheit, da die Durchfeuchtungs- und Austrocknungsvorgänge länger andauern [65]. Somit eignen sich große Platten bei flacheren Dachneigungen, während kleinere Schiefer steilere Dächer erfordern [79]. Zur Dachdeckung werden Schieferformen unterteilt in: [12]

- Schuppe,
- Rechteckformat,
- Spitzwinkelplatte,
- Bogenschnittplatten.

Weiterhin werden abhängig von der Schieferform und Verwendung folgende Deckungsarten unterschieden:

- Altdeutsche Doppeldeckung, Altdeutsche Deckung,
- Deckung mit deutschen Schuppenschablonen,
- Deckung mit Rechteckschablonen,
- Deckung mit Spitzwinkel- oder Fischschuppenschablonen.

Meistens werden die Schieferplatten auf eine 24 mm dicke, trockene Schalung genagelt. Neben der europäischen Schiefernorm DIN EN 12 326-1 gelten die Richtlinien des Dachdeckerhandwerks [65].

Dachrinnen und Regenfallleitungen

Die Entwässerung von geneigten Dächern erfolgt entweder durch Dachrinnen an der Traufe, über Rinneneinläufe oder unterirdisch [36]. In der Regel werden Rinnen als vorgehängte Rinnen an der Traufe ausgeführt. Falls eine Rinne nicht über die Gebäudeaußenkante hinausstehen darf, können Standrinnen eingesetzt werden. Jedoch erfordern diese eine weitere Entwässerungsebene, um den Gebäuderand zu schützen [65]. Die Entwässerungsrinnen am Dach nehmen ebenfalls einen Einfluss auf die optische Wirkung des Daches und wurden in der Vergangenheit deshalb als Gestaltungsmöglichkeit verwendet. Alternativ können verdeckte Dachrinnen (Standrinnen) hinter Gesimsen eingebaut werden, die jedoch neben hohen Kosten auch schnell zu Schäden führen können, falls es durch Verschmutzungen zu Wasserstauung kommt. Halbrunde oder kastenförmige Hängedachrinnen sind einschließlich ihrer Rinnenhalter genormt. Die für die Bemessung und Dimensionierung notwendigen Regelungen der Dachentwässerung sind in DIN EN 12 056 genormt [65].

- Hängedachrinnen

  Hängedachrinnen werden mit halbrunden oder kastenförmigen Querschnitt hergestellt (Bild 2.60). Je nach Material werden die Eigenschaften und Anforderungen an Dachrinnen entweder in DIN EN 607 (Hängedachrinnen aus PVC-U) oder in DIN EN 612 (Hängedachrinnen aus Metall) festgelegt. Dabei entsprechen die Abmessungen der kunststoffbasierten Dachrinnen denen aus Metallblech. Die Bezeichnung von Hängedachrinnen und Zubehörteilen erfolgt neben dem Material durch die Beschreibung der Produktart (Dachrinne, Ablauf, Endstück), zugehörige Norm sowie Breite.

  Beispiel: Hängedachrinne aus weichmacherfreiem Polyvinylchlorid mit einer Breite von 150 mm:

  Hängedachrinne DIN EN 607-150-PVC-U

  Die Rinnen besitzen an der Vorderseite einen Wulst und an der Rückseite eine nach innen schauende Umkantung (Wasserfalz). Damit im Falle eines Wasserüberlaufs das Wasser an der vorderen Seite herabläuft, liegt die Vorderkante des Rinnenwulstes tiefer als die Hinterkante. Um eine sichere Regenwasserableitung in die Rinne zu gewährleisten, muss die Dachdeckung die Rinnenhinterkante mindestens 50 mm überragen. Ist dies nicht möglich, muss unter der Dachdeckung ein Einlaufblech vorgesehen werden [67]. Die Rinnenlänge ist mit 10 bis 15 m begrenzt, um Temperaturausdehnungen schadensfrei aufnehmen zu können. Werden längere Rinnen gefordert, müssen Rinnen in Abschnitte unterteilt und mit Bewegungsausgleicher versehen werden. Der Einbau von Hängerinnen kann ohne Gefälle erfolgen, jedoch wird ein Gefälle von 3 mm/m empfohlen. Dies wird durch eine höhenversetze Montage der Rinnenhalter ermöglicht. Rinnenhalter tragen die Hängerinnen und werden im Abstand der Sparren von 80 bis 90 cm auf die Dachlatten befestigt. Die Bemessung erfolgt in Abhängigkeit der örtlichen Anforderungen [65].

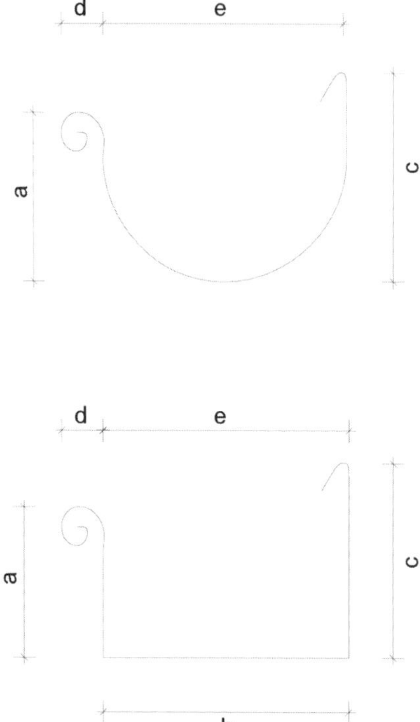

Bild 2.60 Halbrunde und kastenförmige Hängedachrinnen (Eigene Darstellung i. A. a. [26])
a) Höhe der Rinnenvorderseite
b) Breite der Rinnensohle
c) Höhe der Rinnenrückseite
d) Wulstmaß (Durchmesser der Breite)
e) Obere Öffnungsweite

- Regenfallrohre

  Regenfallrohre dienen zur Ableitung des Niederschlagwassers von Rinnen in die Kanalisation. Dabei werden Rinnenkessel als Übergang von der Rinne in die Fallleitung benutzt. Sie sollten den zweifachen Querschnitt des Rohres haben [67]. Je nach Dimensionierung der Dachrinnen sind der Abstand und die Lage der Regenfallrohre bereits in der Planungsphase zu bestimmen. Rohre aus Blech werden bei der Herstellung gelötet, gefalzt oder geschweißt. Um bei Undichtigkeiten das Wasser von der Fassade abzuhalten, müssen die Löt- oder Falzstellen von der Fassade abgewandt und die Regenfallrohre mit einem Mindestabstand von 20 mm montiert werden. Die Befestigung der Rohre an der Fassade geschieht durch Rohrschellen, die in einem Abstand von 1,5 bis 2,0 m angeordnet sind. Zu beachten ist die Montage an Wärmedämmverbundfassaden, bei denen die Rohrschellen mit thermisch entkoppelten Systemen auszuführen sind [65].

Stabilisierungs- und Aussteifungselemente

Um die Standsicherheit eines Gebäudes sicherzustellen, muss neben einer ausreichenden Dimensionierung der tragenden Elemente auch die räumliche Aussteifung der Konstruktion beachtet werden. Die Vertikallasten (Eigengewicht, Nutz- und Schneelasten) können als Druckkräfte relativ einfach in die Fundamente eingeleitet werden. Bei den Horizontallasten (Windlasten, Lasten aus Imperfektion, Erdbebenlasten) dagegen wird es schwieriger, diese in die Fundamente einzuleiten [48]. Die horizontale Aussteifung in Querrichtung ist durch die Gespärre und die Verankerung der Sparren gegeben. Die Windkräfte, die auf die Giebelwände wirken, müssen in Längsrichtung von der Dachkonstruktion aufgenommen werden. Kräfte zur Stabilisierung der Sparren gegen Kippen oder Knicken sowie Kräfte aus Schiefstellungen, Vorkrümmungen und Exzentrizitäten sind durch gesonderte Aussteifungskonstruktionen aufzunehmen.

Ist durch eine geeignete Vernagelung die Krafteinleitung sichergestellt, können Giebelwände von Dachlatten oder Brettschalungen horizontal gestützt werden. Bei einem Pfettendach werden die Horizontalkräfte aus den Giebelwänden in die Pfetten eingeleitet und dort aufgenommen. Zusätzliche angeordnete horizontale Hölzer entlang des Firstes oder der Randbohlen sind bei Sparren- und Kehlbalkendächern erforderlich. Diese müssen, wie die Pfetten beim Pfettendach, ebenfalls mit der Giebelwand verbunden sein.

Die von den Dachlatten, Brettschalungen oder Pfetten aufgenommenen Horizontallasten müssen nun in Aussteifungskonstruktionen weitergeleitet werden. Hierfür eignen sich Windrispen oder Dachscheiben aus Holzwerkstoffplatten oder Holztafelelementen [77].

- Windrispen aus Holz

  Windrispen aus Holz (Bild 2.61) können Druck- und Zugkräfte aufnehmen. Die Knicklänge wird reduziert, indem sie an jedem Kreuzungspunkt mit den Sparren verbunden werden. Die Rispen werden für einen ungestörten Dachaufbau unter den Sparren angebracht. Dies hat zur Folge, dass bei einem Dachausbau Einschränkungen, z. B. Behinderung der Deckenkonstruktion, auftreten können [48].

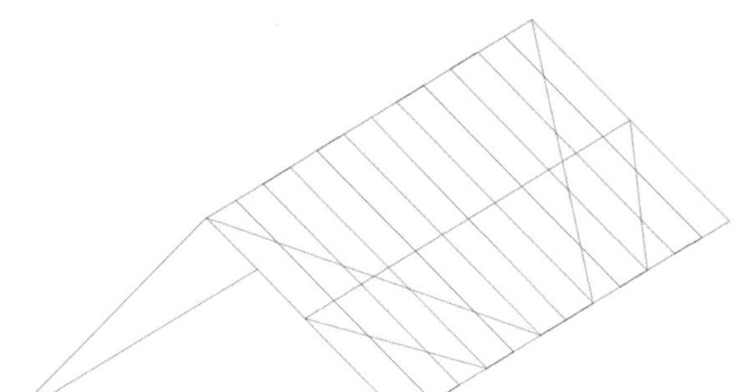

Bild 2.61 Windrispen aus Holz unter den Sparren (Eigene Darstellung i. A. a. [77])

- Windrispenbänder aus Stahl

  Windrispenbänder aus Stahl (Bild 2.62) stellen aufgrund der schnellen und einfachen Montage sowie der geringen Kosten die verbreitetste Variante zur Aussteifung der Dachkonstruktion dar. Sie können nur Zugkräfte aufnehmen (druckschlaff) und müssen deshalb immer paarweise als Auskreuzung angeordnet werden. Durch die geringe Höhe von 1,5 bis 3 mm können sie oberhalb der Sparren angebracht werden und behindern dadurch nicht den Dachaufbau. Das Verlegen der Windrispenbänder auf Winddichtungen oder Vordeckungen erfordert allerdings besondere Sorgfalt, da diese leicht beschädigt und dadurch in ihrer Funktionalität beeinträchtig werden können. Bei der Montage sind die Windrispenbänder stramm zu spannen und an den End- und Kreuzungspunkten mit den Sparren, nach den statischen Vorgaben, zu verankern [48].

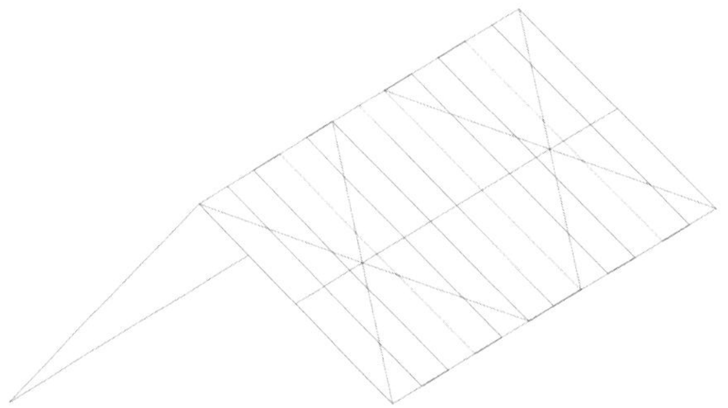

Bild 2.62 Windrispenbänder aus Stahl über den Sparren (Eigene Darstellung i. A. a. [77])

An den Endpunkten muss eine abhebende Kraft, eine nach innen gerichtete Kraft und eine parallel zur Traufe wirkende Kraft in die Unterkonstruktion eingeleitet werden. Das Umschlagen des Windrispenbandes am Sparren sorgt für eine ausreichende Verankerung mittels Nägeln. Um die Horizontalkraft aufzunehmen und das Umkippen der Sparren zu verhindern, müssen Beihölzer verwendet werden. Die Fußpfette, die mit Ankerschrauben an der Unterkonstruktion befestigt ist, nimmt die abhebende Kraft von dem Sparren-Pfetten-Anker auf [77] (Bild 2.63).

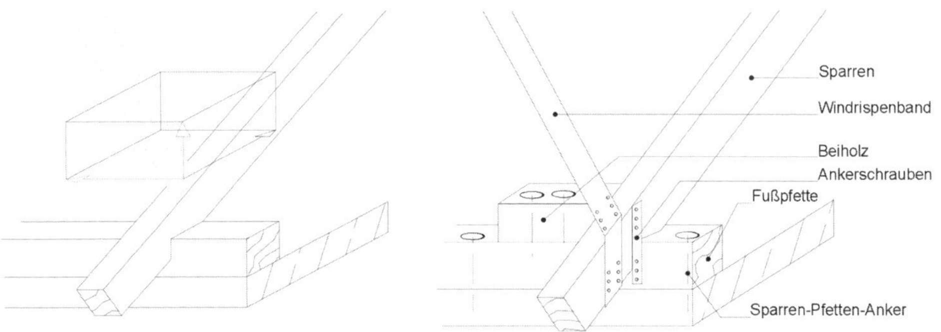

Bild 2.63 Anschluss eines Windrispenbandes (Eigene Darstellung i. A. a. [77])

- Dachscheiben

  Dachscheiben aus Holzwerkstoffplatten oder Holztafelelementen (Bild 2.64) können ebenfalls zur Aufnahme von Horizontalkräften in Längsrichtung dienen. Die Lastaufnahme erfolgt hier über eine Scheibenwirkung. Die Stöße der Dachscheiben sollten normalerweise zur Sicherstellung einer schubfesten Verbindung unterstützt werden. Um diesen Aufwand zu vermeiden, können entsprechende Maßnahmen und Nachweise herangezogen werden.

  Die Anordnung von Kopfbändern (Bild 2.65) an den Pfetten und deren Stützen ist bei Pfettendächern die traditionelle Art, die Horizontalkräfte in die Längsrichtung des Daches abzuleiten [77].

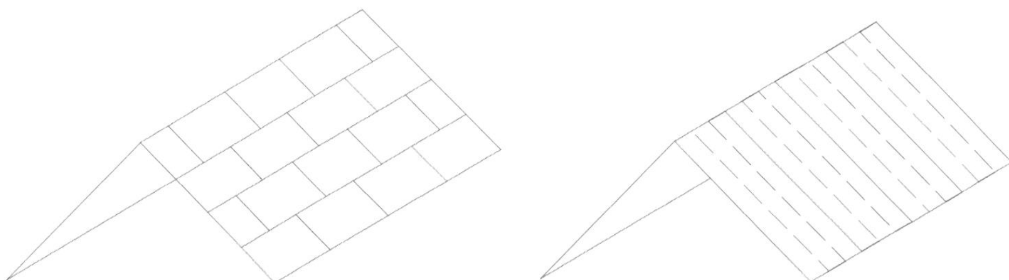

Bild 2.64 Dachscheibe aus Holzwerkstoffplatten (links) und Holztafelelementen (rechts) (Eigene Darstellung i. A. a. [77])

Bild 2.65 Pfettendach mit Kopfbändern (Eigene Darstellung i. A. a. [77])

2.4.5 Verbindungsmittel und Verbindungstechniken

Holzbauwerke besitzen durch die Herstellung in der Werkstatt und der Zusammensetzung auf der Baustelle einen sehr hohen Vorfertigungsgrad. Die Zusammensetzung wird durch Verbindungsmittel ermöglicht, die im Ingenieurholzbau einen wesentlichen Kostenanteil darstellen [46]. Für nahezu jeden Knoten, die durch die Zusammensetzung der unterschiedlichen Holzelemente entsteht, werden passende Verbindungsmittel hergestellt, die in Bild 2.66 dargestellt sind.

Versätze

Versätze (Bild 2.67) sind weiterhin die am meist eingesetzten Verbindungen für Druckanschlüsse mit minimalem Stahlaufwand. Es wird unterschieden in Stirnversatz als einfache Ausbildung, doppelten Versatz und Fersenversatz. Durch den Einsatz von Hartholzsattelstücken ist eine Übertragung von hohen Kräften ohne hohe Verformungen möglich. Um dies zu ermöglichen, wird jedoch eine genaue Verarbeitung verlangt. Die Versätze werden in ihrer Lage mit Schrauben oder Bolzen, unter Berücksichtigung der geeigneten Holzfeuchte, gesichert [46].

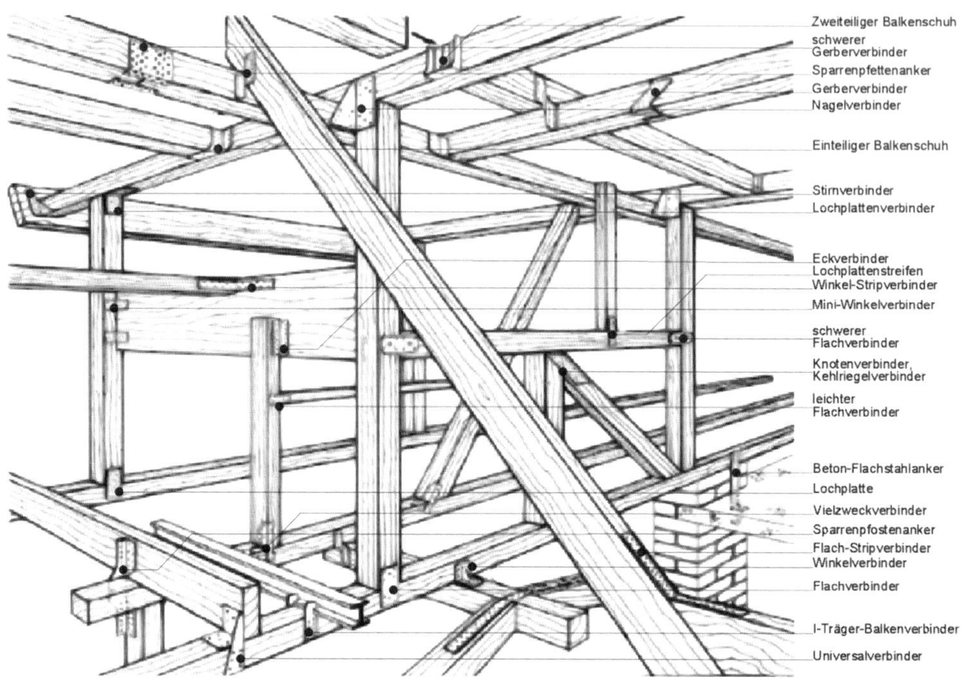

Bild 2.66 Überblick der Verbindungsmittel (Eigene Darstellung i. A. a. [34])

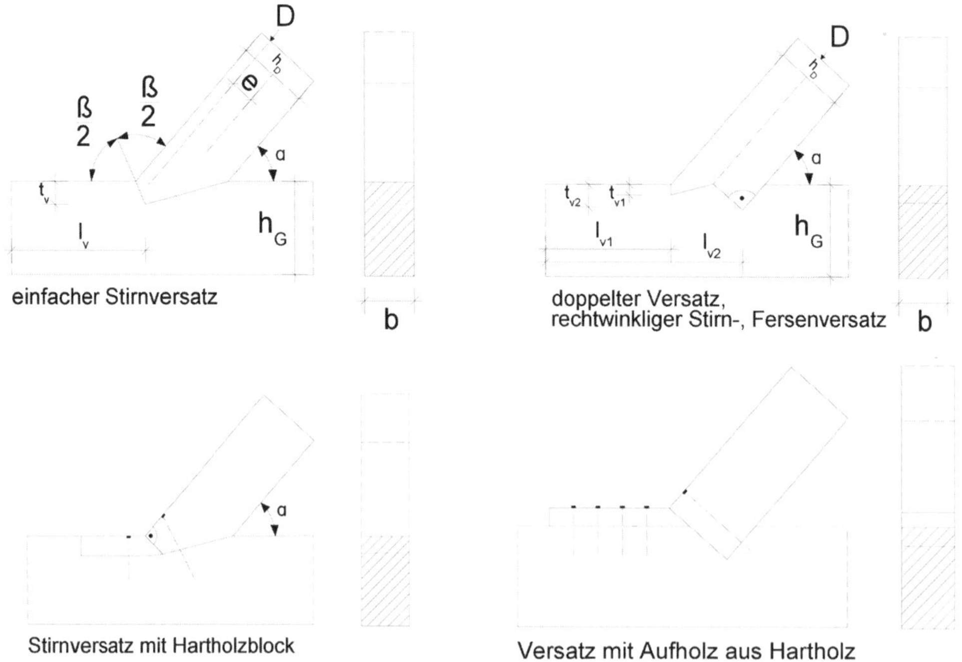

Bild 2.67 Ausbildungsmöglichkeiten von Versätzen (Eigene Darstellung i. A. a. [46])

Zur Herstellung einer Lagerfläche sowie zur Lagesicherung auf den liegenden Holzelementen werden in die aufliegenden Holzelemente dreieckförmige Ausschnitte eingearbeitet (Kerve) (Bild 2.68). Hauptanwendungsgebiet von Kerven bildet der Sparren-Pfetten-Anschluss. Die Kerve erzeugt hier eine große Auflagerfläche für den Sparren auf der Pfette. Durch diese Kontaktfläche werden Lasten aus dem schräg liegenden Sparren auf die Pfette übertragen und gleichzeitig der Sparren festgehalten. Es wird zwischen gewöhnlichen Kerven, Gratkerven an Gratsparren und Kehlkerven an Kehlsparren unterschieden. Schleifkerven (Klauen) ergeben sich dann, wenn der Sparren im Grundriss nicht rechtwinklig zur Pfette liegt [58].

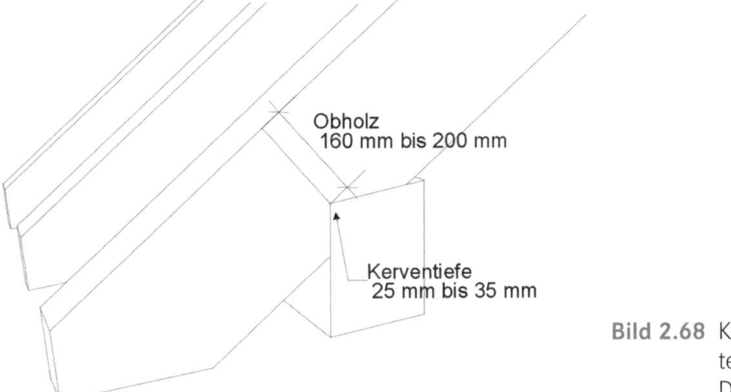

Bild 2.68 Kerve an Sparren-Pfetten-Anschluss (Eigene Darstellung i. A. a. [2])

Kontaktstöße

Die volle Ausnutzung der Holzquerschnitte erfordert zusätzliche Knotenelemente (Bild 2.69), die meist aus stabileren Materialien wie z. B. Stahl, Hartholz oder vergüteten Holzwerkstoffen bestehen. Ihre Aufgabe ist es, die Kraftübertragung zwischen den einzelnen Stäben aufzunehmen. Um eine Vollauslastung der Querschnitte von Druckstäben zu gewährleisten, müssen die Kontaktflächen senkrecht zur Faser liegen. Kommen dagegen schräge Abschnitte zum Einsatz, sind die auftretenden Druckspannungen stark abzumindern. Optimale Kontaktflächen erweisen sich durch den Verguss mit hochfesten schwindfreien Zement- oder Kunstharzdispersionen [46].

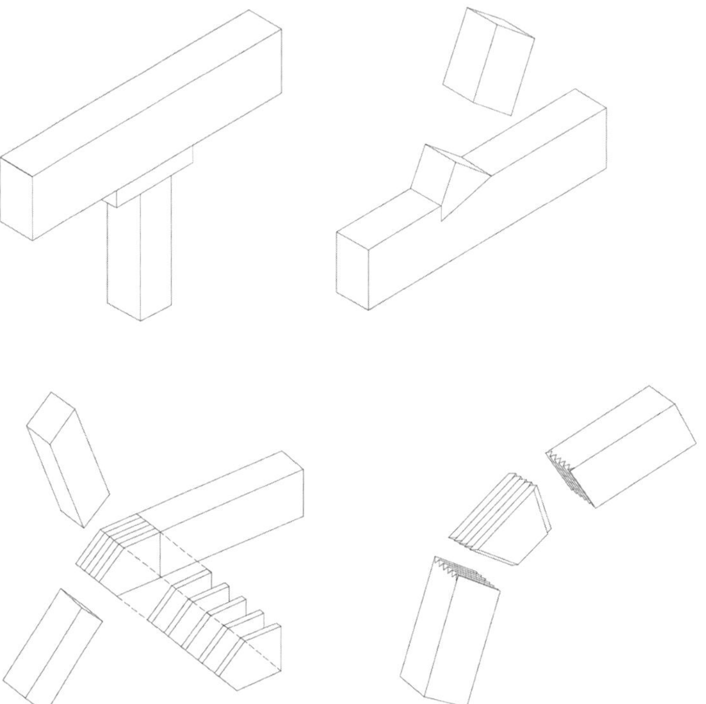

Bild 2.69 Ausbildungsmöglichkeiten von Kontaktstößen (Eigene Darstellung i. A. a. [46])
Oben links: Vergrößerung der Auflager mit Hartholz
Oben rechts: Druckformteil mit einfachem Stirnversatz
Unten links: Druckknoten mit Formteil aus Furnierschichtholz
Unten rechts: Keilgezinktes Rahmeneck mit Sperrholzblock

Zapfenverbindung

Zapfenverbindungen (Bild 2.70) dienen zur Verknüpfung von z. B. Pfosten mit Schwellen oder Pfetten, Kopfbänder mit Pfosten und Pfetten oder Wechsel mit Deckenbalken. Sie zählen zu den meist angewandten Querverbindungen. [82] Die beiden Holzteile stehen in der Regel, mit Ausnahme von schrägen Zapfen, auf gleicher Ebene und senkrecht zueinander. Bei dieser Verbindungstechnik wird in einem Holzelement ein Zapfenloch hergestellt und im anderen Holzelement das Gegenstück, der Zapfen, ausgearbeitet. Eine Anfasung an den Enden der Zapfen erleichtert dabei den Einbau. Der Richtwert für die Zapfenbreite beträgt ein Drittel der Breite des einzuzapfenden Holzelementes. Als Zapfenlänge wird ein Drittel der Höhe des Holzelementes oder 4 bis 5,5 cm angenommen. Um eine Kraftübertragung an den Stirnflächen des relativ kleinen Zapfenquerschnittes zu vermeiden, wird das Zapfenloch ca. 5 bis 10 mm tiefer als die Zapfenlänge erstellt (Zapfenluft). Zapfenverbindungen sichern die Holzelemente in beiden Richtungen und erleichtern das Aufstellen der Konstruktion. Die Zapfenlöcher wirken sich aufgrund der möglichen Wasseransammlung und der Fäulnisgefahr nachteilig auf den Einsatz im Freien aus [1].

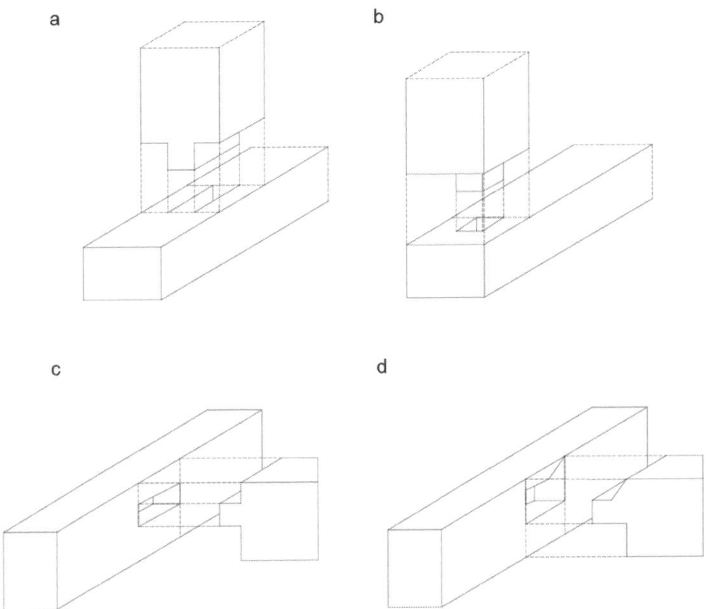

Bild 2.70 Zapfenverbindungen (Eigene Darstellung i. A. a. [82])
a) Einfacher Zapfen, Vertikalverbindung
b) Abgesetzter Zapfen
c) Einfacher Zapfen, Horizontalverbindung
d) Schräger Brustzapfen

Nagelbauweisen

Die Herstellung von neuen Nageltypen, die in Verbindung mit Blecheinlagen zum Einsatz kommen, hat die Entwicklung von Verbindungsmitteln für den Einsatz an tragenden Bauteilen ermöglicht [46].

Eingeschlitzte Bleche

Die 1,0 bis 2,0 mm dicken Bleche werden in eingesägte Schlitze eingelegt und ohne Vorbohren durchgenagelt (Bild 2.71). Dadurch entstehen wirtschaftliche und mehrschnitte Anschlüsse. Die Gefahr des Ausbeulens der Bleche muss bei druckbeanspruchten Stellen berücksichtigt werden. Außerdem muss auf eine hohe Passgenauigkeit, vor allem in den Anschlussfugen, geachtet werden. Die zulässigen Belastungen sind in den bauaufsichtlichen Zulassungen geregelt. Zu den zugelassenen Systemen gehören z. B. die Greimbauweise oder die VB-Bauweise. Eine Vorbohrung sollte beim Einsatz von Blechdicken > 2 mm erfolgen. Dabei werden das Stahlblech und das Holz in einem Arbeitsgang vorgebohrt. So kann gewährleistet werden, dass die Nägel durch ein oder mehrere Bleche problemlos eingetrieben werden können. Diese Technik erlaubt eine Verringerung der Nagelabstände und ermöglicht so die Verwendung von kleineren Blechgrößen [46].

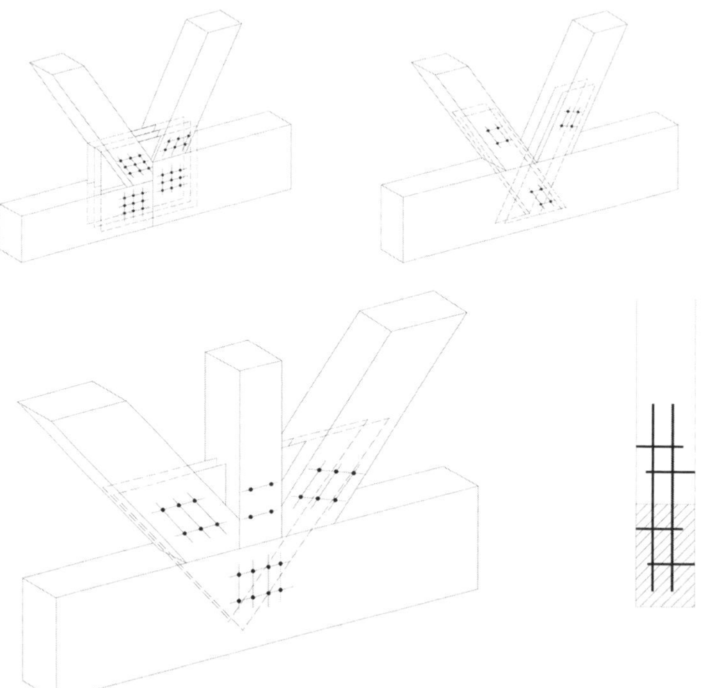

Bild 2.71 Ausbildungsmöglichkeiten eingeschlitzter Bleche (Eigene Darstellung i. A. a. [46])
Oben links: Greimbauweise
Oben rechts: VB-Bauweise
Unten: Eingelegte Stahlbleche d > 2 mm, Querschnitt

Nagelplatten

Die industrielle Herstellung von Nagelplattenbindern (Bild 2.72) wurde durch die Verwendung von gestanzten Nagelplatten ermöglicht. Diese Verbindungstechnik reduziert den Arbeitsaufwand gegenüber herkömmlichen Nagelbauweisen erheblich. Außerdem lassen sich zug- und druckfeste Anschlüsse herstellen. Die nagel- oder krallenförmigen Ausstanzungen, die sich auf den 1 bis 2 mm dicken Stahlbelchen befinden, werden in die Holzoberfläche gepresst. Auf eine Überdeckung der Holzelemente im Knotenbereich kann verzichtet und somit Holz eingespart werden. Durch die große Anzahl der Zinken kann eine höhere Kraft als bei üblichen Nagelverbindungen übertragen werden. Nagelplattenkonstruktionen wie z. B. Gang-Nail oder Twina-Platte sind ebenfalls bauaufsichtlich geregelt [46].

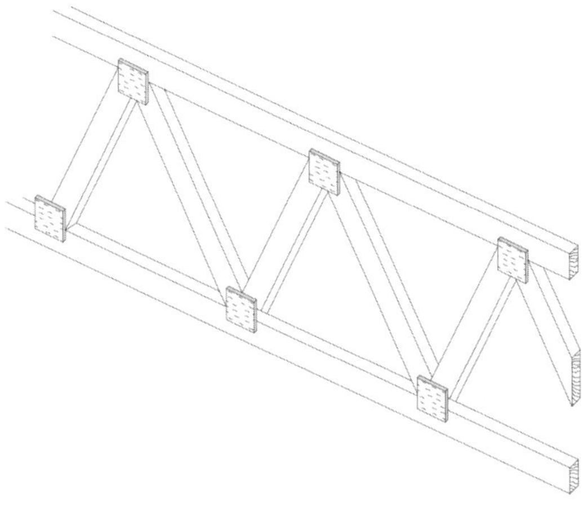

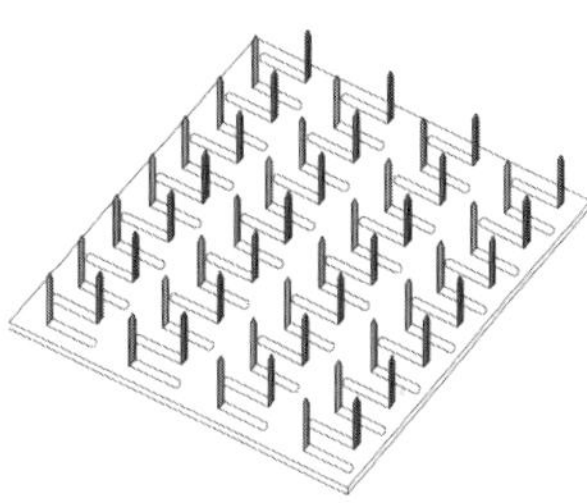

Bild 2.72 Fachwerkbinder mit Gang-Nail-System (links) und Twina-Platte (rechts) (Eigene Darstellung i. A. a. [65])

Genagelte Stahlbolzen

Gerade bei Fachwerkträgern mit Lasten > 300 kN werden mehrteilige Gurte und Diagonalen empfohlen. Die einzelnen Teile werden mit 4 bis 6 mm dicken Lochblechen im Vorfertigungsprozess versehen und mit Gelenkbolzen auf der Baustelle verbunden. Die Kraftübertragung erfolgt vom Holz über die Nägel in die Stahlplatte. Dort werden die Kräfte durch die aufgeschweißten Randverstärkungen über Lochleibungsdruck an die Gelenkachse übertragen. Die Gelenkachse gibt die Kräfte wiederum über eine Scherbeanspruchung an die nächste Stahlplatte ab [46].

Lochbleche und Stahlblechformteile

Durch Stahlblech-Holznagelungen können Auflager, Lagesicherungen und Stabanschlüsse ohne größeren Aufwand hergestellt werden (Bild 2.73). Die Herstellung der Bleche und Formteile erfolgt aus 2 bis 4 mm dicken galvanisierten oder verzinkten Stahlblechen oder aus kaltgeformten und gelochtem Edelstahl. Die Vernagelung erfolgt mit Schraub- oder Rillenlagern händisch oder mit Pressluftnaglern. Sie können in Form von

- Streifen,
- Auflagerwinkeln und -schuhen,
- Pfettenankern,
- Querkraftgelenkankern

eingesetzt werden. Die Belastbarkeit ist in den bauaufsichtlichen Zulassungen geregelt und den entsprechenden Zulassungsbescheiden oder Firmenunterlagen zu entnehmen [46].

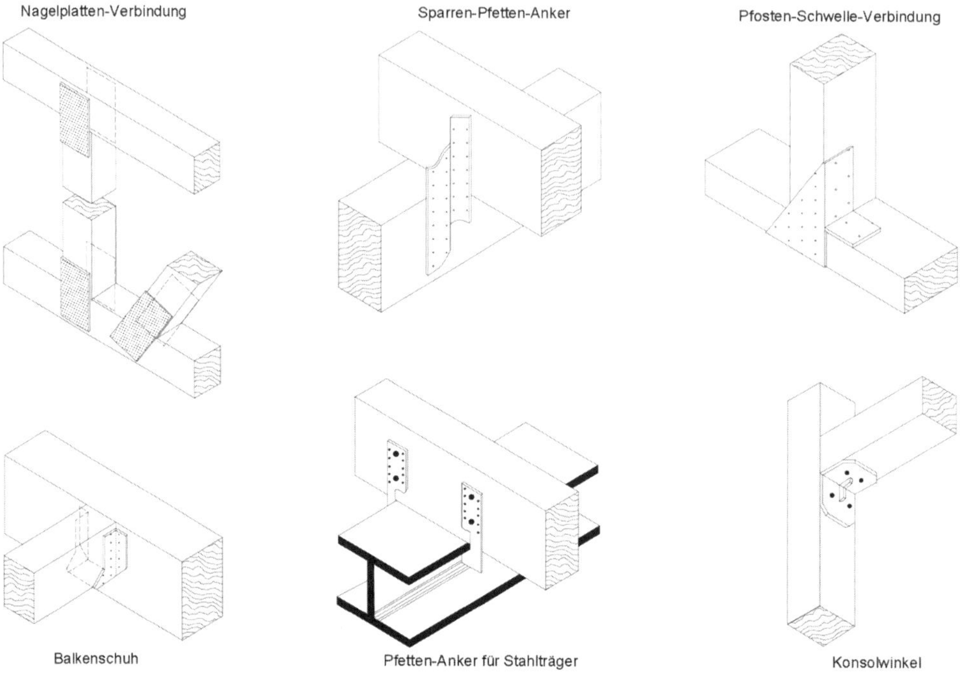

Nagelplatten-Verbindung
Sparren-Pfetten-Anker
Pfosten-Schwelle-Verbindung
Balkenschuh
Pfetten-Anker für Stahlträger
Konsolwinkel

Bild 2.73 Stahlblechformteile als Verbindungsmittel (Eigene Darstellung i. A. a. [65])

Stahlteile

Angenagelte oder mit Stahldübeln angedübelte Schweißteile sowie an- oder aufgenagelte Stahlteile als Auflager bzw. Gelenke müssen von einer Herstellungsfirma mit dem kleinen bzw. großen Befähigungsnachweis im Schweißen hergestellt werden (Bild 2.74). Zur Vermeidung möglicher Kantenspannungen sind eine plangenaue Herstellung und ein plangenauer Abbund der Holzteile wichtig. Die Stahlteile sind bei Anforderungen an den (vorbeugenden) Brandschutz durch Abdeckung mit Holz oder mineralischen Baustoffen zu schützen. Für die Gewährleistung des Korrosionsschutzes sind die Regeln der DIN 1052 Teil 2 einzuhalten. Empfohlen werden insbesondere Feuer- und Spritzverzinkungen sowie galvanische Verzinkungen [46].

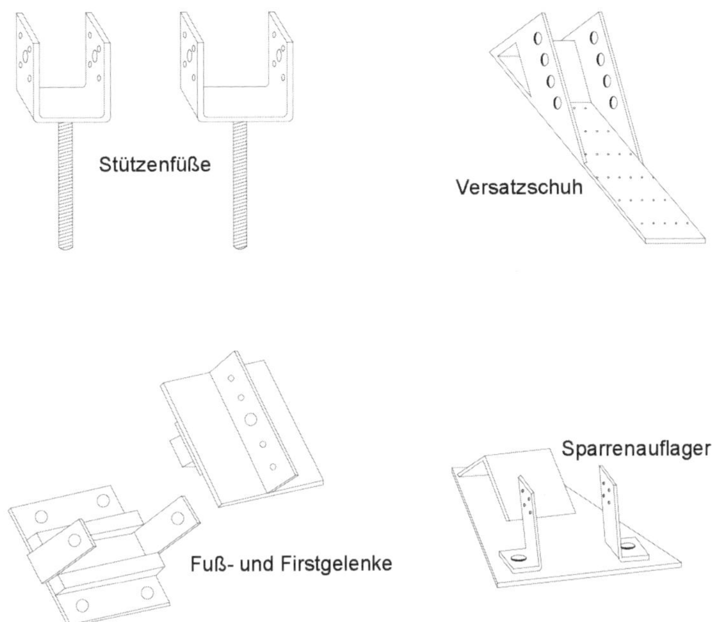

Bild 2.74 Stützenfüße (Eigene Darstellung i. A. a. [46])

Stabdübel und Bolzen

Stabdübel in Form von zylindrischen Stäben werden in vorgebohrte Löcher eingetrieben (Bild 2.75). Da kein Lochspiel aufgrund von Schwinden bzw. zu großen Vorbohrdurchmessern entsteht, können hohe Anschlusswerte und Steifigkeiten erreicht werden [46]. Stabdübel können direkt Holzteile miteinander verbinden oder mit Stahlblechen zu Holzverbindungen kombiniert werden. Die Stabdübelverbindung besteht aus mindestens zwei Stabdübeln. Die Querschnittsschwächung im Holz und im Blech sind mit entsprechenden Nachweisen zu führen [46].

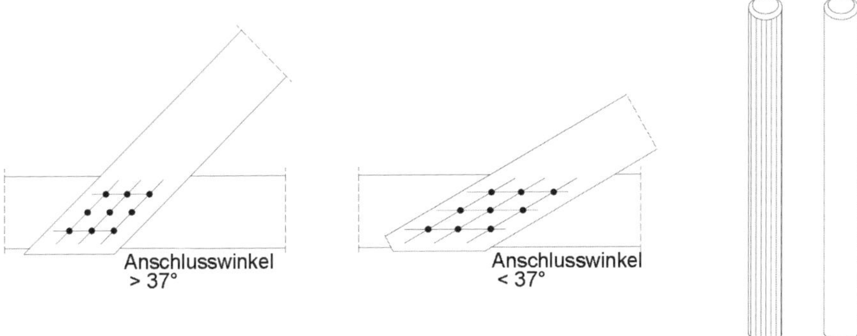

Bild 2.75 Stabdübel und -verbindungen (Eigene Darstellung i. A. a. [46])

Im Gegensatz dazu werden Bolzenverbindungen (Bild 2.76) mit einem größeren Lochdurchmesser vorgebohrt. Bolzenverbindungen dienen lediglich der Verwendung zur konstruktiven Lagesicherung. Hat das Verformungsverhalten der Verbindung auf die Gesamtverformung des Tragwerks einen geringfügigen Einfluss, können Bolzenverbindungen auch bei geringen Belastungen eingesetzt werden. Passbolzen werden analog zum Stabdübel ohne Lochspiel in die Löcher eingetrieben. Die Lagesicherung der Bolzen wird durch das kurze Gewinde am Ende, die Unterlegscheibe und die Mutter erreicht. Es werden gleiche Anschlusswerte und Steifigkeiten wie bei Stabdübeln erreicht [46].

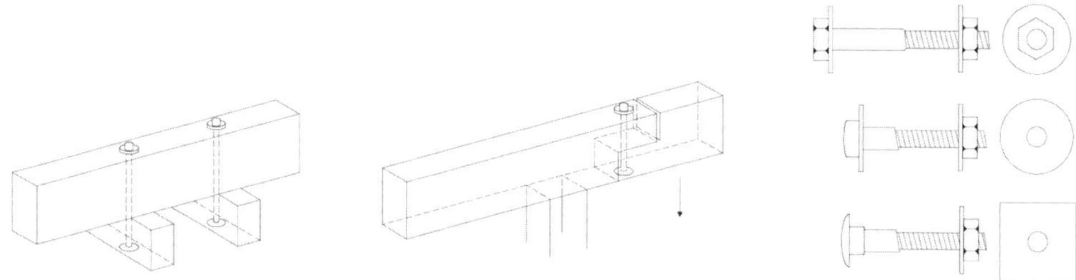

Bild 2.76 Bolzenverbindungen: Nebenträger an den Hauptträger gehängt (links), gelenkiger Anschluss eines Trägers (Mitte) und Bolzen mit Unterlegscheiben (rechts) (Eigene Darstellung i. A. a. [46])

Dübel besonderer Bauart

Besondere Dübel (Bild 2.77) werden eingeteilt in Einlassdübel, die in eine vorbereitete passgerechte Vertiefung des Holzes eingelegt werden, Einpressdübel, die ohne Verwendung von Nut-, Fras- und Bohrwerkzeugen in das Holz eingepresst werden und in Einlass-/Einpressdübel, die zum Teil eingelegt und zum Teil eingepresst werden. Die Herstellung erfolgt als

- Ringdübel aus Metall (Dübeltyp A),
- Scheibendübel aus Metall (Dübeltyp B),
- Scheiben mit Zähnen (Dübeltyp C),
- sonstige Dübel besonderer Bauart aus Eichenholz.

Die Formen und Abmessungen dieser Dübel sind in der DIN EN 912 festgelegt. Durch die Verwendung von Dübeln besonderer Bauart können große Kräfte übertragen werden. Außerdem ist es möglich, Holz-Holz-Verbindungen (zweiseitige Dübel) und Holz-Stahl-Verbindungen (einseitige Dübel) herzustellen. Dübel aus Metall müssen eine ausreichende Korrosionsbeständigkeit aufweisen [65].

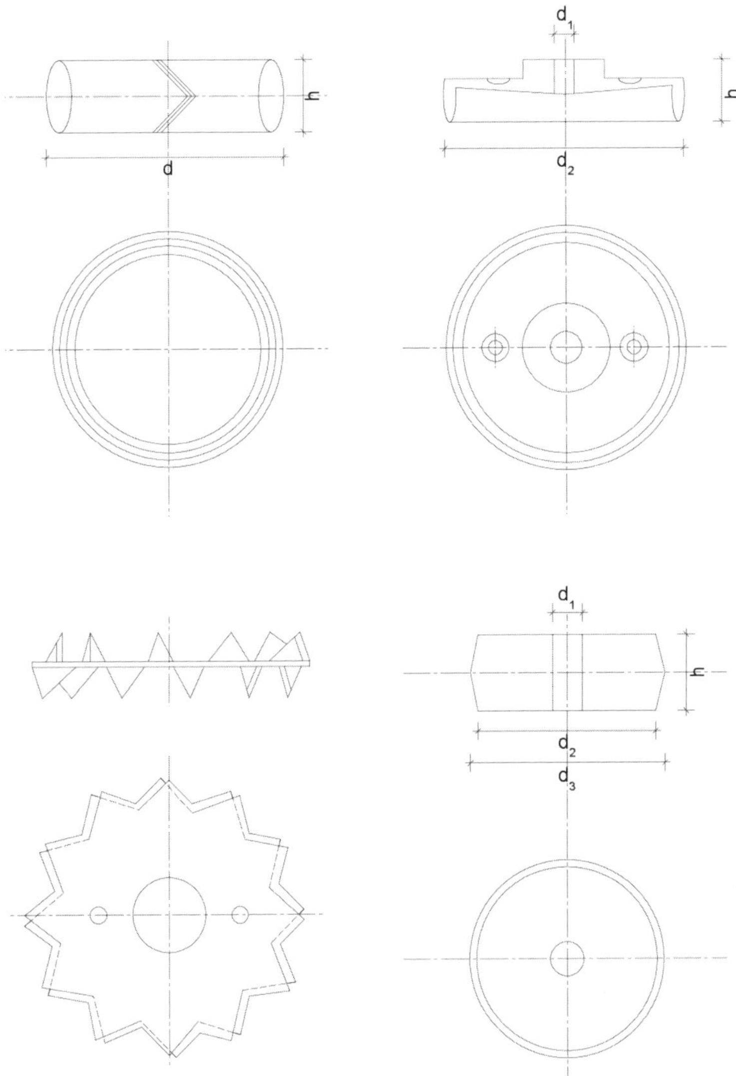

Bild 2.77 Dübelarten (Eigene Darstellung i. A. a. [65])
Oben links: Ringdübel (Dübeltyp A)
Oben rechts: Scheibendübel (Dübeltyp B)
Unten links: Scheibendübel mit Zähnen (Dübeltyp C)
Unten rechts: Dübel besonderer Bauart (Einlassdübel)

Verankerung von Fußpfetten

Fußpfetten werden mit ihrer breiteren Seite auf der Unterkonstruktion angeordnet. Unterhalb der Fußpfette sorgt eine Trennschicht aus Bitumenbahn für den Schutz vor Feuchtigkeitseinwirkung. Die Auflagerung bzw. Verankerung von Fußpfetten können in unterschiedlichen Varianten, die in Bild 2.78 dargestellt sind, ausgeführt werden [65]. Bolzenverbindungen, die in Aussparungen eingefügt und anschließend mit Mörtel geschlossen werden, stellen aufgrund einer unzureichenden Qualität keine gute Lösung für die Herstellung einer stabilen Verbindung dar. Eine bessere Möglichkeit wird durch Dübel oder einbetonierte Halfenschienen ermöglicht. Der Abstand, der auf einer Linie angebrachten Befestigungsmittel, liegt zwischen 1,0 m und 1,5 m. Sind abhebende Kräfte (z. B. Windsog) zu erwarten, ist ein Nachweis des eingesetzten Befestigungsmittels zu führen [41].

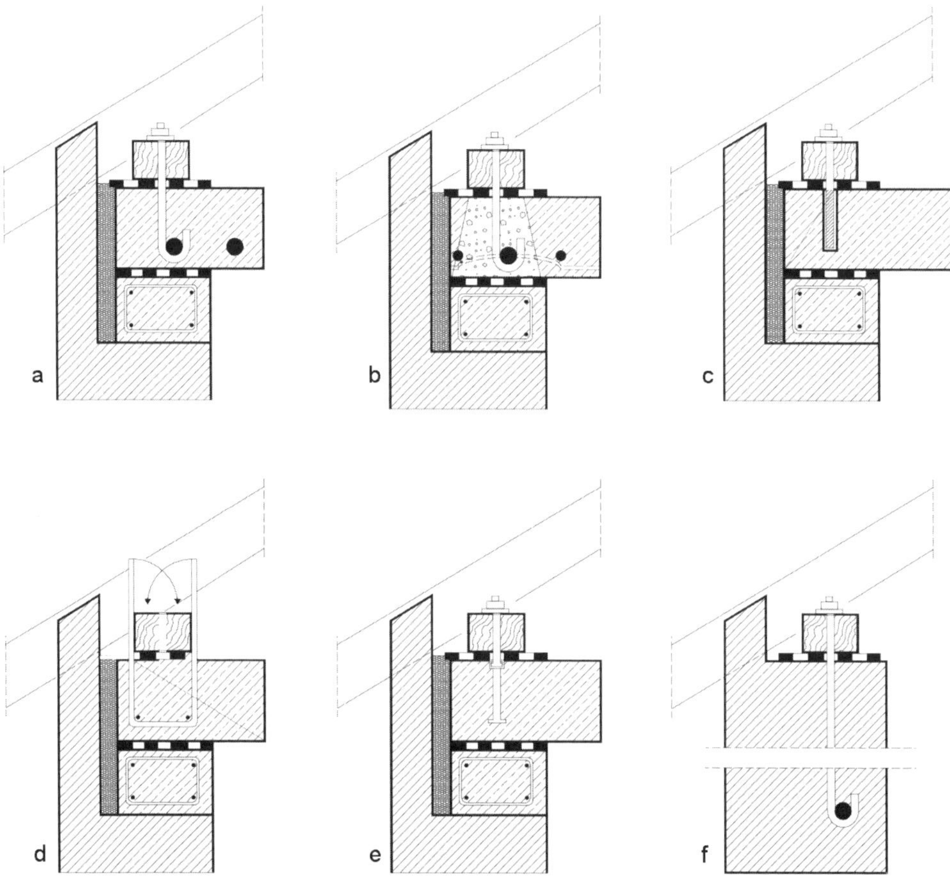

Bild 2.78 Verankerungen von Fußpfetten (Eigene Darstellung i. A. a. [65])

a) Anker in Stahlbetondecke. Anker müssen Bewehrungsstab der Decke umfassen (Probleme für genauen Einbau!)

b) Nachträglicher Einbau von Ankerschrauben (schlechte Lösung: Selbst, wenn die Ankerlöcher konisch ausgeführt sind, ist das spätere ordnungsgemäße Einbetonieren kaum zu gewährleisten!)

c) Verankerung durch Schwerlastdübel in Durchsteckmontage

d) Lochband einbetoniert; nach Pfettenmontage umgeschlagen und vernagelt

e) Befestigung mit Hilfe kurzer längs oder besser quer zur Fußpfette einbetonierter Ankerschienenstücke (teure, aber einwandfreie Lösung!)

f) Tief heruntergeführte eingemauerte Anker bei Mauerwerk ohne Ringanker

2.4.6 Vorfertigung im Holzbau

Im Vergleich zur herkömmlichen Bauweise bietet die fabrik- oder serienmäßige Produktion von Holzbauteilen viele Vorteile. Die Fertigteilbauweise gestattet ein ressourcenschonendes und rationelles Bauen mit einer besseren Herstellqualität.

Weitere Vorteile der Vorfertigung liegen in der

- gleichbleibenden Qualität durch die werkseitige Herstellung mit guten Rahmenbedingungen,
- Optimierung und Reduzierung der Montagekosten,
- geringen Holzfeuchte bei der Montage,
- Wiederverwendungsmöglichkeit des entstehenden Abfalls [46],
- minimierten Arbeits- und Bauzeit durch die im Werk als Ganzes hergestellten und auf der Baustelle montierten Bauteile [36].

In Tabelle 2.26 wird beispielhaft der Ablauf der Vorfertigung anhand eines Brettschichtholz-Trägers dargestellt.

Tabelle 2.26 Herstellung eines BSH-Trägers [80]

Prozessschritt	Material	Maschinen
Trocknung	Nadelholzbretter (NH-Bretter)	Trockenofen
Sortierung	Vorgehobelte und technisch getrocknete NH-Bretter	Visuelle Sortierung Maschinelle Sortiermaschine
Kappen der Äste und Fehler	Vorgehobelte und technisch getrocknete NH-Bretter	Sensorgesteuerte Säge
Keilzinkenverbindung	Sortierte und gekappte NH-Bretter Leim	Keilzinkenfräse Presse
Lamellenhobelung	Keilverzinkte NH-Bretter	Hobelmaschine
Klebstoffauftrag	Gehobelte Endloslamellen Leim	Leimauftragsmaschine
Verpressen der Lamellen	Geleimte Lamellen	Presse
Hobeln des Rohlings	BSH-Rohling	Hobelmaschine
Abbund und weitere Arbeiten	BSH Stahlteile Holzschutzmittel	Handabbundmaschinen Bohrer

Die Brettschichtholzherstellung beginnt im Sägewerk mit dem Sortieren und dem Zuschnitt des Rundstammes zu Rohlamellen. Um Rissen und Verformungen vorzubeugen, werden die Hölzer auf eine Holzfeuchte von ca. 12 % bei ca. 55 °C und 48 Stunden technisch getrocknet. Die getrocknete Ware wird im Herstellwerk erneut sortiert, um Fehlstellen, wie z. B. Harzgallen oder Baumkanten aufzudecken und diese sensorgesteuert zu entfernen. Die sortieren Lamellen werden an jedem Ende, also an den Stirnholzseiten, mit einer Keilzinkenfräse gefräst.

Mit Leim versehen schiebt eine Maschine die keilgezinkten Enden soweit ineinander, bis ein gewisser Widerstand erreicht ist. Dies bewirkt, dass die Lamellen bzw. die Keilzinken nicht zu weit und nicht zu knapp ineinander geschoben werden können und ein Ausreißen der Keilzinkentäler nicht erfolgt. Es entstehen Endloslamellen, die durch eine Hobelmaschine auf eine Dicke von 45 mm gehobelt werden. Je nach Länge des herzustellenden Trägers werden die Lamellen entsprechend ihres Endproduktes abgeschnitten. Anschließend fahren die Lamellen durch eine Leimdusche und erhalten auf der breiten Seite eine Klebeschicht, wie in Bild 2.79 zu sehen ist [80].

Bild 2.79 Flächenbeleimung der Lamelle [38]

Die Dicke des Klebeauftrags ist je nach Leim ca. 0,1 mm dick. Nun werden die beleimten Lamellen gestapelt. Gerade und parallele Träger, also auch die Standardquerschnitte, werden häufig senkrecht übereinandergestapelt und in hydraulische Pressen eingespannt. Für gekrümmte Träger oder besondere Formen werden am Boden mehrere Haltepunkte fixiert, die Lamellen nebeneinander gestapelt und mit Zwingen zusammengepresst. Die exakte Anordnung der Haltepunkte erfolgt über einen Laser, der auf den Boden projiziert und die Form vorgibt.

Die Druckrichtung ist immer senkrecht zur breiten Lamellenseite und erfolgt liegend oder stehend. Je nach Leim-Härter-Verhältnis ist der Leim nach sechs bis zwölf Stunden gehärtet und der Trägerrohling wird aus der Presse entfernt. In einem weiteren Arbeitsschritt werden die Rohlinge durch große, doppelseitig hobelnde Maschinen gefahren und auf die endgültige Breite gehobelt und auf Höhe und Form zugesägt [80]. Teilweise lassen sich in den Lamellen noch kleine Einschnitte feststellen, diese wirken bei breiten Lamellen dem Verziehen entgegen. Mit Handabbundmaschinen, z. B. verschiedenen Fräsen und Holzflicken, werden die restlichen Fehlstellen beseitigt. Die Träger können so in verschiedene Qualitätsklassen eingeteilt werden: Industrie-, Sicht- und Auslesequalität. Hier gelten unterschiedliche Anforderungen an die Oberflächenbeschaffenheit, wobei Industriequalität die geringsten Anforderungen hat. Je nach Anforderungen werden oft weitere Arbeiten vorgenommen, dazu gehören z. B. der Einbau von Stahlteilen oder das Auftragen von Holzschutzmitteln [80].

2.4.7 Bauphysikalische Anforderungen

Zur besseren wirtschaftlichen Ausnutzung sowie aus ästhetischen Gründen werden immer mehr Dachräume zum Wohnraum ausgebaut. Damit müssen Dachflächen allen bauphysikalischen Anforderungen nachkommen [65]. Unter Berücksichtigung und Anwendung der bauphysikalischen Vorplanung von Holzbaukonstruktionen können Schäden bereits im Vorfeld verhindert werden. Somit kann ein nachträglicher Aufwand, der mit hohen Kosten verbunden ist, verhindert werden [73].

Wärmeschutz

Bei ausgebauten Dachräumen (Bild 2.80) muss der gesamte genutzte Dachquerschnitt mit Wärmedämmung versehen werden. Sind in einem ausgebauten Dachraum Drempel vorhanden, muss auch die dahinterliegende Dachbodenfläche wärmegedämmt sein [65].

Bild 2.80 Wärmedämmung von Dachräumen (Eigene Darstellung i. A. a. [65])

Dabei kann die Wärmedämmung des Daches wie folgt eingebracht werden:

- zwischen den Sparren mit hinterlüfteter Unterspannbahn (Bild 2.81 oben links),
- unter und zwischen den Sparren (Bild 2.81 oben rechts),
- zwischen den Sparren ohne Hinterlüftung der Unterspannbahn - Vollsparrendämmung (Bild 2.81 unten links),
- über den Sparren (Bild 2.81 unten rechts).

Die Vollsparrendämmung hat sich beim Ausbau von Steildächern bewährt, während die Dämmung zwischen den Sparren mit Luftraum nur noch bei hohen Sparrenprofilen zum Einsatz kommt.

Der Sparrenabstand richtete sich in der Vergangenheit nach den Standardbreiten der Dämmmaterialien. Aufgrund der steigenden Anforderungen der EnEV werden heute hohe Sparren verwendet, um möglichst dicke Dämmstoffe verwenden zu können und somit den Anforderungen gerecht zu werden. Um einen dichten Einbau zu ermöglichen, sollte die Zuschnittsbreite der Dämmmaterialien ca. 1 cm breiter als der lichte Sparrenabstand sein [65].

Die unterschiedlichen Dämmstoffe werden in Abschnitt 4.2.4 behandelt.

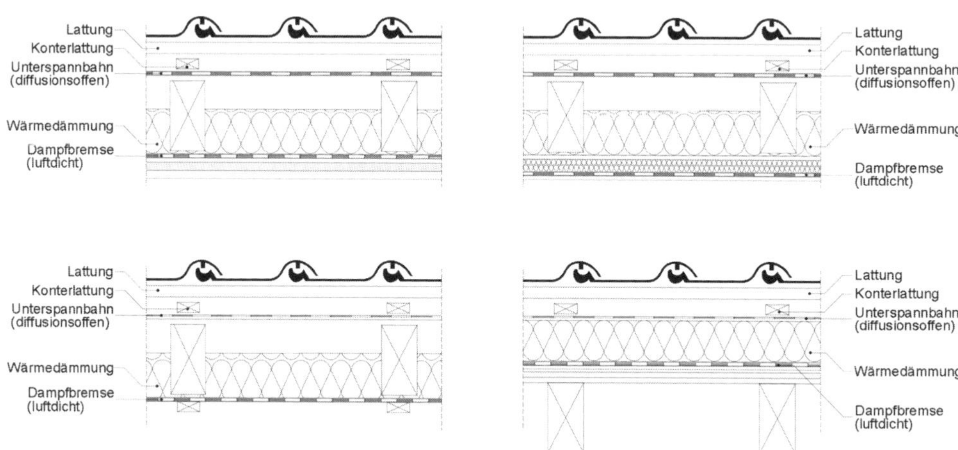

Bild 2.81 Einbaumöglichkeiten von Wärmedämmungen (Eigene Darstellung i. A. a. [65])

Feuchteschutz

Die DIN 4108 Teil 2 und 3 regelt die Anforderungen an den Feuchteschutz von Außenbauteilen mit dem Ziel, Oberflächenfeuchte zu vermeiden und die Tauwasserbildung zu begrenzen. Dabei ist der Mindestwärmeschutz einzuhalten und die Ausführung der geneigten Dächer luftdicht herzustellen [77].

Der Regen- und Tauwasserschutz bei geneigten Dächern kann mit Hilfe von Feuchteschutzschichten erreicht werden. Diese sind wie folgt geordnet:

1. Dachdeckung

   Bestehen aus überlappenden Werkstoffen. Die geforderte Regensicherheit wird erreicht, indem die Regeldachneigungen und Fachregeln eingehalten werden.

2. Unterdach

   Werden bei wärmegedämmten geneigten Dächern zusätzliche Maßnahmen notwendig, können unter der Dachdeckung folgende Maßnahmen getroffen werden:

   - Unterdichtungen (verschweißte oder verklebte Bahnen),
   - Unterdeckungen (überdeckte und genagelte Bahnen oder lose überlappende Bahnen),
   - Unterspannbahn (lose überlappende Bahnen).

   Sie dienen neben der Ableitung des eindringenden Niederschlag- oder Tauwassers auch zur Notdeckung während der Errichtung.

3. Diffusionshemmende Schichten

   Dampfbremsen oder Dampfsperren sind bei wärmegedämmten Dachaufbauten raumseitig unterhalb der Wärmedämmung erforderlich. Als Materialien kommen Kunststofffolien, Aluminiumfolien oder Spezialpapiere zum Einsatz.

Dachbelüftung

Die primäre Aufgabe von Dachbelüftungen liegt in der Abführung von eingedrungener oder vorhandener Feuchtigkeit aus dem Dachquerschnitt. Außerdem wird der sommerliche Wärmeschutz unterstützt, indem die eingetragene Wärme abgeführt und somit hohen Temperaturen der Dacheindeckung entgegengewirkt wird. Das belüftete Dach (Kaltdach), bei dem die belüftete Luftschicht direkt über der Wärmedämmung liegt, stellt eine mögliche Ausführung der Dachbelüftung dar. Im Gegensatz dazu kann auch ein nicht belüftetes Dach (Warmdach), ohne belüftete Luftschicht über der Wärmedämmung, ausgeführt werden. Bei belüfteten Dächern wird die Belüftung wie folgt unterschieden (Bild 2.82):

- Bei der unteren Belüftungsebene liegt die belüftete Schicht über der Wärmedämmung.
- Bei der oberen Belüftungsebene liegt die belüftete Schicht dagegen unmittelbar unter der Dachdeckung.

In beiden Fällen steht die Belüftungsschicht über Ein- und Auslassöffnungen an Traufe und First mit der Umgebungsluft in Verbindung [77].

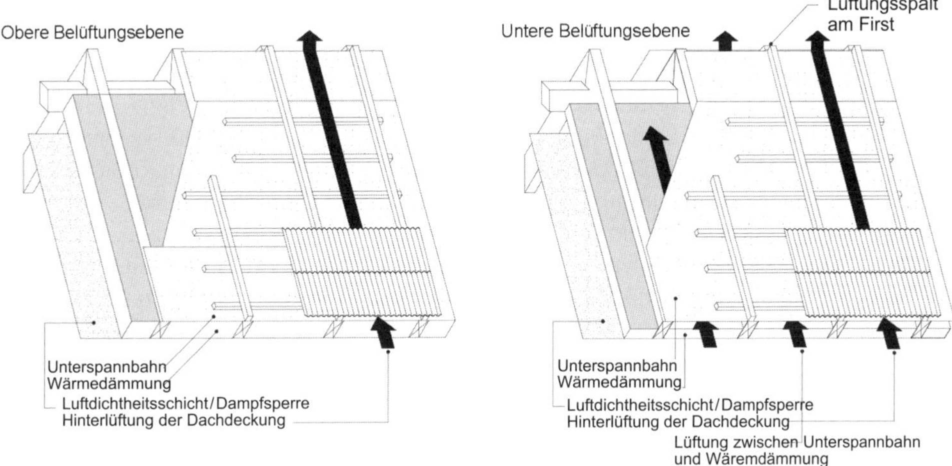

Bild 2.82 Obere und untere Belüftungsebene von Dachkonstruktionen (Eigene Darstellung i. A. a. [65])

Schallschutz

Die Anforderungen an den Schallschutz von geneigten Dächern sind in DIN 4109 geregelt. In Bezug auf die Nutzungsarten werden dort Mindestwerte des bewerteten Bau-Schalldämm-Maßes *R'w,res* für die Außenbauteile definiert. Die angegebenen Werte beziehen sich auf die Nutzungsarten Krankenhäuser (höchste Anforderungen), Wohnräume (mittlere Anforderungen) und Büroräume (geringe Anforderungen). Bedingt durch die relativ geringe Masse von geneigten Holzdächern lassen sich hohe Anforderungen nur mit entsprechenden konstruktiven Maßnahmen gemäß DIN 4109 Beiblatt 1 erzielen. Es sind Rechenwerte des bewerteten Bau-Schalldämm-Maßes bis zu *R'w,R* = 45 dB möglich. Durch das Füllen des gesamten zur Verfügung stehenden Sparrenhohlraums mit Dämmstoff (Sparrenvolldämmung) ist eine weitere Verbesserung möglich. Bei der Trennung von Nutzungseinheiten in Reihen- oder Doppelhäusern führt die Schall-Längsleitung über das Dach zu einem nicht ausreichenden Schallschutz. Um dies zu verhindern, können folgende Anschlussausbildungen hergestellt werden:

- Haustrennwand aus stufenförmigem Mauerwerk,
- Haustrennwand mit Stahlbeton-Ringbalken.

In beiden Fällen muss die Haustrennwand so hoch hergestellt werden, dass ein luftdichter Anschluss der Dampf- und Luftsperrschicht möglich ist. Dadurch wird die Schall-Längsleitung und die an dieser Stelle auftretende Wärmebrücke reduziert [36].

Brandschutz

Der brennbare Baustoff Holz unterliegt aus Brandschutzgründen wirtschaftlichen und technischen Grenzen. Bereits bei der Planung ist zur Vermeidung einer schnellen Brandausbreitung die Anwendung und Kombination mit anderen Baustoffen zu berücksichtigen. Die Brandausbreitung wird hauptsächlich durch die vorhandenen Brandlasten, wie z.B. brennbares Mobiliar oder Einbauten beeinflusst. Um eine Brandausbreitung zu verhindern, müssen Brandabschottungen vorhanden sein, die einen Brand im Gebäude auf einen Bereich begrenzen. Die Anforderungen an die Baustoffe sowie der Feuerwiderstandsklasse werden im modernen Holzbau durch eine richtige Wahl der Bauteilschichten erfüllt. Die beidseitige Beplankung mit Holzwerkstoffplatten sowie der Hohlraumfüllung aus Dämmstoff sorgt bei tragenden Wandelementen für die oft geforderte Brandschutzanforderung F30-B. Durch zusätzliche Beplankungen können auch höhere Anforderungen erfüllt werden. Bei sichtbaren Holzkonstruktionen, die zugleich eine statische Funktion erfüllen, muss zur Erreichung der Brandschutzanforderungen der Querschnitt größer dimensioniert werden. Der Vorteil gegenüber Stahlkonstruktionen liegt darin, dass sich Holz im Brandfall günstiger verhält. Ursache hierfür ist die entstehende Holzkohle beim Brand, die eine natürliche Schutzschicht bildet und das Holz durch ihre geringe Wärmeleitfähigkeit (ca. 0,1 W/(m · K)) vor weiterer Aufheizung und Stabilitätsversagen schützt [46]. Es sind die Anforderungen aus dem vierten Abschnitt der Musterbauordnung (MBO) bzw. die Bauordnungen der Länder erfüllen [36].

2.5 Bauwerksabdichtung

Die Bauwerksabdichtung hat die Aufgabe, das Bauwerk vor dem Eindringen von Bodenfeuchtigkeit, Gebrauchswasser, Sickerwasser, drückendem und nichtdrückendem Wasser dauerhaft zu schützen. Eine Durchfeuchtung der Bauteile kann zu Nutzungseinschränkungen, verringerter Festigkeit, zur Reduzierung des Wärmeschutzes oder zur Korrosion führen [36]. Deshalb werden die abzudichtenden Bauteile mit einem Abdichtungssystem und einer zusätzlichen Schutzschicht versehen. Der Schutz vor Angriffen durch Chemikalien, welche sich im Erdreich befinden und durch das Grundwasser an die Bauteile gelangen können, stellt eine weitere Aufgabe der Bauwerksabdichtung dar. Um Schäden an dem Beton und Mörtel zu vermeiden, muss die angebrachte Schicht voll widerstandfähig sein [59]. Bei auftretenden Schäden ist die Behebung, aufgrund der schwierigen Zugänglichkeit, mit einem hohen Kostenaufwand verbunden. Aus diesem Grund erfordert die Planung und Ausführung eine hohe Achtsamkeit [59].

2.5.1 Grundlagen

Die zur Abdichtung verwendeten Stoffe sollten sich unempfindlich gegenüber Ausführungsfehlern verhalten und eine leichte Verarbeitung ermöglichen [36]. Des Weiteren muss die Bauwerksabdichtung folgende Anforderungen erfüllen:

- Die verwendeten Werkstoffe müssen die Herstellung von großen, fugenlosen und wasserdichten Flächen zulassen.
- Vorhandene Risse und Arbeitsfugen müssen durch die dichtende Schicht dauerhaft überbrückt werden.
- Die Abdichtung muss gegenüber physikalischen, chemischen und biologischen Angriffen beständig sein [59].

Um eine fachgerechte Planung oder Beurteilung der Bauwerksabdichtung und somit die richtige Anwendung der Normenteile zu gewährleisten, müssen Informationen über die Wasserart und -beanspruchung, den höchsten Grundwasserstand, den Bodenaufbau und seine Durchlässigkeit (k-Wert) vorhanden sein. Aus diesen Kenntnissen resultieren unterschiedliche Anforderungen an das Abdichtungssystem, die in der DIN 18 195 Teil 1 bis Teil 10 geregelt sind. In Tabelle 2.27 sind die anzuwendenden Normenteile in Bezug auf die zu beachtenden Randbedingungen dargestellt [59].

2.5.2 Abdichtung mit wasserundurchlässigem Beton

Für die Herstellung eines dichten Bauwerks besteht neben den Abdichtungsstoffen nach DIN 18 195 die Möglichkeit der Abdichtung mit Beton. Dieser weist einen hohen Wassereindringwiderstand auf und wird daher auch wasserundurchlässiger Beton (WU-Beton) genannt. Die Anforderungen an den WU-Beton werden zusätzlich zur DIN 1054-1 bis 1054-4 in der WU-Richtlinie vom Deutschen Ausschuss für Stahlbeton DAfStb geregelt [59].

Anforderungen

Bei wasserundurchlässigen Betonen stellt das Verhalten im Bauwerk eine zusätzliche Anforderung zur Zusammensetzung dar. Daher müssen diese vor dem Einbau auf ihre Eignung geprüft werden. Ein Bauwerk ist dann wasserundurchlässig, wenn es zu keinem Riss kommt oder entstandene Risse den Wasserdurchtritt verhindern. Die abdichtende Funktion von WU-Betonen wird häufig für Bauwerke im Grundwasser oder für Trinkwasserbehälter bzw. -becken eingesetzt. Je nach Anforderungen wird der WU-Beton unterschiedlich zusammengestellt:

- Bauteildicke > 0,40 m:
  - Wasserzementwert ≤ 0,70
- Bauteildicke ≤ 0,40 m:
  - Wasserzementwert ≤ 0,60
  - Mindestdruckfestigkeitsklasse C 25/30
  - Zementgehalt ≤ 280 kg/m^3 bzw. 290 kg/m^3 bei Anrechnung von Zusatzstoffen.

Weiterhin werden Anforderungen wie gutes Mischen, gute Verdichtung, kurze Wege sowie ein sorgfältiger Einbau und ausreichende Nachbehandlung an den WU-Beton gestellt [59].

Tabelle 2.27 Anwendung der DIN 18 195 je nach Wasserbeanspruchung [59]

	Bodenfeuchte und nicht stauendes Sickerwasser	Nichtdrückendes Wasser		Drückendes Wasser		
		Mäßige Beanspruchung	Hohe Beanspruchung			
Wasserart	Kapillarwasser, Haftwasser, nichtstauendes Sickerwasser	Niederschlagswasser, Brauchwasser, nicht-anstauendes Sickerwasser		Aufstauendes Sickerwasser	Brauchwasser von innen drückend	Grundwasser, Hochwasser, Schichtenwasser
Randbedingungen	Stark durchlässiger Boden mit $kf > 10^{-4}$ m/s bzw. bei wenig durchlässigem Boden mit Dränung nach DIN 4095	Bauteile im Wohnungsbau	Anstaubewässerung maximal 10 cm bei intensiver Dachbegrünung	Wenig durchlässiger Boden mit $kf < 10^{-4}$ m/s ohne Dränung bis zu Grundstückstiefen von max. 3 m unter GOK, sonst gilt DIN 18 195-6, Abs. 8	Keine	Jede Boden- und Gebäudeart
Bauteilart	Erdberührte Wände und Bodenplatten	Nassräume, Balkone	Erdüberschüttete Decken, Umgänge und Duschräume in Schwimmbädern, Dachterrassen, Hofkellerdecken, Parkdecks, intensiv begrünte Dächer, Nassräume bei gewerblicher Nutzung	Erdberührte Wände und Bodenplatten	Wasserbehälter und Becken	Erdberührte Wände, Boden- und Deckenplatten
Abdichtung nach	DIN 18195 Teil 4	DIN 18 195 Teil 5, Abs. 8.2	DIN 18 195 Teil 5, Abs. 8.3	DIN 18 195 Teil 6, Abs. 9	DIN 18 195 Teil 7	DIN 18 195 Teil 6, Abs. 8

Klassifizierung

Die WU-Richtlinie differenziert die Bauteile in zwei Nutzungsklassen und zwei Beanspruchungsklassen (Tabelle 2.28).

Tabelle 2.28 Differenzierung wasserundurchlässiger Beton nach WU-Richtlinie [59]

Klassen	Beschreibung
Nutzungsklasse A	Hochwertige Nutzung, Wasserdurchtritt ist nicht zulässig
Nutzungsklasse B	Untergeordnete Nutzung, Wasserdurchtritt begrenzt zulässig
Beanspruchungsklasse 1	Drückendes und nichtdrückendes Wasser sowie zeitweise aufstauendes Sickerwasser
Beanspruchungsklasse 2	Bodenfeuchte und nicht aufstauendes Sickerwasser

Nutzungsklassen

Die Nutzungsklassen werden bei WU-Betonen unterteilt in Klasse A und B. Bei der Nutzungsklasse A werden höhere Anforderungen an die Bauteile gestellt. Diese gelten sowohl für den Betonquerschnitt als auch für alle Fugen und Einbauelemente. Somit werden Risse im Voraus vermieden oder bestehende Risse hinterher verschlossen. Die Nutzungsklasse A trifft bei hochwertiger Nutzung im Kellerraum, wie z. B. Keller im Wohnungsbau, zu. Deshalb sollte die Planung einen trockenen Raum mit behaglichen Temperaturen und ohne Tauwassergefahr berücksichtigen. Weitergehende Festlegungen und Unterteilungen in der Nutzungsklasse A sind im DBV Merkblatt „Hochwertige Nutzung von Untergeschossen" enthalten. Es empfiehlt sich, die angestrebte Nutzung und Funktion mit dem Bauherrn festzulegen. Bei einfacherer Nutzung gilt Nutzungsklasse B, die im Gegensatz zur Nutzungsklasse A eine geringere Wasserundurchlässigkeit und somit Feuchtstellen in beschränktem Maße zulässt. Diese Feuchtstellen, wie z. B. in Garagen, dürfen im Bereich von Trennrissen, Schein- und Arbeitsfugen vorhanden sein [59].

Beanspruchungsklassen

Für die entsprechende Beanspruchungsklasse in WU-Bauwerken ist zunächst der Bemessungswasserstand sowie die Bodenart durch einen sachkundigen Planer zu ermitteln. Der Bemessungswasserstand ist der erwartete höchstmögliche Wasserstand durch z. B. Grundwasser oder Schichtenwasser in der vorhergesehenen Nutzungsdauer. Dabei sollten geographische Informationen, zu erwartende Umstände und Sicherheitszuschläge berücksichtigt werden [59].

Die Beanspruchungsklassen richten sich nach der Art des Wassers und werden, wie in Tabelle 2.29, klassifiziert [50].

Tabelle 2.29 Einteilung der Beanspruchungsklassen [50]

Beanspruchungsklasse 1	Beanspruchungsklasse 2
Drückendes Wasser Grundwasser, Schichtenwasser, Hochwasser oder anderes Wasser, das dauernd oder zeitlich begrenz einen hydrostatischen Druck auf das Bauteil ausübt	**Nicht stauendes Sickerwasser** Wasser, das bei wenig durchlässigen Böden durch funktionierende Dränung abgeführt und bei stark durchlässigen Böden ohne Aufstauen absickern kann.

Tabelle 2.29 Einteilung der Beanspruchungsklassen [50] *(Fortsetzung)*

Beanspruchungsklasse 1	Beanspruchungsklasse 2
Nicht drückendes Wasser Wasser, das auf Bauteile keinen hydrostatischen Druck ausübt **Zeitweise aufstauendes Wasser** Wasser, das bei wenig durchlässigen Böden ohne Dränung aufstaut und die Bauwerkssohle mindestens 300 mm über dem Bemessungswasserstand liegt.	**Bodenfeuchte** Kapillar gebundenes Bodenwasser

In Abhängigkeit der Beanspruchungsklasse und Ausführungsart werden in der WU-Richtlinie Mindestdicken für Wände und Bodenplatten bestimmt [50] (Tabelle 2.30).

Tabelle 2.30 Empfohlene Mindestbauteildicken [50]

Bauteil	Beanspruchungs-klasse	Mindestdicke [mm] bei Ausführung in		
		Ortbeton	Elementwände	Fertigteile
Wand	1	240	240	200
	2	200	240 200[a)]	100
Bodenplatte	1	250	–	200
	2	150		100

a) bei Ausführung mit besonderen Maßnahmen, wie z. B. selbstverdichtender Beton

Weiterhin müssen die Wanddicken einen fachgerechten Einbau und eine ungestörte Verdichtung gewähren. Bei innen liegender Fugenabdichtung und Beanspruchungsklasse 1 wird ein zusätzlicher Mindestabstand b_{wi} zwischen den Bewehrungslagen oder zwischen Innenflächen von Elementwänden bezogen auf den Größtkorn gefordert. Dieser Mindestabstand beträgt:

- $b_{wi} \geq 120$ mm bei 8 mm Größtkorn
- $b_{wi} \geq 140$ mm bei 16 mm Größtkorn
- $b_{wi} \geq 180$ mm bei 32 mm Größtkorn

Um den Anforderungen der Beanspruchungsklasse 1 gerecht zu werden, ist bei der Nutzungsklasse A entweder eine Mindesthöhe der Druckzone oder eine Begrenzung der Biegerissbreite vorzusehen [59].

Feuchtbedingungen in Bauwerken

Vom Deutschen Ausschuss für Stahlbeton wurde ein Arbeitsmodell erarbeitet, das die Feuchtebedingungen von der Luft- bis zur Wasserseite im Betonquerschnitt modellhaft beschreibt (Bild 2.83). Dabei werden in Bauteilen, die einseitigem Wasserdruck ausgesetzt sind, vier Bereiche unterschieden:

- Druckwasserbereich:

  Das Wasser kann durch den hydrostatischen Druck infolge Permeation bis maximal 25 mm in den Beton eindringen. Die Eindringtiefe kann reduziert werden, indem der

Beton mit niedrigem Wasserzementwert fachgerecht eingebaut und ausreichend nachbehandelt wird.

- Kapillarbereich:

  Das im Druckwasserbereich eingedrungene Wasser kann durch Kapillarwirkung maximal 70 mm weiter eindringen.

- Kernbereich:

  Im Kernbereich findet kein weiterer Wassertransport statt.

- Austrocknungsbereich:

  Das aus dem Beton verdunstende Wasser kann an der Luftseite diffundieren bzw. trocknet in einem Bereich von maximal 80 mm aus.

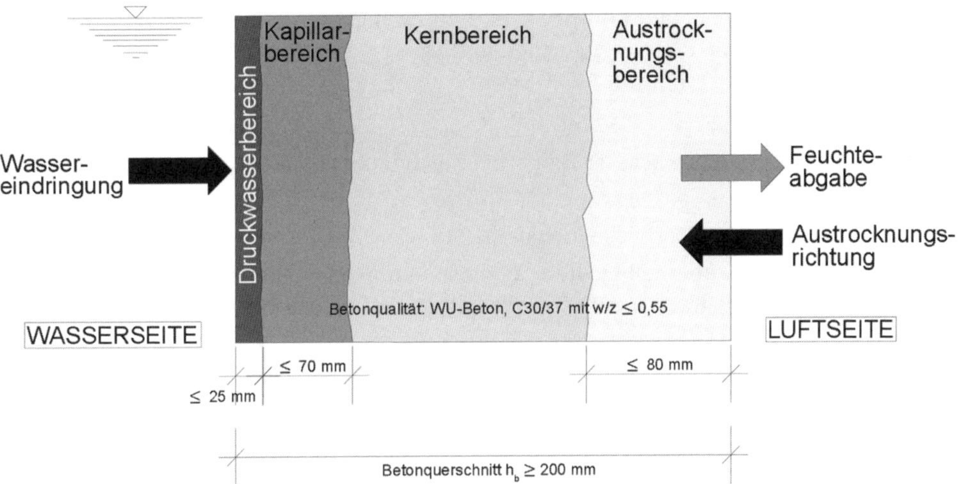

Bild 2.83 Feuchtebedingungen in Betonquerschnitten bei einseitig drückendem Wasser (Eigene Darstellung i. A. a. [59])

Die Wasserabgabe in den Innenraum kann durch eine diffusionsdichte Schicht verhindert werden. Sie kann gegebenenfalls ermöglicht werden, wenn diffusionsoffene Schichten mit geeigneten Belägen zum Einsatz kommen. Die Verdunstung aus dem Beton endet mit Erreichen der Ausgleichsfeuchte nach ein bis zwei Jahren [59].

Schutzmaßnahmen

Der Beton muss während dem Erhärten bis zur ausreichenden Festigkeitsentwicklung fachgerecht geschützt und nachbehandelt werden.

- Schutz vor Austrocknung,
- Schutz gegen starke Erwärmung und Abkühlung,
- Schutz gegen Erschütterungen und Schwingungen.

Ein besonderes Augenmerk sollte auf die Austrocknung gelegt werden. Denn durch zu frühe Verdunstung könnten Kapillarporen im Zementstein entstehen, die zu geringer Festigkeit und nicht ausreichender Dauerhaftigkeit führen können. Im Gegensatz dazu kann ein zu schnelles Abkühlen zu Rissen führen. Es sollten Temperaturunterschiede zwischen dem Inneren des Betonbauteils und der angrenzenden Luftseite von 15 K vermieden werden. Daher ist der Beton frühzeitig und ausreichend lang zu schützen [59].

Risssicherheit

Das Ziel der Risssicherheit ist die Gewährleistung der Dichtigkeit bei entstandenen Rissen. Die Möglichkeit, eine Rissentstehung zu verhindern, lässt sich nur im Einzelfall klären und kann einen erheblichen Aufwand erzeugen [59]. Neben der Lasteinwirkung können Risse auch durch abfließende Hydratationswärme und durch Schwinden des Betons entstehen [37]. Diese führen zu einer Änderung des Betonvolumens und somit zu Verformungen. Hat der Beton eine gewisse Anfangsfestigkeit erreicht, können diese Verformungen nicht mehr ungehindert aufgenommen werden. Es entstehen durch die inneren und äußeren Verformungsbehinderungen Eigen- und Zwangsspannungen. Dadurch kommt es zu Zugspannungen, die Risse verursachen [59].

Rissarten

Für die Rissbeurteilung bei wasserundurchlässigen Betonbauteilen sind folgende Risse zu unterscheiden:

- Risse im Bereich der Oberfläche (Schalenrisse)

  Schalenrisse, die hauptsächlich durch Eigenspannungen entstehen, reichen nur wenige Zentimeter in den Beton hinein. Es werden folgende Ursachen unterschieden:

  - Innerer Zwang

    Entsteht durch Wärmeabgabe und Wasserentzug im frischen oder erhärteten Beton.
  - Frühschwinden

    Sind die Betonoberflächen, insbesondere von Sohlen, Decken oder Wandkronen, nicht geschützt, kommt es bei geringer Luftfeuchte und Wind oder Sonne zu einer sehr schnellen Wasserabgabe. Durch diesen starken Wasserentzug kommt es zum Frühschwinden (auch: Kapillarschwinden oder plastisches Schwinden). Typisch sind ungeordnet verlaufende Risse mit Breiten bis 2 mm, Tiefen bis 5 cm und Längen bis 2 m.
  - Absetzen

    Bei einer zu schnellen und kurzen Verdichtung sowie anschließender Wasserabgabe wird der Verbund zwischen Beton und Bewehrung gestört. Dies führt zu Rissen über der oberen Bewehrung. Die Erscheinungsform ist dabei abhängig von der oberen Bewehrungsverteilung.
  - Abkühlen

    Bei einer schnellen Abkühlung, z. B. durch Wind, kommt es zu einem starken Temperaturgefälle von innen nach außen. Die dadurch entstehenden Zugspannungen verursachen, bei Überschreitung der vorhandenen Zugfestigkeit Temperaturrisse mit Breiten bis zu 0,2 mm. Bei dicken Bauteilen kommt es bei Temperaturunterschieden von $T \geq 15$ K zwischen dem Bauteilinneren und den Bauteilaußenflächen zu einer Rissbildung [59].
- Risse durch die gesamte Bauteildicke (Trennrisse)

  Die Entstehung dieser Risse wird durch Lasteinwirkung oder von äußerem Zwang verursacht. Die Steuerung der Rissbreiten wird durch gezieltes Einlegen der Bewehrung erreicht. Die Zugbeanspruchungen infolge von Lasten können rechnerisch nahezu genau ermittelt werden. Dagegen lassen sich die Zugbeanspruchungen aus äußerem Zwang, die durch die Behinderung von erzwungenen Bewegungen entstehen, nur schwer ermitteln. Äußere Zwänge entstehen beispielsweise durch:

- Abfließen der Hydratationswärme,
- Temperaturänderungen durch Witterung,
- Schwinden des Betons,
- ungleichmäßige Setzungen [59].

- Risse in der Biegezugzone

  Zwangsbeanspruchungen sowie Biegebeanspruchungen aus Lasten können zu Rissen in der Biegezugzone führen (Bild 2.84). Die Einhaltung der zulässigen Risstiefen, die durch Biegebeanspruchungen entstehen, können auch ohne das Einlegen einer Bewehrung eingehalten werden. Es ist jedoch nachzuweisen, dass die Risse nur bis zu einer bestimmten Tiefe eindringen. Bei ausreichend dicken Bauteilen verhindert der ungerissene Querschnitt durch Druckspannungen das weitere Eindringen. Die Risse können über die gesamte Höhe der Zugzone (bis zur Spannungs-Nulllinie) reichen. Die Höhe der Druckzone ist dabei begrenzt auf *min* $x \geq 3$ cm $\geq 1{,}5 \cdot d_k$ mit d_k = Größtkorn der Gesteinskörnung [59].

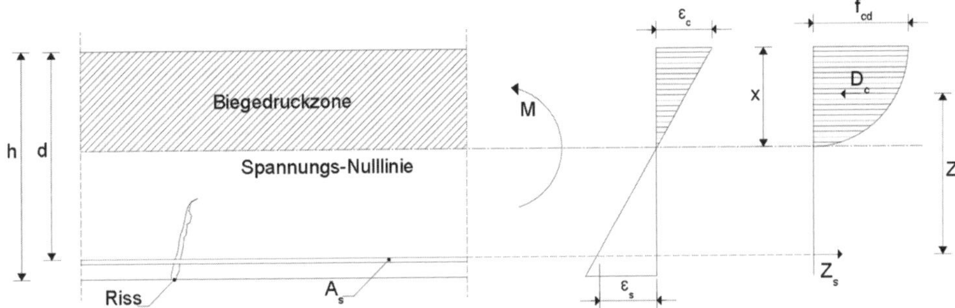

Bild 2.84 Risse in biegebeanspruchten Bauteilen (Eigene Darstellung i. A. a. [59])

Zusammengefast sind drei Möglichkeiten, zur Sicherstellung der Wasserundurchlässigkeit vorhanden:

1. Es entstehen keine Risse im Beton.
2. Bei Rissen in der Biegezugzone ist eine ausreichend dicke Betondruckzone vorhanden.
3. Durch das Einlegen von entsprechender Bewehrung wird die Rissbreite in der Biegezugzone begrenzt [59].

Rissverminderung

- Konstruktive Maßnahmen

  Auftretende Zwangsbeanspruchungen können neben der Einlage von geeigneter Bewehrung auch durch folgende Punkte aufgenommen werden:

  - Vermeidung von großen Änderungen in den Sohl- und Wandquerschnitten.

  - Vermeidung von Versprüngen der Sohlplatte (Verzahnung im Erdreich).
  - Vermeidung von Kerbspannungen, die beispielsweise bei Öffnungen entstehen können.
  - Gleitmöglichkeiten und Verformungen der Sohlplatte auf dem Baugrund, durch Berücksichtigung des Reibungsbeiwerts μ, zulassen [52].
- Betontechnologische Maßnahmen

  Zur Verminderung der Zwangsspannungen sollte der eingebaute Beton folgende Eigenschaften aufweisen:
  - niedrige Wärmeentwicklung,
  - niedrige Betontemperaturen,
  - geringer Zementleimgehalt,
  - kleiner w/z-Wert [52].

  Durch die Zusammensetzung des Betons ist außerdem die erforderliche Frühfestigkeit des Betons beim Ausschalen zu erreichen und nicht zu überschreiten [59] (Begrenzung der Wärmeentwicklung auf das erforderliche Maß) [59]. Um ein späteres Schwinden zu vermeiden, ist der Wassergehalt auf ca. 170 l/m^3 zu begrenzen und auf eine optimale Nachbehandlung zu achten [52].
- Ausführungstechnische Maßnahmen

  Unter Beachtung folgender Punkte kann der Rissbildung entgegengewirkt werden:
  - Das Bewehrungsgeflecht sollte stabil erstellt werden.
  - Die Schalung sollte sich nicht verformen (Verformung < 1 mm unter Frischbetonbelastung).
  - Der Frischbeton sollte gleichmäßig, maximal 50 cm Höhenunterschied, eingebaut werden.
  - Die erreichte Druckfestigkeit sowie die erforderliche Ausschalfestigkeit sollten durch geeignete Geräte, wie z. B. Pendelhammer, nachgewiesen werden.
  - Vermeidung von stoßartigem Ausschalen.
  - Nachbehandlung des Betons (Verringerung von Feuchte- und Temperaturunterschieden) [59].

Rissbreiten

Die Rissbreite beschreibt die Weite des Risses, der an der Betonoberfläche sichtbar ist. Die tatsächliche Breite des Risses im Inneren ist meistens kleiner und abhängig von der Tiefe, der Bewehrung und der Entstehungsursache. Die zulässigen Rissbreiten können aus Tabelle 2.31 entnommen werden. Durch Einhaltung dieser Werte wird der Wasserdurchtritt durch die Selbstheilung des Betons (Neubildung von Calciumcarbonat ab den Rissflanken) begrenzt [59].

Tabelle 2.31 Rechnerische Rissbreite w_k für die Selbstheilung von Rissen im Beton [50]

Zulässiger Rechenwert der Trennrissbreite[a)] w_k [mm]	Zulässiges Druckgefälle $i = (h_{Wasser}/d_{Bauteil})$
0,20	≤ 10
0,15	> 10 ≤ 15
0,10	> 15 ≤ 25

a) nur für Wässer mit CO_2 (Kalklösende Kohlensäure) ≤ 40 mg/l und pH-Wert $\geq 5{,}5$; andernfalls ist Selbstheilung nicht ansetzbar

Das Druckgefälle wird aus der Wasserdruckhöhe h und der Bauteildicke d an der betrachteten Stelle (möglicher Ort der Rissbildung) ermittelt (Bild 2.85). Mit dieser Kenngröße für zulässige Rissbreiten w_k kann eine Selbstheilung erwartet werden [59].

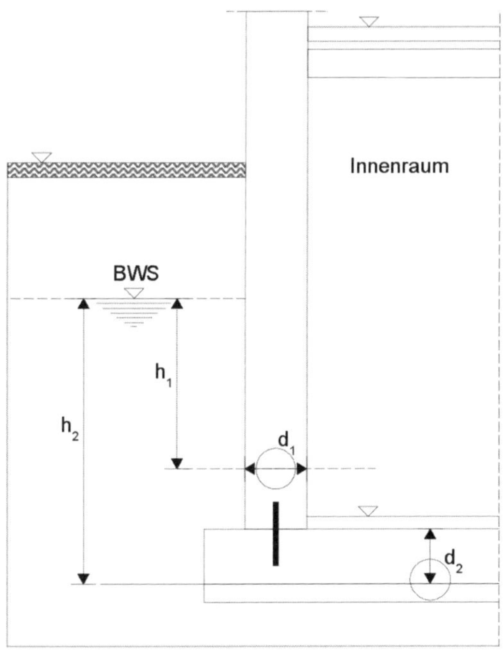

Bild 2.85 Bestimmung des Druckgefälles (Eigene Darstellung i. A. a. [50])

Fugenabdichtung

Die Planung der Fugenart, -ausbildung und -abdichtung gehört zum Bestandteil der Objekt- oder Tragwerksplanung [59] und somit in den Verantwortungsbereich des Planers [50]. Die Aufgabe des Planers richtet sich dabei auf die optimale Abstimmung von Fuge, Abdichtung und Bewehrung und auf die Entwicklung einer bautechnisch umsetzbaren Lösung, die sich leicht in den Arbeitsablauf integrieren lässt. Es ist zu beachten, dass die Fugen geradlinig und übersichtlich verlaufen. Außerdem ist die Fugenabdichtung so auszubilden, dass sich ein geschlossenes und lückenloses System ergibt, das dauerhaft wasserundurchlässig ist.

Für Bewegungsfugen (Dehnfugen) werden Abdichtungselemente benötigt, die Verformungen aufnehmen können. Die Wahl der entsprechenden Abdichtung richtet sich nach den Verformungen und dem Wasserdruck. Tabelle 2.32 zeigt einen Überblick über die möglichen Systeme [36].

Tabelle 2.32 Fugenabdichtungssysteme für Bewegungsfugen [36]

Fugenabdichtungssystem		Bauweise		
		Ortbeton	Elementwände	Betonfertigteile
Geregelte Fugenabdichtungssysteme	Innenliegendes Dehnfugenband	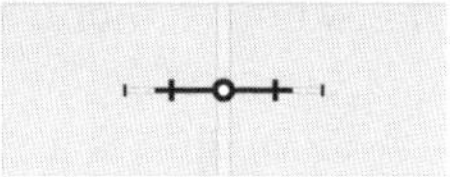 X	X	
	Außenliegendes Dehnfugenband	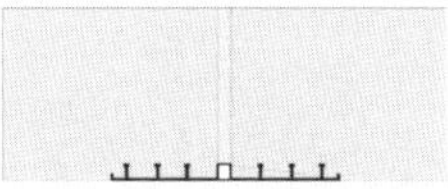 X		
	Fugenabschlussband	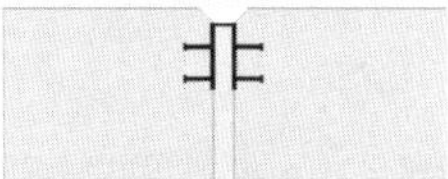 X		
Nicht geregelte Fugenabdichtungssysteme	Vollflächig aufgeklebtes streifenförmiges Fugenabdichtungsband[b)]	 X[a)]	X[a)]	X[a)]
	Klemmfugenband[b)] (beidschenklige Klemmung)	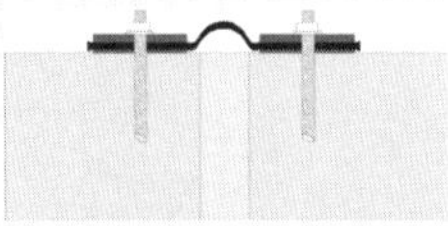 X	(X)	X
	Klemmfugenband (einseitige Klemmung)	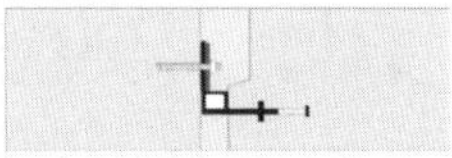 X		
		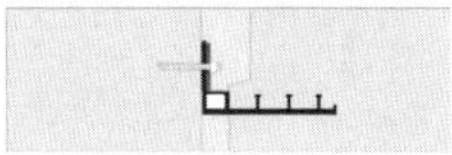 X		

a) Systemabhängig
b) Objektspezifisch auch die Sanierung undichter Fugen geeignet

Zur Abdichtung von Arbeitsfugen (Betonierfugen) in wasserundurchlässigen Betonbauwerken können die in Tabelle 2.33 aufgelisteten Systeme, die am Beispiel einer Arbeitsfuge zwischen der Bodenplatte und der Wand dargestellt sind, eingesetzt werden [36].

Tabelle 2.33 Fugenabdichtungssysteme für Arbeitsfugen [36]

Fugenabdichtungssystem	Besonderheiten	Bauweise		
		Ortbeton	Elementwände	Betonfertigteile
Innenliegendes Arbeitsfugenband	Bewehrungsunterbrechung, Abbiegen der oberen Bewehrungslage oder Betonaufkantung[c] erforderlich.	X	X[a]	
Unbeschichtetes Fugenblech	Siehe „Innenliegendes Arbeitsfugenband"	X	X[a]	
Außenliegendes Arbeitsfugenband	Betonaufkantung[c] erforderlich, nachträglich aufgesetzte Betonaufkantungen sind nach WU-Richtlinie nicht zulässig.	X		
Kombi-Arbeitsfugenband bzw. beschichtete Fugenbleche	Keine Betonaufkantung oder Bewehrungsanpassung erforderlich; das Fugenabdichtungssystem steht auf der oberen Bewehrung der Bodenplatte und bindet ca. 3 cm in die Bodenplatte ein.	X	X	
Verpresste Injektionsschlauchsysteme bzw. dichtende Fugenbleche	Keine Betonaufkantung oder Bewehrungsanpassung erforderlich; das Fugenabdichtungssystem wird auf dem fertiggestellten ersten Betonierabschnitt befestigt.	X	X	
Abklebesysteme[b]	Keine Betonaufkantung oder Bewehrungsanpassung erforderlich; das Fugenabdichtungssystem wird nach Fertigstellung des Bauwerks außenseitig aufgebracht.	X	X	X

a) Nur ohne Betonaufkantung
b) Auch für die Sanierung undichter Fugen geeignet
c) Die Betonaufkantung muss mit der Bodenplatte geschalt und in einem Arbeitsgang betoniert werden

Die Abdichtung von Sollrissfugen (Scheinfugen) erfolgt mit Dichtrohren, Sollrissfugenschienen oder mit vollflächig aufgeklebten streifenförmigen Fugenabdichtungsbändern. Das Ziel ist neben der Schwächung des Bauteilquerschnittes – auch der den Querschnitt kreuzenden Bewehrung – die gleichzeitige Abdichtung. Eine Querbewehrung durch den Sollquerschnitt ist nur dann zu verlegen, wenn die statische Mitwirkung der benachbarten Wandabschnitte erforderlich ist [36].

Durchdringungen

Durchdringungen für Schalungsanker oder Rohr- und Kabelleitungen stellen Schwachstellen bei wasserundurchlässigen Betonbauwerken dar. Aus diesem Grund werden zusätzliche Wassersperren zur Verhinderung eines Wassereintritts benötigt [36].

Schalungsanker

Schalungsanker für wasserundurchlässige Bauwerke aus Beton dürfen die Wasserundurchlässigkeit des Bauteils nicht negativ beeinflussen und müssen die Sicherheit der Wasserumläufigkeit gewährleisten. Schalungsanker aus einfachen Rundstählen ohne entsprechende Maßnahmen sowie Schalungsanker, die durchgehende Hohlräume verursachen, sind nicht zulässig. Die Verankerungslöcher sind nach dem Ausschalen komplett mit einem zementgebundenen Ankerverschlussmörtel zu vermörteln. Bild 2.86 zeigt Beispiele für geeignete Schalungsanker [36].

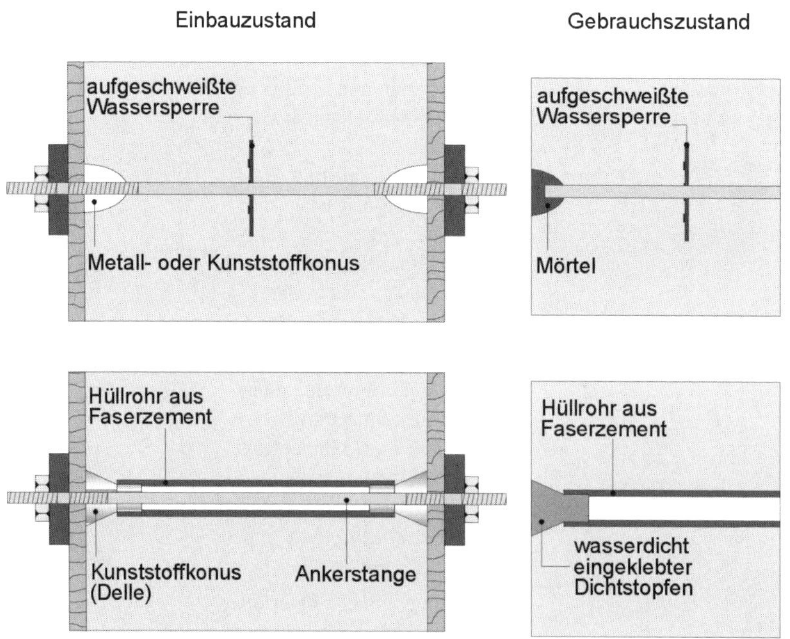

Bild 2.86 Schalungsanker für wasserdichte Bauteile (Eigene Darstellung i. A. a. [36])

Rohr- und Kabeldurchführungen

Zur wasserdichten Ausbildung von Rohr- und Kabeldurchführungen eignen sich beispielsweise Mantelrohre aus Stahl oder Faserzement mit Ringraumdichtung, Flanschrohre mit starrem Rohranschluss, Kernbohrungen mit Abdichtung durch Ringraumdichtung oder Dichtkragen (Bild 2.87).

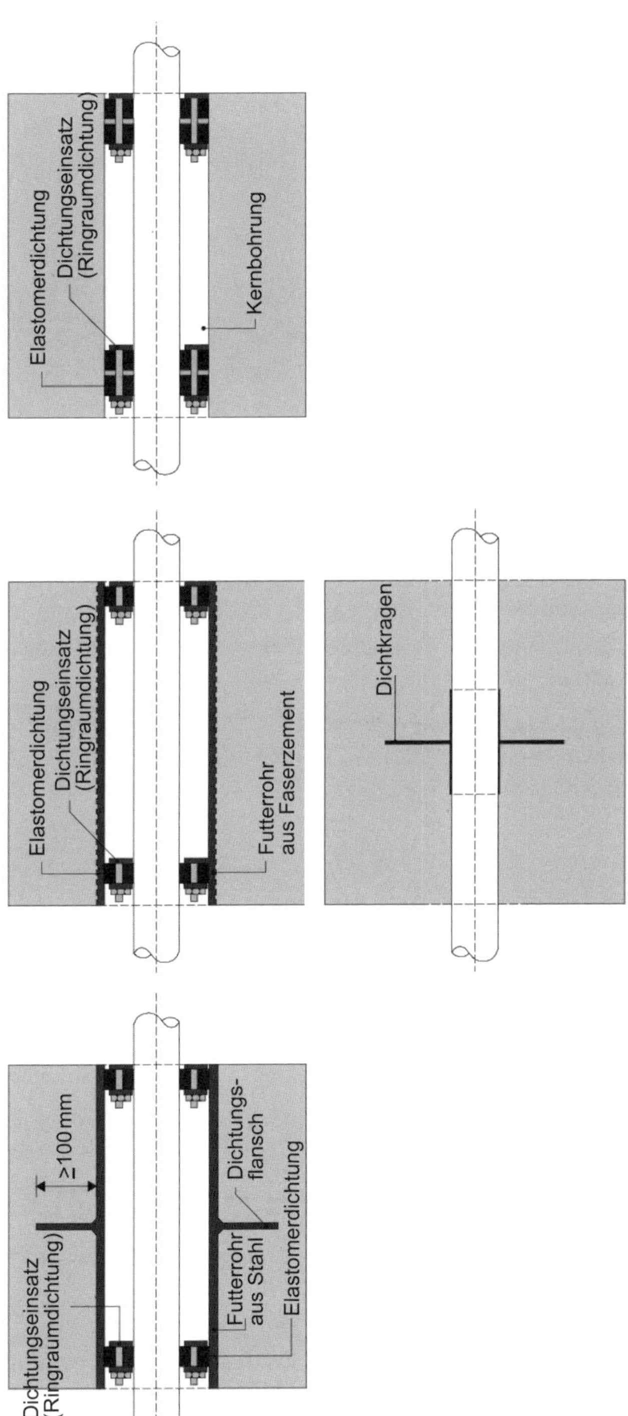

Bild 2.87 Durchführungen bei wasserundurchlässigen Betonbauwerken (Eigene Darstellung i. A. a. [36])

2.5.3 Abdichtung mit Bentonit

Als Abdichtungswerkstoff für Bauwerke gegen Wasser im Baugrund wurde Lehm, ein feinteilreiches bindiges Bodenmaterial, schon vor Jahrhunderten verwendet. Der hohe Ton- und Schluffanteil führt zu einer hohen Wasseranlagerungsfähigkeit mit einem nicht durchströmbaren Gefüge. Bei den heutigen Verfahren wird ausschließlich das spezielle Tonmineral Natriumbentonit verwendet [59].

Werkstoffverhalten

Das quellfähige Tonmineral hat die Eigenschaft, das 5- bis 7-fache an Wasser aufzunehmen und dabei auf das 12- bis 15-fache seines Volumens aufzuquellen. Wird diese Quellung durch die Bauwerksauflast oder Baugrubenhinterfüllung behindert, kommt es zu einem hohen Quelldruck im Material. Durch diesen Druck wird eine abdichtende Wirkung mit einem Durchlässigkeitsbeiwert von $k = 10 - 11$ m/s erreicht. [68] Vorteile gegenüber Bitumen- bzw. Kunststoffabdichtungen sind:

- Durch das hohe Quellvermögen von Bentonit können Fehlstellen bei Verarbeitungsfehlern ausgefüllt werden.
- Bentonit ermöglicht die schadlose Aufnahme von Bewegungen im Bereich von Rissen.
- Bei auftretenden Leckagen kann die Fehlstelle besser identifiziert und somit der Schaden gezielt ausgebessert werden [59].

Des Weiteren sind nachträglich entstehende Risse infolge einer Zwangsbeanspruchung nicht zu erwarten. Die empfindlichen Reaktionen gegen Austrocknung, mechanische Einwirkung und Durchwurzelung zählen als nachteilige Eigenschaften von Bentonit [59].

Ausführungsregeln

Aufgrund der Eigenschaften müssen bei dem Einsatz von Bentonit als Abdichtung folgende Punkte beachtet werden:

- Bentonitabdichtungen benötigen, aufgrund des Austrocknungsschutzes und der Pressung, eine ausreichende Erdüberdeckung.
- Das Maß der Quellung und somit die Wasserdurchlässigkeit wird von dem Anpressdruck infolge Auflast und Erddruck bestimmt.
- Die Abdichtungsschicht ist auf der wasserbelasteten Seite einzubauen. Bei Notwendigkeit ist die Bentonitschicht durch Perimeterdämmung oder PE-Folien gegen Austrocknung zu schützen.
- Scherbeanspruchungen sowie Beanspruchungen aus Punktlasten sind nicht zulässig.
- Um einen ausreichenden Zustand der Druckspannung zu erreichen, ist der Bentonit einzuschließen (z. B. zwischen Beton und einem wasserundurchlässigen Vlies).
- Die zu dichtenden Risse sollten nicht größer als 2 mm sein.
- Um einen Ionenaustausch, der die Quellfähigkeit des Bentonits negativ beeinflussen kann, zu verhindern, sollte die erste Quellung nach dem Einbau durch ionenarmes Wasser erfolgen. Daher sollten das Grundwasser und der Boden bereits in der Planungsphase chemisch untersucht werden.
- Um eine sorgfältige Verarbeitung zu gewährleisten, muss die Oberfläche glatt, sauer, eben und frei von Graten sein [59].

2.5.4 Abdichtung mit Bitumen

Bitumen ist ein Gemisch aus verschiedenen Kohlenwasserstoffen und kann durch Destillation aus Erdöl gewonnen werden. Das dabei entstehende Bitumen wird Destillationsbitumen genannt und als Ausgangsprodukt der Bitumenveredelung verwendet. Der Werkstoff ist reaktionsträge, umweltfreundlich und im Wasser unlöslich. Durch die verschiedenen Schmelztemperaturen der Kohlenwasserstoffe verändert sich das elastisch-viskose Verhalten mit der Temperatur und besitzt nach oben einen Erweichungspunkt (70 °C), nach unten einen Brechpunkt (-2 °C). [59] Es können, abhängig vom Destillationsverfahren und der weiteren Veredelung des Bitumens, unterschiedliche Bitumenarten wie z. B. Bitumenemulsionen und -lösungen, Oxidationsbitumen oder Polymerbitumen hergestellt werden [36]. Bei der Veredelung des Destillationsbitumens zu Polymerbitumen wird zwischen plastomeren und elastomeren Polymeren unterschieden, die das Bitumenverhalten erheblich verbessern. Insbesondere der Erweichungspunkt und der Brechpunkt sind die wichtigsten Kennwerte für die Abdichtungstechnik [59].

Bitumen besitzt folgende Eigenschaften:

- hohe Dampfdichtigkeit,
- chemikalienbeständig,
- wasserunlöslich,
- thermoplastisch,
- nicht beständig gegen Lösemittel,
- gute Verklebung [59].

Bitumenbahnen

Die Abdichtung mit Bitumenbahnen hat sich aus dem Einlegen von Trägerlagen in Bitumenschichten entwickelt. Aufgabe dieser Schichten (Dichtungsträger) war es, eine bessere Rissüberbrückung und ausreichende Bitumenschichtdicke zu gewährleisten. Dabei haben sich die imprägnierten Rohfilz- und Juteträgerschichten nicht bewährt, da sie anfällig gegen biologische Angriffe (z. B. Fäulnis) waren. Dies führte zum Einsatz anderer Einlagen, wie z. B. Glasgewebe oder Glasvliese, die widerstandsfähiger waren. Ferner wurden bereits im Werk auf die Trägereinlagen Bitumendeckschichten aufgebracht, um den Bitumenverbrauch auf der Baustelle zu verringern. Diese Bahnen werden als Dachdichtungsbahnen bezeichnet. Jedoch erwies sich auch Glasgewebe nicht als optimale Einlage, da die Dehnfähigkeit mit 2 % nicht ausreichend war und es zur Kapillarwirkung an den Fäden quer zur Bahnrichtung kam. Heute kommen verfestigte Polyestervliese aufgrund der hohen Verarbeitbarkeit mit Bitumen, dem hohen Schmelzpunkt von 256 °C sowie der hohen Dehnbarkeit zum Einsatz. Die Schweißbahnen mit Trägereinlagen werden mit einer ausreichenden Bitumendeckschicht für das Verschweißen (Verkleben) hergestellt, um den Einsatz von heißem Klebebitumen auf der Baustelle zu vermeiden. Sowohl Schweißbahnen als auch Dichtungsbahnen bestehen heute in der Regel aus Polymerbitumen, die im Gegensatz zu normalem Bitumen, einen höheren Widerstand gegen Ermüdung und Alterung zeigen. Aktuell werden selbstklebende Dichtungsbahnen angeboten, die mit einer Schicht Klebebitumen kaschiert sind. Nach DIN 18 195-2 werden sie in kaltselbstklebende Bitumendichtungsbahnen (KSK) sowie kaltselbstklebende Polymerbitumenbahnen mit Trägereinlage genormt [59].

Die Bezeichnungen von Bitumenbahnen enthalten folgende Angaben:

- Art und Flächengewicht der Trägereinlage
  - R Rohfilzpappe
  - V Glasvlies, Zahl gibt Flächengewicht in g/m² an
  - PV Polyestervlies, Zahl gibt Flächengewicht in g/m² an
  - G Glasgewebe, Zahl gibt Flächengewicht in g/m² an
  - Cu01 Kupferbandträgereinlage aus Kupferband 0,1 mm
  - KTG Kombinationsträgereinlage mit überwiegend Glasanteil
  - KTP Kombinationsträgereinlage mit überwiegend Polyesteranteil
- Kennzeichnung für Polymerbitumen
  - PYE Polymerbitumen mit Elastomer vergütet
  - PYP Polymerbitumen mit Plastomer vergütet
- Kennzeichnung der Bahnenart
  - S Schweißbahn, Zahl gibt die Dicke [mm] der Bahn an
  - DD Dachdichtungsbahn

Beispiel: Die Bezeichnung für eine 5 mm dicke Schweißbahn aus polymermodifiziertem Bitumen mit Polyestervlieseinlage lautet [59]:

PYE - PV 200 - S5

Der allgemeine Aufbau von Bitumenbahnen enthält eine obere und untere Trennschicht, obere und untere Bitumendeckschicht sowie eine Trägereinlage. In Bild 2.88 wird ein beispielhafter Aufbau dargestellt.

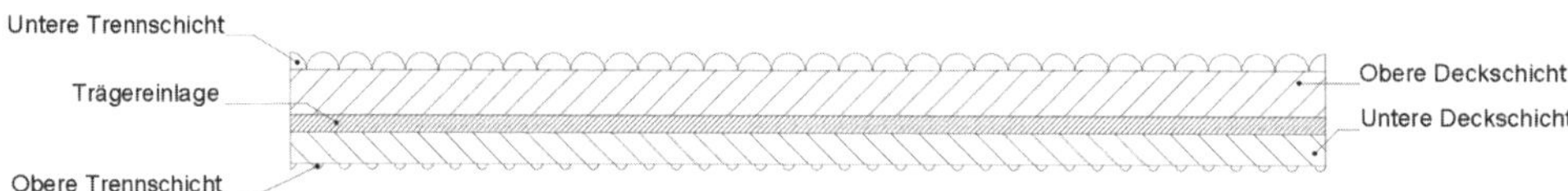

Bild 2.88 Darstellung eines Bitumenbahnaufbaus (Eigene Darstellung i. A. a. [59])

Die feine Bestreuung der unteren und oberen Trennschicht aus Quarzsand sorgt dafür, dass die Bitumenbahn im aufgerollten Zustand nicht verklebt. Weiterhin kann die Trennschicht in Abhängigkeit von der Anordnung der Abdichtungsbahnen als Schutzschicht fungieren [59]. Die Deckschicht besteht aus Oxidations- oder Polymerbitumen, das die eigentliche Wasserdichtheit sicherstellt und zusammen mit der Trägereinlage die Verarbeitbarkeit sowie das Biegeverhalten bestimmt. Die Trägereinlage dient als Verstärkung der Dichtheitsschichten und sorgt für eine höhere Reiß-, Zug- und Perforationsfestigkeit der Bahnen [36].

Bitumendachdichtungsbahnen

Der Einbau von Bitumendachdichtungsbahnen erfolgt mittels Bürsten-Streichverfahren oder Gießverfahren. Beim Bürsten-Streichverfahren wird die Bahnenrückseite und der Untergrund mit Heißbitumen bestrichen. Anschließend wird die Bahn auf dem Untergrund verlegt und an diesen angedrückt. Dagegen wird beim Gießverfahren die aufgerollte Abdichtungsbahn auf das ausgegossene Bitumen gedrückt, sodass eine Bitumenwulst in der kompletten Bahnenbreite herausläuft. Diese ist anschließend für einen ebenen Untergrund der angrenzenden Abdichtungsbahnen glatt zu streichen [59]. Des Weiteren ist zu beachten, dass ein Deckaufstrich zur Vermeidung eines Wassereintritts über die seitlichen Schnittkanten in die Dichtungsbahnen auf die Dichtungsbahnen aufgetragen werden muss.

Ein weiteres Einbauverfahren kann mit dem Flämmverfahren erfolgen. Dabei wird Klebemasse aus Heißbitumen auf dem abzudichtenden Untergrund verteilt. Beim Verkleben wird die Bitumenschicht durch Zufuhr von Wärme aufgeschmolzen, so dass die fest gewickelte Bitumenbahn darin ausgerollt werden kann. In Überdeckungsbereichen wird zusätzliche Klebemasse aufgebracht [59].

Bitumenschweißbahnen

Der Einbau erfolgt im Schweißverfahren, bei dem die werkseitig aufgetragene Klebeschicht auf der Bahn durch Wärmezufuhr mit einem Brenner aufgeschmolzen wird. Es ist auf eine vollflächige Erweichung der Klebeschicht zu achten, ohne dabei das Bitumen zu überhitzen und die Trägereinlagen zu beschädigen. Die Bitumenbahnen sind an den Längsnähten mit mindestens 80 mm, an den Querstößen und Abschlüssen mit mindestens 100 mm zu überlappen [18] (Bild 2.89). Die versetzte Verlegung der Bahnen sorgt für eine erhöhte Sicherheit gegen den Wassereintritt und deckt mögliche ausführungsbedingte Fehlstellen ab [59].

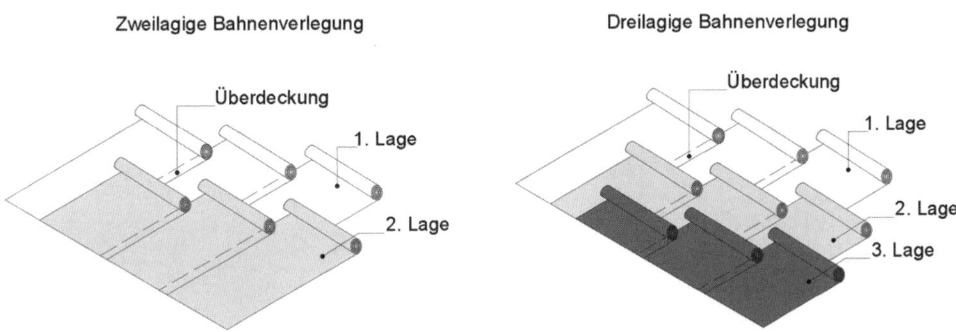

Bild 2.89 Mehrlagige Bahnenverlegung (Eigene Darstellung i. A. a. [18])

Bitumen-Kaltselbstklebebahnen

Bitumen-Kaltselbstklebebahnen werden seit einigen Jahren angeboten und eignen sich, aufgrund einer flammenfreien Verlegung, für den Einsatz bei temperaturempfindlichen Unterkonstruktionen sowie in brandsensiblen Bereichen. Nach DIN 18 195-2 werden zwei Bahnen unterschieden:

- Kaltselbstklebende Bitumendichtungsbahnen mit HDPE-Trägerfolie
  - Bestehen aus zwei Schichten und einem Schutzpapier.
  - Die Oberseite besteht aus einer hochdruckfesten Polyethylenfolie (HDPE).
  - Die Unterseite besteht aus einer selbstklebenden Bitumenklebemasse.
  - Gesamtdicke: $d \geq 1{,}5$ mm.

- Kaltselbstklebende Polymerbitumenbahnen mit Trägereinlage
  - Bestehen aus einem dreischichtigen Aufbau.
  - Die Oberseite besteht aus einer Polymerbitumendeckschicht.
  - Die Unterseite besteht aus einer kaltselbstklebenden Deckschicht.
  - Gesamtdicke: d > 2,8 mm [59].

Bei der Verarbeitung sowie bei der Lagerung ist darauf zu achten, dass die Bahnen keiner direkten Sonneneinstrahlung und starker Wärmeeinwirkung ausgesetzt sind. Nach dem Einbau der Abdichtung sollten aufgrund einer Abrutschgefahr bei hohen Temperaturen die freien Standzeiten gering gehalten werden [59].

Bitumenmassen

Bitumenhaltige Massen können wie folgt eingesetzt werden:

- Bitumenlösungen oder -emulsionen als Voranstrichmittel,
- heiß zu verarbeitende Klebemassen zur Herstellung von Abdichtungsschichten,
- Asphaltmastix sowie Gussasphalt zur Herstellung von Abdichtungsschichten,
- kunststoffmodifizierte Bitumendickbeschichtungen (KMB) zur Herstellung von Abdichtungsschichten.

Hierbei handelt es sich bei den kunststoffmodifizierten Bitumendickbeschichtungen um den am häufigsten eingesetzten Stoff. Die am Markt in ein- oder zweikomponentiger Form erhältliche KMB besteht hauptsächlich aus einer kunststoffmodifizierten Bitumenemulsion. Der fehlstellenfreie und gleichmäßige Auftrag erfolgt, je nach Konsistenz, im Spritz-, Spachtel-, Streich- oder Rollverfahren bei ein- oder mehrfachem Auftrag. Dabei ist die Schichtdicke in Abhängigkeit des vorhandenen Lastfalls zu wählen und zu protokollieren [36].

2.5.5 Schutzschichten

Schutzschichten haben die primäre Aufgabe, das dünne und empfindliche Abdichtungssystem vor Beschädigungen infolge Perforation, Scherbelastung oder punktueller Druckbelastung dauerhaft zu schützen. Außerdem kann durch die Schutzschicht die Verhinderung einer zu starken Erwärmung der Abdichtung, die Verbesserung des Wärmeschutzes des abgedichteten Bauteils, die Dränung des anfallenden Wassers und ein Wurzelschutz erreicht werden. Es ist darauf zu achten, dass die anzubringenden Schutzschichten die Abdichtung hohlraumfrei und vollflächig umschließen. Bei Erfordernis, z. B. zur Vermeidung von Spannungen auf die Abdichtung, können Fugen in die Schutzschicht angeordnet werden. Je nach Anforderungen können mehrere verschiedene Schichten, die nacheinander angebracht werden, erforderlich werden [59].

2.5.6 Dränanlagen

Dränanlagen führen das vorhandene oder eintretende Wasser in bindigen Böden mit einem Wasserdurchlässigkeitsbeiwert von $k \leq$ 10-4 m/s oder bei Hanglagen ab und verhindern so einen hydrostatischen Druck am Bauteil. Anstelle einer Abdichtung nach DIN 18 195-6 wäre die Abdichtung nach DIN 18 195-4 in Kombination mit einer Dränanlage ebenfalls ausreichend. Letzteres benötigt jedoch einen höheren Untersuchungsaufwand der hydrologischen und geologischen Randbedingungen und einen höheren Wartungsaufwand aufgrund der Anfälligkeit gegen Verschlammen und Verkalken. Für die Planung, Bemessung und Ausführung von Dränanlagen ist die DIN 4095 heranzuziehen. Außerdem sind zur Planung folgende Kenntnisse erforderlich:

- Geländeform (z. B. Hang- oder Muldenlage),
- Wasserdurchlässigkeit des Bodens,
- wasserführende Schichten,
- Bemessungswasserstand,
- chemische Beschaffenheit des Wassers (Gefahr einer Verockerung oder Versinterung).

Außerdem sind baurechtliche Auflagen zur Ableitung des in der Dränanlage angesammelten Wassers einzuholen. Da normalerweise ein Anschluss der Dränanlage mit dem Schmutz- oder Mischwasserkanal nicht gestattet ist, müssen die Anlagen über Vorfluter oder Versickerung entwässert werden [36].

Nach DIN 4095 kann, bei Einhaltung der definierten Regelfälle, auf einen rechnerischen Nachweis verzichtet werden. In Tabelle 2.34 sind die Regelfallkriterien für die Wand-, Decken- und Bodenplattendränanlagen zusammengestellt [59].

Tabelle 2.34 Kriterien für einen Regelfall nach DIN 4095 [59]

Dränanlagen vor Wänden	Dränanlagen auf Decken	Dränanlagen unter Bodenplatten
Ebenes bis leicht geneigtes Gelände Schwach durchlässiger Boden Einbautiefe bis 3 m Gebäudehöhe bis 15 m Länge der Dränleitung zwischen Hoch- und Tiefpunkt bis 60 m	Gesamtauflast bis 10 kN/m^2 Deckenteilfläche bis 150 m^2 Deckengefälle ab 3 % Länge der Dränleitung zwischen Hochpunkt und Dacheinlauf/Traufkante bis 15 m Angrenzende Gebäudehöhe bis 15 m	Schwach durchlässiger Boden Bebaute Fläche bis 200 m^2

Dränanlagen vor Wänden

Um Außenwand gegen drückendes Wasser zu schützen, müssen die erdberührten Außenwandflächen durch eine Dränschicht bedeckt und mit einer Dränleitung erfasst werden [59].

Dränschicht

Die Dränschicht ist mindestens bis zu einer Höhe von 15 cm unterhalb der Geländeoberkante herzustellen, oberseitig abzudecken und am Fußpunkt mindestens 30 cm in eine mineralische Schüttung einzubinden. Damit eine rückstaufreie Ableitung sichergestellt werden kann, wird die mineralische Schüttung um das Dränrohr der Dränleitung angeordnet. Des Weiteren ist darauf zu achten, dass Lichtschächte und Durchdringungen dicht angeschlossen werden [36]. Eine Dränschicht kann aus folgenden Elementen hergestellt werden:

- Mineralstoffgemische,
- Dränelementen oder Dränsteine,
- Matten und Bahnen aus Geotextilverbundstoffen,
- Noppenfolien mit werkseitig aufgebrachtem Filtervlies,
- Platten aus expandiertem (EPS) oder extrudiertem (XPS) Polystyrol mit werkseitig aufgebrachtem Filtervlies und entsprechend strukturierter Oberfläche [36].

Da Dränschichten aus Dränsteinen und -elementen, Noppenfolien und EPS oder XPS auch als Schutzschicht für die Abdichtung eingesetzt werden können, werden diese Elemente bevorzugt verwendet.

Es ist darauf zu achten, dass die Dränsteine im Verband verlegt werden und die Kammern vertikal durchgehend miteinander verbunden sind. Die Steine müssen einen Durchlässigkeitsbeiwert von $k \geq 4 \cdot 10^{-3}$ m/s aufweisen.

Die Noppenfolien und Geotextil-Verbundstoffe werden untereinander mit einem lückenlosen Stumpfstoß oder einer Überlappung hergestellt. Die Filtervliese sind dabei gegen Abheben zu sichern und auf ein vollflächiges Anliegen an der Außenwand ist zu achten. Um einen vollständigen Abfluss an der Dränschicht zu erzielen, sind scharfkantige Richtungsänderungen (Knicke) in Fließquerrichtung zu vermeiden.

EPS- oder XPS-Platten sind wie die Dränsteine mit versetzten Stößen zu verlegen. Die Befestigung erfolgt dabei punktuell mit einem geeigneten Klebstoff. Beim Einsatz von bauaufsichtlich zugelassenen XPS-Platten kann zusätzlich die Wärmedämmung der Kelleraußenwände hergestellt werden. Durch Anordnung eines Filtervlieses kann die Gefahr des Versandens der Sickerschicht oder der Dränelemente durch Feinanteile im Boden vermieden werden [36].

In Bild 2.90 sind mögliche Ausbildungsformen für Wanddränagen dargestellt.

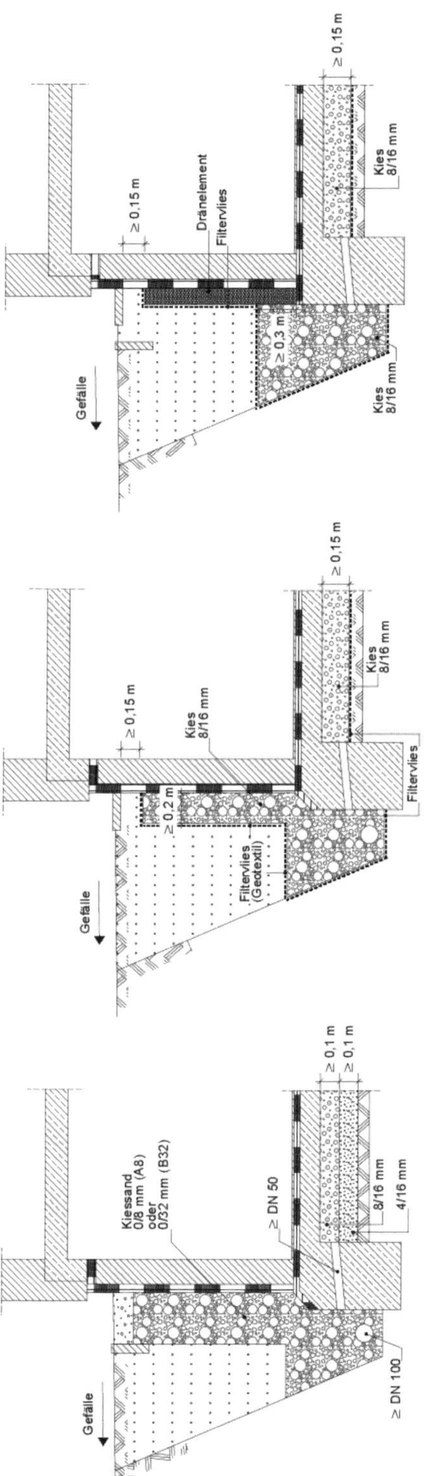

Bild 2.90 Ausbildungsmöglichkeiten von Dränanlagen vor Wänden (Eigene Darstellung i. A. a. [59])

Dränleitung

Die aus Beton, Kunststoff, Faserzement, Steinzeug oder Ton mit einer glatten oder gewellten Oberfläche hergestellten Dränrohre werden unterschieden in

- Vollsickerrohre: allseitig gelocht bzw. geschlitzt,
- Teilsickerrohre: nur seitlich oder oberseitig gelocht bzw. geschlitzt.

Für die Erzielung einer ausreichenden Filterfestigkeit werden die Rohre entweder in einem mineralischen Mischfilter gelagert oder mit einem Filtermaterial, wie z. B. Geotextilien oder Kokosfasern, ummantelt. Zur Herstellung von Stößen oder Einmündungen werden entsprechende Muffen, Formteile oder Kupplungen verwendet. Die entlang der Gründung verlegte Dränleitung muss mit einem Mindestgefälle von 0,5 % das Gebäude als Ringleitung umschließen. Ist die Dränschicht mit der Dränleitung filterfest verbunden, kann bei Vor- bzw. Rücksprüngen ein größerer Abstand zur Gründung gewählt werden. Spülrohre (DN ≥ 300) oder Kontrollrohre (DN ≥ 100) werden an allen Knickpunkten der Dränleitung und in einem Abstand von maximal 50 m angeordnet. Außerdem wird am tiefsten Punkt der Dränanlage ein Übergabeschacht (DN ≥ 1000), zur Weiterleitung des anfallenden Wassers in einen Sickerschacht bzw. in eine Vorflut vorgesehen [36] (Bild 2.91).

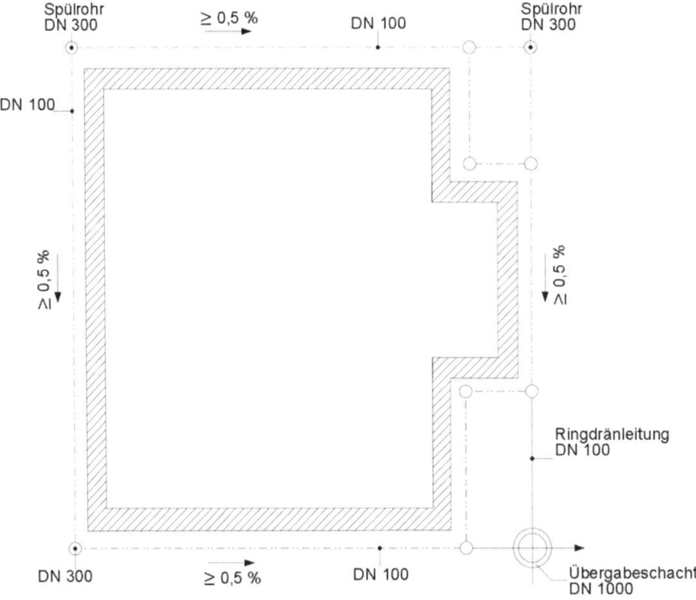

Bild 2.91 Elemente der Dränanlage (Eigene Darstellung i. A. a. [36])

Die Dränrohre werden auf einem festen Planum, das aus Beton oder einer Sandschicht mit einem Geotextilfilter bestehen kann, verlegt. Beim Aushub des Rohrgrabens ist darauf zu achten, dass die Fundamente auf keinen Fall freigelegt werden dürfen. Es wird empfohlen, die Dränanlage regelmäßig zu spülen und den Übergabeschacht auf hohe Sandablagerungen, die auf eine Freilegung der Fundamente hinweisen könnten, zu kontrollieren [36].

Dränanlagen auf Decken

Die Dränschicht muss alle erdberührten Flächen (Deckenfläche sowie Flächen aufgehender Wände, Brüstungen, etc.) vollständig bedecken (Bild 2.92). Bei der Anwendung einer Regelfallbemessung setzt die DIN 4095 ein Mindestgefälle von 3 % voraus. [36] Als Beispiel für einen Regelfall ist eine 15 cm dicke Kiesschicht (Körnung 8/16 mm), die mit einem Geotextil (Filtervlies) zur Vermeidung des Einschlämmens von Feinteilen überdeckt wird. Eine weitere Möglichkeit wäre der Einsatz von Dränplatten, -steinen oder -matten, die für eine Abflussspende von q = 0,03 l/(s · m^2) zu bemessen sind [59]. Bei der Herstellung gelten die Regeln aus dem vorstehenden Abschnitt „Dränanlagen vor Wänden - Dränschicht".

Die Anordnung von Dränleitungen wird nur erforderlich, wenn ein Rückstau des Wassers über die Dränschicht auftreten kann. Die Leitungen sind, damit der Scheitel der Leitung unterhalb der Oberkante der Dränschicht liegt, in Vertiefungen zu verlegen. Es ist erlaubt, die Leitungen ohne Gefälle zu verlegen. Lediglich die Sammelleitungen sind mit einem Gefälle von mindestens 0,5% herzustellen. Die Dachflächen sollten ein Gefälle von mindestens 3% aufweisen. Des Weiteren gelten die Regeln aus dem vorstehenden Abschnitt „Dränanlagen vor Wänden - Dränleitung" [36].

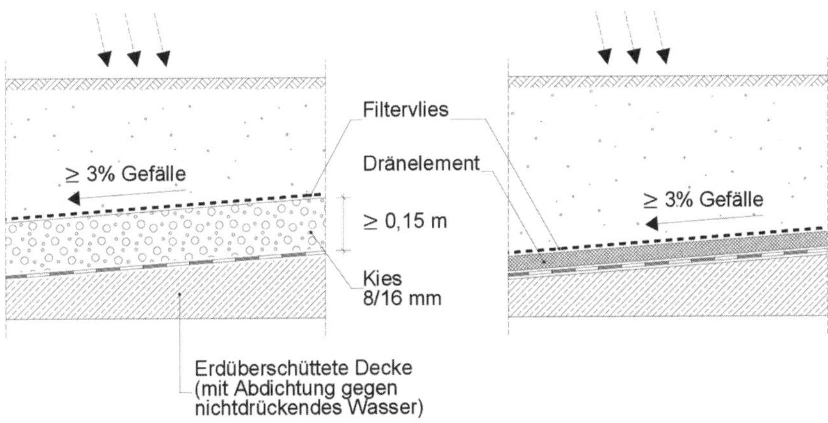

Bild 2.92 Ausbildungsmöglichkeiten von Dränanlagen auf Decken (Eigene Darstellung i. A. a. [59])

Dränanlagen unter Bodenplatten

Dränanlagen unter Bodenplatten (Bild 2.93) werden mit einer Flächendränschicht aus einem geeigneten Mineralstoffgemisch hergestellt. Die Mindestdicke beträgt bei zusätzlicher Anordnung einer mineralischen Filterschicht 10 cm und bei Anordnung von Filterschichten aus geeigneten Geotextilien 15 cm. Diese sind an den Stößen mit Klammern oder durch Verkleben in der Lage zu sichern und mit einer Überlappung von mindestens 10 cm zu verlegen [36]. Ein Regelfall nach DIN 4095 ist beispielsweise eine Sickerschicht (Dicke 10 cm, Körnung 4/16 mm) über einer Filterschicht (Dicke 10 cm, Körnung 0/4 mm) oder eine Kiesschicht (Dicke 15 cm, Körnung 8/16 mm) über einem Filtervlies. Für die Regelfallbemessung ist mit einer Abflussspende von q = 0,005 l/(s · m^2) zu rechnen [59]. Außerdem setzt die DIN 4095 eine Grundfläche von maximal 200 m^2 für einen Regelfall voraus. Bei Flächen größer 200 m^2 sind Dränleitungen in der Flächendränschicht anzuordnen und die Leistungsfähigkeit rechnerisch nachzuweisen. Die allseitig mit einer mindestens 15 cm dicken Sickerschicht ummantelten Dränrohre sind in Abständen von maximal 3,5 m herzustellen. Wie bei den Ringleitungen müssen die Rohre ein Mindestgefälle von 0,5 % und eine Mindestnennweite von DN 100 aufweisen [59].

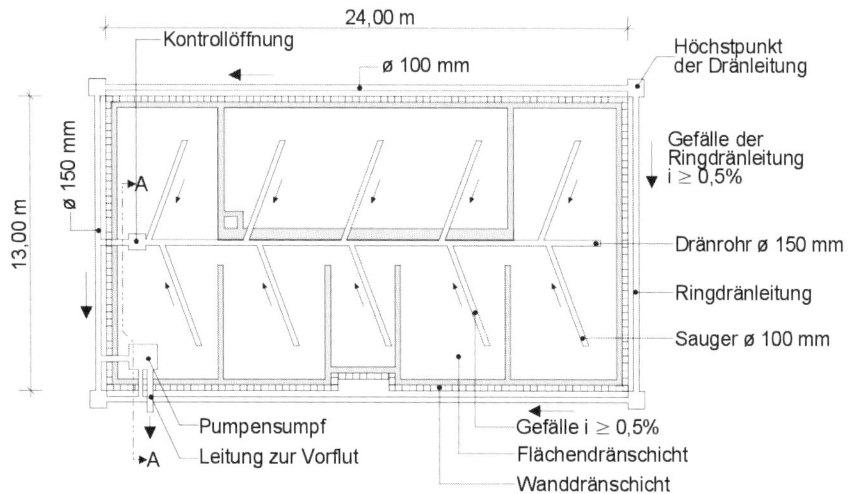

Schnitt A-A

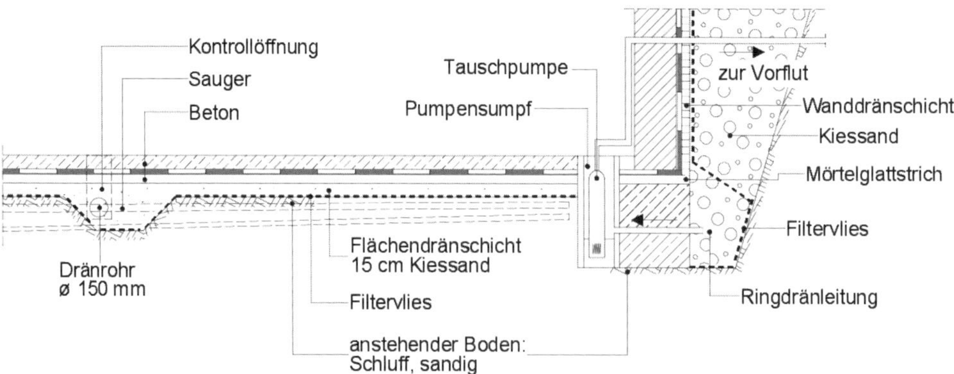

Bild 2.93 Ausbildung einer Dränanlage unter Bodenplatte mit einer Fläche > 200 m^2 (Eigene Darstellung i. A. a. [59])

Vorflut/Versickerungsanlage

Die Vorflut bietet die Möglichkeit, das von der Dränanlage aufgenommene Wasser mit freiem Gefälle (Idealfall) oder durch künstliche Hebung abzuleiten [36]. Als Vorflut können Regenwasserkanäle oder Gewässer herangezogen werden. Falls ein Rückstau beispielsweise durch eine Überlastung der Regenwasserkanäle nicht ausgeschlossen werden kann, ist die Anlage mit einer Rückstauklappe zu sichern und ggf. ein Zwischenspeicher einzuplanen. Dadurch kann das Wasser auch in Zeiten eines Rückstaus problemlos abgeleitet werden. Die in Bild 2.94 dargestellten Versickerungsanlagen (Rigolen-System, Sickerschächte) bieten ebenfalls die Möglichkeit, das Wasser abzuleiten. Der sinnvolle Einsatz ist hier bei einem Durchlässigkeitsbeiwert der zu durchsickernden Schicht bis $k = 10^{-6}$ m/s gegeben [59].

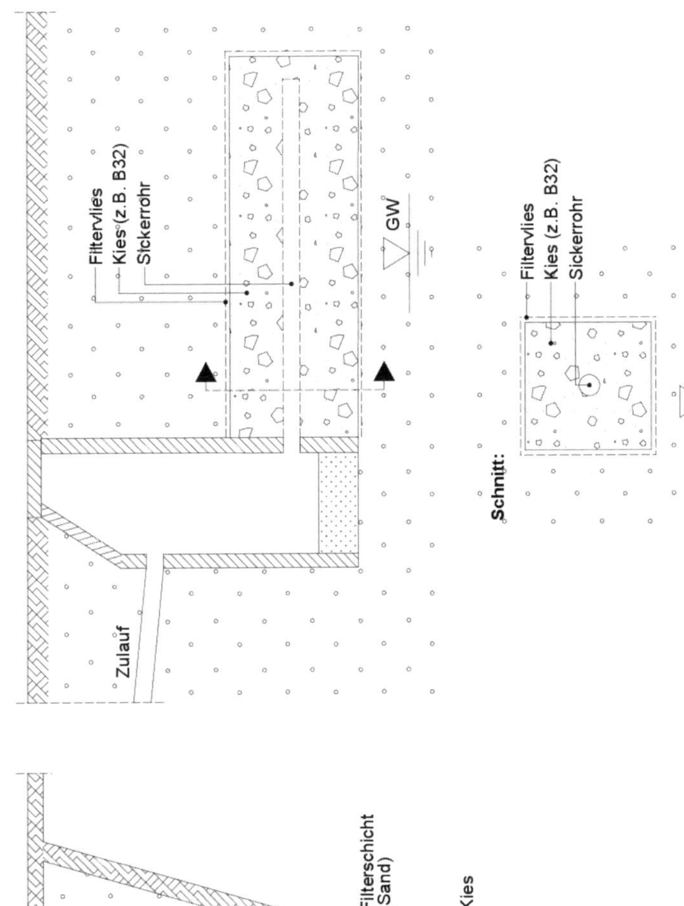

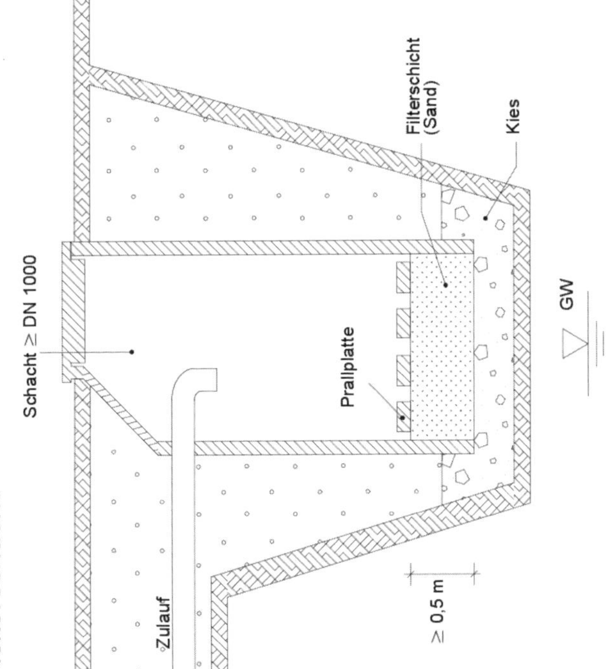

Bild 2.94 Versickerungsanlagen (Eigene Darstellung i. A. a. [59])

Literaturverzeichnis

[1] Ahammer, Martin: Zapfenverbindungen. Online verfügbar unter *http://www.bswals.at/wrl-z1/zapf/za.htm*, zuletzt geprüft am 16.11.2017.

[2] Baubeaver: Sichere Holzverbindungen auf einen Blick. Online verfügbar unter *https://baubeaver.de/holzverbindungen/*, zuletzt geprüft am 16.11.2017.

[3] Bauforumstahl e.V.: Hybridträger. Online verfügbar unter *https://www.bauforumstahl.de/hybridtraeger*, zuletzt geprüft am 23.11.2017.

[4] BauNetz Media GmbH: Einschalige Außenwände. BauNetz Media GmbH. Online verfügbar unter *https://www.baunetzwissen.de/mauerwerk/fachwissen/wand/einschalige-aussenwaende-162708*, zuletzt geprüft am 19.10.2017.

[5] BauNetz Media GmbH: Kletterschalung. BauNetz Media GmbH. Online verfügbar unter *https://www.baunetzwissen.de/glossar/k/kletterschalung-4825312*, zuletzt geprüft am 20.08.2017.

[6] BauNetz Media GmbH: Massivbauweise mit Holz. BauNetz Media GmbH. Online verfügbar unter *https://www.baunetzwissen.de/gesund-bauen/fachwissen/bautechnik/massivbauweise-mit-holz-1545759*, zuletzt geprüft am 15.08.2017.

[7] BauNetz Media GmbH: Massivbauweise mit Mauerwerk und Beton. BauNetz Media GmbH. Online verfügbar unter *https://www.baunetzwissen.de/gesund-bauen/fachwissen/bautechnik/massivbauweise-mit-mauerwerk-und-beton-1545755*, zuletzt geprüft am 15.08.2017.

[8] BauNetz Media GmbH: Mauerwerksarten. BauNetz Media GmbH. Online verfügbar unter *https://www.baunetzwissen.de/mauerwerk/fachwissen/planungsgrundlagen/mauerwerksarten-1088529*, zuletzt geprüft am 09.10.2017.

[9] BauNetz Media GmbH: Rahmenschalungen für Decken. BauNetz Media GmbH. Online verfügbar unter *https://www.baunetzwissen.de/gerueste-und-schalungen/fachwissen/wand–deckenschalungen/rahmenschalungen-fuer-decken-4822142*, zuletzt geprüft am 20.08.2017.

[10] BauNetz Media GmbH: Trägerschalung. BauNetz Media GmbH. Online verfügbar unter *https://www.baunetzwissen.de/glossar/t/traegerschalung-46621*, zuletzt geprüft am 20.08.2017.

[11] BauNetz Media GmbH: Verbände und Verzahnung. BauNetz Media GmbH. Online verfügbar unter *https://www.baunetzwissen.de/mauerwerk/fachwissen/planungsgrundlagen/verbaende-und-verzahnung-162752*, zuletzt geprüft am 17.10.2017.

[12] BauNetz Media GmbH (2017): Schiefer als Dachdeckungsmaterial. BauNetz Media GmbH. Online verfügbar unter *https://www.baunetzwissen.de/schiefer/fachwissen/werkstoff-schiefer/schiefer-als-dachdeckungsmaterial-164410*, zuletzt aktualisiert am 24.11.2017, zuletzt geprüft am 25.11.2017.

[13] Bundesverband Kalksandsteinindustrie e.V. (2011): Kalksandstein, Kompaktes Wissen – Bauen mit Kalksandstein, zuletzt geprüft am 11.10.2017.

[14] Bundesverband Porenbeton (2012): Baustoffkennwerte und Ausführung von Porenbetonmauerwerk.

[15] Cziesielski, Erich: Lufsky Bauwerksabdichtung (2013): Vieweg + Teubner.

[16] Deutscher Holzfertigbau-Verband e.V.: Holztafelbau. Online verfügbar unter *http://d-h-v.de/holzbaufuerplaner/holzbau/holztafelbau.html*, zuletzt geprüft am 23.11.2017.

[17] Dietrich's – Statik (2013): Knick- und Kipphalterung. Online verfügbar unter *http://de.blog.dietrichs.com/wp-content/uploads/wiki/Kipphalterung03.jpg*, zuletzt aktualisiert am 04.07.2013, zuletzt geprüft am 27.11.2017.

[18] DIN 18195-3: Bauwerksabdichtungen, Anforderungen an den Untergrund und Verarbeitung der Stoffe (2011).

[19] DIN 4074-2: Gütebedingungen für Baurundholz (1958).

[20] DIN 4103-1: Nichttragende innere Trennwände, Anforderungen und Nachweise (2015), zuletzt geprüft am 19.10.2017.

[21] DIN 68800-3: Vorbeugender Schutz von Holz und Holzschutzmitteln, Vorbeugender Schutz von Holz mit Holzschutzmitteln (2012).

[22] DIN EN 1304: Dach- und Formziegel, Begriffe und Produktspezifikationen (2013).

[23] DIN EN 1996-3/NA: Vereinfachte Berechnungsmethoden für unbewehrte Mauerwerksbauten, Vereinfachte Berechnungsmethoden für unbewehrte Mauerwerksbauten (2012), zuletzt geprüft am 19.10.2017.

[24] DIN EN 335: Dauerhaftigkeit von Holz und Holzprodukten, Gebrauchsklassen: Definitionen, Anwendung bei Vollholz und Holzprodukten (2013).

[25] DIN EN 338: Bauholz für tragende Zwecke, Festigkeitsklassen (2016).

[26] DIN EN 612: Hängedachrinnen mit Aussteifung der Rinnenvorderseite und Regenrohre aus Metallblech mit Nahtverbindungen (2005).

[27] DIN EN 845-1: Festlegungen für Ergänzungsbauteile für Mauerwerk, Maueranker, Zugbänder, Auflage und Konsolen (2016), zuletzt geprüft am 23.10.2017.

[28] DIN V 106: Kalksandsteine mit besonderen Eigenschaften (2005), zuletzt geprüft am 11.10.2017.

[29] Doka GmbH (2019): Die Schalungstechniker – Rahmenschalung Framax Xlife plus, Anwenderinformation.

[29a] Doka GmbH (2019): Die Schalungstechniker – Trägerschalung Top 100 tec, Anwenderinformation.

[30] Doka GmbH (2018): Die Schalungstechniker – Traggerüst Staxo 100, Anwenderinformation.

[31] Doka GmbH (2018): Die Schalungstechniker – Deckenstützen Eurex eco, Anwenderinformation.

[32] Domapor: Baustoffwerke. Online verfügbar unter *http://domapor.de/wp-content/gallery/kalksandstein-informationen/s26-b1.gif*, zuletzt geprüft am 17.10.2017.

[33] Dr.-Ing. Diethelm Bosold (2005): Gestaltung von Ankerstellen und Spannstellen bei Sichtbeton.

[34] Dr.-Ing. Steinbrecher (2011): Holzskelettbauweise.

[35] DYWIDAG-Systems International (2017): DYWIDAG Schalungsankersysteme.

[36] Fouad, Nabil A.: Lehrbuch der Hochbaukonstruktionen (2013). 4. Auflage: Springer Vieweg (Lehrbuch).

[37] Günter Neroth, Dieter Vollenschaar: Wendehorst Baustoffkunde (2011). 27. Auflage: Vieweg + Teubner.

[38] H.I.T. Maschinenbau GmbH + Co. KG: Flächenbeleimung. Online verfügbar unter *http://www.hit-maschinenbau.de/wp-content/gallery/3-3-1-flaechenbeleimung/flaechenbeleimung_2.jpg*, zuletzt geprüft am 21.11.2017.

[39] Halfen: Maueranschlussschienen und Verankerungstechnik. Online verfügbar unter *http://www.halfen.com/de/759/produkte/verankerungstechnik/hms-maueranschlussschienen/einfuehrung/*, zuletzt geprüft am 14.06.2019.

[40] Halfen GmbH: Produktinformation Technik HBT.

[41] Halfen-Deha (2003): Dachbefestigungen – Fußpunkt.

[42] Hegger, Manfred: Baustoff Atlas (2012): Inst. für Internationale Architektur-Dokumentation; De Gruyter (Edition Detail).

[43] Hermann, Bauer: Baubetrieb.

[44] Hermann Bauer: Baubetrieb (2007). 3. Auflage: Springer.

[45] Herstermann U.; Rongen L.: Frick/Knöll Baukonstruktionslehre 1 (2010). 35. Auflage: Springer Vieweg (Praxis).

[46] Herzog, Thomas: Holzbau-Atlas (2003). 4. Auflage: Birkhäuser.

[47] Holzbau Deutschland: Entwickluung des Holzbaus. Online verfügbar unter *http://www.holzbau-deutschland.de/*, zuletzt geprüft am 09.11.2017.

[48] Holzbau Deutschland – Bund Deutscher Zimmermeister (2011): Technik im Holzbau: Aussteifungssysteme.

[49] Informationsdienst Holz (2009): Holzbauhandbuch – Holzrahmenbau.

[50] InformationsZentrum Beton GmbH (2012): Zement-Merkblatt – Wasserundurchlässige Betonbauwerke.

[51] InformationsZentrum Beton GmbH (2013): Zement-Merkblatt: Frischbeton – Eigenschaften und Prüfungen.

[52] InformationsZentrum Beton GmbH (2014): Zement-Merkblatt: Risse im Beton.

[52a] Institut für Stahlbetonbewehrung e. V. (2012): ISB Arbeitsblatt 1 – Bewehren von Stahlbetontragwerken nach DIN EN 1992-1-1:2011-01 in Verbindung mit DIN EN 1992-1-1/NA:2011-01. Abschnitt 2.1 Betonstahl

[52b] Institut für Stahlbetonbewehrung e. V. (2012): ISB Arbeitsblatt 2 – Bewehren von Stahlbetontragwerken nach DIN EN 1992-1-1:2011-01 in Verbindung mit DIN EN 1992-1-1/NA:2011-01. Abschnitt D Gitterträger

[53] Kalksandstein: Grundlagen für das Mauern. PLEX Berlin. Online verfügbar unter *https://www.kalksandstein.de/bv_ksi/grundlagen-fuer-das-mauern?page_id=82746*, zuletzt geprüft am 18.10.2017.

[54] KLB Klimaleichtblock: Wände und Wandverbindungen. Online verfügbar unter *http://www.klb-klimaleichtblock.de/mauerwerk/mauerwerk-in-der-praxis/konstruktion/waende-und-wandverbindungen.html*, zuletzt geprüft am 19.10.2017.

[55] Kohl; Bastian; Neizel: Bauchfachkunde Hochbau (1998). 19. Auflage: B.G. Teubner.

[56] Lehr, Richard: Taschenbuch für den Garten-, Landschafts- und Sportplatzbau (2013). 7. Auflage: Ulmer.

[57] Lignum - Holzwirtschaft Schweiz (2010): Holzskelettbau. Online verfügbar unter *http://www.lignum.ch/editor/_migrated/pics/Skelettbau.jpg*, zuletzt aktualisiert am 02.03.2010, zuletzt geprüft am 27.11.2017.

[58] LKG - Ingenieurbüro für Bautechnik: Kerve. Online verfügbar unter *http://www.elkage.de/src/public/showterms.php?id=989*, zuletzt geprüft am 16.11.2017.

[59] Lufsky, Karl: Bauwerksabdichtung (2010). 7. Auflage: Vieweg + Teubner (Praxis).

[60] Mauerwerksbau-Lehre: Anschlussdetails. Online verfügbar unter *http://www.mauerwerksbau-lehre.de/vorlesungen/10-nichttragende-waende-sonderbauteile-und-bauliche-durchbildung/102-nichttragende-innenwaende/1022-anschlussdetails/*, zuletzt geprüft am 19.10.2017.

[61] Mauerwerksbau-Lehre: Formate von Mauerziegel. Online verfügbar unter *http://www.mauerwerksbau-lehre.de/fileadmin/_processed_/8/d/csm_abb-1-27_2da961f7bc.png*, zuletzt geprüft am 11.10.2017.

[62] Mauerwerksbau-Lehre: Nichttragende Außenwände. Online verfügbar unter *http://www.mauerwerksbau-lehre.de/vorlesungen/10-nichttragende-waende-sonderbauteile-und-bauliche-durchbildung/101-nichttragende-aussenwaende/*, zuletzt geprüft am 19.10.2017.

[63] Mauerwerksbau-Lehre: Ringanker und Ringbalken. Online verfügbar unter *http://www.mauerwerksbau-lehre.de/vorlesungen/10-nichttragende-waende-sonderbauteile-und-bauliche-durchbildung/103-ringanker-und-ringbalken/1033-ringbalken/*, zuletzt geprüft am 18.10.2017.

[64] MEVA Schalungs-Systeme GmbH (2013): MevaDec, Aufbau- und Verwendungsanleitung.

[65] Neumann, D.; Herstermann, U.; Rongen L.: Frick / Knöll Baukonstruktionslehre 2 (2008). 33. Auflage: Springer Vieweg (Praxis).

[66] Ökoklogisch Bauen: Holzskelettbau. Online verfügbar unter *https://www.oekologisch-bauen.info/hausbau/bauweisen/holzbau/holzskelettbau.html*, zuletzt geprüft am 23.11.2017.

[67] Pech, Anton; Kolbitsch, Andreas; Hollinsky, Karlheinz: Steildach (2015). 1. Aufl.: Birkhäuser (Baukonstruktionen, 8).

[68] Pech, Anton; Kolbitsch, Andreas; Pauser, Alfred: Keller (2006). 1. Auflage: Springer (Baukonstruktionen).

[69] PERI GmbH (2018): MULTIFLEX - Die flexible Träger-Deckenschalung, Für jeden Grundriss und Deckenstärken bis 1,00 m.

[70] PERI GmbH: Variodeck-Deckentisch. Online verfügbar unter *https://www.peri.com/.imaging/xl/dam/61e6091a-6c9e-4203-adc9-07b22ff0fba7/35846/variodeck-deckentisch-mit-peri-umsetzgabel.jpg*, zuletzt geprüft am 21.08.2017.

[71] PERI GmbH (2019): Vario GT24 – Die variable Trägerschalung mit dem bewährtem Träger GT 24, zuletzt geprüft am 14.06.2019.

[72] PERI GmbH (2019): DOMINO – Die kompaktere Wandschalung für vielfältige Einsätze im Hoch- und Tiefbau, zuletzt geprüft am 14.06.2019.

[73] Sachverständigen Büro - Siegmund Becker: Bauphysik. Online verfügbar unter *https://dachexpert.de/bauphysik/*, zuletzt geprüft am 16.11.2017.

[74] Schach, R.; Otto, J.: Baustelleneinrichtung, Grundlagen, Planung, Praxishinweise, Vorschriften und Regeln (2011). 2. Auflage: Vieweg + Teubner.

[75] Schaffitzel Holzindustrie: Hobelmaschine. Online verfügbar unter *https://www.schaffitzel.de/brettschichtholz/referenzen-brettschichtholzlieferungen/249-flugzeughangar-mittelfischach*, zuletzt geprüft am 21.11.2017.

[76] Schmitt, Roland: Die Schalungstechnik, Systeme, Einsatz und Logistik (2001): Ernst.

[77] Schunck, Eberhard: Dach Atlas, Geneigte Dächer (2002). 4. Auflage: Institut für Internationale Architektur-Dokumentation; De Gruyter.

[78] Schuon, Helmut; Fuchs, Rainer; Winkler, Alexander: Praxiswissen Schalungstechnik, Einführung in moderne Systeme und Technologien (2004): Moderne Industrie.

[79] Stahr, M.; Hinz, D.: Sanierung und Ausbau von Dächern: Grundlagen – Werkstoffe – Ausführung (2011): Vieweg + Teubner. Online verfügbar unter *https://books.google.de/books?id=dDojBAAAQBAJ*.

[80] Studiengemeinschaft Holzleimbau e.V.: Brettschichtholz – Herstellung. Online verfügbar unter *http://www.brettschichtholz.de/brettschichtholz-bs-holz/herstellung/mn_43528*, zuletzt geprüft am 21.11.2017.

[81] Torsten, Ebner: Grundlagen des Schalungsbaues (2011).

[81a] WikimediaCommons, Burny, lizensiert unter [CC BY-SA 3.0 *(https://creativecommons.org/licenses/by-sa/3.0)*

[82] Verbände des Bayerischen Zimmerer- und Holzbaugewerbes München (2000): Holzverbindungen.

[83] Verwaltungs-Berufsgenossenschaft (VBG): Handzeichen des Einweisers/der Einweiserin, zuletzt geprüft am 25.10.2017.

[84] Ytong: Der massive Wärmedämmstein.

[85] Zentralverband des Deutschen Baugewerbes (2013): Praxistipps für die Ausführung von Mauerwerk, Mit Erläuterungen zu DIN EN 1996 (Eurocode 6).

[86] Ziegel Zentrum Süd e.V. (2018): Ziegel Lexikon Mauerwerk, Mauerziegel.

3 Flachdächer

Von Sedat Dökmetas und Ibrahim Ercan

Immer öfter werden Themen wie Energieverbrauch und Umweltschutz in der Öffentlichkeit diskutiert. Das moderne Bauen muss sich deshalb zunehmend mit dem Begriff des nachhaltigen Bauens beschäftigen, um die Umwelteinflüsse der Baumaßnahmen so gering wie möglich zu halten. Bei Flachdächern lassen sich durch einfache Maßnahmen Transmissionsverluste enorm verringern [11]. Flachdächer, die eine Neigung von $\alpha \leq 5°$ besitzen, ermöglichen eine Vielzahl von Gestaltungsmöglichkeiten und zählen gleichzeitig aufgrund von wirtschaftlichen Gesichtspunkten zu den modernen Konstruktionsweisen. Sie sind bei allen Gebäudetypen vorzufinden und können beispielsweise als Dachterrasse, Standort für die Gebäudetechnik oder als Sportanlagen vielseitig genutzt werden [7].

Die Arten der Flachdächer werden nach Bild 3.1 gruppiert.

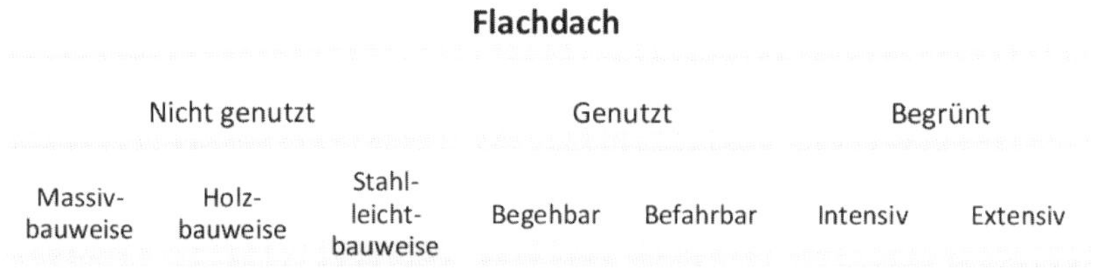

Flachdach

Nicht genutzt			Genutzt		Begrünt	
Massivbauweise	Holzbauweise	Stahlleichtbauweise	Begehbar	Befahrbar	Intensiv	Extensiv

Bild 3.1 Arten von Flachdächern (Eigene Darstellung)

Die einzelnen Gruppen der Flachdächer werden dabei in unterschiedlichen Normen geregelt, wobei die Flachdachrichtlinie jedoch für alle Arten von Flachdächern gilt. Eine Übersicht zeigt Tabelle 3.1.

Tabelle 3.1 Regelwerke für Flachdächer [6]

Nicht genutztes Flachdach	Begrüntes Flachdach		Genutztes Flachdach	
	Extensiv begrünt	Intensiv begrünt	Begehbar	Befahrbar
DIN 18 531		DIN 18 195 (Teile 5, 8, 9, 10)		
Flachdachrichtlinie				

Zur Umrechnung der Dachneigungswerte wird die Tangensfunktion wie folgt herangezogen:

Von Winkel in Prozent:

$\tan(\alpha\ [°]) \cdot 100$ = Prozentangabe [%]

Von Prozent in Winkel:

$\tan^{-1}$ (Prozentangabe [%]/100) = α [°]

Die umgerechneten Werte zwischen Winkel und Prozent können aus Tabelle 3.2 entnommen werden.

Tabelle 3.2 Umrechnungstabelle zwischen Grad und Prozent [13]

Winkel [°]	Prozent [%]	Winkel [°]	Prozent [%]	Winkel [°]	Prozent [%]
1	1,8	31	60,0	61	180,4
2	3,4	32	62,4	62	188,1
3	5,2	33	64,9	63	196,3
4	7,0	34	67,4	64	205,0
5	8,8	35	70,0	65	214,5
6	10,5	36	72,6	66	224,6
7	12,3	37	75,4	67	235,6
8	14,1	38	78,0	68	247,5
9	15,8	39	80,9	69	260,5
10	17,6	40	83,9	70	274,7
11	19,4	41	86,9	71	290,4
12	21,2	42	90,0	72	307,8
13	23,0	43	93,0	73	327,1
14	24,9	44	96,5	74	348,7
15	26,8	45	100,0	75	373,2
16	28,7	46	103,5	76	401,1
17	30,5	47	107,2	77	433,1
18	32,5	48	111,0	78	470,5
19	34,4	49	115,0	79	514,5
20	36,4	50	119,2	80	567,1
21	38,4	51	123,5	81	631,4
22	40,4	52	128,0	82	711,5
23	42,4	53	132,7	83	812,4
24	44,5	54	137,6	84	951,4
25	46,6	55	143,0	85	1143,0
26	48,7	56	148,3	86	1430,0
27	50,9	57	154,0	87	1908,0
28	53,1	58	160,0	88	2864,0
29	55,4	59	166,4	89	5729,0
30	57,7	60	173,2	90	∞

3.1 Begehbare Flachdächer

In der Regel werden begehbare Flachdächer als einschalige nicht belüftete Konstruktion hergestellt, jedoch ist die Ausführung als belüftete Konstruktion oder Umkehrdach ebenso möglich [6]. Folgende Konstruktionsprinzipien (Bild 3.2 bis Bild 3.4) werden unterschieden:

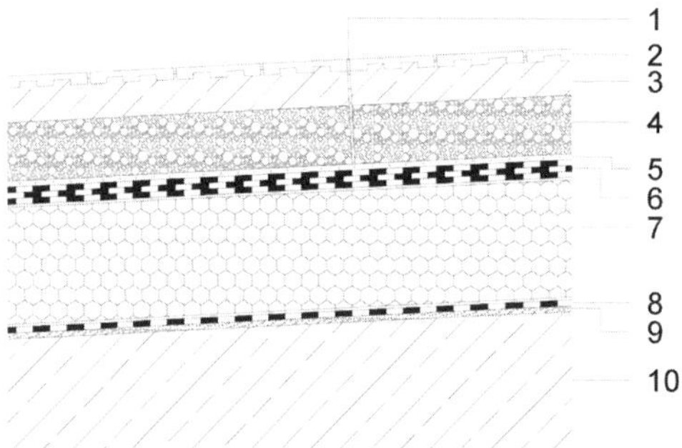

Bild 3.2 Begehbares Flachdach mit Platten im Mörtelbett (Eigene Darstellung i. A. a [8])

1. Trennfuge mit dauerelastischer Abdichtung
2. Spaltplatten
3. Bewehrter Verlegemörtel
4. Einkornbeton
5. Zweilagige PE-Folie
6. Dreilagige bituminöse Abdichtung
7. Wärmedämmung
8. Dampfbremse
9. Ausgleichsschicht
10. Massivdecke mit Gefälle

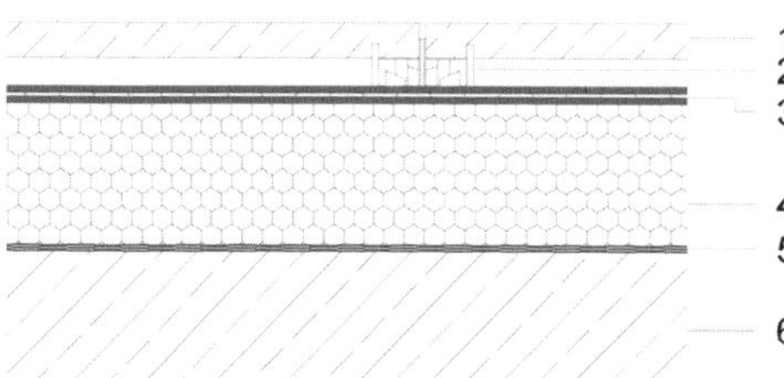

Bild 3.3 Begehbares Flachdach mit Platten auf Stelzlagern (Eigene Darstellung i. A. a [8])

1. Betonplatten
2. Stelzlager
3. Abdichtung auf Dampfdruckausgleichsschicht mit oberer Schutzlage
4. Wärmedämmung
5. Dampfbremse
6. Massivdecke

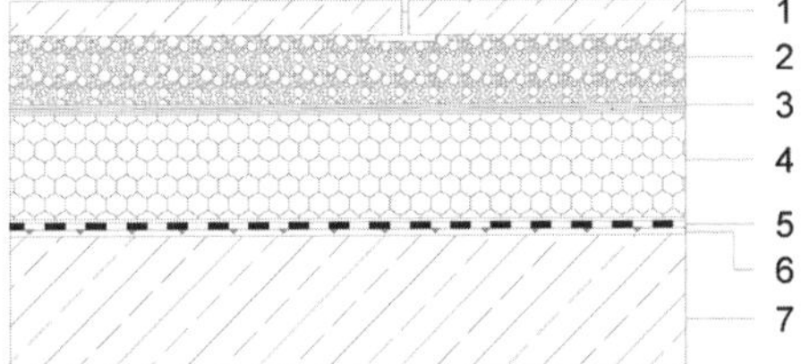

Bild 3.4 Begehbares Flachdach als Umkehrdach (Eigene Darstellung i. A. a [8])
1. Betonplatten
2. Kiesschüttung, Körnung 6/9
3. Filtervlies
4. Extrudierter PS- Schaum
5. Abdichtung
6. Trennlage
7. Massivdecke

Hauptanwendungsgebiet von begehbaren Flachdächern sind Dachterrassen oder Loggien, weshalb der Entwässerung und den Plattenbelägen eine hohe Bedeutung zukommt. Damit stehendes Wasser vermieden wird, sollte in der Belastungsklasse 1 bei begehbaren Flächen mit Hilfe von Gefälledämmplatten oder Gefälleestrichen ein Gefälle von mindestens 2 % vorhanden sein. Ferner ist in Abhängigkeit der Belagsoberfläche ein Mindestgefälle von 1 % bis 3 % zu gewährleisten [6].

3.1.1 Schichtenaufbau

Begehbare Flachdächer enthalten zusätzlich zu den üblichen Schichten bei Flachdächern folgende Funktionsschichten:

Abdichtung

Aufgrund des zusätzlichen Gewichts und der hohen mechanischen Einwirkung wird die Abdichtung deutlich mehr beansprucht. Deshalb werden hoch beanspruchte Abdichtungen auf Dachterrassen und Loggien aus mindestens zweilagigen Bahnen hergestellt. Bei Umkehrdächern liegt die Abdichtung unterhalb der Wärmedämmung, die einen zusätzlichen Schutz vor potentiellen Beschädigungen ermöglichen kann. Voraussetzung dafür ist, dass die Abdichtung gleichmäßig und die Dämmplatten möglichst hohlraumfrei verlegt werden [6].

Wärmedämmung

Die Wärmedämmplatten müssen eine ausreichende Druckfestigkeit aufweisen, damit sie den Beanspruchungen im Terrassenbereich standhalten. Dazu können, auch bei aufgestelzten Terrassenbelägen, Wärmedämmstoffe mit einer Druckfestigkeit von 0,3 N/mm^2 verwendet werden [6].

Trittschalldämmung

Die Anforderungen für die Einhaltung der Trittschallübertragung von Dachterrassen in darunterliegende Wohnflächen werden in DIN 4109 geregelt. Erfüllt ein geplanter Aufbau die Anforderungen nicht, so sind Maßnahmen wie z. B. flachdachgeeignete Lagerungen, zusätzliche Trittschalldämmungen oder Entkoppelungsschichten erforderlich. Allerdings sollten Trittschalldämmungen bei Terrassenaufbauten mit Plattenbelägen auf Stelzlagern eine ausreichende Druckfestigkeit besitzen [6].

Belag/Lagerung

Bei der Verlegung kommen verschiedene Varianten zum Einsatz. Eine Ausführungsvariante bietet die Verlegung des Belages im Sand-Splitt-Gemisch mit anschließender Verfugung. Ferner besteht die Möglichkeit, die Platten im Mörtelbett auf einer bewehrten Estrichschicht zu verlegen. Um temperaturabhängige Längenänderungen auszugleichen, werden alle 2 bis 5 m Fugen angeordnet, die mit elastischem Material zu verfüllen sind. Der Aufbau beinhaltet eine zuvor angebrachte Dränschicht sowie eine Abdichtungsebene. Alternativ können die Platten punktweise auf Stelzlagern oder linienförmig auf einer Lattung angebracht werden. Bei Unebenheiten des Untergrundes besteht die Möglichkeit, höhenverstellbare Stelzlager einzusetzen, um eine gleichmäßige Verlegung der Platten zu sichern. Stelzlager erleichtern die Verlege- und Nacharbeiten insbesondere dann, wenn sich Platten senken. Allerdings sind die Verschmutzungen im Hohlraum unterhalb der Platten zu berücksichtigen. Die Fugenteiler mit einer Breite von 3 bis 5 mm sorgen für eine Belüftung der Platten, wodurch Ausblühungen an der Plattenoberfläche verhindert werden. Um die Lagestabilität des Belages aufrecht zu erhalten, ist ein Wasseranstau in der Kiesschicht zu vermeiden [6].

Entwässerung

Die Entwässerung von Flachdächern erfolgt innenliegend, genauer über einen Dachablauf im tiefsten Punkt des Dachabschnitts und eine Notentwässerung [6]. Bei Terrassenflächen sind zusätzlich Gitterroste zu verlegen [6].

3.1.2 Konstruktionsdetails

Im Folgenden werden beispielhaft einige Lösungsvorschläge zur Detailausbildung von Schnittstellen dargestellt (Bild 3.5 bis Bild 3.6).

Anschluss an aufgehende Bauteile

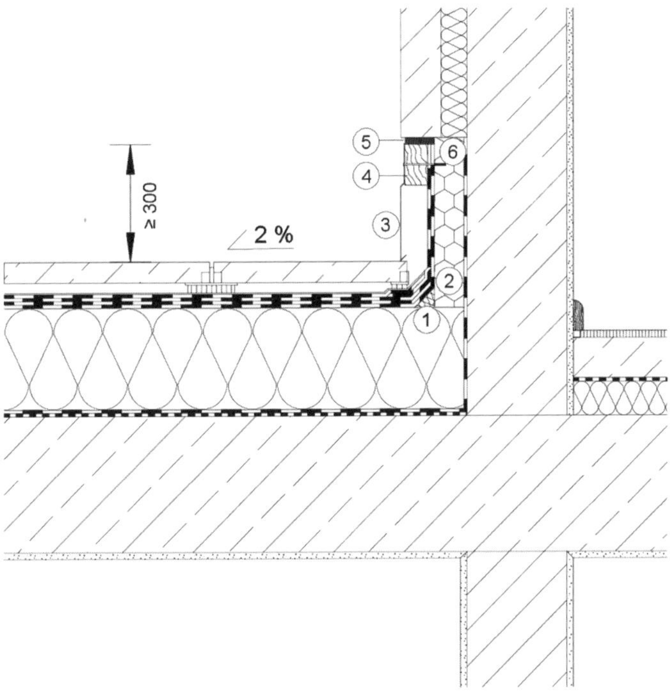

Bild 3.5 Anschluss an eine aufgehende Sandwichwand (Eigene Darstellung i. A. a [6])

1. Dämmkeil
2. Druckfeste Dämmung im Anschlussbereich
3. Randeinfassung
4. Druckfeste Unterkonstruktion der Randeinfassung
5. Dauerhaft elastisch abgedichteter Wandanschluss
6. Mechanische Befestigung der Randeinfassung

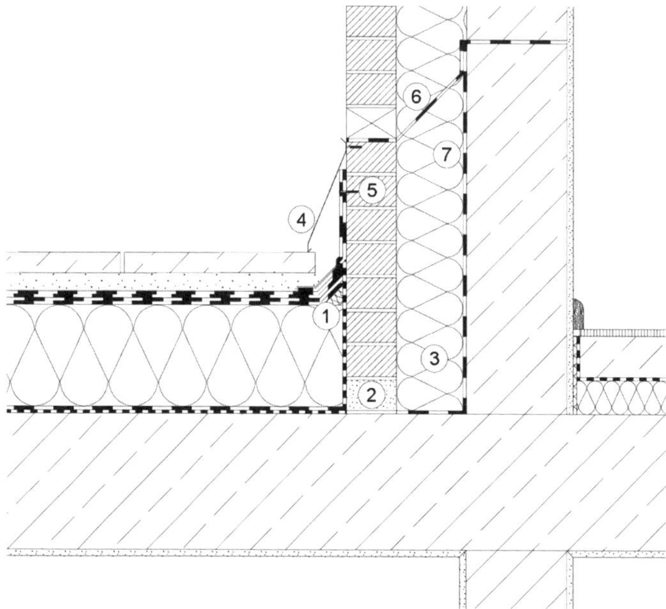

Bild 3.6 Anschluss an eine aufgehende zweischalige Wand mit Kerndämmung (Eigene Darstellung i. A. a. [6])

1. Dämmkeil
2. Kimmstein
3. Kerndämmung
4. Randeinfassung
5. Mechanische Befestigung der Abdichtung
6. Fußpunktabdichtung des zweischaligen Mauerwerks
7. Dampfsperre

Anschluss an Türelemente

Um das Eindringen von Niederschlagswasser oder Schlagregen zu vermeiden, erfolgt der Anschluss an Türelemente oder Türschwellen mindestens 15 cm über der Belagsoberfläche, Begrünung bzw. der Kiesschüttung. Übergänge, die barrierefrei herzustellen sind, gelten als Sonderkonstruktionen und benötigen neben der Abdichtung weitere Maßnahmen für die Dichtigkeit. Dazu können folgende Maßnahmen getroffen werden:

- Gefälle der wasserführenden Schichten,
- Überdachungen zum Schutz vor Schlagregen bzw. Spritzwasser,
- Türrahmen mit Flanschkonstruktion,
- beheizbarer, wannenförmiger Entwässerungsrost mit direktem Anschluss an die Entwässerung,
- zusätzliche Abdichtung im Innenbereich,
- regelmäßige Wartungen und Reinigungen der Rinnen und Abläufe.

Eine weitere Variante für den schwellenlosen Ein- und Austritt stellen Dämmschichten aus Vakuumelementen dar (Bild 3.7 bis Bild 3.8) [6]:

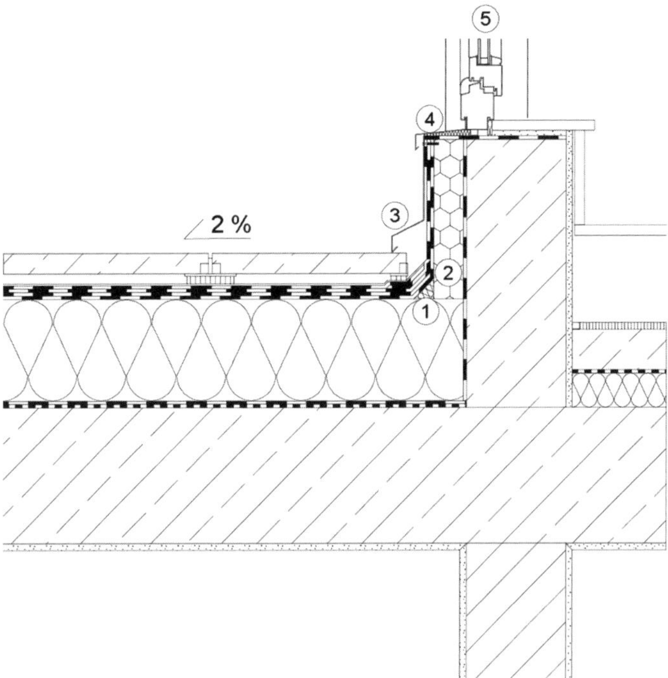

Bild 3.7 Anschluss einer Terrassentür (Eigene Darstellung i. A. a [6])
1. Dämmkeil
2. Druckfeste Dämmung im Anschlussbereich
3. Randeinfassung
4. Profil
5. Terrassentür

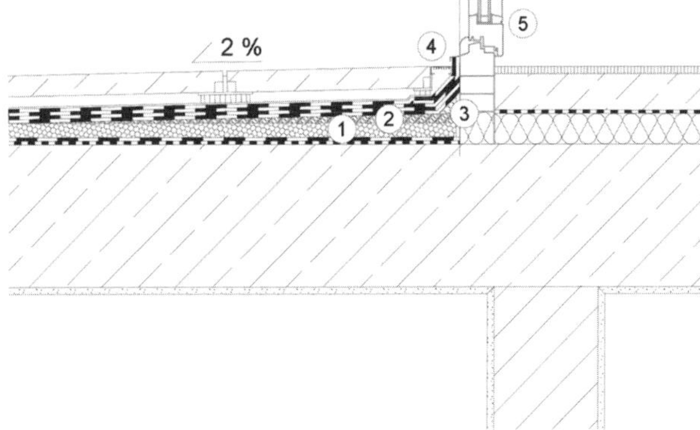

Bild 3.8 Ausführung einer niveaugleichen Schwelle mit Vakuumdämmung (Eigene Darstellung i. A. a. [6])

3.2 Befahrbare Flachdächer

Befahrbare Dächer werden neben den thermischen Beanspruchungen zusätzlich durch mechanischen Verschleiß (Beschleunigen, Lenken und Bremsen) und hohe Lasten (Pkw, Lkw) beansprucht. Die Konstruktion erlaubt verschiedene Nutzungsmöglichkeiten wie z.B. als Parkterrasse, Parkdeck oder Hofkellerdecke. Eine langjährige Funktionalität und ein sicheres Befahren setzen eine genaue Planung von Fachingenieuren sowie eine jährliche Inspektion voraus. In Bild 3.9 und Bild 3.10 werden Konstruktionsbeispiele für die Ausführung von befahrbaren Flachdächern dargestellt [6].

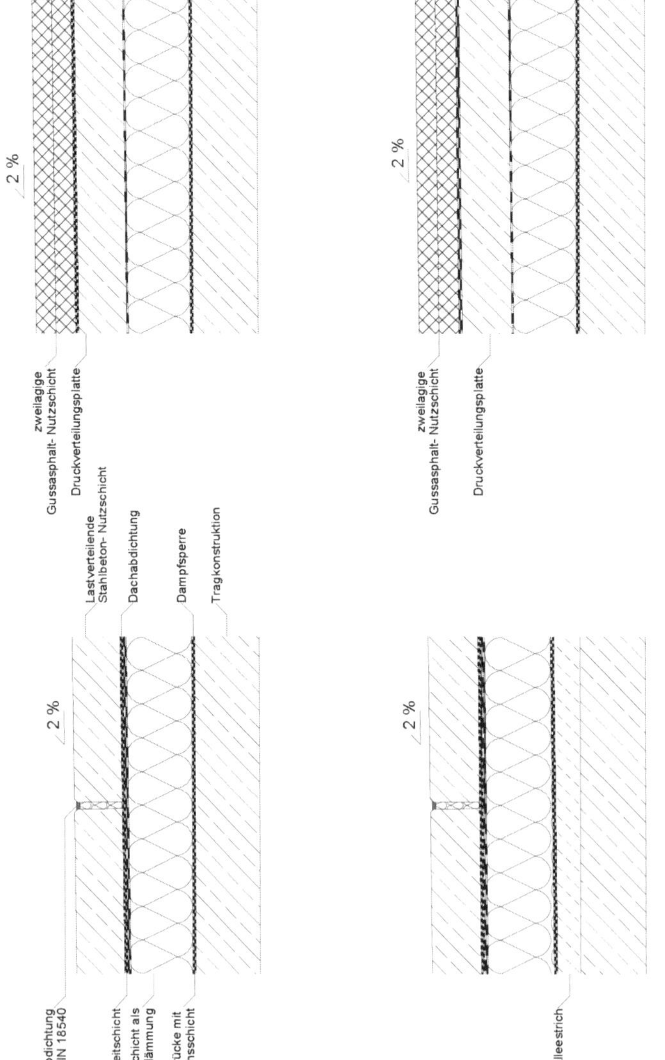

Bild 3.9 Ausführungsbeispiele für befahrbare nichtbelüftete Flachdächer (Eigene Darstellung i.A.a [6])

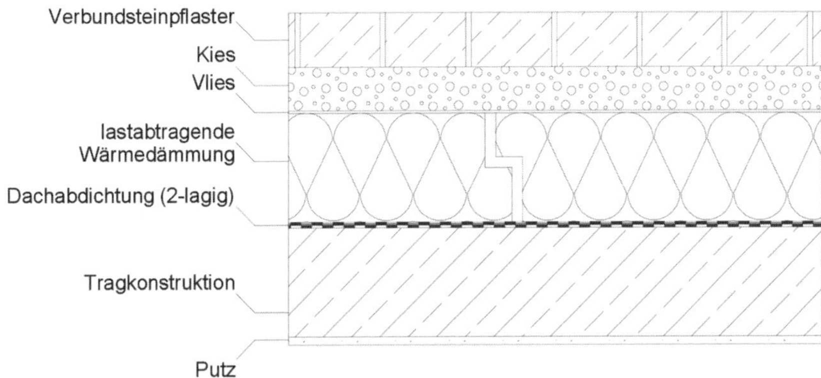

Bild 3.10 Ausführungsbeispiel für ein befahrbares Umkehrdach (Eigene Darstellung i. A. a [6])

3.2.1 Schichtenaufbau

Befahrbare Flachdächer enthalten neben den üblichen Schichten bei Flachdächern folgende Funktionsschichten:

Tragkonstruktion

Die Tragkonstruktion muss die erhöhten Belastungen durch den schweren Verkehr aufnehmen können und wird deshalb als nichtbelüftete Massivkonstruktion hergestellt. Beim Einsatz von Beton-Fertigteilplatten werden zur Stabilisierung und für die Übertragung von Querkräften zusätzlich ein bewehrter Aufbeton oder andere entsprechende Maßnahmen vorgesehen [6].

Wärmedämmung

Die Wärmedämmschichten müssen aufgrund der erhöhten Belastung durch den Verkehr eine hohe Druckfestigkeit und eine geringe Zusammendrückbarkeit aufweisen. Dadurch können Beschädigungen der Abdichtung vermieden werden. Im Normalfall werden folgende Dämmmaterialien eingesetzt:

- Schaumglas mit einem hohen E-Modul und einer Druckfestigkeit bis zu 1,7 N/mm^2,
- extrudierter Polystyrol-Hartschaum mit einer zulässigen Druckspannung von 0,7 N/mm^2 (eine Stauchung der Dämmung von 10 % ist einzuplanen).

Des Weiteren ist, insbesondere bei durchlässigen Fahrbelägen (Verbundsteinpflaster, aufgesetzte Betonplatten, etc.), zu beachten, dass Polystyrol-Extruderschaum gegenüber Lösungsmitteln und Benzin unbeständig ist. Bei Kontakt mit Benzin löst sich die Schaumstruktur des Dämmstoffes [6].

Gefälle und Entwässerung

Die Abdichtungsebene ist für die Sicherstellung einer vollständigen Abführung des Niederschlagswassers mit einem Gefälle von ≥ 2 % herzustellen. Das Gefälle kann mit Hilfe einer Gefälledämmung oder eines Gefällebetons erzielt werden. Abläufe zur Entwässerung müssen zum einen die Abdichtungsebene und zum anderen die Nutzfläche permanent entwässern. Beim Einsatz von Ortbetonplatten mit Aufbringung auf der Wärmedämmschicht muss außerdem der Fahrbelag für eine optimale Entwässerung ein genügendes Gefälle aufweisen [6].

Trenn- und Gleitschicht

Die Trenn- und Gleitschicht wird zum Schutz der Abdichtung und Wärmedämmung vor Bewegungen durch Feuchte-, Temperatur- und Nutzungseinflüssen eingesetzt. Die Anordnung erfolgt zweilagig unter der Nutzschicht [6].

Abdichtung

Als Abdichtungen kommen bevorzugt Polymer-Bitumenbahnen mit mindestens zwei Lagen, die in der Regel oberhalb der Wärmedämmung angebracht werden, zum Einsatz. Unter Berücksichtigung der Herstellerangaben sind lose verlegte Kunststoffbahnen und Flüssigkunststoffe ebenfalls möglich. Die Abdichtung muss eine rissüberbrückende Wirkung und eine Beständigkeit gegen Bauteilbewegungen, z. B. durch Setzungen, Temperaturänderungen oder Schwingungen aufweisen. Die Abdichtung ist während der Bauphase vor mechanischer Beschädigung durch geeignete Maßnahmen, z. B. mit Hilfe von Bautenschutzmatten zu schützen [6].

Lastverteilende Nutzschicht

Die Lastverteilende Schicht sorgt für eine Ableitung der Radlasten in den Untergrund und für den Schutz der Abdichtung. Eine 10 cm dicke Ortbetonplatte kann bei üblichen Belastungen, z. B. durch Pkw-Verkehr eingesetzt werden. Unter den Ortbetonplatten ist eine zweilagige Trenn- und Gleitschicht anzuordnen.

Bei üblichen Belastungen, z. B. durch Pkw-Verkehr, können folgende lastverteilende Schichten eingesetzt werden:

- Ortbetonplatte (10 cm dick) auf einer zweilagigen Trenn- und Gleitschicht,
- Betonfertigteilplatten (ca. 1 m × 1 m) auf runden Speziallagern (Ø 40, 50 mm),
- Großflächenplatten auf einer Splittbetonschicht bzw. bewehrten Stelzlagern.

Bei der Herstellung von Dachaufbauten mit Beton- oder Natursteinpflasterbelägen wird eine Druck- und Schutzverteilungsschicht aus Beton oder Gussasphalt unterhalb der Beläge benötigt. Wird Gussasphalt eingesetzt, ist dieser, vor Erweichung durch Sonneneinstrahlung, durch die unterseitige Anordnung einer ca. 10 cm dicken und bewehrten Betonverteilungsplatte zu schützen.

Bei erhöhtem Verkehr, z. B. durch Lkw-Verkehr, werden folgende Beläge eingesetzt:

- Ortbetonplatten (16 cm dick) auf druckfester Wärmedämmung mit Trenn- und Dränlage,
- Betonfertigteilplatten (2 m × 2 m) auf Schutzlage im Splittbett.

Parkdecks für Pkw oder Transporter bis 2,5 t Gesamtlast können nach den allgemein bauaufsichtlichen Zulassungen folgende Beläge eingesetzt werden:

- Verbundsteinpflaster,
- Ortbeton in WU-Qualität,
- aufgestelzte Betonplatten [6].

3.2.2 Konstruktionsdetails

Im Folgenden werden beispielhaft einige Lösungsvorschläge zur Detailausbildung von Schnittstellen dargestellt (Bild 3.11 bis Bild 3.15):

Verankerung der Abdichtung gegen Scherkräfte

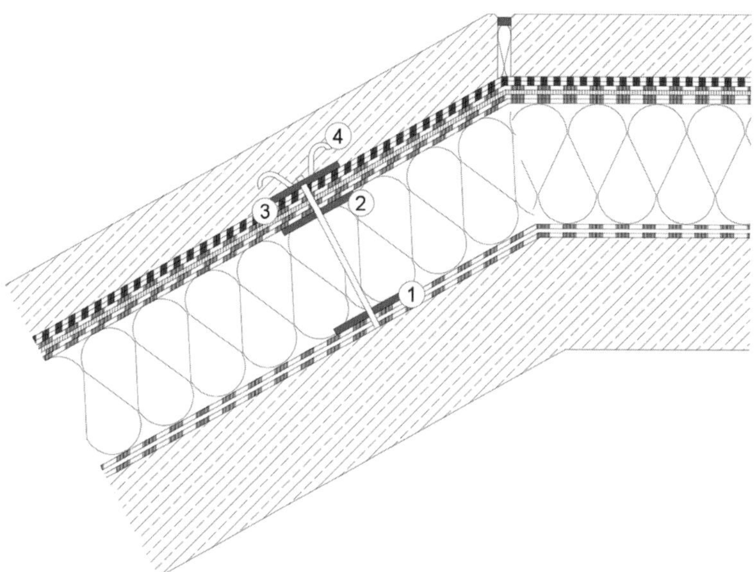

Bild 3.11 Ausführung eines Rampenbelages mit Halteanker (Eigene Darstellung i. A. a [6])
1. Angeschweißter Festflansch
2. Angeschweißter Festflansch
3. Losflansch
4. Oberer Haken

Anschluss an aufgehende Bauteile

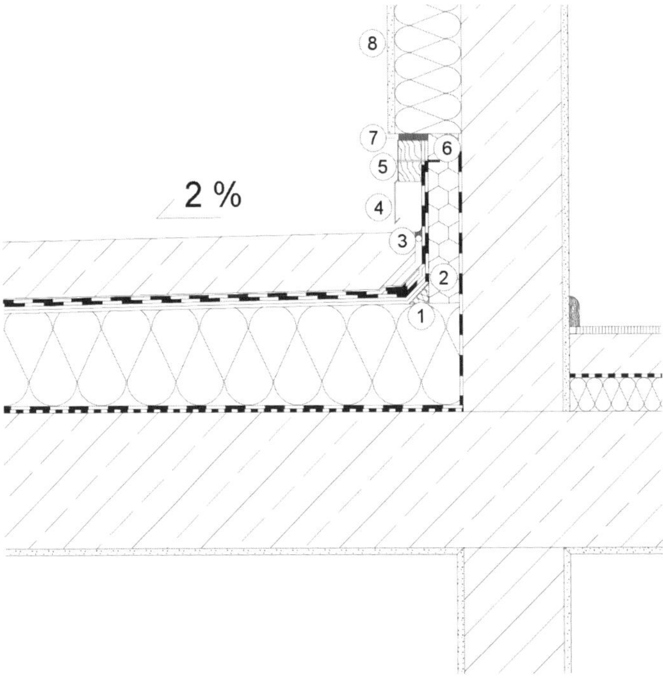

Bild 3.12 Anschluss an eine aufgehende Wand mit WDVS (Eigene Darstellung i. A. a [6])

1. Dämmkeil
2. Druckfeste Dämmung im Anschlussbereich
3. Fugenabdichtung
4. Randeinfassung
5. Druckfeste Unterkonstruktion der Randeinfassung
6. Mechanische Befestigung der Randeinfassung
7. Dauerhaft elastisch abgedichteter Wandanschluss
8. Wärmedämmverbundsystem

Durchdringungen/Rohrdurchführungen

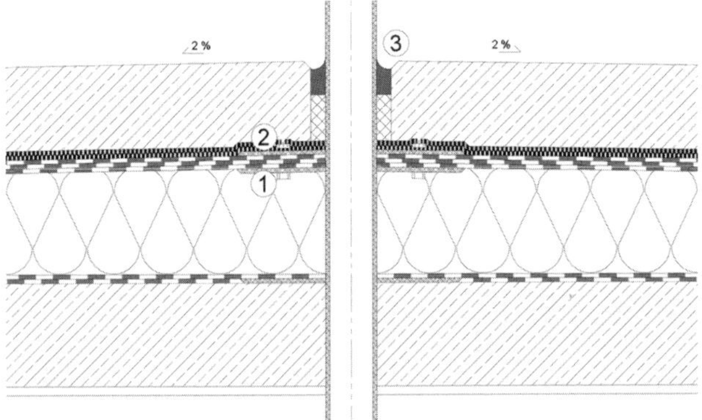

Bild 3.13 Ausführung einer Durchdringung auf befahrbaren Flächen (Eigene Darstellung i. A. a. [6])

1. Festflansch
2. Losflansch
3. Fugenabdichtung nach DIN 18540

Entwässerung/Abläufe

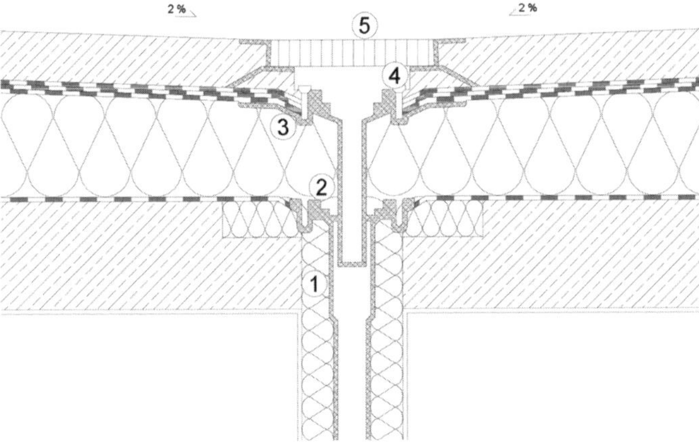

Bild 3.14 Ausführung eines befahrbaren Ablaufs (Eigene Darstellung i. A. a. [6])

1. Wärmegedämmtes Rohr
2. Ablauf, unterlauf- und rückstausicher eingeklebt
3. Ablauf, unterlauf- und rückstausicher eingeklebt
4. Aufsetzrahmen
5. Rost

Bewegungs-/Dehnungsfuge

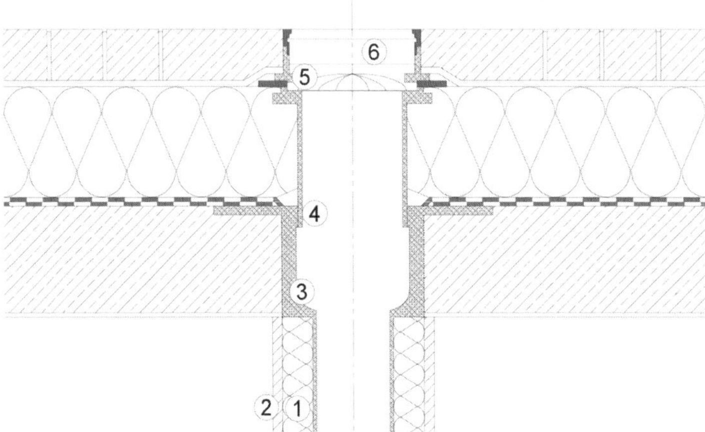

Bild 3.15 Ausführung einer Dehnfuge (Eigene Darstellung i. A. a [6])
1. Wärmedämmung
2. Dampfdichte Bekleidung des Entwässerungsrohres
3. Unterer Klebeflansch
4. Oberer Klebeflansch
5. Justierbare Auflagerung der Abdeckkonstruktion
6. Abnehmbarer Revisionsdeckel

3.3 Begrünte Flachdächer

Der Stellenwert von begrünten Flachdächern nimmt aufgrund der Vorteile im Gegensatz zu frei bewitterten Systemen immer weiter zu. Diese Konstruktionsweise erlaubt die Speicherung von Feuchtigkeit, Bindung von Staubpartikel und die Verbesserung des Schallschutzes. Zudem ist die Abdichtung bei begrünten Flachdächern keinen Temperaturschwankungen ausgesetzt und vor UV-Strahlung geschützt. Somit können höhere Lebensdauern erzielt werden. Neben der DIN-Vorschrift und der Flachdachrichtlinie ist auch die Dachbegrünungsrichtlinie „Planung, Ausführung und Pflege von Dachbegrünungen" von der Forschungsgesellschaft Landschaftsentwicklung Landschaftsbau e. V. (FLL) zu berücksichtigen [8].

Die Wahl der Begrünungsart ist von unterschiedlichen Kriterien, wie z. B. dem Pflegeaufwand und der Wasserversorgung, abhängig. Hinzu kommt, dass durch die verschiedenen Aufbauhöhen die Standsicherheit des Gebäudes nicht beeinträchtigt werden darf. Hierfür können statische Nachweise erforderlich werden. In Tabelle 3.3 sind die zu beachtenden Kriterien und Anforderungen an extensive und intensive Flachdachbegrünungen dargestellt.

Tabelle 3.3 Auswahlkriterien für Dachbegrünungen [6]

	Extensive Begrünung	Intensive Begrünung
Bepflanzung	Niedrigwachsende, trockenheitsverträgliche Pflanzen	Bäume, Rase, Sträucher, etc.
Pflegeaufwand	Jährliche Kontrollbegehung	Ständige Pflege
Wasserversorgung	Kein Wasseranstau	Häufig Wasseranstau erforderlich
Dicke des Bodenaufbaus	5 bis 10 cm (je nach Bepflanzung)	10 bis 115 cm (je nach Bepflanzung)
Statische Anforderungen	Bei Umwandlung von Kiesdächern ist kein zusätzlicher Nachweis erforderlich, da das Gewicht vergleichbar mit einer Kiesschüttung der Dicke d = 5 cm ist.	Aufgrund von größerer Schichtdicke, Wasseranstau, Lasten aus Bäumen, Pflanzengefäßen, etc. und Windlasten ist ein statischer Nachweis erforderlich.
Dachneigung	Mindestens 2 %, je nach Rutsch- und Schubsicherung bis 45° möglich	Höchstneigung durch Wasseranstau begrenzt
Sonstige Anforderungen	Keine	Brüstung oder Geländer erforderlich

3.3.1 Intensive Dachbegrünung

Die intensive Dachbegrünung kann in Bezug auf die Gestaltungs- und Nutzungsvielfalt mit normalen Gartenanlagen verglichen werden. Die Begrünung umfasst dabei Gehölze, Rasenflächen, Stauden und Bäume (Bild 3.16). Die bautechnischen Voraussetzungen begrenzen dabei die Pflanzenauswahl. Diese Begrünungsart benötigt eine regelmäßige Pflege sowie eine ausreichende Wasser- und Nährstoffversorgung [6]. Eine kostensparende Sonderform [2] stellt die einfache Intensivbegrünung dar. Sie besteht aus bodenbedeckenden Gräsern, Stauden und kleineren Gehölzen. Die Anforderungen an den Pflegeaufwand und an den Aufbau der Vegetationsschicht sind dabei geringer als bei der aufwendigeren Form, die nur mit ständiger und intensiver Pflege erhalten bleibt [8].

Bild 3.16 Aufbau einer intensiven Dachbegrünung [10]
1. Begrünung
2. Vegetationsschicht
3. Filterschicht
4. Wasserspeicher- und Dränschicht
5. Schutzschicht
6. Trenn- und Gleitschicht

3.3.2 Extensive Dachbegrünung

Die extensive Dachbegrünung weist eine naturnah angelegte Vegetationsform auf und zeichnet sich durch den selbstständigen Erhalt und die eigenständige Weiterentwicklung aus. Die Vegetationsflächen bestehen aus Sukkulenten, Kräutern, Gräsern und Moosen, die wenig Nährstoffe und Wasser benötigen (Bild 3.17). Soll die extensive Dachbegrünung eine Auflastfunktion zur Sicherung gegen das Abheben erfüllen, ist ein spezieller Nachweis erforderlich. [6] Diese Art der Begrünung kann ebenfalls bei geneigten Dächern eingesetzt werden. Es ist jedoch darauf zu achten, dass je nach Dachneigung eine Schub- und Rutschsicherung notwendig werden kann.

Bild 3.17 Aufbau einer extensiven Dachbegrünung [9]
1. Begrünung
2. Vegetationstragschicht
3. Schutz-, Drän- und Filterschicht in Einem

3.3.3 Schichtenaufbau

Die Dachbegrünung enthält neben den üblichen Schichten bei Flachdächern folgende Funktionsschichten:

Dampfsperre

Die Bemessung der Dampfsperre muss aufgrund der möglichen bauphysikalischen Veränderungen der Verhältnisse angepasst werden. Veränderungen können beispielsweise durch die Wasserrückhaltung im Begrünungsaufbau oder durch die Anstaubewässerung auftreten. Bahnen mit Metallbandeinlage oder andere dampfdichte Stoffe mit einem sd-Wert > 1500 m haben sich in solchen Fällen bewährt [6].

Abdichtung

Die Abdichtungssysteme bei begrünten Flachdächern müssen prinzipiell den Anforderungen der Flachdachrichtlinie, der DIN 18 531 (extensive Begrünung) und der DIN 18 195 (intensive Begrünung) genügen. Für die Abdichtung können im Normalfall Bitumen-, Elastomer- oder Kunststoffbahnen eingesetzt werden. Die Verwendung von einlagigen Polymerbitumenbahnen ist dagegen nicht zulässig. Außerdem ist insbesondere darauf zu achten, dass die Verträglichkeit zwischen den eingesetzten Materialien und den angrenzenden Stoffen sichergestellt ist. [6] Als Abdichtung ist die Verwendung von Gussasphalt im Verbund mit einer Dichtungsschicht aus einer speziellen Bitumenschweißbahn ebenfalls möglich. Die Regelung für dieses Verfahren ist in der DIN 18 195-5 verankert. Der Einsatz von Gussasphalt, mit einer vorgeschriebenen Mindestnenndicke von 25 mm, hat dabei folgende Vorteile:

- hohe Widerstandsfähigkeit (auch gegen Durchwurzelung),
- keine Abbindezeiten erforderlich,
- der weitere Aufbau der Schichten kann direkt nach dem Abkühlen erfolgen,
- kein Quellen und Schwinden sowie keine Wasseraufnahme,
- Unempfindlichkeit gegen Frost-Tau-Wechsel,
- umweltfreundliches Material,
- viskoelastisches Material,
- kapillarporenfreies Material [8].

Wärmedämmung

Die verwendeten Dämmstoffplatten, wie z. B. Polystyrol-Extruderschaum, müssen bauaufsichtlich zugelassen sein und eine Druckfestigkeit von mindestens 0,3 N/mm^2 aufweisen. Die Platten können lose, dicht gestoßen und im Verband verlegt werden. Die Anforderungen der DIN 18 201 und DIN 18 202 an den Untergrund sind zu erfüllen [6].

Wurzelschutzfolie

Ein- oder durchdringende Pflanzenwurzeln können die Dachabdichtung beschädigen. Um dem entgegenzuwirken, werden widerstandsfähige Wurzelschutzfolien aufgebracht. Auf eine Wurzelschichtfolie kann verzichtet werden, wenn die Abdichtung wurzelfest ist und die Prüfung nach FLL oder DIN 13 948 zur Durchwurzelungsfestigkeit nachgewiesen ist (z. B. Abdichtungen aus PVC oder Bitumen mit Kupfereinlage). Die Verlegung der Wurzelschichtfolien erfolgt oberhalb der Dachabdichtung sowie im Bereich von Durchdringungen, An- und Abschlüssen und Fugen. Als Material können PVC, Polyethylen (PE) und Synthesekautschuk (EPDM) mit Dicken von 0,8 bis 1,5 mm eingesetzt werden. Die Verbindung erfolgt, je nach Material, über Kalt- oder Heißschweißen [6].

Schutzschicht

Schutzschichten schützen die Wurzelschutzfolie vor mechanischen Beschädigungen, die durch gärtnerische Arbeiten und Pflegearbeiten, aber auch bei Verwendung von scharfkantigem Granulat entstehen können. Die Schutzschicht ist über die gesamte Dachfläche zu verlegen und an An- und Abschlüssen hochzuführen. Es eignen sich Vliese oder Recyclingprodukte, wie z. B. Gummischrottmatten [6].

Dränschicht

Die Aufgabe der Dränschicht ist zum einen die Abführung von überflüssigem Wasser und zum anderen die Feuchtigkeitsversorgung der Pflanzen bei langanhaltender Trockenheit. Es kommen Schüttmaterialien ohne organischen Anteil, wie z. B. Lava, Kies, Blähton, Bims oder Splitt, oder Dränelemente zum Einsatz. Die Schichtdicke beträgt bei extensiv begrünten Dachflächen ca. 4 cm und bei intensiv begrünten Dachflächen ca. 10 cm [6].

Filterschicht

Filterschichten verhindern den Eintritt von feinen Boden- und Substratteilen in die Dränschicht und sorgen somit für die Sicherstellung der Wasserdurchlässigkeit. Dabei dürfen sie den Wasseraufstieg aus der Dränschicht und das Durchsickern aus der Vegetationsschicht nicht behindern. Die hierfür verwendeten verrottungsbeständigen Filtervliese werden mit einer Überlappung von mindestens 10 cm verlegt und an den Seiten nach oben geführt [6].

Vegetationsschicht

Die Basis für das Pflanzenwachstum bildet die chemisch und physikalisch beständige, strukturstabile und frostbeständige Vegetationsschicht. Sie muss das einsickernde Wasser speichern und bei Bedarf an die Pflanzen abgeben. Außerdem muss das überschüssige Wasser an die Dränschicht weitergeführt werden [6]. Bild 3.18 zeigt die unterschiedlichen Vegetationsschichtdicken in Abhängigkeit von der Bepflanzung.

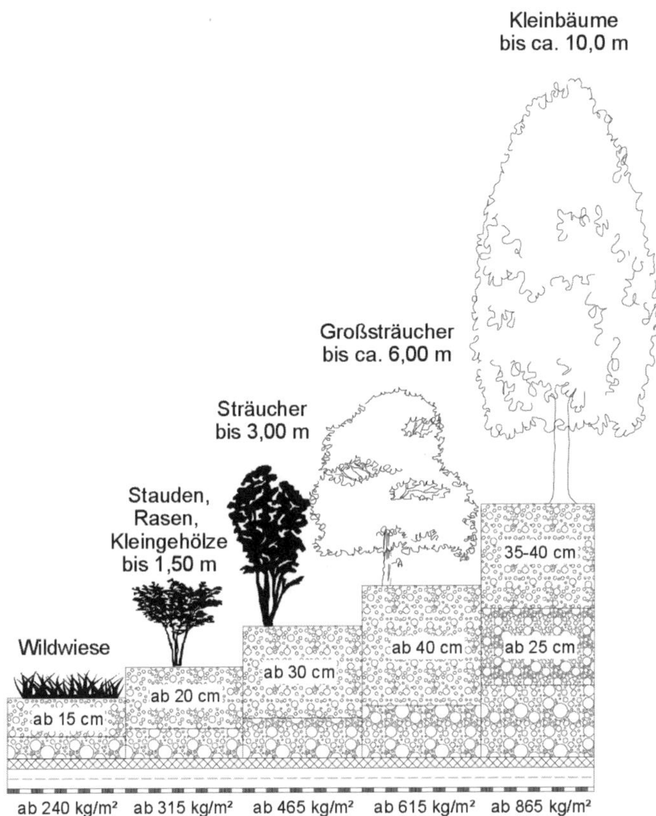

Bild 3.18 Vegetationsschichtdicke in Abhängigkeit von der Bepflanzung (Eigene Darstellung i. A. a [6])

Entwässerung

Bei der Entwässerung werden spezielle Einlaufbauteile benötigt, da einerseits das Wasser (aus Niederschlag oder künstlicher Bewässerung) auf der Abdichtungsebene abgeleitet werden muss, ohne dabei das Substrat auszuwaschen. Andererseits müssen Überflutungen durch starken Regen verhindert werden [8]. Tabelle 3.4 soll einen Überblick über die Schichtdicken in Abhängigkeit von der Begrünungsart verschaffen.

Tabelle 3.4 Regelschichtdicken bei unterschiedlichen Begrünungsarten [8]

Begrünungsart	Dicke der Vegetationsschicht in cm	Gesamtdicke des Begrünungsaufbaus in cm	
		bei 2 cm Dränmatte	bei 4 cm Schüttstoff[a)]
Extensivbegrünung			
Moos-Sedum-Begrünung	2 bis 5	4 bis 7	6 bis 9
Sedum-Moos-Kraut-Begrünung	5 bis 8	7 bis 10	9 bis 12
Sedum-Grad-Krat-Begrünung	8 bis 12	10 bis 14	12 bis 16
Gras-Kraut-Begrünung (Trockenrasen)	≥ 15	≥ 17	≥ 19
Einfache Intensivbegrünung			
Gras-Krat-Begrünungen (Grasdach, Magerwiese)	≥ 8	≥ 10	≥ 12
Wildstauden-Gehölz-Begrünungen	≥ 8	≥ 10	≥ 12
Gehölz-Stauden-Begrünungen	≥ 10	≥ 12	≥ 14
Gehölz-Begrünungen	≥ 15	≥ 17	≥ 19
Aufwendige Intensivbegrünung			
Rasen	≥ 8	≥ 2	≥ 10
Niedrige Stauden-Gehölz-Begrünung	≥ 8	≥ 2	≥ 10
Mittelhohe Stauden-Gehölz-Begrünung	≥ 15	≥ 10	≥ 20
Höhere Stauden-Gehölz-Begrünung	≥ 25	≥ 10	≥ 35
Strauchpflanzungen	≥ 35	≥ 15	≥ 50
Baumpflanzungen	≥ 65	≥ 35	≥ 100

a) Bei 2 bis 3 % Dachgefälle; ab 3 % Dachgefälle kann die Schichtdicke auf 3 cm reduziert werden.

3.3.4 Konstruktionsdetails

Im Folgenden werden beispielhaft einige Lösungsvorschläge zur Detailausbildung von Schnittstellen dargestellt (Bild 3.19 bis Bild 3.24).

Anschluss an aufgehende Bauteile

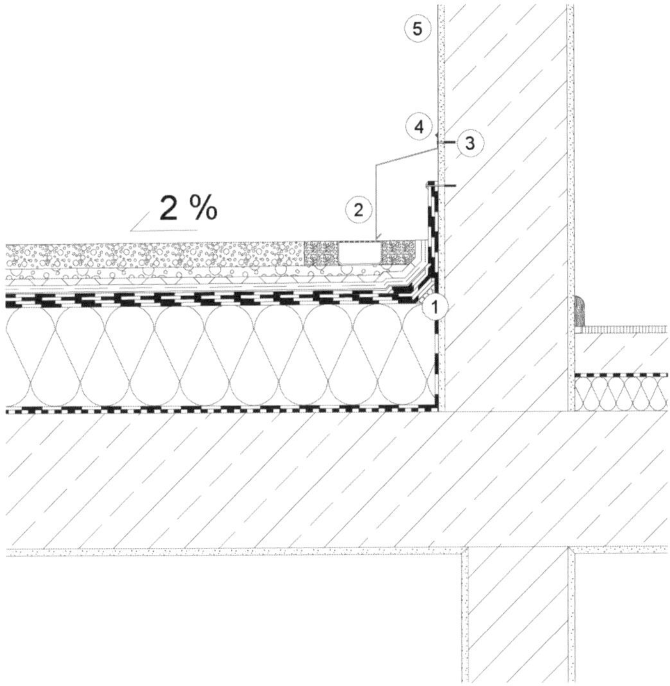

Bild 3.19 Anschluss an eine monolithische Wand (Eigene Darstellung i. A. a [6])

1. Dämmkeil
2. Randeinfassung
3. Mechanische Befestigung der Randeinfassung
4. Dauerhaft elastisch abgedichteter Wandanschluss
5. Monolithische Außenwand

Attika

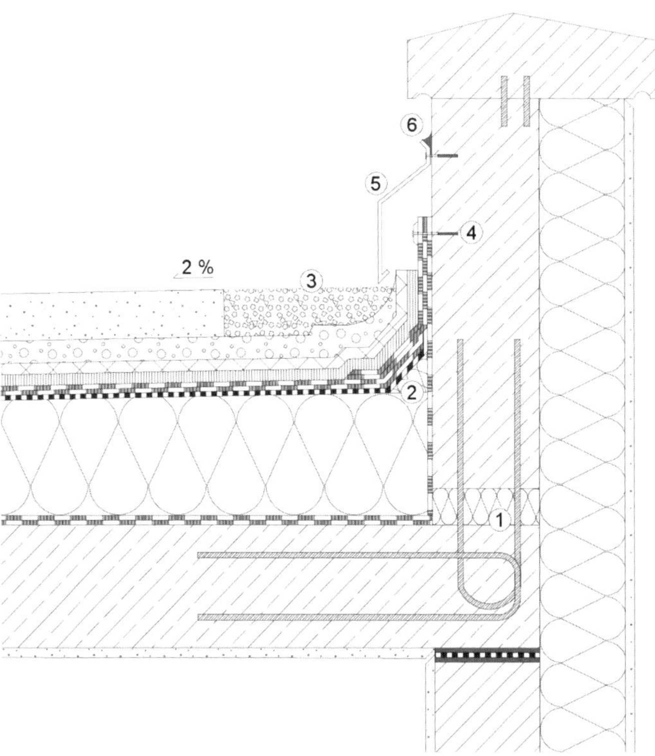

Bild 3.20 Anschluss an eine thermisch getrennte Attika (Eigene Darstellung i. A. a [6])

1. Bewehrungselement
2. Dämmkeil
3. Kiesstreifen
4. Mechanische Befestigung
5. Randeinfassung
6. Dauerhaft elastisch abgedichteter Wandanschluss

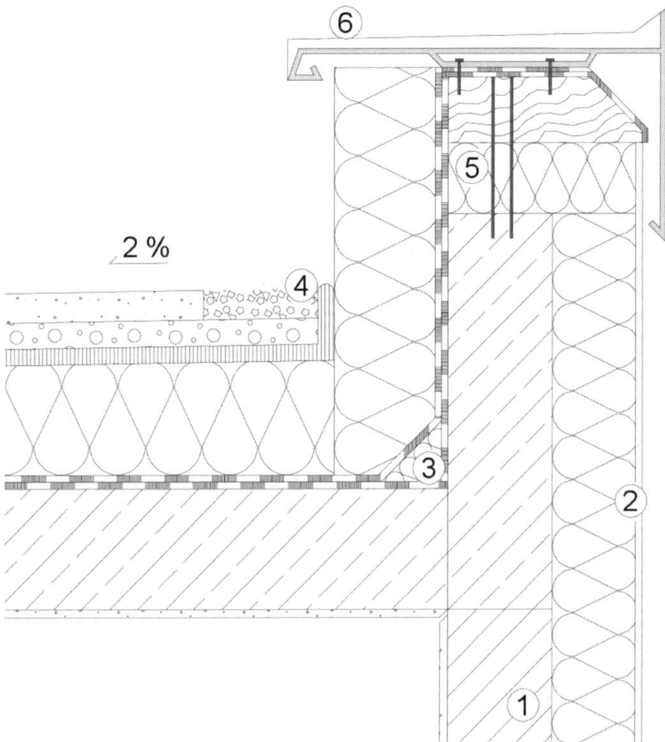

Bild 3.21 Attikaanschluss eines begrünten Umkehrdaches (Eigene Darstellung i. A. a. [6])

1. Mauerwerk
2. Wärmedämmverbundsystem
3. Dämmkeil
4. Kies
5. Dämmung des Wandkopfes
6. Abschlussprofil

Abschluss im Bereich freier Ränder

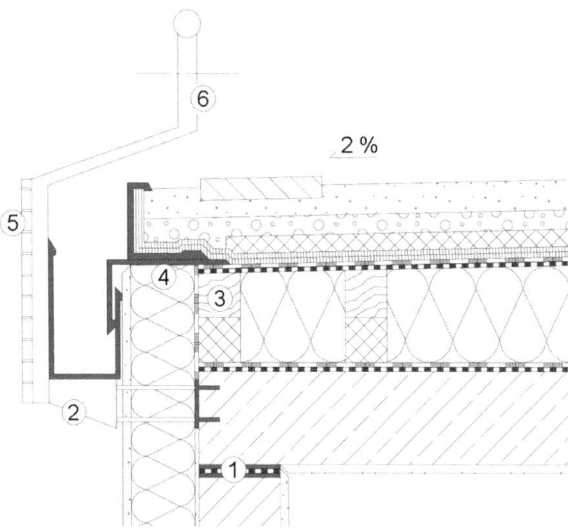

Bild 3.22 Ausführung einer Brüstung mit vorgesetztem Geländer (Eigene Darstellung i. A. a [6])

1. Gleitlager
2. Haltekonstruktion des Geländers
3. Druckfeste Unterkonstruktion
4. Randabschluss auf Stahl-Unterkonstruktion
5. Vorgesetztes Geländer
6. Sichtschutz

Durchdringungen/Rohrdurchführungen

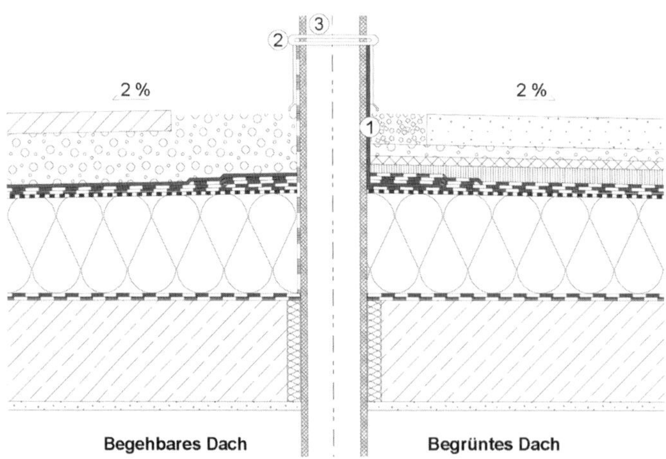

Bild 3.23 Ausführung einer Durchdringung auf begrünten Flächen (Eigene Darstellung i. A. a [6])

1. Klebeflansch
2. Mechanische Befestigung der Manschette
3. Manschette

Entwässerung

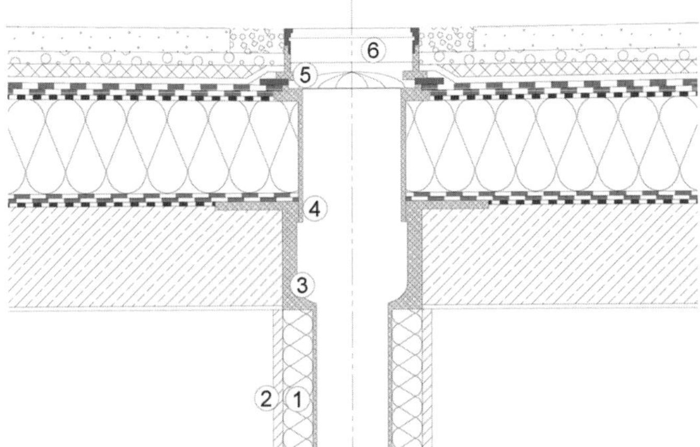

Bild 3.24 Ausführung einer innenliegenden Entwässerung (Eigene Darstellung i. A. a [6])
1. Wärmedämmung
2. Dampfdichte Bekleidung des Entwässerungsrohres
3. Unterer Klebeflansch
4. Oberer Klebeflansch
5. Justierbare Auflagerung der Abdeck-Konstruktion
6. Abnehmbarer Revisionsdeckel

■ 3.4 Nicht genutzte Flachdächer

Bei dieser Konstruktionsart sind der Personenaufenthalt, der Fahrzeugverkehr sowie eine intensive Begrünung nicht zugelassen. Die Flächen dürfen lediglich für Wartungs-, Pflege- und Instandhaltungszwecken betreten werden [1]. Nicht genutzte Flachdächer sind in der DIN 18 531 „Dachabdichtungen - Abdichtungen für nicht genutzte Dächer" geregelt. Die Norm unterscheidet je nach Anwendungszweck zwei Kategorien für die Dachabdichtung. Die Anwendungskategorie K1 stellt die Standardausführung mit üblichen Anforderungen und einer Mindestneigung der Abdichtungsebene von 2 % dar. Beträgt die Neigung < 2 % oder werden eine längere Nutzungsdauer, erhöhte Zuverlässigkeit oder ein geringer Instandhaltungsaufwand gefordert, so ist die Dachabdichtung für die Anwendungskategorie K2 zu bemessen. Diese stellt die höherwertige Ausführung mit erhöhten Anforderungen dar. Das Gefälle der Abdichtungsebene beträgt hier mindestens 2 % und im Kehlbereich mindestens 1 %. Die Bemessung erfolgt nach DIN 18 531-3 [4].

3.5 Flachdachzubehör

Je nach Nutzung des Flachdaches bieten sich unterschiedliche Komponenten und Zubehörteile an, welche in Abstimmung mit dem restlichen Aufbau herzustellen sind. Die entsprechenden Zubehörteile erleichtern die Arbeiten auf dem Dach oder erbringen zusätzliche Funktionen [12].

3.5.1 Lichtkuppeln

Lichtkuppeln auf Flachdächern bieten bei tiefen und innenliegenden Räumen die Möglichkeit zur Raumbelichtung und Entlüftung. Öffnungen für die Belichtung lassen sich am einfachsten durch Acrylglas-Bauelemente ausführen. Zum Belüften der Räume können die Lichtkuppeln von Hand mittels Hub- oder Kurbelstange, mit elektrischem Motor oder pneumatisch mit Druckluft geöffnet werden. Des Weiteren können einige Lichtkuppeln zur automatischen Rauch- und Wärmeabzugsanlage genutzt werden. Die Nutzung von Lichtkuppeln ist nicht nur auf Flachdächern, sondern auch in Dachräumen möglich. Sie bestehen aus einer lichtdurchlässigen Kuppel und einem Aufsatzkranz mit Anschlussmöglichkeiten an die Abdichtung oder Dachdeckung (Bild 3.25) [13]. Die Montage von Lichtkuppeln kann direkt auf dem Tragwerk oder auf imprägnierten Holzrahmen erfolgen, die bei einschaligen Flachdachkonstruktionen der Dicke der Wärmedämmung entsprechen [8]. Die Standardhöhen für Aufsatzkränze betragen 15, 30 oder 50 cm. Um das Durchstürzen zu vermeiden, können Durchsturzgitter eingesetzt werden. Je nach Schalenanzahl der Kuppel erreichen Lichtkuppeln U-Werte zwischen 1,0 und 2,5 W/(m^2 · K) [13].

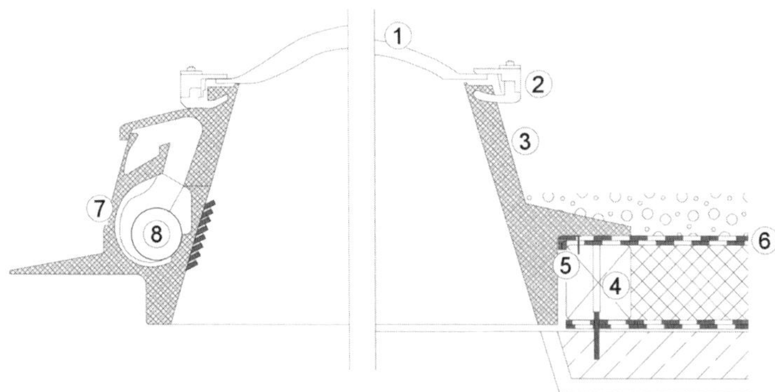

Bild 3.25 Bestandteile einer Lichtkuppel (Eigene Darstellung i. A. a [8])

1. Zweischalige Acrylglaskuppel
2. Sicherungsklemme
3. Wärmegedämmter Aufsatzkranz
4. Randbohle
5. Fixierung der Dachabdichtung
6. Dachabdichtung
7. Aufsatzkranz mit Lüftungsgebläse
8. Gebläse

3.5.2 Blitzschutzanlagen

Blitzschutzanlagen haben die Aufgabe, ein Bauwerk vor Schäden durch Blitzschlag zu schützen und sollten bereits während der Planung des Bauwerks berücksichtigt werden. Es können metallische Teile der Baukonstruktion als natürliche Teile der Schutzanlage vorgesehen werden. Dabei hängt die Art der Schutzanlage von der Blitzschutzklasse ab, die durch eine Abschätzung der zu erwartenden Blitzeinschläge ausgewählt und in vier Klassen unterteilt wird. Weitere Faktoren, die die Abschätzung beeinflussen, sind die Gebäudegröße, die Umgebung des Gebäudes, die Gebäudekonstruktion, die Gebäudenutzung und der Gebäudeinhalt. Die Wirksamkeit stellt das Ergebnis der Abschätzung dar und nimmt von Schutzklasse eins zu vier ab. Die Blitzschutznormen DIN EN 62305/VDE 0185-305 können als Orientierungshilfe für die Einschätzung von Standardgebäuden herangezogen werden (Tabelle 3.5) [13].

Tabelle 3.5 Beziehung zwischen Blitzschutzklasse und Wirksamkeit der Anlage [13]

Schutzklasse	Wirksamkeit E
I	0,96 - 0,98
II	0,91 - 0,95
III	0,81 - 0,90
IV	0,00 - 0,80

Beim äußeren Blitzschutz werden die Blitze aufgefangen, der Strom vom Einschlagort zur Erde abgeleitet und in der Erde verteilt, ohne dass dabei gefährliche Überspannungen auftreten [13]. Die Anlage besteht aus vier Teilen:

- Fangeinrichtung

  Alle Leitungen vom First bis zu Traufkante, die den Blitzstrom auffangen und an die Ableitungen weiterleiten. Sie kann aus einer Kombination von Fangstangen, Fangleitungen und maschenförmigen Fangeinrichtungen bestehen.
- Ableitung

  Die Ableitung soll den von der Fangeinrichtung aufgefangenen Blitzstrom auf kürzestem Weg zur Erde weiterleiten. Die Abstände richten sich nach den Schutzklassen und betragen 10 bis 20 m. Die Verwendung von Regenfallrohren als Ableitung ist möglich, wenn diese an den Stoßstellen einwandfrei gelötet sind.
- Erdungsanlage

  Die Erdungsanlage beginnt an der Erdeinführungsstange und hat die Aufgabe einen leitenden Kontakt mit dem Erdreich herzustellen. Ein geschlossener Ring (Typ B) um das betroffene Gebäude ist dem Erdungssystem aus Einzelerdern (Typ A) vorzuziehen. Der Ringerder ist mindestens 0,5 m tief und im Abstand von ca. 1 m zum Gebäude im Erdreich verlegt.
- Potenzialausgleichschiene

  Stellt eine metallische Sammelschiene dar, mit der alle Metallteile des Gebäudes verbunden sind. Weiterhin werden der Schutzleiter der Elektroanlage sowie der Überspannungsschutz des inneren Blitzschutzes angeschlossen [13].

Eine Blitzschutzanlage muss nach den technischen Anforderungen und Regeln der Blitzschutztechnik erstellt sein und regelmäßig überprüft werden. Die Prüfung beinhaltet die Punkte mechanische Festigkeit, technische und normengerechte Ausführung, elektrische Messung und die Zustandsfeststellung der Anlage [13].

3.5.3 Absturzsicherung

Zur Wartung und Inspektion von vorhandenen Zubehörteilen auf Flachdächern müssen für Handwerker geeignete Schutzmaßnahmen getroffen werden. Hierzu gehören Geländer, Netze, oder Befestigungspunkte von Persönlicher Schutzausrüstung gegen Absturz (PSAgA). Je nach Umfang, Dauer und Art der auszuführenden Arbeiten ist die Rangfolge der Schutzmaßnahmen zu definieren [5]. Für Arbeiten auf Dachflächen werden nach DIN 4426 sichere Vorrichtungen gefordert, die in den „Planungsgrundlagen von Anschlagseinrichtungen auf Dächern“ der Deutschen Gesetzlichen Unfallversicherung (DGUV) geregelt sind. Ferner müssen geeignete Verkehrswege zu Anlagen und Einrichtungen vorhanden sein, die mindestens 0,5 m breit und beidseitig umwehrt sind oder geeignete Befestigungspunkte für das Befestigen von PSAgA aufweisen [5]. Die Eignung von permanent auf der Dachfläche angebrachten Anschlageinrichtungen hängt von der Art, Nutzung, Besonderheiten der Dachfläche sowie der Dauerhaftigkeit und Verankerung der Anschlageinrichtung ab. Als Absturzgefahren gelten:

- der Sturz vom Dachrand,
- das Durchbrechen durch Dachflächen,
- der Sturz durch eine Dachöffnung.

Dabei wird die gesamte Dachfläche als Gefahrenbereich eingestuft. Bei Anwesenheit einer Person im Abstand von < 2 m zur Absturzkante besteht besondere Absturzgefahr. Diese Flächen müssen entsprechende Schutzmaßnahmen aufweisen. Die persönliche Schutzausrüstung sichert durch Rückhalte- oder Auffangsysteme gegen einen möglichen Absturz des Benutzers. Sie besteht aus einer Körperhaltevorrichtung (Auffanggurte, Haltegurte) und einem Befestigungssystem (Seile, Haken oder Anschlageinrichtungen). Während Auffangsysteme einen freien Fall verhindern sollen, sind Rückhaltesysteme dadurch gekennzeichnet, dass der Benutzer nicht zur Absturzkante gelangen kann [3].

Bei der Planung von Schutzmaßnahmen sind kollektive Schutzeinrichtungen wie z. B. Geländer, Brüstung oder Durchsturzgitter dem Anseilschutz zu bevorzugen [3]. Bietet die bauliche Situation keinen Schutz gegen Absturz, werden bei Flachdächern folgende Anordnungen der Anschlageinrichtungen empfohlen (Bild 3.26 bis Bild 3.28):

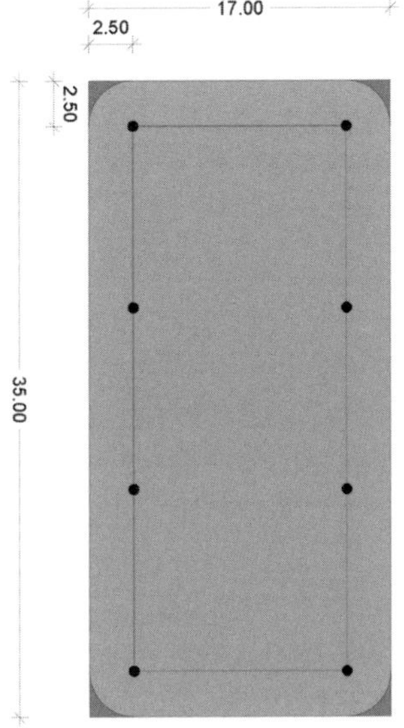

Bild 3.26 Empfohlene Anordnung von Anschlageinrichtungen bei Flachdächern (Eigene Darstellung i. A. a [3])
Fläche der dunkelgrauen Zone: 5,36 m²
- Stellt ideale Systemanordnung für alle Dächer dar
- Für schneearme Gebiete

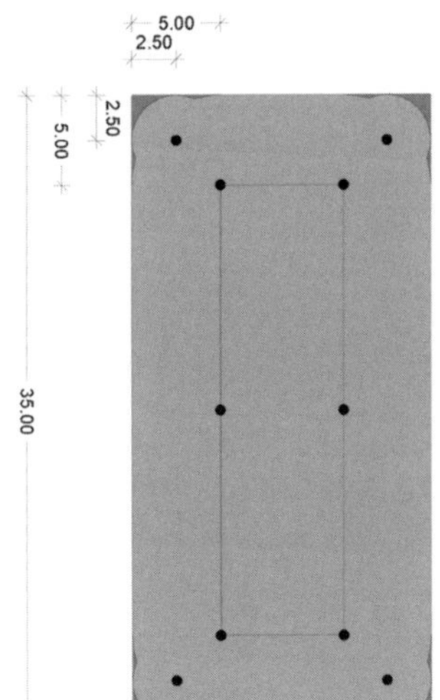

Bild 3.27 Empfohlene Anordnung von Anschlageinrichtungen bei Flachdächern (Eigene Darstellung i. A. a. [3])
Fläche der dunkelgrauen Zone: 6,84 m²
- für Dachbreiten über 17 m
- Abstand des Systems > 2,5 m von der Absturzkante
- Einzelanschlagpunkte in der dunkelgrauen Zone reduzieren die dunkelgrauen Zonen

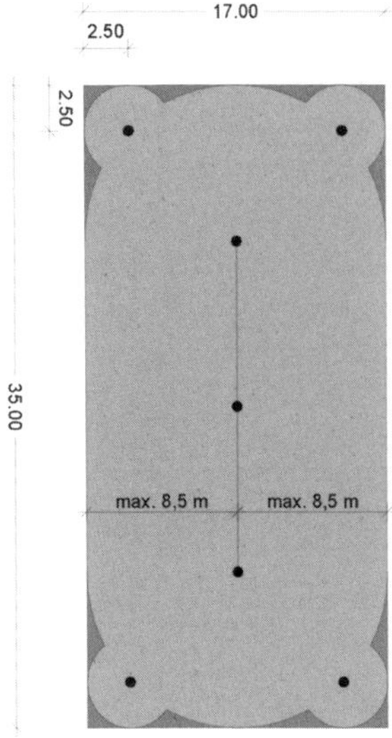

Bild 3.28 Empfohlene Anordnung von Anschlageinrichtungen bei Flachdächern (Eigene Darstellung i. A. a. [3])
Fläche der dunkelgrauen Zone: 20,60 m^2
- Für Dachbreiten bis 17 m
- Abstand des Systems > 2,5 m von der Absturzkante
- Einzelanschlagpunkte in der dunkelgrauen Zone reduzieren die dunkelgrauen Zonen

Literaturverzeichnis

[1] BauNetz Media GmbH: Arten von Flachdächern. BauNetz Media GmbH. Online verfügbar unter *https://www.baunetzwissen.de/flachdach/fachwissen/nutzung-flachdach/arten-von-flachdaechern-1122641*, zuletzt geprüft am 11.12.2017.

[2] BauNetz Media GmbH: Extensiv- und Intensivbegrünung. BauNetz Media GmbH. Online verfügbar unter *https://www.baunetzwissen.de/flachdach/fachwissen/gruendaecher/arten-extensiv–und-intensivbegruenung-156265*, zuletzt geprüft am 12.12.2017.

[3] Deutsche Gesetzliche Unfallversicherung (2015): Planungsgrundlagen von Anschlageinrichtungen auf Dächern.

[4] DIN 18531-1: Abdichtungen für nicht genutzte Dächer, Begriffe, Anforderungen, Planungsgrundsätze (2010).

[5] DIN 4426: Sicherheitstechnische Anforderungen an Arbeitsplätze und Verkehrswege, Planung und Ausführung (2017).

[6] Fouad, Nabil A.: Lehrbuch der Hochbaukonstruktionen (2013). 4. Auflage: Springer Vieweg (Lehrbuch).

[7] Industrieverband Polyurethan-Hartschaum e.V. (2011): Flachdach dämmen mit Polyurethan-Hartschaum.

[8] Neumann, D.; Herstermann, U.; Rongen L.: Frick/Knöll Baukonstruktionslehre 2 (2008). 33. Auflage: Springer Vieweg (Praxis).

[9] Paul Bauder GmbH & Co. KG: Extensive Dachbegrünung. Online verfügbar unter *http://www.bauder.de/de/gruendach/gruendach-systemloesungen/extensive-dachbegruenung/die-preiswerte-drainage.html*, zuletzt geprüft am 14.12.2017.

[10] Paul Bauder GmbH & Co. KG: Intensive Dachbegrünung. Online verfügbar unter *http://www.bauder.de/de/gruendach/gruendach-systemloesungen/intensive-dachbegruenung/die-schuettstoff-draenage.html*, zuletzt geprüft am 14.12.2017.

[11] Sedlbauer, Klaus; Schnuck, Eberhard; Barthel, Rainer; Künzel, Hartwig: Flachdach Atlas: Werkstoffe, Konstruktionen, Nutzungen (2010): Birkhäuser.

[12] Sika Services AG: Flachdachzubehör. Online verfügbar unter *https://che.sika.com/de/solutions_products/applications-construction/dachsysteme/001a001/zubehoer_manuell.html,* zuletzt geprüft am 14. 02. 2018.

[13] Zentralverband des Deutschen Dachdeckerhandwerks (Hg.) (2008): Dach-, Wand- und Abdichtungstechnik, Fachbuch für die Aus- und Weiterbildung im Dachdeckerhandwerk. Zentralverband des Deutschen Dachdeckerhandwerks. 8. Auflage.

4 Trockenbau

Von Sedat Dökmetas und Ibrahim Ercan

Die Herkunft des Trockenbaus lässt sich auf die amerikanische Bauweise zurückführen. Im Jahre 1916 begann die amerikanische Firma U.S. Gipsum mit der Serienproduktion von Gipskartonplatten in der Form, in der sie heute noch verwendet werden: eine Schicht Gips, die auf beiden Seiten von Kartonage umfasst wird. Die Produktion von Gipskartonplatten in Deutschland begann 1938 in der Nähe von Riga mit der Bezeichnung „Rigaer Gips", heute bekannt als Rigips [2]. Der Trockenbau hat sich seit den 1960er-Jahren zu einer modernen und rationellen Bauweise für den Ausbau, den Umbau und die Sanierung aus der klassischen Holzbauweise entwickelt. Durch die Konstruktion ohne wasserhaltige Stoffe stellt der Trockenbau eine zeit- und kostensparende Bauweise dar. Im Trockenbau ist die Vorfertigung der Bauteile stark von der Baustellenmontage der Konstruktion getrennt. Diese Bauweise kann als Wandsystem, Deckensystem sowie als Bodensystem ausgeführt werden. Die Konstruktionen haben aufgrund der flächigen Bekleidungselemente oft eine raumabschließende Funktion. Als Unterkonstruktion dienen Bestandteile der Trockenbaukonstruktion wie z. B. Metallprofile oder Abhängungen bei Unterdecken sowie Bauteile, die nicht zur Trockenbaukonstruktion gehören, wie z. B. Massivwände [17].

Herstellverfahren (Bild 4.1)

Zunächst wird der Gipsbrei aus Calcium-Halbhydrat und Zusatzmitteln hergestellt. Dieser wird anschließend auf einer Bandstraße zwischen dem Rück- und Sichtseitenkarton eingebracht, wodurch ein endloser Plattenstrang entsteht. Zum weiteren Ablauf des Herstellungsprozesses gehören:

- Beschriften,
- Schneiden,
- Wenden,
- Trocknen.

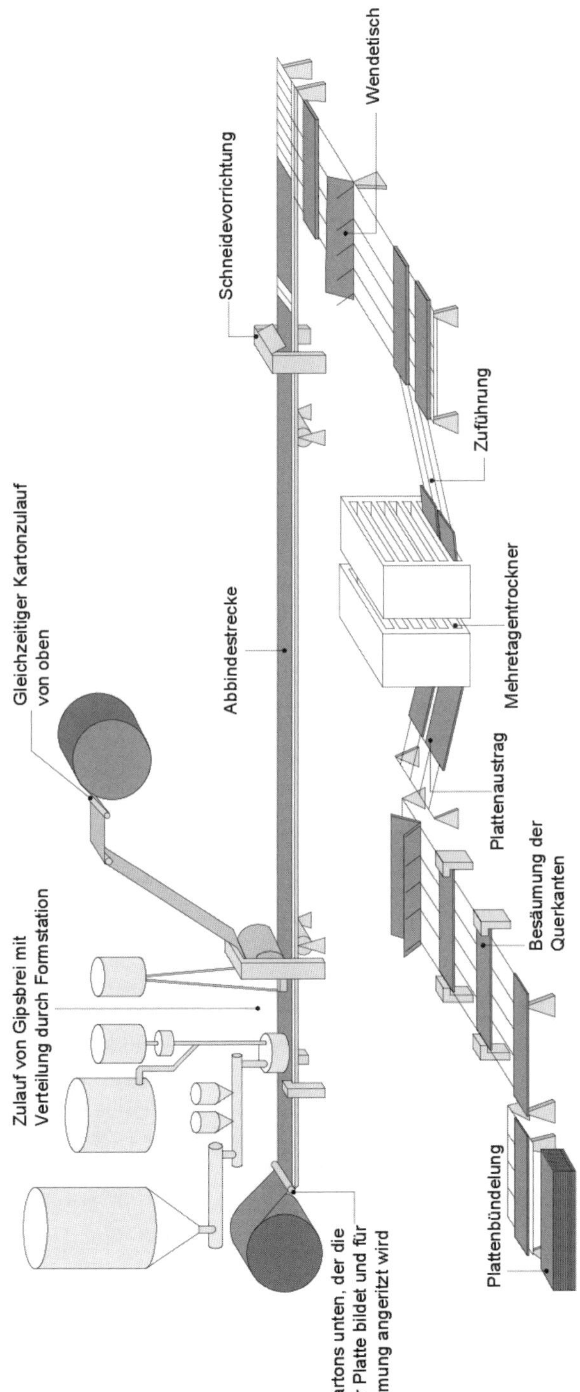

Bild 4.1 Schema einer Produktionsanlage für Gipsplatten (Eigene Darstellung i. A. a. [29])

4.1 Normen

Die DIN EN 520 sowie die Restnormen DIN 18 180 und DIN 18 182 regeln die Anwendungen für Gipskarton-Metallständerwände. Die nach DIN 18 181 sowie der DIN 18 183 aufgeführten Trockenbausysteme erfüllen die Anforderungen an nichttragende Innenwände nach DIN 4103-1. Außerdem sind je nach Einsatzbereich unterschiedliche Normen zu beachten [42].

4.1.1 Unterkonstruktion

Die Anforderungen an die Unterkonstruktionen (aus Metall- oder Holzwerkstoffen) sind in den jeweiligen Normen festgelegt.

Die Richtlinien für Metallprofile bei Unterkonstruktionen von Gipsplattensystemen sowie die Befestigungsmittel werden in der DIN EN 14 195 definiert. Ergänzend ist die deutsche Restnorm DIN 18 182 relevant [17].

Das verwendete Vollholz für die Unterkonstruktion muss den Anforderungen nach DIN 4074 entsprechen. Ist in Räumen aufgrund der Nutzung eine Holzfeuchte von mehr als 20 % zu erwarten, ist chemischer Holzschutz nach DIN 68 800 anzuwenden [17].

4.1.2 Beplankung und Decklage

Wie bei der Unterkonstruktion kann die Decklage ebenfalls aus unterschiedlichen Materialien bestehen. Die Anforderungen und Baustoffeigenschaften sind in den dazugehörigen Normen geregelt.

Gipskartonplatten:

In der europäischen Norm DIN EN 520 werden die Gipskartonplatten geregelt. In dieser Norm werden Bezeichnungen definiert, (Mindest-)Anforderungen festgelegt und das Prüfverfahren beschrieben. Zusätzlich ist die bereits angepasste nationale Norm DIN 18 180 heranzuziehen. Die Gipskarton-Lochplatten werden in einer separaten Norm, der DIN EN 14 090, geregelt. In Tabelle 4.1 sind die Bezeichnungen der Plattentypen der DIN EN 520 und DIN 18 180 gegenübergestellt. Die unterschiedlichen Bezeichnungen sind dadurch begründet, dass die DIN 18180 für Gipskarton-Feuerschutzplatten GKF eine Mindestmasse von 800 kg/m³ fordert und diese Platten neben dem Typ F zugleich dem Typ D entsprechen müssen [42].

Tabelle 4.1 Gipsplatten-Typen nach DIN EN 520 und DIN 18 180 [42]

DIN EN 520	DIN 18 180	
Gipsplatte Typ A	Gipskarton-Bauplatte GKB	
Gipsplatte Typ H (1/2/3) mit reduzierter Wasseraufnahmefähigkeit, in Deutschland H2	Gipskarton-Bauplatte imprägniert GKBI	Gipskarton-Feuerschutzplatte imprägniert GKFI
Gipsplatte Typ F mit verbessertem Gefügezusammenhalt des Kerns bei hohen Temperaturen	Gipskarton-Feuerschutzplatte GKF	
Gipsplatte Typ D mit definierter Dichte		
Gipsplatte Typ R mit erhöhter Festigkeit	In etwa Entsprechung mit „Hartgipsplatten" (Diamant, Duraline, LaDura) inkl. Typ F, D (H)	
Gipsplatte Typ I mit erhöhter Oberflächenhärte		
Putzträgerplatte Typ P	Gipskarton-Putzträgerplatte GKP	
Gipsplatte für Beplankungen Typ E (reduzierte Wasseraufnahmefähigkeit, minimierter Wasserdampfdurchlässigkeit)	keine nationale Entsprechung	

Holzplatten:

Trennwände bestehen aus der Unterkonstruktion unter Verwendung von Holz oder Holzwerkstoffen mit einer ein- oder beidseitigen Beplankung. Diese Beplankung kann aus folgenden Werkstoffen ausgebildet werden:

- Spanplatten
  - DIN 68 761 Teil 1 und 4: Spanplatten – Flachpressplatten für allgemeine Zwecke
  - DIN 68 763: Spanplatten – Flachpressplatten für das Bauwesen
  - DIN 68 764: Spanplatten – Stangpressplatten für das Bauwesen
  - DIN 68 765: Spanplatten – Kunststoffbeschichtete dekorative Flachpressplatten
- Sperrholz
  - DIN 68 705 Teil 2 bis Teil 5: Sperrholz
- Harte Holzfaserplatten
  - DIN 68 750: Holzfaserplatten – poröse und harte Holzfaserplatten
  - DIN 68 751: Kunststoffbeschichtete dekorative Holzfaserplatten
  - DIN 68 754 Teil 1: Harte und mittelharte Holzfaserplatten für das Bauwesen [23]

4.1.3 Dämmstoffe

Als Dämmstoff können unterschiedliche Materialien verwendet werden, um die bauphysikalischen Anforderungen (Wärme-, Schall- und Brandschutz) zu erfüllen.

- Faserdämmstoffe:
  - DIN EN 13 162: Werkmäßig hergestellte Produkte aus Mineralwolle (MW)
  - DIN EN 13 171: Werkmäßig hergestellte Produkte aus Holzfasern (WF)

- Schaumkunststoffe:
  - DIN EN 13 163: Werkmäßig hergestellte Produkte aus expandiertem Polystyrol (EPS)
  - DIN EN 13 164: Werkmäßig hergestellte Produkte aus extrudiertem Polystyrolschaum (XPS)
  - DIN EN 13 165: Werkmäßig hergestellte Produkte aus Polyurethan-Hartschaum (PUR) [45]

4.2 Baustoffe und Begriffsbestimmungen

Es gibt eine Vielzahl an Werkstoffen, die im Trockenbau eingesetzt werden können. So kann die Unterkonstruktion aus Metallprofilen oder Vollholz hergestellt werden. Auch bei der Beplankung bzw. Bekleidung können unterschiedliche Materialen wie Gipsbauplatten oder Holzwerkstoffplatten eingesetzt werden. Bei der Auswahl sind die jeweiligen Anforderungen zu berücksichtigen. Je nach Umgebungseinflüsse können zusätzliche Maßnahmen erforderlich werden [17].

4.2.1 Unterkonstruktion

Die Unterkonstruktion (UK) sorgt für die Stabilität und die aussteifende Wirkung bei Bauteilen aus dünnen Platten. Somit bestimmt sie mit der Beplankung die statischen Eigenschaften des Bauteils und nimmt Einfluss auf den Schall- und Brandschutz. Bei der UK sind folgende Parameter für die Eigenschaft eines Trockenbausystems zu beachten:

- Art und Abmessung der UK,
- Elementabstände der UK,
- Befestigungsart und -mittel.

Die am häufigsten verwendeten Materialien für die UK bestehen aus Holz oder Metall [17].

Metallprofile

Es sind Stahlprofile aus weichen unlegierten Stählen nach DIN EN 10 142 zu verwenden. Um einen Korrosionsschutz zu gewährleisten, müssen die Profile mit einem Schutzüberzug versehen werden, welcher der jeweiligen Korrosionsschutzklasse der DIN EN 14 195 entspricht. Die Mindestanforderung hierbei entspricht einem zweiseitigen Verzinkungsüberzug von 100 g/m^2. Dies entspricht einer einseitigen Schichtstärke von 7 µm. Es ist darauf zu achten, dass bei besonders korrosionsfördernden Einflüssen, wie z. B. durch Gase, Tausalze oder chemische Angriffe, höhere Anforderungen an die Beschichtung und den metallischen Überzug bestehen. Metallprofile sind deshalb ausschließlich mit einem Kaltschnitt wie z. B. mit der Blechschere zu bearbeiten [17].

Bei den Metallprofilen werden die beiden Hauptgruppen U-Profile und C-Profile unterschieden. Die U-Profile bilden den Ständerrahmen, während die C-Profile als aussteifende Elemente und für die Aufnahme der späteren Beplankung dienen. Aus der Bezeichnung ist zu erkennen, dass die Verschiedenheit sich auf die unterschiedliche Ausformung bzw. Biegung des Blechs im Querschnitt bezieht. Erkennbar ist, dass die Kopfenden der U-Profile geradlinig verlaufen. Die C-Profile sind im Gegensatz dazu an den Kopfenden nochmals zusätzlich nach innen gebogen [24].

Im Folgenden werden die unterschiedlichen Metallprofile für die Wände und Decken dargestellt.

Wandprofile

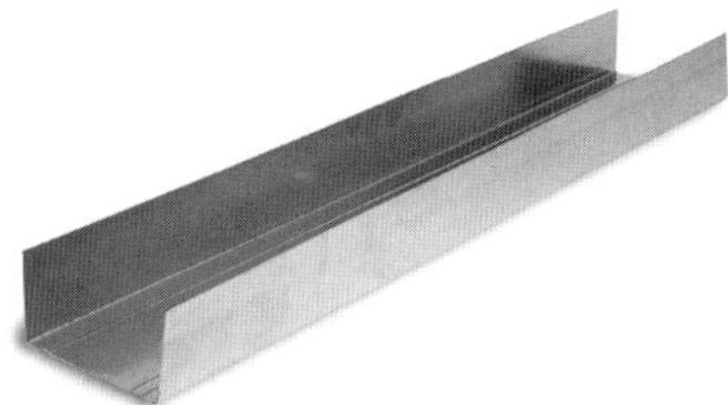

Bild 4.2 UW-Ständerwandprofil [35a]

Die UW-Profile (W = Wand) (Bild 4.2) werden direkt an der Decke und am Boden waagerecht befestigt. Sie bilden den Rahmen für die Ständerkonstruktion. Die Ausrichtung dieser Profile ist entscheidend für die spätere lotrechte und gerade Wand. Zur Schallentkopplung wird die Rückseite mit einer Anschlussdichtung versehen; Dicke ca. 0,60 mm.

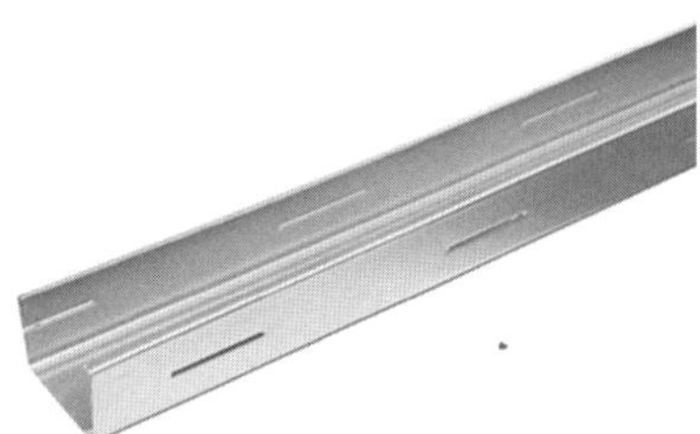

Bild 4.3 CW-Ständerwandprofil [35a]

Die CW-Profile (Bild 4.3) sind das Gegenstück zu den UW-Profilen. Nach Montage der UW-Profile werden die CW-Profile in diese eingefügt und mit ihnen fest verbunden. Dadurch ergibt sich eine ausgesteifte und stabile Unterkonstruktion; Dicke ca. 0,60 mm bis 1,00 mm.

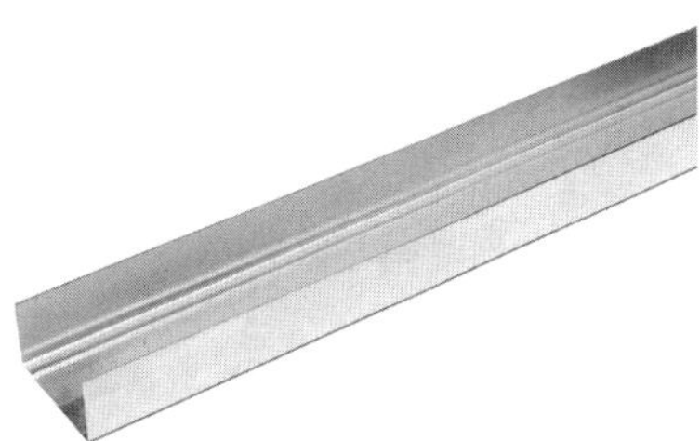

Bild 4.4 UD-Deckenprofil [35a]

Die UD-Profile (D = Decke) (Bild 4.4) dienen als Randprofil und zur Aufnahme der CD-Profile. Sie werden als Rahmen horizontal an zwei gegenüberliegenden Wänden fixiert. Diese sind wie die UW-Profile ebenfalls rückseitig mit einer Anschlussdichtung zu versehen; Dicke ca. 0,60 mm.

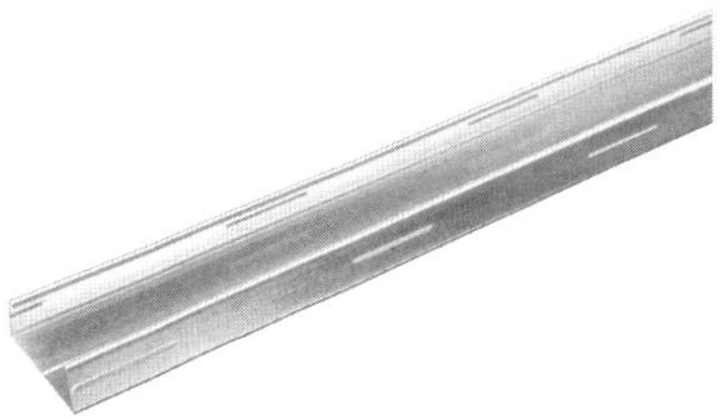

Bild 4.5 CD-Deckenprofil [35a]

Die Aufgaben der CD-Profile (Bild 4.5) entsprechen – übertragen auf die horizontale Deckenebene – denen der CW-Profile. Die Unterkonstruktion muss so ausgebildet werden, dass das Eigengewicht sowie die Lasten der anzubringenden Deckenplatten sicher und biegesteif aufgenommen werden können; Dicke ca. 0,60 mm bis 0,70 mm.

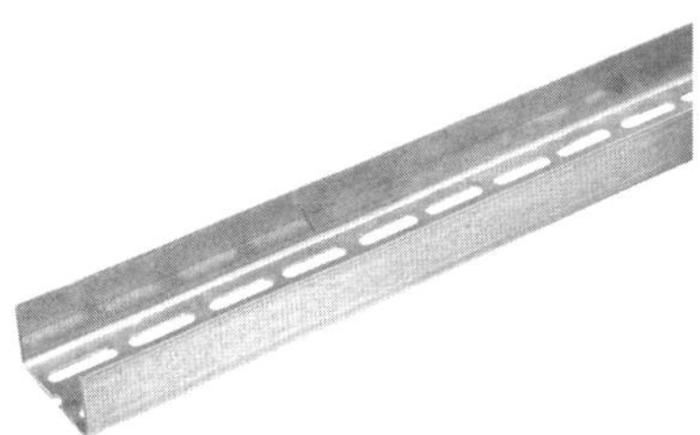

Bild 4.6 UA-Aussteifungsprofil [35a]

Die UA-Profile (A = Aussteifung) (Bild 4.6) sind verstärkte Profile, welche in Bereichen mit erhöhter Belastung und einer besonders benötigten Aussteifung zum Einsatz kommen. Anwendungsbereiche sind beispielsweise Türkonstruktionen, Raumhöhen über 2,80 m oder im Bereich von Bad- und Sanitärobjekten; Dicke ca. 2,00 mm.

Vollholz

Für die Unterkonstruktion aus Holz (Tabelle 4.2) können Nadelhölzer (Fichte, Tanne, Kiefer, Lärche, Douglasie, etc.), aber auch Laubhölzer (Buche, Eiche, Bongossi, Teak, etc.) mit einem Vollquerschnitt verwendet werden (Bild 4.7). Beim Einbau darf das Holz einen Feuchtegehalt von höchstens 15 % besitzen. Da die Vollhölzer eine aussteifende Funktion aufweisen, ist die DIN 68 800 Teil 2 und Teil 3 „Holzschutz“ zu beachten. Generell ist in Innenräumen kein Holzschutz notwendig. Ist aufgrund der Nutzung eine höhere Holzfeuchte von über 20 % zu erwarten, ist chemischer Holzschutz vorzunehmen [17].

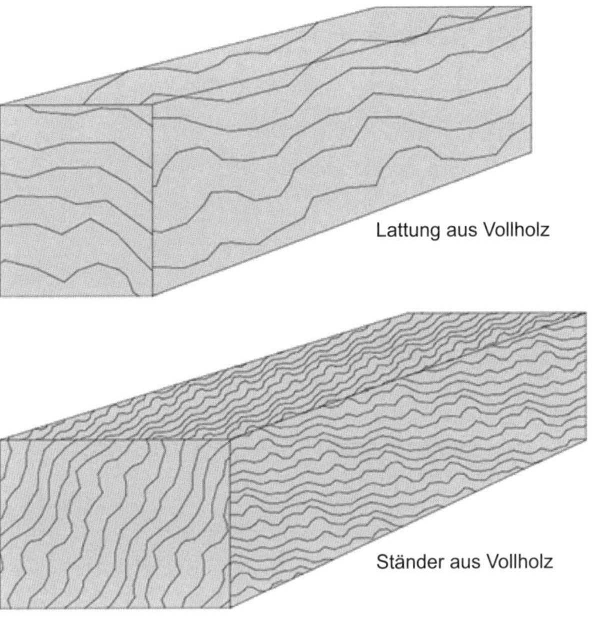

Bild 4.7 Lattung und Ständer aus Vollholz (Eigene Darstellung i. A. a. [48])

Tabelle 4.2 Übliche Holzquerschnitte für Unterkonstruktionen [17]

Ständer	60 × 60 mm	60 × 80 mm	60 × 120 mm
Latten	24 × 48 mm	30 × 50 mm	40 × 60 mm

4.2.2 Beplankung und Decklage

Als Beplankung und Decklage können Werkstoffe aus Gips sowie aus Holz eingesetzt werden.

Gipskartonplatten

Die Platten bestehen aus einem Gipskern, der mit einer festhaftenden Kartonummantelung versehen ist. Durch Zusätze im Kern können unterschiedliche Eigenschaften für verschiedene Einsatzbereiche erreicht werden (z.B. Feuerschutzplatten, imprägnierte Platten). Die statischen Eigenschaften kommen aufgrund der Verbundwirkung von Gipskern und Kartonummantelung zustande. Dabei wirkt der Karton als Armierung in der Zugzone und verleiht die erforderliche Festigkeit und Biegesteifigkeit in Verbindung mit dem Gipskern. Gelochte, geschlitzte oder kaschierte Platten, die durch werksmäßige Weiterverarbeitung entstehen, werden als werkmäßig bearbeitete Platte bezeichnet. Bandgefertigte Gipskartonplatten werden werkmäßig nicht weiterverarbeitet und haben nur an den Längskanten eine Kartonummantelung. Die Längskanten sind je nach Einsatzgebiet unterschiedlich profiliert ausgebildet. Die Querkanten der Platten sind nicht mit Karton ummantelt [20].

Hauptplattenarten

- Gipskarton-Bauplatte (GKB)

Bild 4.8 Gipskarton-Bauplatte (GKB) [35]

Gipskarton-Bauplatten (Bild 4.8) werden in allen Bereichen des Innenausbaus, in denen keine besonderen Anforderungen an die Bauphysik gestellt werden, eingesetzt.

Einsatzbereiche:

  - Wand- und Deckenbekleidung auf einer UK,
  - Vorsatzschalen,
  - Trennwände,
  - Wandtrockenputz,
  - Trockenunterböden [16].

- Gipskarton-Feuerschutzplatte (GKF)

Gipskarton-Feuerschutzplatten werden in allen Bereichen des Innenausbaus mit Brandschutzanforderungen eingesetzt. Im Brandfall verdunstet das im Gipskern eingelagerte Kristallwasser und bewirkt eine Kühlwirkung. Dadurch wird die Brandausbreitung verzögert. Bei Verdunstung des Kristallwassers kommt es allerdings zu einem Zerfall der Gipsplatte. Dieser Vorgang wird bei GKF-Platten dadurch verzögert, dass der Plattenkern mit Glasfasern als Stabilisator armiert ist.

Einsatzbereiche:

  - wie Gipskartonbauplatte,
  - Verkleidung von Stahl- und Holzträgern,
  - Verkleidung von Stützen mit Brandschutzanforderungen [16].

- Gipskarton-Bau- und Feuerschutzplatte – imprägniert (GKBI/GKFI)

Gipskarton-Bau- und Feuerschutzplatten (imprägniert) (Bild 4.9) werden in Feuchteräumen eingesetzt. Die Wasseraufnahmefähigkeit der Platten wird verzögert, indem sowohl der Gipskern als auch der Karton mit Silikonverbindungen imprägniert werden.

Bild 4.9 Gipskarton-Bau- und Feuerschutzplatte imprägniert (GKBI/GKFI) [35]

Einsatzbereiche:

- Bäder,
- Küchen [16].

Zur Unterscheidung der Platten dienen die Kartonfarbe sowie die Farbe der Kennzeichnung. In Tabelle 4.3 werden diese Erkennungsmerkmale dargestellt.

Tabelle 4.3 Gipskarton-Plattenarten nach DIN 18 180 [20]

Bezeichnung	Kurzzeichen	Kartonfarbe	Aufdruck-Farbe der Kennzeichnung
Gipskarton Bauplatte	GKB	Sichtseite: weiß bis gelblich Rückseite: grau	blau
Gipskarton Feuerschutzplatte	GKF		Rot
Gipskarton Bauplatte – imprägniert	GKBI	grünlich	blau
Gipskarton-Feuerschutzplatte – imprägniert	GKFI		rot

Weitere Plattenarten

- Gipskarton-Verbundplatten

  Diese Platten sind mit zusätzlichen Dämmstoffplatten aus Polystyrol- oder Polyurethan-Hartschaum oder Mineralwolle verbunden.

  Einsatzbereiche:

  - Schalldämmung,
  - Wärmedämmung [17].

- Gipskarton-Akustikplatte

  Hauptmerkmal der Akustikplatten ist die gelochte (Lochplatten) oder geschlitzte (Schlitzplatten) Oberfläche. Durch diese Struktur kann die Nachhallzeit des Schalls verringert werden, indem ein Teil der Schallwellen absorbiert wird. Um eine optimale Akustik zu erreichen, werden die Platten rückseitig mit einem Akustikvlies oder Mineralwolle ausgestattet. Dadurch wird die Raumakustik wie z. B. die Verständlichkeit der Sprache im Raum verbessert. Akustikplatten werden zur Unterscheidung in sogenannte Absorberklassen (A bis E) unterteilt [21].

  Einsatzbereiche:

  - Musikstudios,
  - Turnhallen,
  - Schwimmbäder [44].

- Gipskarton-Schallschutzplatte

Bild 4.10 Gipskarton-Schallschutzplatte [35]

Eine gute Schalldämmung bei Trockenbauwänden ist nicht nur abhängig von dem Dämmstoff im Hohlraum, sondern vielmehr von den verwendeten Gipsplatten. Schallschutzplatten (Bild 4.10) haben ein erhöhtes flächenbezogenes Gewicht und zugleich weist der Gipskern eine hohe Biegeweichheit auf, die ebenfalls für einen guten Schallschutz verantwortlich ist [16].

- Gipskarton-Strahlenschutzplatte

  Um Elektrosmog (elektromagnetische Strahlenbelastung) durch technisch erzeugte elektrische, magnetische und elektromagnetische Felder zu absorbieren, werden bei Strahlenschutzplatten (Bild 4.11) die Stoffe Graphit oder Blei verwendet. Dadurch wird die Fähigkeit erhöht, solche Strahlungen unschädlich zu machen.

  Einsatzbereiche:

  - Arztpraxen und Krankenhäuser (aufgrund der Röntgenstrahlung),
  - teilweise in Privatbereichen,
  - Beplankung von Deckenheizungen (Graphit erhöht die Wärmeleitfähigkeit und verbessert somit die Wärmeabgabe an die Raumluft) [16].

Bild 4.11 Strahlenschutzplatte mit Bleiblechkaschierung [35]

- Gipskarton-Putzträgerplatte

  Werden vorwiegend als Putzträger auf Unterkonstruktionen verwendet. Optimaler Einsatz im Außenbereich aufgrund der Resistenz gegen Feuchtigkeit und Witterung.

- Beschichtete Gipskartonplatte

  Für besondere Anforderungen und Zwecke können die Gipskartonplatten mit festen Schichten, Folien oder plastischer Masse beschichtet werden. Es eignen sich Materialien aus Kunststoff- oder Aluminiumfolien für eine Dampfsperre, Folien oder Kupferbleche für dekorative Zwecke und Bleifolie als Strahlenschutz.

- Formbare Gipsbauplatte

  Sind dünne und flexible Platten, um die Beplankung von geschwungenen Konstruktionen herstellen zu können [17].
- Gipskarton-Bauplatte mit Holzspänen

  Durch einen Kernzuschlag aus Hartholzgranulat (Eichenholz- oder Buchenholzspäne) wird eine Erhöhung der Oberflächenhärte, Druck- und Biegezugsteifigkeit ermöglicht. Der Anteil der Späne am gesamten Gipskern beträgt 5 - 15 M.-% (z. B. Wände von Krankenhausfluren) [17].

Weiter unterscheiden sich die Platten hinsichtlich ihrer Längskantenausbildung. In Tabelle 4.4 werden die am häufigsten verwendeten Kantenarten dargestellt:

Tabelle 4.4 Gipskartonplatten - Längskantenausbildung [40]

Bezeichnung	Abkürzung	Verwendung
Abgeflachte Kante	AK	Bei Verspachteln der Fugen, das Abflachen dient zur Aufnahme der Fugenverspachtelung
Volle Kante	VK	Vorwiegend zur Trockenmontage ohne Verspachtelung
Runde Kante	RK	Vorwiegend bei Putzträgerplatte
Halbrunde Kante	HRK	Zur Verspachtelung ohne Bewehrungsstreifen
Halbrunde abgeflachte Kante	HRAK	Zur Verspachtelung mit und ohne Bewehrungsstreifen

Gipsfaserplatten

Bild 4.12 Gipsfaserplatte [35]

Im Gegensatz zu Gipskartonplatten sind Gipsfaserplatten (Bild 4.12) nicht mit Karton ummantelt. Stattdessen erhalten sie in der Regel Zellulosefasern, die aus Altpapier gewonnen werden. Sie dienen als Armierung und erhöhen die Biege-, Druck- und Scherfestigkeit. Zudem wird durch den Wegfall der Kartonummantelung und die wasserunlösliche Eigenschaft der Zellulosefasern das Feuchteverhalten positiv beeinflusst. Die Gipsfaserplatten erhalten außerdem durch die Zellulosefasern ähnliche Verarbeitungseigenschaften wie die Holzwerkstoffe. Arbeitsschritte wie Fräsen, Sägen, Bohren, Schleifen, Lackieren oder Lasieren werden ermöglicht. Gipsfaserplatten sind im Gegensatz zu Holzwerkstoffen nicht brennbar und werden wie die Gipskarton-Feuerschutzplatten zur Baustoffklasse A2 nach DIN 4102 eingeordnet [15].

Holzwerkstoffplatten

Holz als Werkstoff bietet viele positive Eigenschaften. Jedoch lassen sich keine Platten mit ausreichenden Querschnittsabmessungen aus Vollholz, aufgrund des geringen Stammdurchmessers, schneiden. Zudem ist Vollholz nur bedingt anwendbar, da es längs und quer zur Faserrichtung unterschiedliche Verformungen und Festigkeiten aufweist. Dies hat zur Entwicklung von Holzwerkstoffplatten größerer Abmessungen geführt. Dadurch ist es möglich, ein gleichmäßiges Verformungs- und Festigkeitsverhalten zu erreichen. Die genormten Holzwerkstoffplatten entstehen, indem zerkleinerte Holzteile, Schälfuniere, Stäbe, Stäbchen und Bindemittel zusammengepresst werden [32].

Hauptplattenarten

- Spanplatten

  Spanplatten sind Flachpressplatten, die durch Verpressen von kleinen Holzspänen mit Bindemitteln (Klebstoffen) hergestellt werden [32].

  Einsatzbereiche:

  - Außenbekleidung,
  - Wand- und Deckenbekleidung,
  - Fußbodenplatte [17].
- Sperrholz

  Sperrholzplatten sind Furniersperrholzplatten, die durch kreuzweises Anordnen und Verkleben von getrockneten Furnieren entstehen. Es sind mindestens drei aufeinander geleimte Holzlagen notwendig [32].

  Einsatzbereiche:

  - tragende Konstruktionen,
  - aussteifende Beplankung [17].
- Holzfaserplatte

  Holzfaserplatten entstehen im Trockenverfahren mit Bindemittel oder im Nassverfahren ohne Bindemittel durch starkes Verpressen. Im Gegensatz zu den Spanplatten werden bei Holzfaserplatten statt Holzspäne Holzfasern gestreut. Durch Zusätze ist das Erreichen von bestimmten Plattenarten, wie harte, mittelharte- oder mitteldichte Holzfaserplatten möglich [32].

  Einsatzbereiche:

  - aussteifende Beplankung,
  - Fußböden [17].

Spezialplatten

Für besondere Anwendungsgebiete und Anforderungen gibt es weitere Plattenarten wie z. B.

- Calciumsilikatplatten
- Mineralfaserplatten
- Metallische Bekleidungen
- Zementgebundene Bauplatten [17].

4.2.3 Bearbeitung und Oberflächenbehandlung

Um einen hohen Standard im Trockenbau zu gewährleisten, müssen folgende Bedingungen eingehalten werden.

Lagerung und Transport

Die Gipsplatten sollten auf einer geraden Unterlage wie z. B. einer Palette oder auf Kanthölzern mit einem maximalen Abstand von 35 cm gelagert werden (Bild 4.13). Zudem ist bei der Plattenlagerung auf die Tragfähigkeit des Untergrundes zu achten. Die Platten sind vor Feuchtigkeit und Witterungseinflüssen wie z. B. Sonnenbestrahlung zu schützen. Vor der Montage ist darauf zu achten, dass feucht gewordene Gipsplatten gänzlich getrocknet werden. Die Lagerung der Materialien innerhalb von Gebäuden bietet grundsätzlich einen optimalen Schutz. Die Gipsplatten werden mit einem LKW auf die Baustelle angeliefert und können mit geeigneten Transportmitteln wie z. B. Hub- bzw. Plattenwagen transportiert werden [43].

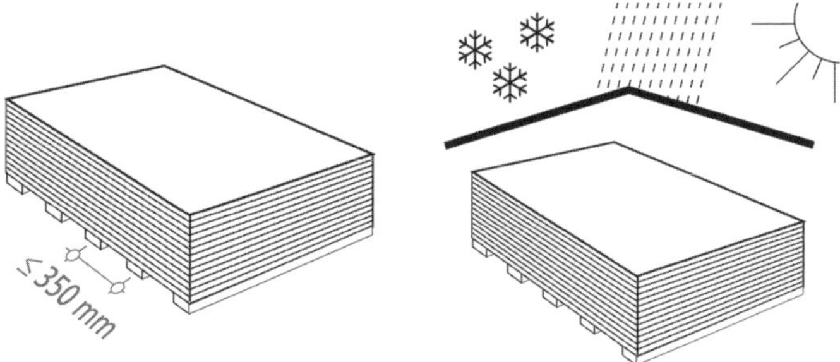

Bild 4.13 Lagerung von Gipsplatten [43a]

Zu- und Ausschnitte

Die Platten können ohne größeren Aufwand mit einem Klingenmesser zugeschnitten werden. Es ist auf eine ebene Unterlage, auf der die Platte flach aufliegt, zu achten. Nach dem Anritzen der Sichtseite mit einer Richtlatte kann die Platte vorsichtig über eine Kante gebrochen werden. Bei Bedarf kann der Karton rückseitig durchgeschnitten werden [43].

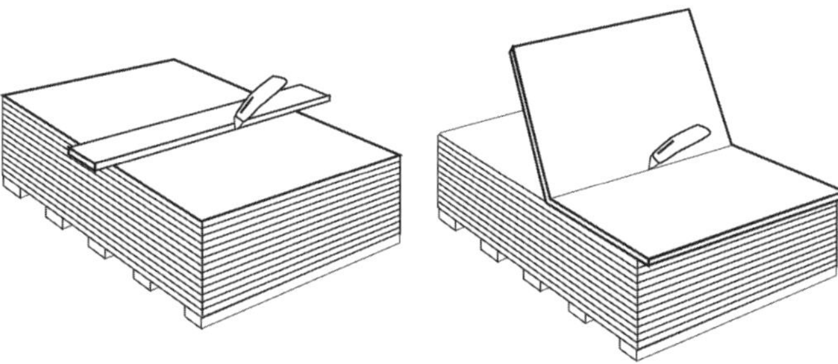

Bild 4.14 Zuschnitt von Gipskartonplatten [43a]

Für Hohlwanddosen und Rohrdurchführungen werden die Gipskartonplatten eingezeichnet und mit einem Hohlwanddosenfräser ausgeschnitten (Bild 4.15). Es ist aus feuchte-, schall- und brandschutztechnischen Gründen darauf zu achten, dass der Durchmesser der Aussparung mindestens 1 cm größer als der Leitungsdurchmesser zu wählen ist. Diese Zwischenräume sind aus bauphysikalischer Sicht zu schließen [43].

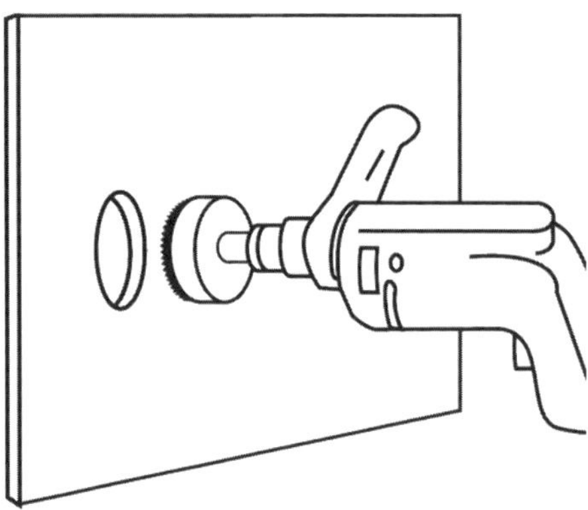

Bild 4.15 Ausschneiden von Gipskartonplatten [43a]

Werkzeuge

Für die optimale Bearbeitung und Montage von Gipsplatten müssen geeignete Werkzeuge verwendet werden. Die üblichen Werkzeuge im Trockenbau sind:

- Wasserwaage,
- Zollstock,
- Cutter,
- Pinsel,
- Bohrmaschine,
- Dosenschneider,
- Spachtel,
- Kantenhobel.

Die verwendete Bohrmaschine sollte einen Tiefenanschlag, um die Eindringtiefe der Schrauben nicht zu überschreiten, aufweisen. Des Weiteren ist beim Zuschnitt der Metallprofile auf einen Heißschnitt, z. B. mittels Flex zu verzichten. Hierzu können Blechscheren eingesetzt werden [47].

Verspachtelung und Oberflächenqualität

Unbehandelte Gipskartonplatten besitzen einen stark saugenden Untergrund, wodurch Farbanstriche ihre Deck- und Leuchtkraft verlieren würden. Aus diesem Grund müssen die Oberflächen und Fugen mit einem Tiefengrund vorbehandelt werden. Dadurch wird ein unterschiedliches Saugverhalten des Untergrundes ausgeglichen. Dieser Grundanstrich muss vor der weiteren Verarbeitung vollständig durchgetrocknet sein [43]. In der Praxis werden nicht nur Anforderungen an die Ebenheit, sondern viel mehr an optische Merkmale wie z. B. Fugenabzeichnungen, spezielle Lichtverhältnisse gestellt. Aufgrund der verschiedenen zur Verwendung kommenden Baustoffe sowie deren Maßtoleranzen und die handwerklichen Ausführungsmöglichkeiten werden Qualitätsstufen unterschieden [19].

- Qualitätsstufe 1 (Q1)

Bild 4.16 Qualitätsstufe 1 (Q1) [36]

Die Grundverspachtelung (Bild 4.16) kommt zum Einsatz, wenn keine optischen und dekorativen Anforderungen gestellt werden.

Überstehendes Spachtelmaterial ist nicht zulässig und deshalb zu entfernen. Jedoch sind werkzeugbedingte Markierungen, Riefen und Grate zulässig. Je nach Spachtelmaterial und Kantenform der Platten oder aus konstruktiven Gründen sind Fugendeck-/Bewehrungsstreifen einzulegen.

Einsatzbereiche	Ausführung
Für Flächen, die mit Belägen/Bekleidungen, wie z. B. Fliesen und Platten, versehen werden	Das Füllen der Stoßfugen der Gipsplatten
Für Flächen, die dickschichtig verputzt werden	Das Überziehen der sichtbaren Teile der Befestigungsmittel [19]

- Qualitätsstufe 2 (Q2)

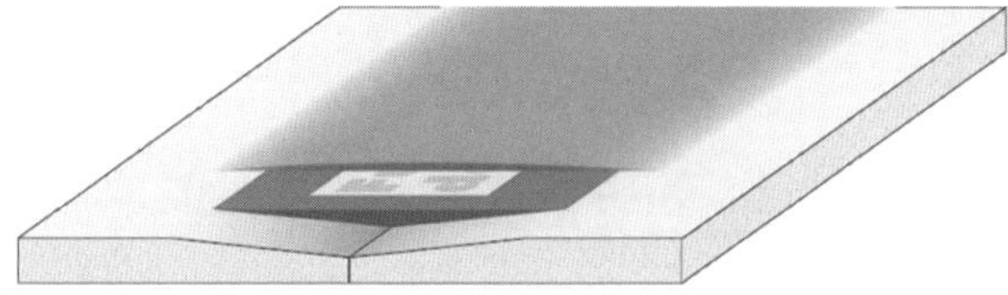

Bild 4.17 Qualitätsstufe 2 (Q2) [36]

Die Standardverspachtelung (Bild 4.17) entspricht den üblichen Anforderungen an Wand- und Deckenflächen. Hier werden der Fugenbereich, die Befestigungsmittel, Innen- und Außenecken sowie Anschlüsse durch stufenlose Übergänge der Plattenoberfläche angeglichen. Im Gegensatz zur Grundverspachtelung (Q1) sind Bearbeitungsabdrücke oder Spachtelgrate nicht zulässig.

Einsatzbereiche	Ausführung
Mittel und grob strukturierte Wandbekleidung	Grundverspachtelung (Q1)
Füllende und strukturierte Anstriche bzw. Beschichtungen	Nachspachteln (Feinspachteln, Finish) bis zum Erreichen eines stufenlosen Übergangs zur Plattenoberfläche [19]
Oberputze mit Korngröße > 1 mm	

- Qualitätsstufe 3 (Q3)

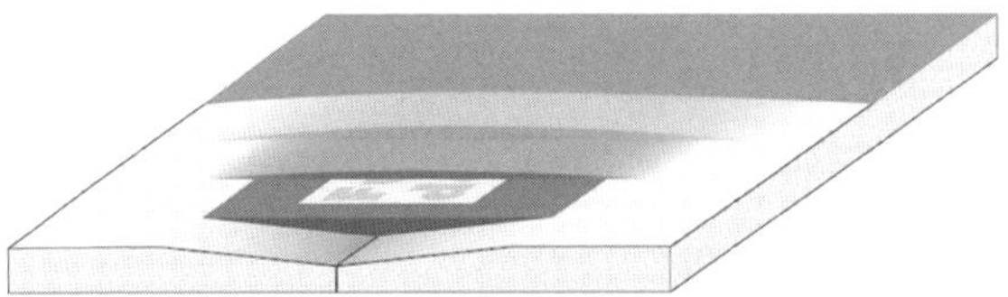

Bild 4.18 Qualitätsstufe 3 (Q3) [36]

Die Sonderverspachtelung kommt bei erhöhten Anforderungen an die gespachtelte Oberfläche zum Einsatz. Hier sind über Grund- und Standardverspachtelung hinausgehende Maßnahmen erforderlich. Bei Bedarf sind die gespachtelten Flächen zu schleifen (Bild 4.18).

Einsatzbereiche	Ausführung
Feinstrukturierte Wandbekleidungen	Standardverspachtelung (Q2)
Matte, nicht strukturierte Anstriche/ Beschichtungen	Breiteres Ausspachteln der Fugen sowie ein scharfes Abziehen der restlichen Kartonoberfläche zum Porenverschluss mit Spachtelmaterial [19]
Oberputze mit Korngröße < 1 mm	

- Qualitätsstufe 4 (Q4)

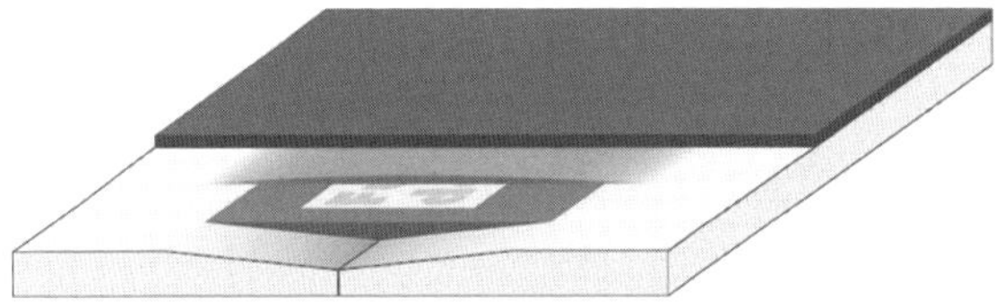

Bild 4.19 Qualitätsstufe 4 (Q4) [36]

Die Qualitätsstufe 4 (Bild 4.19) entspricht den höchsten Anforderungen an die gespachtelte Oberfläche.

Einsatzbereiche	Ausführung
Glatte oder strukturierte Wandbekleidungen mit Glanz, z. B. Metall- oder Vinyltapeten	Standardverspachtelung (Q2)
Lasuren oder Anstriche/Beschichtungen bis zu mittlerem Glanz	Breiteres Ausspachteln der Fugen sowie ein vollflächiges Überziehen und Glätten der gesamten Oberfläche mit einem dafür geeigneten Material mit mindestens 1 mm Schichtdicke [19]
Stuckmarmor oder andere hochwertige Glätte-Techniken	

4.2.4 Dämmstoffe

Nachfolgend werden Dämmstoffe beschrieben, die für typische Trockenbau-Konstruktionen eingesetzt werden. Sie besitzen neben den Wärmedämmeigenschaften auch akustische Eigenschaften wie Schall-, Hohlraum- und Trittschalldämmung. Die Dämmstoffe können zum einen zwischen den Aussteifungselementen (C-Profile) verlegt werden, zum anderen besteht die Möglichkeit, die Dämmstoffe im Verbund mit der GK-Platte (Verbundplatte) zu montieren [17].

Faserdämmstoffe

Faserdämmstoffe finden bei Schall-, Brand- und Wärmeschutzaufgaben Anwendung und können aus künstlichen Mineralfasern (Glas-, Stein- oder Schlackenschmelze) oder pflanzlichen Fasern (Kokos-, Holz- oder Torffasern) bestehen [17].

Mineralwolle

Die Fasern werden unter Zugabe von Binde- und Imprägniermitteln (Phenolharz) bei Temperaturen zwischen 1200 und 1600 °C geschmolzen und anschließend in Zerfaserungsmaschinen zu Fasern mit begrenzten Längen verarbeitet. Nach dem Zerfasern werden die Fasern zu einer Schicht gesammelt, verdichtet und in einem Trockenofen ausgehärtet. Sie sind lose (Stopfwolle), formbar (Bahnen) oder als gepresste Platte vorzufinden. Mineralwolle ist nicht brennbar, wasserabweisend, dauerhaft und leicht zu verarbeiten [10].

Glaswolle

Besteht zu 70 % aus Altglas, Sand, Soda und Kalk.

Steinwolle

Besteht aus Gesteinsarten wie Diabas, Basalt oder Dolomit.

Holzfaserdämmstoffe

Bei der Herstellung werden die Weichholzfasern (Fichte oder Tanne) in Wasserdampf thermisch-mechanisch zerfast und anschließend mit Wasser zu einem Brei vermischt [8]. Diese Masse wird in Langsiebmaschinen entwässert. Es wird unterschieden zwischen porösen Faserplatten, die lediglich getrocknet und Platten mit hohen Rohdichten, die in Heizpressen gleichzeitig verdichtet und ausgehärtet werden. Es werden keine chemischen Bindemittel und Zuschlagsstoffe, sondern holzeigene Bindestoffe eingesetzt. Einsatzbereiche können als Wärme- und Trittschalldämmung, Feuchtigkeits- und Schallschutz und zur Verbesserung der Winddichtigkeit von Dächern sein [17].

Kokosfaserdämmstoffe

Die Kokosfasern werden gewonnen, indem die faserige Schicht der Kokosnussumhüllung in einem Sumpfbecken einem Verfaulungsprozess unterliegt. Die fäulnisanfälligen organischen Stoffe zerfallen und nur die fäulnisresistenten Kokosfasern werden nach einem Wasch- und Trockenvorgang verwendet [9].

Zellulosefaserdämmstoffe

Für die Herstellung wird recyceltes Rohpapier mechanisch zerkleinert, getrocknet, entstaubt und verpackt. Zum Schutz vor Fäulnis und leichter Entflammbarkeit werden Borsalze als Imprägnierung eingesetzt. Der Zellulosefaserdämmstoff ist als Einblasdämmung, aus einzelnen Dämmflocken bestehend, oder in Form von Dämmplatten erhältlich [13].

Schaumkunststoffe

Schaumkunststoffe haben eine überwiegend geschlossenporige Struktur und sind verhältnismäßig steif. Somit ist der Haupteinsatzbereich die Wärme- und Trittschalldämmung.

Polystyrol-Hartschaum

Es werden zwei Arten von Polystyrol-Hartschäumen unterschieden:

Partikelschaum (EPS)

Die Herstellung erfolgt in drei Arbeitsschritten:

1. Vorschäumen

   Polymerisiertes Styrol (Polystyrol) wird als Granulat bei 90 °C mit Hilfe von Wasserdampf aufgeschäumt. Es kommt zu einer Volumenvergrößerung um das 20 bis 50-Fache des ursprünglichen Volumens.
2. Zwischenlagerung

   Es folgt eine Zwischenlagerung der vorgeschäumten Partikel in belüfteten Silos [6].
3. Aufschäumen

   Die Partikel werden in Formen eingefüllt und erneut dem Wasserdampf ausgesetzt. Dabei verschweißen sich die Perlen zu einem homogenen Block [17].

Extruderschaum (XPS)

Polymerisiertes Styrol (Polystyrol) wird als Granulat unter dem Zusatz von Kohlendioxid, das als Treibmittel eingesetzt wird, in einem Extruder zu Platten aufgeschäumt. Eine Vielzahl von kleinen geschlossenen Zellen, die bei der Extrusion entstehen, sorgen für eine hohe mechanische Belastbarkeit sowie für eine hohe Unempfindlichkeit gegen Feuchte [7].

Polyurethan-Hartschaum (PUR-Hartschaum)

Die durch die chemische Reaktion von Erdöl und Polyolen sowie polymeren Methylendiisocyanaten unter Treibmitteln [11] entstehende Wärme kommt es zu einem Phasenwechsel der Flüssigkeit in den gasförmigen Zustand. Dadurch schäumt das Gemisch zu einem Kunststoff-Material auf. Lieferformen sind Platten, die ein- oder mehrseitig mit Pappe oder Papier beschichtet sein können, oder Formteile sowie Ortschaum [17]. In Tabelle 4.5 werden die Eigenschaften von Dämmstoffen dargestellt.

Tabelle 4.5 Eigenschaften von Dämmstoffen [25]

Dämmstoff	Wärmeleitfähigkeitsgruppe	Empfohlene Stärke [mm]	Baustoffklasse
Glaswolle	035	160	A1
Steinwolle	035	180	A1, A2
Holzwolle	040	180	B2
Kokoswolle	045	40	B2
Zellulosefaser-Platten	042	180	B2
EPS-Platten	035	160	B1, B2
XPS-Platten	035	160	B1, B2
PUR-Platten	024	140	B1, B2

4.2.5 Kleinteile und Befestigungselemente

Verbindungsmittel dienen zur Befestigung der Platten, der Unterkonstruktion sowie einzelner Elemente der Unterkonstruktion untereinander. In Betracht kommen Verbindungsmittel wie Schnellbauschraube, Nagel und Klammer, die ebenfalls zur Befestigung von Holzwerkstoffplatten geeignet sind [17].

Schnellbauschrauben

Die übliche Befestigung von Plattenwerkstoffen auf die Metallprofile erfolgt mit Schnellbauschrauben. Die Platten und Schrauben sind aufeinander abgestimmt. Je nach Plattenwerkstoff werden die zugehörigen Schnellbauschrauben der jeweiligen Hersteller verwendet. Unterschieden wird hinsichtlich der Spitze der Schrauben. Schraubentypen TN besitzen eine Nagelspitze und sind für Blechdicken ≤ 0,7 mm; dagegen weisen Schraubentypen TB eine Bohrspitze auf und eignen sich für Blechdicken ≥ 0,7 mm. Für das Befestigen auf Lochplatten eignen sich Schraubentypen SN, die im Gegensatz zu den Schraubentypen TB und TN ein kleineres Kopfvolumen aufweisen. Weiterhin gibt es Schrauben des Typs FN, die aufgrund eines Flachkopfes für das Befestigen von Abhängern in Holz geeignet sind. Für reine Blechverbindungen werden Linsenkopfschrauben des Typs LN und LB eingesetzt [17].

Nägel und Klammern

Nägel und Klammern sind zur Befestigung von Gipsbauplatten und anderen Plattenwerkstoffen auf Holzunterkonstruktionen vorgesehen. Die Nägel unterscheiden sich hinsichtlich des Nagelschafts. Dieser kann glatt oder gerillt sein. Bei Dachschrägen sowie Deckenbekleidungen müssen beim Einsatz von Nägeln gerillte oder beharzte Nägel, beim Einsatz von Klammern bauaufsichtlich zugelassene beharzte Klammern verwendet werden [17].

Verankerungselemente

Zur Verankerung von Bauteilen im tragenden Untergrund, z. B. UW-Profil an eine Stahlbetondecke, kommen hauptsächlich Dübel (Bild 4.20), selten Setzbolzen und Anker zum Einsatz. Unterschieden werden drei Dübel-Konstruktionsarten:

- Spreizdübel aus Stahl oder Kunststoff,
- Haftdübel mit Verbund aus Zement oder Kunstharzbasis,
- Hinterschnittdübel mit Formschluss.

Die Funktion der Dübel erfolgt nach folgenden Wirkungsprinzipien:

- Durch die Reibung zwischen Dübel und Verankerungsgrund wird der Reibschluss erreicht. Durch das zusätzliche Aufspreizen der Spreizkörper gegen die Bohrlochwand wird die Verankerung gesichert.
- Durch Einsatz einer Verbundmasse wird der Dübel spreizdruckfrei eingebaut. Die entstehende Verbundwirkung sorgt für einen Stoffschluss. Haftdübel basieren auf diesem Prinzip.
- Voraussetzung für den Formschluss sind hinterschnittene Bohrlöcher bzw. geeignete Hohlräume. Der Dübel kann sich somit spreizdruckfrei im Verankerungsgrund abstützen [46].

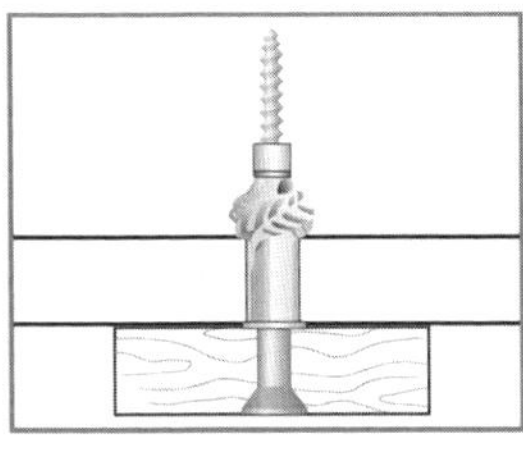

Expandet-Dübel

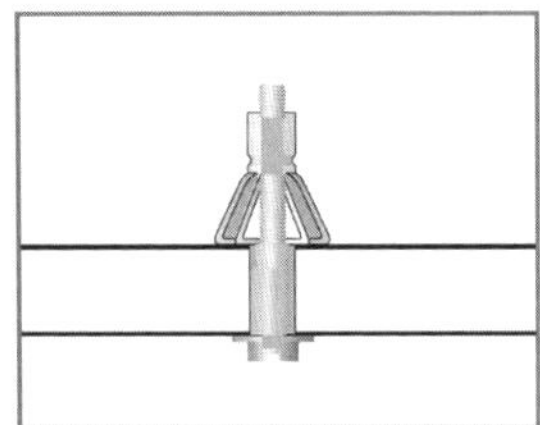

Molly-Schraubanker (vergleichbar Hilti HHD)

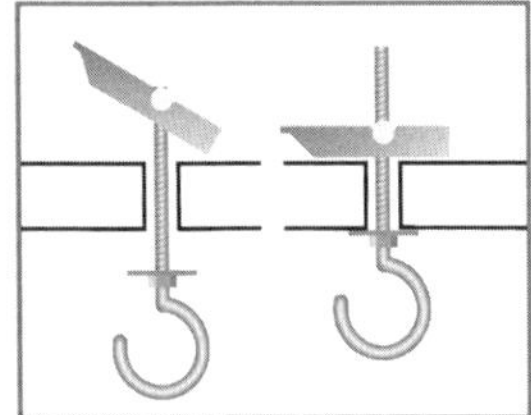

Kippdübel

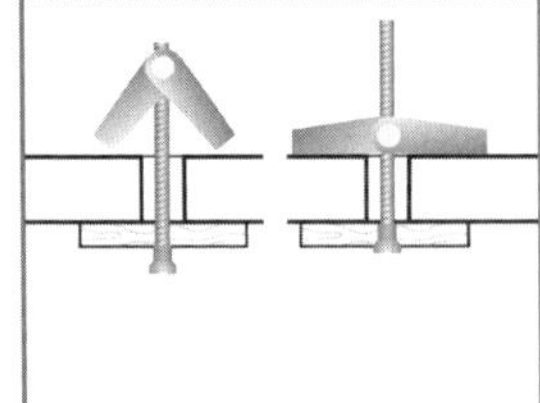

Federklappdübel

Bild 4.20 Dübelarten [43a]

Befestigungselemente für Lasten

Gipskartonplatten müssen die üblichen Horizontalkräfte, wie Biegezug und stoßartige Belastungen, die durch Menschenansammlungen entstehen können, aufnehmen.

Leichte Konsollasten bis 0,4 kN/m z. B. Bilder, mit geringer Exzentrizität (≤ 50 mm) können mittels üblicher Bilderhaken oder anderen üblichen Befestigungsmitteln wie Schrauben, Haken und Nägeln in die GK-Platte eingeleitet werden.

Schwere Konsollasten bis 0,7 kN/m, z. B. Hängeschränke, sind ab einer Beplankungsdicke von 18 mm möglich. Ein statischer Nachweis ist bei größeren Lasten bis 1,5 kN/m erforderlich, darüber hinaus können Traversen, Tragständer oder geeignete Blech- oder Holzhinterlegungen benötigt werden [22].

■ 4.3 Wandsysteme

Ständerwandsysteme sind Montagewände mit einer Unterkonstruktion aus Metallprofilen oder Vollholz, die mit einer oberflächenbildenden Beplankung versehen werden. Vorsatzschalen, die eine bauphysikalische Funktion erfüllen können, bedürfen ebenfalls einer Unterkonstruktion, die freistehend oder an eine angrenzende Wand direkt befestigt werden kann. Im Hinblick auf die Standsicherheit haben Ständerwandsysteme und Vorsatzschalen keine tragende Funktion [17].

4.3.1 Grundlagen

Ständerwandsysteme können als Einfach- oder Doppelständerwand sowie als Vorsatzschalen aus standardisierten Bauteilen ausgebildet werden. Nach dem Ausfüllen der Hohlräume zwischen den Ständern mit Dämmmaterial wird die Beplankung mit der UK kraftschlüssig verbunden. Die Tabelle 4.6 verschafft einen Überblick über das übliche Bauraster, worauf auch die Plattenformate abgestimmt sind [17].

Tabelle 4.6 Wand-Rastermaß in Abhängigkeit der Plattendicke [17]

Dicke der Gipsbauplatte	Rastermaß
≥ 12,5 mm	62,5 cm
10 mm	50,0 cm
Rastermaß ≤ 50 × Plattendicke	

Zudem ist darauf zu achten, dass aufgrund möglicher Deckendurchbiegungen die CW-Ständerwandprofile ca. 1 bis 2 cm Bewegungsfreiheit im oberen UW-Profil haben. Die UW-Profile werden mit einer Anschlussdichtung am Boden bzw. an der Decke befestigt, die zum Ausgleich von Unebenheiten sowie Brand- und Schallschutzanforderungen notwendig ist [17].

Für die Befestigung der UW-Profile sind die vorgeschriebenen Abstände aus der Tabelle 4.7 zu entnehmen.

Tabelle 4.7 Abstände der Befestigungspunkte von UW-Profilen [17]

Befestigungsort	Abstand der Befestigungspunkte
Decke	100 cm
Boden	100 cm
Wand (seitlicher Anschluss)	70 cm

Somit ergeben sich bei üblichen Raumhöhen mindestens drei Befestigungspunkte [17].

4.3.2 Aufbau von Wandsystemen

Die Wandsysteme werden je nach Anforderungen an die spätere Wandnutzung in verschiedenen Aufbauten unterschieden (Bild 4.21). Die Platten sind bei allen Konstruktionsvarianten im Verband, d.h. ohne Kreuzfugen, zu verlegen. Der Versatz zwischen zwei Querfugen sollte mindestens 40 cm betragen. Es besteht die Möglichkeit, die Gipsplatten quer oder längs zu montieren. Bei einer Längsbefestigung ist darauf zu achten, dass geeignete Abstände der Metallständerprofile vorliegen. Diese Konstruktionsvariante kann zu einem höheren Verschnitt führen. Bei der Querbefestigung wird eine höhere Biegesteifigkeit der Platten erreicht und durch die größeren Abstände der Metallständerprofile die Wirtschaftlichkeit erhöht [38].

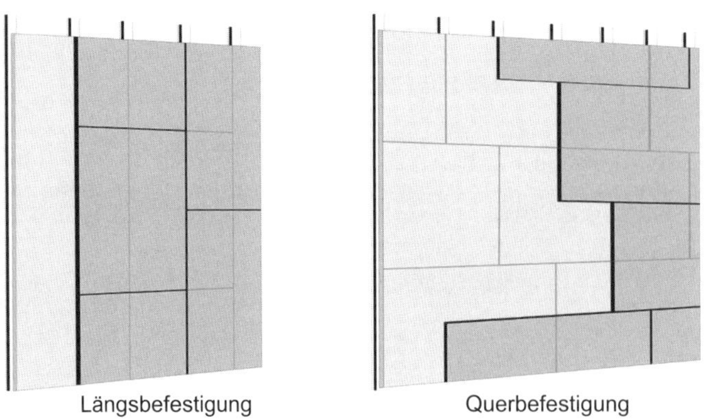

Bild 4.21 Anordnung der Gipsplatten (Eigene Darstellung i. A. a. [38])

Einfachständerwände

Einfachständerwände (Bild 4.22) bestehen aus einer Unterkonstruktion (Metall oder Holz), die in einer Reihe aufgestellt wird. Die beidseitige Beplankung kann je nach Anforderungen ein- oder mehrlagig erfolgen. Um eine Leitungsführung zu ermöglichen, sind die Metallprofile mit geeigneten Öffnungen versehen [17].

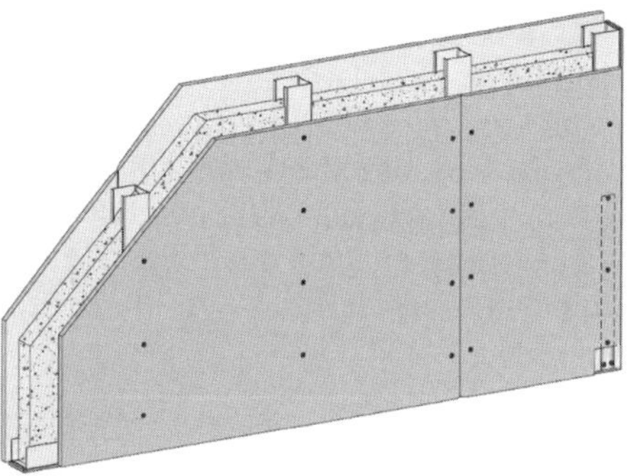

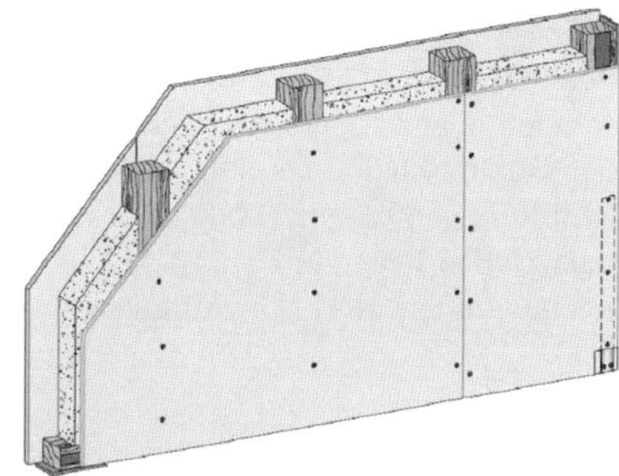

Bild 4.22 Einfachständerwand (Metall- und Holzkonstruktion) [43a]

Doppelständerwände

Doppelständerwände (Bild 4.23) werden bei hohen Schallschutzanforderungen sowie bei Installationswänden eingesetzt. Sie bestehen aus einer Unterkonstruktion, die in zwei parallelen Ständerreihen angeordnet und beidseitig ein- bzw. mehrlagig beplankt werden kann. Jedoch ist eine einlagige Beplankung aus schallschutztechnischer Sicht bedeutungslos, da eine mehrfach beplankte Einfachständerwand gleiche Schalldämmwerte liefert und zudem kostengünstiger ist. Es besteht die Möglichkeit, die Ständerprofile versetzt anzuordnen, um aufgrund der vollkommenen Trennung der Beplankung noch zusätzlich bessere Schalldämmwerte zu erreichen.

Bei Installationswänden werden die Ständer so weit auseinander montiert, dass im Hohlraum genügend Platz für die Installationen vorhanden ist. Um die Stabilität zu erhöhen und den beiden auseinanderliegenden Ständer ausreichenden Halt zu geben, werden diese mit Plattenstreifen als Laschen verbunden [27].

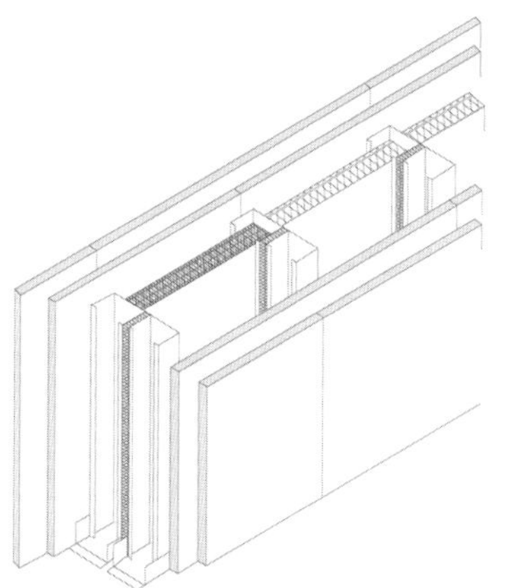

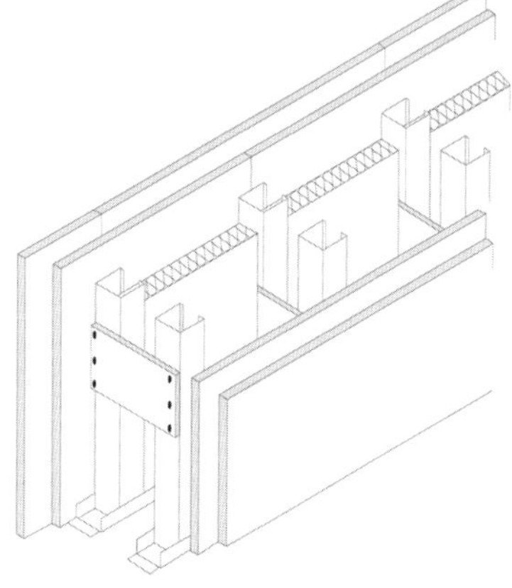

Bild 4.23 Doppelständerwand mit Metall-Unterkonstruktion zweilagig beplankt: Ständer durch Zwischenlage getrennt (links) und Ständer durch Plattenstreifen verbunden (rechts) (Eigene Darstellung i. A. a. [27])

Vorsatzschalen

Vorsatzschalen (Bild 4.24) sind einseitig beplankte Einfachständerwände, die vor Massivwänden oder anderen Bauteilen aufgestellt und direkt an diese befestigt werden. Zweck der Vorsatzschalen ist eine optische Bekleidung des dahinter liegenden Bauteils oder die Erfüllung von bauphysikalischen Funktionen wie Schall-, Brand- oder Wärmeschutz. Der dazwischen liegende Hohlraum kann für Installationsleitungen genutzt werden. Sie dienen ebenfalls zur Verkleidung von brandgefährdeten Bauteilen wie Stahl- oder Holzträger [17].

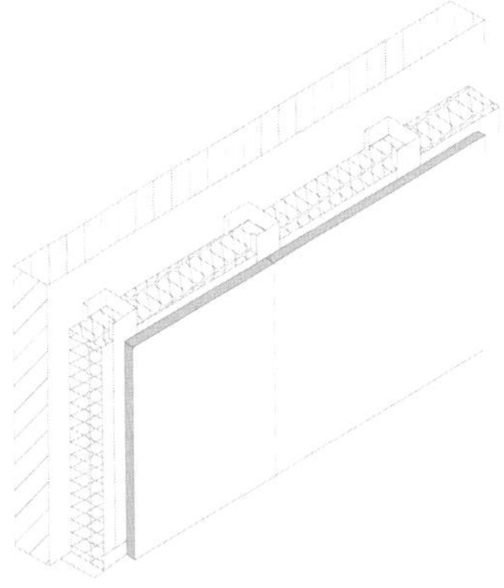

Bild 4.24 Freistehende Vorsatzschale mit Metall-Unterkonstruktion (Eigene Darstellung i. A. a. [27])

Umsetzbare Trennwände

Unter umsetzbaren Trennwänden werden vorgefertigte Wandsysteme verstanden, die mit geringem Aufwand montiert und demontiert bzw. umgesetzt werden können. Diese Wandsysteme sind geeignet für häufig wechselnde Raumstrukturen und haben aufgrund der demontierbaren Anschlussausbildung geringere bauphysikalische Eigenschaften als vergleichbare Ständerwände. Beim Transport und der Anlieferung ist darauf zu achten, dass die maximalen Abmessungen eingehalten werden. Unterschieden wird in:

- Monoblockwände: bestehen aus einer Unterkonstruktion und einer Beplankung einschließlich eventueller Füllung.
- Schalenwände: bestehen aus einer Unterkonstruktion, Boden-, Wand- und Deckenanschlussprofilen, oberflächenfertigen Wandschalen und ggf. Dämmstoffen [30].

4.3.3 Anschlüsse und Details

Anschlüsse und Details beeinflussen die bauphysikalische und optische Qualität maßgeblich. Beispielsweise sind Risse in den Ecken unansehnlich und fördern zudem die Schall- und Rauchübertragung in benachbarte Räume.

Deshalb hat die Planung und Ausführung einen bedeutenden Stellenwert und ist für die Dauerhaftigkeit unverzichtbar. Auf den nachfolgenden Seiten werden verschiedene Anschlüsse und Details dargestellt, die der Standardausführung entsprechen.

Die Ausführung der Anschluss- sowie der Eckausbildung erfolgt bei Doppelständerwänden analog zu Einfachständerwänden [30].

Eckausbildung

Bei der Ausbildung von Wandecken werden zwei Varianten der Unterkonstruktion unterschieden (Bild 4.25). Die Ausführung mit CW-Profilen stellt den herkömmlichen Aufbau dar. Eine weitere Möglichkeit der Eckausbildung lässt sich mit LW-Inneneckprofilen herstellen. Beide Eckausbildungen sind brandschutztechnisch nachgewiesen. Bei Einfachständerwänden mit Wandhöhen über 2,60 m ist ein 2 mm dickes UA-Profil als Abschluss des freien Wandendes anzuordnen. Eingespachtelte Kantenschutzprofile bieten Schutz vor Beschädigungen der Beplankung an der Außenecke [17].

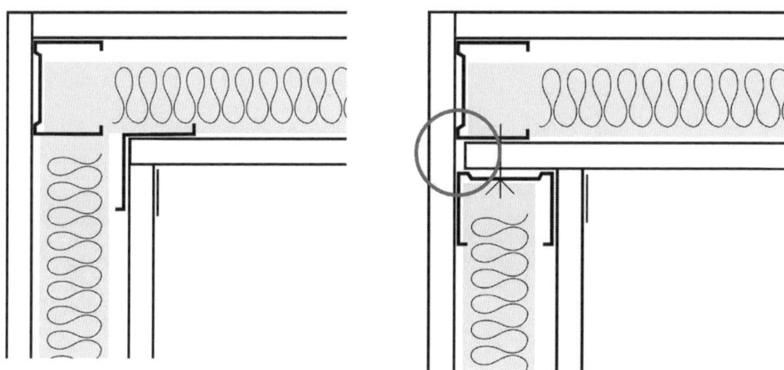

Bild 4.25 Eckenausbildung mit LWI-Profilen (links) und mit CW-Profilen (rechts) [43a]

Wandanschluss

Bei der Wahl der Wandanschlüsse an angrenzende Bauteile (Bild 4.26) müssen eventuell auftretende Verformungen berücksichtigt werden. Es sind elastische (z. B. Spannschrauben mit Federn), gleitende (z. B. ineinandergreifende Metallprofile) oder starre (z. B. Dübel oder Anker) Anschlussausbildungen möglich. Aus schallschutztechnischer Sicht sollte der Anschluss der Trennwand direkt an die Massivwand erfolgen. Somit werden die Anforderungen an den Brandschutz der Trennwand ebenfalls erfüllt [17].

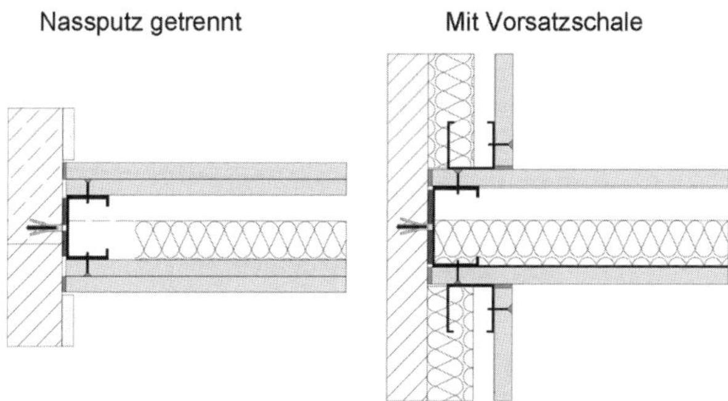

Bild 4.26 Anschluss Trennwand an Massivwand (Eigene Darstellung i. A. a. [27])

An Massivwänden oder -decken werden oft Anschlüsse mit Schattenfugen hergestellt (Bild 4.27). Die Anordnung von Schattenfugen hat durch die nur einlagige Beplankung im Anschlussbereich einen negativen Einfluss auf den Brand- und Schallschutz. Um den Anforderungen jedoch gerecht zu werden, ist der Anschlussbereich durch ein inneres Aufdoppeln der Beplankung nahezu vollständig auszugleichen. Zu beachten ist, dass die an die Wand stoßende Platte an der Stirnseite mit einem elasto-plastischen Material zu versehen ist, da aufgrund der fehlenden Bewehrungsstreifenverspachtelung der Abriss der Materialien unkontrolliert verläuft [17].

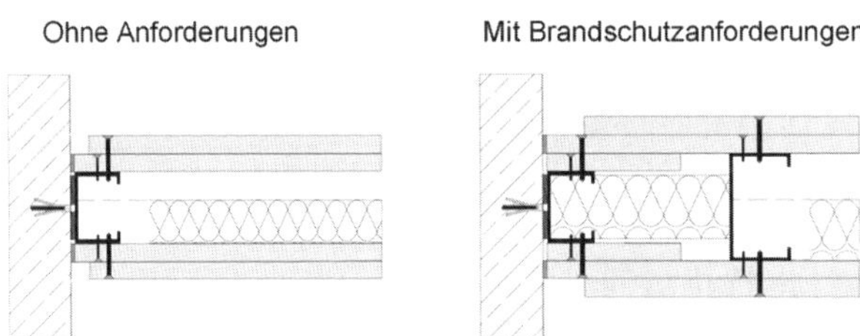

Bild 4.27 Wandanschluss an Massivwand mit Schattenfuge (Eigene Darstellung i. A. a. [27])

Bodenanschluss

Ausschlaggebend für den Schallschutz der Trennwände sind dichte Anschlüsse, da sich die Schallübertragung über die flankierenden Bauteile stark auf die Schalldämmung auswirkt. Dies wird durch die Anordnung einer Anschlussdichtung sowie das Verfüllen der Anschlussfugen mit Fugenfüller erreicht. Durch große Flächengewichte wird eine hohe Schalldämmung der Trennwand erreicht (z. B. durch Verbundestrich (Bild 4.28) [17].

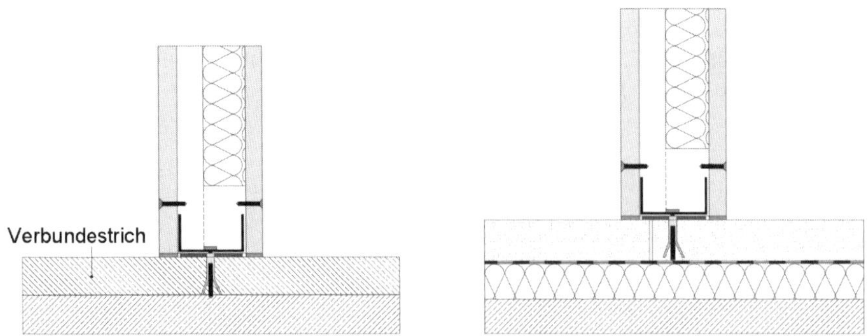

Bild 4.28 Trennwand auf Verbundestrich (links) und Trennwand auf schwimmendem Estrich mit Trennfuge (rechts) (Eigene Darstellung i. A. a. [27])

Ein verbesserter Schallschutz kann erzielt werden, indem ein schwimmender Estrich gegen die Trennwand verlegt wird und die Trennwand direkt mit dem Rohfußboden befestigt wird (Bild 4.28). Ist diese Ausführung jedoch nicht möglich, kann ein schwimmender Estrich mit einer Trennfuge verlegt werden. Dadurch wird eine flankierende Schallübertragung durch die Entkopplung im Bereich unter der Trennwand vermieden. Werden nur geringe Schallschutzanforderungen an die Trennwand gestellt, kann auf eine Trennfuge verzichtet werden [17].

Deckenanschluss

Der Anschluss der Trennwände an Massivdecken erfolgt entsprechend dem Aufbau des Fußbodenanschlusses (Bild 4.29). Grundsätzlich sind die Trennwände durch Trennstreifen, Kellenschnitt oder elasto-plastische Versiegelung von der Decke zu trennen und anstehende Verputzarbeiten vor der Trennwandmontage auszuführen [17].

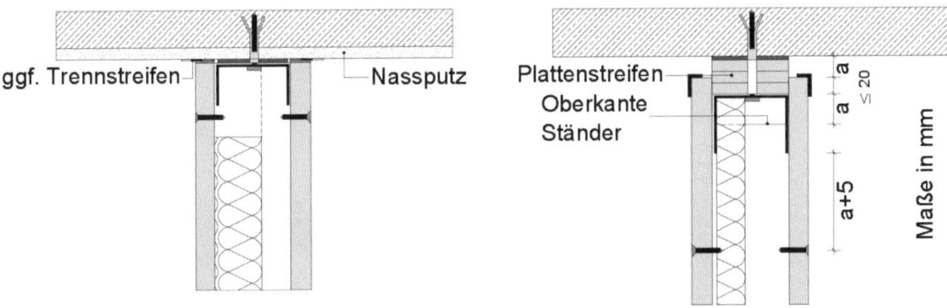

Bild 4.29 Anschluss an Massivdecke: Nassputz durchlaufend (links) und Anschluss an Massivdecke, mit GF-Streifen, Schattenfuge und Brandschutzanforderungen (rechts) (Eigene Darstellung i. A. a. [17])

Einbauten – Türen

Der Einbau von verschiedenen Türzargen (Stahl oder Holz) in Trockenbauwände ist grundsätzlich möglich. Zudem sind Spezialzargen vorhanden, die für höhere Schall- oder Brandschutzanforderungen geeignet sind [17].

Für leichte Türblätter mit bis zu 25 kg, einer Breite von max. 88,5 cm und einer Raumhöhe von max. 2,60 m können die Türöffnungen mit den herkömmlichen CW-Ständerprofilen hergestellt werden (Bild 4.30).

Für schwerere und breitere Türblätter kommen als Aussteifungsprofile 2 mm dicke UA-Profile zum Einsatz, an denen auch einteilige Stahl-Umfassungszargen befestigt werden können (Bild 4.30). Dabei werden die UA-Profile über Anschlusswinkel mit der oberen und unteren Rohdecke befestigt. Als Türsturz wird ein UW-Wandprofil eingebaut [17].

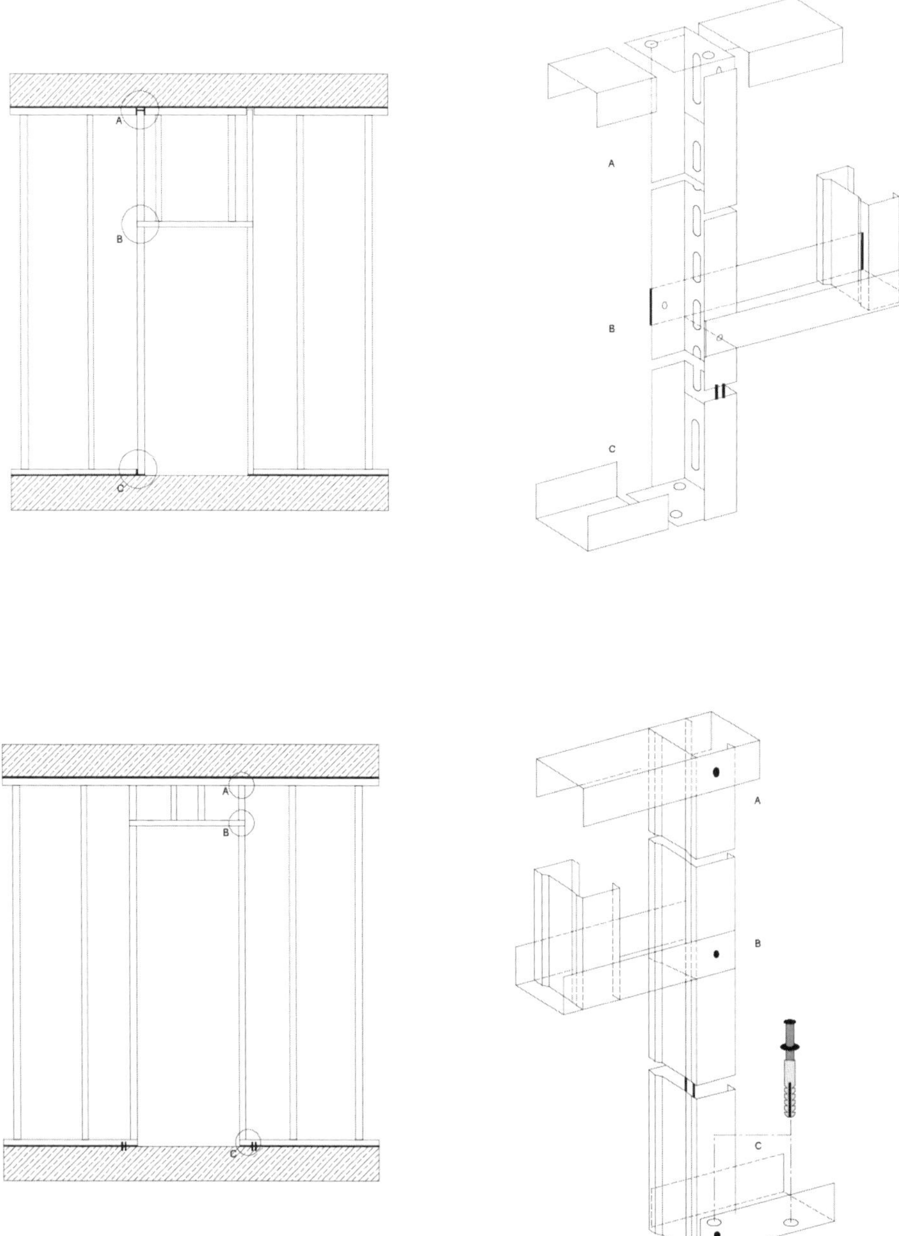

Bild 4.30 Türöffnung für schwere Türen mit UA-Profilen (oben) und Türöffnung für leichte Türen mit CW-Profilen (unten) (Eigene Darstellung i. A. a. [27])

4.3.4 Bauphysikalische Anforderungen

Grundsätzlich werden bei raumabschließenden Ausbauwänden, wie z. B. der Trennung von Wohnräumen oder Büronutzungseinheiten, Anforderungen an den Brand- und Schallschutz gestellt. Dabei können Ständerwände mit Gipsplattenbekleidung je nach Aufbau Schalldämmmaße bis 67 dB und Feuerwiderstandsklassen bis F 180 erreichen. Voraussetzung ist, dass alle Fugen und Anschlüsse die Anforderungen an den Raumabschluss erfüllen. Da Bauteilkombinationen als Einheit den Brand- und Schallschutz erbringen müssen, ist bei der Montage besondere Rücksicht erforderlich bei:

- Stößen der Elemente (vertikal und horizontal),
- Wand- und Deckenanschlüssen,
- Wandeinbauten (Fenster, Türen),
- Durchführung von Installationen [17].

Für die Brand- und Schallschutz-Anforderungen sind zu erfüllen:

- Dichtigkeit durch Abschottung,
- Dichtigkeit von Anschlüssen,
- Dichtigkeit von Stoß- und Montagefugen,
- mehrlagige Beplankung bei erhöhten Anforderungen [17].

Brandschutz

Der Brandschutz von Trennwänden ist hauptsächlich von der Art und Dicke der Beplankung, sowie vom Dämmstoff im Hohlraum abhängig. Wandaufbauten, die brandschutztechnisch klassifiziert sind, werden in der DIN 4102-4 dargestellt oder von den jeweiligen Herstellern über bauaufsichtliche Prüfzeugnisse nachgewiesen. Insbesondere Wanddurchdringungen von Installationen stellen eine Schwachstelle des Wandaufbaus dar, da sie oft Undichtigkeiten aufzeigen [17].

Die brandschutztechnische Klassifizierung von Bauteilen nach DIN 4102-2 wird in Tabelle 4.8 dargestellt. Dabei werden neben den Feuerwiderstandsklassen die Bauteile nach den verwendeten Baustoffen in A, B und AB unterteilt. Die Bezeichnung A bedeutet, dass das Bauteil aus nicht brennbaren Baustoffen besteht. Im Gegensatz dazu steht die Bezeichnung B, die für Bauteile aus überwiegend brennbaren Baustoffen steht. Die Mischung von brennbaren und nicht brennbaren Baustoffen führt zur Kurzbezeichnung AB. Weiterhin existiert die Kurzbezeichnung K (BA-Bauweise), die den Einsatz von brennbaren Baustoffen im Bauteilinneren ermöglicht, falls die Beplankung aus nicht brennbaren Baustoffen besteht [17].

Tabelle 4.8 Brandschutztechnische Klassifizierung von Bauteilen [17]

Bauaufsichtliche Anforderungen	Benennung	Kurzbezeichnung
Feuerhemmend	Feuerwiderstandsklasse F30	F30-B
Feuerhemmend und aus nicht brennbaren Baustoffen	Feuerwiderstandsklasse F30 und aus nicht brennbaren Baustoffen	F30-A

Tabelle 4.8 Brandschutztechnische Klassifizierung von Bauteilen [17] *(Fortsetzung)*

Bauaufsichtliche Anforderungen	Benennung	Kurzbezeichnung
Hochfeuerhemmend	Feuerwiderstandsklasse F60 und in den wesentlichen Teilen aus nicht brennbaren Baustoffen	F60-AB
	Feuerwiderstandsklasse F60 und aus nicht brennbaren Baustoffen	F60-A
Feuerbeständig	Feuerwiderstandsklasse F90 und in den wesentlichen Teilen aus nicht brennbaren Baustoffen	F90-AB
Feuerbeständig und aus nicht brennbaren Baustoffen	Feuerwiderstandsklasse F90 und aus nicht brennbaren Baustoffen	F90-A

Schallschutz

Bei massiven Innenwänden wird der Schallschutz vom flächenbezogenen Gewicht der Wand bestimmt. Je größer die Masse, desto größer die Schalldämmung (Bild 4.31). Problematisch wird dies jedoch bei der Sanierung von Altgebäuden, da hier die Bauteilmasse durch zusätzliches Gewicht erhöht werden muss, um einen besseren Schallschutz zu gewährleisten, aber die Tragfähigkeit dies nicht zulässt. Im Gegensatz dazu bieten Ausbauwände trotz geringeren Gewichts eine mindestens gleichwertige Schalldämmung, da sie ein zweischaliges Bauteil bilden. Dabei hängt die Schalldämmung von Dicke, Werkstoff und Anzahl der Beplankung sowie dem Dämmstoff im Hohlraum ab. Verbessert werden kann die Schalldämmung durch Beschweren der Schalen durch Gummi, Bleiblech oder Bitumenbahnen. Dadurch kann eine Erhöhung der Schalldämmung um 5 bis 10 dB erreicht werden [30].

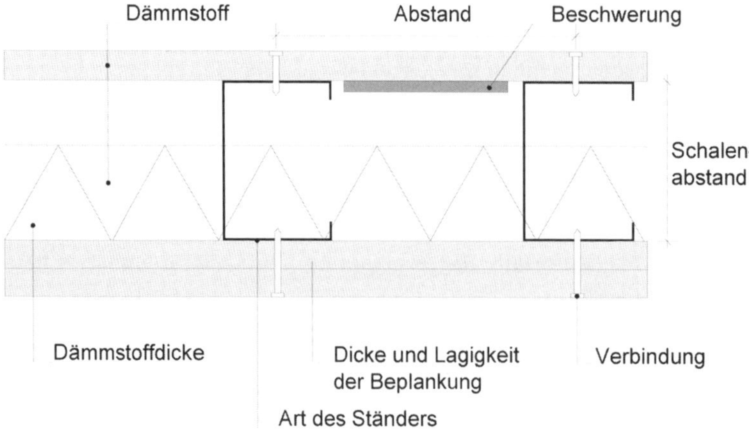

Bild 4.31 Beschwerung eines Ständerwandsystems (Eigene Darstellung i. A. a. [30])

Die wichtigsten Parameter zur Verbesserung der Schalldämmung von Ständerwandsystemen sind in Tabelle 4.9 dargestellt.

Tabelle 4.9 Wichtige Parameter zur Verbesserung der Schalldämmung [46]

Systembestandteil	Physikalischer Einflussfaktor	Praktischer Einflussfaktor mit positiver Wirkung auf die Schalldämmung
Beplankung (Einzelschale)	Biegesteifigkeit	Begrenzung der Plattendicke; Plattenstruktur; Plattenwerkstoff
	Flächenbezogene Masse	Mehrlagigkeit der Beplankung; Rohdichte des Plattenwerkstoffs; Beschwerung der Beplankung
Unterkonstruktion, Verbindungselemente	Entkoppelung der Schalen	Akustisch optimierte Ständer; großer Ständerabstand; großer Schalenabstand (Bauteildicke); getrennte Unterkonstruktion (z. B. Doppelständerwand); Zwischenelemente (z. B. Querlattung, Dämmstreifen oder Federelemente); Befestigung der Beplankung
Dämmstoff	Schallabsorption im Hohlraum	Füllgrad 80 % des Hohlraums; Art und Eigenschaften des Dämmstoffs

Eine vermindernde Schalldämmung der Wand resultiert aus Unterbrechungen im durchgängigen Wandaufbau, wie z. B.

- Einbauten wie Steckdosen, Revisionsklappen, Einbauleuchten,
- Türen, Oberlichter, Verglasungen,
- Schwächungen im Anschlussbereich und Übergängen (z. B. Schattenfugen).

Flankierende Bauteile, Durchführungen und die Anschlussausbildung der Trennwände haben ebenfalls einen auffallenden Einfluss auf die Schalldämmung [46].

Um die Schalllängsleitung der flankierenden Wände zu minimieren, können die in Tabelle 4.10 aufgezeigten Maßnahmen angewandt werden.

Tabelle 4.10 Maßnahmen zur Minimierung der Schalllängsleistung [30]

Anschluss	Maßnahme
Boden	Aufschneiden des schwimmenden Estrichs in Achsrichtung der Trennwand Vollständige Unterbrechung des Estrichs durch die Trennwand
Wand	Dämmung des Hohlraums der flankierenden Wand Mehrlagige Beplankung der flankierenden Wand Unterbrechung der Beplankung im Anschlussbereich der Trennwand durch eine Fuge Unterbrechung der Beplankung im Anschlussbereich über die gesamte Trennwandtiefe
Decke	Faserdämmstoffauflage auf der Unterdecke Mehrlagige Bekleidung bei flankierenden Decken mit durchgehender Fläche Unterbrechung der Deckenbekleidung im Anschlussbereich der Trennwand durch eine Fuge Unterbrechung der Deckenbekleidung im Anschlussbereich der Trennwand über die gesamte Trennwandtiefe Vollständige Abschottung des Deckenhohlraums im Anschlussbereich der Trennwand durch ein Absorberschott, Plattenschott oder Führen der Trennwand bis an die Rohdecke

Feuchteschutz

Da viele eingesetzte Baustoffe im Trockenbau feuchteempfindlich sind, spielt der Feuchteschutz für die Dauerhaftigkeit der Konstruktion eine bedeutende Rolle. Außerdem soll die Schimmelpilzbildung, die auf feuchten Untergründen entstehen kann, vermieden werden. Aus diesem Grund ist es wichtig, dass alle feuchteempfindlichen Materialien vor ständiger Feuchteeinwirkung geschützt sind. Es sind unterschiedliche Feuchtebeanspruchungsklassen definiert, die unterschiedliche Abdichtungssyteme erfordern. Bei einer hohen Feuchtebeanspruchung (Klassen A1, A2, B, C) ist ein allgemein bauaufsichtliches Prüfzeugnis (abP) notwendig. Die mäßige Feuchtebeanspruchung (Klassen 0, A01, A02, B0) (Tabelle 4.11) ist im Zentralverband des deutschen Baugewerbes (ZDB) geregelt [18].

Tabelle 4.11 Feuchtigkeitsbeanspruchungsklassen [18]

Beanspruchung	Klasse	Betroffene Fläche	Anwendungsbeispiele
Hoch	A 1	Wandflächen	Wände in öffentlichen Duschen
	A 2	Bodenflächen	Böden in öffentlichen Duschen; Schwimmbeckenumgänge
	B	Wand- und Bodenflächen in Schwimmbecken	Wand- und Bodenflächen in Schwimmbecken
	C	Wand- und Bodenflächen bei hoher Wasserbeanspruchung und in Verbindung mit chemischer Beanspruchung	Wand- und Bodenflächen in Räumen bei begrenzter chemischer Beanspruchung
Mäßig	0	Wand- und Bodenflächen	Wände und Böden in Bädern mit haushaltsüblicher Nutzung ohne Bodenablauf mit Bade- bzw. Duschwanne
	A 01	Wandflächen	Wände, spritzwasserbelastet mit haushaltsüblicher Nutzung mit Bodenablauf
	A 02	Bodenflächen	Böden, spritzwasserbelastet in Bädern mit haushaltsüblicher Nutzung mit Bodenablauf
	B 0	Bauteile im Außenbereich	Balkone und Terrassen

Wärmeschutz

An Innenwände zwischen beheizten Räumen werden keine Wärmeschutzanforderungen gestellt. Deshalb resultiert der Wandaufbau aus brand- und schallschutztechnischen Anforderungen. Der Einbau von Wärmedämmstoffen verhindert die Wärmeverluste zwischen beheizten und unbeheizten Zonen. Dabei sind die gleichen Konstruktionsprinzipien wie bei Außenwänden gültig [30].

4.4 Deckensysteme

Deckensysteme sind Montagedecken, die in Form von Deckenbekleidungen oder Unterdecken hergestellt werden können. Sie dienen als raumabschließende bzw. raumbegrenzende Elemente und besitzen selber keine erhebliche Tragfähigkeit. Hauptbestandteile der Montagedecken ist die Unterkonstruktion und Bekleidung [17].

4.4.1 Grundlagen

Durch die Anordnung der Unterkonstruktion (UK) und das Material werden zwei Konstruktionsvarianten unterscheiden:

- Deckenbekleidung
  Die Unterkonstruktion aus Holz oder Metall ist direkt an der Rohdecke befestigt (Bild 4.32).
- Unterdecke
  Die Unterkonstruktion aus Holz oder Metall ist an der Rohdecke mittels Abhängern abgehängt (Bild 4.32) [17].

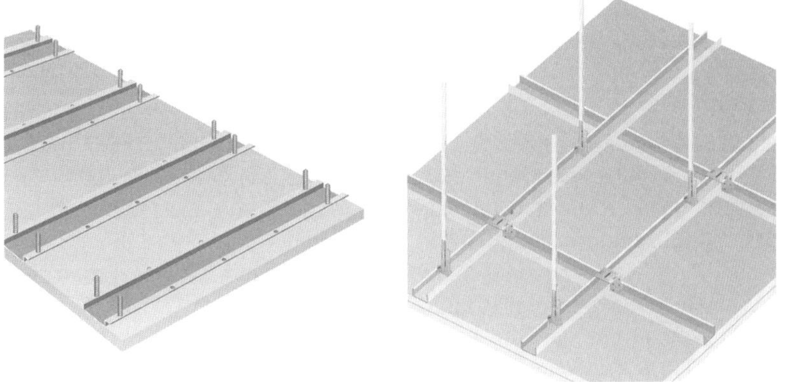

Bild 4.32 Deckenbekleidung (links) und Unterdecke (rechts) [43a]

Die Systeme bestehen aus den folgenden Bauteilen (Bild 4.33):

- Verankerungselemente: Das tragende Bauteil wird durch die Verankerungselemente mit den Abhängern oder der UK verbunden.
- Abhänger: Kommen bei Unterdecken zum Einsatz und verbinden die Verankerungselemente mit der UK. Höhendifferenzen können mit einer Vorrichtung ausgeglichen werden.
- Unterkonstruktion: Dienen zur Aufnahme der Decklage und bestehen aus Grund- und Tragprofilen sowie deren Verbindungselementen.

- Decklage: Werden an die UK montiert und bilden den raumseitigen Abschluss, z. B. Beplankung aus Gipsbauplatten
- Verbindungselemente: Verbinden die bisher genannten Bauteile der Konstruktion miteinander, z. B. Dübel und Schrauben [17].

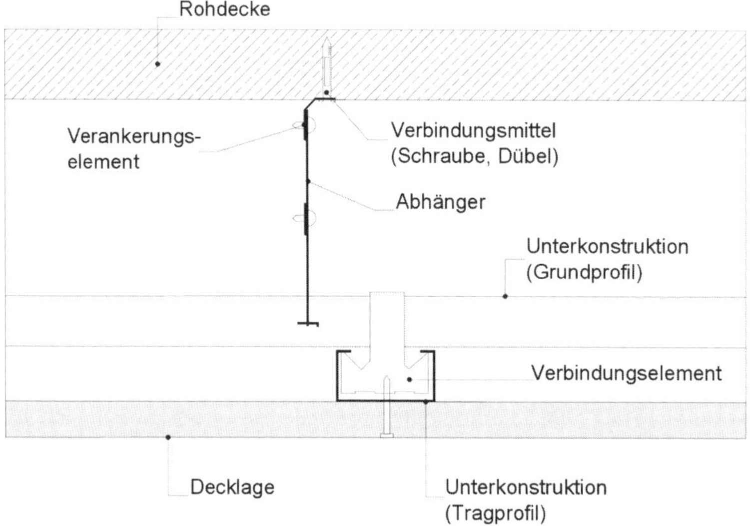

Bild 4.33 Begriffe für Unterdecken (Eigene Darstellung i. A. a. [30])

Verankerungselemente

Je nach Untergrund und den vorhandenen Lasten werden verschiedene Dübel und Verschraubungssysteme verwendet. Die Menge an Verankerungsstellen ist so zu wählen, dass die zulässige Tragfähigkeit der Verankerungselemente und die zulässige Verformung der UK erfüllt sind. Die Mindestanforderung beträgt jedoch eine Verankerung pro 1,5 m^2 Deckenfläche. Bei der Verankerung an Massivdecken können einbetonierte Halterungen, nachträglich eingesetzte Dübel oder nachträglich gesetzte Setzbolzen verwendet werden. Bei Stahl- und Stahltrapezprofile darf die Verankerung mit Blechschrauben, gewindefurchenden Schrauben, Hohlnieten oder mit Setzbolzen erfolgen. An Holzkonstruktionen werden die Abhänger mittels Draht- und Bandschlaufen verankert [17].

Abhängersysteme

Die Abhänger (Bild 4.34) werden nach DIN 18 168-2 in drei Tragfähigkeitsklassen eingeteilt:

- Klasse 1: zul. F = 0,15 kN
- Klasse 2: zul. F = 0,25 kN
- Klasse 3: zul. F = 0,40 kN

Der Abstand der Abhänger ist so zu wählen, dass die zulässige Last je Abhänger erfüllt ist. Durch die Division des Gesamtgewichts der Decke durch die Anzahl der Abhänger kann die Last je Abhänger ermittelt werden. Die Abhänger werden danach unterschieden, wie die Abhängehöhe eingestellt und fixiert werden kann [17].

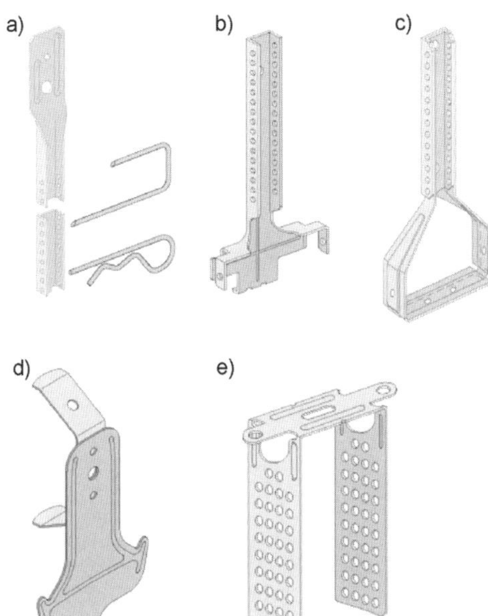

Bild 4.34 Abhängungen [37]
a) Nonius-Hänger-Oberteil mit Splint oder Klammer
b) Nonius-Hänger-Unterteil
c) Nonius-Bügel
d) Schnellabhänger
e) Direktabhänger

Unterkonstruktion

Die UK muss eine sichere Befestigung bzw. Auflage der Beplankung ermöglichen. Durch ein Prüfzeugnis ist die zulässige Tragfähigkeit der gesamten UK, der Metallprofile sowie deren Abhängung nachzuweisen [17]. Durch eine Vielzahl an Metallunterkonstruktionen wie z. B. Bandraster-, Wandanschluss- und Lüftungsprofile werden für die Herstellung komplexer Konstruktionen, spezielle technische oder gestalterische Aufgaben, bei hohen Anforderungen an die Ebenheit und den Brandschutz überwiegend Metallprofile eingesetzt [17].

Decklage

Als Beplankung werden Platten aus Mineralfaser, Gips, Holz oder Metall verwendet. Des Weiteren können sich die Platten in der Form und der Oberflächenbeschaffenheit (glatt, strukturiert, gelocht, geschlitzt) unterscheiden. Es besteht die Möglichkeit, die Decklage mit der UK zu verschrauben oder einzuklemmen, aber auch die Platten in die UK einzulegen [17].

Auswahl eines geeigneten Deckensystems

Die Auswahl eines geeigneten Deckensystems richtet sich nach den technischen, optischen und qualitativen Merkmalen. Durch die vielseitigen Variationen der Deckengestaltung wird die Auswahl erschwert. Bei der Planung sollten jedoch folgende Gesichtspunkte beachtet werden:

- Technische Anforderungen
  - Flexibilität, Anpassungsfähigkeit, Erweiterbarkeit
  - Revisionsmöglichkeit, Zugang zum Deckenhohlraum
  - Integration von Beleuchtung, Lüftung, Technik

  - Raumbedarf von Abhängung und Unterkonstruktion
  - Nachträglicher Anschluss von Trennwänden an die Decke
  - Langlebigkeit, Empfindlichkeit, Reinigbarkeit
  - Austauschbarkeit einzelner Deckenelementen
- Bauphysikalische Anforderungen
  - Baustoffklasse
  - Feuerwiderstand allein oder in Verbindung mit der Rohdecke
  - Luftschalldämmung, Trittschalldämmung, Längsschalldämmung
  - Schallabsorption
  - Feuchteverhalten, Korrosionsverhalten
  - Wärmedämmung
- Sonderanforderungen
  - Reinraumdecke
  - Strahlenschutz
  - Kühldecke
- Gestaltung
  - Fugenfrei oder gerastert
  - Rechteckplatten, Kassetten, Paneele, Gitter, Waben, Lamellen
  - Unterkonstruktion sichtbar oder unsichtbar
  - Beleuchtung, Lichtdecken
  - Oberfläche, Struktur, Farbe, Material
  - Räumliche Formen, Wölbung
- Baubetriebliche Gesichtspunkte
  - Montagezeitpunkt
  - Montageaufwand und -zeit
  - Ökologische Gesichtspunkte
  - Kosten [17]

4.4.2 Aufbau von Deckensystemen

Die Anzahl der Deckensysteme auf dem Markt ist sehr groß und sie unterscheiden sich durch ihre Konstruktion, Materialien, Funktion und Gestaltung. Da es nicht möglich ist, alle produkt- und herstellerspezifischen Systeme vorzustellen, wird im Folgenden auf die verbreiteten Standardkonstruktionen eingegangen. Abgesehen von den Abhängern und Befestigungselementen sind Verbindungsmittel und Profile für das entsprechende Deckensystem abgestimmt. Die Decklage kann in Abhängigkeit von der Gestaltung der fertigen Unterdecke wie folgt kategorisiert werden:

- Platten für fugenfreie Deckenflächen und als Putzträger,
- Rasterplatten,
- Paneele,
- Waben-, Lamellen-, Gitterkonstruktion.

Darüber hinaus werden Unterdecken in Abhängigkeit der Ausführung und dem Material wie nachstehend gegliedert [30].

Deckensysteme					
Fugenfreie Deckenflächen		Gerasterte Deckenflächen			
Plattendecken, z. B. Gipsbauplatten, Putzträgerplatten	Spanndecken, z. B. Kunststofffolien	Paneeldecken z. B. aus Metall, Holz oder Kunststoff	Kassetten und Langfeldplatten (Bandraster), z. B. Mineralfaserplatten, Gipsbauplatten, Glas	Offene Decklage	
				Gitterdecken, z. B. aus Metall oder Kunststoff	Waben- und Lamellendecken, z. B. Mineralfaserplatten, Akustikelemente

Deckensysteme aus Gipsbauplatten

Mit Ausnahme von Gipskassetten sind Deckensysteme aus Gipsbauplatten fugenfreie Konstruktionen. Die Flexibilität der Gipsbauplatten ermöglicht die Ausführung von gewölbten und gebogenen Deckenformen. Die Systeme aus Gipsbauplatten werden durch die Anordnung und das Material der Unterkonstruktion, die Dicke der Beplankung und der Dämmstoffdicke unterschieden. Aufgrund der besseren Einschätzung des Profilverhaltens werden bei Unterdecken die abgehängten Unterkonstruktionen aus Metall bevorzugt. Um diverse Funktionen der Systeme zu gewährleisten, kann die Beplankung geschlossene oder gelochte Flächen aufweisen. Jedoch ist bei fugenlosen Deckensystemen der Einbau von Einbauleuchten oder Revisionsklappen frühzeitig in die Planung mit einzubeziehen, da diese in der Regel eine Auswechslung der Unterkonstruktion erfordern und zusätzlich Abhänger angeordnet werden müssen. Die nachträgliche Einbindung von Einbauten ist aufwendig und mit Eingriffen in die Unterdecke verbunden [17].

Stützweiten und Lasten

Die Abstände der Traglatten und -profile für Gipskartonplatten werden abhängig von der Plattendicke und der Art der Befestigung (längs oder quer zur Faserrichtung des Kartons) der Platten angegeben. In Tabelle 4.12 sind die Abstände der Traglatten und -profile in Abhängigkeit der Plattendicke dargestellt [17].

Tabelle 4.12 Maximale Spannweiten von GF-Platten [17]

Dicke [mm]	Achsabstand der Tragplatten und -platten [mm]
10	350
12,5	435
15	525
18	630

Bei der Festlegung der Abstandsmaße sollten die Formate der eingesetzten Platten berücksichtigt werden. Ferner werden in Tabelle 4.13 die zulässigen Stützweiten der Grundprofile und Tragprofile in Bezug der Gesamtlast (inkl. Einbauten) des Deckensystems demonstriert. Dabei werden drei Lastbereiche unterschieden: 0 bis 0,15 kN/m², über 0,15 kN/m² bis 0,30 kN/m² und über 0,30 kN/m² bis 0,50 kN/m² [17].

Tabelle 4.13 Zulässige Stützweiten für Profile aus Stahlblech [17]

Profile aus Stahlblech		Zulässige Stützweiten bei einer Gesamtlänge von [mm]		
		bis 0,15 kN/m²	Über 0,15 kN/m² bis 0,30 kN/m²	0,30 kN/m² bis 0,50 kN/m²
Grundprofile	CD 60 × 27 × 06	900	750	600
Tragprofile	CD 60 × 27 × 06	1000	1000	750

Da die Deckenlast zum Teil von der Unterkonstruktion abhängig ist, sind die jeweiligen Stützweiten am einfachsten über die Herstellerangaben zu entnehmen (Bild 4.35). Die Befestigung von leichten Gegenständen wie z. B. Lampen kann mittels geeigneter Hinterschnittdübel direkt an der Beplankung erfolgen. Einzellasten, die 6 kg je Plattenspannweite und je Meter nicht überschreiten, können unmittelbar an der Gipsbauplatten-Beplankung befestigt werden. Darüber hinausgehende Lasten fließen als Zusatzlast in die Gesamtlast der Decke mit ein [17].

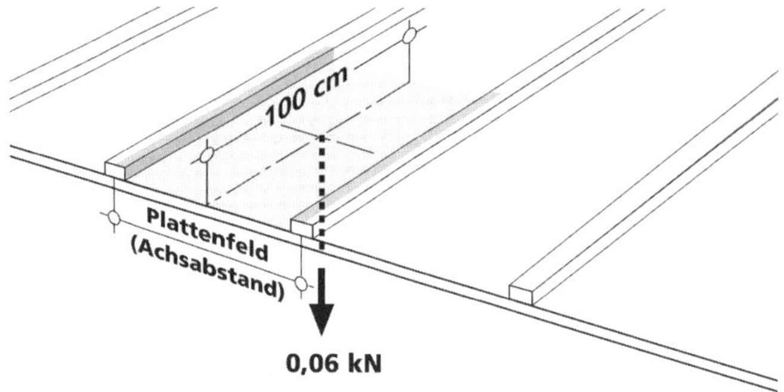

Bild 4.35 Zulässige Belastung je Plattenspannweite und je Meter [43a]

Grundsysteme

Abgehängte Unterdecken aus Gipsbauplatten mit Unterkonstruktion aus CD-Metallprofilen sind in Bild 4.32 dargestellt.

Bewegungsfugen

Die Anordnung von Bewegungsfugen in die Deckensysteme ist an gleicher Stelle wie im Rohbau vorzunehmen. Bei Gipskartonplatten sollte der Abstand der Bewegungsfugen ca. 15 m, bei Gipsfaserplatten ca. 8 m betragen. Auf den Bewegungsraum der Profile ist ebenso zu achten. Sind Brandschutzanforderungen durch die Unterdecke zu erfüllen, so hat der hinterlegte Plattenstreifen genauso dick wie die Beplankung zu sein. Dabei wird der Plattenstreifen einseitig mit der Beplankung mittels Schrauben, Klammern oder durch Kleben verbunden (Bild 4.36) [17].

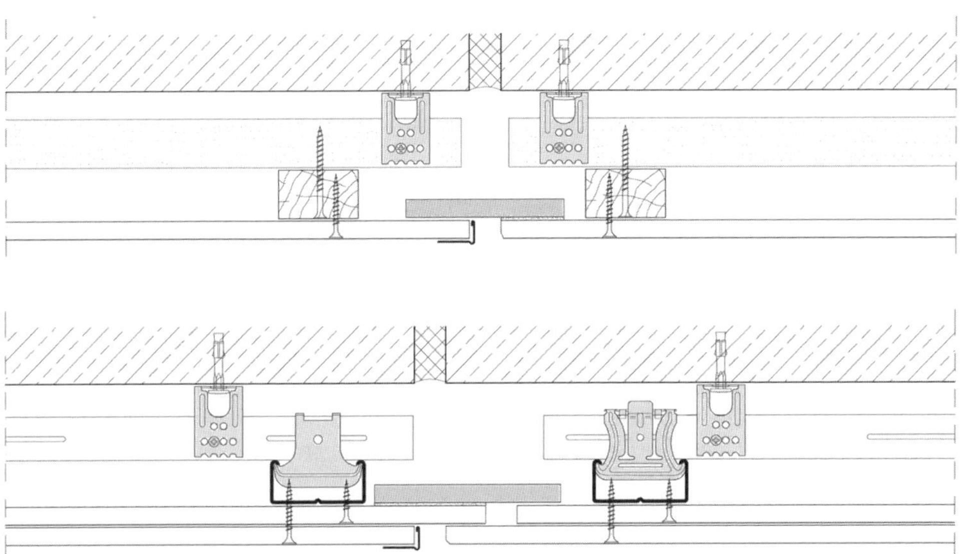

Bild 4.36 Bewegungsfuge ohne Brandschutzanforderungen (oben) und mit Brandschutzanforderungen (unten) [37]

Deckensysteme mit gerasterten Flächen

Als Ersatz für eine fugenfreie Deckenkonstruktion gibt es eine Vielfalt von Deckenplatten, die in eine Unterkonstruktion eingelegt oder eingeklemmt werden können. Dadurch bleiben die einzelnen Deckenplatten erkennbar und es entsteht eine gerasterte Struktur. Wenn die Tragprofile der Unterkonstruktion sichtbar bleiben, kann eine zusätzliche Verstärkung der Konstruktion erreicht werden. Durch feste Verlegeabstände der Tragprofile und die Standardformate der Platten ist das Einlegen oder Einklemmen der Platten exakt möglich. Die einbaufertigen Platten unterscheiden sich lediglich durch Material, Oberfläche und Kantenform. Sie müssen nicht weiterbearbeitet oder zugeschnitten werden. Eine Ausnahme sind die Randplatten, die im Wand- oder Stützenverlauf angepasst werden müssen. Aufgrund gestalterischer Vorstellungen sowie technisch-physikalischer Anforderungen an die Unterdecke ist die Anzahl der auf dem Markt befindlichen Deckensysteme äußerst hoch. Die am weitesten verbreiteten Deckensysteme basieren auf Mineralfaser und Metallkassetten aus Aluminium oder Stahl.

Die Kanten der Mineralfaserplatten können bearbeitet werden, z. B. durch Nutung. Eine Bearbeitung der Metallplatten kann aufgrund der geringen Materialstärke nicht durchgeführt werden. Diese werden im Zuge der Blechumformung bearbeitet. Jedoch setzen beide Systeme Platten in Quadrat- oder Rechteckformaten voraus. Die gerasterten Deckensysteme teilen sich auf in Bandrastersysteme und Flurdecken. Sämtliche Zubehörteile wie z. B. Beleuchtungskörper, Elemente zur Luftführung und Kühlelemente sind auf das Deckenraster abgestimmt. Sie können auch in die Unterkonstruktion bzw. das Bandraster integriert sein [17].

Z-Systeme

Bei diesen Deckensystemen haben die Tragprofile eine Z-ähnliche Form (Bild 4.37). Das System zeichnet sich dadurch aus, dass die Metallkonstruktion in zwei Ebenen angeordnet wird. Die Abstände der Grundprofile, welche die obere Ebene bilden, können bis zur systemspezifischen Höchstgrenze verändert werden. Dies hat den Vorteil, dass die Abhängungen sowie Verankerungen optimal positioniert werden können, ohne von Installationsleitungen oder anderen Hindernisse gehindert zu werden. Die zweite Ebene besteht aus den Tragprofilen (Z-Profile), die unterhalb der Grundprofile verlaufen und die Platten aufnehmen. Durch die freie Verschiebbarkeit der Tragprofile bleibt der Fugenverlauf der Unterdecke von den Grundprofilen unabhängig. Die Längsfugen der Deckenplatten bestimmen somit Lage und Abstand der Z-Profile. T-förmige Aussteifungsprofile werden bei weichen Platten wie z. B. Mineralfaserplatten zusätzlich eingesetzt. Diese Aussteifungsprofile nehmen die Stirnkanten der Platten auf und liegen an den Enden auf den Flanschen der Tragprofile auf. Werden aufgrund von Anpassungen an den Wandverlauf Platten zugeschnitten (Randplatten), können diese mit Winkelprofilen aufgenommen werden [17].

Die Konstruktion mit Mineralfaserdeckenplatten kann genutet oder gefalzt ausgeführt werden (Bild 4.38). Sie sind normalerweise fest eingebaut und nicht herausnehmbar. Somit ist der Zugang zum Deckenhohlraum lediglich durch die Revisionsöffnungen möglich. Bei der Konstruktion mit Nut- und Feder-Platten sind die Platten nicht nur durch die Fugenprofile, sondern auch durch Nut und Feder miteinander verbunden. Bei dieser Variante ergibt sich ein nahezu fugenloses Bild. Die Profile bei der Halbverdeckten Konstruktion sind in einer Richtung sichtbar und in der anderen verdeckt (richtungsbetontes Deckenbild). Um die Platten herausnehmbar zu machen, müssen die Längskanten in geeigneter Weise genutet oder gefalzt sein (Bild 4.39). Durch die S-Form der Tragprofile ist somit ein schräges Anheben und Herausnehmen möglich. Als Aussteifung an den Stirnkanten kommen hier statt eines T-Profils zwei L-Profile zum Einsatz [17].

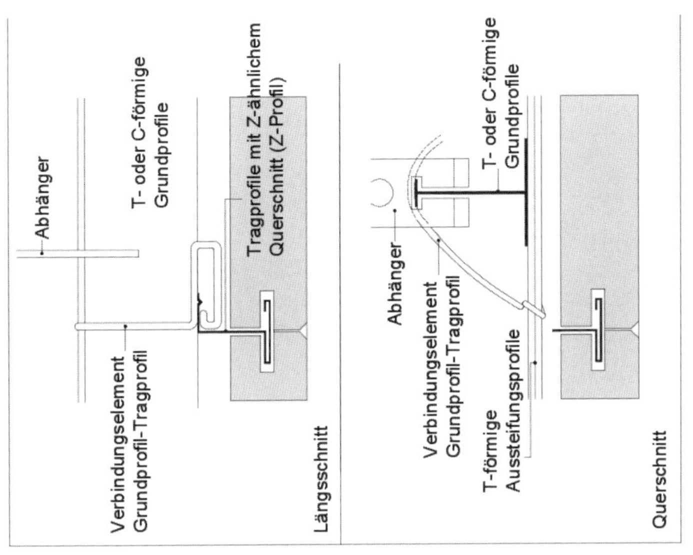

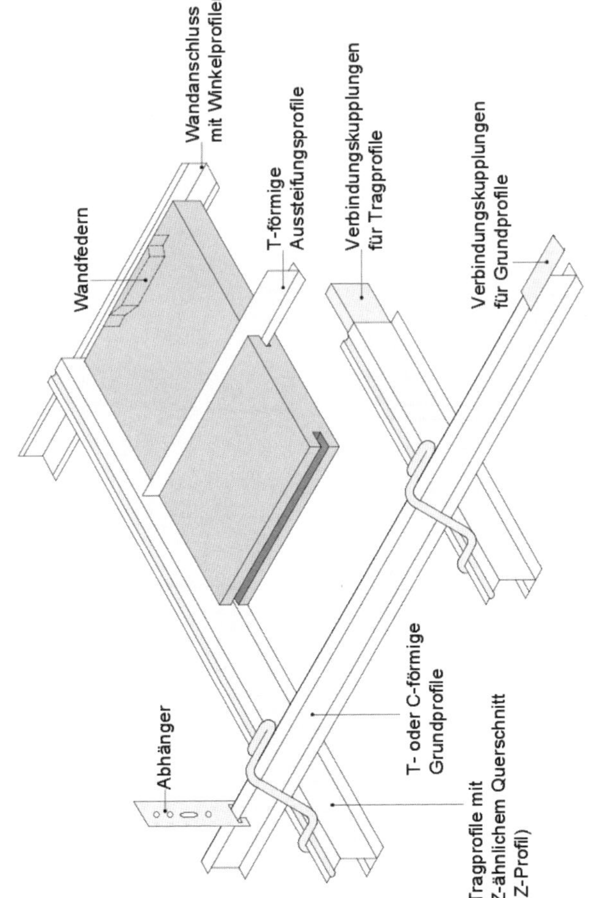

Bild 4.37 Rasterdecke mit verdeckter Konstruktion im Z-System (Eigene Darstellung i. A. a. [17])

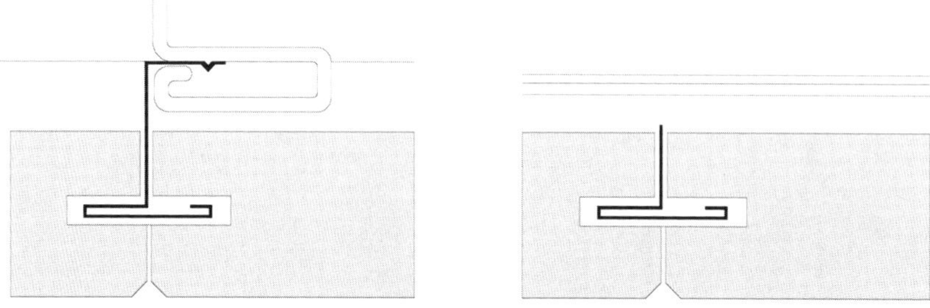

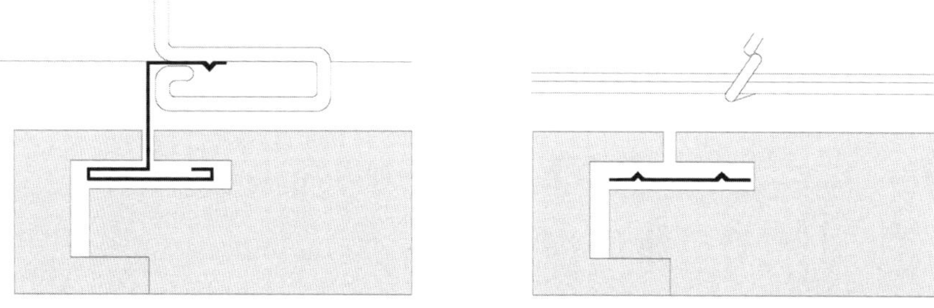

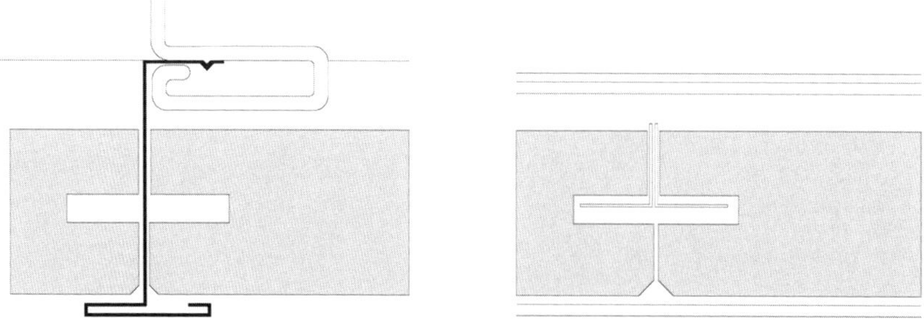

Bild 4.38 Konstruktionsvarianten mit Mineralfaserplatten im Z-System (Eigene Darstellung i. A. a. [46])

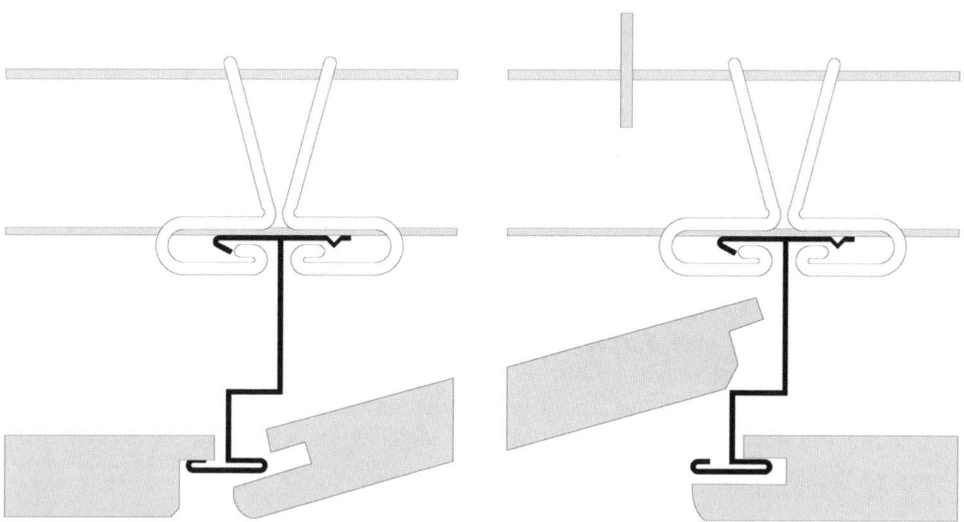

Bild 4.39 Verdeckte Konstruktion im Z-System mit herausnehmbaren Mineralfaserplatten (Eigene Darstellung i. A. a. [30])

T-Systeme

Ein weiteres System besteht aus T-förmigen Profilen (Bild 4.40). Hierbei werden die Metall-Unterkonstruktion in einer Ebene angeordnet und die Längs- und Querprofile fest miteinander verbunden [17].

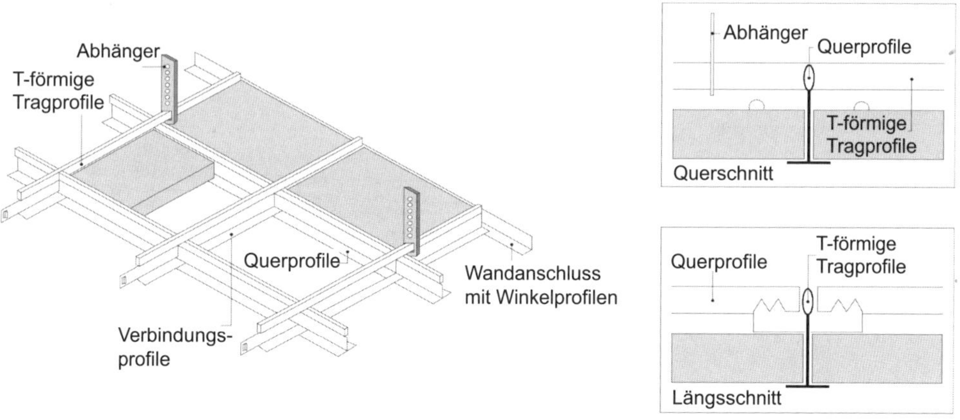

Bild 4.40 Mineralfaserdecke mit sichtbarer Konstruktion im T-System (Eigene Darstellung i. A. a. [17])

Bei dieser Ausführung werden weniger Profile als bei den Z-Systemen benötigt. Hinzu kommt, dass aufgrund der einfachen Verlegung kürzere Montagezeiten erreicht werden können. Jedoch ist dieses System nur für bestimmte Plattenformate geeignet. Deshalb sollte bereits bei der Montage der Abhänger der spätere Fugenverlauf berücksichtigt werden. Durch das Verlegen der Querprofile im Abstand von 60 oder 62,5 cm können Rechteckraster mit 60 × 120 cm oder 62,5 × 125 cm gebildet werden. Für das Herstellen von Quadratrastern mit 60 × 60 cm oder 62,5 × 62,5 cm werden zwischen die Querprofile Verbindungsprofile gesteckt. Die Platten sind demontierbar, d. h. der Deckenhohlraum ist an jeder Stelle zugänglich. Für das Herausnehmen und Einlegen der Platten im Fertigzustand wird eine Höhe von ca. 8 cm über den Profilen benötigt [17]. Wie bei den Z-Systemen kann die Ausführung bei der Konstruktion mit Mineralfaserdeckenplatten genutet oder gefalzt ausgeführt werden. Bei der halbverdeckten Konstruktion werden die Plattenlängskanten bei herausnehmbaren Platten mit verdeckten L-Aussteifungsprofilen und bei ortsfesten Platten mit verdeckten T-Aussteifungsprofilen ausgestattet. Dieses System ist nicht an die Abmessungen der Standardplattenformate gebunden. Die verdeckte Konstruktion bietet, aufgrund verdeckter Profile, ein geschlossenes und optisch nur schwach sichtbares Fugenbild (Bild 4.41). Dieses System ist nur für Standardplattenformate geeignet. Zudem sind die Platten nicht herausnehmbar. Es ist bei der Bestimmung der Abhängerpunkte darauf zu achten, dass sich die Position der Tragprofile nach dem Fugenverlauf der Decke richtet [17].

Bild 4.41 Konstruktionsvarianten mit Mineralfaserplatten im T-System (Eigene Darstellung i. A. a. [30])

T-Systeme (Bild 4.42) sind ebenfalls für die Konstruktion mit Metalldeckenplatten gut geeignet. Die Metalldeckenplatten besitzen zum Auflegen auf die Unterkonstruktion einen zwei- oder vierseitigen Falz. Die Tragprofile sind üblicherweise sichtbar. Durch die Ausformung der Falzung und Deckenplatten gibt es unterschiedliche Varianten [17].

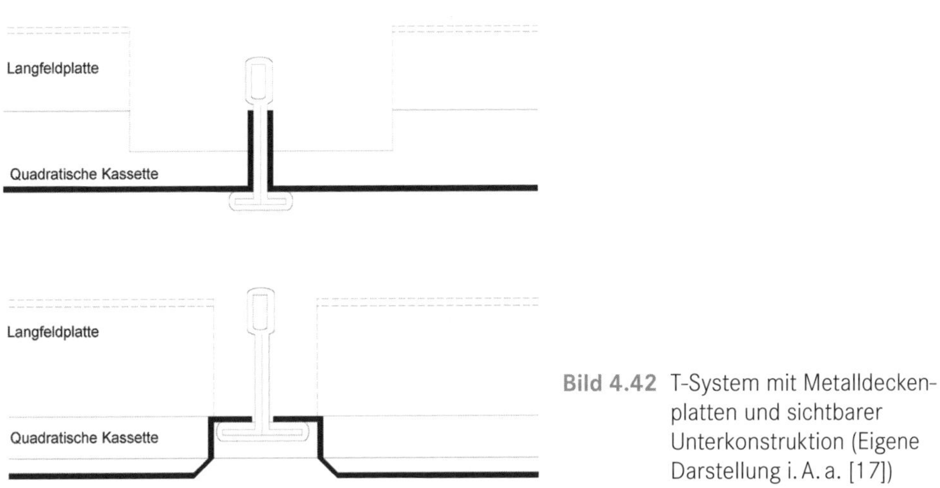

Bild 4.42 T-System mit Metalldeckenplatten und sichtbarer Unterkonstruktion (Eigene Darstellung i. A. a. [17])

Klemmsysteme

Klemmsysteme (Bild 4.43) sind neben den Platten, die in die Unterkonstruktion eingelegt werden, eine weitere Methode, um Deckenplatten einzubringen. Es handelt sich dabei um Metallkassetten, die in die Klemmschienen der Unterkonstruktion einrasten und somit den unteren Deckenabschluss bilden. Bei dieser Variante rastet der Klemmdorn, der sich auf den beiden seitlichen Kassettenstegen befindet, beim Einschieben der Kassettenstege in die Klemmschiene ein [17].

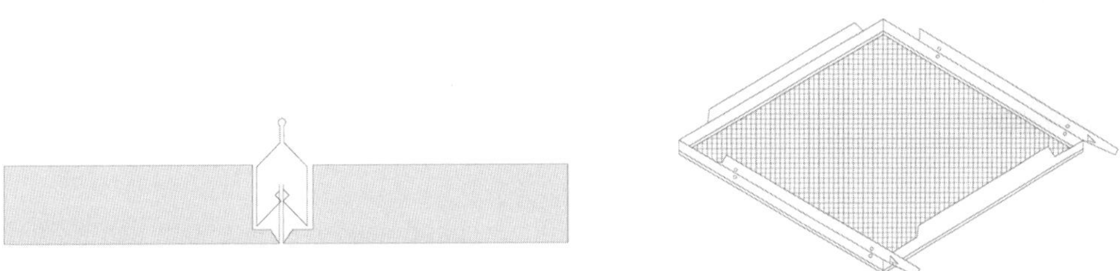

Bild 4.43 Klemmprofil und Kassettenstege mit Klemmdornen (links) und abklappbare Fensterkassette (rechts) (Eigene Darstellung i. A. a. [30])

Die Unterkonstruktion kann ähnlich wie bei den T-Systemen, einlagig oder ähnlich wie bei den Z-Systemen, zweilagig ausgebildet werden. Neben den Standardmaßen der Kassetten (50 × 50, 60 × 60, 62,5 × 62,5 cm) gibt es auch Langfeldplatten sowie Bandrastersysteme. Es besteht die Möglichkeit, mit einer geeigneten Konstruktion einzelne Kassetten in der Decke aufzuklappen. Der Klappmechanismus wird erreicht, indem Kassetten verwendet werden, beim denen die Klemmstege in eine Stegverlängerung (Nase) übergehen. Der auf der Klemmstange ausgedrückte Dorn dient als Gelenkpunkt zum Erzielen der Klappeigenschaft. Wird nun die Kassette geöffnet, werden die Klemmdorne aus der Schiene gezogen und der Drehdorn verbleibt als Gelenk in der Klemmschiene. Die Metallkassetten dienen jedoch nicht als Revisionsklappen [17].

Bandrasterdecken

Kommt es zum Bau von leichten oder versetzbaren Trennwänden, die nicht bis zur Rohdecke, sondern nur bis zur Unterdecke reichen, werden Bandrasterdecken eingesetzt (Bild 4.44). Dadurch ist es möglich, die Trennwände an den Unterdecken fest und sicher zu verankern, indem in bestimmten Abständen besonders breite und stabile Tragprofile (Bandrasterprofile) in der Unterdecke angeordnet werden. Sie dienen zudem als Auflager für die Deckenplatten [17].

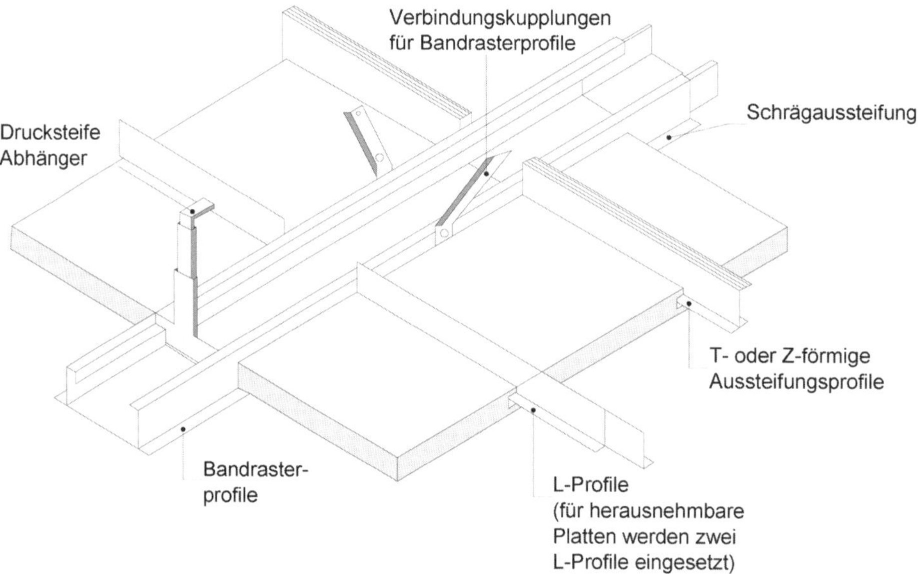

Bild 4.44 Mineralfaserdecke als Bandrasterdecke (Eigene Darstellung i. A. a. [30])

Die Profilbreite beträgt zwischen 50 und 150 mm. Bandrasterdecken haben den Vorteil, dass Trennwände nachträglich eingebaut oder versetzt werden können, ohne die Decke zu beschädigen. Zudem können, aufgrund fehlender Unterbrechungen durch Trennwände im Deckenhohlraum, Installationsleitungen frei und ungehindert über die gesamte Geschossfläche geführt werden. Um Schubkräfte aus den Trennwänden abzufangen bzw. um ein seitliches Ausweichen zu verhindern, werden die Bandrasterprofile in Abständen von etwa 200 cm mit Schrägaussteifungen zur tragenden Konstruktion ausgestattet. Es besteht auch die Möglichkeit, etwa jede fünfte Reihe der Aussteifungsprofile fest mit den Bandrasterprofilen zu verbinden. Bandrasterprofile gibt es in unterschiedlichen Ausführungsvarianten und für verschiedene Funktionen. Sie können ebenfalls für den Einbau von Beleuchtung, Lüftung, Stromschienen usw. genutzt werden. Die DIN 18 168 definiert feste Grenzwerte für den Abhängerabstand (Tabelle 4.14). Grundsätzlich gilt, dass pro 1,50 m^2 Deckenfläche ein Abhänger angeordnet werden muss [17].

Tabelle 4.14 Abhängerabstand in Abhängigkeit vom Achsabstand der Bandrasterprofile [17]

Achsabstand der Bandrasterprofile (cm)	120	150	200	250
Abhängerabstand (cm)	125	100	75	60

Freigespannte Flurdecken

Im Deckenhohlraum der Flure befinden sich zahlreiche Kabel, Rohre und Kanäle für die Ver- und Entsorgung. Aus Platzmangel ist es problematisch, die Unterdecke an die tragende Decke zu befestigen. Da zudem solche Unterdecken für Wartungs- und Reparaturarbeiten demontierbar sein sollten, eignen sich Decken als freigespannte Konstruktionen ohne Abhängung (Bild 4.45). Mit dieser Ausführungsmethode können Spannweiten bis zu 300 cm realisiert werden. Die Deckenplatten können durch eine innere Aussteifung selbsttragend sein oder sie werden an Tragkonstruktionen wie z. B. T-Profile befestigt bzw. aufgelegt. Die Konstruktion wird quer zum Flur von Wand zu Wand gespannt, so dass die Stirnseiten der Platten auf den Wandanschlussprofilen aufliegen, welche die gesamte Last der Decke und Einbauten tragen [17].

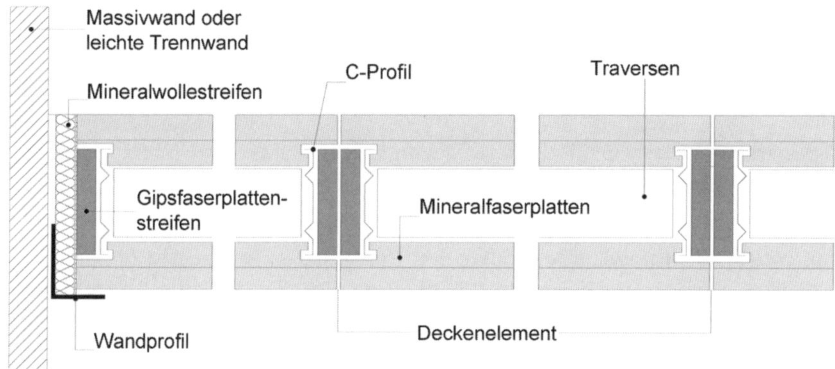

Bild 4.45 Selbstständiges Unterdeckensystem F90 aus freigespannten Deckenelementen (Eigene Darstellung i. A. a. [31])

Systeme mit offener Deckenunterseite

Die Besonderheit bei Deckensystemen mit offener Deckenunterseite besteht darin, dass sie keine geschlossene Fläche bilden und dadurch die verlegten Installationen über den Unterdecken frei zugänglich sind. Um das Erscheinungsbild nicht zu beeinträchtigen, werden die verlegten Installationen oft in dunklen Farben gehalten, wodurch sie nahezu nicht erkennbar sind [30].

Lichtrasterdecken

Lichtrasterdecken bestehen aus abgehängten Gitterplatten mit variabler Steghöhe, die aus Kunststoff, Aluminium oder Stahl mit verschiedenen Beschichtungen sein können und nicht geschlossen sind (Bild 4.46). Dabei können die Gitter quadratisch, kreis- oder wabenförmig sein. Die Ausführung erfolgt, indem die Gitterplatten entweder auf T-Profile aufgelegt oder ineinander übergehend verbunden werden [17].

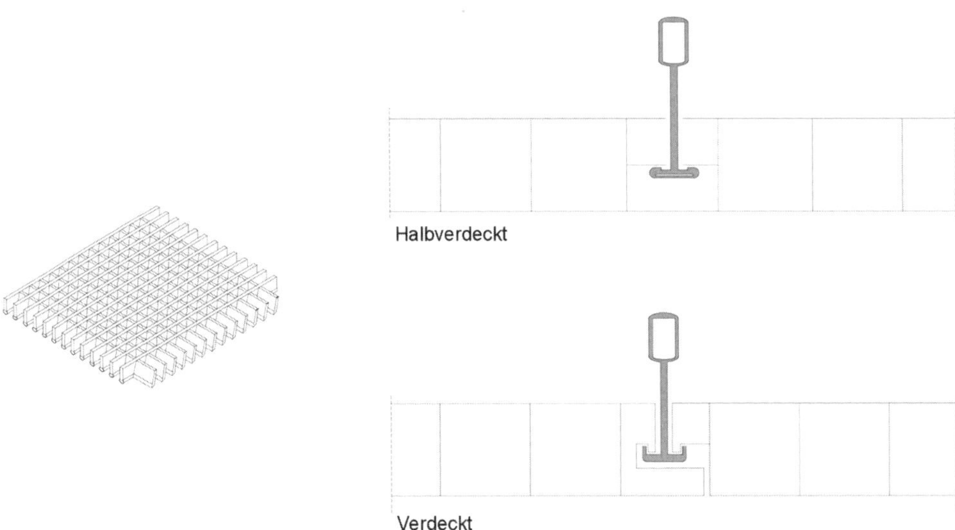

Bild 4.46 Lichtrasterdecken (links) und Einlegemontage von Lichtrasterdecken (rechts) (Eigene Darstellung i. A. a. [17] und [33])

Die Anordnung von Beleuchtungskörpern über den Gitterplatten ermöglicht Reflexionen an den Gitterplatten, womit eine indirekte Beleuchtung für den darunter befindlichen Raum geschaffen wird. Die indirekte Beleuchtung kommt immer dann zum Einsatz, wenn Anforderungen an die Blendungsbegrenzung vorliegen. Dies führt zu einer architektonisch-optisch begründeten Wahl der Öffnungen und Höhe der Stege. Bei der Anordnung der Leuchten ist darauf zu achten, dass der Leuchtenabstand höchstens doppelt so groß ist wie die Abhängehöhe der Unterdecke [17].

Wabendecken

Als Wabendecken werden Unterdecken, die aus senkrecht stehenden Deckenplatten und normalerweise aus Mineralfaserplatten bestehen, bezeichnet. Infolge dieser Anordnung lässt sich im Gegensatz zur waagrechten Anordnung eine höhere Schallabsorptionsfläche an der Decke erzielen. Demnach wird auch der Lichteinfall nicht behindert, vielmehr wird ähnlich den Gitterplatten ein guter Blendschutz ermöglicht. Auch bei den Wabendecken sind die Installationen frei zugänglich und durch den dunklen Anstrich kaum zu sehen. Es bieten sich verschiedene Wabenformen, wie z. B. Quadrat- und Rechteckwaben, Dreieck- und Sechseckwaben an, deren Aufbau in Bild 4.47 und Bild 4.48 dargestellt ist [17].

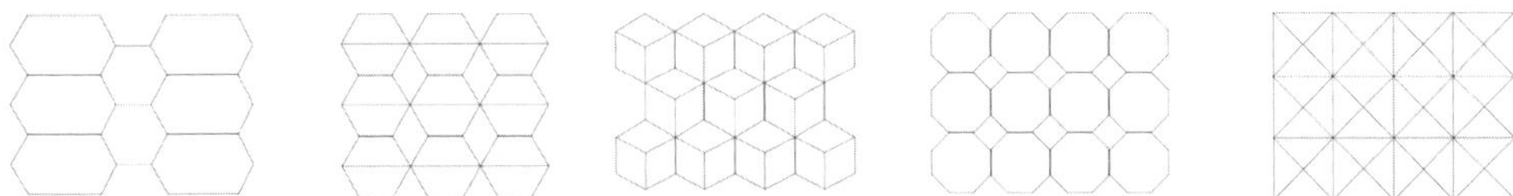

Bild 4.47 Varianten von Wabendecken (Eigene Darstellung i. A. a. [30])

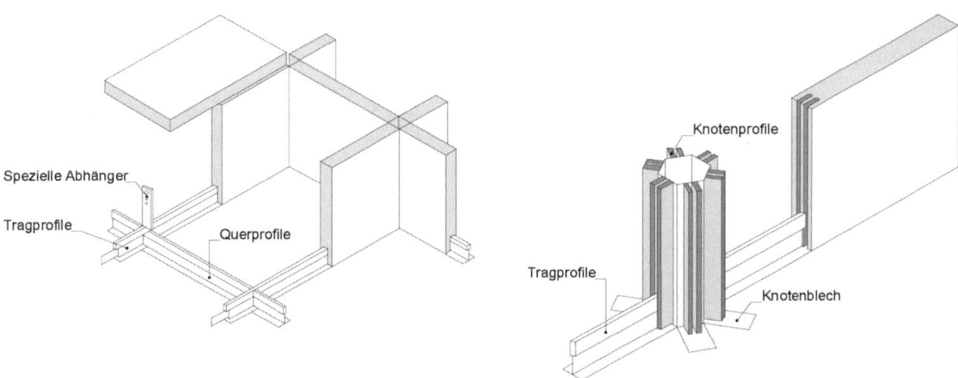

Bild 4.48 Wabendecke im Quadratsystem (links) und Knotenpunkt einer Dreieckwabendecke (rechts) (Eigene Darstellung i. A. a. [30])

Lamellendecken

Lamellendecken (Bild 4.49) sind Unterdecken, deren Deckenplatten parallel stehende Lamellen sind, die zwischen den tragenden Profilen senkrecht zueinander abgehängt werden. Bedingt durch die senkrechte Anordnung bieten Lamellendecken einen guten optischen Raumabschluss und sind zudem licht- und luftdurchlässig. Besonders geeignet sind Lamellendecken in Räumen, deren akustische Eigenschaften im Nachhinein verbessert werden sollen, ohne dabei die vorhandene Licht- und Luftdurchführung verändern zu müssen. Als Lamellenplatten werden Mineralfaserplatten oder besondere Schallabsorberplatten eingesetzt [17].

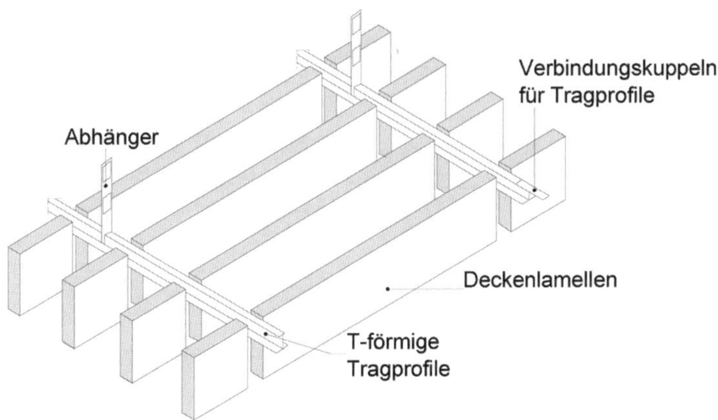

Bild 4.49 Aufbau einer Lamellendecke (Eigene Darstellung i. A. a. [30])

Paneeldecken

Paneeldecken weisen plattenförmige Metallelemente auf, die aus Aluminium oder Stahl sein können. Die rechteckigen Elemente werden in die Tragschienen eingeschoben oder eingeklemmt (Bild 4.50), die an der Rohdecke befestigt sind. Die Tragschienen enthalten an ihrer Unterseite Halterungen, die in regelmäßigen Abständen vorzufinden sind und in die Stege der Metallelemente greifen. Dabei müssen die Halterungen der Tragschiene und die Breite des Paneelelements aufeinander abgestimmt sein, wodurch der Abstand und die Breite der Halterungen konstant sein müssen (Bild 4.51). Es ergibt sich eine Paneelbreite, die einem ganzzahligen Vielfachen des Halterabstands plus einem um eins geringeren Vielfachen der Halterbreite entspricht [17].

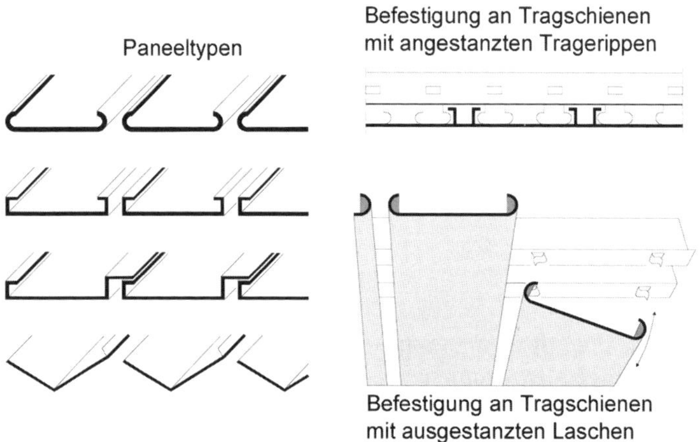

Bild 4.50 Schematische Darstellung von Metallpaneelen und ihrer Befestigung (Eigene Darstellung i. A. a. [31])

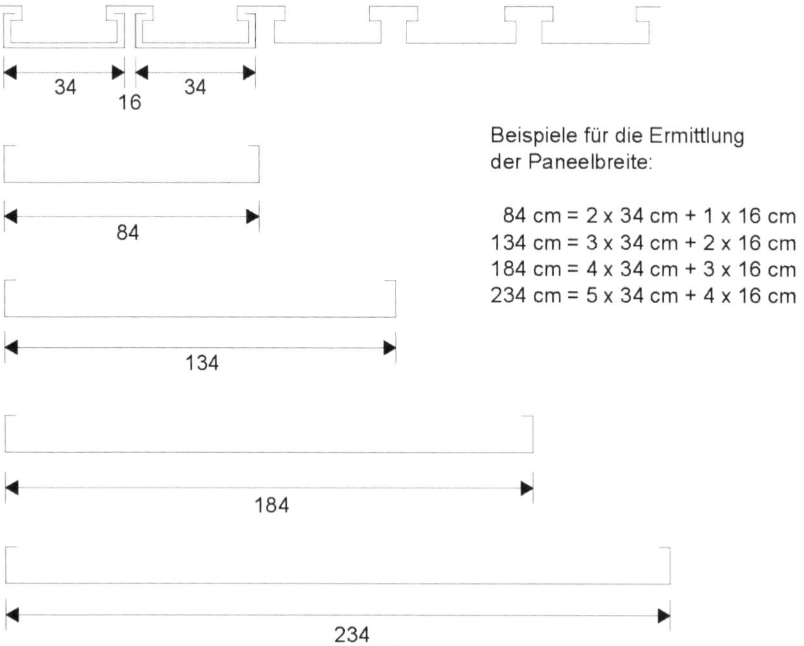

Bild 4.51 Tragschienen und einsetzbare Paneelbreiten (Eigene Darstellung i. A. a. [17])

Auch bei den Paneeldecken ist die Integration von Beleuchtung, Klima, Lüftung und anderen Einbauteilen möglich. Die Paneele stehen in mehreren Farben und Oberflächen zur Verfügung. Durch den Aufbau verschiedener Paneelbreiten, die Verlegerichtung oder die Fugenausbildung bieten sich etliche Gestaltungsmöglichkeiten. Zudem ist der Einsatz von Metallpaneelsystemen in Feuchträumen und im Außenbereich möglich [17].

Kühldecken

Unterdecken können nicht nur die raumabschließende Funktion und die Integration von Installationen, sondern auch raumklimatische Funktionen übernehmen. In den heutigen Bürokomplexen erzeugt eine Vielzahl von Geräten Wärme, wodurch eine geeignete Abführung benötigt wird. Hierzu sind Klimadecken ideal, da sie immer direkt auf die Wärmequellen im Raum wirken. Die Kühlung erfolgt in der Regel durch geschlossene Wasser- und Luftkreisläufe, die auf oder unter die Unterdecke installiert werden und für die notwendige Kühlung sorgen [17].

4.4.3 Anschlüsse und Details

Die bauphysikalischen Eigenschaften werden maßgebend von den Anschlüssen und Detailausbildungen beeinflusst. Hinzu kommt, dass bei fehlerhaften Anschlüssen und Detailausbildungen die Qualität und Dauerhaftigkeit des Bauteils beeinträchtigt wird [30].

Wandanschlüsse

Der Anschluss der Unterdecke kann mit verschiedenen Profilen ausgeführt werden. Bei der Befestigung einer Gipskarton-Unterdecke an eine Montagewand wird eine konstruktive Verbindung benötigt [17]. Um rissfreie Konstruktionen herzustellen, gibt es je nach Bauweise der Wand und Material der Decklage verschiedene Arten der Anschlussausbildung:

- starre, angespachtelte Anschlüsse,
- elasto-plastisch verfugte Anschlüsse,
- gleitende Anschlüsse,
- offene Anschlussfuge (Schattenfuge).

Bei starren Anschlüssen empfiehlt es sich, im Bereich des Deckenanschlusses einen Trennstreifen, wie z. B. selbstklebendes Malerband, aufzukleben und dagegenzuspachteln (Bild 4.52) [17].

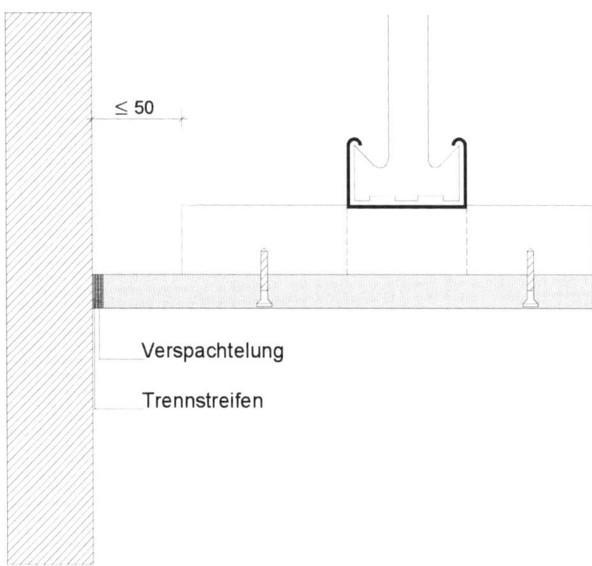

Bild 4.52 Verspachtelter Deckenanschluss an eine Wand (Eigene Darstellung i. A. a. [30])

Dieser Trennstreifen wird nach dem Erhärten des Spachtels plattenbündig abgeschnitten. Werden bei Wandanschlüssen keine Trenn- oder Bewehrungsstreifen angeordnet, besteht die Gefahr der Rissbildung. Finden die Verputzarbeiten der Massivwand später statt, so ist ebenfalls ein selbstklebendes Malerband auf die Gipsbauplatte zu kleben, welche die Trennung der Materialien schafft. Nach dem Verputzen und der Austrocknung des Putzes kann die Unterdecke bündig angeschlossen werden. Der Abstand des Tragprofils von der Wand darf hierbei sowie bei berührungsfreien Wandanschlüssen mit Sichtfugen max. 15 cm betragen (Bild 4.53) [17].

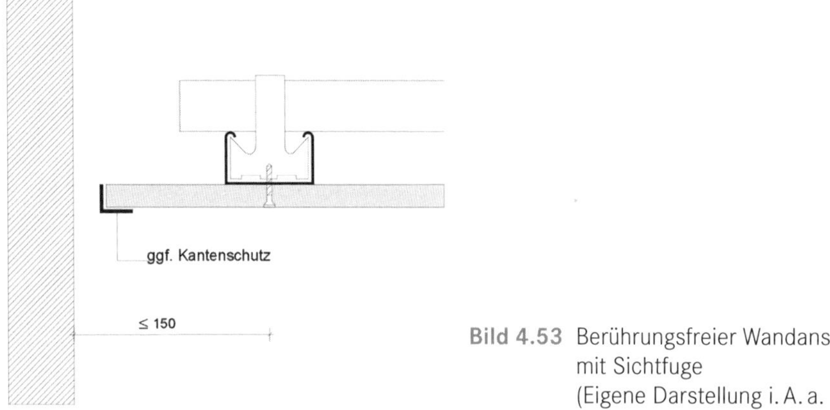

Bild 4.53 Berührungsfreier Wandanschluss mit Sichtfuge (Eigene Darstellung i. A. a. [30])

Die elasto-plastisch verfugten Anschlüsse (Bild 4.54) zwischen der Decke und Wand können z. B. mit 5 bis 7 mm dicken Acrylfugen hergestellt werden. Dabei müssen die Plattenkanten vor dem Verfüllen grundiert werden, um eine ausreichende Haftung zu gewährleisten.

Trennstreifen sollten dann eingesetzt werden, wenn das Fugenmaterial mit einer dritten Fläche in Kontakt kommt. Dadurch wird die Dehnung des Fugenmaterials ermöglicht [17].

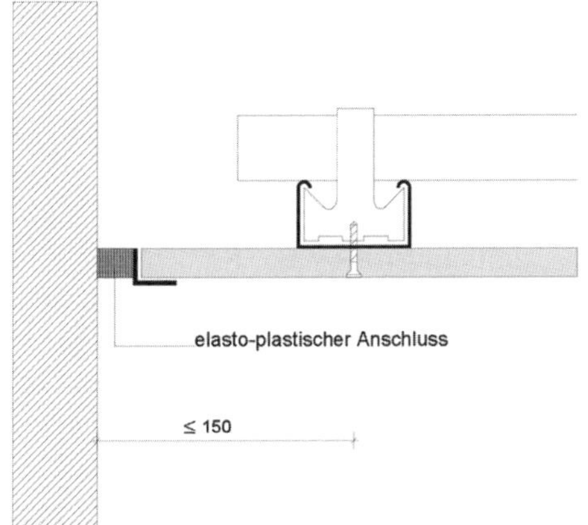

Bild 4.54 Elastisch abgedichteter Anschluss (Eigene Darstellung i. A. a. [30])

Gleitende Anschlüsse (Bild 4.55) kommen bei geforderten Eckverspachtelungen zwischen Decke und Wand in vertikaler oder horizontaler Richtung zum Einsatz. Bei der vertikalen Ausbildung sind die Deckenplatten über Profile mit der Wand verbunden. Zu beachten ist, dass die Abhänger der Unterdecke in einem horizontalen Abstand von 1 m zur Wand montiert werden. Somit kann sich die Deckenbekleidung gering vertikal verformen, da sie nicht direkt mit der Rohdecke verbunden ist. Bei einer horizontalen Ausbildung wird die Deckenbekleidung von unten an ein Anschlussprofil, das als Widerlager dient, gestoßen. Durch Schattenfugen können mögliche auftretende Risse im Anschlussbereich Decke – Wand gestalterisch verdeckt werden. Gleitende Schattenfugen können mit UD-Profilen oder Winkelanschlussprofilen bei frei auskragenden Platten konstruiert werden. Die Auskragung ist auf 150 mm zu begrenzen und die freien Plattenkanten sind zusätzlich mit einem Kantenschutz zu versehen [30].

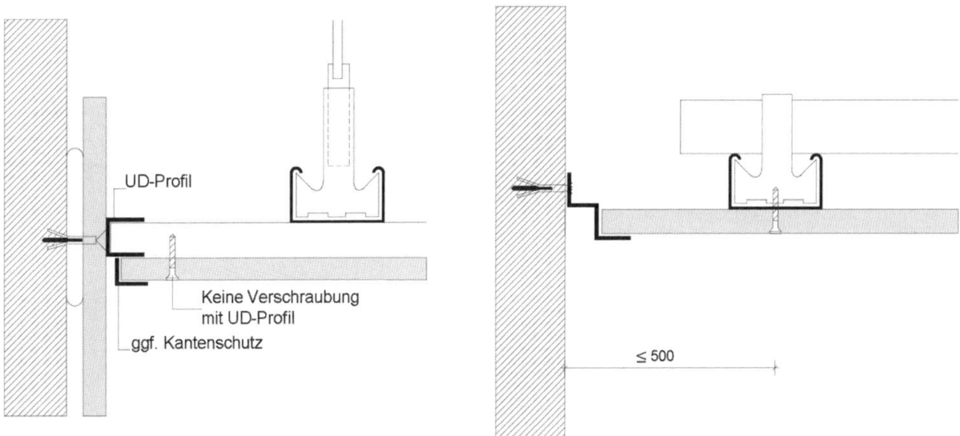

Bild 4.55 Anschluss mit Schattenfuge über UD-Profil (links) und Anschluss mit Schattenfugenprofil (rechts) (Eigene Darstellung i. A. a. [17])

Deckeneinbauten

- Einbauleuchten

  Es existieren zahlreiche Formen und unterschiedliche Anordnungen von Einbauleuchten in die Decken. Dabei ist zu beachten, dass die gewünschten Leuchten dem Format des Deckenrasters entsprechen, damit die Konstruktion der Decke nicht verändert wird. Dadurch kann statt einer Platte eine Leuchte in die Konstruktion eingesetzt werden. Derartige Leuchten sind für alle Deckenraster lieferbar und fügen sich exakt in die Konstruktion ein, ohne den Fugenverlauf zu stören (Bild 4.56, Nr. 1 und 2). Weitere Leuchten können eingesetzt werden, wenn sie rundherum ein Auflager haben, das die angeschnittenen Platten und unterbrochenen Profile aufnimmt (Bild 4.56, Nr. 3 bis 7). Der Einsatz von Leuchten bei Bandrasterdecken kann sowohl durch den Austausch von Bandrasterprofilen gegen Bandrasterleuchten als auch durch den Einsatz von Langfeldleuchten zwischen den Bandrasterprofilen geschehen. Da die Leuchten im Gegensatz zu den Deckenplatten ein höheres Gewicht aufweisen, sind zusätzliche Abhänger für die Leuchten notwendig. Die rückseitige Ummantelung der Leuchten mit Platten ermöglicht die Brandschutzfunktion [17].

Bild 4.56 Anordnungsmöglichkeiten von Einbauleuchten (Eigene Darstellung i. A. a. [17])

- Luftauslässe

  Die Integration verschiedener Formen von Zu- und Abluftöffnungen in die Unterdecke ist ebenfalls möglich. Allerdings müssen diese Öffnungen an der Unterkante so abgewinkelt werden, dass sie Plattenkanten und Deckenprofilen ein Auflager bieten [17].

- Revisionsöffnungen

  Für Wartungszwecke der Installationen unterhalb der Deckensysteme werden Revisionsöffnungen eingebaut (Bild 4.57). Sie sind in Abmessungen von 20 × 20 cm bis 80 × 80 cm lieferbar. Übliche Revisionsklappen bestehen aus einer Metallkonstruktion mit mineralischen Einlagen oder einer Unterkonstruktion, die mit Gipsplatten beplankt ist. Der Einbau ist abhängig vom Deckensystem und den Brandbeanspruchungen sowie der vorgesehenen Zulassung. [17]

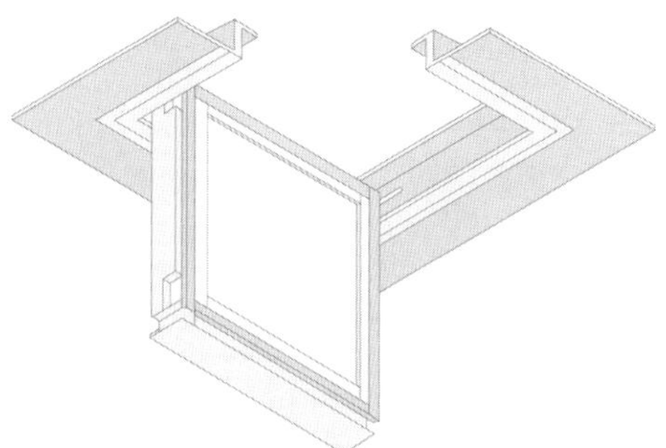

Bild 4.57 Revisionsklappe
(Eigene Darstellung i. A. a. [30])

4.4.4 Bauphysikalische Anforderungen

Deckensysteme bieten eine gute Möglichkeit, um den Brand- und Schallschutz von Rohdecken zu verbessern. Allerdings können die entstehenden Hohlräume auch schädliche Auswirkungen haben, z. B. wenn eine Unterdecke über einer Trennwand verläuft. Somit ist bei der Konstruktion darauf zu achten, dass der Wandanschluss ebenfalls die Anforderungen an die Deckensysteme erfüllt [30].

Brandschutz

Auch bei der Beurteilung des Brandschutzes der Deckensysteme werden die zwei Konstruktionsarten unterschieden. Zum einen gibt es Unterdecken, die zusammen mit der Rohdecke in eine Feuerwiderstandsklasse eingeordnet werden können und je nach Bauart der Rohdecken in DIN 4102 geregelt werden. Dabei kann es sich beispielsweise um eine Holzbalkendecke handeln, die eine Unterdecke mit einer Gipsplattenbekleidung erhält. Zum anderen gibt es Unterdecken, die selbstständig einen Widerstand gegen das Feuer bieten und als brandschutztechnisch selbstständige Unterdecken bezeichnet werden. Die Feuerwiderstandsdauer dieser Systeme wird in einem allgemeinen bauaufsichtlichen Prüfungszeugnis durch die Hersteller nachgewiesen. Aufgabe dieser Unterdecke ist es auch, die Installationen im Deckenhohlraum vor einem Brand im Raum darunter zu schützen. Soll die Unterdecke den darunterliegenden Raum vor einem Brand schützen, ist die Oberseite in eine Feuerwiderstandsklasse einzuordnen. Im Allgemeinen sind Einbauten in die Unterdecke nach DIN 4102-4 nicht zulässig, um die Brandschutzanforderungen erfüllen zu können. Jedoch kann über Prüfzeugnisse nachgewiesen werden, dass die Ausführung problemlos ist. Der Anschluss zu anstoßenden Bauteilen muss die gleiche Feuerwiderstandsklasse wie die Deckfläche besitzen. Zu diesem Zweck muss die Decklage im Wandanschlussbereich z. B. mit Anschlussprofilen, Steinwolle oder Plattenstreifen sichergestellt sein. Um die gleiche Materialstärke im Anschlussbereich zu sichern, sind bei Schattenfugen die Aussparungen mit gleicher Plattendicke von hinten auszukleiden. Auch beim Anschluss von selbstständigen Brandschutzunterdecken ist der Anschluss an eine Montagewand brandschutztechnisch nachzuweisen [30].

Schallschutz

Hinsichtlich des Schallschutzes werden zwei Anforderungen an Deckensysteme gestellt. Einerseits die Verminderung der Schallübertragung in einen benachbarten Raum durch erhöhte Schalldämmung, andererseits die Verbesserung der Raumakustik indem die äquivalente Schallabsorptionsfläche erhöht wird. Der Luft- und Trittschallschutz einer Decke lässt sich ergänzend zu anderen Maßnahmen, wie z. B. schwimmender Estrich, deutlich verbessern. Aufgrund der leichten Bauweise der Decken weisen diese oft geringe Schalldämmwerte auf, weshalb Unterdecken zur Verbesserung eingeplant werden. Vor allem geschlossene Deckenflächen, die mit dünnen Gipsbauplatten doppelt beplankt werden und eine Dämmstoffauflage aufweisen, sind sehr wirksam. Die Schallübertragung über die Rohdecke kann bei massiven Rohbaudecken oder durchlaufenden Deckenbalken sehr hoch sein. Hier empfiehlt sich eine Unterdecke oder Deckenbekleidung, die durch die Raum- oder Wohnungstrennwand unterbrochen ist. Nicht zu unterschätzen ist die Schallübertragung über den Deckenhohlraum, wie z. B. beim Anschluss einer Trennwand an eine Bandrasterdecke. Dabei ist auf eine Fuge im Anschlussbereich und eine geschlossene Oberfläche mit aufgelegtem Dämmstoff zu achten.

Werden höhere Schallschutzanforderungen gestellt, so wird der Einbau von Platten- oder Absorberschotts über den Trennwänden im Deckenhohlraum empfohlen. Ist der Hohlraum der Decke anlässlich der Installationsleitungen nicht vollständig verschließbar, ist es möglich, die Trennwandbekleidung ca. 10 cm über die Unterdecke zu führen und die Wandkonstruktion an der Rohdecke enden zu lassen. Infolge dieser Ausführung ergibt sich für die Wandkonstruktion ein geringerer Schallschutz als bei vollständiger Abschottung des Deckenhohlraums. Um dennoch einen Schallschutz zu bieten, kann die Unterdecke vollflächig mit Faserdämmstoff verlegt werden, der über die Wandbekleidung geleitet wird. Die Erzielung einer besonderen Raumakustik benötigt eine optimierte Planung, die vor allem die Form des Raums und die Oberflächenbeschaffenheit der Umschließungsflächen beinhaltet. So können z. B. störende Echos in Konzertsälen durch die verbesserte Schallausbreitung des Raums vermieden werden. Der nachträgliche Einfluss auf die Raumakustik kann nahezu ausschließlich über die Deckenausbildung ermöglicht werden. Ein hoher Schallabsorptionsgrad des Deckensystems bedeutet eine bessere Verständlichkeit von Sprache und Musik, sowie die Regulierung der Halligkeit in einem Raum. Einflussgrößen auf die schallabsorbierenden Eigenschaften eines Deckensystems sind:

- Material und Dicke der Decklage,
- Oberfläche der Decklage,
- Beschichtungen und Putze,
- Höhe der Abhängung,
- Anordnung der Decklage.

Prinzipiell eignen sich Löcher in einer Oberfläche zur Erhöhung der Schallabsorption, falls dahinter ein Hohlraum liegt. Da die Schallabsorption eines Deckensystems von der Frequenz abhängig ist, lässt sich durch Verändern der Abhängehöhe und der Plattenlochung ein gezielter Frequenzbereich absorbieren [30].

Literaturverzeichnis

[1] 1A-Dämmstoffe: Expandiertes Polystyrol. Online verfügbar unter *https://1a-daemmstoffe.de/backend/media/image/Fotolia_32769586_M_Styropor_Slider_Aufl-sung_1000Pixel.jpg*, zuletzt geprüft am 28.07.2017.

[2] abg-Trockenbau: Die Geschichte des Trockenbaus. Online verfügbar unter *http://www.abg-trockenbau.de/info-material/die-geschichte-des-trockenbau/*, zuletzt geprüft am 24.07.2017.

[3] ArchiExpo: Kokoswolle. Online verfügbar unter *http://img.archiexpo.de/images_ae/photo-g/102756-6950797.jpg*, zuletzt geprüft am 28.07.2017.

[4] ArchiExpo: Steinwolle. Online verfügbar unter *http://img.archiexpo.de/images_ae/photo-g/58250-3644587.jpg*, zuletzt geprüft am 28.07.2017.

[5] Baubay: Glaswolle. Online verfügbar unter *https://www.baubay.de/images/thumbnails/280/212/detailed/8/ursa_fkp_02.png*, zuletzt geprüft am 28.07.2017.

[6] BauNetz Media GmbH: Expandiertes Polystyrol (EPS). BauNetz Media GmbH. Online verfügbar unter *https://www.baunetzwissen.de/daemmstoffe/fachwissen/daemmstoffe/expandiertes-polystyrol-eps-152198*, zuletzt geprüft am 28.07.2017.

[7] BauNetz Media GmbH: Extrudiertes Polystyrol (XPS). BauNetz Media GmbH. Online verfügbar unter *https://www.baunetzwissen.de/daemmstoffe/fachwissen/daemmstoffe/extrudiertes-polystyrol-xps-152204*, zuletzt geprüft am 28.07.2017.

[8] BauNetz Media GmbH: Holzfaser. BauNetz Media GmbH. Online verfügbar unter *https://www.baunetzwissen.de/daemmstoffe/fachwissen/daemmstoffe/holzfasern-152200*, zuletzt geprüft am 28.07.2017.

[9] BauNetz Media GmbH: Kokosfaser. BauNetz Media GmbH. Online verfügbar unter *https://www.baunetzwissen.de/daemmstoffe/fachwissen/daemmstoffe/kokosfasern-152160*, zuletzt geprüft am 28.07.2017.

[10] BauNetz Media GmbH: Mineralwolle. BauNetz Media GmbH. Online verfügbar unter *https://www.baunetzwissen.de/daemmstoffe/fachwissen/daemmstoffe/mineralwolle-152218*, zuletzt geprüft am 28.07.2017.

[11] BauNetz Media GmbH: Polyurethan-Hartschaum (PUR). BauNetz Media GmbH. Online verfügbar unter *https://www.baunetzwissen.de/daemmstoffe/fachwissen/daemmstoffe/polyurethan-hartschaum-pur-152202*, zuletzt geprüft am 28.07.2017.

[12] BauNetz Media GmbH: Polyurethan-Hartschaum (PUR). Online verfügbar unter *https://www.baunetzwissen.de/imgs/6/8/4/3/7/3/resol-e8b337aeb929d15f.jpg*, zuletzt geprüft am 28.07.2017.

[13] BauNetz Media GmbH: Zellulosefaserdämmstoffe. BauNetz Media GmbH. Online verfügbar unter *https://www.baunetzwissen.de/daemmstoffe/fachwissen/daemmstoffe/zellulosefaserdaemmstoffe-793615*, zuletzt geprüft am 28.07.2017.

[14] Baustoff + Metall GmbH (2014): Katalog.

[15] Baustoffwissen (2013): Gipsfaserplatten. Online verfügbar unter *http://www.baustoffwissen.de/wissen-baustoffe/baustoffknowhow/haus-garten-wegebau/trockenbau/gipsfaserplatten-belastbare-plattenalternative/*, zuletzt geprüft am 27.07.2017.

[16] Baustoffwissen (2013): Gipskartonplatten. Online verfügbar unter *http://www.baustoffwissen.de/wissen-baustoffe/baustoffknowhow/haus-garten-wegebau/trockenbau/gipskartonplatten-spezialeigenschaften/*, zuletzt geprüft am 26.07.2017.

[17] Becker, Klausjürgen; Pfau, Jochen; Tichelmann, Karsten: Trockenbau-Atlas, Grundlagen, Einsatzbereiche, Konstruktionen, Details (1998). 2. Auflage: Müller.

[18] Brandschutztechnik Isermann: Feuchtigkeitsbeanspruchungsklassen.

[19] Bundesverband der Gips- und Gipsbauindustrie e.V. (2013): Verspachtelung von Gipsplatten und Oberflächengütn.

[20] Bundesverband der Gips- und Gipsplattenindustrie e.V. (1995): Gips-Datenbuch.

[21] Dämmen und Sanieren: Akustikplatten für den Innenausbau. Online verfügbar unter *https://www.daemmen-und-sanieren.de/trockenbau/trockenbauplatten/akustikplatten*, zuletzt geprüft am 27.07.2017.

[22] Danogips GmbH & Co. KG (2016): Konsollasten und Wandbefestigungsmittel.

[23] DIN 4103-4: Nichttragende innere Trennwände, Unterkonstruktion in Holzbauart (1988).

[24] Diybook: Trockenbauprofile – Metallständerwerk im Überblick. Online verfügbar unter *https://diybook.de/werkzeug_material/materialkunde/trockenbauprofile-metallstaenderwerk-ueberblick*, zuletzt geprüft am 26.07.2017.

[25] Effizienzhaus: Übersicht verschiedener Dämmstoffe. Online verfügbar unter *https://www.effizienzhaus-online.de/daemmstoff-uebersicht*, zuletzt geprüft am 28.07.2017.

[26] Energieheld: Zellulosefaserdämmstoffe. Online verfügbar unter *https://www.energieheld.de/files/daemmung-daemmstoff-zellulose.jpg*, zuletzt geprüft am 28.07.2017.

[27] Fouad, Nabil A.: Lehrbuch der Hochbaukonstruktionen (2013). 4. Auflage: Springer Vieweg (Lehrbuch).

[28] Global Wholesale: Holzwolle. Online verfügbar unter *http://www.globalwholesale.biz/wp-content/uploads/2016/12/csm_STEICOflex_pu_673f8eefde.jpg*, zuletzt geprüft am 28.07.2017.

[29] Günter Neroth, Dieter Vollenschaar: Wendehorst Baustoffkunde (2011). 27. Auflage: Vieweg + Teubner.

[30] Hausladen, Gerhard; Tichelmann, Karsten: Ausbau-Atlas, Integrale Planung, Innenausbau, Haustechnik (2009). 1. Auflage: Birkhäuser (Edition Detail).

[31] Herstermann U.; Rongen L.: Frick/Knöll Baukonstruktionslehre 1 (2010). 35. Auflage: Springer Vieweg (Praxis).

[32] Herzog, Thomas: Holzbau-Atlas (2003). 4. Auflage: Birkhäuser.

[33] I.V.G Akustik + Metall mbH: Einlegesysteme, Aluminium, Lichtraster, zuletzt geprüft am 21.02.2018.

[34] Informationsdienst Holz (2001): Holzbauhandbuch – Konstruktive Holzwerkstoffe.

[35a] Knauf Gips KG, Am Bahnhof 7, 97346 Iphofen.

[35] Knauf: Gipskartionplatten. Online verfügbar unter *https://www.knauf.de/profi/sortiment/produkt-finden/index.php#&leafs=1&open=0-0&type=p&cnt=12&view=kachel*, zuletzt geprüft am 26.07.2017.

[36] Knauf: Spachtelqualität. Online verfügbar unter *https://www.knauf.de/profi/fachkompetenzen/gestaltung/spachtelung/*, zuletzt geprüft am 03.08.2017.

[37] Knauf (2015): Plattendecken, zuletzt geprüft am 20.02.2018.

[38] Knauf (2018): Fachwissen Trockenbau, Basiswissen, Verarbeitung, Getaltung, zuletzt geprüft am 20.02.2018.

[39] Knauf Gips: Gipskartonplatten (2013), zuletzt geprüft am 01.08.2017.

[40] Ökologisch Bauen: Gipskartonplatten. Online verfügbar unter *https://www.oekologisch-bauen.info/baustoffe/trockenbaustoffe/gipskartonplatten.html*, zuletzt geprüft am 27.07.2017.

[41] Pfau, Jochen (2013): Wände in Trockenbauweise. In: Nabil A. Fouad (Hg.): Lehrbuch der Hochbaukonstruktionen. Wiesbaden: Springer Fachmedien Wiesbaden, S. 837 – 891.

[42] Professor Dipl.-Ing. Jochen Pfau (2006): Neue Normen für den Trockenbau. In: Trockenbau-Akustik, zuletzt geprüft am 24.07.2017.

[43a] Rigips Saint-Gobain GmbH, Schanzenstraße 84, 40549 Düsseldorf.

[43] Rigips (2010): Trockenbaupraxis, Alles, was Sie über Trockenbau wissen müssen.

[44] Rigips (2016): Raumakustik – Form und Funktion in Vollendung.

[45] Schilling, Thomas (2013): Rigips – Überblick über den Stand der Normen und Richtlinien im Trockenbau.

[46] Tichelmann, K.: Trockenbau, Grundlagen, Materialien, Anwendungen (2007). 1. Auflage: Institut für Internationale Architektur-Dokumentation (Edition Detail).

[47] W. Bockfeld und Sohn (2014): Gipskarton – Kantenausführung.

[48] Wertheimer: Vollholz. Online verfügbar unter *https://www.wertheimer.de/suche/?q=vollholz*, zuletzt geprüft am 27.07.2017.

[49] XPS-Wärmedämmung: Extrudiertes Polystyrol. Online verfügbar unter *http://www.xps-waermedaemmung.de/wp-content/uploads/FPX_Richtig_daemmen_1.jpg*, zuletzt geprüft am 28.07.2017.

5 Fassadenkonstruktion

Von Sedat Dökmetas und Ibrahim Ercan

Die Fassade als repräsentativer Teil der Gebäudehülle besitzt eine wichtige Bedeutung für das Erscheinungsbild des Gebäudes. Die Außenwände können dabei mit unterschiedlichen Materialien bekleidet werden. Das Gesamtbild wird durch das Fugenraster, die Farbigkeit sowie die Alterungsfähigkeit der eingesetzten Werkstoffe bestimmt [9]. Die Fassaden haben außerdem die Aufgabe, den Wärme-, Regen- und Windschutz zu erfüllen sowie Schutz gegen mechanische Beanspruchungen zu bieten. Zudem kann das Wohlgefühl in dem Gebäude durch die Fassade verbessert werden [1]. Es werden bevorzugt Bekleidungen aus Metallelementen, Wärmedämmverbundsystemen oder Glaselementen eingesetzt. Bekleidungen aus Stein, Beton, Holz und keramischen Platten sowie angemauerte Bekleidungen können ebenfalls als Gestaltungsmittel eingesetzt werden [9]. Die mit der Wand mechanisch verbundenen Bekleidungen müssen normalerweise lediglich das Eigengewicht und Lasten aus Wind aufnehmen und an die tragenden Elemente weiterleiten. Die Aufnahmen von zusätzlichen Lasten, wie z. B. aus Decken und Wänden, sowie Sicherheitsanforderungen, wie z. B. Sicherheit gegen Einbruch oder Explosion, können in Ausnahmefällen ebenfalls mit der Fassadenkonstruktion erfüllt werden [1].

5.1 Metallfassade

Wandbekleidungen aus Metall können als Außenschale von zweischaligen metallischen Konstruktionen sowie als Bekleidung für vorgehängte, hinterlüftete Fassaden nach DIN 18 516-1 eingesetzt werden. Als Gestaltungselemente können Well- oder Trapezprofile, Paneelsysteme oder Kassettenelemente aus Stahl oder Aluminium eingesetzt werden [11].

5.1.1 Gestaltung mit Well- oder Trapezprofilen

Das Wellprofil ist die erste Form der industriell hergestellten Wandbekleidungen aus Metall. Hauptsächlich werden die Profile im Wirtschaftshochbau zwischen Belichtungseinheiten oder vertikalen Lisenen horizontal verlegt. Die aus Stahl oder Aluminium hergestellten Elemente können mit Metallic-Farben beschichtet werden und bieten somit ein herausragendes Gestaltungselement. Zudem können Wellprofile für die Gestaltung von Wandflächen aus Stahlsandwichelementen eingesetzt werden. Dabei werden sie durch die Stahlsandwichelemente hindurch an der tragenden Unterkonstruktion oder lediglich an den Längsrändern der äußeren Deckschale befestigt.

Die Trapezprofile werden im Wirtschaftshoch- und Industriebau oft gestalterisch eingesetzt. Sie können vertikal, horizontal und diagonal verlegt werden. Bei der Montage sollten die breiten Gurte außen angeordnet werden, da es bei einer umgekehrten Anordnung zu ungewollten Nebeneffekten, wie z. B. Schattenwurf an Überdeckungen, kommen kann [11].

Verlegung

Die Well- und Trapezprofile können direkt auf den Obergurten der Kassetten oder in vertikaler, horizontaler oder diagonaler Ausrichtung auf Distanzprofilen verlegt werden. Die Maße für Höhe, Dicke und Spannweite sind abhängig von den statischen Anforderungen. Die Nachweise für Stahltrapezprofile erfolgen nach DIN 18 807-3 und für Trapezprofile aus Aluminium nach DIN 18 807-8. Die typengeprüften Querschnitts- und Bemessungswerte sind ebenfalls zu berücksichtigen [11].

Befestigung

Die Befestigung von Well- und Trapezprofilen erfolgt nach den Bedingungen des statischen Nachweises sowie unter Berücksichtigung der DIN 18 807. Die Elemente sind jedoch mindestens durch jede Rippe in den Randbereichen und durch jede zweite Rippe in den restlichen Bereichen auf der Unterkonstruktion zu befestigen. Aluminiumprofile weisen ein hohes Ausdehnungsverhalten unter Temperatureinwirkung auf. Aus diesem Grund ist die Befestigung so durchzuführen, dass sie in Längsrichtung verschiebbar sind. Bei Plattenlängen bis zu 10 m ist in der Plattenmitte ein Festpunkt in Kombination mit Gleitpunkten, die mit Großbohrungen hergestellt werden, anzuordnen. Die Durchmesser der Bohrungen müssen größer als die der Verbindungselemente sein und auf die Längenänderungen des Bauteils abgestimmt werden. Die Verlegung von Elementlängen > 10 m sind nicht zu empfehlen [11].

Überdeckung

Wandbekleidungen aus Wellprofilen werden an den Längsrändern mit einer halben Rippe überdeckt. Bei Trapezprofilen ist die Überdeckung nur im anliegenden Gurt ausreichend. Werden die Platten horizontal oder diagonal verlegt, so ist von unten nach oben zu verlegen. Die Elemente werden entlang der Längsstoßüberdeckung untereinander sowie mit der Unterkonstruktion mittels Schrauben oder Nieten verbunden. Der Abstand der Befestigungspunkte beträgt:

- bei Profiltafeln aus Stahl: $e < 666$ mm (DIN 18 807-3),
- bei Profiltafeln aus Aluminium: $e < 500$ mm (DIN 18 807-9).

Bei Wellprofilen kann auf eine Verbindung der Längsstoßüberdeckung ohne weitere Bedingungen verzichtet werden, wenn zwei Wellen am Längsrand überdeckt werden. Bei Wellprofiltafeln empfiehlt es sich, die Vorderseite mit der Rückseite zu tauschen und so eine optisch unverträgliche Klaffung an den Längsstoßüberdeckungen zu unterbinden. Außerdem wird mit dieser Ausführung erreicht, dass die Längsstoßverbindungen weniger auffallen. Bei der Bestellung ist darauf zu achten, dass die Rückseite zur Sichtseite wird und somit die Farbgestaltung erhält. Bei den Trapezprofilen wird die Verlegung in der Positivlage empfohlen, um dadurch eine optisch unverträgliche Änderung der Lichtbrechung und eine Streifenbildung zu vermeiden [11].

5.1.2 Gestaltung mit Paneelsystemen

Paneele, auch Linear oder Sidings genannt, werden durch trogförmig ausgebildete Querschnitte, die entweder auf Biegemaschinen oder im Rollformverfahren hergestellt werden, gekennzeichnet. Bei der Herstellung werden, abhängig von der Querschnittsgeometrie, Stülp-, Steck- oder Kastenpaneele mit oder ohne Kopfkantung unterschieden. Der ebene Obergurt besteht aus einer stuccodesignierten, glatten, makro- oder mikrolinierten Oberfläche. Die Untergurte bilden sich aus flach gehaltenen Abkantungen. Die Untergurtlängsränder können dabei frei auslaufen oder eine weitere Aufkantung besitzen. Die Stege können gerade, gekrümmt oder geneigt ausgebildet werden. Zur Gestaltung der Fassade steht eine Vielzahl von Querschnittsformen zur Verfügung. Die Auswahl richtet sich dabei nach den architektonischen Gesichtspunkten. Die Elemente lassen sich vertikal und horizontal verlegen, wobei letzteres in der Praxis bevorzugt wird [11].

Verlegung

Die Verlegung der Elemente erfolgt, indem die breiten Obergurte nach außen angeordnet werden. Die Befestigung an die Unterkonstruktion erfolgt anschließend durch die innenliegenden, schmalen Untergurte. Die Maße für Höhe, Dicke und Spannweite sind abhängig von den statischen Anforderungen. Die Nachweise erfolgen durch typengeprüfte Querschnitts- und Bemessungswerte. Zur Vermeidung von ungewollten Unebenheiten auf der Oberfläche sollten die Dicken der Paneele mindestens 1 mm betragen. Außerdem ist bei der Herstellung von Paneelen darauf zu achten, dass nur ausgesuchtes und ggf. nachbehandeltes Vormaterial zum Einsatz kommt [11].

Befestigung

Die Befestigung an die Unterkonstruktion erfolgt nach den Bedingungen des statischen Nachweises. Es wird eine verdeckte Befestigung mit Schrauben entlang an einem der beiden Längsränder bevorzugt. Zu Befestigung in der Feldmitte wird ein Festpunkt angesetzt. Die weiteren Befestigungspunkte werden als verschiebbare Punkte in einem größeren Abstand hergestellt. Hierbei besteht die Möglichkeit, die genutzten Untergurte mit werkseitig hergestellten Langlöchern zu versehen oder vor Ort Großbohrungen herzustellen. Die Befestigung mit den Schrauben erfolgt dann in Kombination mit größeren Unterlegscheiben. Eine weitere Befestigungsmöglichkeit bietet die Aufhängung der Paneele mit Hilfe von Einhangschienen. Diese aufwendigere Variante bietet ein optisch hervorragendes Gesamtbild [11].

Überdeckung

Die Überdeckung der Paneele erfolgt normalerweise entlang der Längsränder mit Hilfe einer Nut-Feder-Ausbildung. Der aufzunehmende Rand wird zuvor mit der Unterkonstruktion verbunden. Für die Gestaltung der Längsfugen stehen eine Vielfalt von Ausbildungsmöglichkeiten zur Verfügung. Es wird empfohlen, bei der Anwendung von Paneelen mit ebenen Obergurten und ohne Kopfkantungen, die Profile gering konvex angeformt einzubauen. Dadurch wird den Elementen die Richtung der Verformung unter Temperaturausdehnung vorgegeben. Somit wird der Wechsel zwischen konvexen und konkaven Verformungen entgegengewirkt. Eine weitere Empfehlung sieht den Einbau von komprimierbaren Dichtbändern als Gleitebene in den Längsstoßverbindungen vor, um somit störende Geräusche durch Wind oder Temperaturausdehnung zu vermeiden [11].

5.1.3 Gestaltung mit Kassettenelementen

Kassettenelemente, auch Kassetten genannt, bestehen aus Stahl, Aluminium oder Aluminiumverbundbleche und werden bevorzugt bei der Bekleidung von mehrgeschossigen Büro- und Kaufhäusern oder Bankgebäuden eingesetzt. Die ebenen Flächenbauteile werden quadratisch oder rechteckig mit einer umseitigen Abkantung hergestellt. Die Abkantungen können sichtbar, verdeckt oder in Kombination mit dem Nachbarelement an die Unterkonstruktion angeschlossen werden. Die farbliche Gestaltung erfolgt durch eine Pulverbeschichtung. Die Auswahl der unterschiedlichen Profile richtet sich dabei nach den architektonischen Gesichtspunkten. Zur Vermeidung von optischen Beeinträchtigungen, die durch Vorverformungen an der Oberfläche von einschaligen Elementen auftreten, sollte das Längen-Breiten-Verhältnis maximal 3:1 und die Dicke der Kassetten mindestens 2 mm betragen [11].

Verlegung

Die Verlegung erfolgt analog zu den Paneelen. Die Nachweise erfolgen bei Kassettenelementen jedoch auftragsbezogen unter der Anwendung der Scheiben- oder Plattenstatik sowie unter Miteinbeziehung von Analogien [11].

Befestigung

Entsprechend der Paneelbefestigung erfolgt auch hier die Befestigung an die Unterkonstruktion nach den Bedingungen des statischen Nachweises. Es wird eine verdeckte Befestigung mit Schrauben entlang an einem der beiden Längsränder bevorzugt. Zu Befestigung in der Feldmitte wird ein Festpunkt angesetzt. Die weiteren Befestigungspunkte werden als verschiebbare Punkte in einem größeren Abstand hergestellt. Hierbei besteht die Möglichkeit, die genutzten Untergurte mit werkseitig hergestellten Langlöchern zu versehen oder vor Ort Großbohrungen herzustellen. Die Befestigung mit den Schrauben erfolgt dann in Kombination mit größeren Unterlegscheiben. Eine weitere Befestigungsmöglichkeit bietet die Aufhängung der Paneele mit Hilfe von Einhangschienen. Diese aufwendigere Variante bietet ein optisch hervorragendes Gesamtbild [11].

5.1.4 Konstruktionsdetails

Bei der Planung von Bauwerken mit Wandbekleidungen aus Metall nimmt heute neben der architektonischen Gestaltung von Detailausbildungen zusätzlich die Erfüllung von bauphysikalischen Anforderungen einen sehr bedeutenden Stellenwert ein. Dabei spielt neben der Planung einer wärmebrückenfreien Konstruktion die Dichtheit der Gebäudehülle sowohl gegen Niederschlag als auch die Luftdichtheit eine große Rolle. Im Folgenden werden beispielhaft einige Lösungsvorschläge zur Ausbildung von Schnittstellen dargestellt [11].

Sockelausbildung

Die Sockelausbildung bei vertikaler sowie horizontaler Ausrichtung der Profiltafel ist im Wesentlichen von der Anordnung der Wandscheibe auf den Betonsockel abhängig. Bei Stahlkassettenprofilen ist wichtig zu wissen, ob der Längsrand des untersten Stahlkassettenprofils vor oder auf dem Betonsockel angelegt ist. Denn je nach Anordnung erfolgt die Ausrichtung des untersten Obergurtes entweder nach unten oder nach oben. Weiterhin kann die Befestigung mit dem Betonsockel entweder über Dübel oder über ein Sockelprofil (2 - 3 mm dick) erfolgen und zusammen mit der Art der Dämmung des Betonsockels über die Sockelausbildung entscheiden [11]. Folgende Sockelausbildung (Bild 5.1) ist möglich:

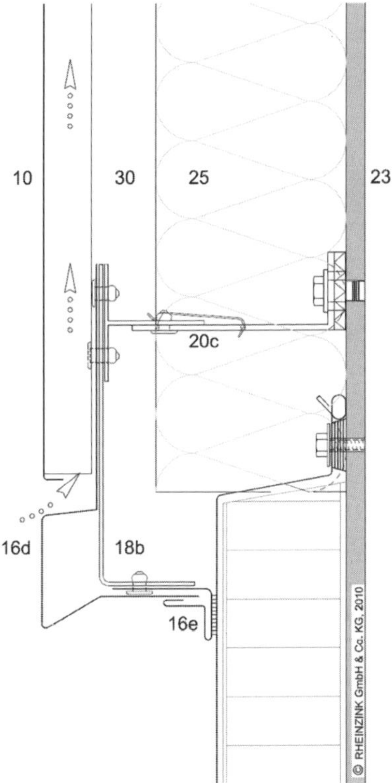

Bild 5.1 Fußpunkt mit Rahmenprofil teilprofiliert - Steckfalzpaneel [10]
10 - Rheinzink Steckfalzpaneel SF 25 (Standardpaneel mit Endboden, kurz)
16 - Rheinzink Bauprofil (d) Sockelprofil; (e) Einschubtasche mit nicht sichtbarem Montageschenkel und hinterlegtem Dichtband
18 - Halteprofil (b) Aluminium
20 - Unterkonstruktion (c) Konsolsystem
23 - Tragwerk
25 - Wärmedämmung
30 - Belüftungsraum (Belüftungsraumhöhe ≥ 20 mm)

Bei Anordnung von Tropfprofilen am untersten Rand der Wandbekleidung sollten diese über eine Neigung nach außen von ≥ 5 Grad sowie eine Blechdicke von 0,75 mm besitzen. Das Tropfprofil ermöglicht das Ablaufen des Niederschlagswassers über die Sockelkante und stellt einen optisch sauberen Übergang von der Wandaußenschale an das Fundament her. Die Anordnung erfolgt zwischen dem unteren Längsrand der Außenschale und der thermischen Trennung zum Obergurt des Stahlkassettenprofils. Um einen über längere Zeit anhaltenden Wasserfilm auf dem Tropfprofil zu verhindern, muss es einen Abstand von etwa 10 mm zum Fassadenelement aufweisen [11]. Bei horizontal verlegten Profiltafeln (Bild 5.2) ist darauf zu achten, dass der freie Rand des Profiluntergurtes an die hintere Aufkantung des Tropfprofils verlegt werden kann. Im Gegensatz dazu wird bei vertikal verlegten Profiltafeln das Tropfprofil aufgekantet und bis zur nächsten Biegeschulter geführt. Zu beachten ist, dass die seitlich angeordneten Formteile komplett überdeckt werden [11].

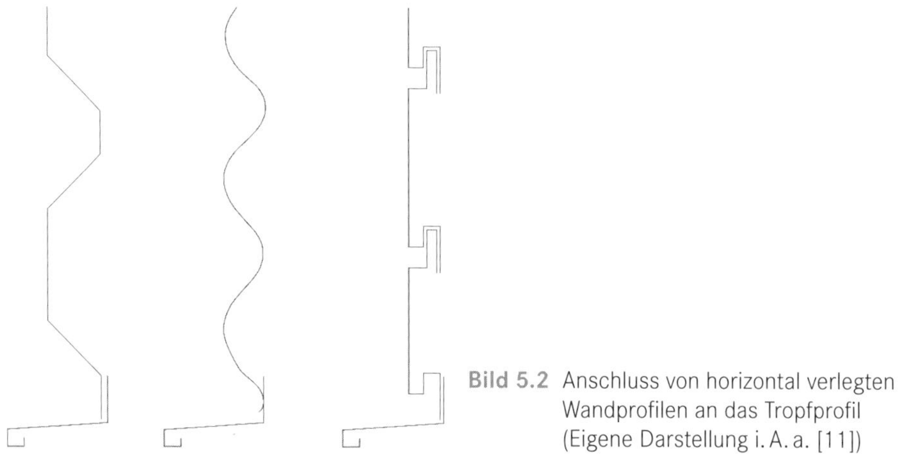

Bild 5.2 Anschluss von horizontal verlegten Wandprofilen an das Tropfprofil (Eigene Darstellung i. A. a. [11])

Gebäudeecken

Um eine ausreichende Luftdichtheit im Bereich der Wandinnenschale sicherzustellen, wird eine sorgfältige Planung und Ausführung benötigt. Dazu werden Winkel-Eckprofile mit einer Bördelung für eine höhere Längsrandstabilität eingesetzt. Die längs verlaufenden Komprimierbänder an den beiden Schenkeln sichern die luftdichte Verbindung zwischen Eckwinkel und Kasseteninnenseite. Dabei müssen die Dichtbänder so dick sein, dass sie die Untergurtsicken der Stahlkassettenprofile komplett ausfüllen (Bild 5.3) [11].

An den Querstoßüberdeckungen der Eckwinkel sind ebenfalls Dichtbänder für die Luftdichtheit der Konstruktion anzuordnen, die ausreichend angepresst werden müssen. Dies geschieht durch Verschraubung der Winkel im Abstand von ≤ 500 mm mit den Kassettenuntergurten. Bei horizontal verlegten Wandelementen werden oft Ecklisenen (Bild 5.4) eingesetzt, welche die Querschnitte der Profilrippen optisch abdecken [11].

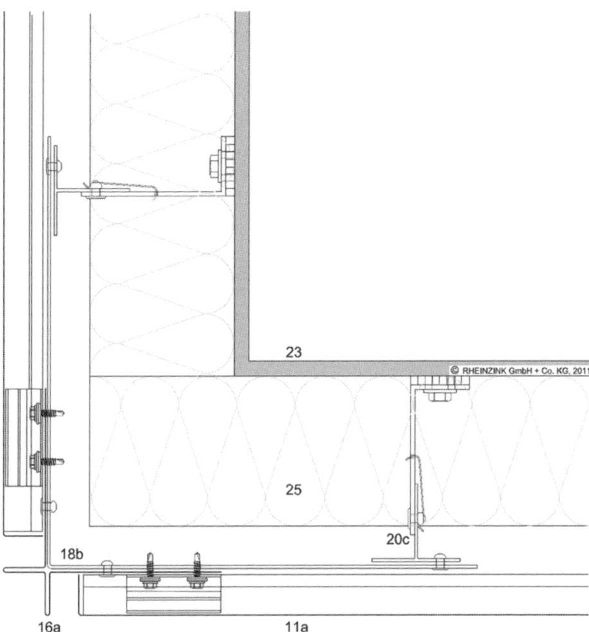

Bild 5.3 Außenecke mit Doppelschwertprofil - SP Line [10]
11 - Rheinzink Horizontalpaneel HP 25 (a) Standardpaneel mit Endboden
16 - Rheinzink Bauprofil (a) Eckprofil
18 - Halteprofil (b) Aluminium
20 - Unterkonstruktion (c) Konsolsystem
23 - Tragwerk
25 - Wärmedämmung
30 - Belüftungsraum (Belüftungsraumhöhe ≥ 20 mm)

Bild 5.4 Varianten für die Eckausbildung (Eigene Darstellung i. A. a. [11])

Seitliche Einfassungen

Die vertikal angeordneten Formteile (Bild 5.5) stellen die seitlichen Einfassungen dar, die im Raster der verlegten Profiltafeln anzuordnen sind. Die seitlichen Abkantungen an den Längsrändern der Formteile können zum Einführen der Profilrippen dienen. Bei horizontaler Anordnung der Profiltafeln bestehen die seitlichen Einfassungen aus einem linken und rechten Anschlussrand, worauf die Profiltafeln montiert werden. Bei Bedarf können die seitlich offenen Profilquerschnitte mit hellem oder dunklem Profilfüller verschlossen werden. Auch das Lisenenprofil kann unsichtbar erscheinen, falls die Lisene nicht unter die Profiltafel, sondern darauf geführt wird. Dies wird bei Profiltafeln über längere Stützweiten durchgeführt, bei denen die Lage der Stützen deutlich bleiben soll. Dabei kommen zweiteilige Lisenen zum Einsatz, die auf die Profiltafeln gesetzt werden. Der Hohlraum zwischen Lisene (Bild 5.6) und Profiltafel wird mit Profilfüllern verschlossen [11].

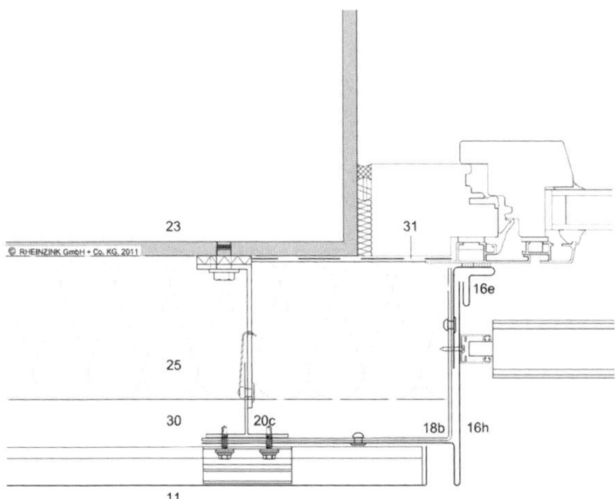

Bild 5.5 Fensterlaibung mit Schwertprofil - Horizontalpaneel [10]
11 - Rheinzink Horizontalpaneel HP 25 (Standardpaneel mit Endboden)
16 - Rheinzink Bauprofil (e) Einschubtasche (h) Laibungsprofil
18 - Halteprofil (b) Aluminium
20 - Unterkonstruktion (c) Konsolsystem
23 - Tragwerk
25 - Wärmedämmung
30 - Belüftungsraum (Belüftungsraumhöhe ≥ 20 mm)
31 - Luftdichtung

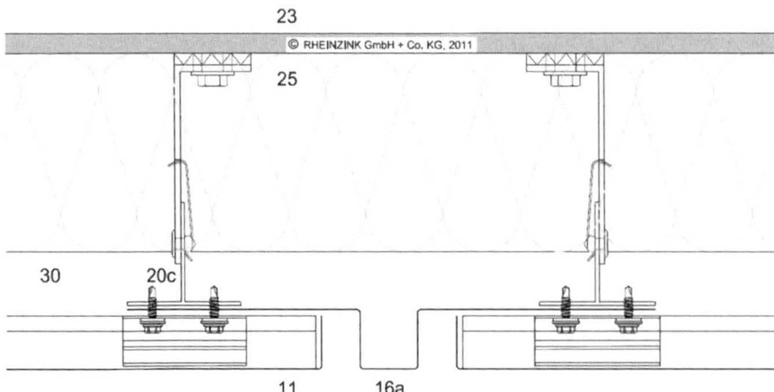

Bild 5.6 Stoßfuge mit Lisene als Rahmenprofil - Horizontalpaneel [10]
11 - Rheinzink Horizontalpaneel HP 25 (Standardpaneel mit Endboden)
16 - Rheinzink Bauprofil (a) Lisenenprofil
20 - Unterkonstruktion (c) Konsolsystem
23 - Tragwerk
25 - Wärmedämmung
30 - Belüftungsraum (Belüftungsraumhöhe ≥ 20 mm)

Brüstungsabdeckungen

Bei Brüstungsabdeckungen (Bild 5.7) in Form von Fensterbänken ist darauf zu achten, dass diese unter den seitlich angeordneten Formteilen bis zur Längsrandabkantung durchlaufend bemessen werden. Damit kann das Ablaufen des Niederschlagswassers über die Fensterbankabdeckung und ein guter optischer Abschluss der Öffnung ermöglicht werden. Das Verschließen der Fuge zwischen Fensterbankkopf und seitlich aufgehendem Formteil mit Dichtstoff stellt eine nicht fachgerechte Ausführung dar, da die Dichtstoffe durch temperaturbedingte Bewegungen leicht aufreißen und eine undichte Stelle bilden. Einen besseren Ansatz bietet der Einsatz von Dichtbändern, die mittels Schrauben oder Niet am Fensterbankkopf fixiert werden. Die bewährteste Lösung ist das Ausklinken und Überstulpen des Formteilrandes am Fensterbankkopf [11].

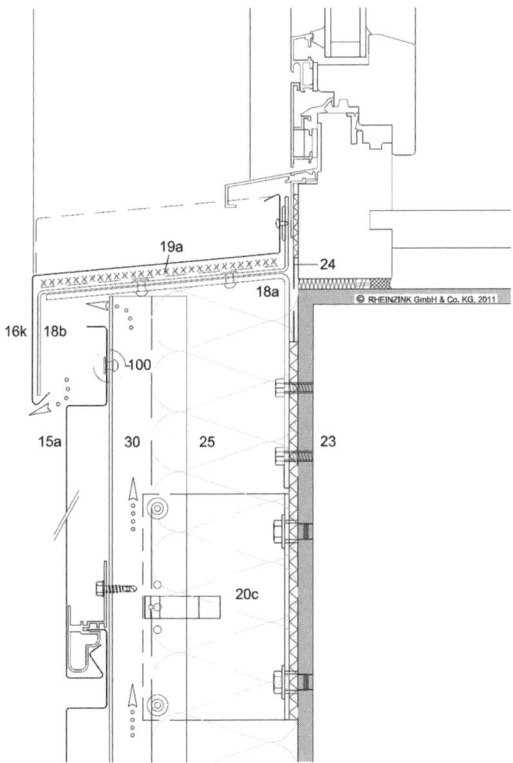

Bild 5.7 Fensterbank überstehend - Kassette [10]
15 - Rheinzink Kassette K 25 (Standardkassette)
16 - Rheinzink Bauprofil (k) Fensterbankabdeckung
18 - Halteprofil (a) verzinkter Stahl (b) Aluminium
19 - Trennlage (a) strukturierte Trennlage VAPOZINC
20 - Unterkonstruktion (c) Konsolsystem
23 - Tragwerk
24 - Winddichtung
25 - Wärmedämmung
30 - Belüftungsraum (Belüftungsraumhöhe ≥ 20 mm)
100 - Nietbefestigung mit Langloch und Nietsetzlehre

Rohrdurchführungen

Bei kleinen Kabel- oder Rohrdurchführungen mit einem Radius von d = 50 mm ist das Zuschneiden der Profiltafel unproblematisch. Es ist zu beachten, dass der Einschnitt im Obergurt der Profiltafeln durchgeführt wird und passende Rohrmanschetten eingesetzt werden. Alternativ kann bei horizontaler Verlegung der Profiltafeln ein Knotenblech auf die Obergurte angebracht werden, das durch das Rohr gesteckt wird. Der so entstehende Hohlraum ist mit geeigneten Profilfüllern zu verschließen [11].

Dach-Wand-Anschluss

Der Anschluss von Dächern unterhalb des bestehenden Wandkopfes verlangt eine sorgfältige Planung. Dabei werden die anzuschließenden Dächer in ihrer Neigungsrichtung unterschieden. Zum einen existiert die Möglichkeit, die Neigung der anzuschließenden Dachfläche von der höher liegenden Wand weg, zum anderen zur Wand hin zu führen. Durch einen Winkel, dessen aufgehender Schenkel hinter die Außenschale der aufgehenden Wand geführt wird, erfolgt die Firstabdeckung. Im Gegensatz dazu werden bei Dachneigungen zur aufgehenden Wand hin, die Verbindungen mit einer innenliegenden Rinne verwirklicht. Hierbei reicht es bei einschaligen Dächern aus, die Rinne hinter der Außenschale des Wandaufbaus hochzuführen, während zweischalige Konstruktionen eine zweischalig ausgebildete Rinne erfordern [11].

Attikaausbildungen

Als Attika wird die wandartige Überhöhung über die Trauf- oder Ortgangkante hinaus bezeichnet. Die Attika entsteht in Abhängigkeit des oberen Attikarandes bei einem einschaligen Wandaufbau durch Hochführen der Wandschale, während der Attikaaufbau bei einem zweischaligen Wandaufbau einschalig wie auch zweischalig erfolgen kann (Bild 5.8). Falls es nicht möglich ist, die auftretenden Windlasten aufzunehmen (Bild 5.9), kann eine tragende Unterkonstruktion, quasi als Innenstütze, über das Dach geführt werden. Anschließend können die Wandriegel daran montiert werden. Dabei müssen sowohl die Wandinnenschale als auch die Stützkonstruktion derart gedämmt und verkleidet werden, als würden sie zum Innenraum gehören [11].

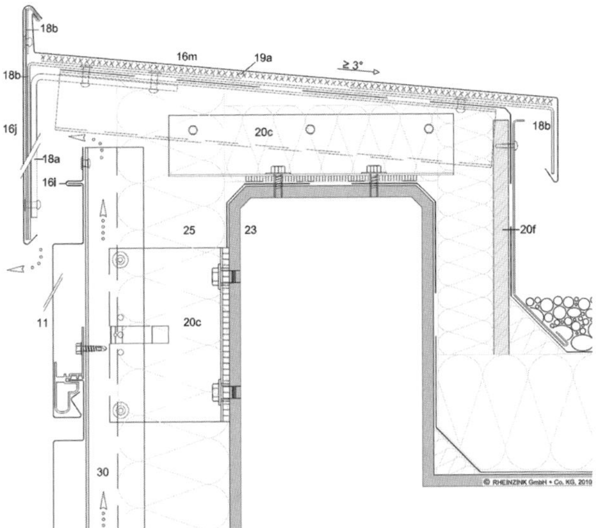

Bild 5.8 Fassadenfirst mit 2-teiliger Mauerabdeckung überstehend - Horizontalpaneel [10]
11 - Rheinzink Horizontalpaneel HP 25 (Standardpaneel)
16 - Rheinzink Bauprofil (i) Anschlussblech (j) Blende (m) Mauerabdeckung
18 - Halteprofil (a) verzinkter Stahl (b) Aluminium
19 - Trennlage (a) strukturierte Trennlage VAPOZINC
20 - Unterkonstruktion (c) Konsolsystem (f) OSB-/BFU-Schalung/Platte
23 - Tragwerk
25 - Wärmedämmung
30 - Belüftungsraum (Belüftungsraumhöhe ≥ 20 mm)

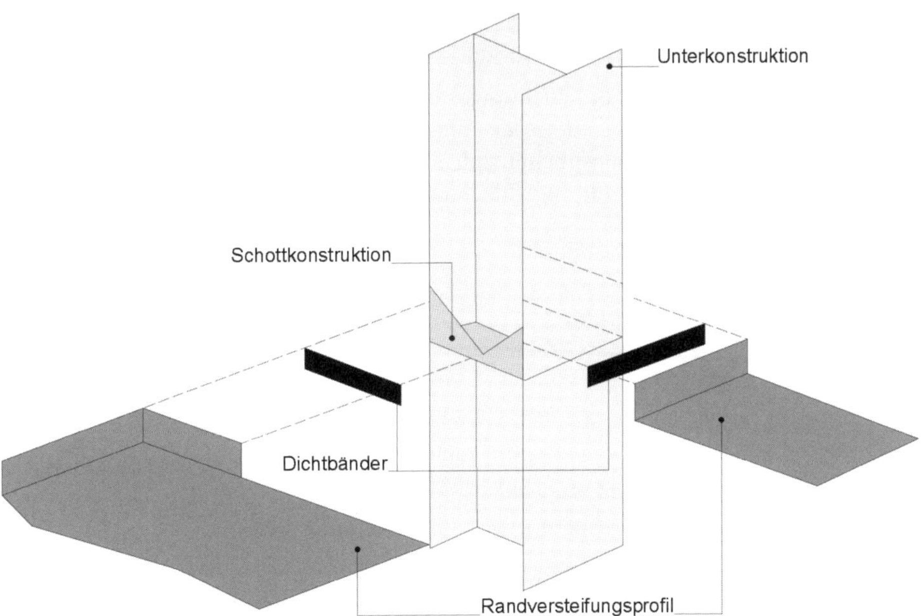

Bild 5.9 Montage der Randaussteifungsprofile (Eigene Darstellung i. A. a. [11])

5.2 Wärmedämmverbundfassade

Wärmedämmverbundsysteme (WDVS) kommen in Deutschland bereits seit vier Jahrzehnten als System zur Wärmedämmung und Gestaltung der Fassade zum Einsatz. Durch die Energiekrisen in den 1970er- und 1980er-Jahren und die zunehmenden Verschärfungen für den Mindestwärmeschutz von baulichen Anlagen nahm die Bedeutung von WDVS erheblich zu [7]. Sie werden deshalb Systeme genannt, weil mehrere bauphysikalisch aufeinander abgestimmte Elemente miteinander verbunden werden. Die Vorteile dieser Systeme sind:

- Erhöhung des Wärmeschutzes,
- Erhöhung des Regenschutzes von Außenbauteilen,
- Verhinderung von Wärmebrücken,
- Schutz der Außenwand vor Tauwasserbildung im Inneren,
- rissfreie Fassaden durch das Entkoppeln des Außenputzes von der tragenden Konstruktion.

Da es für die Verwendung von WDVS keine technischen Regelwerke gibt, ist der Nachweis dafür durch eine allgemeine bauaufsichtliche Zulassung darzulegen. Ferner dokumentiert diese, dass es sich beim WDVS um ein Produkt eines Systemherstellers handelt. Allerdings sind neben den Begriffsbestimmungen in DIN 18 559 die Verarbeitung von WDVS in DIN 55 699 festgelegt [13].

5.2.1 Außenputzsysteme

Seit Jahrtausenden werden Fassaden durch das Verputzen geglättet und abgedichtet, weshalb der Putz aus dem Bauwesen nicht wegzudenken ist.

Abhängig vom Putzmörtel oder Beschichtungsstoff nehmen sie zum einen bauphysikalische Aufgaben, zum anderen gestalterische Aufgaben eines Bauwerks auf. Die Planung, Zubereitung und Ausführung von Außenputzen ist in der DIN EN 13 194-1 festgelegt. Eine Zusammenfassung der Normen für verschiedene Putzarten und WDVS ist in Tabelle 5.1 zusammengestellt [13].

Tabelle 5.1 Zusammenfassung der Normen für Innen- und Außenputze sowie WDVS

Norm	Bezeichnung
DIN EN 13 194	Planung, Zubereitung und Ausführung von Innen- und Außenputzen
DIN V 18 550	Putz und Putzsysteme – Ausführung
DIN 18 558	Kunstharzputze, Begriffe, Anforderungen, Ausführung
DIN V 18 559	Wärmedämm-Verbundsysteme, allgemeine Angaben
DIN 55 699	Verarbeitung von Wärmedämm-Verbundsystemen
DIN EN 13 499	Außenseitige Wärmedämm-Verbundsysteme aus expandiertem Polystyrol
DIN EN 13 500	Außenseitige Wärmedämm-Verbundsysteme aus Mineralwolle

Außen- und Innenputze sollten eine einheitliche und gute Haftung der Putzlagen untereinander und am Putzgrund, ein gleichmäßiges Gefüge zwischen den Lagen, eine hohe Abriebfestigkeit und Feuerbeständigkeit aufweisen. Darüber hinaus ist bei der Planung von Außenputzen die Wasserdampfdurchlässigkeit, Witterungsbeständigkeit gegen Feuchte und wechselnde Temperaturen sowie hohe Festigkeiten im Bereich von Kelleraußenwänden bzw. Sockelbereich zu berücksichtigen [13]. Über die Jahre hinweg entstand eine Vielzahl von Putzuntergründen sowie Putzsystemen, die sich je nach Anforderungen unterscheiden. Bild 5.10 soll einen kleinen Überblick über die verschiedenen Oberflächenstrukturen eines Außenputzsystems geben [7].

Bild 5.10 Beispielhafte Putzoberflächen [14]

Um einen möglichst rissfreien Außenwandputz herzustellen, muss das Putzsystem auf den zu verputzenden Untergrund abgestimmt sein. Bestehen Untergründe aus diversen Materialien, wird eine fachgerechte Ausführung benötigt. In diesem Kapitel werden Außenputze auf massiven Untergründen behandelt [7].

Begriffsbestimmung

Putz ist ein Belag aus organischen bzw. anorganischen Bindemitteln, Zuschlagsstoffen, Wasser und bei Bedarf weiteren Zusatzmitteln, der an Wänden oder Decken verwendet wird, um das Bauwerk zu schützen und gestalten [6]. Der Putzgrund dagegen stellt die Bauteiloberfläche dar, auf die der Putz oder ein Putzsystem angebracht wird [6]. Materialien, auf die der Putz aufgetragen wird, um das Putzsystem vom Putzgrund zu entkoppeln, werden Putzträger genannt (z. B. Drahtgewebe) [6]. Zudem werden Armierungen bzw. Bewehrungen in Form von Glasfasergewebe oder geschweißte Drahtgitter eingesetzt, um einen erhöhten Widerstand gegen Rissbildung zu gewährleisten [6]. Ein Putzsystem stellt mehrere Putzschichten dar, die zusammen mit dem Putzträger und der Armierung die Anforderungen an die Putzoberfläche erfüllen [7].

Putzgrund

Um eine ausreichende Haftung des Putzes auf dem Putzgrund zu erreichen, müssen diese auf Beschädigungen, Verunreinigungen, Saugvermögen, Oberflächenrauigkeit und Festigkeit untersucht werden. Ferner muss der Untergrund eben sein, um den Putz gleichmäßig auftragen zu können. Damit mit dem Verputzen begonnen werden kann, muss der Putzgrund ausreichend trocken sein und eine Temperatur von mindestens +5 °C aufweisen [6]. Abhängig von der Untersuchung, die optisch oder mit verschiedenen Proben durchgeführt werden kann, werden weitere Untergrundvorbereitungen bzw. ein geeignetes Putzsystem ausgewählt. Die Auswahl wird auch durch folgende Faktoren beeinflusst:

- Öl-, Fett- und Staubfreiheit,
- Salze und Ausblühungen
- chemische Verträglichkeit,
- Werkstoff

Die Maßnahmen am Putzgrund müssen einen beständigen Verbund zwischen Putzgrund und dem Putz sicherstellen. Folgende Vorbereitungen können dazu eingesetzt werden:

- Entfernen von Salzen und Ausblühungen, z. B. durch trockenes Abbürsten,
- Auftragen von Grundierungen oder Haftbrücken, z. B. Spritzbewurf,
- Trockenlegen der betroffenen Bauteile,
- Aufrauen der Oberfläche,
- Ausgleichen des Putzgrundes bei Unebenheiten,
- Anbringen von Putzbewehrungen.
- Bei nicht tragfähigen Untergründen ist der Einsatz von Putzträgern notwendig.

Eine wirksame Haftung zwischen Putzgrund und Putz kann bei glatten und dichten Oberflächen durch einen Spritzbewurf, eine mineralische Haftbrücke oder Grundierung erreicht werden. Das Verputzen des Spritzbewurfes erfolgt nach genügender Aushärtung. Dagegen können bei saugenden Oberflächen Grundierungen eingesetzt werden, um die Wasseraufnahme des Untergrundes zu verringern. Je nach angestrebtem Ziel und Untergrund gibt es verschiedene Grundierungen, die in Tabelle 5.2 dargestellt sind [7].

Tabelle 5.2 Typische Grundierungen und ihre Eignung für verschiedene Anwendungsgebiete [7]

Eigenschaften	Acrylate	Polymerisatharz	Mikroemulsion	Kaliwasserglas
Verfestigung des Untergrundes in der Tiefe	–	+++	+++	++
Regulierung der Saugfähigkeit des Untergrundes	++	++	+++	+
Eignung für mineralische Untergründe	++	+++	+++	+++
Eignung für alte Beschichtungen	+++	–	–/+	–

Eigenschaften	Acrylate	Polymerisatharz	Mikroemulsion	Kaliwasserglas
Hydrophobierende Wirkung	-	-	+++	-
Einfache Verarbeitung	+++	-/+	-/+	-/+
Typische Anwendungsgebiete	Gipsuntergründe Alte kreidende Anstriche Auf anderen Untergründen zur Regulierung des Saugvermögens	Alte mineralische Untergründe Beachte: lösungsmittelhaltig	Alte und neue mineralische Untergründe Nicht auf Gips	Mineralische Untergründe und zu Oberflächenverfestigung Nicht auf Gips oder Beton

Darüber hinaus sind die Bewegungsfugen im Putz an derselben Stelle wie in der Konstruktion aufzunehmen, um konstruktionsbedingte Risse wie z. B. durch Setzungen, Schwinden oder Verdrehungen ohne Rissbildung aufnehmen zu können. Salze im Mauerwerk können zur Haftungsverminderung oder sogar zur Zerstörung des Putzes führen. Daher sind bei salzbelasteten Mauerwerken zuvor Maßnahmen wie z. B. der Einbau von Horizontalsperren zum Austrockenen des Mauerwerks oder das Injektionskompressen-Verfahren zur Reduktion des oberflächennahen Salzgehaltes zu ergreifen. Ergänzend zu den Opferputzen, die bedingt durch die hohen Kosten hauptsächlich im Denkmalschutz eingebaut werden, eignen sich Sanierputze zum Transport der Salze auf die Oberfläche. Weitere Vorkehrungen zur Reduzierung der Rissbildung, wie z. B. der Auftrag eines Armierungsputzes mit eingesetztem alkalibeständigen Glasgittergewebe auf den Unterputz, sind bei Putzgründen aus verschiedenen Baustoffen oder bei bereits gerissenen Putzgründen zu treffen. Die Festigkeit und Steifigkeit des Untergrundes bestimmen zusätzlich zur Saugfähigkeit die Auswahl des Putzsystems. Zu den äußerst saugfähigen Untergründen gehören Poren- und Leichtbeton, porosierte Hochlochziegel, Holzwolle-Leichtbauplatten und geschliffene Holzwerkstoffplatten. Dagegen stellen Beton, Metall, Dispersionsanstriche, Keramik, extrudiertes Polystyrol sowie Faserzementtafeln schwach bis nicht saugende Oberflächen dar. Zudem sind Beton, Kalksandstein, Vollziegel und Leichtbeton schubsteif und dehnstarr, wohingegen Polystyrol, Holzfaserplatten, Holzwolle-Leichtbauplatten oder Mineralfaserplatten schub- und dehnweich [7].

Außenputzarten und deren Bindemittel

Putze werden differenziert zwischen Putzen mit mineralischen Bindemitteln (DIN EN 998-1) und Putzen mit organischen Bindemitteln DIN EN 15 8524) [6]. Die Vornorm der DIN 18 550 unterteilt die mineralischen und organischen Bindemittel in Mörtelgruppen bzw. Putztypen. In der aktuellen Fassung wird zwar der Zusatz „ehemalig“ verwendet, jedoch beziehen sich Produktzulassungen weiterhin auf die Einteilung der Vornorm [4]. Während die ehemaligen Putzmörtelgruppen P I bis P III in Putzsystemen für Außenputze Einsatz finden, werden Gipsmörtel bzw. gipshaltige Mörtel in Deutschland nur im Innenbereich eingesetzt. Werktrockenmörtel können neben den mineralischen Bindemitteln Kalk, Zement und Gips bis zu 3 M-% Kunststoffbindemittel beinhalten [7].

Die heutigen Bezeichnungen der Außenputzarten wurden ehemals folgendermaßen in Putzmörtelgruppen bzw. Putztypen kategorisiert (Tabelle 5.3).

Tabelle 5.3 Zuordnung der mineralischen und organischen Putzarten zu den ehemaligen Putzmörtelgruppen [5]

Ehemalige Putzmörtelgruppe (mineralisch)	Bezeichnung (mineralisch)
P I	Mörtel mit Luftkalk
P I	Hydraulischer Kalkmörtel
P II	Kalk- und Zementmörtel
P III	Zementmörtel
Ehemalige Putztypen (organisch)	**Bezeichnung (organisch)**
P Org 1	Organisch gebundener Silikatputz (Silikatputz)
P Org 1	Dispersionsputz (Kunstharzputz)
P Org 1	Silikonharzputz

Für Außenputzsysteme mit organischen Bindemitteln darf nach DIN 18 558 nur der Typ P Org 1 verwendet werden. Dieser muss je nach Größtkorn mindestens 8 M-% Polymerisatharz bei einem Größtkorn ≤ 1 mm und mindestens 7 M-% bei einem Größtkorn ≥ 1 mm aufweisen [7]. Im Gegensatz zu mineralischen Bindemitteln härten organische Bindemittel nicht durch chemische Reaktion, sondern durch physikalisches Trocknen aus [6]. Der Austrocknungsvorgang des Kunstharzputzes dauert umso länger, je niedriger die Temperatur und je höher der Feuchtegehalt der Umgebung ist [7].

Außenputzsystem ohne besondere Eigenschaften

Die Anforderungen der DIN 18 550 an Außenputze können mit den darin beschriebenen bewährten Putzsystemen erfüllt und sogar übertroffen werden. Die Tabelle 5.4 fasst die bewährten Putzsysteme zusammen, indem für verschiedene Anwendungsbereiche Mörtelgruppen für den Unterputz sowie Mörtelgruppen bzw. Beschichtungsstoffe für den Oberputz aufgeführt sind. Die traditionelle Putzregel „weich auf hart" beschreibt den Verlauf der Elastizität der jeweiligen Bauteilschichten, die vom Putzuntergrund nach außen hin abnehmen sollte. Somit können die Bauteilschichten die entstehenden Spannungen und Verformungen von der weicheren zur härteren Schicht übertragen. Ein Putzsystem besteht in der Regel aus zwei Schichten, einem Unterputz sowie einem Oberputz. Abweichende Regelungen zur Putzdicke und Anzahl der Putzlagen können je nach Herstellerinformationen variieren [7].

Tabelle 5.4 Bewährte Außenputzsysteme in Abhängigkeit der Anforderung [13]

Zeile	Anforderung bzw. Putzanwendung	Mörtelgruppe für Unterputz	Druckfestigkeitskategorie des Unterputzes nach DIN EN 998-1	Mörtelgruppe bzw. Beschichtungsstoff-Typ für Oberputz	Druckfestigkeitskategorie des Oberputzes nach DIN EN 998-1
1	**Ohne besondere Anforderung** Beanspruchungsgruppe I, geringe Schlagregenbeanspruchung nach DIN 4108-3	-	-	P I	CS I
2		P I	CS I	P I	CS I
3a		-	-	P II	CS II
3b		-	-	P II	CS III
4a		P II	CS II	P I	CS I
4b		P II	CS III	P I	CS I
5a		P II	CS II	P II	CS II
5b		P II	CS III	P II	CS II
5c		P II	CS III	P II	CS III
6		P II	CS III	P Org 1	-
7		-	-	P Org 1[a)]	-
8		-	-	P III	CS IV
9	**Wasserhemmend** Beanspruchungsgruppe II, mittlere Schlagregenbeanspruchung nach DIN 4108-3	P I	CS I	P I	CS I
10		-		P I	CS I
11a		-		P II	CS II
11b		-		P II	CS III
12a		P II	CS II	P I	CS I
12b		P II	CS III	P I	CS I
13a		P II	CS II	P II	CS II
13b		P II	CS III	P II	CS II
13c		P II	CS III	P II	CS III
14		P II	CS III	P Org 1	-
15		-	-	P Org 1[a)]	-
16		-	-	P III	CS IV
17	**Wasserabweisend** Beanspruchungsgruppe III, starke Schlagregenbeanspruchung nach DIN 4108-3	P I	CS I	P I	CS I
18a		P II	CS II	P I	CS I
18b		P II	CS III	P I	CS I
19		-	-	P I	CS I
20a		-	-	P II	CS II
20b		-	-	P II	CS III
21a		P II	CS II	P II	CS II
21b		P II	CS III	P II	CS II
21c		P II	CS III	P II	CS III
22		P II	CS III	P Org 1	-
23		-	-	P Org 1[a)]	-
24		-	-	P III	CS IV

Tabelle 5.4 Bewährte Außenputzsysteme in Abhängigkeit der Anforderung [13] *(Fortsetzung)*

Zeile	Anforderung bzw. Putzanwendung	Mörtelgruppe für Unterputz	Druckfestigkeitskategorie des Unterputzes nach DIN EN 998-1	Mörtelgruppe bzw. Beschichtungsstoff-Typ für Oberputz	Druckfestigkeitskategorie des Oberputzes nach DIN EN 998-1
25	Kellerwandaußenputz	-	-	P III[b)]	CS IV
26	Außensockelputz	-	-	P III[b)]	CS IV
27		P III	CS IV	P III[b)]	CS IV
28		P III	CS IV	P III[b)]	CS III
29		P II	CS III	P III[b)]	CS II[c)]
30[d)]		P II	CS II[c)]	P III[b)]	CS II[c)]

a) Nur bei Beton mit geschlossenem Gefüge als Putzgrund

b) Ein Sockelputz sowie ein Kellerwandaußenputz sind im erdberührten Bereich immer abzudichten

c) > 2,5 N/mm^2

d) Gilt nur für Sanierputze

Die Leitlinien für das Verputzen von Mauerwerk und Beton enthalten detaillierte und praxisnahe Informationen zur Herstellung von Putzsystemen und zu den Untergrundvorbereitungen. Beim Einsatz von Mauerwerksbaustoffen mit geringer Festigkeit und geringem E-Modul, wie z. B. Hochlochziegel, müssen die Putzsysteme auf den Putzgrund angepasst werden. Der Putzaufbau „weich auf hart" wird entweder mit Leichtputzen ermöglicht oder es werden Putzsysteme mit niedrigerem E-Modul im Vergleich zum Putzgrund ausgewählt. Aufgrund der hohen Spritzwasser- und den wechselnden Frost-Tau-Beanspruchungen müssen Außensockelputze wasserabweisend sowie resistent gegen Frost-Tau-Beanspruchungen sein. Zudem schreibt die DIN 18 550 für zweilagige Außenputze eine Mindestdicke von 20 mm, für einlagige Putze aus Werktrockenmörteln eine Mindestdicke von 15 mm vor. Das Aufbringen der zweiten Putzschicht ist erst nach vollständiger Erhärtung der ersten Schicht möglich. Mindestens ein Tag Standzeit pro mm Schichtdicke sollte veranschlagt werden. Bei schlechten Wetterbedingungen kann die Standzeit verlängert werden. Um die Schwindspannungen so gering wie möglich zu halten, ist dem Bindemittel die von den Merkblättern vorgeschriebene Menge an Wasser zuzugeben. Ferner sind die Putzlagen nach dem Verputzen mittels geeigneter Mittel, wie z. B. durch Abdecken mit einer PE-Folie, vor zu schneller Austrocknung oder sonstigen Einwirkungen zu schützen [7].

Außenputzsystem mit besonderen Eigenschaften

Neben Außenputzsystemen, welche die allgemeinen Anforderungen erfüllen, existieren weitere Putze, die zusätzlichen Anforderungen genügen müssen. Dazu gehören Putze als Brandschutzbekleidungen oder Putze zur Absorption von Strahlungen und Schall. Allerdings spielen diese Putze eine untergeordnete Rolle, weshalb im Weiteren auf ausführliche Erläuterungen verzichtet wird und nur auf Wärmedämmputze sowie Sanierputze eingegangen wird. Als Wärmedämmputze werden nach DIN EN 13 914-1 Putze bezeichnet, die eine Wärmeleitfähigkeit von $\leq 0{,}2$ W/(m · K) haben und den Anforderungen nach EN 998-1 entsprechen. Diese Putze verbessern die Wärmedämmung eines Putzgrundes durch ihre geringe Wärmeleitfähigkeit und bestehen aus dickeren Putzlagen als Normalmörtel [6]. Dabei sollte der Unterputz aus einer oder mehreren Lagen bestehen sowie eine Mindestdicke von 20 mm und maximal 100 mm aufweisen. Gegenüber dem wärmedämmenden Unterputz kann der Oberputz aus einer oder zwei Schichten bestehen, die eine durchschnittliche Dicke von 10 mm haben sowie relativ druckfest sein müssen. Weitere Empfehlungen zur Dicke der Lagen enthalten die Herstellerinformationen [6]. Der Einsatz von Wärmedämmputzen findet seit über 25 Jahren trotz Abweichung von der Putzregel „weich auf hart" erfolgreich statt [7].

Eine weitere Form von Putzen mit besonderen Eigenschaften sind Sanierputze, die durch ihre hohe Wasserdampfdurchlässigkeit, Porosität und ihre niedrige kapillare Leitfähigkeit gekennzeichnet sind. Ihre Hauptanwendung erfolgt bei salz- oder feuchtebelastetem Mauerwerk, in dem die gelösten Salze durch kapillare Abläufe zu den Poren transportiert werden und anschließend im Putzgefüge auskristallisieren. Die Dicke des Auftrags richtet sich nach der Salzbelastung des Mauerwerks und beträgt bei geringer Belastung 20 mm. Bei hohen Salzbelastungen wird ein Sanierputzsystem mit Spritzbewurf, mindestens 10 mm Porengrundputz bzw. Salzspeicherputz und mindestens 15 mm Sanierputzmörtel empfohlen. Unterhalb der Geländeoberkante sollten Sanierputze nicht angewandt werden [6].

Bauphysikalische Anforderungen

- Wärmeschutz

  Normale mineralische Außenputze bzw. Kunstharzaußenputze können aufgrund der hohen Wärmeleitfähigkeit und der geringen Schichtdicke den U-Wert einer Außenwand nicht bedeutsam verbessern. Die Verwendung von dickschichtigen Wärmedämmputzen mit geringer Wärmeleitfähigkeit trägt jedoch zu einer deutlichen Verbesserung des U-Wertes einer Außenwand bei. In Kombination mit einem wärmedämmenden Mauerwerk ist die Erfüllung der EnEV möglich. Die Verwendung eines Wärmedämmverbundsystems stellt dennoch eine energetisch bessere Lösung dar. Die gute Wärmedämmwirkung eines WDVS ermöglicht eine Verringerung der Zwangsbeanspruchungen der tragenden Wand, die durch Temperaturschwankungen zwischen Tag und Nacht bzw. Sommer und Winter entstehen. Zudem wird zum Teil eine Entkopplung der Wandtemperatur von der Außentemperatur erreicht. Dies führt zu einer Verbesserung des sommerlichen Wärmeschutzes [7].

- Witterungs- und Feuchteschutz

  Wandkonstruktionen mit geringer, mittlerer und hoher Schlagregenbeanspruchung können mit bewährten Putzsystemen hergestellt werden. Die Rissfreiheit der Putzschicht ist dabei die Voraussetzung für eine dauerhafte Sicherstellung des Witterungsschutzes. Eine sehr gut wärmedämmende Außenwandkonstruktion mit äußerem Wärmedämmputz kann die Gefahr von Schimmelpilzbildung und Tauwasserausfall an der Innenoberfläche selbst in kritischen Eckbereichen deutlich verringern. Ein Nachweis für einen ausreichenden Tauwasserschutz ist beim Einsatz von einschaligen mineralischen Wandaufbauten mit einem genügenden Wärmeschutz und bewährten Putzsystem nicht erforderlich [7].

- Schallschutz

  Die Schalldämmung der Außenwand wird durch den Auftrag eines Außenputzsystems aufgrund der damit einhergehenden Masseerhöhung des Wandaufbaus verbessert. Die

Erhöhung der Schalldämmung wird bei zunehmender Masse des Putzsystems vergrößert [7].

- Brandschutz

  Die Baustoffklasse A2 (nicht brennbar) wird bei Putzsystemen mit mineralischem Unter- und Oberputz erreicht. Dies gilt auch bei geringer Dispersionszugabe. Besteht das Putzsystem jedoch aus einem Kunstharzoberputz (Putzmörtel mit organischen Bindemitteln), kann lediglich die Baustoffklasse B1 (schwer entflammbar) erreicht werden [7].

5.2.2 Regelaufbauten

Die Planung von Wärmedämmverbundsystemen beinhaltet die Schichten tragfähiger Untergrund, Wärmdämmschicht, Armierungsschicht und Außenputz [13]. Der Untergrund bestimmt die Befestigungsart der Dämmstoffplatten und muss vor Anbringen der Dämmplatten frei von Staub und Ölen sein sowie auf Trocken- bzw. Ebenheit untersucht werden. Bei Bedarf können Haftzugversuche nach DIN 18 555-6 durchgeführt werden [7]. Er wird unterteilt in:

- Tragfähiger Untergrund

  Beton, Mauerwerk oder neue feste Putze der Mörtelgruppen P II und P III. Solche Untergründe dienen als tragfähige Untergründe, an die das WDVS ohne Verdübelung geklebt werden kann. Die Ebenheitstoleranz *e* bei verklebten System beträgt ≤ 1 cm/m.

- Reduziert tragfähiger Untergrund

  Altbauten, bei denen der Putz oder der Anstrich fest mit am Untergrund haftet und der Kleber dadurch ein geringeres Haftvermögen entwickeln kann. Auf derartigen Untergründen ist neben dem Verkleben eine zusätzliche Verdübelung notwendig. Die Ebenheitstoleranz *e* bei verklebt und gedübelten Systemen beträgt ≤ 2 cm/m.

- Nicht tragfähiger Untergrund

  Zu den nicht tragfähigen Untergründen zählen unebene Fassaden oder Putze bzw. Anstriche mit nicht ausreichender Haftung an den Untergrund. Hier eignet sich der Einsatz von schienenbefestigten WDVS-Systemen. Die Ebenheitstoleranz *e* beträgt bei dieser Befestigungsart ≤ 3 cm/m [13].

Zusätzlich zu den in Abschnitt 4.2.4 genannten Dämmstoffen können Mineralwolle-Lamellenstreifen oder Mineralschaumplatten eingesetzt werden. Mineralwolle-Lamellenstreifen kommen bei gerundeten Flächen zum Einsatz, da die Faserstruktur senkrecht zur Wandoberfläche angeordnet wird. Durch ihre hohe Rohdichte von 80 bis 100 kg/m^3 und ihre hohe Abreißfestigkeit von ca. 85 kN/m^2 benötigen sie keine Verdübelung. Dagegen stellt die Mineralschaumplatte eine neu entwickelte hydrophobierte Dämmplatte auf Kalk-Zement-Basis dar. Sie besitzt ebenfalls eine hohe Rohdichte von 115 kg/m^3 sowie eine Abreißfestigkeit von 85 kN/m^2 und wird in die Baustoffklasse A2 gruppiert (nicht brennbar) [13].

Übersicht

Die vorwiegend verwendeten Wärmedämmverbundsysteme werden wie bereits erwähnt nach der Befestigung auf dem Untergrund, dem Putzsystem bzw. der Beschichtung und der Dämmstoffart unterschieden. Eine Zusammenfassung zeigt Tabelle 5.5.

Tabelle 5.5 Regelmäßige WDVS-Aufbauten [7]

Befestigung		Dämmung	Putzsystem bzw. bewehrte Beschichtungen
Verklebt	Teilflächig (≥ 40 %)	Polystyrol-Partikelschaum	Mineralische Putzsysteme
	Vollflächig (100 %)	Mineralfaser-Lamellen	Mineralischer UP, Kunstharz-OP, Kunstharzputzsystem
Verklebt und verdübelt		Polystyrol-Partikelschaum	Mineralische Putzsysteme
		Mineralfaserplatten Typ WV, WD, HD	Mineralischer UP, Kunstharz-OP Kunstharzputzsystem Anstatt OP z. T. Keramik, Naturstein
Verdübelt		Polyurethan	Werkseitig angeschäumte Riemchen
Mittels Schienen befestigt		Polystyrol-Partikelschaum	Mineralische Putzsysteme
		Mineralfaserplatten Typ HD	Mineralischer UP, Kunstharz-OP, Kunstharzputzsystem
Geschraubt bzw. geklammert		Holzfaserdämmplatten	Mineralische Putzsysteme Mineralischer UP, Kunstharz-OP, Kunstharzputzsystem

WDVS mit angeklebten Dämmstoffplatten

- Polystyrol-Partikelschaum

  Die Systembestandteile bis Mitte der 1980er-Jahre waren folgende:
  - Pastöse Kleber, Klebefläche ≥ 40 % der Dämmplattenfläche,
  - Kunststoffmodifizierte Unterputze mit einer Einlage aus Textilfaserglasgewebe,
  - Polystyrol-Partikelschaumplatten mit Dichten von 15 bis 20 kg/m^3,
  - Oberputze mit Kunststoffbindemittel.

Bild 5.11 zeigt ein verklebtes Wärmedämmverbundsystem mit Polystyrol-Dämmstoffplatten und kunststoffgebundenem Oberputz, das nach DIN 4102 in die Brandschutzklasse B1 „schwer entflammbar" eingeordnet ist. Erfolgt der Einbau von Dämmstoffen mit einer Dicke von größer 100 mm, so ist entweder über allen Öffnungen ein Streifen aus Mineralwolle anzuordnen oder alle zwei Geschosse ein umlaufender Mineralwoll-Dämmstreifen anzubringen [7].

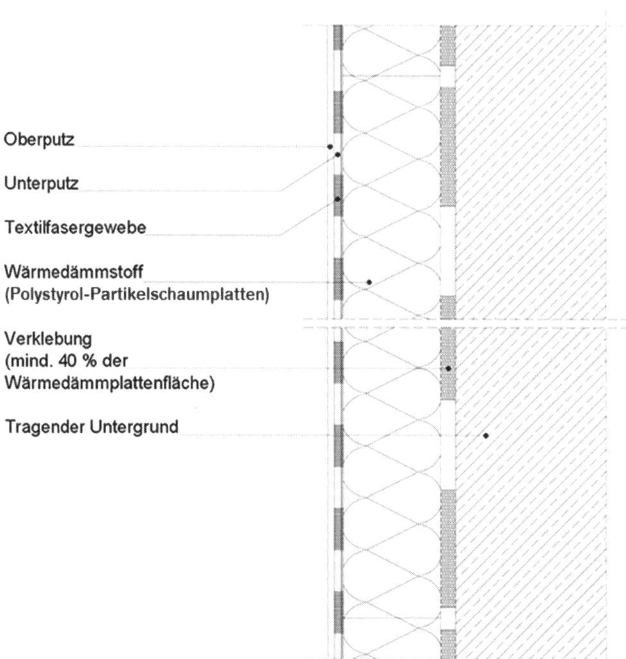

Bild 5.11 Verklebte WDVS mit Polystyrol-Partikelschaumplatten (Eigene Darstellung i. A. a. [7])

- Mineralwolle-Lamellenplatten

  Bei der Verwendung von Mineralfaser-Lammellendämmplatten (Bild 5.12), die 40 mm bis 200 mm dick sein können, ist bei geeigneten Untergründen ebenfalls eine Verklebung ohne zusätzliche Verdübelung möglich. Gegenüber geklebten Polystyrol-Dämmplatten sind die Mineralfaserdämmplatten vollflächig mit dem Untergrund zu verkleben. Außerdem kann durch die werkseitig angebrachte Klebeschicht die Pressspachtelung des Klebemörtels entfallen [7].

  Ohne zusätzliche Verdübelung kann dieses mineralische Putzsystem bis 20 m Höhe zum Einsatz kommen. Erfolgt eine zusätzliche Verdübelung mittels bauaufsichtlich zugelassenen Dübeln, darf das Wärmedämmverbundsystem bis 100 m angewandt werden. Der Dübelbedarf wird in Abhängigkeit des statischen Nachweises in den allgemeinen bauaufsichtlichen Zulassungen festgelegt [7].

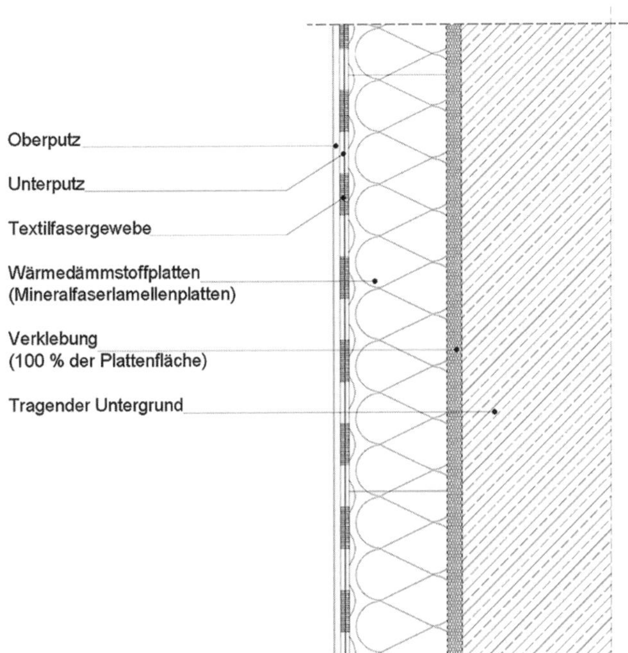

Bild 5.12 Verklebtes WDVS mit Mineralfaser-Lamellenplatten (Eigene Darstellung i. A. a. [7])

WDVS mit angeklebten und angedübelten Dämmstoffplatten

Die Entwicklung von mineralischen Wärmedämmverbund-Systemen zu Beginn der 1980er-Jahre resultierte aus der hohen Nachfrage nach nicht brennbaren WDVS. Die Systembestandteile sind folgende:

- mineralische Klebemörtel,
- mechanische Befestigung durch Dübel mit Dämmstoffhaltetellern,
- Mineralfaser-Dämmstoffplatten mit einer Dicke von 40 mm bis 120 mm,
- kunststoffmodifizierter (Kunststoffanteil ≤ 2 M-%) mineralischer Unterputz mit Textilglasfasergewebeeinlage,
- kunststoffmodifizierter (Kunststoffanteil ≤ 2 M-%) mineralischer Oberputz.

Die Anzahl der notwendigen Dübel pro qm hängt vom Fassadenbereich und der jeweiligen Windsogbeanspruchung des WDVS sowie dem Dämmstoff ab. Weiterhin können die Dübelköpfe entweder unterhalb (Bild 5.13) oder oberhalb (Bild 5.14) der Gewebeeinlage liegen. Im Hinblick auf die Verarbeitung ist die Positionierung unterhalb der Armierung günstiger. Allerdings wird die Putzschicht bei Anordnung des Dübelkopfes oberhalb der Armierung besser gehalten [7].

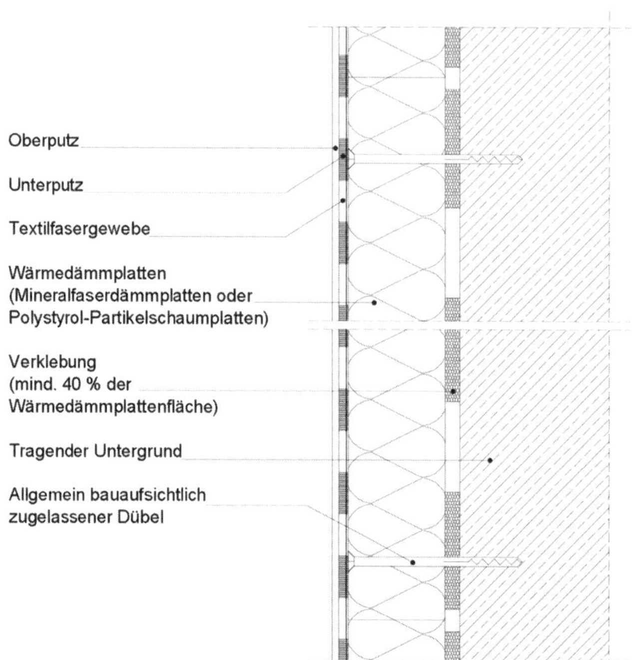

Bild 5.13 Anordnung des Dübelkopfes unterhalb der Armierung (Eigene Darstellung i. A. a. [7])

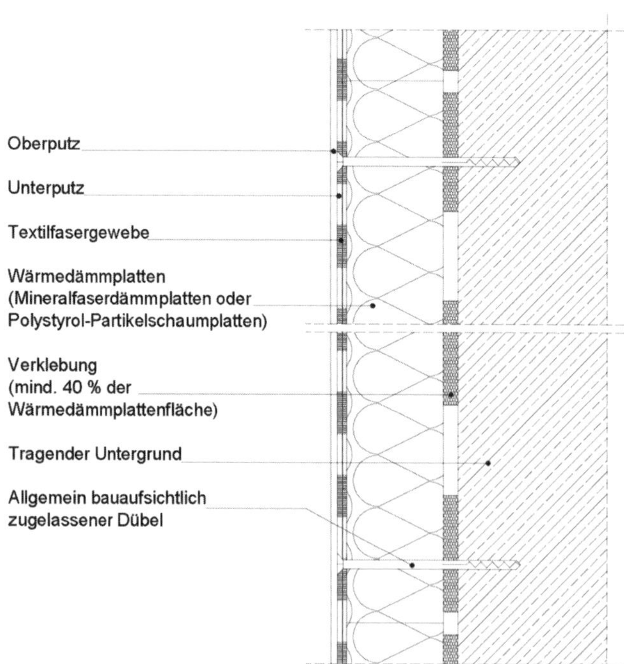

Bild 5.14 Anordnung des Dübelkopfes oberhalb der Armierung (Eigene Darstellung i. A. a. [7])

Die Befestigung der Dämmplatten durch Verkleben und Verdübeln bietet den Vorteil, dass die Anwendung auch bei wenig tragenden Unterböden möglich ist. Der Einsatz von Polystyrol-Partikelschaum als Dämmstoff ist bis zu einer Dicke von 300 mm ebenfalls möglich [7].

WDVS mit schienenbefestigten Dämmstoffplatten

Die Anwendung der vorangehenden Befestigungsarten ist bei sehr unebenen bzw. ungeeigneten Untergründen nicht möglich. Daher entstanden in den 1990er-Jahren WDVS mit Schienenbefestigung (Bild 5.15), bei denen die Lastabtragung über die gedübelten Schienen am Untergrund sowie weitere Dübel in der Platte erfolgt. Dazu müssen Polystyrol-Platten 60 mm bis 100 mm, Mineralfaserdämmplatten 60 mm bis 120 mm dick sein [7].

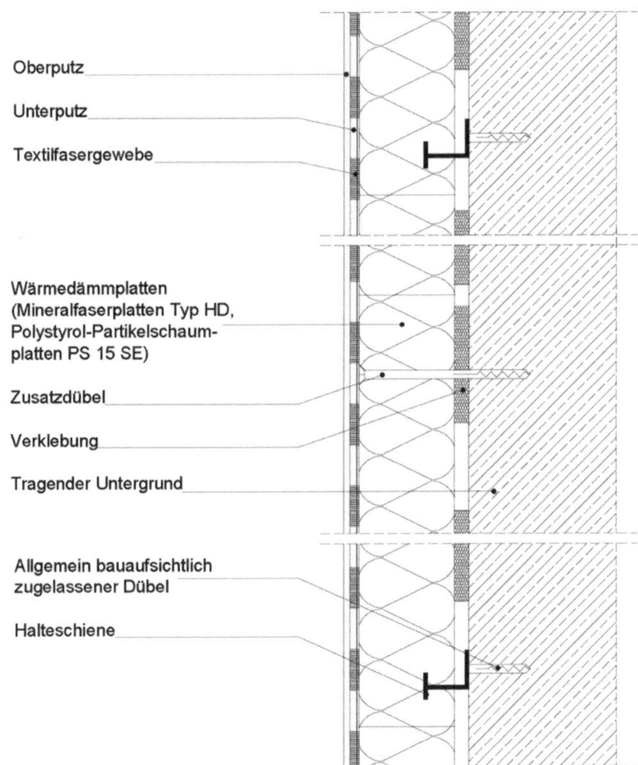

Bild 5.15 WDVS mit Schienenbefestigung (Eigene Darstellung i. A. a. [7])

Bei der Verwendung von Mineralfaserdämmplatten (Typ HD) ist im Gegensatz zu Polystyrol-Dämmplatten geringstenfalls ein Zusatzdübel einzusetzen. Um eine mögliche Scherkraftübertragung zwischen Untergrund und WDVS zu beachten, wird in der Mitte der Dämmplatte ein Klebepunkt berücksichtigt. Dieser muss bei Mineralfaserdämmplatten 20% bzw. bei Polystyrol-Partikelschaum 10% betragen. Entsprechend der Dämmplattenwahl und dem Schienen-Material werden die WDVS in die Baustoffklassen kategorisiert [7].

5.2.3 Weitere Bekleidungsschichten und Dämmstoffe

Die optische Gestaltung der Oberflächen sowie die Beanspruchbarkeit von Wärmedämmverbundsystemen und der Putzsysteme können entgegen der herkömmlichen Ausführung verschieden gestaltet werden. Auch die eingesetzten Dämmstoffe können in Abhängigkeit der angestrebten Nutzung variieren.

Faserbewehrte Putze

Zur Herstellung einer Unterputzschicht mit Textilfasergewebe wird nach der Anbringung des Unterputzes ein Glasfasergewebe eingebettet und anschließend eine weitere Unterputzschicht aufgetragen. Das Gewebe hat die Aufgabe, Putzrisse zu verhindern und bei auftretenden Rissen die Rissbreite zu begrenzen. Zur Erfüllung dieser Aufgaben ist das Gewebe in den Stoßbereichen mit einer ausreichenden Überlappung zu erstellen. Des Weiteren ist darauf zu achten, dass bei Dickputzsystemen das Gewebe im äußeren Drittel des Unterputzes anzubringen ist [7].

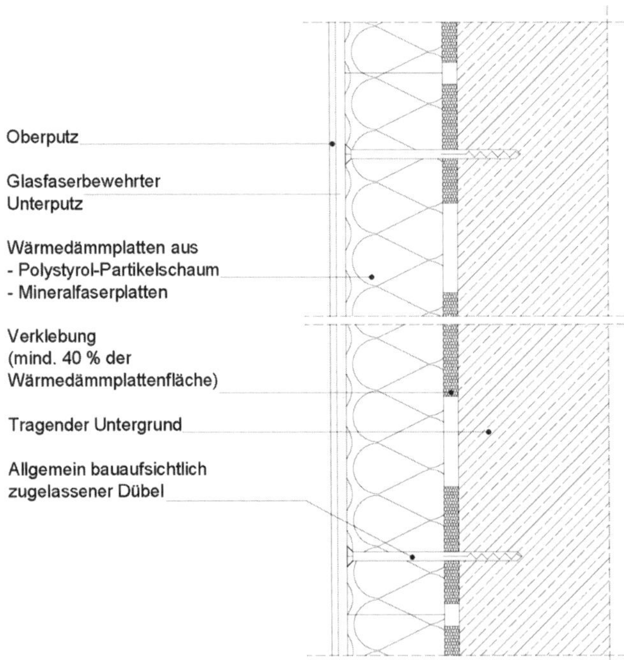

Bild 5.16 Aufbau eines angeklebten und angedübelten WDVS mit faserbewehrter Putzschicht (Eigene Darstellung i. A. a. [7])

Die Technische Universität Berlin konnte in dem DFG-Forschungsvorhaben „Faserbewehrte Putze für WDVS“ nachweisen, dass der Unterputz, durch die Zugabe von alkalibeständigen Glasfasern (Faserlänge 6 bis 8 mm) aus einer Lage (Dicke 10 bis 15 mm) hergestellt werden kann. Somit kann eine zusätzliche Gewebearmierung entfallen (Bild 5.16). Bei dieser Ausführung müssen Putzsysteme verwendet werden, die unter einer Zugbeanspruchung einen überkritischen Fasergehalt aufweisen. Die Zugkräfte bei auftretenden Rissen in der Putzmatrix müssen also von den Fasern aufgenommen werden. Die Fasern dürfen sich dabei nicht von der Putzmatrix lösen. Der kritische Fasergehalt richtet sich dabei nach Faserlänge, -durchmesser und -gehalt. Eine Verbesserung von Bruchspannung und Endschwindmaß der Putzschicht wird durch die Zugabe von Fasern nicht erreicht. Der faserbewehrte Putz lässt eine problemlose Verarbeitung in der Putzmaschine zu [7].

Keramische Bekleidungen

Keramische Bekleidungen werden seit längerer Zeit in verschiedenen Regionen Deutschlands an Wand- und Bodenflächen eingesetzt. Aufgrund der Wetterzustände in Deutschland lösten sich in der Vergangenheit des Öfteren die keramischen Beläge vom Untergrund der massiven Außenwände. Zur Klärung der Ursache für solche Schäden wurde in einem von der AiF geförderten Forschungsvorhaben an der Technischen Universität Berlin der Haftverbund zwischen keramischer Bekleidung und Ansetzmörtel untersucht. Das Ziel war die Erarbeitung von sicheren Ausführungsregeln für langlebige keramische Bekleidungen an massiven Untergründen [7]. Die Untersuchungen haben ergeben, dass die Porenstruktur der Keramikrückseite, die als Haftfläche dient, den Haftverbund zwischen Keramik und dem mineralischen Mörtel sehr stark beeinflusst. Bild 5.17 zeigt, dass der entscheidende Haftmechanismus durch die mechanische Verklammerung des Mörtels in den Poren der Keramikrückseite entsteht. Somit konnte nachgewiesen werden, dass sowohl das Porenvolumen als auch die Porengrößenverteilung auf der Keramikrückseite als Beurteilungskriterien festgesetzt werden können. Die Werte können mit der Quecksilberdruckporosimetrie ermittelt werden [7].

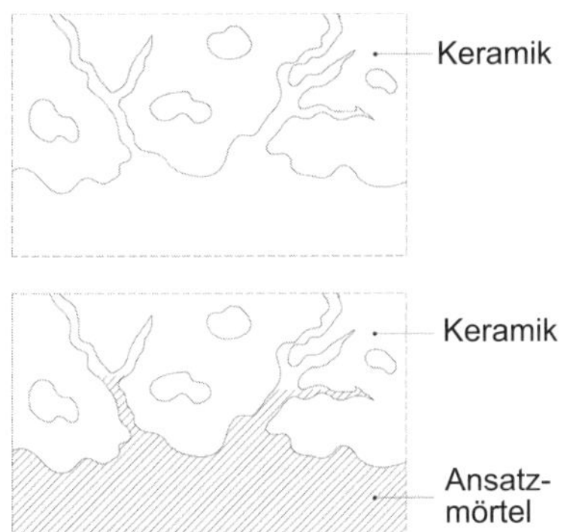

Bild 5.17 Haftmechanismus bei vermörtelten keramischen Bekleidungen (Eigene Darstellung i. A. a. [7])

Für das Porenvolumen der haftvermittelnden Schicht auf der Keramikrückseite wurde ein Grenzwert von $V_P \geq 20\ mm^3/g$ und für die Porengrößenverteilung auf der Keramikrückseite mit einem maximalen Porenradius ein Grenzwert von $r_P \geq 0{,}2$ mm festgelegt. Bei Überschreitung der Grenzwerte können hochvergütete Ansetzmörtel mit einem Eignungsnachweis in Kombination mit der ausgewählten Keramik verwendet werden. Zur Sicherstellung der Verklammerung beim Einsatz von Dünnbettmörtel muss ebenfalls ein hochvergütetes und mineralisches Material mit hohen Anforderungen an die Verarbeitungseigenschaft und die Rezeptur verwendet werden. Zur Fugenverfüllung muss der

Mörtel eine permanent wirksame Hydrophobierung, mit einem Wasseraufnahmekoeffizienten von < 0,1 kg/(m$^2 \cdot \sqrt{t}$), aufweisen. Außerdem wird ein Unterputz mit einer Mindestquerdruckfestigkeit von 0,1 N/mm^2 und einem Wasseraufnahmekoeffizienten von ≤ 0,5 kg/(m$^2 \cdot \sqrt{t}$) gefordert. Als Dämmplatten können Mineralfaser-Dämmplatten Typ HD, WD (mindestens 60 % Verklebung), Mineralfaser-Lamellenplatten (vollflächige Verklebung) oder Polystyrol-Dämmplatten (mindestens 60 % Verklebung) eingesetzt werden. Die Wärmedämmverbundsysteme sind durch das Glasfasergewebe zu verdübeln. Die Dübelanzahl richtet sich nach der vollen Windsogbeanspruchung ohne Ansatz der Verklebung. Die Forschungsergebnisse haben zur Erteilung von zahlreichen allgemeinen bauaufsichtlichen Zulassungen für Wärmedämmverbundsysteme mit keramischer Bekleidung geführt [7]. Ein prinzipieller Aufbau wird in Bild 5.18 dargestellt.

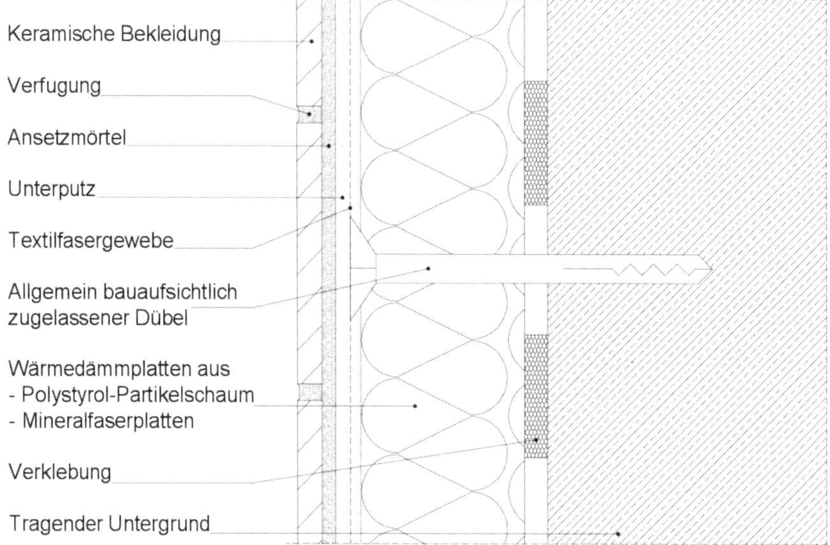

Bild 5.18 Aufbau eines WDVS mit keramischer Bekleidung (Eigene Darstellung i. A. a. [7])

Holzfaserdämmplatten

Holzfaserdämmplatten werden hauptsächlich im Holzrahmenbau eingesetzt. Die Befestigung der Dämmplatten erfolgt dabei mit oder ohne äußere Beplankung der Holzrahmenwände durch spezielle Schrauben bzw. Klammern. Mit einer Teilflächenverklebung oder entsprechenden Dübeln können die Dämmplatten auch auf mineralischen Untergründen befestigt werden. Für die WDVS mit Holzfaserdämmplatten wurden in den letzten Jahren zahlreiche allgemeine bauaufsichtliche Zulassungen erteilt [7].

Phenolharz- und Polyurethanplatten

Das Ziel von Phenolharz- und Polyurethanplatten ist die Verringerung der Dämmstoffdicken bei gleichem U-Wert. Jedoch sind diese Systeme in Bezug auf das Verformungsverhalten kritischer anzusehen als WDVS mit Polystyrol-Partikelschaum. Aus diesem Grund ist die Verwendung nur mit geprüften Putzsystemen möglich [7].

5.2.4 Konstruktionsdetails

Der wesentliche Grund für das Auftreten von Schäden bei Wärmedämmverbundsystemen sind Verarbeitungs- und Planungsfehler. Schäden aufgrund von Produktmängeln sind eher selten festzustellen. Die Grundlage für eine Schadenfreiheit ist die Beziehung aller für die Herstellung notwendigen Bestandteile eines WDVS von einem Hersteller [7].

Verlegung der Dämmplatten

Vor der Verlegung der Dämmplatten ist der Untergrund auf eine genügende Festigkeit und Ebenheit zu prüfen. Anschließend können die Dämmplatten mit einem ausreichenden Klebemörtelauftrag auf den Untergrund verklebt werden. Die Angaben in der allgemeinen bauaufsichtlichen Zulassung sowie die Einhaltung der Verarbeitungszeit und -temperatur (i. d. R. > 5 °C) sind hierbei zu beachten. Hinzu kommt, dass die Verlegung der Dämmplatten im Verband erfolgen muss und Kreuzfugen sowie Plattenstöße an den Fenstereckbereichen nicht zulässig sind (Bild 5.19). Um Risse zu vermeiden, sind zudem Höhenversätze in den Stoßbereichen zu vermeiden [7].

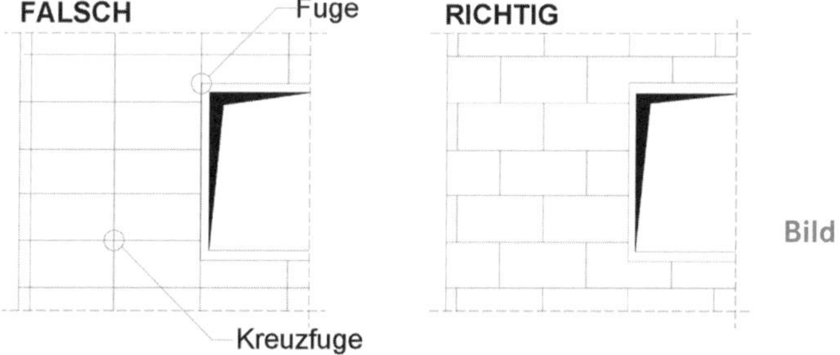

Bild 5.19 Falsche und richtige Verlegung von Dämmplatten (Eigene Darstellung i. A. a. [7])

Verdübelung

Ist eine zusätzliche Verdübelung erforderlich, so müssen bauaufsichtlich zugelassene Dübel verwendet werden. Die Anzahl je Quadratmeter Wandfläche wird in einer statischen Berechnung bestimmt und ist abhängig von dem Standort des Gebäudes. Der Statiker sollte Wandansichtspläne mit Kennzeichnung von Einbauort und Dübelanzahl zur Verfügung stellen [7].

Unterputz

Um Folgeschäden zu vermeiden, ist die Mindestdicke des Unterputzes einzuhalten. Zudem ist das zugehörige Textilglasfasergewebe bei dickschichtigen Unterputzen im äußeren Drittel und bei dünnschichtigen Unterputzen mittig zu verlegen. In Stoßbereichen ist das Gewebe mit einer genügenden Überdeckung von mindestens 10 cm zu verlegen. Eine Diagonalbewehrung wird im Bereich von Fensteröffnungen, Loggien oder anderen einspringenden Ecken eingebaut. Die Größe beträgt mindestens 20 × 30 cm (Bild 5.20). Sie sorgt für eine feine Verteilung von auftretenden Rissen ($w \leq 0{,}2$ mm) und nimmt Kerbrissspannungen auf [7].

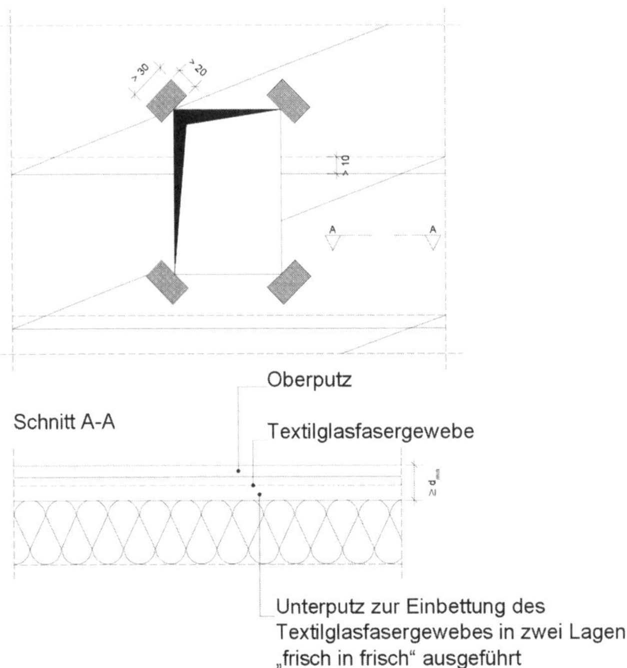

Bild 5.20 Anordnung des Textilfasergewebes (Eigene Darstellung i. A. a. [7])

Oberputz

Wie beim Unterputz ist auch beim Auftrag des Oberputzes die Mindestdicke einzuhalten. Je nach Angaben des Herstellers oder bei langen Standzeiten des Unterputzes kann der Auftrag einer zusätzlichen Grundierung erforderlich werden. Um thermische Spannungen zu verhindern, sollten der Oberputz bzw. die Schlussbeschichtung einen Hellbezugswert von ≥ 20 aufweisen [7].

An- und Abschlussdetails

Die Ausbildung von An- und Abschlüssen muss dauerhaft eine Schlagregendichtheit sowie Zwängungsfreiheit gewährleisten. Insbesondere bei Wärmedämmverbundsystemen auf Holzuntergründen kann es aufgrund von fehlenden bzw. zu geringen Dachüberständen zu einem schlechten Witterungsschutz kommen. Durch eine fachgerechte Herstellung von An- und Abschlüssen können somit feuchtebedingte Schäden vermieden werden. Die nachfolgenden Abbildungen zeigen verschiedene Konstruktionsdetails von Wärmedämmverbundsystemen [7].

Legende für nachfolgende Abbildungen:

1 - Kellermauerwerk mit horizontaler und vertikaler Abdichtung	6 - Außenputz
2 - Sockelputz (Mörtelgruppe P III)	7 - Perimeterdämmung
3 - Sockelabschlussschiene	8 - Sockelbeschichtung
4 - Fassadendämmplatte	9 - Elastisches Fugendichtband
5 - Armierungsschicht mit Glasgittergewebe	10 - Dränplatte mit Schutzvlies

Legende für nachfolgende Abbildungen:	
11 - Eckschutz	17 - Spreizdübel
12 - Metallfensterbank	18 - Bitumenbahn o. Ä.
13 - Dehnungspuffer	19 - Zuluftprofil
14 - Rollladenkasten	20 - Randbohle
15 - Rollladenschiene	21 - Abdeckprofil
16 - Hinterlüftung	22 - Metallblende o. Ä.

- Sockelausbildung

  Zur Vermeidung von Wärmebrücken ist die Fassadendämmung mindestens 30 cm bis zur Unterkante Kellerdecke, jedoch mindestens 30 cm oberhalb der Geländeoberfläche zu führen. Die vertikale Abdichtung ist dabei bis hinter die Dämmung hochzuziehen und an die horizontale Dichtung anzuschließen (Bild 5.21) [7].

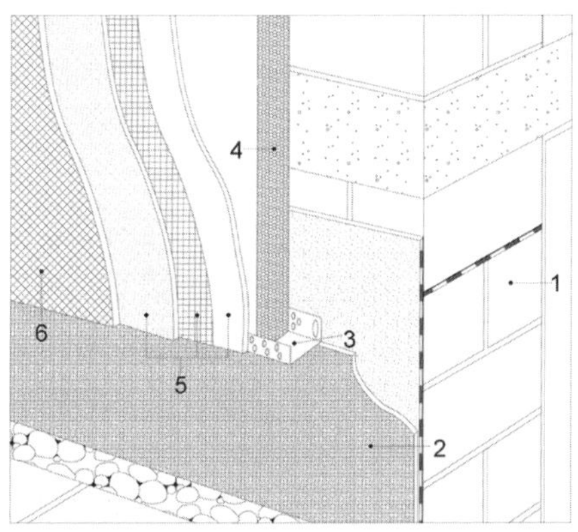

Bild 5.21 Konstruktionsbeispiel für eine Sockelausbildung (Eigene Darstellung i. A. a. [13])

- Fassaden- und Kellerwanddämmung

  Die Kellerwanddämmung (Perimeterdämmung) ist mindestens 30 cm über das Erdreich hochzuziehen und elastisch dicht an die überstehende Sockelschiene anzuschließen (Bild 5.22). Die vertikale Abdichtung ist dabei bis hinter die Dämmung hochzuziehen und an die horizontale Dichtung anzuschließen [7].

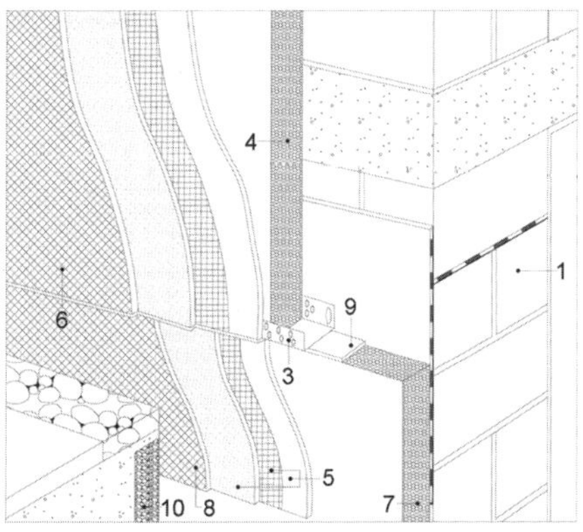

Bild 5.22 Konstruktionsbeispiel für eine Fassaden- und Kellerwanddämmung (Eigene Darstellung i. A. a. [13])

- Fenster- und Türleibungen

  Um eine Tauwasserbildung zu vermeiden, ist außenseitig grundsätzlich mitzudämmen und die Anschlussfuge zwischen der Fassadendämmplatte und dem Fensterrahmen mit einem Fugendichtband abzudichten (Bild 5.23). Die Armierungsschicht und der Außenputz ist über das Dichtband zu ziehen und mit einem Kellenschnitt vom Rahmen zu trennen [7].

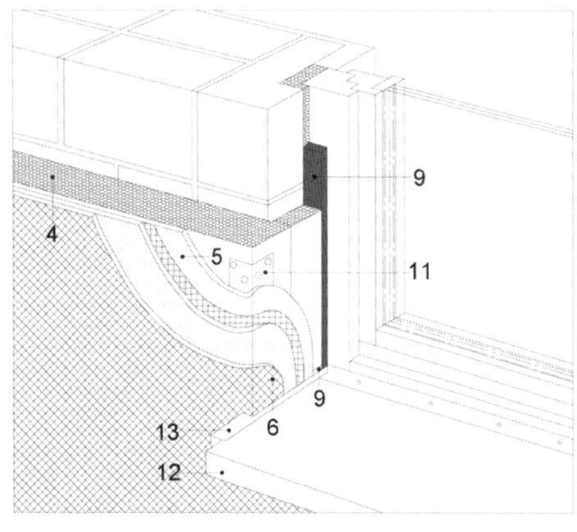

Bild 5.23 Konstruktionsbeispiel für Fenster- und Türlaibungen (Eigene Darstellung i. A. a. [13])

- Fensterbankanschlüsse

  Die Metallfensterbank ist mit seitlicher Aufkantung und Dehnungspuffer, einem ausreichenden Fassadenüberstand (etwa 3 cm) und mit einem Gefalle nach außen anzubringen (Bild 5.24). Alle Anschlussfugen sind mit unsichtbaren Fugendichtbändern elastisch dicht auszubilden [7].

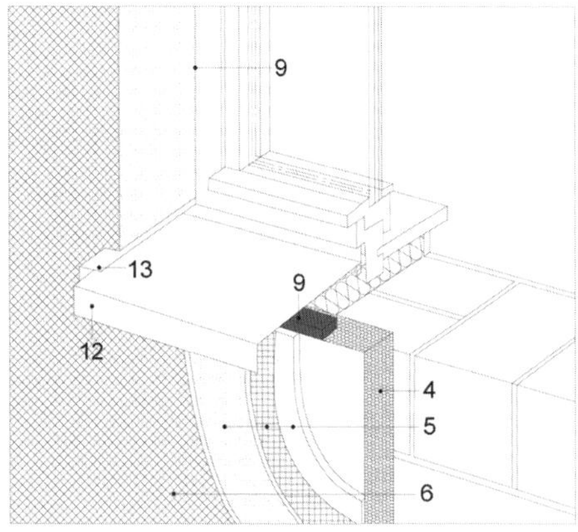

Bild 5.24 Konstruktionsbeispiel für Fensterbankanschlüsse (Eigene Darstellung i. A. a. [13])

- Rollladenkastenanschlüsse

  Die Profilschiene ist auf die Höhe des Rollladenkasten-Sturzes anzubringen und außenseitig mit einer Armierungsschicht und Putzlage zu beschichten (Bild 5.25). Alle Anschlussfugen sind mit unsichtbaren Fugendichtbändern elastisch dicht auszubilden [7].

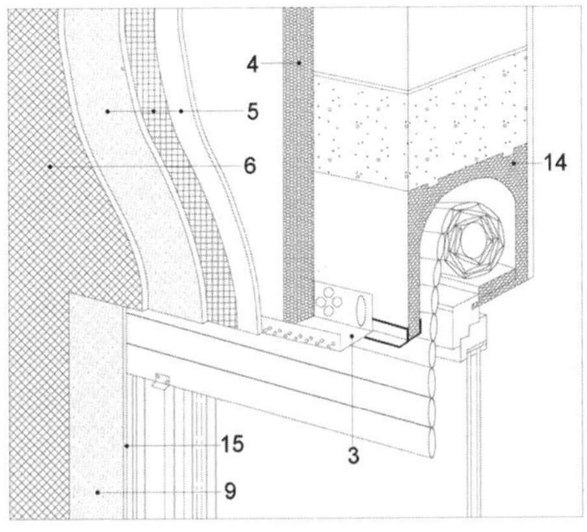

Bild 5.25 Konstruktionsbeispiel für Rollladenkastenanschlüsse (Eigene Darstellung i. A. a. [13])

- Steildachanschlüsse

  Die Dachüberstände, insbesondere am Ortgang, dürfen nicht zu knapp bemessen sein (Bild 5.26). Die Zuluftöffnungen im Bereich der Traufenverkleidung sind nicht zu verschließen und bei ausgebauten Dachgeschossen ist die Fassadendämmung an die Dachdämmung lückenlos anzuschließen. Alle Anschlussfugen sind mit unsichtbaren Fugendichtbändern elastisch dicht auszubilden [7].

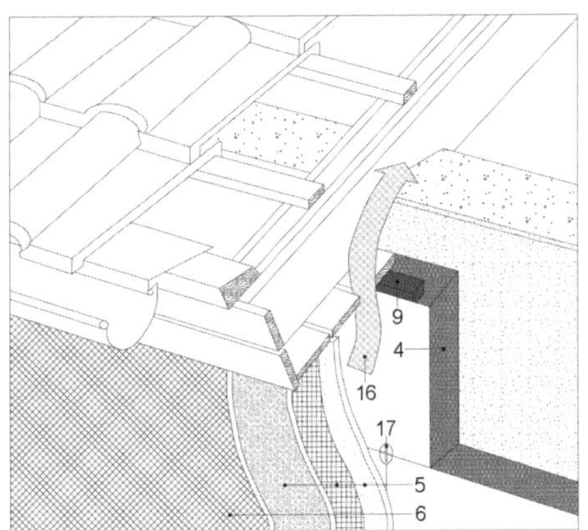

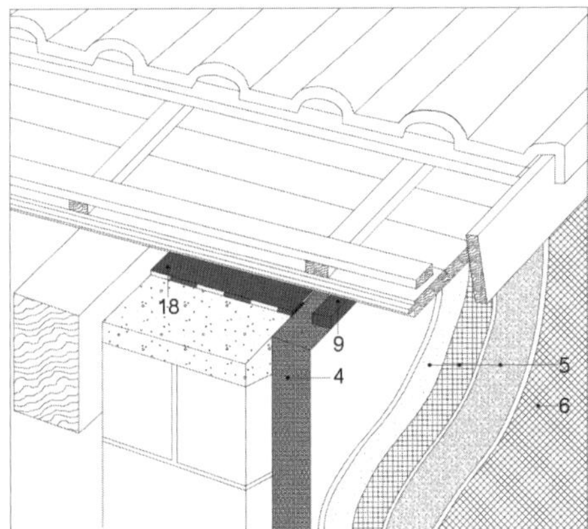

Bild 5.26 Konstruktionsbeispiel für Steildachanschlüsse (vereinfachte Darstellung) (Eigene Darstellung i. A. a. [13])

- Flachdachanschlüsse

  Die Fassadendämmung ist lückenlos an die Dachdämmung anzuschließen, Attika-Aufkantungen sind zudem auch innenseitig (zur Dachfläche hin) zu dämmen (Bild 5.27). Zuluftprofile müssen ausreichend bemessen und Metallabdeckungen mit beweglichen Schiebenahten montiert werden. Für die Dachausbildung sind die Flachdachrichtlinien zu beachten [13].

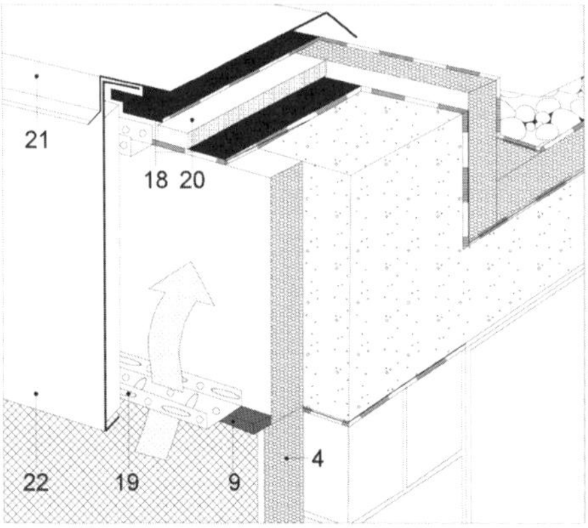

Bild 5.27 Konstruktionsbeispiel für Flachdachanschlüsse (Eigene Darstellung i. A. a. [13])

5.2.5 Bauphysikalische Anforderungen

Die heutigen Gebäudehüllen müssen zur Erfüllung der gültigen Regelungen hohe Anforderungen an den Wärme-, Brand-, Feuchte- und Schallschutz erfüllen. Wärmedämmverbundsysteme eignen sich durch ihre fugenlose und schlagregendichte Ausführung sowie ihre hohe Wasserdampfdurchlässigkeit besonders gut. Außerdem verhindern sie durch die Verlagerung des Taupunktes nach außen eine Durchfeuchtung des Untergrundes [12].

Wärmeschutz

Wärmedämmverbundsysteme ermöglichen die sehr effektive Erfüllung der ständig steigenden Anforderungen an den U-Wert und somit an den baulichen Wärmeschutz von Außenwandkonstruktionen. Bei der Berechnung der U-Werte von Außenwandkonstruktionen muss die Wärmebrückenwirkung der eingesetzten Dübel berücksichtigt werden. Des Weiteren sind unter Beachtung der DIN 4108 Beiblatt 2 An- und Abschlüsse wärmebrückenarm herzustellen. Ein weiterer Vorteil des WDVS ist die starke Reduzierung der Zwangsbeanspruchungen, die durch Temperaturschwankungen zwischen Tag und Nacht bzw. Sommer und Winter im Gesamtsystem der Tragglieder entstehen. Diese Temperaturentkopplung zwischen der tragenden Wand und der Außentemperatur hat gleichzeitig einen positiven Effekt auf den sommerlichen Wärmeschutz. Es wird verhindert, dass sich der Wandquerschnitt bei hohen Temperaturen erwärmt und Wärme an den Raum abgibt [7].

Feuchteschutz

Für die Sicherstellung des Schlagregenschutzes, auch für die starke Schlagregenbeanspruchung (Beanspruchungsklasse III) nach DIN 4108-3, dürfen im angebrachten Putz die auftretenden Risse eine Rissbreite von 0,2 mm nicht überschreiten. Bei einer Überschreitung kann das über den Riss eindringende Wasser nicht mehr herausdiffundieren. Somit besteht die Gefahr, dass es zu einer schädlichen Wasseransammlung im Wärmedämmverbundsystem kommt und dadurch die Frost-Tau-Sicherheit, Haftzugfestigkeit zwischen Dämmstoff und Putz sowie die Querzugfestigkeit nicht mehr gewährleistet sind. Die Rissfreiheit oder Rissbreitenbeschränkung können mit zusätzlich zur Vertikalbewehrung angebrachten Diagonalbewehrung erreicht werden. Dies sollte insbesondere bei einspringenden Ecken, wie z.B. im Fensterbereich, und bei dicken mineralischen Putzsystemen auf Mineralfaserdämmstoffen erfolgen. Um eine erhöhte thermische Beanspruchung des Putzsystems zu vermeiden, sollte eine helle Schlussbeschichtung (Hellbezugswert von $\geq$ 20) gewählt werden. Bei einer dunklen Oberfläche erhöht sich der Absorptionsgrad α_S und somit die Gefahr der Rissbildung. Ferner ist das Eindringen des Wassers in empfindliche Bereiche wie an Ab- und Anschlüssen durch die Planung und Ausführung hinsichtlich einer Schlagregendichtheit zu vermeiden. Dieser konstruktive Witterungsschutz ist insbesondere bei Mineralfaser- und Holzfaserdämmstoffen oder bei der Ausführung von Wärmedämmverbundsystemen auf Holzuntergründen bzw. Holztafelbauten auszuführen. Je nach Bereich können ausreichende Dachüberstände feuchtebedingte Schäden, wie z.B. die Verrottung von tragenden Holztafelwänden oder Gefährdung der Standsicherheit des WDVS, verhindern. Wasserabweisende Putzsysteme werden hauptsächlich im Spritzwasserbereich ($\leq$ 30 cm über der Geländeoberkante) eingesetzt. In diesem Sockelbereich ist außerdem eine dafür zugelassene Polystyroldämmung zu verwenden und entlang der Außenkanten des Gebäudes ein Kiesstreifen (Breite ca. 50 cm und Tiefe ca. 20 cm) anzuordnen.

Es hat sich gezeigt, dass durch den Tauwasserschutz die Gefahr von Schimmelpilzbildung und Tauwasserausfall auf der Innenoberfläche selbst in kritischen Eckbereichen deutlich geringer ist. Bei WDVS aus Mineralfaserdämmplatten und mineralischen Putzsystemen kommt es im Gegensatz zu WDVS aus Polystyrol-Partikelschaum und dichten Kunstharzputzen zu keinem Tauwasserausfall im Wandquerschnitt. Bei letzterem kann das anfallende Tauwasser jedoch in der Verdunstungsperiode vollständig herausdiffundieren [7].

Schallschutz

Die Resonanzfrequenz des Zwei-Masse-Schwingers, der bei der Anbringung eines WDVS auf eine tragende Wand entsteht, ist abhängig von dem Gewicht der Putzschicht m_1 (in kg/m^2) und der dynamischen Steifigkeit der Dämmschicht s' (in MN/m^3). Die Berechnung der Resonanzfrequenz errechnet sich wie folgt:

$$f_0\left[Hz\right] = 160 \cdot \sqrt{\frac{s'}{m_1}}$$

Die Schalldämmung der tragenden Wand hängt mit der Resonanzfrequenz wie folgt zusammen:

- Im Frequenzbereich unterhalb der Resonanzfrequenz: keine wesentliche Veränderung der Schalldämmung.
- Im Bereich der Resonanzfrequenz: deutliche Reduzierung der Schalldämmung.
- Im Frequenzbereich oberhalb der Resonanzfrequenz: deutliche Verbesserung der Schalldämmung.

Die Resonanzfrequenz kann mit zunehmender Masse des Putzsystems bzw. abnehmender dynamischen Steifigkeit des Dämmstoffs verringert werden. Dadurch kann der positive Einfluss des Wärmedämmverbundsystems auf das Schalldämmmaß der Wand vergrößert werden. Bei der Ermittlung des Schalldämmmaßes des gesamten Wandaufbaus ist ein Korrekturwert K_{Wand} für das WDVS zu berücksichtigen [7]. In Tabelle 5.6 sind die Korrekturwerte zusammengestellt. Diese sind abhängig von der Resonanzfrequenz des WDVS und dem bewerteten Schalldämmmaß der tragenden Wand.

Tabelle 5.6 Korrektur K_{Wand} [7]

Resonanzfrequenz	Bewertetes Schalldämmmaß der Trägerwand R_w in dB					
	43 - 45	46 - 48	49 - 51	52 - 54	55 - 57	58 - 60
f_0 = 60 Hz	10	7	3	0	- 3	-7
60 Hz < f_0 ≤ 80 Hz	9	6	3	0	-3	-6
80 Hz < f_0 ≤ 100 Hz	8	5	3	0	-3	-5
100 Hz < f_0 ≤ 140 Hz	6	4	2	0	-2	-4
140 Hz < f_0 ≤ 200 Hz	4	3	1	0	-1	-3
200 Hz < f_0 ≤ 300 Hz	2	1	1	0	-1	-1
300 Hz < f_0 ≤ 400 Hz	0	0	0	0	0	0
400 Hz < f_0 < 500 Hz	-1	-1	0	0	0	1
500 Hz < f_0	-2	-1	-1	0	1	1

Wie aus der Tabelle entnommen werden kann, hat eine niedrige Resonanzfrequenz bei tragenden Wänden mit geringer bis mittlerer Schalldämmung einen positiven und bei tragenden Wänden mit hoher Schalldämmung einen negativen Einfluss auf das Schalldämmmaß der gesamten Wand [7].

Brandschutz

Um einen Brandüberschlag gerade im Sturzbereich von Fenstern zu verhindern, ist beim Einsatz von Polystyrol-Dämmung mit einer Dicke über 100 mm ein Dämmstreifen aus Mineralfaserdämmung im Sturzbereich anzuordnen. Eine weitere Möglichkeit, einen Brandüberschlag über die Fenster zum nächsthöheren Stockwerk zu vermeiden, ist die Anordnung von umlaufenden Brandriegeln aus Mineralwolle-Dämmplatten. Die Anbringung erfolgt alle zwei Geschosse (Bild 5.28) [7].

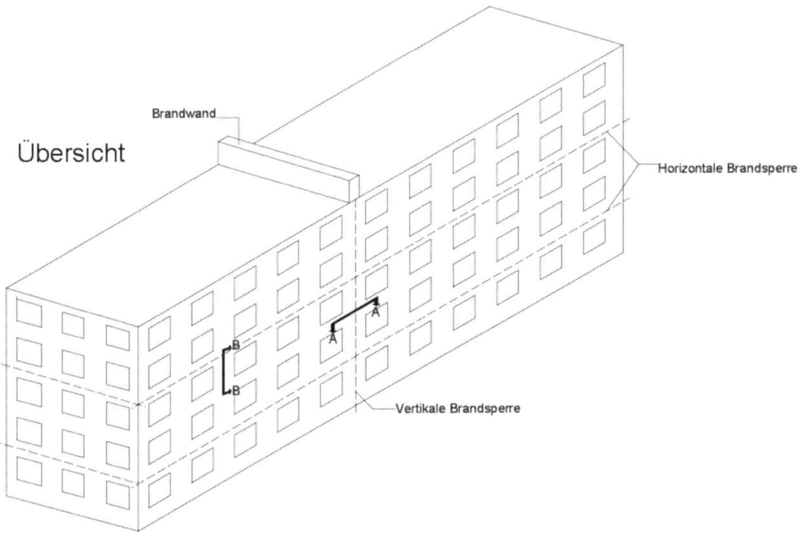

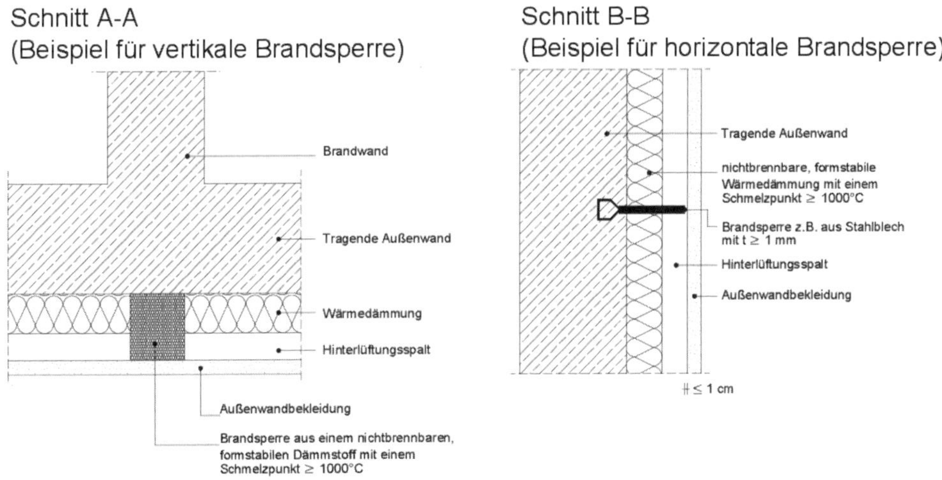

Bild 5.28 Anordnung von Brandsperren bei hinterlüfteten Außenwandbekleidungen (Eigene Darstellung i. A. a. [7])

5.3 Vorhangfassade

Neben den üblichen Bekleidungen von Fassaden mittels Metallelementen oder Wärmedämmverbundsystemen besteht die Möglichkeit, die Außenwand mittels Vorhangfassaden zu gestalten. Diese werden aus miteinander verknüpften horizontalen und vertikalen Profilen hergestellt und unterscheiden sich je nach Bauweise in eine Pfosten-Riegel-Fassade oder Elementfassade. Die Hüllflächen müssen die Anforderungen in Bezug auf die Dauerhaftigkeit und Gebrauchstauglichkeit einer Außenwand erfüllen. Vorhangfassaden sind in der DIN EN 13 830 geregelt [7].

5.3.1 Pfosten-Riegel-Fassade

Die Pfosten-Riegel-Fassade (PRF) entsteht durch die Verbindung von vertikalen Pfostenprofilen und horizontalen Riegelprofilen. Das skelettartige Fassadentragwerk trägt die Lasten über die vertikal verlaufenden Pfosten ab. Die horizontalen Riegel werden mit Schraub-, Schweiß- oder Steckverbindungen an die Pfosten befestigt [3]. Die PRF ermöglicht die Vergrößerung der Verglasungsanteile innerhalb der Fassade. Dadurch können die höheren Belichtungsanforderungen mit natürlichem Tageslicht (Lichtqualität, Beleuchtungsstärke, Farbechtheit, Helligkeitsverteilung) verbessert werden. Zudem bieten die in regelmäßigen Rasterabständen angeordneten Pfosten gute Anschlussmöglichkeiten für innere Trennwände, was wiederum zu einer flexibleren Grundrissgestaltung führt. Die Ausfachungen können aus fest verglasten, geschlossenen oder transparenten Feldern bestehen. Durch die Vielzahl an angebotenen Systemen können die Ausfachungen auch mit Fenster- und Türöffnungen kombiniert werden. Für die Pfosten und Riegel können Holz- und Metallwerkstoffe eingesetzt werden, die sich mit folgenden Verbindungsmitteln untereinander verknüpfen lassen [13]. Die Verbindung von Holzprofilen erfolgt vom Riegel in den Pfosten durch Dübelverbindungen mit eingeleimten Buchenholzdübeln (Bild 5.29, oben links), Schwalbenschwanzverbindungen (Bild 5.29, oben Mitte), Stahlverbindungsmitteln wie Exzenter oder Spannanker (Bild 5.29, oben rechts/unten links) oder mit Kreuz- oder T-förmigen Flachstahlprofilen in der Verglasungsebene (Bild 5.29, unten rechts) [13].

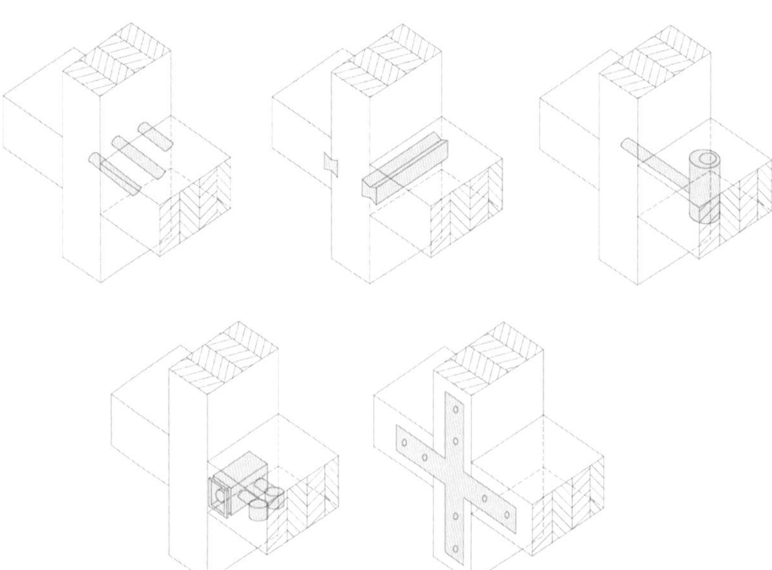

Bild 5.29 Verbindungsmittel für einen Pfosten-Riegel-Anschluss aus Holz (Eigene Darstellung i. A. a. [13])

Bei der Verwendung von Pfosten und Riegel aus Stahl oder Aluminium kommen werden Verbindungsmittel Bolzen und Verschraubungen (Bild 5.30, a) sowie zusätzliche Verbindungsmittel für den direkten (Bild 5.30, b) und nachträglichen (Bild 5.30, c) Einbau der Riegelprofile eingesetzt [13].

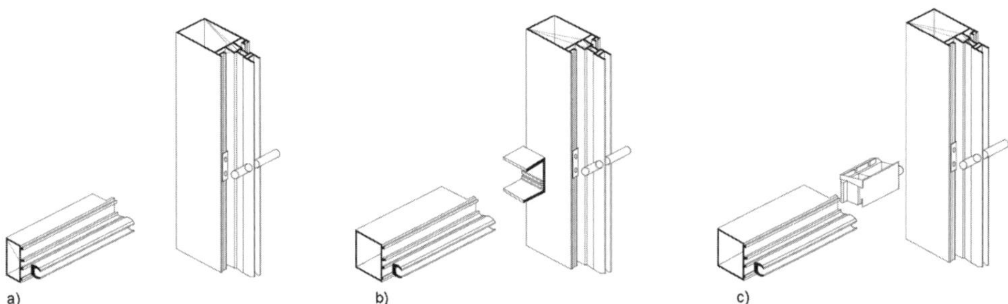

Bild 5.30 Verbindungsmittel für einen Pfosten-Riegel-Anschluss aus Metall (Eigene Darstellung i. A. a. [13])

Pfosten-Riegel-Fassaden können in unterschiedlichen Varianten hergestellt werden. Nachfolgend sind die maßgebenden Faktoren aufgelistet, die das Erscheinungsbild sowie die Gestaltungsqualität beeinflussen:

- Teilungsraster und Proportionen der einzelnen Felder (Bild 5.31, 1.-3. von links),
- Bauweise und Montageart,
- Ansichtsbreiten der Profile (Breiten zwischen 40 und 80 mm, Tiefen je nach Lastbeanspruchung),
- Farbgestaltung,
- Fugenbild,
- Lagerungsart der Glasscheiben (Bild 5.31, 4.-5. von links) [13].

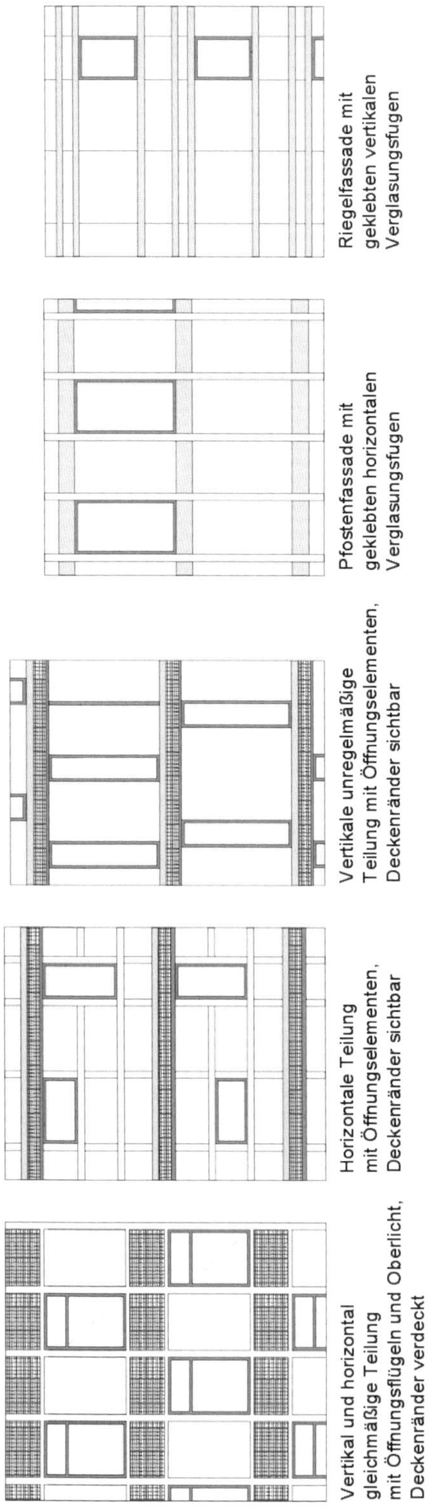

Vertikal und horizontal gleichmäßige Teilung mit Öffnungsflügeln und Oberlicht, Deckenränder verdeckt

Horizontale Teilung mit Öffnungselementen, Deckenränder sichtbar

Vertikale unregelmäßige Teilung mit Öffnungselementen, Deckenränder sichtbar

Pfostenfassade mit geklebten horizontalen Verglasungsfugen

Riegelfassade mit geklebten vertikalen Verglasungsfugen

Bild 5.31 Beispiele von Fassadenteilungen (Eigene Darstellung i. A. a. [13])

Winterlicher Wärmeschutz

Eine optimale Energieeffizienz wird mit einer guten Glasqualität, einer fachgerechten Ausführung des Randverbundes sowie mit einer thermischen Trennung der Rahmung und Glashalterung erreicht. Durch den Einsatz von hochwertigen Verglasungssystemen und Fenstern kann somit der Gewinn an Solarenergie die Transmissions- und Lüftungswärmeverluste ausgleichen bzw. übersteigen [13].

Sommerlicher Wärmeschutz

Ein Nachweis des sommerlichen Wärmeschutzes wird nach der EnEV bei Räumen ab einem Fensterflächenanteil von 20 % gefordert. Zur Erfüllung des Nachweises bieten sich beschichtete Sonnenschutzverglasungen oder außenliegende Sonnenschutzsysteme an. Die Sonnenschutzsysteme können an den Pfosten und Riegeln befestigt werden. Zum Schutz der Sonnenschutzeinrichtungen vor Windbelastung, Verschmutzung und Bewitterung kann ein verglasungsintegrierter Sonnenschutz im Luftzwischenraum der Isolierverglasung angeordnet werden. Es ist zu beachten, dass sich dadurch der Energiedurchlassgrad (g-Wert) geringfügig verschlechtert. Innenliegend angeordnete Sonnenschutzanlagen haben lediglich eine Blendschutzfunktion und sind nicht für die Reduzierung des Wärmeeintrages geeignet [13].

Schallschutz

Da die Pfosten-Riegel-Fassaden meistens geschoss- und trennwandübergreifend geplant werden, muss neben der Luftschalldämmung gegen Außenlärm auch die Längsschalldämmung zwischen den einzelnen Geschossen und Räumen beachtet werden [13]. Anforderungen an einen hohen Schallschutz können nur eingeschränkt durch schwerere Gläser und dichte Fugenanschlüsse erreicht werden. [9] Aus diesem Grund hat sich in der Praxis die Vereinbarung von Schallschutzklassen gemäß VDI-Richtlinie 2791, zusätzlich zu den Standardanforderungen nach der DIN 4109, bewährt [13].

Brandschutz

Die Musterbauordnung fordert bei nichttragenden Außenwänden (außer bei den Gebäudeklassen 1 bis 3) die Verwendung von nichtbrennbaren Materialien oder die Herstellung der Außenwand mindestens in der Feuerwiderstandsklasse F 30. Durch den Einsatz von Stahl- oder Aluminiumprofilen kann die Anforderung erfüllt werden. Bei Holz-Tragprofilen kann der Anforderung nicht nachgekommen werden. Jedoch ist die Ausführung von Holz-Glas-Fassaden unter bestimmten Randbedingungen mit einer Genehmigung möglich [13].

5.3.2 Elementfassade

Elementfassaden bestehen aus Außenwänden mit hohem Vorfertigungsgrad, die hauptsächlich bei Gebäuden mit gerasterten Fassadenflächen Verwendung finden. Die dadurch möglichen schlanken Wandquerschnitte aus Metall-Verbundelementen mit Fenstern und Brüstungen erlauben neben der schnellen Montage und variabler Gestaltungsmöglichkeit auch größere Nutzflächen. Durch die relativ leichte Bauweise wirken relativ geringe Eigenlasten auf Stützen, Fundamente sowie Deckenränder. Die Befestigung von Vorhangfassaden erfolgt mittels korrosionsgeschützter Befestigungsmittel an Stahl- oder Stahlbeton-Skelettstützen oder an Geschossdecken. Die Planung von derartigen Fassaden muss folgende Festlegungen berücksichtigen:

- Abhängig von der Montageart, d. h. aus einzelnen Bestandteilen oder vorgefertigten Fassadenelementen, resultiert die Auslastung der Produktion, der Bedarf an Facharbeitern auf der Baustelle sowie der Transport der Teile.
- Die Spannrichtung kann wie in Bild 5.32 dargestellt vertikal oder horizontal erfolgen. Je nach Richtung sind die Sprossen zu dimensionieren und die Befestigung am Skelett vorzunehmen.
- Die Ausbildung der Fugen zwischen den Sprossen, Sprossenrahmen sowie Füllungen.
- Durch die Toleranzen und Fugenausbildung können die Dehnungsmöglichkeiten der Elemente sowie der kompletten Fassade gewährleistet werden [9].

Bild 5.32 Vorhangfassade mit sichtbarer Tragkonstruktion (Eigene Darstellung i. A. a. [9])

Mit Vorhangfassaden können durchlaufende Wandflächen beliebiger Größe durch Verbinden der Elemente über ihre Kanten hergestellt werden. Dabei sind Konstruktionen mit sichtbaren oder nicht sichtbaren Sprossen möglich. Sie verlaufen vertikal und horizontal innerhalb des Systems und werden an den tragenden Bauteilen befestigt. Die Beanspruchung erfolgt lediglich durch das Eigengewicht sowie die Windlasten, die nicht zu vernachlässigen sind. Denn bei hohen Gebäuden können unterschiedliche Durchbiegungen der benachbarten Elemente entstehen, die zu Undichtigkeiten führen. Dies wird durch Unterstützung der Konstruktion sowie Reduzierung der Stützweiten vermieden. Weiterhin werden Fassaden durch Temperatureinflüsse in ihrer Länge und in Form von Verformungen geändert. Damit die Konstruktion und die Elemente sich kontrolliert dehnen können, werden ausreichend dimensionierte Schiebefugen geplant. Außerdem sorgen Kunststoff-Einlagen dafür, dass bei Bewegungen keine Geräusche entstehen. Bild 5.33 zeigt mögliche

Befestigungspunkte der Unterkonstruktion im Rohbau. Um entstehende Abweichungen der Maße im Rohbau ausgleichen zu können, werden Pfostenanschlüsse mit Justiermöglichkeit verwendet (Bild 5.34) [9].

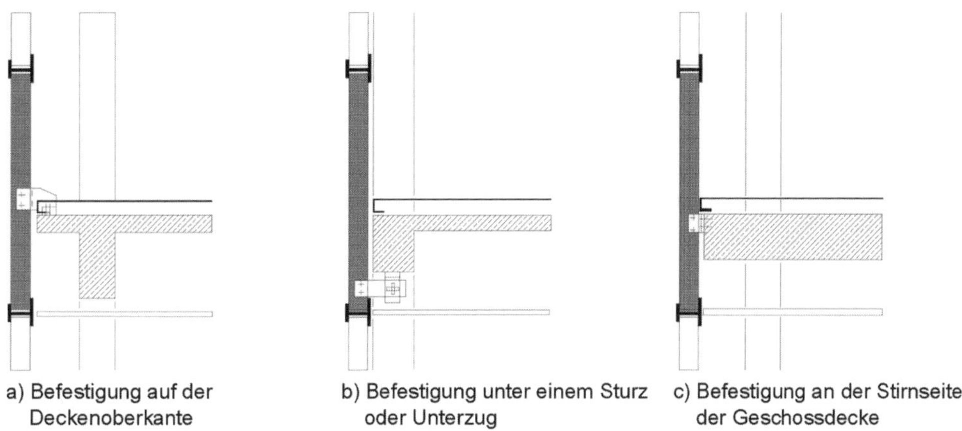

Bild 5.33 Befestigungsmöglichkeiten der Unterkonstruktion während des Rohbaus (Eigene Darstellung i. A. a. [9])

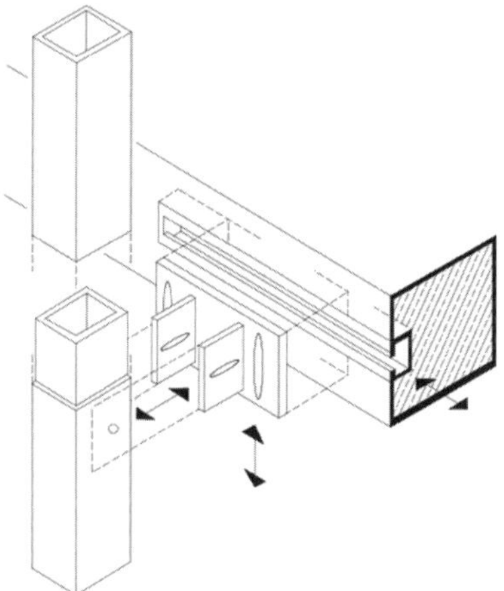

Bild 5.34 Justierbarer Deckenanschluss mittels Ankerschiene und Winkel mit Langlöchern (Eigene Darstellung i. A. a. [9])

Wärmeschutz

Auch bei Elementfassaden sind ein- oder zweischalige Konstruktionen möglich, die in nicht durchsichtbaren Teilflächen den Wärmeschutz wie für Außenwände einhalten müssen. Ähnlich wie bei Metallfassaden existieren ebenfalls Sandwich-Elemente, die den Witterungsschutz, die Wärmedämmung sowie Dampfsperre beinhalten und fugendicht mit den restlichen Tafeln verbunden werden. Kommen dampfdurchlässige Dämmschichten zum Einsatz, so sind entsprechende Bekleidungen mit Hinterlüftung einzusetzen. Solche Konstruktionen stellen den zweischaligen Aufbau dar, bei denen das zwischen Wärmedämmung und Bekleidung anfallende Kondenswasser zur Außenseite hin abgeleitet werden muss. Mit thermisch getrennten Sprossenprofilen sind ununterbrochene Wärmedämmungen und Dampfsperren möglich. Die Formen der Sprossen können als TT, T-, L- oder Hohlraumprofil ausgebildet werden [9].

Schallschutz

Im Gegensatz zu massiven Wänden bieten Elementfassaden durch ihr geringes Eigengewicht eine sehr begrenzte Luftschalldämmung. Deshalb sind gesonderte Eignungsprüfungen für den Nachweis zu erbringen (Bild 5.35). Elementfassaden müssen folgende Anforderungen erfüllen:

- Schalldämmung gegen Außenlärm,
- Schalldämmung von Flanken sowohl innerhalb als auch zwischen Geschossen,
- Schalldämmung der eigenen Konstruktion durch Kunststoff- oder Gummizwischenlagen bei Bewegungen aufgrund Temperaturschwankungen oder Winddruck [9].

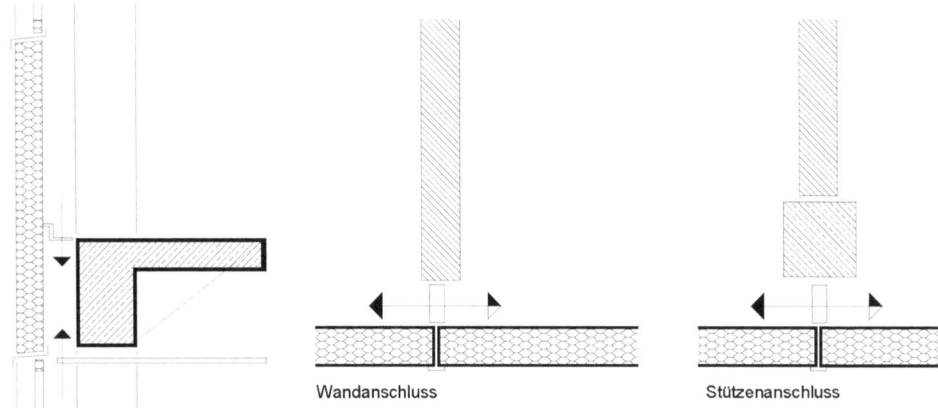

Bild 5.35 Schallübertragungsmöglichkeiten zwischen und innerhalb von Geschossen (Eigene Darstellung i. A. a. [9])

Brandschutz

Außenwände mit Elementfassaden benötigen nach den Brandschutzbestimmungen Brüstungen, die mindestens 90 cm hoch und feuerbeständig sind sowie Feuerschutzschürzen oder -vorhänge an den Fensterstürzen. Außerdem müssen die Platten von Vorhangfassaden bei Sprossenkonstruktionen direkt oder durch Stahlprofile mit der tragenden Konstruktion verbunden sein [9].

5.4 Glasfassade

In den letzten Jahren haben sich die Glasfassaden aufgrund der Anforderung nach mehr Transparenz, natürlicher Belichtung sowie der Anspruch nach repräsentativer Gestaltung zunehmend verbreitet. Die Gestaltungsmöglichkeiten der Gebäudehülle haben sich durch die leichten, transparenten und technisch geprägten Glaselemente stark erweitert [9]. Insbesondere bei der Planung müssen folgende Kriterien berücksichtigt werden:

- Behaglichkeitsempfinden der Nutzer,
- Klimaverhältnisse,
- Energieeintrag und Energieverlust,
- Tageslichteintrag,
- Belüftung,
- Schallschutz,
- wirtschaftliche Aspekte [2].

Für die Befestigung von Glas und Fassade werden unterschiedliche Techniken angewandt, die nachfolgend näher erläutert werden.

5.4.1 Gelagerte Glasfassade

Bei der linearen Lagerung (Bild 5.36) werden die Scheiben mit Hilfe von Glashalteleisten an der Rahmenkonstruktion befestigt. Als Glashalterungen können Klebe- und Dichtungsmittel (Kitte), Klemmleisten oder Pressleisten eingesetzt werden. Bei Letzteren werden wie beim klassischen Fenstereinbau zwei Scheiben durch eine Leiste am Rahmen fixiert, während bei der Klemmhalterung für jede Scheibe jeweils eine Leiste zur Fixierung an die Unterkonstruktion benötigt wird [9]. Die Verwendung von Kitt stellt die älteste Technik der linienförmigen Lagerung dar. Dabei wird die Scheibe kraftschlüssig im Rahmen befestigt und gleichzeitig abgedichtet [8].

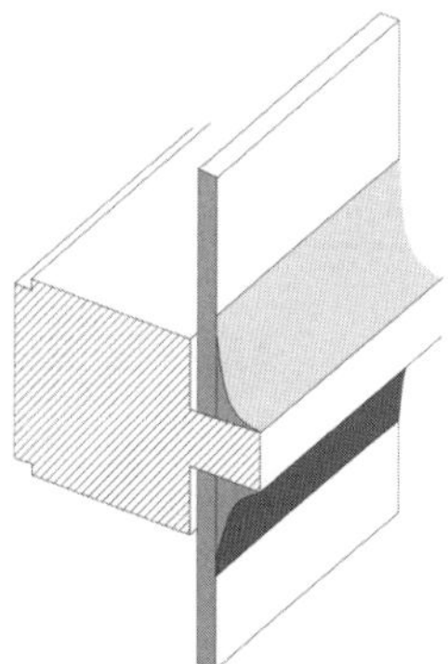

Kittverglasung an Holz- oder Metallprofilen (Nassverglasung)

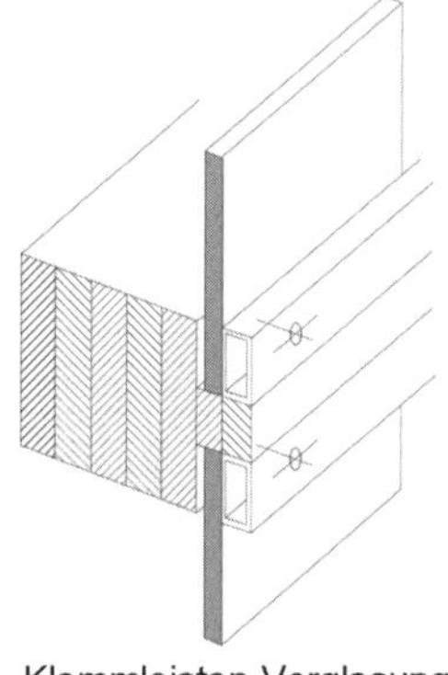

Klemmleisten-Verglasung

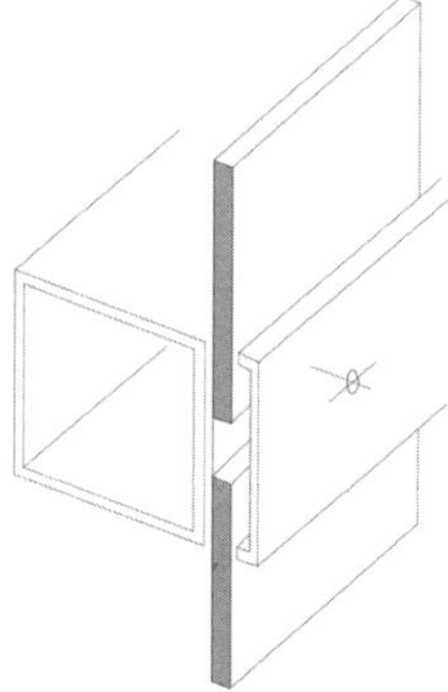

Pressleisten-Verglasung

Bild 5.36 Lineare Glashalterungen (Eigene Darstellung i. A. a. [9])

Eine weitere Befestigungsart bietet die punktuelle Lagerung (Bild 5.37), bei der die Glaselemente durch punktförmig angeordnete Halteprofile gehalten werden. Dabei werden die Lasten sowie die Spannungen in eine alleinstehende Tragkonstruktion weitergeleitet. Die Dimensionierung der Scheiben und der Halter müssen aufeinander abgestimmt sein und sind abhängig von den auftretenden Biege- und Querkraftbeanspruchungen. Die Polymerhülsen dienen dem Abbau von Spannungsspitzen sowie der Entkopplung von Scheibe und Punkthalter. Eine UV-beständige Verschlussmasse dient der Abdichtung der Scheiben untereinander [2].

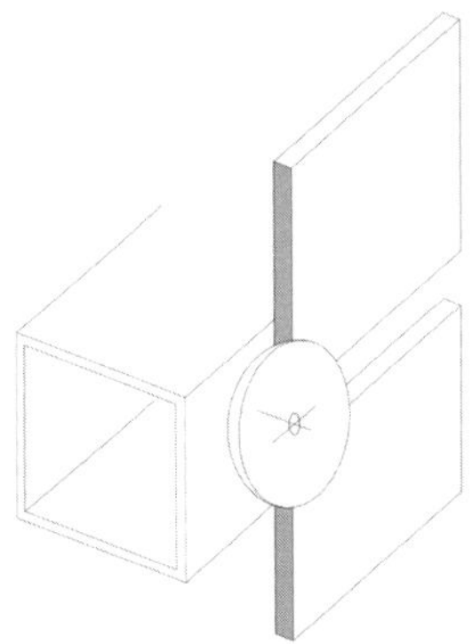

Punktuelle Glashalterung mit Klemmprofilen (Teller, Flachstahl) an den Ecken

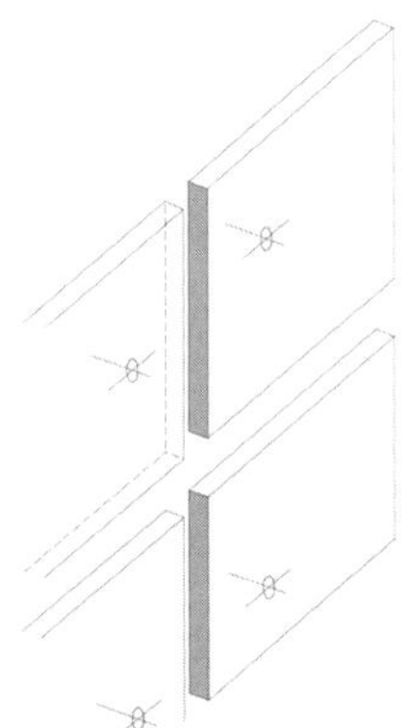

Punktuelle Glashalterung mit Bohrungen und gelenkig gelagerten Halteprofilen

Bild 5.37 Punktuelle Glashalterungen (Eigene Darstellung i. A. a. [9])

5.4.2 Structural-Glazing-Fassade

Die Structural-Glazing-Fassade (Bild 5.39) ermöglicht eine völlig ebene Glasfläche, bei der die Befestigungen nicht sichtbar sind (Bild 5.38). Durch die Verklebung der einzelnen Glaselemente mit einem sehr stark haftenden Silikonklebstoff (Structural-Sealant) auf einen Hilfsrahmen bleiben lediglich die Fugen zwischen den einzelnen Scheiben sichtbar. Die Rohbauanschlüsse werden durch mechanisch angebrachte und geklebte Folien oder Zargen wasser- und luftdicht sowie wärmgedämmt hergestellt [2]. In Deutschland müssen Fassaden ab einer Höhe von 8 m mit einer zusätzlichen mechanischen Halterung gesichert werden. Die Halter sorgen für die Weiterleitung der Eigenlast und dienen als zusätzlicher Halt bei Versagen des Klebers [13].

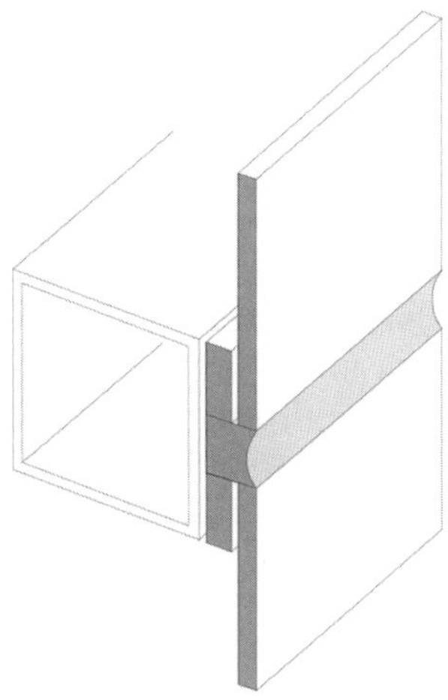

Bild 5.38 Nicht sichtbare Befestigung durch Verklebung (Eigene Darstellung i. A. a. [9])

Die Konstruktionstechnik wird zwischen zweiseitigem und vierseitigem Structural-Glazing unterschieden. Bei ersterem werden entweder die horizontalen oder die vertikalen Ränder verklebt gehalten und die restlichen Kanten in Halteprofilen liegen. Im Gegensatz dazu werden bei vierseitigem Structural-Glazing alle Ränder verklebt und so gehalten [9].

Bild 5.39 Structural-Glazing (Eigene Darstellung i. A. a. [9])

5.4.3 Seilnetzfassade

Die Seilnetzfassade wurde für das im Jahre 1993 hergestellte Kempinski-Hotel in München von den Ingenieuren Schlaich, Bergermann und Partner entwickelt. Sie dient als Alternative zur punktuellen Lagerung mit Durchbohrung. Die Befestigung der Glasscheiben erfolgt punktförmig an den Knoten des gespannten Seilnetzes wobei die Seilklemmen zur Punktlagerung der Glasscheiben dienen, ohne das Glas zu durchbohren. Dies ermöglicht wiederum die Vermeidung von hohen Spannungskonzentrationen und gleichzeitig eine wirtschaftlichere Dimensionierung der Glasscheiben. Die vorgespannten Seile sorgen bei einer Windbeanspruchung für eine kontrollierte Verformung. Durch die Verankerung der Vertikalseile, die hinter den Glasfugen verlaufen, in den Fundamenten sowie an den Fachwerkträgern entsteht eine hoch transparente Fassade [2].

Literaturverzeichnis

[1] BauNetz Media GmbH: Anforderungen an Fassaden. BauNetz Media GmbH. Online verfügbar unter *https://www.baunetzwissen.de/fassade/fachwissen/grundlagen/anforderungen-an-fassaden-1451893*, zuletzt geprüft am 29.12.2017.

[2] BauNetz Media GmbH: Glasfassaden. BauNetz Media GmbH. Online verfügbar unter *https://www.baunetzwissen.de/fassade/fachwissen/fassadenarten/glasfassaden-154423*, zuletzt geprüft am 29.12.2017.

[3] BauNetz Media GmbH: Pfosten-Riegel-Fassade. BauNetz Media GmbH. Online verfügbar unter *https://www.baunetzwissen.de/fassade/fachwissen/fassadenarten/pfosten-riegel-fassade-154415*, zuletzt geprüft am 02.01.2018.

[4] Bauwion (2017): Putzmörtelgruppen. Online verfügbar unter *https://www.bauwion.de/begriffe/putzmoertelgruppen-din-v-18550*, zuletzt aktualisiert am 26.12.2017, zuletzt geprüft am 27.12.2017.

[5] DIN 18550-1: Planung, Zubereitung und Ausführung von Außen- und Innenputzen – Teil 1 Außenputze, Ergänzende Festlegungen zu DIN EN 13914-1:2016-09 für Außenputze (2016).

[6] DIN EN 13 914-1: Planung, Zubereitung und Ausführung von Außen- und Innenputzen, Außenputze (2016).

[7] Fouad, Nabil A.: Lehrbuch der Hochbaukonstruktionen (2013). 4. Auflage: Springer Vieweg (Lehrbuch).

[8] GIP Glazing GmbH: Kittverglasung. Online verfügbar unter *http://www.gip-glazing.com/de/glossar/g/Kittverglasung*, zuletzt geprüft am 29.12.2017.

[9] Herstermann U.; Rongen L.: Frick/Knöll Baukonstruktionslehre 1 (2010). 35. Auflage: Springer Vieweg (Praxis).

[10] RHEINZINK GmbH & Co. KG (2019).

[11] Möller, R.; Pöter, H.; Schwarze, K.: Planen und Bauen mit Trapezprofilen und Sandwichelementen (2011): Ernst (Band 2).

[12] Moro, J.L.; Rottner, M.; Schlaich, J.; Alihodzic, B.; Weißbach, M.: Baukonstruktion – vom Prinzip zum Detail, Grundlagen (2008): Springer.

[13] Neumann, D.; Herstermann, U.; Rongen L.: Frick/Knöll Baukonstruktionslehre 2 (2008). 33. Auflage: Springer Vieweg (Praxis).

[14] Sto (2016): Individuelle Putzfassaden.

6 Fenster und Türen

Von Sedat Dökmetas und Ibrahim Ercan

Fenster und Türen werden im Werk vorgefertigt und im Rohbau in die Außenwände verbaut. Dadurch werden optimale Rahmenbedingungen für eine gleichbleibende Qualität der Bauteile geschaffen. Die fertigen Bauteile werden hauptsächlich nach ihrem Verwendungszweck unterschieden. Hierzu zählen beispielweise die bauphysikalischen Anforderungen (Wärme-, Schall-, Feuchte- und Brandschutz), Einbruchsicherheit sowie die Öffnungsarten. Diese sind von der Erwartungshaltung der Nutzer abhängig und müssen bereits in der Planungsphase durch genaue Definitionen in den Leistungsverzeichnissen berücksichtigt werden [24].

6.1 Fenster

Die Fassadengestaltung und der Innenraum werden durch Fenster beeinflusst, die sich in Form, Gliederung, Größe, Lage, Anordnung und Baustoff unterscheiden [28]. Sie bestehen aus einem Rahmen mit einer lichtdurchlässigen Ausfachung und werden hauptsächlich als Bestandteil der Fassade geplant, die zusammen mit den restlichen Außenbauteilen die wärmeübertragende Außenhülle bilden. Neben der Raumbeleuchtung mit natürlichem Tageslicht zählen die Raumbelüftung sowie die Schaffung eines Kontakts mit der Umwelt zu den weiteren Aufgaben. Zusätzlich muss der Schutz vor äußeren Einwirkungen und die Abwehr von unerlaubtem Zutritt sichergestellt werden [24]. Um den Anforderungen gerecht zu werden, entstanden folgende Konstruktionsarten der Fenster:

- Einfachfenster besitzen einen festen Blendrahmen und einen beweglichen Flügel. Die Verglasung kann als Einfachscheibe, Sonder- oder Isolierverglasung ausgeführt werden.
- Verbundfenster bestehen aus zwei hintereinander liegenden Flügeln, die an einem Blendrahmen angeschlagen sind. Die Flügel sind miteinander verbunden und lassen sich auf einer Drehachse gemeinsam bewegen. Durch den Einsatz von ein- oder mehrfacher Verglasung können höhere Schall- und Wärmeschutzwerte erreicht werden.

- Kastenfenster unterscheiden sich von Verbundfenstern durch die getrennten Drehachsen der hintereinander liegenden Flügel. Der große Scheibenabstand sorgt für eine besonders hohe Schalldämmung [25].

6.1.1 Anforderungen

Die Fensterkonstruktionen müssen zahlreichen Anforderungen wie Schutz vor Regen, Wind und Kälte, Transparenz, Tageslichtnutzung und Lüftung gerecht werden. Da zudem noch weitere Zusatzanforderungen an den Wärme-, Schall-, Sonnen- und Brandschutz, die Einbruchhemmung sowie die Sonnenenergienutzung hinzukommen, werden sie heute als Funktionsfenster bezeichnet [25].

Fensterabmessungen

Fenster haben die Aufgabe, den Sichtkontakt zwischen dem Innen- und Außenbereich herzustellen, den Raum mit natürlichem Tageslicht zu beleuchten und ein angenehmes Helligkeitsniveau im Innenraum zu schaffen [20]. Um dies zu erfüllen, sind in der DIN 5034-1 folgende Anforderungen an die Fenster in Wohnräumen definiert:

- Die Unterkante der durchsichtigen Verglasung des Fensters sollte, unter Beachtung der Absturzsicherung, maximal 0,95 m über dem Fußboden liegen.
- Die Oberkante der durchsichtigen Verglasung des Fensters sollte mindestens 2,20 m über dem Fußboden liegen.
- Die Breite der durchsichtigen Verglasung des Fensters bzw. die Summe aller nebeneinander liegenden Fenster sollte mindestens 55 % der Wohnraumbreite betragen [20].

Standsicherheit

Die einwirkenden Kräfte aus Flügel- und Glasgewicht sowie die Windlasten müssen von dem Blendrahmen einschließlich der Verbindungselemente und Befestigungsmitteln aufgenommen und weitergeleitet werden. Dabei dürfen keine plastischen Verformungen oder Zerstörungen einzelner Bauteile auftreten, wobei eine elastische Dehnung oder Durchbiegung bis zu einem bestimmten Grenzwert zulässig ist. Ein statischer Nachweis ist nur bei Fensterwänden mit einer Fläche von > 9 m^2, einer Höhe von > 2 m und einer Einbauhöhe von > 8 m, die aus einem Traggerippe (Rahmen, Pfosten, Riegel) und einer Füllung (Verglasung) bestehen, erforderlich. Für gewöhnliche Fenster können die benötigten Flügel- und Rahmenprofile für die entsprechende Belastung aus den Katalogen der Systemhersteller entnommen werden [25].

Wärmeschutz

Der Wärmedurchgang durch eine Fensterkonstruktion kann zum einen über die Glasscheibe und das Fenstermaterial (Holz, Metall, Kunststoff), zum anderen über die Fensterfugen und -fälze erfolgen. Die Fenster verursachen aufgrund der meist höheren U-Werte im Gegensatz zu den Außenwänden oder Dächern hohe Wärmeverluste, die durch Strahlung, Transmission und Konvektion entstehen. Eine Reduzierung der Wärmeverluste kann durch Wärmeschutzgläser, wärmegedämmte Rahmenprofile und einen richtigen Bauanschluss erreicht werden. Bei der Herstellung liegt der Schwachpunkt im Rahmen sowie im

Randverbund der Isolierscheibe. Dennoch ist heute die Herstellung von Wärmeschutzverglasungen, die UG-Werte einer 30 cm dicken Betonwand erreichen, möglich. Die Berechnung des wärmetechnischen Verhaltens von Fenstern erfolgt nach der DIN EN ISO 10 077-1 und DIN EN ISO 6946 [25].

Feuchteschutz

Die durch die Feuchtigkeitsabgabe von Menschen, Tieren, Pflanzen sowie durch die Wasserdampfentwicklung in Bädern und Küchen entstehende Raumluftfeuchte diffundiert durch die abschließenden Bauteile von der wärmeren zur kälteren Bauteilseite. Durch die Kondensation der Luftfeuchte an den Taupunktgrenzen kommt es zum Ausfall von Tauwasser. Das Tauwasser bildet sich vor allem in den mangelhaft hergestellten Anschlüssen zwischen Fenstern und Außenwänden, Zwischenräumen von Flügel- und Blendrahmen, Glasfalzräumen sowie Verglasungsrändern. Ständige Tauwasserbildung kann zu Schimmelpilzbildung führen und somit gesundheitsschädliche Folgen haben. Des Weiteren kann eine nicht genügende Raumlüftung ebenfalls eine Tauwasser- und Schimmelpilzbildung verursachen. Durch die Forderung der DIN 4108-2, eine Wärmebrückentemperatur von mindestens 12,6 °C an der kältesten Stelle bei einer Außentemperatur von –5 °C und einer Innentemperatur von +20 °C zu erreichen, ist die konstruktive Voraussetzung bei üblicher Raumluftfeuchte zur Vermeidung von Tauwasser- und Schimmelpilzbildung gegeben [28].

Schallschutz

Fenster sollen die Übertragung des Außenlärms in die Wohnräume und den Austritt des Lärms bei Gewerbebetrieben nach außen verhindern. Außerdem haben sie die Aufgabe, bei verglasten Raumtrennwänden die Lärmübertragung in benachbarte Räume zu verhindern. Die Berechnung des bewerteten Schalldämm-Maßes R'_W erfolgt für Einfachfenster nach DIN 4109 Beiblatt 1, Tabelle 40. Hierbei müssen unterschiedliche Korrekturwerte, die sich auf Rahmenmaterial und -anteil sowie auf eine mögliche Sprosseneinteilung beziehen, berücksichtigt werden. Weiterhin müssen Geräuschspektrums-Anpassungswerte für hochfrequente Geräusche (Reden, Musik, Schienenverkehr mit hoher Geschwindigkeit) sowie für niedrigfrequente Geräusche (Straßenverkehr, Schienenverkehr mit geringer Geschwindigkeit) in die Berechnungen einbezogen werden.

Die Schallschutzfenster werden in sechs Schallschutzklassen (Tabelle 6.1) eingeteilt, die in der VDI-Richtlinie 2719 definiert sind. Dabei gilt, je höher die Schallschutzklasse, desto größer die schalldämmende Wirkung der Fenster. So wird ein undichtes Fenster mit einer Einfachverglasung der Schallschutzklasse 0 und ein Kastenfenster mit spezieller Dichtung, großem Scheibenabstand und einer Verglasung aus Dickglas der Schallschutzklasse 6 zugeordnet. Die Schalldämmung eines Fensters richtet sich hauptsächlich nach der Fugendurchlässigkeit und Fugendichtheit. Da Fälze von geschlossenen Fenstern den Lärm ebenfalls hindurchlassen, müssen alle Fälze bei schalldämmenden Fenstern mit umlaufenden, dauerelastischen und alterungsbeständigen Gummi- und Kunststoffprofilen abgedichtet werden. Um den Luftaustausch zwischen Innen- und Außenbereich dennoch zu erhalten, sind schalldämmende Lüftungsfenster einzubauen. Diese Fenster enthalten schallschluckende Kanäle, in denen die Frischluft mit einem Ventilator angesaugt und zur Erhitzung über die Heizkörper geleitet wird. Die ausgenutzte Raumluft wird ebenfalls über solch einen Kanal in den Außenbereich geführt [25].

Tabelle 6.1 Definition der Schallschutzklassen (VDI)

Schallschutz-klasse	Bewertetes Schalldämm-Maß R'_w des am Bau funktionsfähig eingebauten Fensters, gemessen nach DIN 52 210 Teil 5 in dB	Erforderliches bewertetes Schalldämm-Maß R'_w des im Prüfstand (P-F) nach DIN 52 210 Teil 2 eingebauten funktionsfähigen Fensters in dB
1	25 bis 29	≥ 27
2	30 bis 34	≥ 32
3	35 bis 39	≥ 37
4	40 bis 44	≥ 42
5	45 bis 49	≥ 47
6	≥ 50	≥ 52

Fugendurchlässigkeit

Mit der Fugendurchlässigkeit wird der Luftaustausch über die Fugen zwischen dem Flügel und Blendrahmen beschrieben. Bei geschlossenen Fenstern wird der Fugendurchlasskoeffizient a in $\left[\frac{\mathrm{m}^3}{\mathrm{h}} / \left(\mathrm{m}^3 \cdot \mathrm{daPa}\right)\right]$ herangezogen. Er beschreibt, wie viele Kubikmeter Luft in einer Stunde durch einen Meter Fugenlänge bei einem Druckunterschied von 10 Pa ausgetauscht wird. Es gilt, je höher der a-Wert, desto höher sind die Wärmeverluste und umso ungünstiger die Schalldämmung. Eine Absenkung des a-Wertes um $2 \cdot \left[\frac{\mathrm{m}^3}{\mathrm{h}} / \left(\mathrm{m}^3 \cdot \mathrm{daPa}\right)\right]$ führt bereits zu einer Minderung des Schalldämmwertes um bis zu 10 dB. Der Fugendurchlasskoeffizient dient als Maß in der Fertigung zur Prüfung von gleichen Fenstern auf Fugendurchlässigkeit. Im Gegensatz dazu werden mit dem längenbezogenen Fugendurchlasskoeffizienten Vl die am Bauwerk tatsächlich vorhandenen Luftdruckunterschiede ermittelt. Bei Überschreitung der in der DIN 18 055 definierten Grenzwerte müssen die Fälze mit einer zusätzlichen Dichtung versehen werden [25].

Schlagregendichtheit

Der Eintritt von Wasser in die Innenräume bei geschlossenen Fenstern muss bei gleichzeitigem Auftreten von Wind und Regen verhindert werden. Um Schäden am Fensterrahmen, Randverbund der Scheibe und am Baukörper zu vermeiden, muss das in die Rahmenkonstruktion eingedrungene Wasser wieder nach außen abgeleitet werden. Bei Fenstern mit einem dichtstofffreien Falzraum kann das Wasser über Öffnungen, die im tiefsten Punkt des Glasfalzes liegen, abgeführt werden. Öffnungen in den oberen Eckbereichen sorgen dagegen für einen Dampfdruckausgleich nach außen sowie für eine schnelle Ablüftung der Feuchtigkeit. Für die Sicherstellung einer langanhaltenden Schlagregendichtheit, sind die Ausbildung der Falzbereiche, die Anordnung und Lage der Dichtungen sowie die Öffnungen zum Druckausgleich von großer Bedeutung. Hierfür eignen sich zweistufige Abdichtungssysteme mit einer räumlichen Trennung der Regen- und Winddichtung. Die Anforderungen an die Fugendurchlässigkeit werden in der DIN 18 055, an die Luftdurchlässigkeit in der DIN EN 12 207 und der DIN EN 12 208 geregelt [25].

Lüftung

Durch die Raumlüftung werden Schad- und Geruchsstoffe abtransportiert und gleichzeitig ein behagliches Raumklima geschaffen. Letzteres ist abhängig von der relativen Luftfeuchte, Luftbewegung, Lufttemperatur, den Temperaturunterschieden zwischen Fußboden und Deckenbereich sowie den Oberflächentemperaturen der Hüllflächen. Eine Luftfeuchte von 40 bis 60 % wird als optimal angesehen, da bei zu trockener Luft Atemwegserkrankungen auftreten können. Bei zu feuchter Luft kann sich dagegen Tauwasser an kälteren Stellen von Boden, Wand und Decke bilden. Die Luftwechselrate gibt an, wie oft das gesamte Luftvolumen eines Raumes je Stunde erneuert werden soll. Sie beträgt bei Aufenthaltsräumen 0,5 bis 1,0 je Stunde. Jedoch sollte bei einem Nichtraucherraum 20 m^3 frische Luft pro Person und Stunde, bei einem Raucherraum 30 m^3 frische Luft pro Person und Stunde zugeführt werden [25].

Diese Luftbewegung kann mit natürlicher und mechanischer Lüftung erreicht werden. Die natürliche Be- und Entlüftung wird durch einen Luftstrom erreicht, der durch Temperatur- bzw. Luftdruckunterschiede zustande kommt. Diese Unterschiede sorgen für die Zufuhr von frischer und kühler Luft durch ungenügend abgedichtete Fälze, über geöffnete Fenster oder Belüftungselemente in den Innenraum. Aufgrund der höheren Dichte lagert sich die kühle Luft im Fußbodenbereich ab und steigt bei einer Erwärmung, z. B. durch Heizkörper, unter den Deckenbereich. Die belastete Luft kann von dort aus über Entlüftungsöffnungen wieder in den Außenbereich gelangen. Aus diesem Grund sollten Abluftöffnungen im oberen Fenster- oder Sturzbereich, Zulufteinrichtungen dagegen im unteren Fensterbereich oder in der Fensterbrüstung liegen. Eine mechanisch erzeugte Lüftung (Zwangslüftung) kann eingesetzt werden, wenn eine natürliche Lüftung aufgrund ungünstiger Temperatur- bzw. Luftdruckdifferenzen nicht erzeugt werden kann. Diese Lüftungsart erlaubt die Berechnung und Einstellung der Luftwechselrate, setzt jedoch einen Ventilator, der mit einem Elektromotor betrieben wird, voraus. Ab- und Fortluftventilatoren sollten im oberen Fenster- und Raumbereich, der Zuluftventilator dagegen im unteren Fenster- oder Brüstungsbereich angeordnet werden.

Neben der Luftbewegung wird auch die Wirkungsweise der Lüftung (Stoß-, Dauer- und Querlüftung) unterschieden. Die Stoßlüftung (Intensivlüftung) erfolgt in zeitlichen Abständen von zwei bis drei Stunden. Dabei wird in kurzer Zeit die Raumluft ausgetauscht und die Raumtemperatur gesenkt. Ein ständiger und gleichmäßiger Luftaustausch, ohne große Schwankungen der Raumtemperatur, wird durch eine Dauerlüftung erreicht. Sie eignet sich hauptsächlich für Räume, die ständig einer starken Feuchtigkeitsbelastung ausgesetzt sind. Zur Sicherstellung der Behaglichkeit sollten die Luftgeschwindigkeiten nicht über 0,2 m/s liegen. Eine Sonderform der Stoß- und Dauerlüftung wird durch die Querlüftung dargestellt. Sie garantiert eine gute Durchströmung des Raumes oder einer ganzen Wohnung mit Frischluft durch die Lage der Zu- und Abluftelemente. Die Elemente müssen prinzipiell einander gegenüber und im oberen Wandbereich liegen [25].

Einbruchhemmung

Das Ziel der Einbruchhemmung von Fenstern ist es, einen Einbruch im geschlossenen Zustand zu erschweren. Speziell hergestellte Fenster können die Anforderungen an die Einbruchhemmung erfüllen. Dabei richten sich die Anforderungen an die Widerstandszeit während des Einbruchversuches. Folgende Maßnahmen können dabei die Einbruchhemmung des Fensters verstärken:

- verstärkte Rahmenkonstruktion, Glasleisten und Beschläge,
- abschließbare Fenstergriffe,
- Anordnung eines Anbohrschutzes in Höhe des Fenstergetriebes,
- Schubstangenverriegelung,
- Anordnung eines Hinterhakensystems im Falzbereich und einer Pilzkopfzapfen-Verriegelung zur Verhinderung einer Aushebelung der Rollzapfen über die Schließbleche,
- Anordnung einer Aushebelsicherung,
- Einsatz von Durchbruch- und durchwurfhemmender Verglasung [25].

Die Anforderungen sind in der DIN EN 1627, die Prüfbedingungen sowie -verfahren in den DIN EN 1628 bis einschließlich DIN EN 1630 geregelt. Das Prüfverfahren unterteilt sich in statische, dynamische und manuelle Teilprüfung. Bei der statischen Prüfung werden mit Hilfe von Druckzylindern Prüflasten auf festgelegte Punkte des Flügelrahmens aufgebracht und dabei die entstehende Auslenkung zwischen dem Flügel- und Blendrahmen gemessen. Die einzuhaltenden Grenzwerte sind in der DIN EN 1628 definiert. Eine schlagartige Belastung des Fensters mit einem 30 kg schweren sandgefülltem Ledersack erfolgt bei der dynamischen Teilprüfung. Dabei belastet der Ledersack relevante Punkte, wie z. B. Verriegelungen, Verglasungsecken oder Zentrum. Die Menge an Stößen und die Fallhöhe werden von der DIN EN 1629 festgelegt. Die manuelle Teilprüfung simuliert einen Einbruch, bei dem der Einbrecher mit bestimmten Werkzeugen in einer bestimmten Zeit versucht, eine Öffnung herzustellen. Die Werkzeuge werden nach DIN EN 1630 in Gruppen von A bis E unterteilt und sind abhängig von der Widerstandsklasse nach DIN EN 1627 (Tabelle 6.2)[25].

Tabelle 6.2 Definition der Widerstandsklassen [22]

Widerstandsklasse (RC)	Werkzeugsatz	Widerstandszeit [min]	Maximale Gesamtprüfzeit [min]
1	A1	-	-
2	A2	3	15
3	A3	5	20
4	A4	10	30
5	A5	15	40
6	A6	20	50

Die Widerstandsklassen 1 bis 3 richten sich auf das Niveau von Gelegenheitseinbrechern. Hier wird der Einbruch durch eine sich bietende gute Gelegenheit, ohne Erwartungen an die Beute, ausgelöst. Der Einbrecher verwendet übliche Hand- und Hebelwerkzeuge und wendet keine starke Gewalt an. Dabei wird bei diesen Klassen unnötiger Lärm und ein unnötiges Risiko vermieden. Da das Risiko mit zunehmender Zeit steigt, wird der Einbruch bei einer höheren Widerstandsklasse meistens abgebrochen [22].

Die restlichen Widerstandsklassen 4 bis 6 beziehen sich auf das Niveau von erfahrenen und professionellen Einbrechern. Der geplante Angriff erfolgt durch genaue Informationen an das Ziel sowie an die zu erwartende Beute. Bei solchen Einbrüchen werden oftmals leistungsfähige Werkzeuge eingesetzt und eine Lärmverursachung sowie der Zeitanspruch nicht berücksichtigt [22]. Es ist weiterhin zu beachten, dass jeder Widerstandsklasse eine bestimmte Verglasung nach DIN 52 290 zugeordnet ist. Beispielsweise wird bei der Widerstandsklasse 1 eine durchbruchhemmende Anforderung an die Verglasung gestellt, sodass der Einsatz von Normalglas bzw. Isolierglas erlaubt ist. Jedoch wird auch in dieser Klasse der Einsatz von Verbundsicherheitsglas empfohlen [25].

6.1.2 Bauarten und Funktionsweisen

Um die verschiedenen Anforderungen zu erfüllen, haben sich zahlreiche Bauarten von Fenstern entwickelt. Die Bauweisen werden in ihrer Bewegungsrichtung unterschieden. Die Entscheidung über die Wahl der Fensterbauart hängt dabei von folgenden Anforderungen ab:

- formale Anforderungen: Format, Größe, Farbe, Flächenaufteilung,
- funktionale Anforderungen: Sonnenschutz, Lüftungsbedarf, Öffnungsart, Bedienungskomfort,
- technisch-konstruktive Anforderungen: Brüstungs- und Absturzhöhen, Fehlbedienungssicherheit, Wärmeschutz, Schlagregendichtheit, Luftdurchlässigkeit,
- Sonderanforderungen: Brand- und Schallschutz, Einbruchhemmung [28].

Drehflügelfenster

Bei den Drehfenstern ist der feststehende Flügel an beiden Seiten des Rahmens fixiert (Bild 6.1). Der Drehflügel lässt sich dagegen um eine vertikale Achse in den Raum oder nach außen öffnen. Sie können links oder rechts angeschlagen werden [26]. Der Vorteil bei sich nach innen öffnenden Fenstern ist die leichte Reinigung der Glasscheiben. Drehflügelfenster bieten keine Kippstellung, sodass bei geöffnetem Fenster der Eintritt von Regen oder Schnee zu erwarten ist [9].

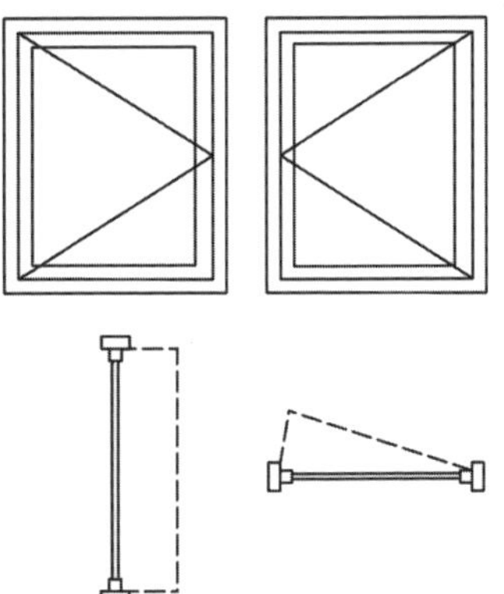

Bild 6.1 Drehflügelfenster (Schema) [21]

Kipp- und Klappflügelfenster

Der Kippflügel ist unten angeschlagen und wird um die horizontale Achse nach innen gekippt (Bild 6.2). Die Fixierung des Flügels in der Kippstellung wird durch einen Kippbeschlag ermöglicht. Da der Flügel lediglich um ca. 15° nach innen kippt, ist eine Reinigung der Außenseite mit einem sehr hohen Aufwand verbunden. Aus diesem Grund werden Kippflügelfenster hauptsächlich in Keller- oder Nebenräumen sowie als Oberlichter eingesetzt [11]. Klappflügelfenster sind dagegen oben angeschlagen und werden nach innen oder außen geöffnet. Der Regenschutz bei einem nach innen öffnenden Fenster ist nicht gegeben [26].

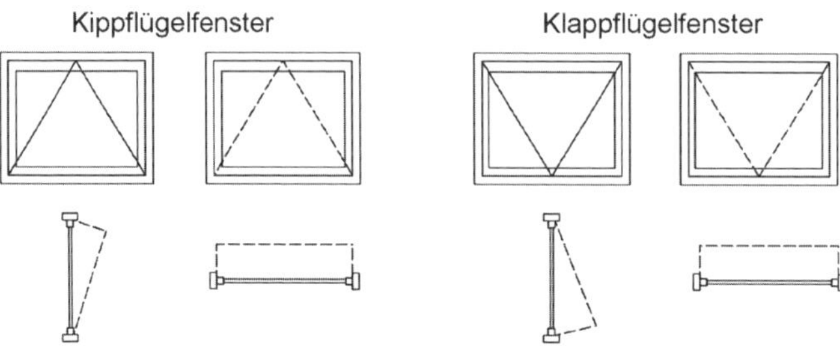

Bild 6.2 Kipp- und Klappflügelfenster (Schema) [21]

Drehkippflügelfenster

Die am weitesten verbreitete Fensterkonstruktion ist das Drehkippflügelfenster (Bild 6.3) [26]. Durch besondere Drehkippbeschläge ist ein Öffnen und Kippen des Flügels durch eine Einhandbedienung am Griff möglich. Durch diese Konstruktion können die Außenflächen der Flügel leicht gereinigt und gleichzeitig durch die Kippstellung nahezu zugfrei gelüftet werden [10].

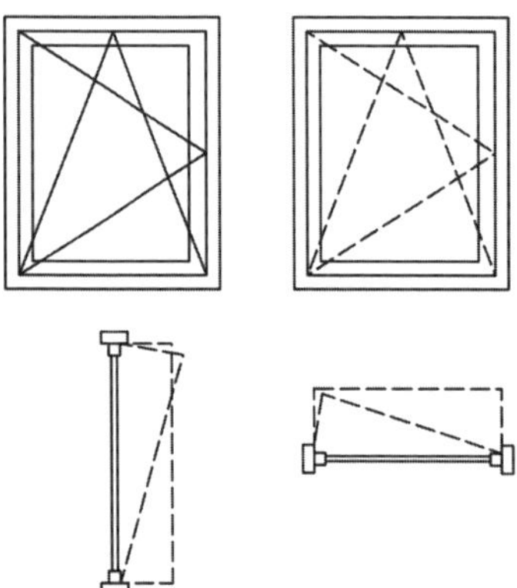

Bild 6.3 Drehkippflügelfenster [21]

Stulpfenster

Das Stulpfenster (Bild 6.4) besitzt zwei Fensterflügel (Stand- und Gangflügel). Die Flügel werden ohne einen in der Mitte angeordneten Pfosten angeschlagen. Dabei dient der Standflügel als Anschlag und als Dichtebene für den Gangflügel.

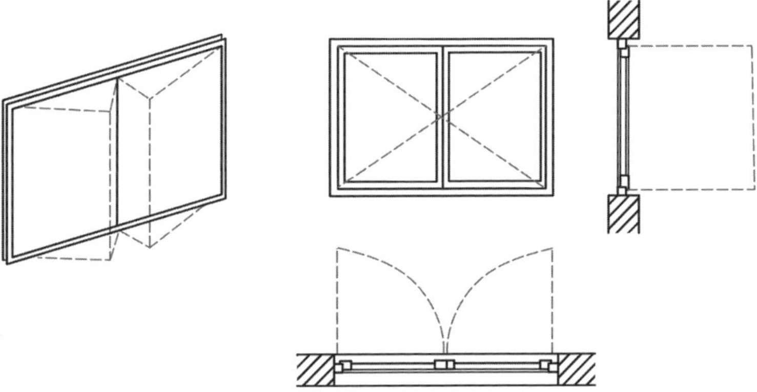

Bild 6.4 Stulpfenster [26]

Schwing- und Wendeflügelfenster

Schwingflügelfenster (Bild 6.5) können um ihre horizontale Mitteachse gedreht werden. Durch das Schwingen der Außenfläche nach innen wird eine einfache Reinigung ermöglicht. Die Wendeflügelfenster unterscheiden sich dadurch, dass sie sich um ihre vertikale Mittelachse drehen [26]. Bei beiden Konstruktionen ist die Anbringung von außenliegenden Jalousien und Rollläden kaum möglich [14].

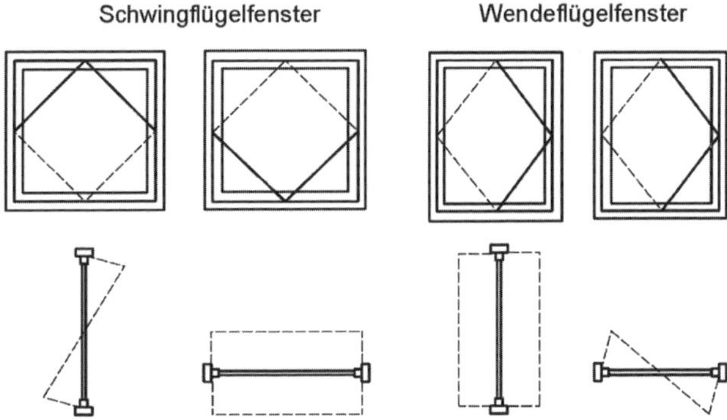

Bild 6.5 Schwing- und Wendeflügelfenster (Schema) [21]

Ausstellfenster

Die Fenster können mit Hilfe eines Teleskop- oder Scherenmechanismus vor die Fassadenfläche bewegt werden und weisen somit ein sehr gutes Lüftungsverhalten auf (Bild 6.6) [26]. Durch die parallele Verschiebung der großformatigen und nahezu rahmenlosen Elemente wird ein Luftspalt gebildet, der für die natürliche Belüftung des Gebäudes sorgt. Im geschlossenen Zustand sind die Ausstellfenster nicht erkennbar [12].

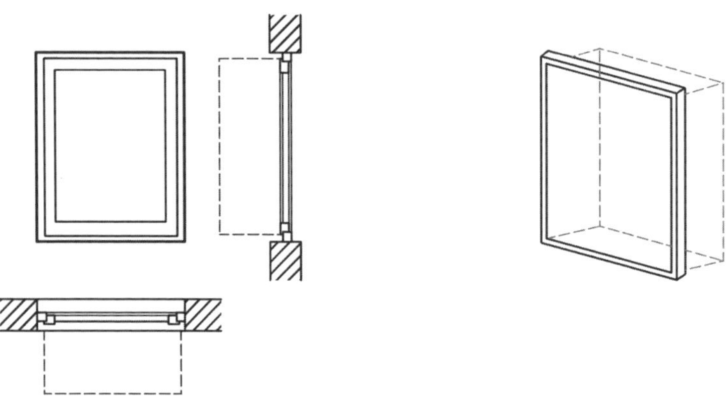

Bild 6.6 Ausstellfenster (Schema) [26]

Fenstertür

Fenstertüren (Bild 6.7) werden meistens als Balkontüren oder Zusatzeingangstüren verwendet. Sie weisen unterschiedliche Öffnungsarten, wie Kippen und Drehen auf und eignen sich aufgrund der Höhe ideal zur Raumlüftung [26].

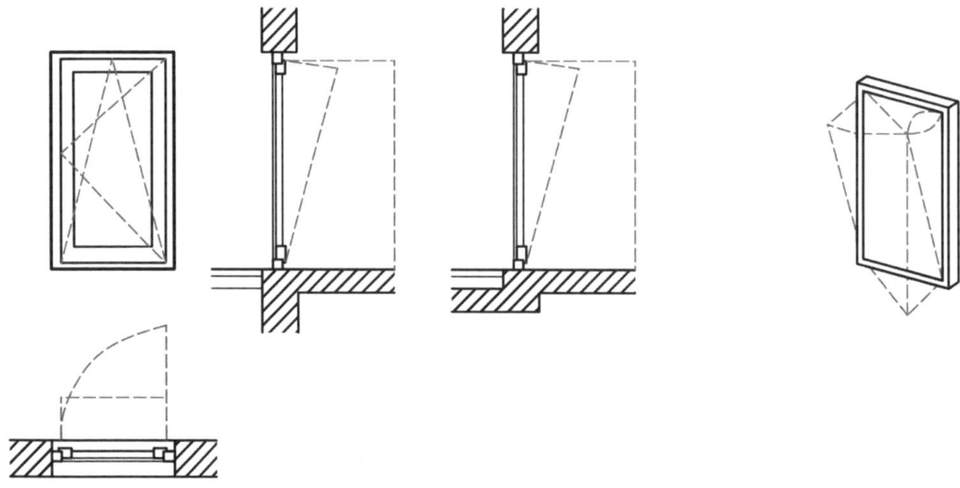

Bild 6.7 Fenstertür (Schema) [26]

Hebe- und Schiebefenster

Hebefenster (Bild 6.8) ermöglichen die vertikale Verschiebung des Hebeflügels auf der Innenseite. Ist keine Brüstung vorhanden, kann der Flügel nach unten in den Boden versenkt werden, um einen ebenerdigen Austritt zuzulassen. Bei den Schiebefenstern wird der Schiebeflügel horizontal auf der Innenseite verschoben [26]. Durch diese Konstruktion wird bei geöffnetem Fenster keine Raumfläche in Anspruch genommen und zudem eine große Lüftungsfläche zur Verfügung gestellt. Außerdem wird die Aussicht nicht durch einen Rahmen behindert [13].

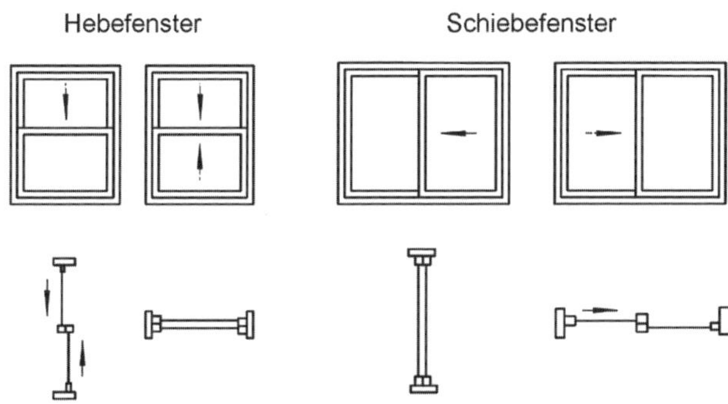

Bild 6.8 Hebe- und Schiebefenster (Schema) [21]

Hebeschiebekippflügelfenster

Diese Fenster bieten neben der horizontalen Verschiebung auf der Innenseite (Schiebefenster) eine Kippfunktion durch ihre horizontale Achse (Bild 6.9). Trotz einer leichten Handhabung kommt es zu einem hohen mechanischen Aufwand und einer Erhöhung des Platzbedarfs der Beschläge [26].

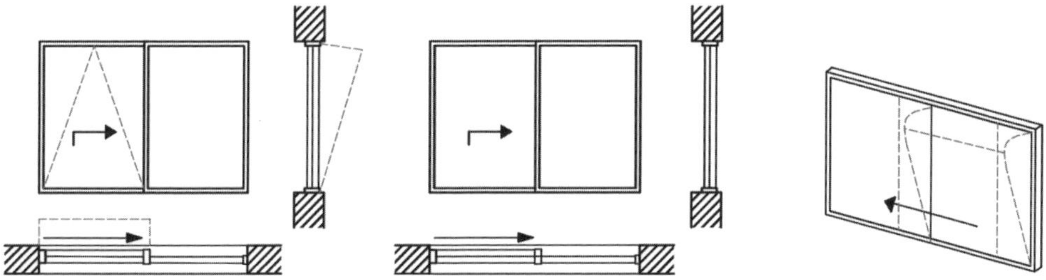

Bild 6.9 Hebeschiebekippflügelfenster [26]

6.1.3 Aufbau von Fenstern

Eine Fensterkonstruktion kann aus den in Bild 6.10 dargestellten Grundelementen bestehen. Darüber hinaus existieren noch folgende Elemente, die Bestandteile der Konstruktion sein können:

- Einbauzargen dienen als Montagerahmen und nehmen nach der Fertigstellung der Putzarbeiten die restlichen Fensterbestandteile auf, z. B. die Verglasung.
- Glashalteleisten werden für die Befestigung der Verglasung verwendet [28].
- Wetterschutzschienen am unteren Blendrahmen leiten das aus den Falzen ablaufende Schlagregenwasser ab [28].
- Fensterbänke werden außen zur Abdeckung der Brüstung, innen für die Abdeckung der Heizkörpernischen eingesetzt. Sie können aus Kunst- oder Natursteinen, Holz oder Aluminium bestehen.
- Rollladenführungen.
- Abdeck- und Anschlussprofile [28].

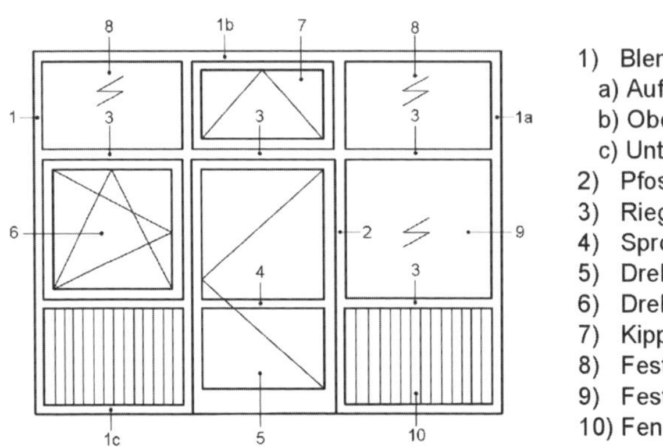

Bild 6.10 Bestandteile einer Fensterkonstruktion [28]

Fensterbeschläge

Beschläge sorgen für das Öffnen und Schließen, die Verriegelung und den Zusammenhalt des Fensters. Die aus Kunststoff oder Metall bestehenden Beschläge werden in Fensterbänder, Schließ-, und Funktionsbeschläge unterteilt [26]. Baubeschläge für Fenster und Fenstertüren werden in der DIN EN 13 126 geregelt.

Fensterbänder

Mit Fensterbändern (Bild 6.11) können die Fenster oder Fenstertüren mittels eines Griffes in ihre Drehlage gebracht werden und ermöglichen somit die Beweglichkeit der Fenster [15]. Die Fensterbänder können unterschiedlich eingebaut werden und unterteilen sich in Einbohr-, Zapfen- und Einstemmbänder. Heute werden hauptsächlich Einbohrbänder verwendet, für die im Voraus Bohrungen im Flügelholz notwendig sind. Bei Holzfenstern erfolgt der Zapfeneinbau direkt, während bei Metall- und Kunststofffenstern die Zapfen in zuvor eingelassene Hülsen eingeschraubt und bei Bedarf mit Hilfe von Stiften in ihrer Lage gesichert werden. Die Verwendung der Einstemmbänder erfolgt lediglich im Rahmen der Denkmalpflege. Sie weisen Bandlappen auf, die im Flügelrahmen eingestemmt oder in Ausfräsungen eingelassen werden. Zapfenbänder werden dagegen vorwiegend bei Fenstertüren in Kombination mit Bodentürschließern genutzt [28].

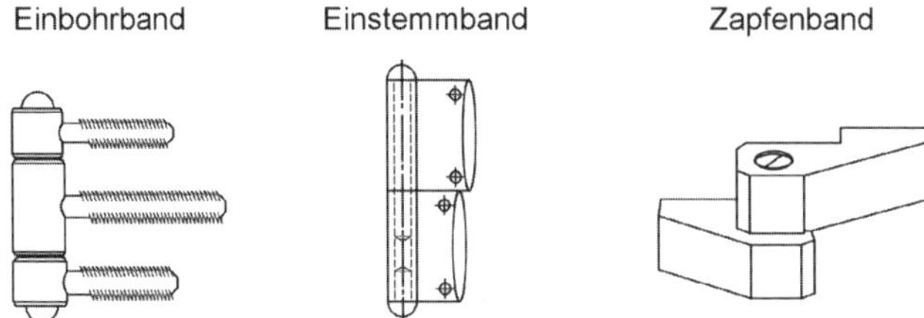

Bild 6.11 Übersicht der Fensterbänder [28]

Fensterverschlüsse

Um die Anforderungen aus Abschnitt 6.1.1 zu erfüllen, müssen die Verschlüsse die Dichtheit der Fenster im geschlossenen Zustand sicherstellen. Zusätzlich soll die Bedienbarkeit der Flügel möglichst vereinfacht werden (Einhandbedienung) [28]. Die Fenstergriffe (Oliven, Bild 6.12) dienen als zentrales Element der Fensterbeschläge, welche die verschiedenen Funktionen (Öffnen, Schließen und Kippen) durch ihre Drehung ermöglichen [26]. Es sind unterschiedliche Griffvarianten vorhanden, diese können zur Verstärkung der Einbruchshemmung auch als verschließbares Element hergestellt werden. Bei kleinen einflügeligen Fenstern werden Einreiberverschlüsse verwendet, bei denen sich die Zunge des Einreibers in das im Blendrahmen vorhandene Schließblech dreht. Die Einlassgetriebe werden mit Stangenverschlüssen montiert, die das Fenster an drei Stellen verriegeln. Dabei erfolgt die Verriegelung oben und unten in einem Rollkloben und in der Mitte mittels einer Zunge im Schließblech. Moderne Fenster besitzen Kantengetriebe, die in Aussparungen der Rahmenkanten verbaut werden. Sie besitzen mehrere Verriegelungen (zwei bis vier Zapfen), die über die gesamte Höhe des Flügels verteilt sind und in vorgesehene Schließbleche im Rahmen greifen (Bild 6.13). Zur Verbesserung der Einbruchshemmung können die Zapfen pilzförmig ausgebildet werden [28].

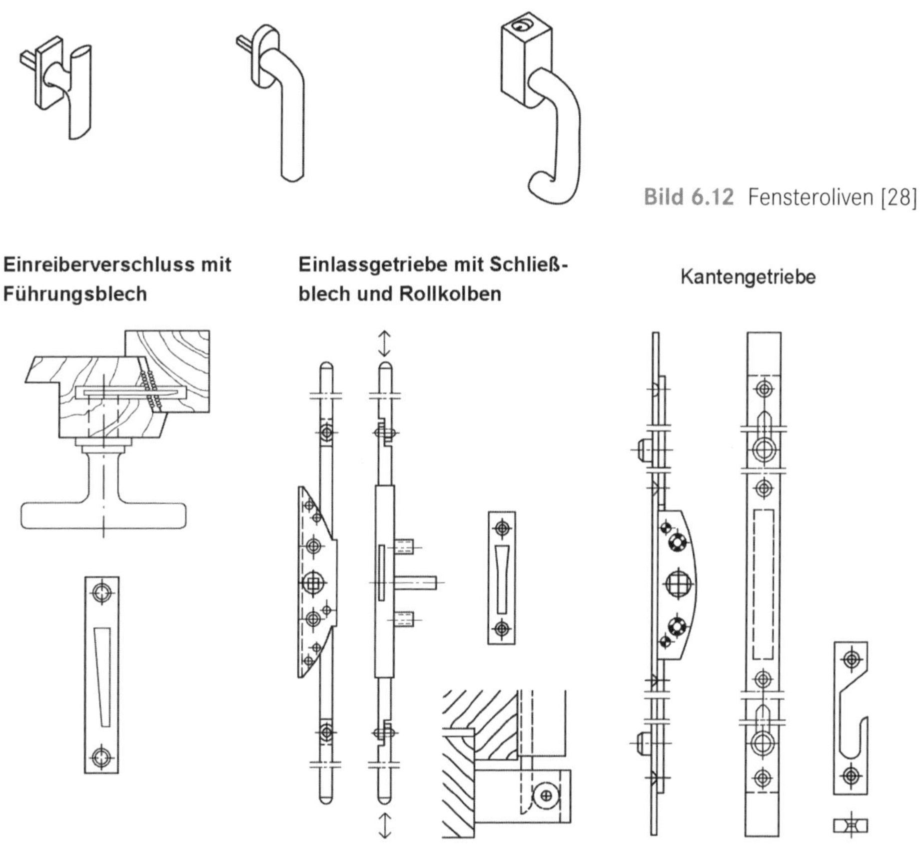

Bild 6.12 Fensteroliven [28]

Bild 6.13 Verriegelungen [28]

Funktionsbeschläge

Fensterflügel werden hauptsächlich mit Funktionsbeschlägen, insbesondere als Dreh- und Kippfenster, ausgeführt. Diese Beschläge funktionieren nach dem Prinzip der Kantengetriebe in Verbindung mit speziellen Elementen wie z. B. Dreh- und Kipplager, Ausstellscheren oder Öffnungsbegrenzungen [28]. Die einzelnen Elemente werden dabei auf die anderen Beschlagselemente abgestimmt, um die Fensterfunktionen zu gewährleisten. Die Systemteile bei Drehkippflügelfenstern, beispielsweise Stulp, Getriebe, Verschlusszapfen, Schere oder Ecklager, müssen untereinander gut zusammenpassen. Je nach Anforderungen werden bei den eigenständigen Systemen der Hersteller auch Ansprüche wie z. B. Fehlbedienungssperre und Bedienungskomfort in der Beschlagsausführung berücksichtigt. Bei Schwing- und Wendeflügelfenstern werden die Beschläge aus speziellen Schwing- und Drehlagern mit einem Zentralverschluss zusammengesetzt. Um eine sichere Bedienung und Reinigung zu ermöglichen, müssen Kipp- und Klappflügelfenster entsprechende Beschläge aufweisen. Des Weiteren existieren für nahezu jeden Anspruch passende Komponenten, wie beispielsweise:

- Scheren zur Öffnungsbegrenzung.
- Bremsbänder.
- Arretierung für Kipp- und Drehpositionen.
- Zusatzprofile.
- Zubehörteile [4].

Rahmenwerkstoffe

Als Werkstoff für die Herstellung von Fensterrahmen kann Holz, Stahl, Aluminium und Kunststoff verwendet werden. Die Kombination aus unterschiedlichen Werkstoffen, z. B. Kunststoff und Stahl, ist ebenfalls möglich (Verbundrahmen). Vorgefertigte Rahmenprofile haben zwar die Aufgabe, die Belastungen infolge Eigengewicht, Witterungseinflüssen (Winddruck und Windsog) sowie nutzungsbedingten Beanspruchungen aufzunehmen, jedoch dienen sie nicht als tragendes Bauteil des Bauwerks [25]. Die Wärmedämmeigenschaften der Rahmen sind von großer Bedeutung für den Wärmeschutz des gesamten Fensters. Zur Verbesserung der Eigenschaften werden immer öfter Verbundrahmen, z. B. Holz-Aluminium-Rahmen, oder hochwärmegedämmte Superrahmen, mit Kerndämmung, integrierten Luftkammern oder PU-Ausschäumung, eingesetzt [26].

- Holzfenster

  Die guten Wärmedämmeigenschaften sowie die leichte Verarbeitbarkeit und Verfügbarkeit erklären den hohen Marktanteil des ältesten Werkstoffes für Fenster. Durch Beschichtungssysteme kann die schlechte Witterungsbeständigkeit und der hohe Wartungsaufwand erheblich reduziert werden. Als Holzarten für den Rahmen eignen sich feste, wetter- und schädlingsbeständige und gleichmäßig gewachsene Hölzer, wie z. B. Kiefer, Fichte, Teak, Redwood, Agba und Afrormosia. Durch die gute Reparaturfähigkeit zählen Holzfenster zu sehr langlebigen Bauelementen. Das geringe Dehnungsverhalten von Holz sorgt für geringe Ansprüche der Rohbautoleranzen. Weiterhin besitzt Holz die Eigenschaft, Luftfeuchtigkeit aufzunehmen, zu speichern und bei Bedarf wieder abzugeben [26]. Holz kann mit folgenden Maßnahmen gegen unterschiedliche Anforderungen geschützt werden:

- konstruktiver Holzschutz, richtet sich nach Einbaubedingungen des Fensters,
- natürlicher Holzschutz, wird in der DIN EN 350-2 in fünf Resistenzklassen unterteilt,
- physikalischer Holzschutz, beinhaltet schützende Beschichtungssysteme wie Lasuren, deckende Anstriche oder Leinölanstriche,
- chemischer Holzschutz, soll durch Grundierungen und Imprägnierungen die Holzfärbung durch Bläuepilze sowie die Fäulnis durch eindringende Feuchtigkeit verhindern [26].

Bei der Profilausbildung muss beachtet werden, dass stehendes Wasser zu vermeiden ist und anfallendes Wasser mit Hilfe von Gefällen und Abtropfkanten kontrolliert abgeleitet werden kann. Außerdem sollen Wasser- und Feuchtigkeitsnester durch eine fachgerechte Fugenausbildung vermieden und die Profilkanten zur Außenseite abgerundet hergestellt werden. Die Profile müssen für die zu erwartenden Belastungen statisch bemessen sein [26].

Die Profile werden mit einzelnen Brettlamellen zu mehrteiligen Flügel- oder Rahmenprofilen verleimt (Bild 6.14). Dadurch wird die Herstellung von großen Formaten ermöglicht [6]. Die weitere Bearbeitung erfolgt anschließend in einer Aufspannung, indem das Profil mit einer CNC-Maschine in den Endzustand gefräst und gebohrt wird [26]. Durch die Sortierung der einzelnen Holzlamellen nach dem Erscheinungsbild kann die Oberfläche optimal gestaltet werden [6].

Lamelliertes Holzfensterprofil

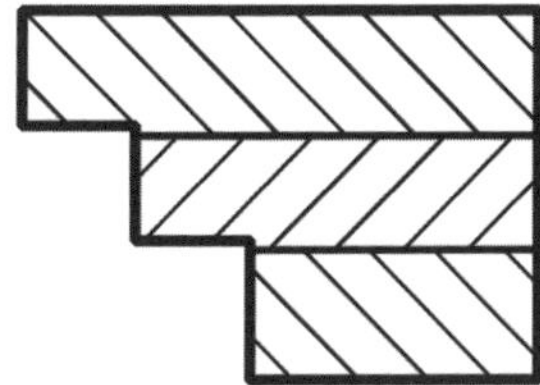

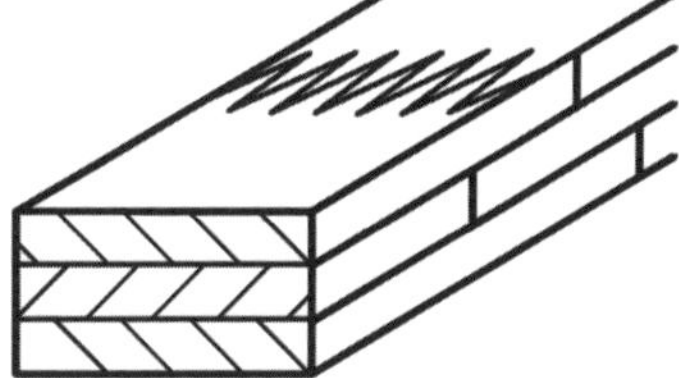

Bild 6.14 Lamellierte Holzprofile [28]

Die Fügung zum kompletten Holzfensterprofil erfolgt durch das Ineinandergreifen von zwei gleich großen Profilen mit einem dreifachen Anschlag (Bild 6.15). Um materialbedingte Verformungen aufnehmen zu können, werden kleine Zwischenräume im Falz durch mehrfache Überfälzungen in den Überlappungspunkten hergestellt. Um die Dichtigkeit zu erfüllen, werden an den Stößen zusätzliche Dichtungen benötigt. Da sich das Regenwasser im unteren Anschlag ansammelt und zwischen Rahmen und Flügel eindringen kann, wird hier eine Wetterschutzschiene für den Anschlag zum Flügel angebracht [26].

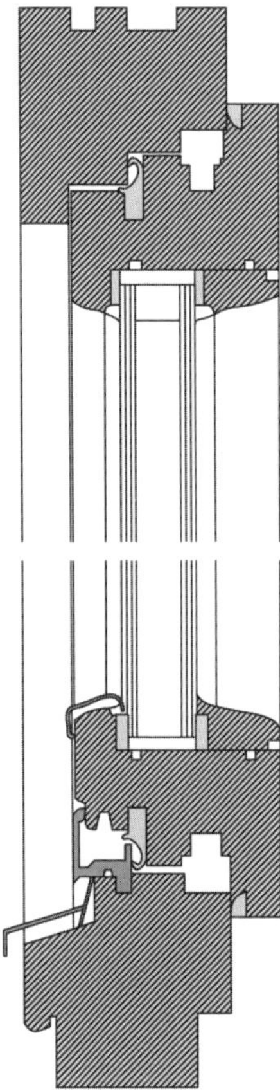

Bild 6.15 Holzrahmenprofil [26]

Zur weiteren Verbesserung der Wärmedämmeigenschaften wurden die Rahmenprofile im Kern mit recyceltem PU-Hartschaum versehen (Bild 6.16). Die Außenschalen bestehen aus streichfähigem Nadelholz [28].

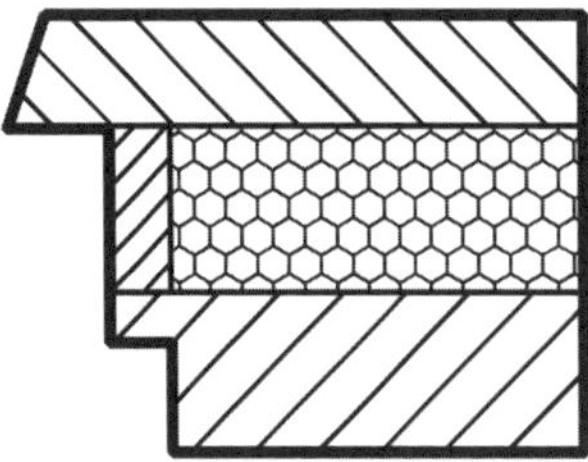

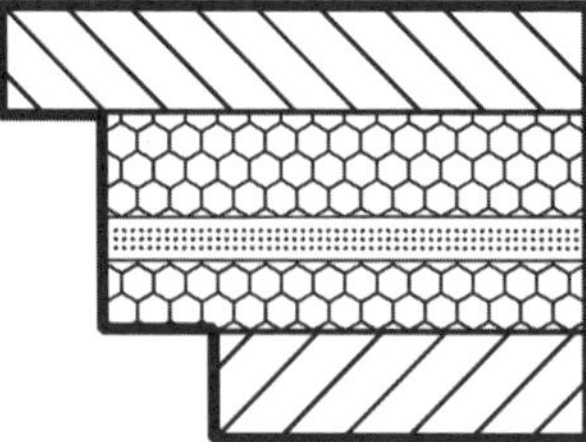

Bild 6.16 Holzprofile mit Wärmedämmkern [28]

- Stahlfenster

Die hohen Festigkeitswerte der verwendeten Hohlprofile aus kaltgewalztem Bandstahl ermöglichen die Herstellung von großformatigen Fenstern. Um eine Korrosion zu vermeiden, müssen die Fenster mit einem Beschichtungssystem geschützt werden. Die

Fenster können grundiert geliefert und nach dem Einbau fertig lackiert werden. Es besteht auch die Möglichkeit, die Fenster mit metallischen Überzügen (Verzinkung) oder Pulverbeschichtungen zu versehen. Nachträgliche Arbeiten wie z. B. Schweißen dürfen dann an solchen Elementen nicht mehr durchgeführt werden. Moderne Stahlfenster werden mit einer thermischen Trennung hergestellt und aufgrund höherer Beanspruchungen und einer langen Lebensdauer hauptsächlich in öffentlichen Gebäuden verbaut. Die Profilausbildung muss für einen schnellen Ablauf des Wassers sorgen. Um aufsteigendes Wasser zu verhindern, müssen Kapillarfugen durch Fugen und direkte Auflagen auf der Sohlbank unterbrochen werden (Bild 6.17) [26].

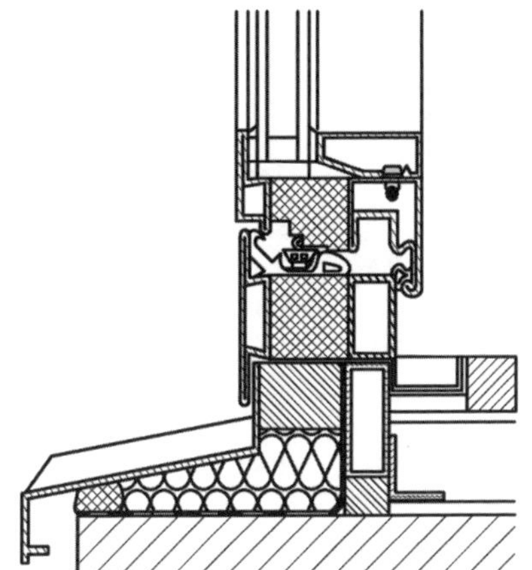

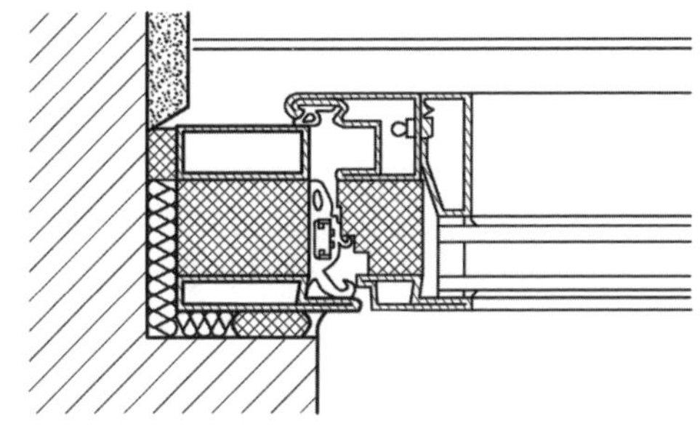

Bild 6.17 Stahlrahmenprofil [26]

- Aluminiumfenster

Aluminium besitzt eine lange Lebensdauer und fordert keinen hohen Aufwand in Unterhalt und Pflege. Somit sind sie trotz höherer Investitionskosten, die durch den hohen Primärenergieaufwand bei der Rohstoffverarbeitung entstehen, wirtschaftlicher gegenüber Fenstern aus Holz oder Kunststoff. Die hohen Maßgenauigkeiten in der Produktion sorgen für geringe Profiltoleranzen bei einem geringen Gewicht. Aluminiumfensterprofile unterscheiden sich herstellerspezifisch im Profilquerschnitt und sind nicht normativ festgelegt. Zur Herstellung der Hohlprofile werden zusammengesetzte stranggepresste Halbzeuge verwendet. Aufgrund der hohen Wärmeleitfähigkeit von Aluminium ist die thermische Trennung von Innen- und Außenschale mittels Kunststoffstegen oder Hartschaum erforderlich (Bild 6.18). Bei der Planung ist zu beachten, dass die Bewegungsfugen an den Bauwerksanschlüssen hohe temperaturbedingte Dehnungen mit Längenänderungen bis zu 1,5 mm/m aufnehmen müssen. Die Herstellung eines kompletten Rahmens erfolgt durch die Verknüpfung von Aluminiumprofilen mit Hilfe von Schraub-, Steck- oder Schweißverbindungen. Eine Oxidation von unbehandeltem Aluminium kann durch eine Vergütung mit Schleifen, Polieren, Bürsten, oder elektrochemischen Verfahren wie z. B. Eloxieren vermieden werden. Um der Oberfläche einen Farbton zu verleihen und ihn weiterhin vor Witterungseinflüssen zu schützen, können die Profile in speziellen Öfen bei 180 °C einbrennlackiert oder pulverbeschichtet werden [26].

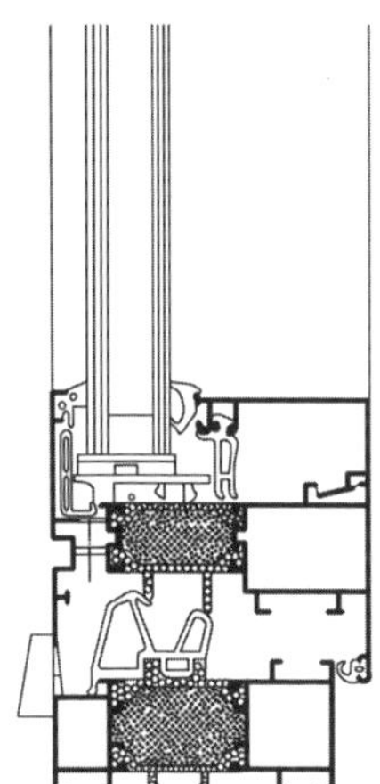

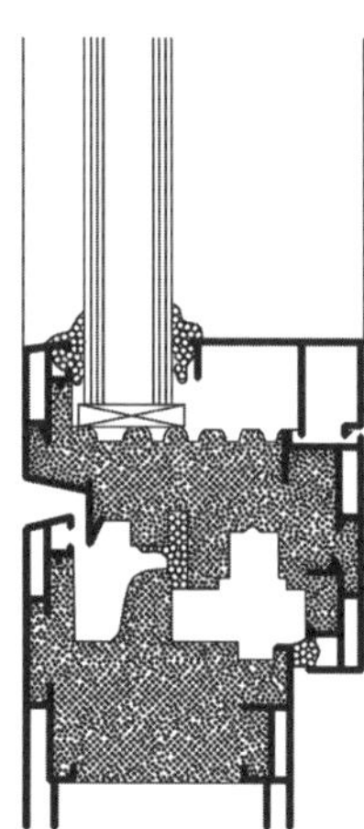

Bild 6.18 Wärmegedämmtes Aluminiumprofil [28]

- Kunststofffenster

  Kunststoff weist neben einem wirtschaftlichen Preis auch gute Wärmedämmeigenschaften und einen geringen Wartungsaufwand auf. Die Ein- oder Mehrkammersysteme der Kunststoffrahmen bestehen aus extrudierten Hart-Polyvinylchlorid und werden als Hohlprofile ausgebildet. Bei größeren Fensterelementen muss aufgrund der höheren Belastungen die Stabilität verstärkt werden. Durch die Verschraubung oder Vernietung von Stahl- oder Aluminiumprofilen mit dem PVC-Profil kann somit die Stabilität verstärkt und die Aussteifung verbessert werden (Bild 6.19). Die vom Stahl verursachte Reduzierung der Wärmedämmwirkung führt oftmals zum Einsatz von glasfaserverstärktem Kunststoff (GFK), der durch die Verringerung der Wärmeverluste im Rahmen bessere UW-Werte des Fensters ermöglicht. Durch Einfärbungen oder Beschichtungen können die Kunststoffprofile gestaltet werden, wobei dadurch das temperaturbedingte Verformungsverhalten stark beeinflusst wird. Die Temperaturstabilität wird außerdem von der Qualität des verwendeten PVCs bestimmt. Eine Verformung der Fenster kann negative Folgen auf die Dichtigkeit sowie auf das Öffnen und Schließen haben. Unter Dauerbelastung können Kunststoffwerkstoffe nachgeben. Da zudem die Stahlaussteifungen nicht in den Ecken durchlaufen, kann es zu einer Deformation der Flügel kommen. Der Dampfdiffusionsausgleich sowie die Sicherstellung des Kondensatablaufs werden mit von außen sichtbaren Auslassöffnungen in der vorderen Kammer erreicht [26].

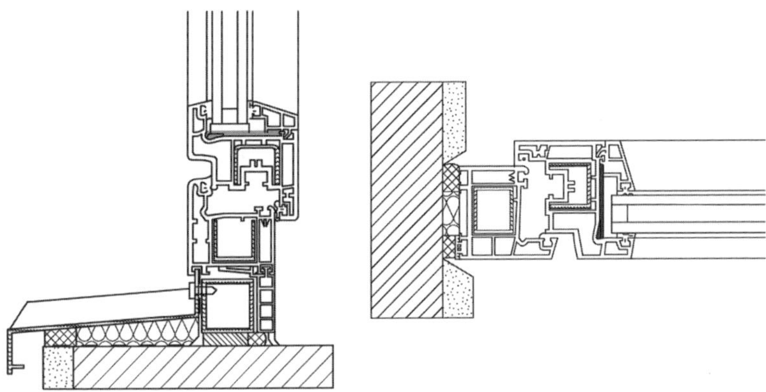

Bild 6.19 Verstärktes Kunststoffrahmenprofil (Eigene Darstellung i. A. a. [26])

6.1.4 Montage und Bauanschluss

Der Einbau von Fensterkonstruktionen muss die bauphysikalischen Anforderungen erfüllen und die Dichtheit der Fugen sicherstellen. Dazu müssen neben den anerkannten Regeln der Technik weitere Regelungen wie Gesetze, Richtlinien oder die VOB eingehalten werden. Entscheidend für die Gebrauchstauglichkeit des Fensters ist die fachgerechte Herstellung der Anschlussfuge. Die Anschlagarten können unterschieden werden in stumpfer Anschlag und Innen- oder Außenanschlag. Die gängigste Art ist dabei der stumpfe Anschlag, der eine glatte Wandöffnung ermöglicht, variabel in der Tiefe ist und kein Gerüst erfordert.

Der Innenanschlag bietet die Montage des Fensters über den Innenraum gegen den Mauerfalz, welcher mindestens 15 mm betragen sollte. Vorteilhaft bei dieser Anschlagart ist der gute Schutz von Rahmen und Anschlussfuge vor den Witterungseinflüssen. Für den Außenanschlag wird allerdings ein Gerüst benötigt, da das Fenster dabei vor einen außenliegenden Mauerfalz gesetzt wird. Im Gegensatz zum Innenanschlag sind Rahmen und Anschlussfuge vollständig der Witterung ausgesetzt. Der Einbau der Fenster erfolgt entweder während der Rohbauarbeiten oder nach Beendigung der Roh- und Ausbauarbeiten und differenziert sich in Abhängigkeit von den Wandkonstruktionen. Allerdings findet der Einbau der Blendrahmen inklusive Fensterflügel bereits während der Rohbauarbeiten statt.

Das Verputzen der Innenräume kann bis auf die Fensterleibung durchgeführt und nach dem Fenstereinbau fortgesetzt werden. Durch die späten Putzarbeiten der Außenfassade kann sichergestellt werden, dass die Baufeuchte und feuchte Putzschichten das Holz und dessen Anstrich nicht verfärben. Erfolgt der Einbau von Holzfenstern nach Beendigung der Roh- und Ausbauarbeiten, wird zunächst eine Zarge in die Fensterleibung eingebaut. Anschließend wird die Montage des Blendrahmens in die Zarge durchgeführt. Dadurch können Beschädigungen durch weitere Arbeiten vermieden werden [25].

Einbau der Verglasung

Unter dem Begriff Verglasungssystem werden alle zugehörigen Arbeiten der Verglasung verstanden, die sich aus Verglasung, Falzausbildung sowie der Abdichtung des Flügelrahmens zusammensetzen. Für ein funktionierendes Verglasungssystem wird die Abstimmung der Bestandteile untereinander vorausgesetzt [26]. Die entsprechenden Regelungen für Verglasungsarbeiten sind in DIN 18 361 VOB/C geregelt. Darüber hinaus werden vom Institut des Glaserhandwerks Richtlinien für z. B. Materialien, Verklotzungen oder Ganzglaskonstruktionen veröffentlicht. Die Verglasungen werden folgendermaßen unterteilt:

- Verglasungen mit Dichtstoffen,
- Verglasungen mit Dichtprofilen,
- Verglasungen mit Dichtprofilen und elastischen Dichtstoffen [28].

Glasfalze

Bevor die Arbeiten an der Verglasung beginnen können, müssen die Glasfälze vorbereitet werden und entsprechende Regelwerke oder Hinweise der Dichtstoffhersteller beachtet werden. Grundvoraussetzung ist jedoch, dass die Glasfalze trocken und sauber sind [25]. In Abhängigkeit der Verglasung müssen Glasfalze die folgenden Maße einhalten:

- Die Mindesthöhe des Falzes *h* bezieht sich auf die größte Scheibenseite:
  - ≤ 350 cm: 18 mm,
  - > 350 cm: 20 mm.
- Der Glaseinstand *i* muss mindestens 12 mm, maximal 20 mm betragen.
- Die Glasrandüberdeckung muss mindestens 14 mm, maximal 25 mm betragen.
- Die freie Glasfalzhöhe wird durch die Verklotzung bestimmt, muss allerdings mindestens 5 mm hoch sein.
- Die Falzbreite richtet sich nach der Verglasungsdicke und beträgt bei Isolierglasscheiben 16 bis 28 mm, zusätzlich zu den Maßen der Dichtprofile (Bild 6.20).

Bei der Verglasung von Funktionsgläsern sowie bei Hallenbädern müssen abweichende besondere Bestimmungen eingehalten werden [28].

Fensterdichtungen

Die Gestaltung der Fassade mit großflächigen Verglasungen und Mehrscheiben-Isoliergläsern wird seit den 1960er-Jahren angewandt. Da beim Einsatz von dauerelastischen Dichtstoffen die Schäden am Randverbund der Isolierglasscheiben nicht komplett auszuschließen waren, werden heute die Mehrzahl der Verglasungen bei Aluminium- und Kunststoffkonstruktion mit vorgefertigten Dichtprofilen ausgeführt. Allerdings werden einige Verglasungen wie in Hallenbädern, gebogenen Scheiben oder Dachverglasungen weiterhin mit Dichtstoffen und ausgefülltem Falzraum eingesetzt (Bild 6.21 und Bild 6.22). Voraussetzung für einen schadenfreien Randverbund ist ein trockener Glasfalz sowie Öffnungen zum Dampfdruckausgleich, damit sich im Hohlraum kein Tauwasser bilden kann. Neben Metall- und Kunststofffenstern verbreiten sich Verglasungen mit Dichtprofilen auch bei Holzfenstern [25].

Verglasung in Holzrahmen mit freier Dichtstofffase

Verglasung in Holzrahmen mit Glashalteleisten und gerader Falzoberkante

Verglasung in Kunststoff- oder Metallrahmen mit Glashalteleisten

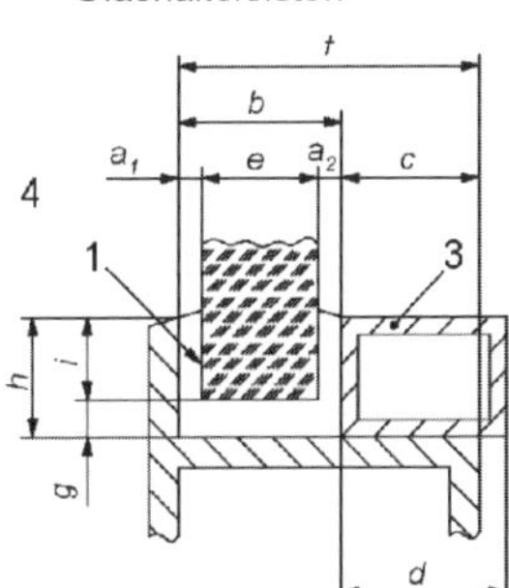

Bild 6.20 Abmessungen von Glasfälzen und Dichtstofffugen [19]

1 - Glasfalzanschlag
2 - Freie Dichtstofffase
3 - Glashalteleisten
4 - Außenbereich
a_1 - Äußere Dichtstoffdicke
a_2 - Innere Dichtstoffdicke
b - Glasfalzbreite
c - Auflagebreite für Glasleiste
d - Tiefe der Glashalteleiste
e - Dicke der Verglasung
f - Gesamtfalzbreite
g - Glasfalzgrund
h - Glasfalzhöhe
i - Glaseinstand

a b c

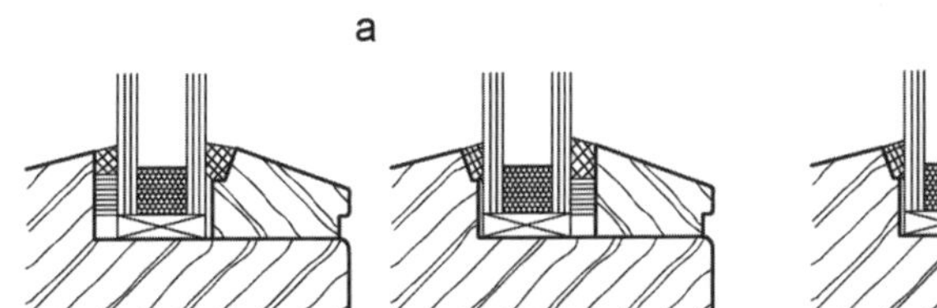

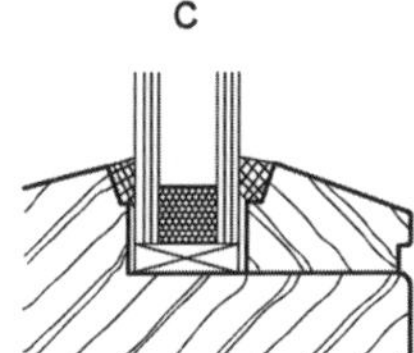

Bild 6.21 Verglasung von Holzfenstern mit dichtstofffreiem Falzraum [28]

a) Mit Vorlegeband (außen oder innen) und Dichtstoff (Versiegelung)
b) Mit Versiegelung außen, innen mit Dichtungsprofil
c) Ohne Vorlegebänder mit Versiegelung

a b c d

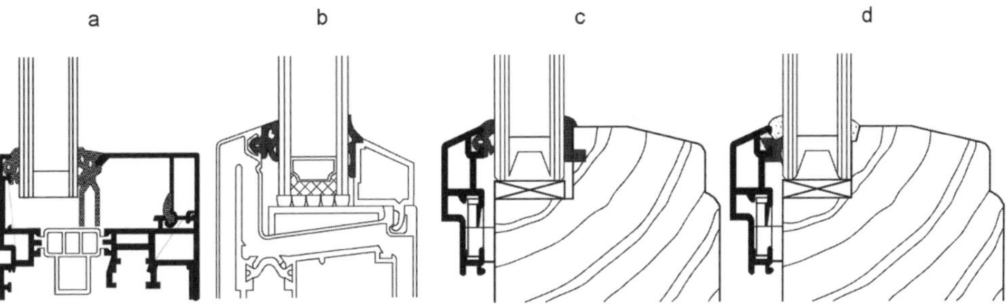

Bild 6.22 Verglasung mit Dichtprofilen [28]

a) Aluminiumfenster
b) Kunststofffenster
c) Holz-Aluminiumfenster; Verglasung mit Dichtprofilen
d) Holz-Aluminiumfenster; Verglasung mit Spritz-Dichtstoff

Aufgabe der Dichtprofile ist es, die elastische Verbindung zwischen Rahmen und Verglasung herzustellen und dabei regensicher und luftdicht zu sein. Bei Verglasungen mit dichtstofffreiem Falzraum ist ein geringfügiger Luftaustausch akzeptabel. Des Weiteren ist in Ausnahmefällen ein tropfenartiger Wassereintritt vertretbar, falls die anfallende Feuchtigkeit wieder abgegeben wird. Dichtprofile sind in der Lage, Toleranzen der Scheibe sowie Bewegungen ohne Einbußen der Dichtkraft aufzunehmen. Die dichtstofffreie Verglasungstechnik ist bei Metall-, Kunststoff- oder Holzfenstern anwendbar. Durch die Hohlräume zwischen den Dichtprofilen und den Isolierstegnasen lassen sich bessere UV-Werte des Rahmens erreichen. Die Eigenschaften üblicher Dichtprofile sind in Tabelle 6.3 dargestellt [25].

Tabelle 6.3 Eigenschaften gängiger Dichtprofile [25]

Eigenschaften	PVC	Neoprene	EPDM	Silikon
Thermisches Verhalten	Thermoplast	Elastomer	Elastomer	Elastomer
Temperaturbereich	-10 °C bis +40 °C	-20 °C bis +70 °C	-30 °C bis +90 °C	-60 °C bis +180 °C
Farbe	Farbig	Schwarz	Schwarz	Farbig
Eckverbindung	Schweißen	Vulkanisation, Kleben, Spritzgießen	Vulkanisation, Kleben, Spritzgießen	Kaltvulkanisation mit Silikonkleber oder Spritzgießen
UV-Beständigkeit	bedingt	gut	gut	gut

Damit die Dichtheit der Profile in den Eckbereichen sichergestellt wird, reicht ein Stoß der Profile nicht aus. Deshalb können Stoßabdichtungen geklebte, geschweißte oder vulkanisierte Ecken aufweisen oder durch das Spritzgieß-Verfahren (Heizen und Kleben) sicher hergestellt werden. Die Materialien für Dichtprofile bestehen aus vorgeformten sowie elastisch bleibenden Kunststoffen mit verschiedenen Eigenschaften, wie z. B. EPDM-Profilen, Polychloropren-Profilen oder Silikon-Kautschuk-Profilen. Zudem existieren Druckverglasungen, bei denen mittels Spannelementen eine Druckleiste auf das Dichtprofil gedrückt wird. Diese Art der Verglasung bietet selbst bei höchsten Beanspruchungen eine permanente Dichtheit [25].

Je nach Beanspruchungsart müssen Dichtstoffe unterschiedliche Anforderungen erfüllen. Auf die Abdichtung können Belastungen durch Regen, Wind, UV-Strahlung, Einflüsse aus der Atmosphäre, Temperatur, Reinigungsmittel oder Bewegungen von Glas und Rahmen wirken. Die Regelungen zur Dichtstoffauswahl für die unterschiedlichen Verglasungssysteme sind kategorisiert in Dichtstoffgruppen von A bis E und in der DIN 18 545 zu finden. Dichtstoffe sind ein- oder zweikomponentig und basieren beispielsweise auf Silikon, Acryl oder Polyurethan. Abhängig vom Ausgangsmaterial findet die Verfestigung entweder chemisch oder physikalisch-chemisch statt. Zur besseren Haftung der Dichtstoffe an der Oberfläche von Kunststofffenstern können Haftvermittler eingesetzt werden [25].

Dampfdruckausgleich

Um das anfallende Tauwasser innerhalb der Fensterkonstruktion ohne Schäden abführen zu können, benötigen alle Verglasungen mit dichtstofffreiem Falzraum Öffnungen vom Falzraum zum Dampfdruckausgleich mit dem Außenklima (Bild 6.23). Die dafür benötigten Öffnungen dürfen dem Winddruck nicht direkt ausgesetzt werden. Ist dies bei Festverglasungen nicht möglich, werden Abdeckkappen benötigt, die vor den Öffnungen mit einem Kappenabstand von maximal 60 cm anzuordnen sind. Durch einen möglichen Dampfdruckausgleich zum Innenraum besteht die Gefahr eines zu hohen Schwitzwasserausfalles [28]. Die Anordnung von mindestens drei Öffnungen im unteren sowie einer Öffnung im oberen Falz hat sich als wirkungsvoll erwiesen. Die Mindestmaße der Öffnungen beträgt bei Bohrungen 8 mm, bei Schlitzen dagegen 5 mm × 20 mm [25].

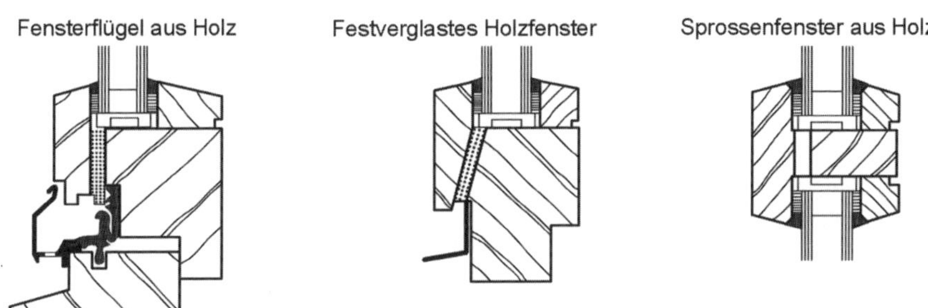

Bild 6.23 Konstruktionsmöglichkeit des Dampfdruckausgleiches [28]

Verklotzung

Die Diagonalaussteifung und somit die Steifigkeit der Fensterflügel werden durch den Verbund mit der Verglasung erreicht. Dabei muss das Gewicht der Scheibe auf den Rahmen abgetragen werden. Um dies einwandfrei sicherzustellen, ist eine Verklotzung der Scheiben notwendig. Hierfür werden in den Bereich zwischen Falzbett und Scheibe Abstandshalter (Klotze) mit einer Länge von mindestens 100 mm, die aus Hartgummi, Neopren oder Hartholz bestehen, eingeschoben. Die Klotzdicke richtet sich dabei nach den Abmessungen der Verglasung und sollte zwei mm breiter als die Dicke der Scheibe sein. Die Distanz zwischen dem Eckbereich und dem ersten Klotz muss mindestens eine Klotzlänge betragen. Weiterhin ist darauf zu achten, dass starre Einspannungen sowie Berührungspunkte der Scheibe mit dem Rahmen zu vermeiden sind. Es werden Tragklötze, die als Auflager das Glasgewicht auf die Rahmenkonstruktion übertragen, und Distanzklötze, die den Abstand zwischen Glaskante und Falzgrund sowie die Sicherung gegen Verrutschen gewährleisten, unterschieden. Klotzbrücken werden zur Sicherstellung des Dampfdruckausgleiches und der Wasserableitung verwendet. Bild 6.24 zeigt die unterschiedlichen Varianten der Verklotzung, die je nach der Funktionsweise des Fensters variieren [28].

Wie in Bild 6.25 zu sehen ist, muss zur Sicherstellung einer ordentlichen Verklotzung bei schrägen Verglasungen der Falz senkrecht zur Scheibe liegen. Bei gekrümmten Scheiben sind die Herstellerhinweise zu beachten. Um die Funktionen der Verklotzungen nicht zu beeinträchtigen, sollten weiterhin die in Bild 6.26 dargestellten Fehler vermieden werden [28].

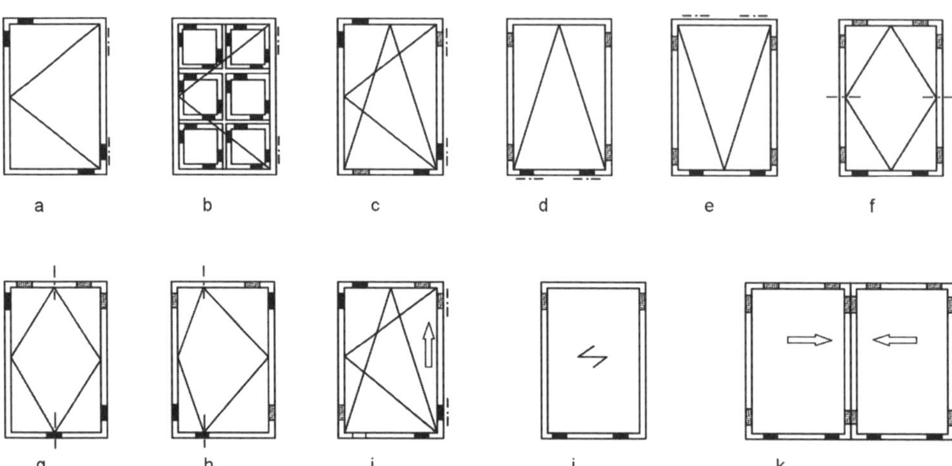

Bild 6.24 Verklotzung von Fensterscheiben (schwarz: Tragklötze; grau: Distanzklötze) [28]
a) Drehflügel
b) Drehflügel mit Sprossen
c) Drehkippflügel
d) Kippflügel
e) Klappflügel
f) Schwingflügel
g) Wendeflügel
h) Wendeflügel, außermittig
i) Hebe-Drehkipp-Flügel
j) Feststehende Verglasung
k) Horizontal-Schiebefenster

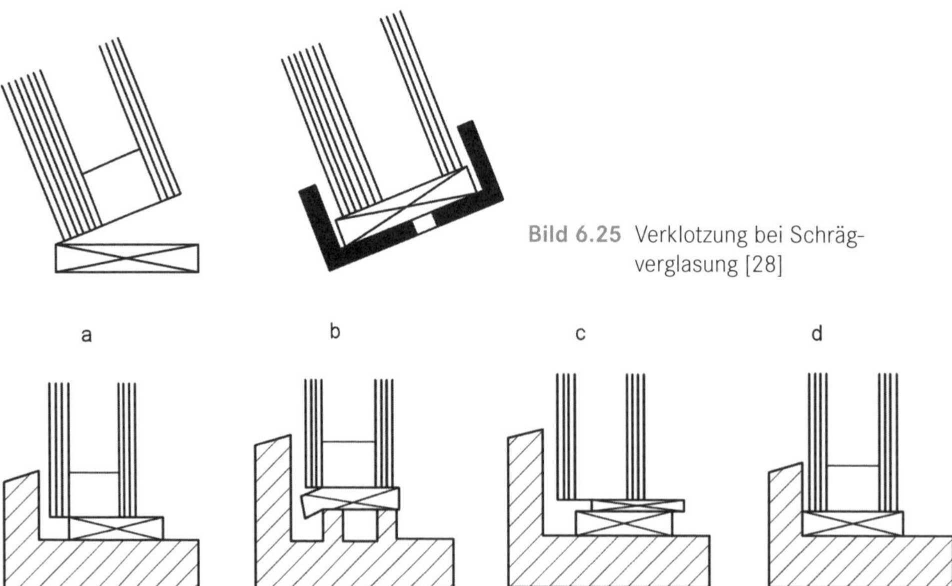

Bild 6.25 Verklotzung bei Schrägverglasung [28]

Bild 6.26 Fehler bei Verklotzung [28]
a) Scheibe sitzt nicht vollflächig auf
b) Klotzmaterial nicht für das Scheibengewicht dimensioniert
c) Falsches Falzraummaß durch Klotzstapel ausgeglichen
d) Behinderung der Falzbelüftung und -entwässerung durch die Klotzung

Glashalteleisten

Die Anordnung von Glashalteleisten erfolgt im Normalfall an der Innenseite. Wird der innenseitige Einbau beispielsweise durch Probleme bei der Montage erschwert, müssen weitere Abdichtungen der Glasleisten zum Rahmen hin angeordnet werden. Weiterhin müssen die Glasleisten leicht entfernbar und in Abständen von maximal 35 cm mittels Schrauben oder Klemmen befestigt sein. Bei Holzausführungen beträgt die Auflagebreite ≥ 14 mm. Insbesondere bei Glashalteleisten aus Holz ist darauf zu achten, dass der Falzgrund vor der Verglasung durch Anstriche geschützt wird, welche die Verträglichkeit mit den Dichtstoffen gewähren [28].

Befestigung am Baukörper

Die Kräfte in der Fensterebene werden mit Hilfe von Unterlegklötzen auf die tragenden Elemente abgeleitet. Die Anordnung der Klötze erfolgt lediglich für die Aufnahme von Druckkräften und so, dass Behinderungen der temperaturbedingten Ausdehnung der Rahmenprofile nicht auftreten. Es ist zu beachten, dass die Verdübelungen der Blendrahmen nicht für die Abtragung der vertikalen Kräfte ausgelegt sind. Diese haben die Aufgabe, den Rahmen im Einbauzustand zu fixieren sowie die Beanspruchungen quer zur Fensterebene aufzunehmen. Bei der Montage der Rahmenbauteile dürfen keine Spannungen auftreten und aufgrund starken Anziehens der Befestigungsmittel nicht aus ihrer Lage bewegt werden. Es ist zu gewährleisten, dass keine Kräfte aus dem Baukörper in die Fenster geleitet werden. Außerdem muss der Bewegungsausgleich der Rahmenteile über Langlöcher und Ankerschienen sichergestellt werden, ausgenommen hiervon ist die Befestigung bei formbeständigen Baukörpern und kleinen Fenstern. Hier kann eine steife Befestigung erfolgen. Ebenfalls können Keile als Montagebehelf die Längenänderungen infolge Temperatureinfluss stören und müssen deshalb unmittelbar nach der Befestigung entfernt werden. Die Wahl der mechanischen Befestigungselemente quer zur Fensterebene ist abhängig von den abzutragenden Kräften, den Festigkeiten der anschließenden Bauteile sowie den entstehenden Bewegungen in der Anschlussfuge. Bei der Befestigung ist darauf zu achten, dass zum einen die Fenster auf allen vier Seiten mittels korrosionsgeschützten Befestigungsmitteln mit dem Bauwerk zu verankern sind, zum anderen bei Drehflügelfenstern horizontal gerichtete Zug- und Druckkräfte auftreten. Diese erhöhen sich durch das Öffnen des Flügels und wirken quer zur Fensterebene. Da metallische Befestigungsmittel eine hohe Wärmeleitfähigkeit aufweisen, müssen Wärmebrücken durch fachgerechte Anordnung der Dämmstoffe vermieden werden [25].

Die Befestigung der Blendrahmen kann mit folgenden Techniken und Verbindungsmitteln erfolgen (Bild 6.27 und Bild 6.28):

- Rahmendübel können Schub- und Scherkräfte sowie Biegemomente aufnehmen und lassen einen geringfügigen Bewegungsausgleich zu. Bei geringen Randabständen zum Leibungsrand können Rahmendübel nicht verwendet werden.
- Besondere Fensterschrauben und Nageldübel sorgen für eine schnelle und günstige Montage.
- Laschen werden mit Scherkräften belastet, sind biegeweich und können Längenänderungen des Fensters gut aufnehmen. Die Lastabtragung erfolgt senkrecht zur Fensterebene. Laschen unterteilen sich in Schlaudern und Eindrehanker.
- Maueranker werden bei einbruchgeschützten Fenstern und schweren Lasten verwendet. Sie werden auf Zug und Scherung statisch bemessen.

- Befestigungswinkel sind biegesteif ermöglichen die Abtragung von größeren Lasten in das Bauwerk. Sie können angedübelt oder an vorgesehene Metallteile geschweißt werden.
- Ankerschienen werden in die Leibungswände einbetoniert. Die Fenster werden mit vorgesehenen Laschen in die Vertiefungen der Ankerschienen eingehängt, positioniert und befestigt.
- Konsolen eignen sich zur Aufnahme der Wind- und Verkehrslasten sowie des Eigengewichts [25].

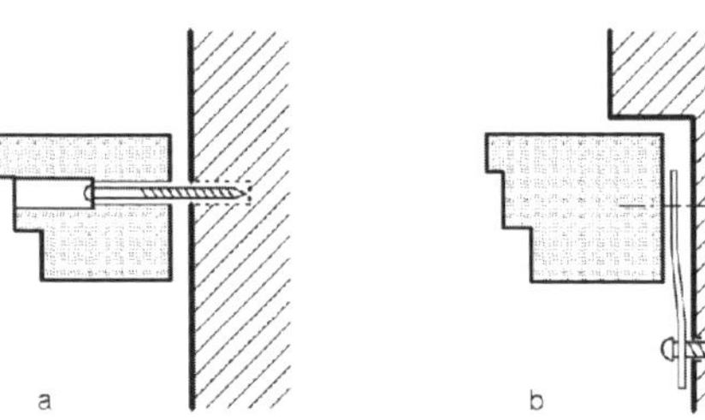

Bild 6.27 Beispiele von Befestigungsarten [28]

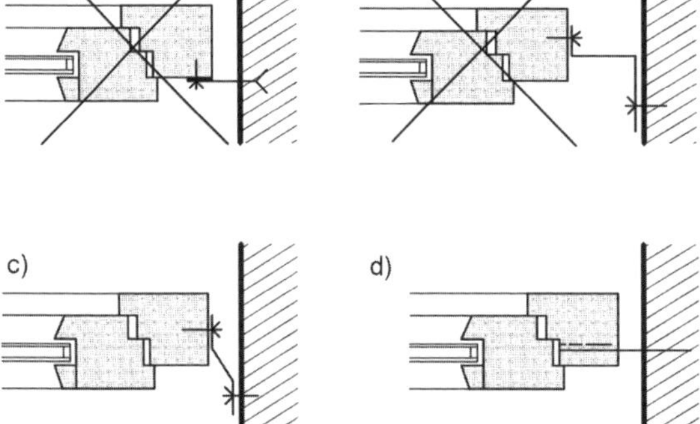

Bild 6.28 Befestigung von Blendrahmen [28]

6.1.5 Sonnen- und Blendschutz

In Neubauten nimmt die Zahl der Glasfassaden sowohl aus optischen als auch aus bauphysikalischen Gründen immer mehr zu. Dabei werden Gebäude so geplant, dass sie den größtmöglichen Nutzen aus der Sonnenenergie ziehen, indem die Süd- oder Südwestlage bevorzugt und Gläser mit guten Energiedurchlassgraden eingesetzt werden. Der Gesamtenergiedurchlassgrad eines Fensters lässt sich aus der Formel

$$g_F = g \cdot F_c$$

g = Durchlassgrad des Fensters
F_c = Abminderungsfaktor für Sonnenschutzeinrichtungen

errechnen und stellt prozentual die Höhe der Sonnenenergie dar, die in den Innenraum gelangen und den Raum aufheizen kann. Je höher der *g*-Wert ist, desto mehr Solarstrahlen werden über die Verglasung ins Innere in Form von Wärme abgegeben. Dies kann in warmen Jahreszeiten neben ungewollten Aufheizungen der Räume zu Spiegelungen führen. Um dem entgegenzuwirken, werden Sonnenschutzanlagen installiert, die sich unterschiedlichen Außenbedingungen anpassen können. Die ständig weiterentwickelten Sonnenschutzgläser sind in der Lage, den Sonnenenergiedurchgang zu minimieren und gleichzeitig einen hohen Wärmeschutz zu bieten. Der Wärmeschutz von Gebäuden nach DIN 4108 beinhaltet nicht nur die Einsparung der Heizkosten, sondern auch den sommerlichen Wärmeschutz, der an heißen Sommertagen erträgliche Gebäudetemperaturen sicherstellt. Dazu werden Sonnenschutzeinrichtungen benötigt, die sich in innenliegende, in die Verglasung integrierte sowie außenliegende Sonnenschutzanlagen unterscheiden [25].

Innenliegende Sonnenschutzanlagen

Diese Art von Sonnenschutzanlagen sind in Form von innenseitig angebrachten Lamellen, Rollos oder Vorhängen möglich und dienen einzig dem Schutz vor sichtbaren Strahlen des Sonnenspektrums. Abhängig von Oberflächenbeschaffenheit und Farbe reflektieren sie nur einen Teil der Lichtstrahlen durch das Glas wieder nach außen. Die nicht reflektierten Lichtstrahlen sowie nahezu die gesamte Wärmestrahlung werden vom Fenster und der Sonnenschutzanlage absorbiert und als Wärme im Raum abgegeben. Auf diese Weise erhitzt sich die Luftschicht zwischen Scheibe und Sonnenschutz und muss künstlich oder natürlich entlüftet werden. Die Kombination von innenliegendem Blendschutz und Sonnenschutzgläsern kann vor hoher Absorption der Strahlung schützen [25].

Integrierte Sonnenschutzanlagen

Der Einbau von elektrisch betriebenen Rollos im Scheibenzwischenraum einer Isolierglasscheibe stellt eine weitere Alternative von Sonnenschutzanlagen dar. Dabei können Funktionen wie Hitze- und Sonnenschutz, Blendschutz, Wärmeschutz sowie Sichtschutz erfüllt werden [25].

Außenliegende Sonnenschutzanlagen

Den wirksamsten Schutz vor Überhitzung bieten außenliegende Sonnenschutzanlagen (Bild 6.29), welche die Sonneneinstrahlung vor dem Fenster reduzieren und somit den Innenraum über den kompletten Bereich des Sonnenspektrums bewahren. Opake Flächen aus den Werkstoffen Beton oder Leichtmetall reflektieren und absorbieren das gesamte Sonnenspektrum der Sonnenstrahlung. Dagegen leiten lichtdurchlässige Werkstoffe wie Gewebe oder Glas die Strahlungsanteile nach außen und verringern somit die Erwärmung der Fenster und Wände. Die Sonnenschutzanlagen werden nach ihrer Bauart in starre und bewegliche Sonnenschutzanlagen differenziert [25].

Starre Sonnenschutzanlagen

Starre Sonnenschutzanlagen können entweder vorgezogene, geschlossene Blenden oder Raffstores (Bild 6.29) sein, die bedingt durch ihre Bedienungs- und Wartungsfreiheit, unbehinderte Fensterlüftung oder die Klapperfreiheit bei Wind sehr vorteilhaft sein können.

Darüber hinaus existieren Systeme, die je nach Sonnenlage verstellbar sind und damit eine optimale Beschattung der betroffenen Flächen mit geringsten Lichteinbußen bieten [25].

Bewegliche Sonnenschutzanlagen

Zu den beweglichen Sonnenschutzanlagen zählen metallene Lamellen oder textile Bespannungen, die parallel zur Beschattungsfläche angebracht werden und die Sonnenstrahlung zurückhalten. Die Steuerung kann sowohl händisch als auch elektrisch erfolgen und dadurch den erforderlichen Lichtverhältnissen in einem Raum angepasst werden. Um ein angenehmes Arbeiten zu ermöglichen, wird die Lichtleittechnik angewandt, bei der das eintretende Licht gezielt an die Raumdecke geleitet wird, während der Bereich in Fensternähe beschattet wird. Zu den beweglichen Sonnenschutzanlagen gehören folgende Systeme:

- axial drehbare Blenden,
- Raffstores,
- Rollläden,
- Markisen,
- Fensterläden.

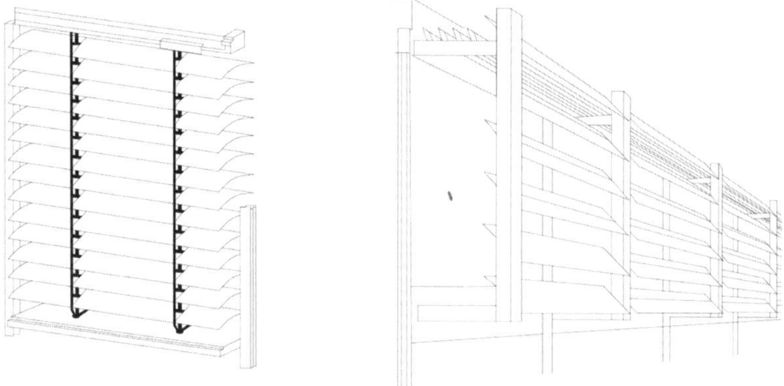

Bild 6.29 Raffstores und Sonnenschutzsystem mit steuerbaren Lamellen (Eigene Darstellung i. A. a. [28])

Die gängigste Art des Sonnenschutzes durch bewegliche Systeme ist der Einsatz von Markisen. Sie unterscheiden sich durch ihre Nutzung und ihren Aufbau in Rollmarkisen, Bogen- oder Korbmarkisen, Sonnensegel sowie Wintergartenmarkisen. Zu den Hauptelementen gehören Wickelwelle, Markisentuch, Fallprofil, Fallarm und Antrieb [25]. Das Ein- und Ausfahren der Markisen kann dabei mittels Handkurbel oder mit Elektrogetriebemotoren vorgenommen werden. Bei automatisch gesteuerten Sonnenschutzanlagen sorgen Fotozellen für eine Anpassung an die Witterungs- und Beschattungsverhältnisse und schützen die Anlage somit vor Beschädigungen. Die Steuerung kann mit folgenden Programmierungen ausgestattet sein:

- Schutz bei Temperaturen unter 0 °C,
- Regenschutz der Anlage mit textilen Bespannungen,

- Zeitschaltuhr,
- Dämmerungsautomatik,
- Temperaturautomatik [25].

6.2 Türen

Türen stellen komplette Elemente aus Türblatt und Türrahmen dar, die zur Trennung von Räumen genutzt werden und sich in Außentüren, Innentüren sowie Schutztüren unterscheiden. Abhängig von der Nutzungsart werden Maße, Form, Werkstoff, Konstruktion, Beschlagsart und -neigung sowie Anordnung differenziert. Bei der Wahl der Türen sind sowohl wirtschaftliche als auch optische Aspekte zu beachten. Türen können aus verschiedenen Materialien wie z. B. Holz und Holzwerkstoffe, Aluminium, Stahl, Kunststoff, Glas oder aus der Zusammensetzung dieser Werkstoffe entweder industriell oder handwerklich hergestellt werden [28].

Während Türen hauptsächlich dem Durchgang von Personen dienen, ermöglichen Tore die Durchfahrt für Fahrzeuge [25]. Die Abgrenzung zwischen Türen und Toren wird in Tabelle 6.4 deutlich.

Tabelle 6.4 Größenbereiche von Türen und Toren [25]

	Breite	Höhe	Fläche
Türen	≤ 2,5 m	≤ 2,5 m	≤ 6,25 m^2
Tore	> 2,5 m	> 2,5 m	> 6,25 m^2

6.2.1 Einteilung nach dem Verwendungszweck

Bezogen auf den jeweiligen Einbauort müssen Türen unterschiedliche Eigenschaften aufweisen. Neben der Verschließbarkeit zur Kontrolle des Zutritts in einen Raum, können Türen Schutz vor Wärme, Schall, Brand, Rauch oder Strahlen bieten. Diese zusätzlichen Faktoren sind bestimmend für die Ausführung und Konstruktion von Türen [26].

Außentüren

Als Außentüren werden Türen bezeichnet, die an Außenwänden von Gebäuden angeordnet sind und aufgrund der Einwirkungen wie Fenster behandelt werden. DIN 14 351-1 regelt die Leistungsfähigkeit und Nachweise von Außentüren und Fenstern ohne Eigenschaften bezüglich Feuerschutz oder Rauchdichtheit [23]. Außentüren sind eingegliederte Bestandteile von Hauseingängen samt Vordach, Hausnummer, Klingel-, Sprech- und Briefkastenanlage sowie Beleuchtung. Daher haben sie zusätzlich zur technischen Funktionalität auch eine hohe gestalterische Bedeutung. Als Verbindungselement zwischen Innen und Außen müssen Außentüren folgende Eigenschaften besitzen:

- Beanspruchungen bei jeder Wetterlage standhalten,
- Stabilität gegen Verformungen durch Temperaturunterschiede bieten,
- hohe mechanische Festigkeit,
- Wärme-, Schall- und Feuchteschutz,
- Fugendichtheit durch Falz- und Bodendichtungsprofile,
- Schutz vor Einbruch [28].

Innentüren

Im Wohnungsbau trennen Innentüren verschiedene Räume voneinander und werden hauptsächlich aus Holz hergestellt. Jedoch sind unterschiedliche Konstruktionen und Materialien in Abhängigkeit des Nutzungszwecks möglich. Innentüren müssen folgende Anforderungen erfüllen:

- dauerhafte Funktion,
- Widerstand gegen mechanische Beanspruchung,
- Stabilität gegen Verformungen durch Temperaturunterschiede,
- Mindestschallschutz und Fugendichtheit [28].

Schutztüren

Zusätzlich zu den Außen- und Innentüren gibt es viele Schutztüren, die aus Rauchschutztüren, Feuerschutztüren, Schallschutztüren, einbruchhemmenden Türen oder Türen für Strafvollzugsanstalten etc. bestehen können [25].

Rauchschutztüren

Bedingt durch die schnelle Ausbreitung von Brand- und Rauchgasen im Brandfall, die schneller sein können als der eigentliche Brand, stellen diese Gase eine hohe Gefahr für Menschen dar. Aus diesem Grund fordern Landesbauordnungen überall dort Rauchschutztüren, wo eine Gefährdung durch Rauchausbreitung gegeben ist. Diese Gefahrbereiche sind Flure zwischen dem Treppenraum und dem Ausgang, falls der Treppenraum nicht direkt ins Freie führt, die rauchdichte Abschlüsse haben müssen. Weiterhin sind Flure mit einer Länge von mehr als 30 m mit nicht abschließbaren Rauchschutztüren zu unterteilen. Die Unterteilung der Flure reduziert sich in Hochhäusern auf 20 m. Ziel ist die Herstellung eines rauchfreien Bereichs im Brandfall, der zehn Minuten lang ohne Atemschutz zur Rettung von Menschen genutzt werden kann. Die Anforderungen an die Rauchschutztüren sind in DIN 18095 geregelt:

- selbsttätiges Schließen, d. h. Federbänder oder Türschließer müssen dafür sorgen, dass der Türflügel aus jeder Stellung verschlossen wird,
- Rauchdurchlässigkeit (= Leckrate in m^3/h) ist begrenzt,
- Gewährleistung einer bestimmten Rauchdichtheit.
- Bei einer Ausstattung mit Feststellanlage muss ein Rauchmelder vorhanden sein, der die Feststellung im Brandfall auflöst.

Die Herstellung von Rauchschutztüren kann aus Holz, Aluminium oder Stahl erfolgen und ist nur fachkundigen Betrieben erlaubt, die Mitglied in der Überwachungsgemeinschaft für Feuerschutz-, Rauch- und Schutzraumabschlüsse sind. Des Weiteren sind die Türblätter bei Holztüren mit speziellen Brandschutzeinlagen und die Ränder mit Expansionsstreifen versehen. Diese übernehmen die abdichtende Funktion des Türblattes in den Fälzen gegen Rauch- und Feuerdurchtritt, indem sie sich im Brandfall ausdehnen. Zusätzlich zur selbstschließenden Eigenschaft kommt der dichtschließende Abschluss hinzu, der mittels einer dreiseitig umlaufenden, schwer entflammbaren Dichtung ermöglicht wird. Falls in Rauchschutztüren Verglasungen zum Einsatz kommen, müssen diese bruchsicher sein (z. B. aus Drahtglas oder Einscheibensicherheitsglas).

Bei der Gestaltung der Dichtheit von Bodenschwellen haben sich folgende Systeme etabliert:

- ohne Schwelle, mit Anlaufdichtung (Schleifdichtung),
- automatische Absenkdichtung oder Magnetbodendichtung (Bild 6.30 und Bild 6.31),
- Schwellenanschlagdichtung (Bild 6.32) [25].

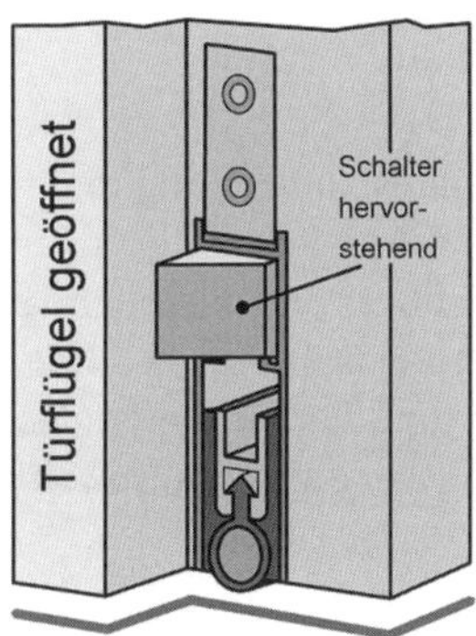

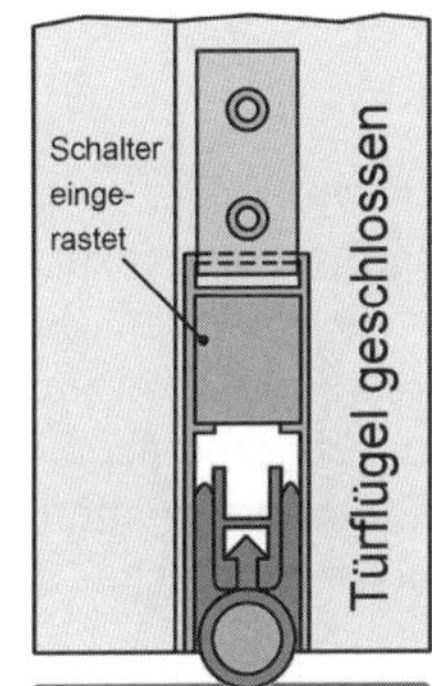

Bild 6.30 Automatische Senkdichtung [25]

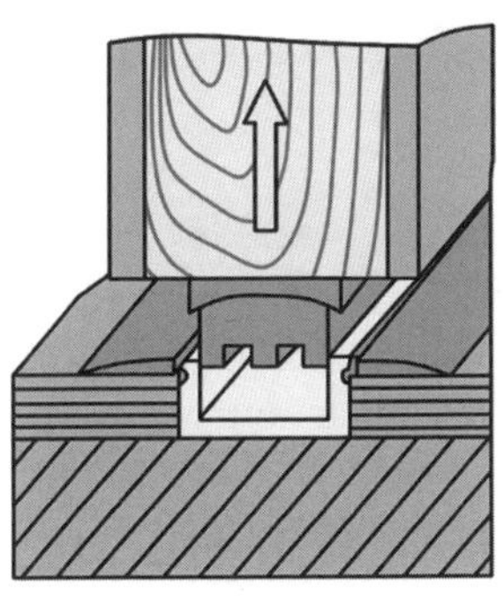

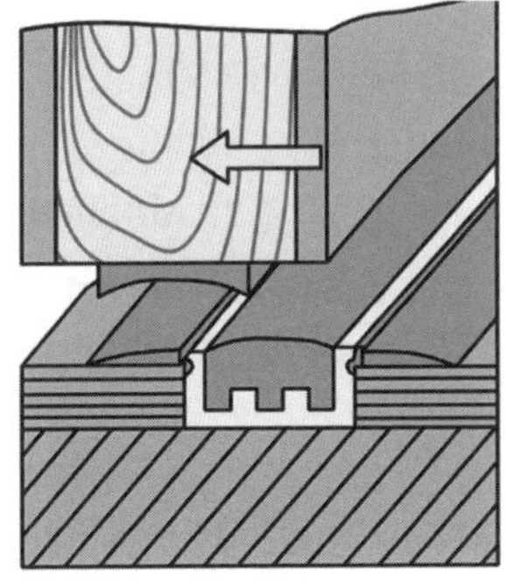

Bild 6.31 Magnetbodendichtung [25]

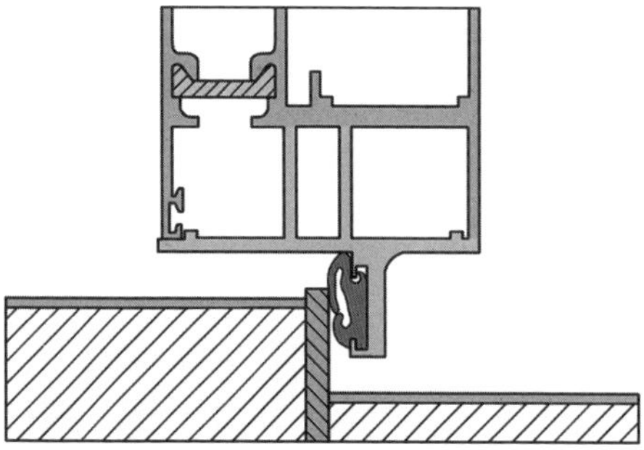

Bild 6.32 Schwellenanschlagdichtung [25]

Rauchschutztüren stellen im Gegensatz zu Feuerschutztüren keinen Feuerschutzabschluss dar, sondern verhindern im geschlossenen Zustand den Durchtritt von Rauch und halten Gebäudebereiche rauchfrei [28].

Feuerschutztüren

Feuerschutzabschlüsse sind wie auch Rauchschutztüren in den Landesbauordnungen geregelt. Sie sind in öffentlichen Gebäuden wie Krankenhäusern, Verwaltungen, Hotels oder Betrieben in Fluren und Treppenhäusern vorgeschrieben. Sie sind überprüfungspflichtig nach DIN 4102 und DIN 18 095 und benötigen das Übereinstimmungszeichen. Die Herstellung erfolgt nur von spezialisierten Betrieben, die nach Erfüllung aller Auflagen das Kennzeichnungsschild beantragen dürfen. Eine Kombination der Schutztüren, die sowohl den Feuerschutzabschluss als auch den Rauchschutz sicherstellen, ist möglich.

Feuerschutztüren werden folgendermaßen bezeichnet:

- T 30-1: einflügelige Brandschutztür mit einer Feuerwiderstandsdauer FWD) von ≥ 30 Minuten,
- T 30-2: zweiflügelige Brandschutztür, FWD ≥ 30 Minuten,
- F 30: Wände, feststehende Verglasung, FWD ≥ 30 Minuten,
- F 90: Wände, feststehende Verglasung, FWD ≥ 90 Minuten.

Die Hauptaufgabe von Brandschutztüren besteht darin, die Ausbreitung des Brandes zu verhindern, wofür ausführliche Prüfungen benötigt werden. Während T 30-Türen aus Holz, Stahl oder Aluminium hergestellt werden können, liefern Systemlieferanten T 90-Türen aus Stahl oder inzwischen auch Holz.

Die speziellen Spanplatten beinhalten feuerresistente Kunststoffe, die im Hochdruckverfahren eingepresst werden. Bei Holztüren der Feuerwiderstandsklasse T 30 wird ein Feuerschutzanstrich angebracht, der im Brandfall eine Schaumschicht bildet und resistent gegen den Brand ist. Ein weiteres Verfahren stellt die Imprägnierung mit Feuerschutzsalzen dar, die im Brandfall eine Schmelzschicht bilden und somit die Holzoberfläche schützen [25]. Aus Sicherheitsgründen werden bei Rauch- und Feuerschutztüren Sichtöffnungen verlangt, die nur mit Brandschutzverglasungen nach DIN 4102-2 möglich sind und in zwei Arten unterschieden werden. G-Verglasungen verhindern die Feuer- und Rauchausbreitung, jedoch nicht den Durchtritt der Wärmestrahlung. Dagegen verhindern F-Verglasungen sowohl die Feuer- und Rauchausbreitung als auch den Durchtritt der Wärmestrahlung. Damit die gesamte Konstruktion den Feuerschutz gewährleistet, ist in

T-klassifizierten Türen nur der Einbau von F-Gläsern zulässig. Zu den weiteren Anforderungen von Feuer- und Rauchschutztüren zählen:

- selbsttätiges Schließen auch nach dem Öffnen,
- hohe mechanische Festigkeit, d. h. der Rahmen darf sich im Brandfall nicht verformen,
- Einhaltung der Funktion über mind. 25 Jahre,
- Öffnung in Fluchtrichtung [25].

Beim Einbau von Feuer- und Rauchschutztüren erfolgt die Verankerung mittels zugelassener Metalldübel oder Flachstahl-Maueranker an geeigneten Wänden. Diese müssen bei gemauerten Wänden eine Dicke von 24 cm, bei Stahlbetonwänden von 14 cm Dicke aufweisen. Feuerschutztüren müssen in der Regel ständig geschlossen sein. Damit sie für längere Zeit offen stehen können, werden Feststellanlagen benötigt. Diese beinhalten einen meist optischen Rauchmelder mit Stromanschluss, einen elektrisch betriebenen Haftmagneten mit Ankerplatte sowie einem Drucktaster, um den Feuerabschluss manuell auslösen zu können. Im Brandfall kommt es zur Entkopplung der Stromzufuhr vom Rauchmelder zum Haftmagneten, wodurch die Tür freigegeben und geschlossen wird. Ein spezieller Folgeregler sorgt dafür, dass bei zweiflügeligen Türen zunächst der Standflügel, dann der Gangflügel geschlossen wird [25].

Einbruchhemmende Türen

Eine Schutzmaßnahme vor Einbrüchen durch Haus- und Wohnungseingangstüren liefern spezielle Türen mit zusätzlichen Sicherungsmaßnahmen. Sie können einer gewaltsamen Beschädigung der Türbauteile eine gewisse Zeit Widerstand leisten und damit einen möglichen Einbruch verzögern.

Allerdings kann eine absolute Einbruchsicherheit nicht gewährleistet werden [28]. Die Normenreihen DIN EN 1627 - 1630 beschreiben neben den Widerstandsklassen bezüglich Einbruchhemmung für Fenster, Türen, Vorhangfassaden, Gitterelemente und Abschlüsse auch die Prüfverfahren für diese. Durch die DIN EN 1627 werden die Vornormen mit den Widerstandsklassen und dem Kürzel WK abgelöst und stattdessen die Widerstandsklassen (resistent class RC) 1 bis 6 eingeführt [1]. Die Unterteilung der Widerstandsklassen erfolgt in bestimmte Tätertypen und deren vermutliche Vorgehensweise. Aufgrund der Konstruktion der einbruchhemmenden Türelemente als Systembauteil können einzelne aufeinander abgestimmte Teile nicht beliebig ausgetauscht werden. Weiterhin ist der Einbau, wie bei Feuerschutztüren, nicht in jede Wandart möglich. Zusätzliche Anforderungen werden an die Türblattkonstruktion, die Schlösser und Beschläge sowie den Schließzylindern gestellt. Bild 6.33 stellt eine einbruchhemmende Hauseingangstür mit der Grundausstattung dar [28].

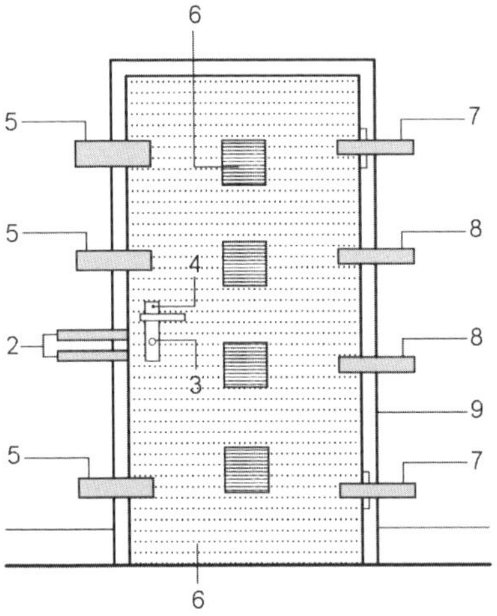

(1) Verstärktes Türblatt aus Holz oder Stahlblech mit Einlage
(2) Sicherheits-Schloss
(3) Sicherheits-Schließzylinder
(4) Bohrgeschütztes Türschild
(5) Schwenkriegel-Sicherheitsschloss mit drei- bis fünffacher Verriegelung bei einer Schlüsselumdrehung
(6) Sicherheitsverglasung
(7) Sicherheits-Türbänder mit Sicherungszapfen
(8) Sicherungszapfen mit Hintergreifhaken
(9) Dauerhaft befestigte Zarge mit hinterfüllten Hohlräumen

Bild 6.33 Innenansicht einer einbruchhemmenden Eingangstür mit mechanischer Schließtechnik [28]

Schallschutztüren

Der Einbau von Schallschutztüren erfolgt oft in Besprechungs-, Verhandlungs- oder Behandlungsräumen. Übliche Zimmertüren besitzen ein sehr unbefriedigendes Schalldämm-Maß von 15 dB bis 20 dB. Die Einteilung von Schallschutztüren erfolgt in sechs Schallschutzklassen. Damit diese Türen hohe Schalldämmwerte erbringen, sind dichte Fugen zwischen Zarge und Flügel, der Verschluss sowie die Bodendichtung bedeutend. Schallschutztüren sind demnach folgendermaßen auszuführen:

- Die Abdichtungsprofile aus dauerelastischem Kunststoff sind in den Gehrungsecken verklebt.
- Der Hohlraum zwischen Mauerleibung und Türfutter ist mit Mineralwolle gut ausgestopft und anschließend mit elastischem Dichtstoff abgedichtet.
- Es werden Profilzylinderschlösser verwendet, um einen direkten Schalldurchgang zu vermeiden.
- Der Verschluss erfolgt über ein Schneckenschloss mit Falle, bei Bedarf auch im oberen und unteren Türblattbereich.

Die Schwellenabdichtung von Schallschutztüren erfolgt bei Innentüren durch die automatische Bodendichtung. Dabei wird durch Einrasten des Kontaktstiftes das Absenken der Bodendichtung bewirkt. Beim Öffnen kehrt die Dichtung durch ein integriertes Federelement wieder in die ursprüngliche Lage zurück. Zudem beeinflusst der Aufbau des Türblattes den geforderten Schalldämmwert. Bei Schallschutztüren aus Holz erfolgt der Aufbau aus einem 55 - 75 mm breiten Rahmen, einer besonderen Füllung sowie vier mm dicken Holzfaserplatten als Deckplatten [25].

6.2.2 Anforderungen

Ausgehend von der Nutzung gelten Türen als hoch beanspruchte Bauteile, die verschiedene Anforderungen erfüllen müssen. Je nach dem funktionellen Gebrauch sind im Voraus Prioritäten zu setzen, um bestimmte Anforderungen auszuschließen und somit die Baukosten nicht unnötig zu erhöhen. Die unterschiedlichen Anforderungen an Türen werden nachstehend näher erläutert [28].

Türabmessungen

Die Nennmaße werden nach DIN 4172 aus den Baurichtmaßen abgeleitet. Das Nennmaß beschreibt die Größe eines Bauteils und wird in Zeichnungen angegeben und ergibt sich aus den Baurichtmaßen zuzüglich der Fugenanteile. Bei Bauarten ohne Fugen entspricht das Nennmaß dem Baurichtmaß. Die Fugenbreite im Mauerwerksbau beträgt im Regelfall 10 mm. Somit ergibt sich das Nennmaß der Öffnungsbreite aus dem Baurichtmaß und einem Zuschlag von 10 mm, während das Nennmaß für die Öffnungshöhe lediglich einen Zuschlag von 5 mm erhält. [28] Je nach Türart sind folgende Baurichtmaße für die Breite festgelegt:

- normal begangene Innentüren: 87,5 cm,
- viel begangene Innentüren: 100,0 cm,
- Außentüren: 112,5 cm,
- Nebentüren: 75,0 cm.

Nach DIN 18 100 sind für die Höhen von Innentüren Baurichtmaße von 200 cm bzw. 212,5 cm festgelegt. Die lichte Durchgangshöhe von Außentüren ist normalerweise höher als die der Innentüren, sollte jedoch aus optischen Gründen einheitlich geplant werden. Außentüren im Wohnungsbau lassen sich im Regelfall nach innen öffnen, während bei Eingangstüren in öffentlichen Gebäuden die Aufschlagrichtung aufgrund der Fluchtrichtung immer nach außen festgelegt ist [28].

Wärmeschutz

Um den Heizwärmebedarf zu senken, wird eine auf den Wärmeschutz ausgelegte Gebäudehülle benötigt. Türen, insbesondere Hauseingangs-, Balkon- und Terrassentüren, zählen unter anderem zu den wichtigsten Bestandteilen dieser Hülle [28]. Ein Wärmeschutznachweis ist bei der Trennung von unterschiedlich temperierten Räumen erforderlich. Die Anforderungen werden in der EnEV geregelt [24]. Sie betragen beispielsweise für die Erneuerung von Außentüren 1,8 $W/(m^2 \cdot K)$, für Fenstertüren 1,3 $W/(m^2 \cdot K)$ und für Klapp-, Falt- und Schiebetüren 1,6 $W/(m^2 \cdot K)$ [29].

Feuchteschutz

Aufgrund unterschiedlicher Temperaturen und Luftfeuchtigkeiten, die auf ein Türelement einwirken, kann es mit der Zeit zu Verformungen und dadurch zum Verlust wichtiger Funktionen kommen (Bild 6.34). Je stärker der Temperatur- und Feuchtigkeitsunterschied auf den beiden Türblattoberflächen, desto höher ist die Wahrscheinlichkeit einer Verformung. In Abhängigkeit der eingesetzten Werkstoffe kommt es zu unterschiedlichen Verformungsverhalten. Bei nicht hygroskopischen Werkstoffen wie z.B. Metallen oder Kunststoffen kommt es durch temperaturbedingte Änderungen zu thermischen Verformungen. Dagegen kommt es bei hygroskopischen Werkstoffen wie z. B. Holz und Holzwerkstoffen neben den temperaturbedingten auch durch feuchtebedingte Änderungen zu hygrothermischen Verformungen [28].

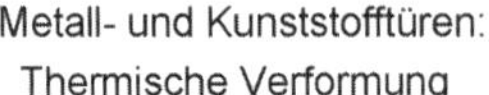

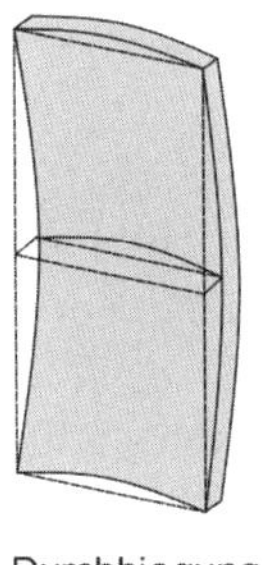

Holz- und Holzwerkstofftüren:
Hygrothermische Verformung

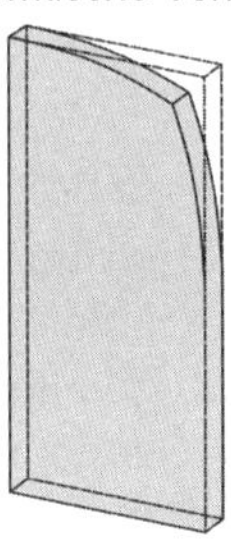

Bild 6.34 Türblattverformungen [28]

Verformungen bei Holz und Holzwerkstoffen können zum einen durch den Einsatz von quell- und schwindarmen Werkstoffen und zum anderen durch funktionsgerechte Türblattkonstruktionen (höhere Türblattdicke, Einbau von metallischen Verstärkungen) reduziert werden [28].

Schallschutz

Die Anforderungen an den Schallschutz von Türen wurden aufgrund steigender Lärmbelästigung von außen sowie höheren Anforderungen im Innenbereich deutlich erhöht. Die DIN 4109 legt die Mindestanforderungen für die Luftschalldämmung von Türen fest (Tabelle 6.5). Diese beziehen sich insbesondere auf die Schallübertragung aus fremden Wohn- und Arbeitsbereichen. In Tabelle 6.1 sind die erforderlichen Schalldämm-Maße R_W für die unterschiedlichen Einsatzbereiche dargestellt. Es ist zu beachten, dass die erforderlichen Schalldämmwerte sich lediglich auf das betriebsfertige Türelement (zusammengesetzt aus Zarge, Türblatt, Beschläge und erforderliche Dichtungen) beziehen. Da die Türelemente in den Prüfständen der Hersteller ohne die Schallübertragung über flankierende Bauteile geprüft werden, kommt es zu besseren Messergebnissen als im eingebauten Zustand. Um diese Unterschiede auszugleichen und mögliche Streuungen der Konstruktionseigenschaften zu berücksichtigen, wurde das Vorhaltemaß von +5 dB eingeführt. Dieses gilt jedoch nicht für den Ausgleich grober Planungs- und Montagefehler, wie z. B. Undichtigkeiten [28].

Tabelle 6.5 Anforderungen an die Luftschalldämmung von Türen [28]

Zeile	Bauteile		Anforderungen erf. R_w [a)] in dB	Anforderungen einschl. Vorhaltemaß (+5 dB) R_w [a)] in dB
1	Geschosshäuser mit Wohnungen und Arbeitsräumen	Türen, die von Hausfluren oder Treppenräumen in Flure und Dielen von Wohnungen und Wohnheimen oder von Arbeitsräumen führen	27 (37)[b)]	32 (42)[b)]
2		Türen, die von Hausfluren oder Treppenräumen unmittelbar in Aufenthaltsräume - außer Flure und Dielen - von Wohnungen führen	37	42
3	Beherbergungsstätten	Türen zwischen Fluren und Übernachtungsräumen	32 (37)	37 (42)
4	Krankenanstalten, Sanatorien	Türen zwischen Untersuchungs- bzw. Sprechzimmern, Fluren und Untersuchungs- bzw. Sprechzimmern	37	42
5		Türen zwischen Fluren und Krankenräumen, Operations- bzw. Behandlungsräumen Fluren und Operations- bzw. Behandlungsräumen	32 (37)	37 (42)
6	Schulen und vergleichbare Unterrichtsbauten	Türen zwischen Unterrichtsräumen und ähnlichen Räumen und Fluren	32	37

a) Bei Türen gilt statt R'_W der Wert R_W

b) Vorschläge für erhöhten Schallschutz gemäß Entwurf DIN 4109 - Beiblatt 2 (Ausg. 1999)

Luftdurchlässigkeit

Die EnEV fordert neben dem Wärmeschutz eine Luftundurchlässigkeit der Umfassungsfläche und der Fugen. Die DIN EN 12 207 regelt die Fugendurchlässigkeit von Außenbauteilen wie Fenster und Türen und teilt diese in Klassen von 1 bis 4 ein. Je höher die Anforderungen an den Wärmeschutz, desto höher ist auch die Wichtigkeit der Lüftungsverluste durch Fugen. Planungs- und Ausführungsbeispiele sind aus der DIN 4108-7 zu entnehmen. Die Schlagregendichtheit von Türen wird in der DIN EN 12 208 unterteilt. Die Prüfung wird in der DIN EN 1027 geregelt und erfolgt durch die Annahme von zwei unterschiedlichen Einbaulagen (ungeschützte oder teilweise geschützte Lage) [28].

6.2.3 Bauarten und Funktionsweisen

Um die unterschiedlichen Ansprüche und Anforderungen an die Funktion und die Gestaltung zu erfüllen, haben sich zahlreiche Bauarten von Türen entwickelt (Bild 6.37). Die Bauweisen werden je nach Bewegungsrichtung eingeteilt [26].

Drehflügeltüren

Die Drehflügeltür wird insbesondere für Innen- und Außentüren eingesetzt. Die Türblätter werden hierbei um eine Längskante gedreht und mit Bändern an der Zarge oder am Boden und im Sturzbereich angeschlagen (Bild 6.35). Die Bestandteile (Türen, Zargen, Bänder, Schlösser und Garnituren) werden in der Regel nach DIN 107 in DIN-Links und DIN-Rechts unterschieden [26]. Dabei werden die Türen von der Seite aus betrachtet, auf der die Bänder sichtbar sind (Anschlagseite). Befinden sich die Bänder auf der linken Seite vom Betrachter, handelt es sich um eine Linkstür (DIN-Links). Befinden sich die Bänder auf der rechten Seite vom Betrachter, handelt es sich dagegen um eine Rechtstür (DIN-Rechts) [28].

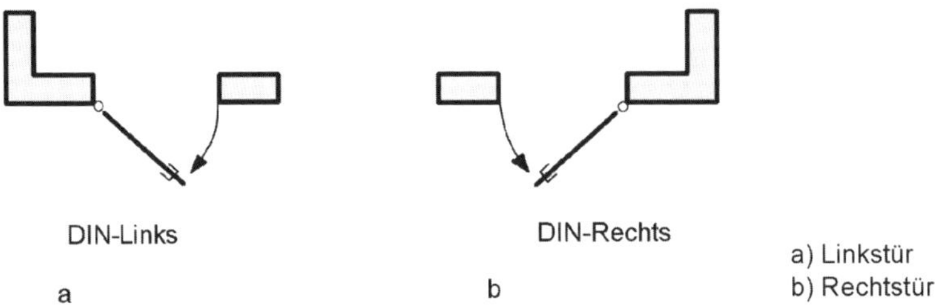

Bild 6.35 Links- und Rechtsbezeichnung von Türen [28]

Pendeltüren

Bei den Pendeltüren handelt es sich um selbstschließende Türen, bei denen das Türblatt ohne einen Anschlag nach beiden Seiten geschlagen werden kann. Durch den Einsatz von speziellen Türbändern, sogenannten Bommerbändern (Bild 6.36), wird das Türblatt wieder in die Ruheposition gebracht [26]. Die Ausbildung kann als einflügelige oder zweiflügelige Tür erfolgen. Da die Überfalzung an den Längskanten fehlt, ist ein dichtes Schließen nicht möglich. Zur Vermeidung von Zusammenstößen von sich begegnenden Personen, wie z. B. im Kellnergang, sind die Türblätter mit Glasfüllungen oder Sehschlitzen auszustatten [28].

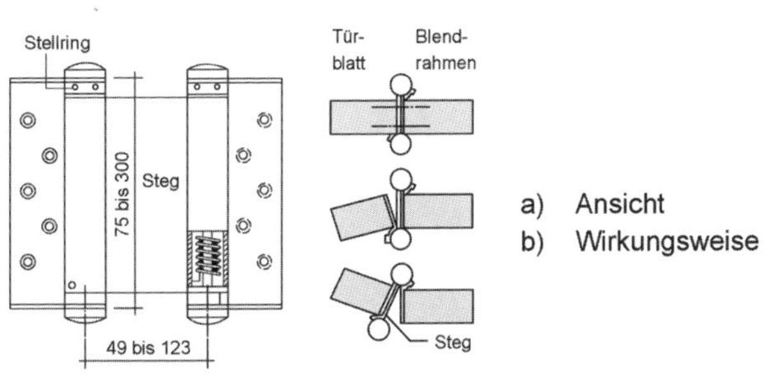

Bild 6.36 Bommer-Pendeltürband [28]

Stulptüren

Stulptüren werden als zweiflügelige Anschlagtüren gestaltet, bei denen beide Drehflügel ohne einen Mittelpfosten aufeinander geschlagen werden. Der für den Personenverkehr vorgesehene Flügel wird als Gang- bzw. Schlossflügel und der Gegenflügel, der mit Treibriegelstangen fixierbar ist, als Standflügel bezeichnet [25].

Faltschiebetüren

Bei Faltschiebetüren werden mehrere Flügel gelenkig miteinander verbunden. Eine Aufhängung an einer Führungsschiene mit oder ohne Bodenführung ermöglicht das Öffnen, indem sich die Flügel zusammenklappen lassen. Die Größen der zusammengeklappten Elemente sind bei der Planung zu berücksichtigen. Faltschiebetüren werden eingesetzt, um größere Räume aufzuteilen und bei Bedarf miteinander zu verbinden [26].

Schiebetüren

Schiebetüren können vertikal und horizontal öffnend und vor der Wand oder in eine Wandtasche verlaufend ausgebildet werden. Sie bieten den Vorteil, dass beim Öffnen kein Drehraum beansprucht und somit der Bewegungsraum der Türblätter minimiert wird [26]. Nachteilig sind das umständlichere Öffnen aufgrund der Bewegungsrichtung sowie die schalltechnische Abdichtung. Letztere kann durch die Anordnung vor einer Wand- oder Glasfläche, zur Unterbringung des aufgeschobenen Flügels, verbessert werden [28].

Karusselltüren

Karusseltüren, auch Drehkreuztüren genannt, bestehen aus zwei, drei oder vier Flügeln. Diese sind oben und unten gelagert an einem Drehkreuz befestigt. Der obere Abschluss erfolgt durch einen Deckenring, der seitliche Abschluss durch die Trommel. Durch die Minimierung des Außenluftaustausches werden gleichzeitig übermäßige Wärmeverluste vermieden. Haupteinsatzgebiet von Drehkreuztüren sind Hotels, Flughäfen oder öffentliche Gebäuden [26].

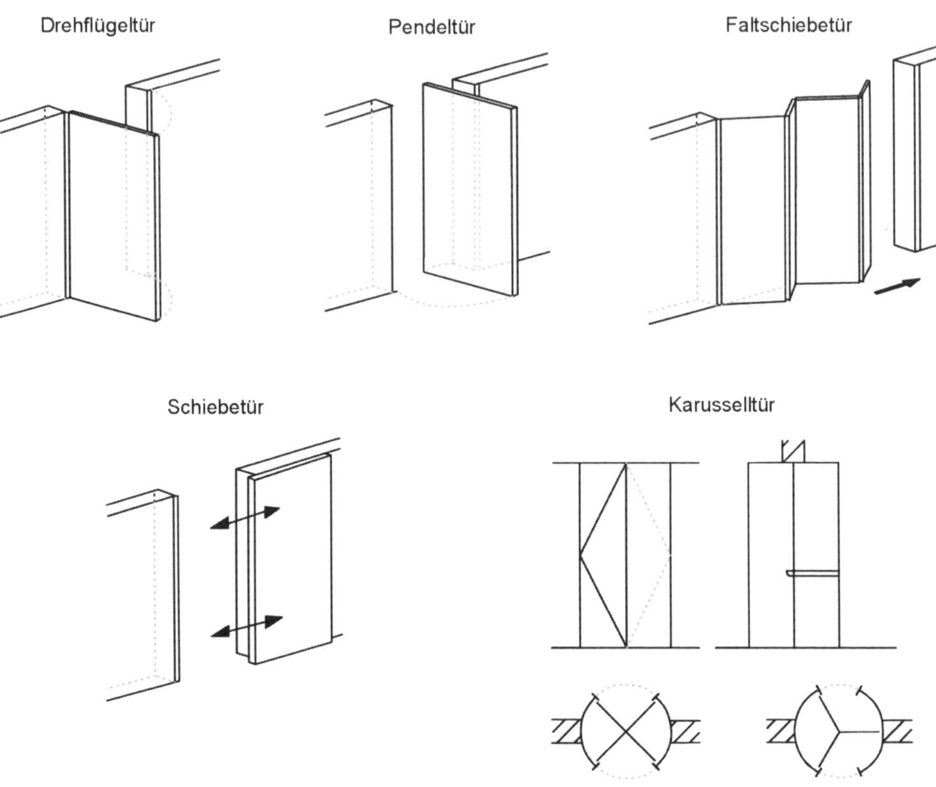

Bild 6.37 Übersicht der Türarten [28]

6.2.4 Türzargen

Türen bestehen in der Regel aus einer an der Wand verankerten Türzarge und einem beweglichen Türblatt. Abhängig von der Befestigung in der Wand und der Art der Türzargen können unterschiedliche Anforderungen und Belastungen erfüllt werden. Wichtigste Voraussetzung ist, dass die Türzarge fest an die Wand montiert ist, damit die Lasten über die Zarge abgeleitet werden können. Bei größeren Türen werden zur Verstärkung vertikale Mittelpfosten aus Holz oder Metall benötigt. Türzargen unterscheiden sich nach ihrer Bauart in Türen mit Blockrahmen, Blendrahmen, Türen mit Futter und Bekleidungen sowie Zargenrahmen [28].

Türen mit Blockrahmen

Blockrahmen stellen Rahmenprofile aus Vollholz mit nahezu quadratischem Querschnitt dar, die ein- oder mehrteilig hergestellt werden können. Zargen aus einteiligen Profilen werden mittels Federlaschen oder Rohrdübeln bereits im Rohbau montiert, eingeputzt sowie nachträglich vor Ort beschichtet. Im Gegensatz dazu bestehen zweiteilige Blockrahmenprofile aus einem Montagerahmen und einem sichtbaren oberflächenfertigen Blockrahmen, der erst nach den Ausbauarbeiten montiert wird, um Beschädigungen zu vermeiden. Blockrahmen eignen sich für Hauseingangstüren, Pendeltüren sowie für raumhohe Außen- und Innentüren. Durch die großen Blockrahmenquerschnitte erfordern Wandöffnungsmaße besondere Beachtung [28].

Türen mit Blendrahmen

Blendrahmen besitzen rechteckige Querschnitte und können in einem Mauerfalz, in einer Wandöffnung oder vor einer Wandfläche liegen. Sie werden durch Blendrahmenschrauben, Spreizdübel oder Ankerlaschen mit dem Baukörper befestigt [25]. Generell beträgt das Mauerfalzmaß 125 mm in der Tiefe und 62,5 mm in der Breite. Blendrahmen eignen sich für Hauseingangs- und Windfangtüren, Wohnungsabschluss- sowie Kellertüren [28].

Türen mit Futter und Verkleidungen

Futterrahmentüren bestehen aus dem Futterrahmen und einer Zierbekleidung, die mit dem Baukörper unverrückbar verbunden werden [28]. Sie schützen die Kanten der Türöffnung und decken die Leibung vollständig ab. Damit ist ein nachträgliches Verputzen der Wandleibung hinfällig [25]. Die Fuge zwischen Türfutter und Wand wird durch beidseitige Bekleidungen geschlossen. Der entstehende Falz zwischen Türfutter und Bekleidung ermöglicht dem Türblatt das Einschlagen. Türen mit Futterrahmenkonstruktionen eignen sich sowohl für sturzhohe als auch für raumhohe Konstruktionen [28].

Türen mit Zargenrahmen

Die Besonderheiten von Zargenrahmen liegen darin, dass sie zum einen die Leibungen der Wandöffnungen vollflächig abdecken, zum anderen so tief wie die Wanddicken ausgebildet werden. Unter Beachtung des Sockelleistenanschlusses ist neben der putzbündigen Anordnung auch ein Überstand der Zargenkanten möglich. Die Herstellung von Zargenrahmen erfolgt in der Regel aus Holzwerkstoffen mit Vollholzanleimern oder Vollholz, die sichtbar oder unsichtbar an der Leibung befestigt werden. Der Anschluss von Holzzarge und Wandputz kann durch Putzschienen aus verzinktem Stahlblech erfolgen, die gleichzeitig als Putzhilfe und Kantenschutz dienen. Zargenrahmen finden bei hohen Innentüren Anwendung [25]. Einen Überblick zu den unterschiedlichen Zargenarten aus Holz stellt Bild 6.38 dar.

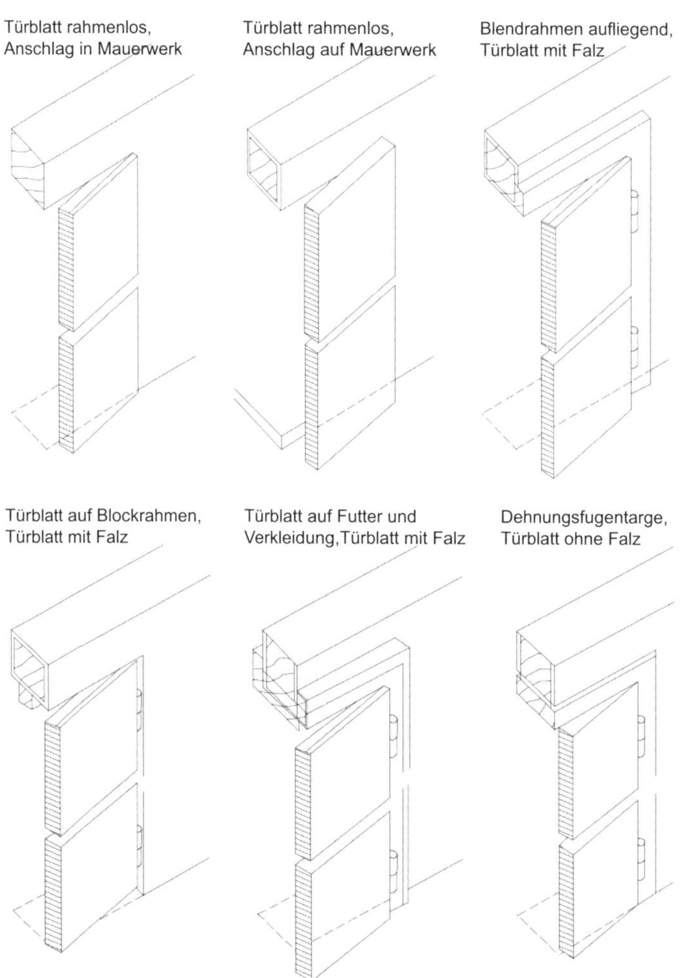

Bild 6.38 Übersicht der Arten von Holzzargen [26]

Türen mit Metallzargen

Alternativ zu Zargen aus Holz und Holzwerkstoffen können Metallzargen (Bild 6.39) verwendet werden, die in vielseitigen Typen vorzufinden sind. Diese sind abhängig von der Wandart, da verschiedene Anforderungen an die Verankerung, den Einbau und die Konstruktion gestellt werden.

Für die Auswahl der Metallzargen gelten folgende Kriterien:

- Unempfindlichkeit gegen mechanische Beanspruchung und Temperatureinflüsse,
- Drehrichtung der Tür,
- Einbau im Rohbau oder im Nachhinein als fertiges Ausbauelement,
- Verankerung mit der Wandart,
- Tragfähigkeit und Stabilität auch bei hohen raumhohen Türen,
- ausreichende Dichtigkeit,
- dauerhafter Korrosionsschutz,

- besondere Funktionen für gefährdete Bereiche,
- preiswerte Herstellungskosten [28].

Für den Einbau in Mauerwerk eignen sich Standard-Mauerwerkszargen nach DIN 18 111, die aus einem 1,5 mm bis 2,0 mm starken feuerverzinkten Feinblech mit Grundlackierung bestehen. Sie sind in der Lage, Türblätter mit einem Gewicht bis 60 kg aufzunehmen und in DIN-links sowie DIN-rechts ausführbar. Die Standard-Stahlzargen unterscheiden sich in Umfassungszargen und Eckzargen. Umfassungszargen decken die Wandleibungen vollständig ab und werden bei Wanddicken ≤ 27 cm eingesetzt. Eckzargen dagegen werden bei Wanddicken ≥ 30 cm verwendet und nur auf eine Seite der Wandöffnung befestigt, sodass die Wandleibung überwiegend frei bleibt.

Im Vergleich beider Zargenarten wird die Umfassungszarge aufgrund ihrer höheren Stabilität bevorzugt [28]. Die Standard-Zargen können ein- oder mehrteilig sein, wovon der Zeitpunkt der Montage abhängt. Einteilige Standard-Zargen werden im Rohbau, zwei- oder dreiteilige oberflächenfertige Zargen erst bei Fertigstellung der Ausbauarbeiten eingebaut. Je nach Konstruktionsart und Einsatzbereich stehen verschiedene Ankerformen für die Befestigung zur Verfügung. Sie gehören entweder zum Lieferumfang des Herstellers oder sind bereits vom Werk aus angeschweißt. Ab einer Zargenbreite von 100 cm wird eine zusätzliche Verankerung des Querprofils am Sturz vorgeschlagen [28]. Nachfolgend werden Vertikal- und Horizontalschnitte von Standard-Stahlzargen dargestellt.

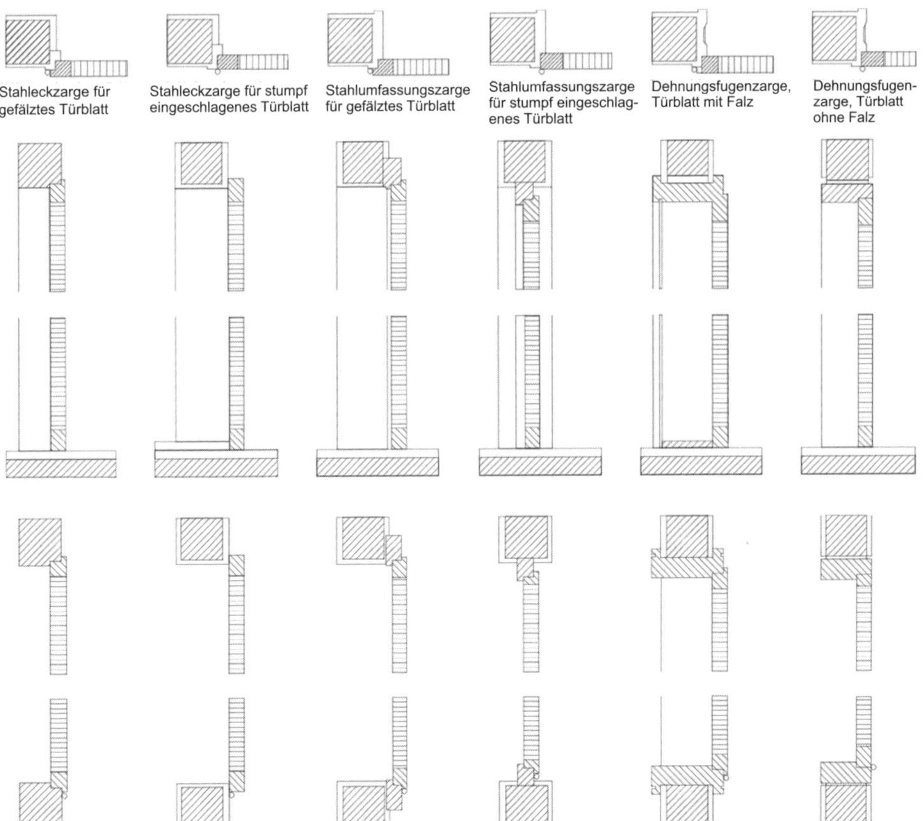

Bild 6.39 Übersicht der Arten von Stahlzargen im Vertikal- und Horizontalschnitt [26]

6.2.5 Türblattkonstruktionen

Der bewegliche Teil einer Türkonstruktion wird Türblatt genannt und unterteilt sich vereinfacht in die zwei Grundtypen glatte Türen und Rahmentüren. Die verschiedenen Konstruktionsvarianten haben sich von einfachen Latten- und Brettertüren entwickelt (Bild 6.40). Das Türblatt besteht im Einzelnen aus einem inneren Holz- oder Metallrahmen sowie einer äußeren Beschichtung. Die Herstellung der Türen erfolgt heute ausschließlich industriell in einer Serienproduktion. Der Einbau vor Ort wird von einem Bauschreiner vorgenommen [26].

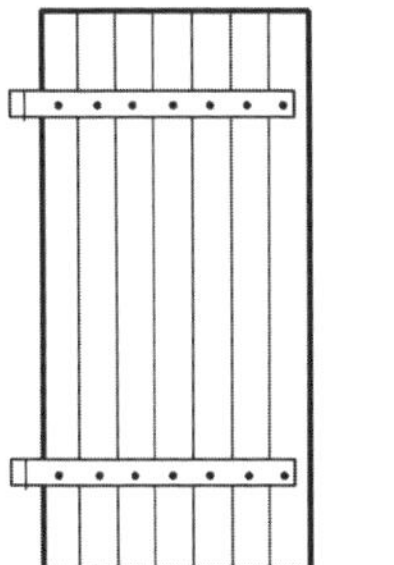

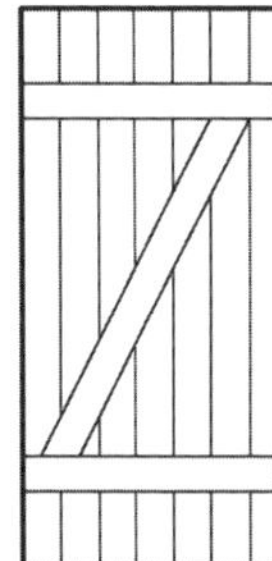

Bild 6.40 Latten- oder Brettertür [28]

Im gehobenen Innenausbau müssen die umlaufenden Rahmenfriese mit Vollholzleimern (Ein- oder Anleimer) oder Beschichtungen (Furniere, Kunststoffe oder Schichtstoffplatten) hergestellt werden. Die Kantenausbildung sollte in Abhängigkeit mit dem Türtyp und dem Einsatzort der Tür ausgewählt werden [28]. Bild 6.41 zeigt beispielhaft die üblichen Kanten- und Falzausbildungen bei Sperrtüren.

Sperrtür

Die Sperrtürblätter (Bild 6.42) zählen zu den am häufigsten verwendeten Türkonstruktionen. Sie bestehen aus einer glatten Oberfläche mit einem verdeckten Rahmen, Einlage und Deckplatten mit einer sichtbaren Decklage. Diese kann aus Schichtpressstoffplatten, Holzfurnieren oder Folien bestehen und auch lackiert werden. Der Rahmen sowie die Deckplatte (bestehend aus der beidseitigen Beplankung des Rahmens) kann aus Holz, Metall oder Kunststoff ausgebildet werden. Die Hohlraumfüllung ist abhängig von den bauphysikalischen Anforderungen und somit je nach Verwendungszweck als Innen-, Außen-, Schallschutz-, Rauch- und Feuerschutztür mit unterschiedlichen Materialien gefüllt [26].

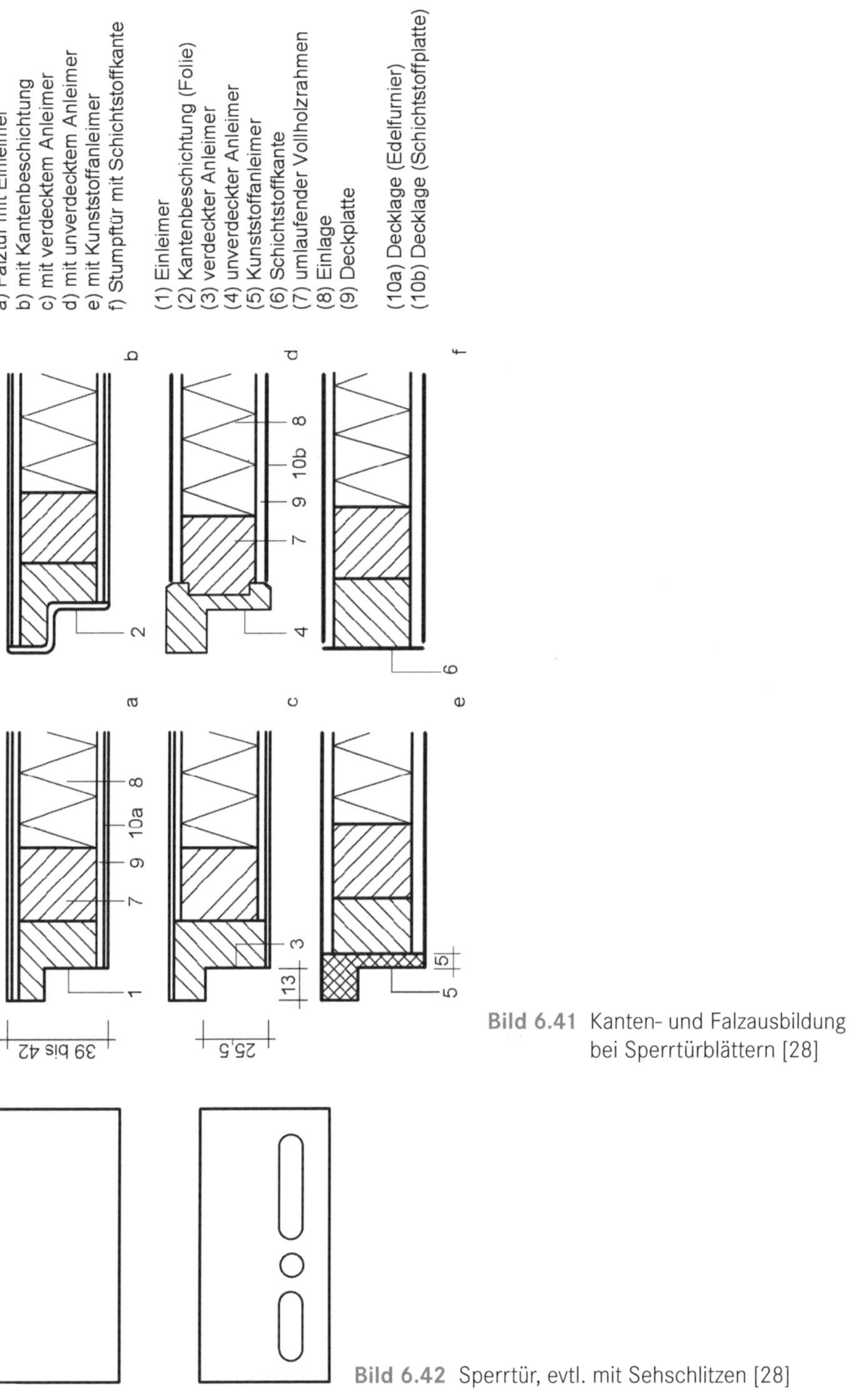

Bild 6.41 Kanten- und Falzausbildung bei Sperrtürblättern [28]

Bild 6.42 Sperrtür, evtl. mit Sehschlitzen [28]

Rahmentür

Eine Rahmentür besteht aus einem umlaufenden Rahmen aus Holz oder Metall (Bild 6.43). Als Füllung können unterschiedliche Materialien wie z. B. Holz, Holzwerkstoffe und Glas eingesetzt werden [26]. Die Holzfüllungen werden eingenutet oder eingeleistet. Glasfüllungen dagegen werden in vorgesehene Fälze eingelegt und durch befestigte Glashalter in der Lage gesichert. Durch den Einbau von Sprossen kann die Füllung kleinteiliger gestaltet werden (Sprossentür) [17].

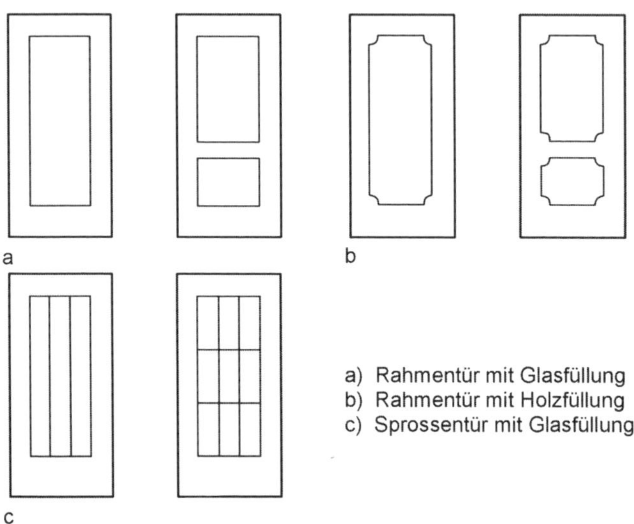

Bild 6.43 Rahmen- und Sprossentüren [28]

Ganzglastür

Ganzglastüren (Bild 6.44) werden in unterschiedlichen Gestaltungsvarianten angeboten. Die rahmenlosen Türblätter bestehen aus 8 bzw. 10 mm dickem Einscheibensicherheitsglas und sind ohne große Spannungen einzubauen. Es ist auf die Anordnung einer Trennschicht, z. B. aus Neopren, zwischen Glas, Klemmrahmen, Mauerfuge und Beschläge zu achten. Ganzglastüren setzen eine genaue Planung voraus, da eine Bearbeitung auf der Baustelle nicht mehr möglich ist [26]. Diese Konstruktionsmethode sorgt für den Einlass von Tageslicht und eine optische Vergrößerung der Räume. Zudem wird eine funktionale und gleichzeitig visuelle Verbindung zwischen den Räumen geschaffen. Die Glaselemente können in unterschiedlichen Farben, Strukturen und Dekoren hergestellt werden [16].

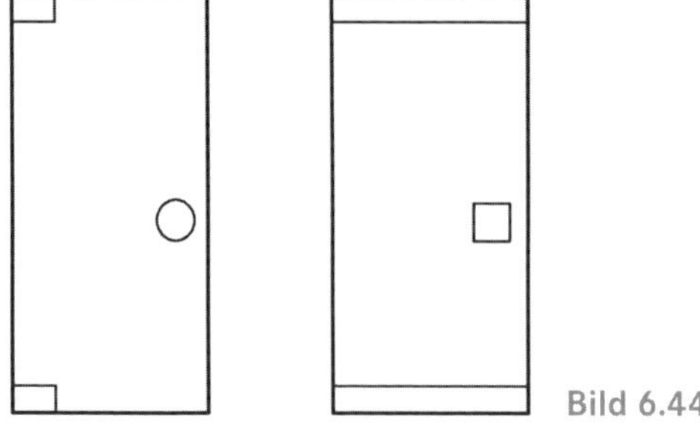

Bild 6.44 Ganzglastür [28]

Tapetentür

Bei einer Tapetentür (Bild 6.45) bildet das Türblatt mit der Zarge eine flächenbündige Einheit. Die Scharniere und Bänder sind zudem in der Wand integriert [27]. Dies führt zu einer geradezu unsichtbaren Tür und ermöglicht eine sehr dezente und filigrane Alternative [18].

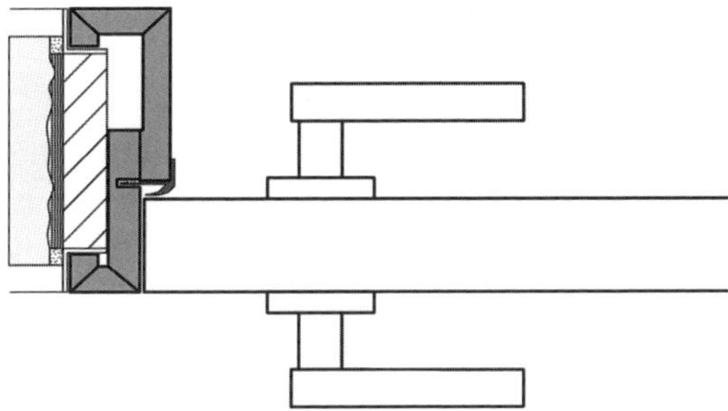

Bild 6.45 Tapetentür [2]

Türoberflächen

Die Türoberflächen werden je nach technischen Anforderungen oder aus optischen Gründen mit Beschichtungssystemen versehen. Es können folgenden Beschichtungsarten zum Einsatz kommen:

- deckend durch Lackieren oder Schleiflack,
- nicht deckend durch Lasieren oder Furnieren mit unterschiedlichen Hölzern,
- Schichtstoffe,
- Sonderbeschichtungen,
- Schutzüberzüge aus Ölen durch Wachsen, Lasieren, Mattieren oder Polieren,
- Beizen zur Farbgebung.

Es ist zu beachten, dass durch das Beizen die Oberfläche nicht geschützt wird. Lasuren dagegen färben durch nicht deckende Pigmente und schützen die Oberfläche gleichzeitig. Die Vorbereitung des Untergrundes (Putzen und Schleifen) hat einen großen Einfluss auf die Qualität der Endoberfläche. Furniere können mit verschiedenen Musterungen hergestellt werden. Es werden Messer-, Säge- und Schälfurniere mit Dicken von 0,5 bis 0,9 mm unterschieden. Zur Veränderung des Holztones können die furnierten Oberflächen nach dem Beizen eine Lackierung erhalten. Die Schichtstoffe bestehen aus Zellulose, Phenol und Melaminharzen (HPL). Die Schichten werden bei großer Hitze und hohem Druck fest mit dem Trägermaterial verbunden. Die dabei entstehende porenfreie und geschlossene Oberfläche bietet gute Reinigungsmöglichkeiten und wird deshalb in Hygienebereichen (Krankenhäuser und Lebensmittelproduktion) empfohlen. Außerdem besitzt die Oberfläche eine hohe Kratz-, Stoß- und Abriebfestigkeit. Als Gestaltungsmöglichkeiten können Uni-Dekore, fototechnisch hergestellte Reproduktionen oder Sondereffektoberflächen verwendet werden [26].

6.2.6 Türbeschläge

Beschläge sorgen für die Beweglichkeit der Tür, verbinden das Türblatt mit der Zarge und ermöglichen somit das Öffnen und Schließen des Türflügels. Um diese Funktionen zu erfüllen, werden verschiedene Beschläge wie Drehbeschläge (Bänder), Schließbeschläge (Schlösser, Türgarnituren) und [26] weitere Zubehörteile wie Türschließer bzw. Türöffner benötigt [8].

Türbänder

Türbänder sind zum einen für die Drehbewegung des Türblattes, zum anderen für die Abtragung des Türblattgewichtes an der Zarge zuständig (Bild 6.46). Die Wahl der Türbänder erfolgt je nach Türwerkstoff, Türgewicht und je nach Anschlagart. Im Folgenden werden die einzelnen Bänder unterschieden und beschrieben.

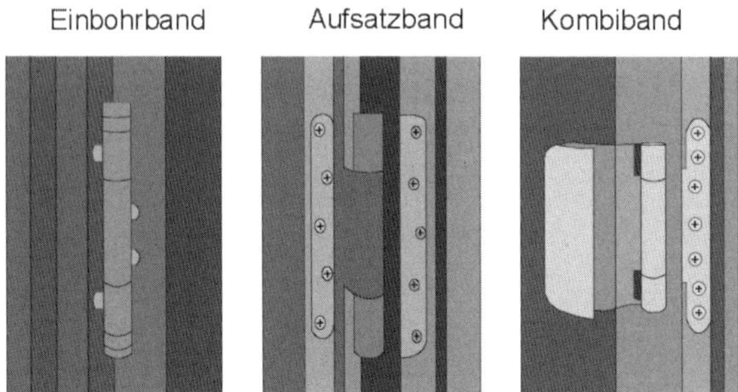

Bild 6.46 Beispiele von Türbändern (Eigene Darstellung i. A. a. [26])

- Konstruktionsbänder

  Konstruktionsbänder werden eingesetzt, wenn schwere Türflügel zu montieren sind oder das einfache Ausheben der Tür vermieden werden soll. Der Ein- und Ausbau wird mit einem Dorn ermöglicht, der nach Ausrichtung des Türflügels in der Zarge von oben eingeführt und von unten mit einem Stift verschlossen wird. Die Kraftübertragung sowie die Verringerung der Reibung zwischen den Bandteilen in den zwei- oder dreiteiligen Bewegungsbändern wird durch Zwischenringe aus Messing erzielt [25].

- Zapfenbänder

  Zapfenbänder werden durch den konischen Lagerzapfen sowie den Traghebel gekennzeichnet [25]. Der Traghebel hat die Aufgabe, die Lasten des Türflügels auf die Lager zu übertragen. Eingesetzt werden die Zapfenbänder in Kombination mit Bodentürschließern oder bei Konstruktionen mit einer weit vorgelegten Drehachse [7].

- Kantenbänder

  Die auch als Bandrollen bezeichneten Bänder bestehen aus einem Dorn und einer Rolle. Dabei wird der Dorn im unteren Teil der Rolle eingepresst und die entstehende Reibung mit einem Zwischenring verringert. Alternativ kann ein Banddorn mit einem mittigen Bund eingesetzt werden, der lose im unteren Teil der Bandrolle sitzt. Im Gegensatz zu Konstruktionsbändern muss hier der Türflügel beim Einsetzen angehoben, ausgerichtet und anschließend abgesenkt werden [25].

- Einstemmbänder

  Der Einbau von Einstemmbändern erfolgt bei überfälzten Türen durch einen Lappen mit oder ohne Stift [25]. Anders als bei den Einbohrbändern erfolgt die Befestigung an der Zarge durch schmale Ausfräsungen in den Lappen und nicht durch Eindrehen in vorgebohrte Löcher [5].
- Einbohrbänder

  Die Zapfen der Einbohrbänder werden in vorgebohrte Löcher eingesetzt und mit Bohrlehren ohne großen Aufwand exakt montiert. Beim Einsatz von Zapfen mit Gewinde erfolgt der Einbau in das Holz durch Eindrehen, während bei Zapfen ohne Gewinde zusätzliche Sicherungen durch Schrauben oder Stifte erforderlich sind. Sie können bei Links- sowie Rechts-Türen verwendet werden [25].
- Aufsatzbänder

  Diese Bänder weisen gerade oder gekröpfte Lappen auf und finden bei Türen mit einem Stumpfanschlag sowie bei überfälzten Türen Anwendung [25]. Sie werden sichtbar auf der Innenseite der Tür jeweils oben und unten mit Schrauben befestigt. Die Aufsatzbänder wurden von den Einstemm- und Einbohrband verdrängt und kommen nur noch bei Restaurierungen zum Einsatz [3].
- Kombibänder

  Kombibänder werden als Kombination aus Einstemm- und Einbohrbändern oder Einbohr- und Aufsatzbänder hergestellt. Es besteht die Möglichkeit, die Türen beim Öffnen zu heben oder den Luftspalt zu verstellen [25].

Türschlösser

Bei Innen- und Außentüren kommen genormte Einsteckschlösser zum Einsatz, die je nach Einsatzort unterschiedlich ausgebildet werden (Bild 6.47). Es werden Haustür-, Toilettentür-, Zimmertür-, Hoteltür-, Krankenhaustür- und Badezellenschlösser differenziert. Die Schlösser von Außentüren werden im Gegensatz zu Zimmertüren schwerer ausgebildet. Badezellen- und Toilettentürschlösser erhalten dagegen auf der Innenseite einen Knebel zur Verriegelung. Hotel- und Krankenhaustüren werden aufgrund des Schallschutzes mit besonderen Schlössern ausgestattet. Abhängig von der Sicherungsart werden Buntbart- und Besatzungsschlösser, Zuhaltungsschlösser, Schlösser für Schließzylinder (Prof-, Rund- oder Ovalzylinder) und Elektronikschlösser unterschieden. Aufgrund der geringen Sicherheit werden Buntbartschlösser ausschließlich für Zimmertüren verwendet. Dagegen bieten die anderen Schlösser die höchste Sicherheit und sind deshalb für Außentüren zugelassen. Anhand der Schlüsselform lässt sich die Bauart des Schlosses ableiten [25].

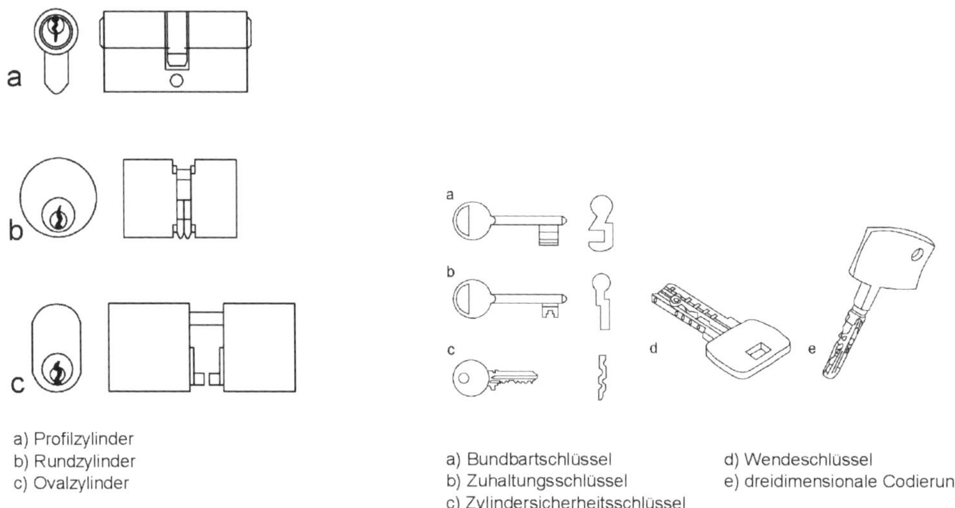

Bild 6.47 Schließzylindergehäuseformen und Schlüsselformen (Eigene Darstellung i. A. a. [26])

Türdrückergarnituren

Die Türdrückergarnituren (Bild 6.48) beinhalten zwei Drücker, einen Drückerstift, sowie die Türschilder oder Schlüsselrosetten. Ein Wechselstift wird bei Türen mit einseitigem Drücker, wie z. B. bei Wohnungseingangstüren, benötigt. Dieser wird auf dem Schlosskasten oder am Knopfschild zur Befestigung des Türdrückers auf der Innenseite eingebaut. Die Garnituren können aus den Werkstoffen Leichtmetall, Temperguss oder Grauguss, Messing, Edelstahl oder Kunststoff bestehen. Bei der Planung ist das Dornmaß (von Mitte Türdrücker bis Mitte Stulp) zu beachten. Dieses beträgt bei Zimmertüren 55 mm und bei Haustüren 65 mm. Zudem ist die Schlossentfernung (von Mitte Wechselstift bis Mitte Schlüsselloch) zu berücksichtigen, die bei Zimmertüren 72 mm und bei Haustüren 92 mm beträgt [25].

Türschließer

Durch Türschließer werden die Türen nach dem manuellen Öffnen automatisch durch Obertürschließer, Bodentürschließer oder Drehflügelantriebe geschlossen (Bild 6.49). Dabei wird die aufgebrachte Energie zum Öffnungsvorgang mechanisch in einer Feder gespeichert und bei der anschließenden Schließbewegung hydraulisch gedämpft wieder abgegeben. Der Dämpfungsgrad, die Schließkraft sowie weitere Funktionen können eingestellt werden. Das sichtbare Schließen mit Obertürschließer erfolgt mit Scherengestängen oder Gleitschienen. Bodentürschließer, die im Fußboden eingelassen sind, weisen eine höhere Tragkraft und eine bessere Verlässlichkeit auf. Für die Herstellung wird ein eingemörtelter, mit dem Rohfußboden fest verbundener Schutzkasten mit einer Höhe von ca. 40 - 65 mm benötigt. Drehflügelantriebe öffnen die Tür selbstständig durch das Auslösen eines Impulses von Tasten oder Sensoren. Die automatischen Türsysteme sind in der DIN 18 650 geregelt [26].

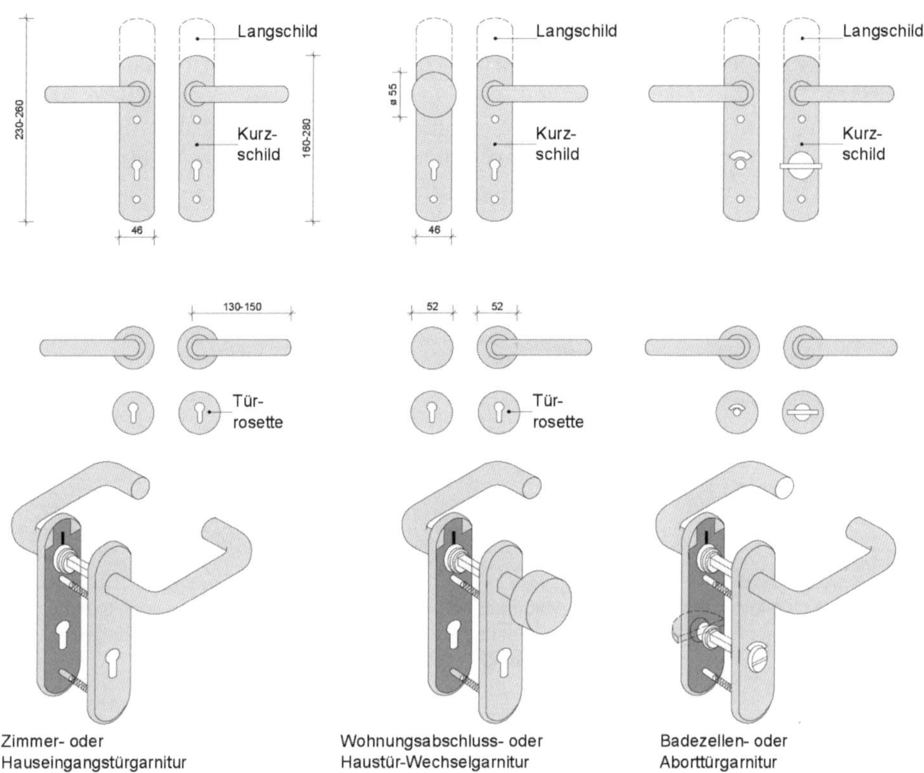

Bild 6.48 Garniturarten (Eigene Darstellung i. A. a. [28])

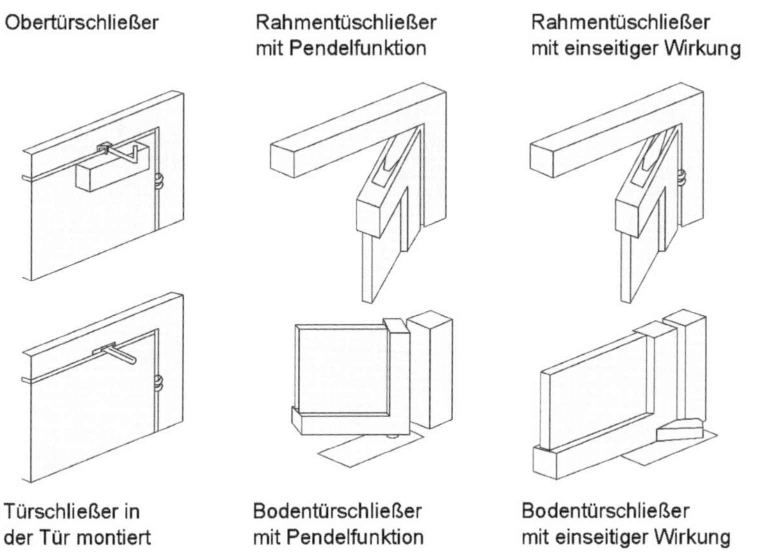

Bild 6.49 Türschließerarten (Eigene Darstellung i. A. a. [26])

Boden- und Türdichtungen

Die Dichtungen dienen insbesondere zur Erfüllung der Anforderungen an den Schall- und Rauchschutz. Sie können bei Außen- und Innentüren eingesetzt werden. In Bild 6.50 sind die verschiedenen Arten von Bodendichtungen und in Bild 6.51 von Türdichtungen aufgezeigt [26]. Bei den Türdichtungen handelt es sich um seitliche und obere Dichtungsprofile. Diese werden in einer Nut in der Rahmenkonstruktion geführt [26].

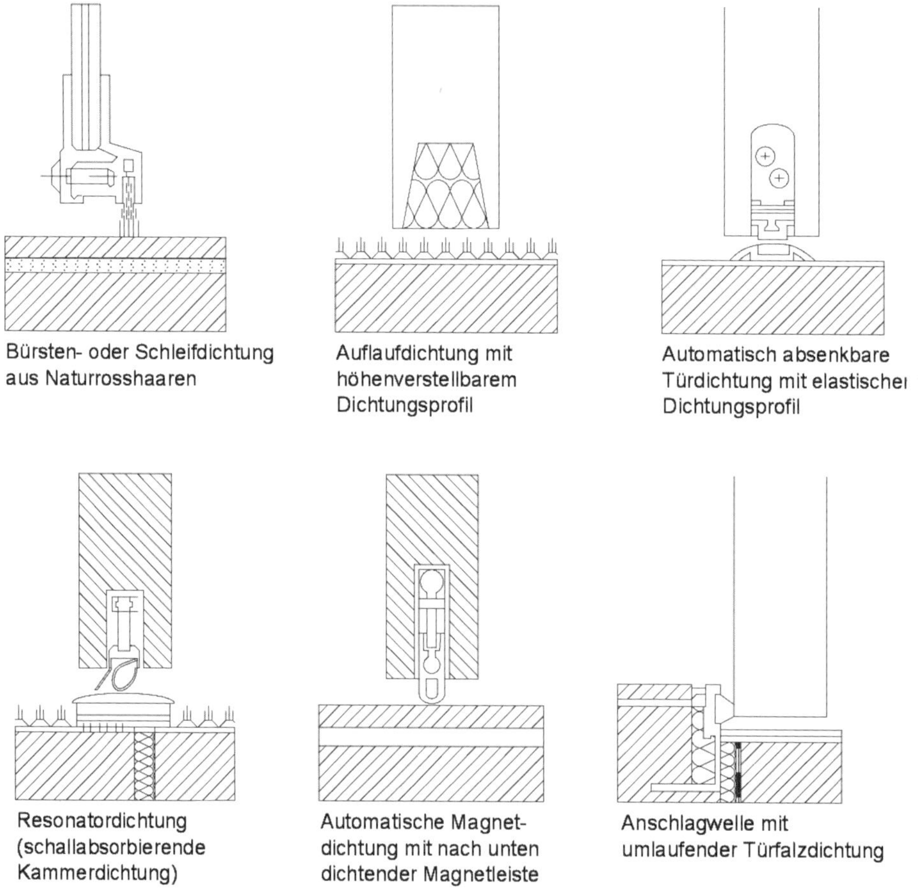

Bürsten- oder Schleifdichtung aus Naturrosshaaren

Auflaufdichtung mit höhenverstellbarem Dichtungsprofil

Automatisch absenkbare Türdichtung mit elastischer Dichtungsprofil

Resonatordichtung (schallabsorbierende Kammerdichtung)

Automatische Magnetdichtung mit nach unten dichtender Magnetleiste

Anschlagwelle mit umlaufender Türfalzdichtung

Bild 6.50 Arten von Bodendichtungen (Eigene Darstellung i. A. a. [26])

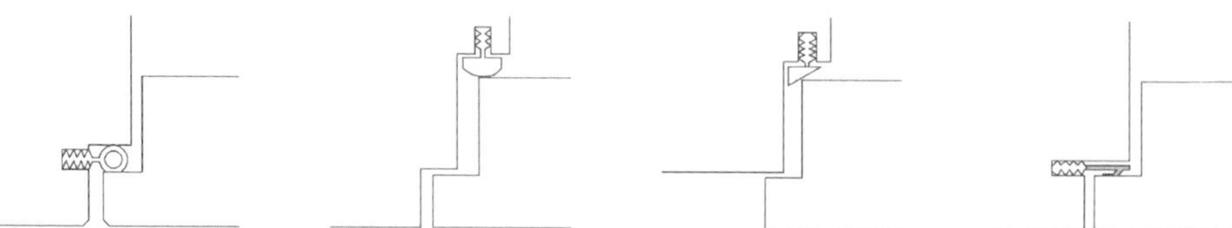

Bild 6.51 Arten von Türdichtungen (Eigene Darstellung i. A. a. [26])

Literaturverzeichnis

[1] aevum GmbH: Einbruchhemmende Türen. Online verfügbar unter *http://www.schutz-gegen-einbruch.de/din-normen/din-en-1627.html*, zuletzt geprüft am 04.01.2018.

[2] Architekturverzeichnis: Wandbündige Türensysteme. Online verfügbar unter *http://architekturverzeichnis.blogspot.de/2015/11/wandbundige-weilack-turen-ohne.html*, zuletzt geprüft am 04.01.2018.

[3] BauNetz Media GmbH: Aufschraubbänder. BauNetz Media GmbH. Online verfügbar unter *https://www.baunetzwissen.de/beschlaege/fachwissen/tuerbeschlaege/tuerbaender-150226?glossar=/glossar/a/aufschraubbaender-47349*, zuletzt geprüft am 05.01.2018.

[4] BauNetz Media GmbH: Beschlagsysteme für Fenster. BauNetz Media GmbH. Online verfügbar unter *https://www.baunetzwissen.de/beschlaege/fachwissen/fensterbeschlaege/beschlagsysteme-fuer-fenster-150192*, zuletzt geprüft am 11.01.2018.

[5] BauNetz Media GmbH: Einstemmbänder. BauNetz Media GmbH. Online verfügbar unter *https://www.baunetzwissen.de/beschlaege/fachwissen/tuerbeschlaege/tuerbaender-150226?glossar=/glossar/e/einstemmbaender-47293*, zuletzt geprüft am 05.01.2018.

[6] BauNetz Media GmbH: Holzfenster. BauNetz Media GmbH. Online verfügbar unter *https://www.baunetzwissen.de/fenster-und-tueren/fachwissen/materialien-werkstoffe/holzfenster-155301*, zuletzt geprüft am 12.01.2018.

[7] BauNetz Media GmbH: Zapfenbänder. BauNetz Media GmbH. Online verfügbar unter *https://www.baunetzwissen.de/beschlaege/fachwissen/tuerbeschlaege/tuerbaender-150226?glossar=/glossar/z/zapfenbaender-47307*, zuletzt geprüft am 05.01.2018.

[8] BauNetz Media GmbH (2018): Türbeschläge. BauNetz Media GmbH. Online verfügbar unter *https://www.baunetzwissen.de/glossar/t/tuerbeschlaege-47347*, zuletzt aktualisiert am 04.01.2018, zuletzt geprüft am 05.01.2018.

[9] BauNetz Media GmbH (2018): Drehflügelfenster. BauNetz Media GmbH. Online verfügbar unter *https://www.baunetzwissen.de/fenster-und-tueren/fachwissen/konstruktion-funktion/drehfluegelfenster-155155*, zuletzt aktualisiert am 09.01.2018, zuletzt geprüft am 10.01.2018.

[10] BauNetz Media GmbH (2018): Drehkippflügelfenster. BauNetz Media GmbH. Online verfügbar unter *https://www.baunetzwissen.de/fenster-und-tueren/fachwissen/konstruktion-funktion/drehkippfluegelfenster-155157*, zuletzt aktualisiert am 09.01.2018, zuletzt geprüft am 10.01.2018.

[11] BauNetz Media GmbH (2018): Kippflügelfenster. BauNetz Media GmbH. Online verfügbar unter *https://www.baunetzwissen.de/fenster-und-tueren/fachwissen/konstruktion-funktion/kippfluegelfenster-155159*, zuletzt aktualisiert am 09.01.2018, zuletzt geprüft am 10.01.2018.

[12] BauNetz Media GmbH (2018): Rahmenloses Parallelausstellfenster. BauNetz Media GmbH. Online verfügbar unter *https://www.baunetzwissen.de/glas/tipps/news-produkte/rahmenloses-parallelausstellfenster-4710597*, zuletzt aktualisiert am 09.01.2018, zuletzt geprüft am 10.01.2018.

[13] BauNetz Media GmbH (2018): Schiebefenster. BauNetz Media GmbH. Online verfügbar unter *https://www.baunetzwissen.de/fenster-und-tueren/fachwissen/konstruktion-funktion/schiebefenster-155153*, zuletzt aktualisiert am 09.01.2018, zuletzt geprüft am 10.01.2018.

[14] BauNetz Media GmbH (2018): Schwing-/Wendeflügelfenster. BauNetz Media GmbH. Online verfügbar unter *https://www.baunetzwissen.de/fenster-und-tueren/fachwissen/konstruktion-funktion/schwing-wendefluegelfenster-155151*, zuletzt aktualisiert am 09.01.2018, zuletzt geprüft am 10.01.2018.

[15] BauNetz Media GmbH (2018): Drehbeschläge. BauNetz Media GmbH. Online verfügbar unter *https://www.baunetzwissen.de/glossar/d/drehbeschlaege-47507*, zuletzt aktualisiert am 10.01.2018, zuletzt geprüft am 10.01.2018.

[16] Bauwiki: Ganzglastüren. Online verfügbar unter *https://www.bau-wiki.de/tuer-und-torwiki/tueren/ganzglastueren/*, zuletzt geprüft am 04.01.2018.

[17] Bauwiki: Rahmentüren. Online verfügbar unter *https://www.bau-wiki.de/tuer-und-torwiki/tueren/innentuer/rahmentueren/*, zuletzt geprüft am 04.01.2018.

[18] Delta Türsysteme: Tapetentüren. Online verfügbar unter *http://www.deltatueren.ch/glas/holzturen-auf-holzrahmen/blockfutterture-vistadoor/*, zuletzt geprüft am 04. 01. 2018.

[19] DIN 18545: Abdichten von Verglasungen mit Dichtstoffen – Anforderungen an Glasfalze und Verglasungen (2015).

[20] DIN 5034-1: Tageslicht in Innenräumen, Allgemeine Anforderungen (2011).

[21] DIN EN 13126-1: Baubeschläge – Beschläge für Fenster und Fenstertüren, Anforderungen und Prüfverfahren – Gemeinsame Anforderungen an alle Arten von Beschlägen (2012).

[22] DIN EN 1627: Türen, Fenster, Vorhangfassaden, Gitterelemente und Abschlüsse – Einbruchhemmung, Anforderungen und Klassifizierung; (2011).

[23] Fouad, Nabil A. (Hg.) (2013): Lehrbuch der Hochbaukonstruktionen. Wiesbaden: Springer Fachmedien Wiesbaden.

[24] Fouad, Nabil A.: Lehrbuch der Hochbaukonstruktionen (2013). 4. Auflage: Springer Vieweg (Lehrbuch).

[25] Gressmann, M.; Pahl, H. J.; Spaag, A.: Fenster-, Türen- und Fassadentechnik, Für Metallbauer und Holztechniker (2014): Europa Lehrmittel Verlag.

[26] Hochberg, Anette; Hafke, Jan-Henrik; Raab, Joachim; Reichel, Alexander (Hg.) (2010): Öffnen und Schliessen, Fenster, Türen, Tore, Loggien, Filter. Auflage1. Auflage. Basel: Birkhäuser (Scale, 1).

[27] Houzz: Tapetentür. Online verfügbar unter *https://www.houzz.de/ideabooks/75857421/list/was-ist-eigentlich-eine-tapetentuer*, zuletzt geprüft am 04. 01. 2018.

[28] Neumann, D.; Herstermann, U.; Rongen L.: Frick/Knöll Baukonstruktionslehre 2 (2008). 33. Auflage: Springer Vieweg (Praxis).

[29] Verband Fenster + Fassade (2014): Energetische Kennwerte von Fenstern und Außentüren.

[30] Verein Deutscher Ingenieure e. V. (1987): VDI 2719: Schalldämmung von Fenstern und deren Zusatzeinrichtungen.

7 Estrichkonstruktionen

Von Sedat Dökmetas und Ibrahim Ercan

Estriche dienen zur Erreichung einer vorgegebenen Höhenlage, Aufnahme eines Bodenbelages oder zur direkten Nutzung. Sie werden als dünne Schicht vor Ort auf einen tragenden Untergrund verlegt. Es werden ein- und mehrschichtige Aufbauten von Estrichen unterschieden, wobei bei letzteren die Herstellung in mehreren Schichten im Verbund („frisch in frisch") erfolgt. Werden spezielle Ansprüche an die Oberfläche (Nutzschicht) gestellt, die nicht für den gesamten Estrichquerschnitt gelten, werden mehrschichtige Estriche eingesetzt. Einschichtige Estriche dagegen werden in einem Arbeitsgang in der vorgegebenen Dicke hergestellt [9]. Estriche unterliegen unterschiedlichen Anforderungen wie beispielsweise Ebenheit, Gefälle, Begehbarkeit, Verschleißwiderstand, Wärme- und Schallschutz. Die verschiedenen Estrich- und Verlegearten werden in der DIN EN 13 318 „Estrichmörtel und Estriche – Begriffe" sowie in der DIN 18 5860 „Estriche im Bauwesen" in den Teilen 1 bis 4 geregelt [10].

7.1 Estricharten

Die Herstellung von Estrichen basiert auf verschiedenen Bindemitteln, wodurch eine Unterscheidung der Estriche erfolgt. Die Bindemittel bilden mit der Gesteinskörnung und eventuell weiteren beigefügten Stoffen die Estrichmatrix und sorgen für den Aufbau der Festigkeit [13]. Die DIN EN 13 318 unterscheidet dabei i. V. mit DIN 18 560-1 folgende Estricharten:

- Zementestrich (CT),
- Calciumsulfatestrich (CA),
- Gussasphaltestrich (AS),
- Magnesiaestrich (MA),
- Kunstharzestrich (SR) [7].

Durch den steigenden Termindruck auf der Baustelle werden zunehmend kürzere Abbinde- und Trocknungszeiten von Estrichen gefordert. Im Gegensatz zu konventionellen Zement- und Calciumsulfatestrichen, die eine Belagsreife nach drei bis vier Wochen aufweisen, können diese Arbeiten bei Schnellestrichen bereits nach wenigen Tagen erfolgen. Die Zusammensetzung dieser Estriche erfolgt mit sehr unterschiedlichen Bindemittel-Mischungen, die nach der DIN 18 560 sowohl nicht genormt sind als auch keiner bauaufsichtlichen Überwachung unterliegen. Wesentlichen Einfluss auf die schnellerhärtende Eigenschaft haben die Bindemittel-Mischung und die Einbindung des Zugabewassers.

Dabei werden folgende Gruppen unterschieden:

- Typ I: Die Zusammensetzung des Bindemittels besteht aus Tonerdeschmelzzement (TSZ) und Portlandzement (CEM I). Diese Schnellestriche weisen eine hohe Frühfestigkeit und eine langsame Trocknung auf. Sie können im Innen- und Außenbereich eingesetzt werden.
- Typ II: Die Zusammensetzung des Bindemittels besteht aus Tonerdeschmelzzement (TSZ) und Calciumsulfat. Diese Schnellestriche weisen eine hohe Frühfestigkeit und eine schnelle Trocknung auf, wodurch je nach klimatischen Bedingungen eine Belegreife bereits nach 24 Stunden erreicht werden kann. Sie sind lediglich für den dauerhaft trockenen Innenbereich geeignet.

Die Herstellung von Schnellestrichen auf der Baustelle erfolgt analog zu den konventionellen Estrichen unter der Berücksichtigung der Verarbeitungszeit des fertigen Mörtels, inklusive der Oberflächenbehandlung von ca. 30 Minuten. Schnellestriche können bereits nach drei Stunden begangen und als Verbundestrich, Estrich auf Trennschicht sowie als schwimmend verlegter Estrich hergestellt werden. Außerdem eignen sich Schnellestriche als Heizestrich und zur Sanierung und Reparatur von beschädigten Estrichflächen. Die Ermittlung der Restfeuchte mittels CM-Messung ist vor dem Verlegen des Bodenbelages durchzuführen [10]. Eine schnellere Belegreife wird durch den Einsatz von schnell erhärtenden Zementen oder durch Zugabe von Zusätzen sowie durch die Verringerung des Zugabewassers im Estrichmörtel erreicht. Die schnellerhärtende Eigenschaft führt jedoch zu einem hohen Zeitdruck für den Estrichleger. Unter der Berücksichtigung der arbeitstechnischen Aspekte werden deshalb Schnellestriche nur für kleinteilige Flächen und geringe Estrichdicken empfohlen. Außerdem sollten Schnellestriche nur dann eingesetzt werden, wenn die Beläge tatsächlich kurz nach der Estrichherstellung eingebaut werden [12].

Eine weitere Sonderform von Estrichen stellen die Fließestriche dar, die aufgrund ihrer fließfähigen Eigenschaft selbstnivellierend sind bzw. einen geringen Verteilungs- und Verdichtungsaufwand erfordern. Sie können als Zementfließestrich (CTF) und Calciumsulfatfließestrich (CAF) hergestellt werden. Gefordert wird bei Fließestrichen eine sehr hohe Gleichmäßigkeit für die Qualität und Zusammensetzung der beigemischten Gesteinskörnungen. Üblich sind Korngemische mit einem Größtkorn von 4 mm bis 8 mm. Bei der Planung muss die langsamere Erhärtung aufgrund des dichten Gefüges berücksichtigt werden. Zudem ist der frisch eingebaute Estrich gegen Zugluft und starke Sonneneinstrahlung zu schützen. Folgegewerke können die Oberfläche nach sieben Tagen teilweise belasten [12].

7.1.1 Zementestrich (CT)

Zement als Bindemittel bietet den Vorteil, dass er explizit genormt ist und somit, im Gegensatz zu nicht genormten Bindemitteln, eine geeignete Qualität sicherstellt. Es werden hauptsächlich Portlandzemente (CEM I) und Portlandkompositzemente (CEM II) bei der Herstellung von Zementestrichmörteln verwendet. Die Mischungsberechnung der Estrichrezeptur wird stark von den Dichten der Zemente beeinflusst und variiert je nach Produkt zwischen 2,9 kg/dm^3 und 3,2 kg/dm^3 und bei Sackzementen zwischen 0,9 kg/dm^3 und 1,2 kg/dm^3. Empfohlen wird aufgrund der vollständigen chemischen und physikalischen Bindung des vorhandenen Wassers ein Wasserzementwert (w/z-Wert) von 0,40. Bei w/z-Werten über 0,40 kann das Wasser nicht ganz gebunden werden und verbleibt somit in der Mischung zurück. Dies führt beim Erhärtungsprozess zur Trocknung des Überschusswassers und somit zu Hohlräumen im Estrich. Dadurch wird die Rohdichte im Zementstein reduziert, was nicht zielführend ist.

Zementestriche bestehen aus Sand bzw. Kies, Zement, Wasser und eventuell aus Zusatzmitteln. Sie können vor Ort auf der Baustelle gemischt oder als Fertigmörtel geliefert werden [13]. Die Verarbeitung ist unmittelbar nach dem Mischvorgang auf der Baustelle bzw. nach der Anlieferung des Fertigmörtels vorzunehmen. Die Einbringtemperatur des Estrichs darf 5 °C nicht unterschreiten. Zudem sollte die Temperatur des Estrichs mindestens drei Tage mehr als 5 °C betragen [3]. Gefördert werden die Estriche mit Hilfe einer druckluftbetriebenen Pumpe. Werden die Estriche im Außenbereich eingesetzt, sollten die Anforderungen der DIN 1045-1 für die Beanspruchung durch Taumittel berücksichtigt werden [13]. In Abhängigkeit von der Temperatur und dem Baustellenklima können eine Begehung des Zementestrichs nach ca. drei Tagen und eine Belastung nach ca. 10 Tagen erfolgen.

Tabelle 7.1 Nutzungsbeginn und Belegreife von Zementestrichen [12]

Tätigkeit	Nutzungsbeginn
Begehbar nach	ca. 2 bis 3 Tagen
Belastbar nach	ca. 10 Tagen[a)]
Belegbar nach	ca. 28 Tagen[b)]
Belegreif für beheizte Estriche mit elastischen und textilen Bodenbelägen, Laminat, Parkett und Holzpflaster	≤ 1,8 [M.-%] Feuchte des Estrichs[c)]
Belegreif für keramische Beläge auf beheizten oder unbeheizten Estrichen	≤ 2,0 [M.-%] Feuchte des Estrichs[c)]
Belegreif für unbeheizte Estriche mit elastischen und textilen Bodenbelägen, Laminat, Parkett und Holzpflaster	≤ 2,0 [M.-%] Feuchte des Estrichs[c)]
Belegreif für dampfdurchlässige textile Beläge bzw. Fliesen/Naturstein/Betonwerkstein im Dickbett, Estrich beheizt und unbeheizt	≤ 3,0 [M.-%] Feuchte des Estrichs[c)]

a) Bei Verwendung von Zement der Festigkeitsklasse CEM 42,5: ca. 7 Tage

b) Grober Anhaltswert. Gilt für Estrichdicken bis 50 mm; bei dickeren Estrichen mindestens ca. 5 Tage/cm Mehrdicke zurechnen. Zur Kontrolle Feuchtigkeitsmessung durchführen

c) Feuchtigkeitsgehalte gelten bei Messung mit CM-Gerät (Calciumcarbid-Methode)

Weiterhin ist zu beachten, dass der eingebaute Estrich wenigstens eine Woche vor Zugluft, Sonneneinstrahlung und Belastungen durch Gerüste und Baumaterialien zu schützen ist. Um eine zu schnelle Trocknung zu vermeiden, sind die Räume gegen Zugluft abzudichten und für den Erhalt einer gewissen Luftfeuchte geschlossen zu halten. Die Belegung der Zementestriche kann erst bei bestimmten Feuchten erfolgen, die in Tabelle 7.1 zusammengestellt sind [12]. Bei Zementestrichen muss ein Schwindmaß von ca. 0,4 bis 1,0 mm/m in der Planung berücksichtig werden [13].

7.1.2 Calciumsulfatestrich (CA)

Die Bindemittel von Calciumsulfatestrichen können aus Anhydrit oder Halbhydrat bestehen. Umgangssprachlich wird oft die Bezeichnung Anhydritestrich verwendet [1]. Calciumsulfatestriche bestehen aus Calciumsulfatbindern, Gesteinskörnungen, Wasser und Estrichzusatzmitteln [13]. Wie bei den Zementestrichen muss die Einbringung hier ebenfalls unmittelbar nach dem Mischvorgang bzw. nach der Anlieferung erfolgen. Bei nichtfließfähiger Konsistenz muss die Oberfläche abgerieben und bei Bedarf geglättet werden. Das Pudern oder Nässen der Oberfläche ist nicht zulässig. Die Temperatur bei der Verarbeitung darf hier ebenfalls 5 °C nicht unterschreiten und sollte wenigstens zwei Tage mindestens auf dieser Temperatur gehalten werden. Eine Begehung kann nach drei Tagen, eine höhere Belastung nach fünf Tagen erfolgen. Der eingebaute Estrich sollte mindestens zwei Tage vor schädlichen Einflüssen, wie z. B. Wärme, Schlagregen und Zugluft, geschützt werden. Zudem ist eine Behinderung der Trocknung sowie eine dauerhafte Feuchtigkeitsbeanspruchung durch geeignete Maßnahmen vom Planer zu vermeiden [3].

Aufgrund eines geringen Schwindmaßes von < 0,20 mm/m sind Scheinfugen im Regelfall nicht oder nur in einem geringen Umfang erforderlich. Da eine hohe Luftfeuchtigkeit oder Temperaturen über 30 °C für eine erhebliche Verlängerung der Erhärtung und Reduzierung der Tragfähigkeit sorgen, sind Calciumsulfatestriche lediglich für den trockenen Innenbereich und nicht für den feuchten Innenbereich oder Außenbereich zulässig. In der Praxis hat sich gezeigt, dass Feuchtigkeitswerte von ≥ 0,8 CM-% zu konkreten Schadensbildern führen. Aus diesem Grund sind die hersteller- und produktabhängigen Grenzwerte zwingend einzuhalten. Außerdem wird empfohlen, die Oberflächen vor einer Belagsverlegung zu grundieren und zu spachteln, um somit Schäden durch den hohen Wasseranteil der Dispersionsklebstoffe zu vermeiden. Da bei der Verlegung von großformatigen Platten die Klebstoffmörtelfeuchte aufgrund der geringen Fugenanteile langsamer ausdiffundieren kann, sind Grundierungen auf Reaktionsharzbasis und Verlegemörtel mit kristalliner Wasserbindung zu verwenden [13].

7.1.3 Magnesiaestrich (MA)

Magnesiaestrich -auch Sorelzement genannt - wurde 1867 vom französischem Chemiker Sorel entwickelt. Das Bindemittel besteht aus Magnesiumoxid, das durch das Brennen von Magnesiumcarbonat entsteht, und aus Magnesiumchlorid, das aus dem Salzbergbau und aus Meerwasser gewonnen wird. Durch diese Bindemittel wird eine besondere Zähigkeit sowie eine feste Verbindung mit unterschiedlichen Zuschlagsstoffen ermöglicht. Damals wurde Magnesiaestrich überwiegend als Verbundestrich auf Holzbalkendecken mit Zuschlagsstoffen aus Holzmehl oder Holzstücken eingesetzt (Steinholzestrich). Heute beschränkt sich der Einsatzbereich auf die Sanierung von Holzbalkendecken und auf die Herstellung von hochfesten Industrieestrichen im nicht feuchtebelasteten Industrie- und Gewerbebau [13].

Das Mischungsverhältnis bei der Herstellung von Magnesiaestrichmörtel sollte von wasserfreiem Magnesiumchlorid im Verhältnis zu Magnesiumoxid zwischen 1:2 und 1:3,5 Masseanteilen betragen. Der Mörtel ist unverzüglich nach dem Mischvorgang einzubauen und die Oberfläche bei Bedarf abzureiben und zu glätten. Die Temperatur bei der Verarbeitung darf die 5 °C-Grenze nicht unterschreiten und sollte wenigstens zwei Tage mindestens auf 5 °C gehalten werden. Eine Begehung des Magnesiaestrichs kann nach zwei Tagen und eine Belastung nach fünf Tagen erfolgen. Wie beim Calciumsulfatestrich ist auch hier der der eingebaute Estrich mindestens zwei Tage vor schädlichen Einflüssen, wie z. B. Wärme, Schlagregen und Zugluft, zu schützen und eine Behinderung der Trocknung sowie eine dauerhafte Feuchtigkeitsbeanspruchung durch geeignete Maßnahmen, z. B. Anordnung einer Dampfsperre, zu vermeiden [3]. Die auftretenden Schwindspannungen und Schwindrisse sind sehr minimal und somit die Ansprüche an den Untergrund gering. Bei auftretenden Schwindrissen kann die Ursache normalerweise auf Misch- oder Materialfehler eingegrenzt werden. Der Einsatz in Bereichen mit Wassereinwirkung ist aufgrund der fehlenden Beständigkeit nicht zulässig [13].

7.1.4 Gussasphaltestrich (AS)

Gussasphaltestrich besteht aus einem hohlraumfreien, dichten Gefüge aus Füllern (Steinmehl, Sand und Splitt) und Bitumen als Bindemittel. Das Korngerüst besteht zu ca. 30 M.-% aus Kalkstein- oder Quarzsandfüller, ca. 40 M.-% aus Natursand und ca. 30 M.-% aus Splitt. Der Durchmesser des Größtkorns variiert je nach Verwendung und Anforderung und beträgt bei:

- Innenräumen im Wohnungsbau: i. d. R. 5 mm,
- Büro und Gewerbebau: i. d. R. 8 mm,
- Industrienutzung und Parkdecks: i. d. R. 8 mm,
- bei besonders hohen Anforderungen: i. d. R. 11 mm.

Das Bitumen hat einen Anteil von 7 M.-% bis 10 M.-% am Gesamtgewicht. Beim Einsatz in Innenräumen wird Hochvakuumbitumen und bei Industrie und Parkdecks zusätzlich modifizierter Straßenbaubitumen eingesetzt. Die Eigenschaften werden mit dem Erweichungspunkt nach Ring und Kugel sowie mit der Härteklasse bestimmt [13]. Letzteres erfolgt mit der Eindringtiefe an einem Würfel nach den Bedingungen der DIN EN 12 697-20. Die Bezeichnung erfolgt mit I (Indentation = Eindringversuch), C (Cube = Würfel) und evtl. H (Heizestrich) sowie mit dem Maximalwert der Eindringtiefe in 0,1 mm [7]. Beispielsweise hat ein AS-IC10 eine Eindringtiefe von < 1 mm und ein AS-IC15 eine Eindringtiefe von $< 1{,}5$ mm.

Der Einbau erfordert einen hohen körperlichen Aufwand, da der Gussasphaltestrich nicht mit einer Pumpe gefördert werden kann. Es wird ein Schrägaufzug zur Förderung in das entsprechende Geschoss eingesetzt und anschließend mit Karren und Eimern zur Verarbeitungsstelle transportiert [13]. Die Masse wird dann von Hand oder mittels Maschinen bei einer Maximaltemperatur von 230 °C eingebracht. Gussasphalt hat den Vorteil, dass er nach zwei bis drei Stunden nach dem Abkühlen genutzt werden darf. Dabei darf der Abkühlungsprozess nicht beschleunigt werden. Weiterhin ist zu beachten, dass die Härteklasse ICH10 nicht unter +10 °C, IC10 nicht unter +5 °C und IC15 nicht unter 0 °C abkühlen darf [3]. Vor der Verlegung sollte die heiße Gussasphaltoberfläche für die Sicherstellung einer Verkrallung des Klebstoffs mit Quarzsand abgerieben und das Abkehren und Säubern der Oberfläche als Leistung im Folgegewerk ausgeschrieben werden [13].

7.1.5 Kunstharzestrich (SR)

Bei der Herstellung von Kunstharzestrichen werden ein- bzw. mehrkomponentige Kunstharze als Bindemittel, Gesteinskörnungen und oft Farbpigmente verwendet. Die Bindemittel können aus Epoxidharz (EP), Polyesterharz (UP), Polyurethanharz (PUR) oder Polymethylmethacrylatharz (PMMA) bestehen [9]. Kunstharzestriche benötigen für den Aushärtungsprozess kein Wasser und weisen normalerweise kurze Trockenzeiten und eine relativ geringe Rohdichte im erhärteten Zustand auf. Unter der Einhaltung von Temperaturen zwischen 15 °C und 25 °C kann eine Begehung nach acht bis zwölf Stunden, eine Belastung nach drei bis sieben Tagen erfolgen [13]. Die genauen Aushärtezeiten auf Basis von ein bzw. mehrkomponentigen Harzen sind jedoch wesentlich von der Ausführungs- und Aushärtungstemperatur, der Kunstharzart und dem Härtersystem abhängig. Der Kunstharzestrichmörtel muss unmittelbar nach dem Mischvorgang auf dem Untergrund verteilt und je nach Konsistenz verdichtet und abgezogen werden. Die Einbringtemperatur ist dabei vom Kunstharztyp abhängig, wohingegen die Luft- und Untergrundtemperatur wenigstens 3 K über der Taupunkttemperatur liegen müssen [3].

Das Schwindverhalten des verwendeten Systems ist bei schwimmender Verlegung oder bei Verlegung auf der Trennschicht zu beachten, da es je nach Produkt sehr unterschiedlich ausfallen kann. Faktoren wie Füllgrad, Sieblinie und Art des Harzes haben einen großen Einfluss auf das Schwindverhalten. Der Spannungsabbau erfolgt bei der Verlegung im Verbund teilweise durch innere Relaxation. Aufgrund der reizenden Wirkung der Bindemittel sollten bei der Verarbeitung entsprechende Schutzmaßnahmen wie z. B. Handschuhe, Hautpflegemittel und Schutzbrille getroffen werden. Weiterhin müssen bei Arbeiten mit Kunstharzestrichen die Arbeitsstättenverordnung, die Verarbeitungsrichtlinien und die Sicherheitsvorschriften der Hersteller beachtet und eingehalten werden [13].

7.2 Verlegearten

Für die Verlegung des Estrichs auf Untergründen können unterschiedliche Techniken angewandt werden, die sich wie folgt unterscheiden:

- schwimmende Estriche,
- Estriche auf Trennschicht,
- Estriche im Verbund [13].

7.2.1 Schwimmende Estriche

Durch die Beweglichkeit des Estrichs auf seinem Untergrund werden solche Estriche als „schwimmend" bezeichnet. Sie eignen sich für die Verlegung auf Dämmschichten (Bild 7.1) und bewirken damit eine Erhöhung des Wärme- und Trittschallschutzes. Bedingt durch die notwendige Beweglichkeit der Estrichplatten dürfen sie keinen direkten Kontakt zu angrenzenden Bauteilen aufweisen, da es sonst zu Spannungen und folglich zu Rissen kommt. Zur Entkopplung müssen Randbegrenzungen, wie z. B. Kunststoffstreifen, verwendet werden [13].

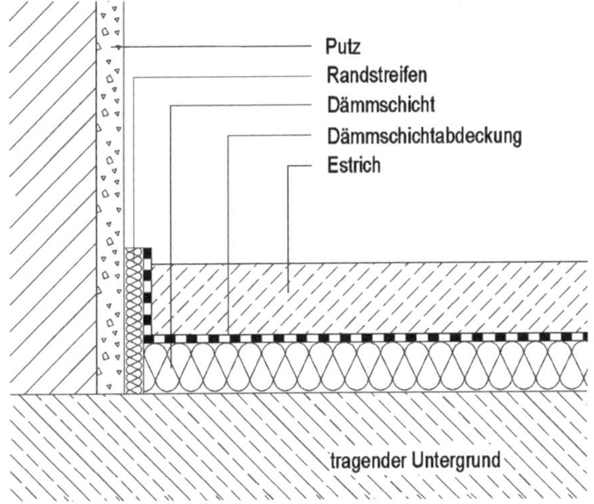

Bild 7.1 Wandanschluss einer Estrichplatte auf Dämmschicht (Eigene Darstellung i. A. a. [12])

Bei erdangrenzenden Estrichen wird zusätzlich eine Abdichtung unterhalb der Dämmschicht benötigt, damit die Feuchtigkeit aus dem Untergrund nicht in die Konstruktion gelangen kann. Um den Feuchteeintrag durch das Anmachwasser des Estrichs in die Dämmplatten zu verhindern, werden auch diese mittels Folie abgedeckt. Bei mehrlagigen Dämmplatten müssen steifere Platten oben angeordnet werden, außer es befinden sich Rohre auf dem Untergrund. Als schwimmender Estrich können alle Estricharten eingesetzt werden, die eine Mindestdicke von 30 mm besitzen. Weitere Hinweise zu den Mindestdicken für schwimmende Estriche werden in Abschnitt 7.3 aufgezeigt [13].

Heizestrich

Heizestriche sind hauptsächlich schwimmende Estriche auf einer Dämmschicht, die in ihrem Aufbau innerhalb oder unterhalb der lastverteilenden Schicht Heizelemente besitzen. Ihre Bedeutung hat in den letzten Jahren stark zugenommen. Die Heizelemente können entweder aus Warmwasserrohren oder Heizdrähten bestehen, die Temperaturen von 55 °C bis 65 °C besitzen [12]. Die Rohre liegen bei den meisten Systemen im Estrichquerschnitt, wohingegen die Heizdrähte unterhalb der Estrichplatte eingebracht werden. Gegenüber konventionellen Heizkörpern haben Fußbodenheizungen den Nachteil, dass sie bis zur Erwärmung des Raumes eine etwas längere Zeit benötigen. Bevor mit der Verlegung der Dämmplatten begonnen wird, müssen der Untergrund geprüft, notwendige Abdichtungen eingebaut und ein Nivellement angefertigt werden. Um die Rohre zu befestigen, verlegt der Heizungsbauer ein Gitter und befüllt während der Estrichverlegung die Rohre mit Wasser. So sind mögliche Leckagen frühzeitig bemerkbar [13]. Durch das warme Wasser in den Rohren und der damit verbundenen Längenänderung sind Randstreifen dicker (1 bis 1,5 cm) als bei schwimmenden Estrichen zu dimensionieren [13]. Die Bauarten für Heizestriche werden nach der Anordnung der Heizrohre unterschieden in:

- im Estrich über der Dämmschicht (Bild 7.2, Bauart A),
- in der Dämmschicht unter dem Estrich (Bild 7.2, Bauart B),
- über der Dämmschicht in einem Ausgleichestrich (Bild 7.2, Bauart C) [12].

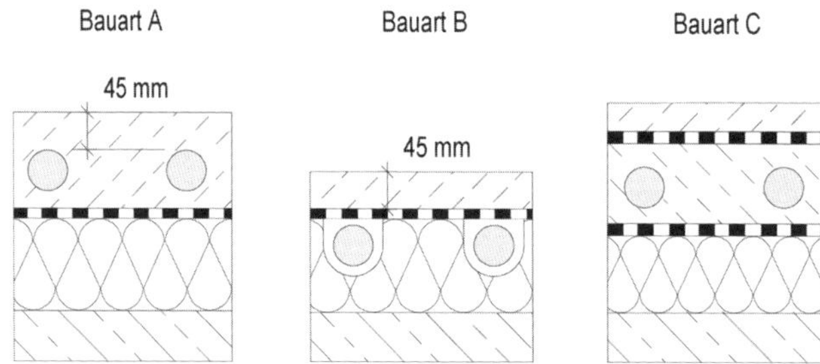

Bild 7.2 Bauarten von Heizestrichen (Eigene Darstellung i. A. a. [12])

Die erforderlichen Dicken für unbeheizte schwimmende Estriche sind aus Abschnitt 7.3 zu entnehmen. Bei beheizten Estrichen nach der Bauart A ist die Dicke um den größten äußeren Radius der Heizrohre zu erhöhen. Für die Bauarten B und C gelten die Werte für die Lastverteilungsplatten. Die Rohrüberdeckungen müssen bei konventionellen Estrichen der Biegezugfestigkeitsklasse F4 mindestens 45 mm betragen, während bei Fließestrichen derselben Biegezugfestigkeitsklasse F4 die Überdeckung um 5 mm reduziert werden kann. Bei Biegezugfestigkeitsklassen $\geq$ F5 kann bei Bauart A die Rohrüberdeckung auf 30 mm gesenkt werden, falls der erforderliche Nachweis erfüllt wird. Um schnellere Reaktionszeiten durch geringere Estrichdicken gewährleisten zu können, wurden Versuche mit speziellen Zusatzmitteln durchgeführt. Allerdings besteht dadurch eine höhere Gefahr der Rissbildung in Heizestrichen. Die Ausdehnung des Estrichs beim Aufheizen erfordert die Anordnung von Bewegungsfugen, die mindestens alle 8 m anzuordnen sind. Deshalb sind bereits bei der Planung Heizkreise und Estrichfelder aufeinander abzustimmen. Dabei dürfen Heizelemente die Bewegungsfugen nicht kreuzen.

Mögliche Bindemittel für Heizestriche sind Zement, Calciumsulfat oder Gussasphalt. Bei Letzterem ist die Verlegung mit Kupferrohren durchzuführen sowie unter Zugabe von speziellen Mitteln die Standfestigkeit zu erhöhen. Magnesiaestriche sollten dagegen aufgrund ihrer geringen Wärmeleitfähigkeit nicht als Heizestrich verlegt werden. Damit die maximale Ausdehnung des Estrichs erreicht und das überschüssige Anmachwasser ausgetrieben wird, muss vor der Verlegung des Bodenbelages der Heizestrich aufgeheizt (Belegreifheizen) werden. Dies ist sowohl im Sommer als auch im Winter durchzuführen und notwendig zur ersten Rissprüfung. Bei Zementestrichen erfolgt das Funktionsheizen nach 21 Tagen, bei Calciumsulfatestrichen nach frühestens sieben Tagen. Die Prüfung beinhaltet das Aufheizen auf eine Vorlauftemperatur von 25 °C, welche drei Tage lang beibehalten wird. Anschließend wird die maximale Temperatur für eine Zeitdauer von vier Tagen gehalten [13].

Bezeichnung

Die Bezeichnung von schwimmenden Estrichen erfolgt mit „Estrich“, der DIN-Hauptnummer, dem jeweiligen Kurzzeichen für die Estrichart, der Biegezugfestigkeits- bzw. Härteklasse nach DIN 13 813. Außerdem enthält die Benennung den Buchstaben „*S*“ für „schwimmend“ und die Nenndicke der Estrichschicht in mm. Bei Heizestrichen wird zusätzlich der Buchstabe „*H*“ sowie die Überdeckung der Heizelemente genannt [4].

Beispiele

- Schwimmend verlegter Calciumsulfatestrich mit einer Biegezugfestigkeit von 4 N/mm^2 (Klasse F 4) und einer Nenndicke von 30 mm:
  Estrich DIN 18 560 - CA - F 4 - S 30
- Schwimmend verlegter Zementestrich mit einer Biegezugfestigkeit von 6 N/mm^2 (Klasse F 6) und einer Nenndicke von 60 mm. Anwendung als Heizestrich mit einer Überdeckung der Heizelemente von 45 mm.
  Estrich DIN 18 560 - CT - F 6 - S 60 H 45

7.2.2 Verbundestriche

Estriche im Verbund (Bild 7.3) stellen Estriche dar, die fest mit dem Untergrund verbunden werden. Deshalb muss der Untergrund sorgfältig untersucht und mit Hilfe von Fräsen verarbeitet werden. Die in Betonplatten enthaltenen Stoffe zur Erhöhung der Fließfähigkeit reichern sich an der Oberfläche an und verhindern den Verbund mit den aufzubringenden Schichten. Auch bei wasserundurchlässigen Betonen können hydrophobierende Dichtungsmittel zum Einsatz kommen, die zu Haftungsproblemen führen. Nach Bearbeitung des Untergrundes müssen die Flächen mit Wasserhochdruck gereinigt und das schmutzige Abwasser abgesaugt werden. Nach Aufbringen einer Haftbrücke erfolgt das Verlegen des Estrichs, der auf diese Weise einen festen Haftverbund mit dem Untergrund bildet [13].

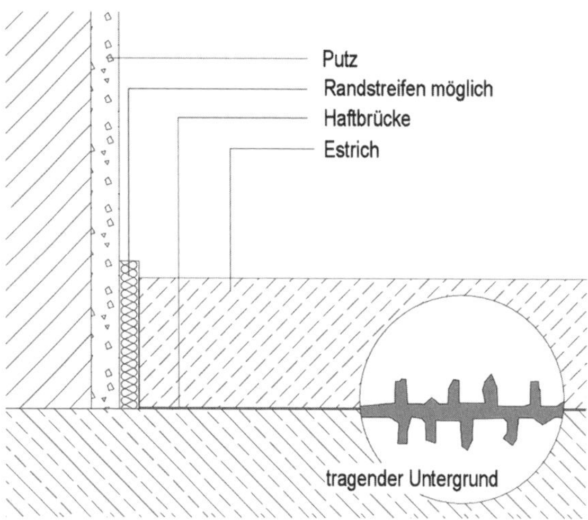

Bild 7.3 Verbundestrich (Eigene Darstellung i. A. a. [12])

Der Untergrund muss frei sein von:

- Rohren oder Kabeln,
- Verunreinigungen,
- losen Bestandteilen,
- Ausblühungen,
- Rissen,
- aufgefrorenen Stellen.

Bei Betonuntergründen dürfen Feinstanteile, Zusatz- oder Nachbehandlungsmittel einen Verbund nicht gefährden. Auch eine Planung von Fugen im Estrich sollte vermieden werden, wenn im Untergrund keine Fugen angeordnet worden sind. Werden jedoch vorhandene Fugen aus dem Untergrund nicht in den Estrich übernommen, so riskiert man Risse im Estrich, die allerdings die Gebrauchstauglichkeit nicht beeinträchtigen. Für die Ausbildung von Fugen werden Fugenprofile oder Fugenmassen empfohlen, die auf die Belastung abgestimmt sind. Verbundestriche werden bevorzugt aus Zementestrichen hergestellt, aber auch Magnesia-, Kunstharz- oder Gussasphaltestriche können eingesetzt werden [13].

Bezeichnung

Die Bezeichnung von Verbundestrichen erfolgt mit „Estrich“, der DIN-Hauptnummer, dem jeweiligen Kurzzeichen für die Estrichart, der Druck- und der Biegezugfestigkeits- bzw. Härteklasse nach DIN 13 813. Außerdem enthält die Benennung den Buchstaben „V“ für „Verbund“ und die Nenndicke der Estrichschicht in mm. Die Verschleißwiderstandsklassen nach DIN 13 813 sind bei unmittelbar genutzten Verbundestrichen wie folgt anzugeben:

- bei Zementestrichen: der Verschleißwiederstand nach Böhme (A),
- bei Kunstharzestrichen: der Verschleißwiderstand nach Rolling Wheel (RWA) oder BCA (AR),
- bei Magnesiaestrichen: die Oberflächenhärte (SH) [5].

Beispiele

- Im Verbund verlegter Zementestrich mit einer Biegezugfestigkeit von 6 N/mm² (Klasse F 6), einer Druckfestigkeit von 20 N/mm² (Klasse C 20) und einer Nenndicke von 30 mm. Die Abriebmenge beträgt 15 cm³/50 cm² (Verschleißwiderstandsklasse A 15 nach Böhme):

  Estrich DIN 18 560 – CT – C 20 – F 6 – A 15 – V 30

- Im Verbund verlegter Kunstharzestrich mit einer Biegezugfestigkeit von 11 N/mm² (Klasse F 11), einer Druckfestigkeit von 20 N/mm² (Klasse C 20) und einer Nenndicke von 10 mm. Die Abriebtiefe beträgt 200 µ (Verschleißwiderstandsklasse AR 2 nach BCA), die Schlagfestigkeitsklasse IR 20 und die Haftzugfestigkeit 1,5 N/mm² (Klasse B 1,5):

  Estrich DIN 18 560 – SR – C 20 – F 11 – AR 2 – IR 20 – B 1,5 – V 10

7.2.3 Estriche auf Trennschicht

Die Verlegung von Estrichen auf einer Trennschicht (Bild 7.4) erfolgt bei untergeordneten Räumen, die keine Anforderungen an den Wärme- und Trittschallschutz erfüllen müssen, oder falls der Haftverbund mit dem Untergrund nicht oder nur beschränkt möglich ist [12]. Der tragende Untergrund ist dabei durch eine mehrlagige Trennschicht getrennt und weist keine feste Verbindung zum Estrich auf, sodass Längenveränderungen des Estrichs möglich sind [13].

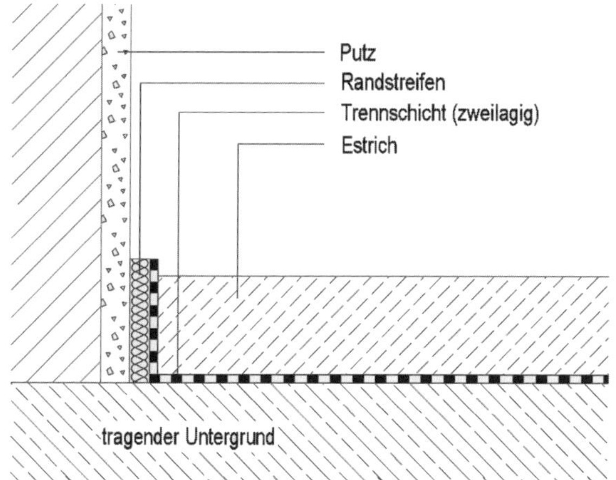

Bild 7.4 Estrich auf Trennschicht (Eigene Darstellung i. A. a. [12])

Die Trennschichten können aus PE-Folien (Mindestdicke 0,1 mm), Bitumenpapier (Mindestflächengewicht 100 g/m²), kunststoffbeschichtetem Papier (Mindestdicke 0,15 mm) oder Rohglasvlies (Mindestflächengewicht 50 g/m²) bestehen. Die Verlegung der Trennschicht muss glatt und frei von Falten erfolgen. Zuvor muss der Untergrund auf Ebenheit und Grate geprüft und bei Bedarf ausgeglichen werden, damit beim Schwindvorgang keine

Risse in der Konstruktion entstehen. Auch Estriche auf Trennschicht dürfen keinen Kontakt zu angrenzenden Bauteilen haben. Deshalb ist die Trennschicht im Randbereich hochzuführen, falls diese nicht als Trennschicht fungiert. Für die Fugenplanung ist der Einbau von Fugenprofilen oder Fugenmassen empfehlenswert. Bei der Verlegung als Trennschicht-Estrich haben sich Zement- oder Gussasphaltestriche durchgesetzt [13].

Bezeichnung

Die Bezeichnung von Estrichen auf Trennschicht erfolgt mit „Estrich", der DIN-Hauptnummer, dem jeweiligen Kurzzeichen für die Estrichart, der Biegezugfestigkeits- bzw. Härteklasse nach DIN 13 813. Außerdem enthält die Benennung den Buchstaben „*T*" für „Trennschicht" und die Nenndicke der Estrichschicht in mm. Die Verschleißwiderstandsklasse nach Böhme (A) bzw. Oberflächenhärte (SH) nach DIN 13 813 sind bei unmittelbar genutzten Verbundestrichen anzugeben [6].

Beispiele

- Auf Trennschicht verlegter Gussasphaltestrich der Härteklasse 15 (IC 15) und einer Nenndicke von 35 mm:

  Estrich DIN 18 560 – AS – IC 15 – T 35
- Auf Trennschicht verlegter Zementestrich mit einer Biegezugfestigkeit von 6 N/mm^2 (Klasse F 6), einer Abriebmenge von 6 cm^3/50 cm^2 (Verschleißwiderstandsklasse A 6 nach Böhme) und einer Nenndicke von 50 mm.

  Estrich DIN 18 560 – CT – F 6 – A 6 – T 50

7.3 Verkehrslasten und Nenndicken

Die Hauptursachen für Schäden an Fußbodenkonstruktionen liegen hauptsächlich in der Überschreitung der Tragfähigkeit, die auf die fehlerhafte Ausführung und Planung zurückzuführen ist. Für die Bemessung der benötigten Estrichdicke enthält die DIN 18 560 Lastangaben für den Fußboden als Einzellast, die auf die Höhe der Flächenlasten abgestimmt sind. Zu den wirkenden Lasten muss das Gewicht des Bodenbelages einbezogen werden [13]. Die Belastbarkeit der Estrichkonstruktionen ist abhängig von der Estrichdicke, der Druck- und Biegezugfestigkeit des Estrichs und der Belastbarkeit der weiteren Schichten, wie z. B. der Dämmung. Die Belastbarkeit hängt bei allen Verlegearten, außer bei Verbundestrichen, die alle Lasten an den Untergrund leiten, von der Estrichdicke ab.

Weitere wichtige Faktoren für die Tragfähigkeit sind die Druck- und Biegezugfestigkeit. Sie sind für Estriche auf Trennschicht und für schwimmende Estriche die bedeutendsten Faktoren. Mit zunehmender Dicke oder Druck- und Biegezugfestigkeit steigt die Belastbarkeit des Estrichs. Im Falle einer Erhöhung der Belastbarkeit einer Estrichkonstruktion sollte als erstes mit der Erhöhung der Dicke geplant werden, bevor die Festigkeit erhöht wird. Dies hat bei schwimmenden Estrichen den Vorteil, dass die auf den Estrich wirkenden Lasten unter einem Winkel von 45 Grad ihre Last auf die Dämmschicht ableiten und somit je Quadratmeter Dämmschichtfläche eine geringere Belastung entsteht. Darüber hinaus werden durch höhere Estrichdicken größere Steifigkeiten der Lastverteilungsplatte erzielt, während eine Festigkeitserhöhung höhere Verformungen nach sich ziehen und dadurch die Rissanfälligkeit erhöhen kann. Die Mindestnenndicke des Estrichs richtet sich nach der Verlegeart, dem eingesetzten Bindemittel sowie der Festigkeitsklasse [13].

7.3.1 Schwimmende Estriche

Die Estrichnenndicken (Tabelle 7.2) hängen von der Nutzlast bzw. der lotrechten Einzellast, der Estrichart sowie der Zusammendrückbarkeit der Dämmschicht C ab und sind nachstehend aufgelistet. Abweichende Nenndicken sind bei anderen Biegezugfestigkeitsklassen möglich, wohingegen eine Mindestdicke von 30 mm eingehalten werden muss. Bei Calciumsulfat-Fließestrichen muss die Nenndicke unter Stein- und keramischen Belägen ≥ 40 mm, bei allen anderen Estricharten ≥ 45 mm betragen. Bei höheren Lasten (> 5 kN/m^2) müssen die Dicken vom Planer festgelegt werden [4].

Tabelle 7.2 Nenndicken von Estrichen auf Dämmschichten [4]

Estrichart	Biegezugfestigkeitsklasse bzw. Härteklasse nach DIN EN 13 813	Estrichnenndicke[a)] in mm			
		Einzellast bzw. Flächenlast			
		≤ 2 kN/m^2 mit $C^{d)}$ ≤ 5 mm[c)]	≤ 2 kN bzw. ≤ 3 kN/m^2 mit C ≤ 5 mm[c)]	≤ 3 kN bzw. ≈ 4 kN/m^2 mit C ≤ 3 mm	≤ 4 kN bzw. ≈ 5 kN/m^2 mit C ≤ 3 mm
Calciumsulfat-Fließestrich (CAF)	F 4	≥ 35	≥ 50	≥ 60	≥ 65
	F 5	≥ 35	≥ 45	≥ 50	≥ 55
	F 7	≥ 35	≥ 40	≥ 45	≥ 50
Calciumsulfat-Estrich (CA)	F 4	≥ 45	≥ 65	≥ 70	≥ 75
	F 5	≥ 40	≥ 55	≥ 60	≥ 65
	F 7	≥ 35	≥ 50	≥ 55	≥ 60
Gussasphalt-Estrich (AS)	IC 10	≥ 25	≥ 30	≥ 30	≥ 35
	ICH 10	≥ 35	≥ 40	≥ 40	≥ 40
Kunstharz-Estrich (SR)	F 7	≥ 35	≥ 50	≥ 55	≥ 60
	F 10	≥ 30	≥ 40	≥ 45	≥ 50
Magnesia-Estrich (MA)	F 4[b)]	≥ 45	≥ 65	≥ 70	≥ 75
	F 5	≥ 40	≥ 55	≥ 60	≥ 65
	F 7	≥ 35	≥ 50	≥ 55	≥ 60
Zement-Estrich (CT)	F 4	≥ 45	≥ 65	≥ 70	≥ 75
	F 5	≥ 40	≥ 55	≥ 60	≥ 65

a) Bei Dämmschichten ≤ 40 mm kann bei Calciumsulfat-, Kunstharz-, Magnesia- und Zementestrichen die Estrichdicke um 5 mm reduziert werden.

b) Die Oberflächenhärte bei Steinholzestrichen muss mindestens SH 30 nach DIN EN 13813 entsprechen.

c) Bei Gussasphaltestrichen darf die Zusammendrückbarkeit der Dämmschichten nicht mehr als 3 mm betragen.

d) Bei höherer Zusammendrückbarkeit (≤ 10 mm) muss die Estrichnenndicke um 5 mm erhöht werden.

7.3.2 Verbundestriche

Während bei Gussasphaltestrichen die Estrichnenndicke 40 mm betragen sollte, liegt dieser Wert bei Estrichen mit anderen Bindemitteln bei 50 mm und sollte bei einschichtigem Estrich nicht überschritten werden. Die Estrichmindestdicke am höchsten Punkt des Untergrundes sollte mindestens das Dreifache des größten Korndurchmessers aufweisen [5].

7.3.3 Estriche auf Trennschicht

Die Estrichnenndicken (Tabelle 7.3) hängen von der Nutzlast bzw. lotrechten Einzellast und von der Estrichart ab und sind nachstehend aufgelistet. Abweichende Nenndicken sind bei anderen Biegezugfestigkeitsklassen möglich, wohingegen eine Mindestdicke von 30 mm, bei Gussasphaltestrichen 25 mm eingehalten werden muss. Bei höheren Lasten (> 5 kN/m²) müssen die Dicken vom Planer festgelegt werden [6].

Tabelle 7.3 Nenndicken von Estrichen auf Trennschicht [6]

Estrichart	Biegezugfestigkeits-klasse nach DIN EN 13 813	Estrichnenndicke in mm			
		Einzellast[a)] bzw. Flächenlast			
		≤ 1 kN bzw. ≤ 2 kN/m²	≤ 2 kN bzw. ≤ 3 kN/m²	≤ 3 kN bzw. ≈ 4 kN/m²	≤ 4 kN bzw. ≈ 5 kN/m²
Calciumsulfat-Fließestrich (CAF)	F 4	≥ 35	≥ 45	≥ 50	≥ 60
	F 5	≥ 30	≥ 40	≥ 45	≥ 50
	F 7	≥ 30	≥ 35	≥ 40	≥ 45
Calciumsulfat-Estrich (CA)	F 4	≥ 35	≥ 55	≥ 65	≥ 70
	F 5	≥ 35	≥ 45	≥ 55	≥ 60
	F 7	≥ 35	≥ 40	≥ 45	≥ 55
Gussasphalt-Estrich (AS)[b)]	IC 10	≥ 25	≥ 30	≥ 30	≥ 35
	IC 15	≥ 25	≥ 30	≥ 30	≥ 35
	IC 40	≥ 25	≥ 30	≥ 30	≥ 35
	IC 100	-	≥ 30	≥ 30	≥ 35
Kunstharz-Estrich (SR)	F 7	≥ 30	≥ 35	≥ 40	≥ 45
	F 10	≥ 30	≥ 35	≥ 40	≥ 45
Magnesia-Estrich (MA)	F 4	≥ 35	≥ 55	≥ 65	≥ 70
	F 5	≥ 35	≥ 45	≥ 55	≥ 60
	F 7	≥ 35	≥ 40	≥ 45	≥ 55
Zement-Estrich (CT)	F 4	≥ 35	≥ 65	≥ 70	≥ 70
	F 5	≥ 35	≥ 55	≥ 60	≥ 60

a) Bei Einzellasten sind für deren Aufstandsflächen im Allgemeinen zusätzliche Überlegungen erforderlich. Dasselbe gilt für Fahrbeanspruchung.

b) Gussasphaltestriche müssen die in DIN EN 13813 angegebenen Eindringtiefen entsprechend ihrer Härteklasse aufweisen.

7.4 Bewehrung

Die Anordnung einer Bewehrung ist bei Estrichen generell nicht notwendig, jedoch kann sie zur Aufnahme von Stein- und Keramikböden bei schwimmend verlegten Estrichen nützlich sein. Die Bewehrung ermöglicht lediglich eine Rissbreitenverringerung, jedoch dient sie nicht der vollständigen Rissvermeidung und erschwert zusätzlich den Einbau sowie die Verdichtung des Mörtels. Der genaue Einbau von Stahlmatten in der angestrebten Lage wird bei Estrichen auf Dämmschicht aufgrund der Weichheit der Unterlage beeinträchtigt. Andererseits kann das Betreten der Bewehrung zu Verbundstörungen in bereits verlegten Flächen führen. Als Bewehrung können Betonstahlmatten (Maschenweiten bis 150 mm × 150 mm) und Betonstahlgitter (Maschenweiten bis 70 mm × 70 mm) verwendet werden, die im Stoßbereich mit 10 cm bzw. einer Maschenweite überlappt und mittig im Estrichquerschnitt verlegt werden. Die Bewehrung muss im Bereich von Bewegungsfugen unterbrochen werden. Die Bildung von Schrumpf- und Schwindrissen im Estrich kann durch den Einsatz von Faserbewehrung (Stahl-, Kunststoff- oder Glasfasern) reduziert werden und bei direkt genutztem Estrich vorteilhaft sein. Es ist zu beachten, dass die Mörtelkonsistenz durch die Fasern verschlechtert und somit der Einbau erschwert wird. Bei der Entgegenwirkung mit mehr Zugabewasser kommt es zu einem Festigkeitsverlust, bei Anhebung des Zementleimgehaltes dagegen zu stärkerem Schwindverhalten des Estrichs [12].

7.5 Fugen

Zur Reduzierung der Spannungen und zur Beschränkung der Rissbildung werden Fugen in Estrichkonstruktion eingebracht [12]. Sie werden unterschieden in:

- Bewegungsfugen,
- Scheinfugen,
- Arbeitsfugen,
- Randfugen [13].

7.5.1 Bewegungsfugen

Bewegungsfugen werden z. B. dann verwendet, wenn der Anschluss von Neubauten an bestehende Gebäude ansteht. Dabei ist mit unterschiedlichen Setzungen zu rechnen, die eine freie Beweglichkeit benötigen und durch Bewegungsfugen wiederum ermöglicht werden. Deshalb sind vorhandene Bewehrungen an den Fugen zu unterbrechen (Bild 7.5). Die Trennung der Bauteile geschieht entweder durch den Einbau eines Dämmstreifens oder durch Bewegungsfugenprofile, die einen geraden Fugenverlauf sicherstellen [13].

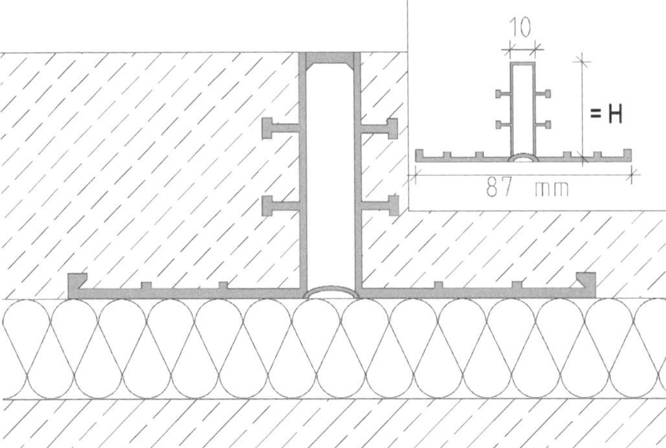

Bild 7.5 Bewegungsfugenprofil im Estrich (Eigene Darstellung i. A. a. [2])

Im Unterschied zu Bauwerksfugen dienen, die oft auch als Dehn- oder Raumfugen bekannten, Bewegungsfugen nicht nur zur Trennung der Tragkonstruktion, sondern auch zur Trennung von Estrichflächen über ihre ganze Dicke [13]. Durch Bewegungsfugen können spannungsfreie Verformungen der einzelnen Teilflächen durch Schwinden, Temperatureinwirkung oder Belastung sowohl in horizontaler als auch in vertikaler Richtung aufgenommen werden. Ihre Anordnung kann zur Begrenzung von Teilflächen, zur Trennung von Einbauten oder bei schwimmenden Estrichen an angrenzenden Bauteilen erfolgen und wird abhängig von den erwarteten Verformungen durch einen Planer dimensioniert. Dehnungsfugen werden mit einer Fugenbreite von mindestens 8 bis 10 mm [12] in Flächen mit einer Länge von > 8 m sowie bei Flächen > 40 m^2 angeordnet (Bild 7.6). Außerdem sind Dehnungsfugen in zurück- bzw. vorspringenden Bauteilen sowie im Bereich von Türschwellen anzuordnen (Bild 7.7) [2].

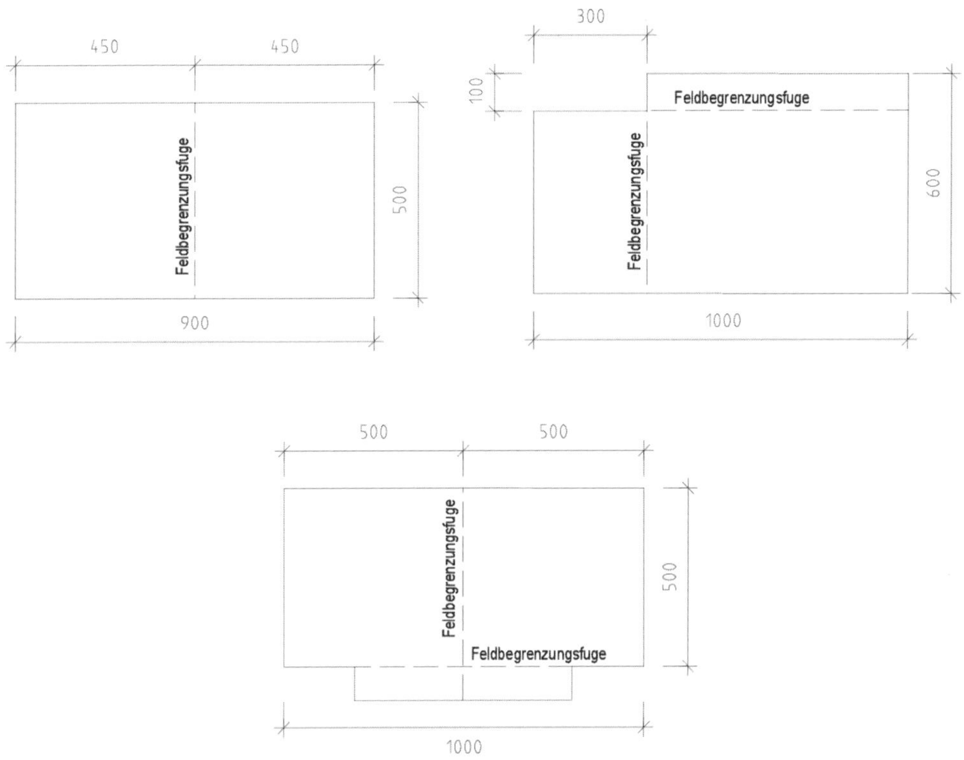

Bild 7.6 Anordnung von Bewegungsfugen (Eigene Darstellung i. A. a. [2])

Bild 7.7 Bewegungsfuge im Türbereich (Eigene Darstellung i. A. a. [2])

7.5.2 Scheinfugen

Um eine kontrollierte Rissbildung beim Schwinden des Estrichs herzustellen, werden Sollbruchstellen durch Schein- oder auch Schwindfugen gebildet. Die Herstellung der Scheinfugen erfolgt von oben mittels Kelle oder durch einen maschinellen Einschnitt bis zur Hälfte der Estrichdicke bzw. maximal einem Drittel der Estrichdicke bei Heizestrichen. Anstelle des Einschnitts können bei Fließestrichen zur Schwächung des Estrichquerschnitts Profile eingebaut werden. Nach Austrocknung werden die Scheinfugen bis zur Belegreife beispielsweise mit einem Reaktionsharz kraftschlüssig abgedichtet, außer sie fungieren als Bewegungsfuge, wie z. B. in Türbereichen unter keramischen Belägen. Scheinfugen werden vorzugsweise in Bereiche mit einer Seitenlänge von sechs Metern unterteilt. Dabei sollten die Teilbereiche bei nicht beheizten schwimmenden Estrichen und Estrichen auf Trennschichten die Größe von 30 m^2 nicht überschreiten. Dagegen können bei beheizten Estrichen unter Einbezug der Belagstoffe Seitenlängen bis zu acht Meter und Teilbereiche bis 40 m^2 ermöglicht werden. Das Verhältnis der Seiten darf maximal 1:2 betragen. Für unbeheizte Estriche auf Trennschicht können die Richtwerte für Fugenabstände aus Tabelle 7.4 sowie Tabelle 7.5 entnommen werden. Durch einen vom Planer aufgestellten Fugenplan nach DIN 18 560-2 (Bild 7.8) kann die Gefahr der Rissbildung in gefährdeten Bereichen wie z. B. an Flächenvorsprüngen, Türdurchgängen, Stützen oder Aussparungen reduziert werden. Die Anordnung von Scheinfugen bei Estrichen auf Trennschicht oder Dämmschicht ist nur dann sinnvoll, wenn sie sich auf dem Untergrund bewegen können, wohingegen das Einschneiden von zusätzlichen Fugen bei Verbundestrichen aufgrund der geringen Dicke und dem benötigten Verbund wenig Sinn macht [12].

Tabelle 7.4 Fugenabstände bei Zementestrichen auf Trennschicht im Innenbereich [12]

Verkehrslast [kN/m²]	Ständige Auflast [kN/m²]	Empfohlene Dicke *d* des Estrichs [mm]	Maximaler Abstand für Schein- bzw. Bewegungsfugen
2,0	0	35	145 · d
2,0	2	50	100 · d
3,5	3,5	80[a)]	70 · d
5,0	4	100[a)]	50 · d

a) Mindestdicke der Übergangsschicht aus Beton C30/37 für hohe Beanspruchung

Tabelle 7.5 Fugenabstände bei Zementestrichen auf Trennschicht im Freien [12]

Estrich auf Trennschicht	Bei quadratischen Feldern	Bei rechteckigen Feldern
	Länge/Breite = 0,80 bis 1,25	Länge/Breite < 0,80 bzw. > 1,25
Maximaler Fugenabstand für Schein- oder Bewegungsfugen	33 · d	30 · d

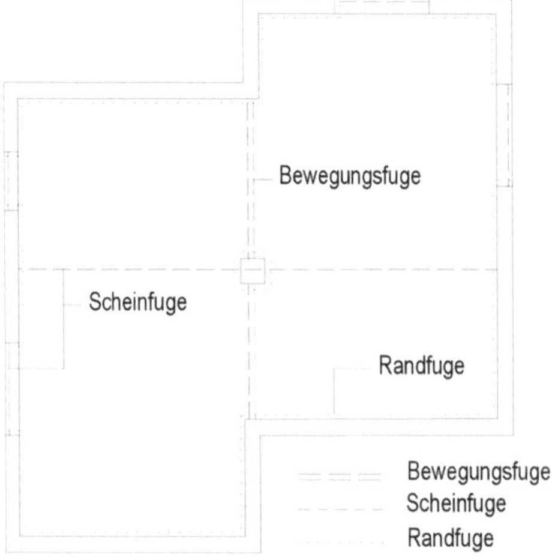

Bild 7.8 Beispiel eines Fugenplans (Eigene Darstellung i. A. a. [12])

7.5.3 Arbeitsfugen

Die Arbeitsfugen entstehen bei allen Estricharten und stellen den Abschluss der mit Estrich verlegten Teilflächen dar, an dem die weitere Verlegung anschließt. Sie sind gemäß DIN 18 560 wie Scheinfugen zu behandeln [13]. Ihre Herstellung erfolgt in der Regel als Press- oder als Bewegungsfuge [12].

7.5.4 Randfugen

Randfugen stellen im Prinzip Bewegungsfugen dar, die in Bereichen von angrenzenden Bauteilen wie Stützen und Wände angeordnet werden und somit eine Trennung vom Fußboden ermöglichen. Die Trennung wird benötigt, um horizontale Längenänderungen sicher zu ermöglichen und auch die Wärme- und Schallleitung zu reduzieren. Die Verwendung von Randfugen erfolgt bei allen Estricharten sowie, wenn notwendig, bei Verbundestrichen. Denn die Anordnung in Verbundestrichen hat durch die Verbindung mit dem Untergrund nur eine trennende Wirkung. Benötigt wird diese, wenn sich angrenzende Bauteile vertikal unterschiedlich zur Fußbodenkonstruktion bewegen oder wenn durch den direkten Anschluss des Estrichs die Befürchtung der Feuchteaufnahme in Mauersteine besteht. Bei befahrenen Verbundestrichen mit Randfugen an Wänden können mittels Aufkantungen und einem Fugenverschluss im Randbereich Ausblühungen durch Salzwasser vermieden werden [13].

Randfugen sollten so dimensioniert werden, dass sie Verformungen von mindestens 5 mm ermöglichen [12]. Diese sollten bei Heizestrichen zwei bis drei Zentimeter betragen, um einerseits mehr Bewegungen zuzulassen, andererseits den Wärmeverlust über die Fassade zu reduzieren. Zur Herstellung von Randstreifen können unterschiedliche Materialien wie z.B. Mineralwolle, Polystyrol, Wellpappe, Polyethylenschäume oder bei Brandschutzanforderungen Steinwolle verwendet werden. Bei der Ausführung der Randstreifen muss auf eine dicht an der Wand anliegende Ausführung ohne Rundungen in den Ecken geachtet werden, da diese vom Bodenleger nur schwierig zu entfernen sind [13].

7.6 Risse

Der Estrich ist bereits kurz nach seinem Einbau verschiedenen Einflüssen ausgesetzt, die immer zu Spannungen in der Konstruktion führen [13]. Werden Estriche schwimmend oder auf einer Trennschicht verlegt, kann auf der Unterseite keine Feuchtigkeit abgegeben werden. Die Feuchtigkeitsabgabe erfolgt lediglich auf der oberen Schicht des Estrichmörtels. Dies führt zu einem Feuchtegradienten im Querschnitt und zu einem Volumenschwund auf der Oberfläche. Dabei kommt es zu Verformungen, Anhebungen der Estrichränder, zur Entstehung von Zugkräften und schließlich zur Rissbildung [13]. Risse können auch durch vollständig oder teilweise eingespannte Bereiche, beispielweise durch das Fehlen eines umlaufenden Randstreifens, aufgrund der Behinderung des Schwindverhaltens entstehen. Einspannungen und Festpunkte zum Untergrund können ebenfalls durch

Rohre auf der Betonplatte oder im Estrich erzeugt werden. Bei Heizestrichen können feste Anschlusspunkte zu aufgehenden Bauteilen die Längenänderung des Estrichs infolge Erwärmung verhindern und die Entstehung von Rissen fördern [13]. Durch eine schnelle Abkühlung des Estrichs kommt es zu inneren Temperaturschwankungen im Gefüge. Weiterhin wird der chemische Abbindeprozess aufgrund niedriger Temperaturen deutlich verlangsamt. Dadurch wird die Hydratation und die Festigkeitsentwicklung verzögert und somit ein hoher Temperaturunterschied zwischen kalter Oberseite und warmer Unterseite geschaffen, die durch die Hydratationswärme entsteht. Die dadurch erzeugten extremen Spannungen in der Konstruktion können ebenfalls die Ursache für Risse sein. Eine weitere Rissursache ist die Überbelastung des Estrichs durch beispielsweise Hubarbeitsbühnen zur Reinigung großer Glasflächen im Foyer. Außerdem kann die Unterschreitung oder eine nicht ausreichende Dimensionierung der Estrichdicke und -festigkeit zu Rissen führen [13]. Die Sanierung von Rissen kann bis zu einem gewissen Ausmaß ohne Probleme durchgeführt werden. Treten Risse in schwimmend verlegten Estrichen auf, ist die fachgerechte Verschließung der Risse vor den weiteren Arbeiten Pflicht. Im Regelfall werden Risse wie folgt saniert:

1. Risse entlang der Flanke mit einer Schnitttiefe von ca. 2 bis 3 cm (außer bei Heizestrichen) und einer Schnittlänge mindestens 30 cm einschneiden. Bei Estrichen auf Dämm- oder Trennschicht muss die Einlegung einer Bewehrung möglich sein.
2. Estrich alle 30 cm quer einschneiden.
3. Reinigung der offenen Stellen mit einem Industriestaubsauger.
4. Risse mit einem niedrig viskosen Kunstharz bis zu Hälfte verfüllen.
5. Einlegen der Bewehrungsstähle.
6. Risse bis OK Estrich mit Kunstharz verfüllen und nach einer gewissen Wartezeit ggf. nachfüllen.
7. Um eine Verankerung mit dem Klebesystem des Bodenbelages zu erreichen, sind die verharzten Bereiche mit Quarzsand abzustreuen.
8. Flächen bis zur vollständigen Erhärtung des Harzes sperren [13].

■ 7.7 Estrichprüfungen

Für die Bestimmung der Qualität und der benötigten Eigenschaften werden in der DIN EN 13 813 verschiedene Prüfungen angegeben und die Prüfverfahren in der DIN EN 13 892 beschrieben. Da für weitere Arbeiten auf dem Estrich entsprechende Anforderungen gelten, wird im Wesentlichen die Oberflächenqualität und der Feuchtgehalt geprüft [9].

7.7.1 Prüfung der Oberflächenqualität

Bei den Prüfungen der Oberflächenqualität ist zu beachten, dass diese unmittelbar vor dem Verlegen des Bodenbelages stattfinden sollten. Dazu sollte der Estrich ausreichend lang abgebunden und seine benötigte Festigkeit erreicht haben (ca. 28 Tage bei mineralisch gebundenen Fußböden) sowie die Belegreife durch eine CM-Messung bestätigt werden [13].

Prüfung mit dem Gitterritzgerät

Zur Überprüfung der Estrichoberflächen können Gitterritzgeräte eingesetzt werden, die als Regelprüfung angesehen werden können. In der Vergangenheit wurden Eisennägel in den Estrich eingedrückt und anhand der Eindrücktiefe die Oberflächenqualität abgeleitet. So entstanden je nach Kraftaufwand unterschiedliche Ergebnisse, die keine Vergleichbarkeit ermöglichten. Durch die gleichbleibende Kraft im Gitterritzgerät wird ein Dorn in den Estrich geritzt, der einen Vergleich der Prüfungen gewährleistet. Die Prüfung kann sowohl für Beton- als auch für Estrichplatten angewandt werden. Die Ritzungen werden zunächst mittels Schablone in eine Richtung, anschließend durch Drehen der Schablone entweder orthogonal oder unter einem Winkel von 45 Grad (Diagonalmuster) hergestellt. Dabei stellt das diagonale Ritzen eine höhere Beanspruchung der Estrichoberfläche dar. Die anschließende Beurteilung der Ritzungen basiert auf den hinterlassenen Spuren der Einritzungen im Estrich sowie auf den Ausbrüchen der Kanten an den Schnittpunkten. Beim rechteckigen Ritzmuster sind bei Zementestrichen keine großen Vertiefungen zu erwarten, jedoch ist für die Interpretation von Diagonalmustern aufgrund der starken Ausbrüche in den Schnittpunkten eine entsprechende Erfahrung des Prüfers notwendig. Bei Fließestrichen hängt die Beurteilung stark von der Oberflächenausbildung ab, da diese gelegentlich harte Schalen an der Oberfläche aufweisen, in die kaum eingeritzt werden kann. Dennoch erfordert die Verlegung des Bodenbelages eine geeignete Verbindung zum Untergrund, die durch die Hammerschlagprüfung festgestellt werden kann. Trotz geringer Ritzhärte von kunststoffbeschichteten Estrichen oder Spachtelmassen angesichts der guten inneren Verklebung, eignen sich diese Produkte auch in oberflächenfertiger Nutzung besonders gut [13].

Hammerschlagprüfung

Die Anwendung der Hammerprüfung erfolgt hauptsächlich bei Fließestrichen und wird mit mittelgroßen Hämmern durchgeführt. Weist die Oberfläche des Estrichs glänzende oder glasige Oberflächen auf, können unterhalb dieser Bereiche weiche Zonen vorhanden sein. Durch einen Hammerschlag unter einem 45-Grad-Winkel auf die Oberfläche brechen die harten Schalen oft auseinander. Solche Flächen müssen gründlich abgeschliffen, grundiert und verspachtelt werden, ehe die Bodenbelagsarbeiten aufgenommen werden können [13].

Prüfung der Saugfähigkeit

Damit der Bodenbelag richtig vorbereitet werden kann, müssen die Estrichoberflächen auf ihre Saugfähigkeit überprüft werden, da einige Oberflächen stark saugend sind, während andere annähernd keine Feuchtigkeit aufnehmen. Bei mangelhaften Prüfergebnissen ist die Oberfläche durch Abschleifen, Grundieren und Spachteln aufzubereiten. Die Prüfung erfolgt nach dem Entfernen von Reststaub mit einem Wassertropfen. Es wird die Zeit bis zum Eindringen des Wassertropfens in die Oberfläche gemessen. Ob eine Oberfläche stark saugend ist, bestätigt sich, falls der Tropfen nach 10 bis 20 Sekunden in die Oberfläche eingezogen und eine dunkle Verfärbung an der Stelle erkennbar ist. Die Zeit bis zur Eindringung bei nicht saugenden Oberflächen dauert deutlich länger. Auch nach einem Anschleifen der Oberfläche sollte die Prüfung wiederholt werden, da eine weiterhin saugende Oberfläche nicht auszuschließen ist. Eine alternative Prüfmethode stellt das Karste-Röhrchen dar, das jedoch selten Anwendung findet [13].

Prüfung der Haftzug- und Oberflächenfestigkeit

Die Überprüfung der Haftzug- und Oberflächenzugfestigkeit gehört bei Bodenbelagsarbeiten auf Estrichen nicht zur Regelprüfung. Sie findet Anwendung bei Kunstharzestrichen, Kunstharzbeschichtungen oder Kunstharzbelägen, die nach DIN 18 560 im Verbund verlegt werden. Der Untergrund muss dabei eine Oberflächenzugfestigkeit von ≥ 1,0 N/mm² bzw. ≥ 1,5 N/mm² bei befahrenen Oberflächen aufweisen. Die Prüfung liefert Kennwerte für die Zugfestigkeit der Oberfläche und ersetzt nicht die weiteren benötigten Vorprüfungen am Untergrund. Als Haftzugfestigkeit wird die Haftung zwischen mehreren Schichten, wie z.B. zwischen Beschichtung und einem Estrich, in einer Fußbodenkonstruktion bezeichnet. Durch einen angeklebten Stahlstempel mit einem Durchmesser von 50 mm und einem hydraulisch oder elektrisch angetriebenen Gerät zur Aufzeichnung der wirkenden Zugkraft wird die Kraft bis zum Abriss aufgezeichnet. Die Formel für die Ermittlung der Haftzugfestigkeit [N/mm²] ergibt sich aus dem Quotienten der Zugkraft bis zum Riss [N] und der Bruchfläche des aufgeklebten Stahlstempels [mm²] [13]. Es ist zu beachten, dass durch die Prüfung der Haftzug- oder Oberflächenzugfestigkeit keine Rückschlüsse auf die Festigkeitsklasse oder die Tragfähigkeit des Estrichs zu ziehen sind. Die Oberflächenzugfestigkeit hängt neben der Zusammensetzung und Verarbeitung des Estrichs auch von der Nachbehandlung und den umgebenden Bedingungen ab, was zu unterschiedlichen Werten bei gleicher Festigkeitsklasse führen kann. Durch Anschleifen der Oberfläche können die Oberflächenzugfestigkeiten erhöht werden. Je nach Nutzung ergeben sich bei der Verwendung eines pastösen PMMA-Klebstoffes folgende Richtwerte für die Oberflächenzugfestigkeit der Estriche (Tabelle 7.6), deren Überschreitung maximal 30 % betragen darf [13].

Tabelle 7.6 Richtwerte für die Oberflächenzugfestigkeit der Estriche

Bereich	Oberflächenzugfestigkeit
Unter Stein- und keramischen Belägen,	
die nicht befahren werden	0,5 N/mm²
die befahren werden	1,0 N/mm²
Unter elastischen Bodenbelägen,	
die nicht befahren werden	0,8 N/mm²
im Bürobereich	1,0 N/mm²
unter textilen Bodenbelägen	0,5 N/mm²
im Bürobereich	0,8 N/mm²
Bei Oberflächenbehandlungen mit Reaktionsharzen unter Kunstharzbeschichtungen,	
die nicht befahren werden	1,0 N/mm²
die befahren werden	1,5 N/mm²
unter Parkett	1,5 N/mm²
unter Holzpflaster	1,2 N/mm²

Prüfung der Scherfestigkeit

Im Gegensatz zur Prüfung der Oberflächenzugfestigkeit stellt die Messung der Scherfestigkeit bei der Verklebung von Holzbelägen auf Estrichen eine bessere Methode zur Eignungsprüfung dar. Dies liegt daran, dass die Bodenbeläge hauptsächlich horizontal auf Scherung beansprucht werden und nicht vertikal auf Zug. Für die Prüfung der Scherfestigkeit wurde ein Gerät entwickelt, das zwischen zwei verklebte Holzklötzchen gesetzt wird. Die erzeugte Kraft durch die Drehung des Handrades führt zum Abscheren des Holzklötzchens und kann per Anzeige abgelesen werden. Daraus lassen sich Unterböden aus Materialien wie Estriche, Holzwerkstoffe oder Spachtelmassen beurteilen. Einige Richtwerte für die Beurteilung von Estrichen sind in Tabelle 7.7 zusammengefasst[13].

Tabelle 7.7 Richtwerte für die Beurteilung von Estrichen

Unbrauchbar	≤ 0,8 N/mm^2
Bedingt brauchbar (bei geringen Beanspruchungen des Bodens und unter Berücksichtigung der Belagsart)	0,8 - 1,5 N/mm^2
Gut brauchbar für normal beanspruchte Böden	1,5 - 2,0 N/mm^2
Sehr gut brauchbar (auch für hoch beanspruchte Böden)	2,0 - 3,5 N/mm^2
Extrem hoch belastbar (für hoch beanspruchte Industrieböden)	≥ 3,5 N/mm^2

Prüfung des Verschleißwiderstandes

Der Verschleißwiderstand ist bei einer Estrichoberfläche, die direkt beansprucht wird, der Widerstand gegen mechanische Beanspruchung. Diese Prüfmethode wird nur bei hoch beanspruchten und direkt genutzten Estrichen angewandt und stellt keine Regelprüfung dar. Bei Zement- und Kunstharzestrichen wird der Verschleißwiderstand nach DIN EN 13 892-3 (nach Böhme), DIN EN 13 892-4 (nach BCA) oder gemäß DIN EN 13 892-5 (gegen Rollbeanspruchung) geprüft und vom Hersteller angegeben. Die Prüfmethode ist bei allen Estricharten zwischen den drei genannten Verfahren frei wählbar, während für Kunstharzestriche die Methode nach Böhme nicht anwendbar ist [13].

7.7.2 Prüfung des Feuchtegehaltes

Die Feststellung der Belegreife erfolgt durch die Bestimmung der Restfeuchte des Estrichs anhand von Stichproben. Dabei schuldet der Auftraggeber dem Bodenleger zum Zeitpunkt der Belagsverlegung einen ausreichend trockenen und damit einen belegreifen Untergrund. Bei einem nicht genügend trockenen Untergrund hat der Bodenleger nach DIN 18 356 und DIN 18 365 Bedenken nach § 4 Abs. 3 VOB/B anzumelden. Es können unterschiedliche Messmethoden angewandt werden, die auf verschiedenen Messprinzipien basieren. Die CM-Methode (Calciumcarbid-Methode) gilt als allgemein anerkannt und wird in verschiedenen Merkblättern und Normen beschrieben [11]. Die weiteren Messmethoden sollten nur als Orientierung bzw. als Vorprüfung durchgeführt werden [13].

CM-Messung

Die CM-Messung gilt als einzige offiziell anerkannte sowie vor Gericht zugelassene Methode bei der Vor-Ort-Überprüfung der Estrichfeuchte. Es ist zu beachten, dass sich diese Messtechnik lediglich bei Estrichen verwenden lässt, die sich zum Zeitpunkt der Messung im Bereich der Belegreife befinden. Die Messung an frisch eingebrachten Estrichen kann zu Ausreißern führen, die zur tatsächlichen Feuchte keinen Bezug haben. In diesem Fall ist die Darrmethode anzuwenden [13]. Vor der Probenentnahme sind das CM-Gerät auf vollständige Dichtigkeit zu überprüfen und die vier Stahlkugeln einzufüllen. Für die Durchführung der Messung wird außerdem eine Waage mit einer Genauigkeit von ± 0,1 g, Schale, ein Vorschlaghammer sowie ein Löffel benötigt. Die Prüfergebnisse sind in einem vorbereiteten Protokoll unter der Angabe von Objekt, Stockwerk, Raum, Prüfdatum und Prüfer zu dokumentieren. Um bei der Probenentnahme den Feuchtigkeitsverlust der Probe so gering wie möglich zu halten, ist die Probenentnahme und -vorbereitung schnell durchzuführen. Weiterhin ist zu beachten, dass die Entnahme nicht unter der Einwirkung von Sonneneinstrahlung oder Luftzug erfolgt. Die Probe ist prinzipiell über den gesamten Estrichquerschnitt in einem Stück zu entnehmen. Anschließend wird das Prüfmaterial mit dem Hammer soweit zerkleinert, dass eine weitere Zerkleinerung mittels Stahlkugeln im CM-Gerät vollständig möglich ist. Bei Calciumsulfatestrichen sind 100 g und bei Magnesia- und Zementestrichen 50 g aus dem Prüfmaterial mit dem Löffel abzuwiegen und in das CM-Gerät vorsichtig, bei Bedarf mit einem Trichter einzufüllen. Ferner wird die Calciumcarbid-Ampulle in das schräg zu haltende CM-Gerät eingefüllt [11]. Die Glasampullen weisen eine Füllmenge von 7 g und eine Körnung von > 0,3 mm auf [13]. Als nächstes wird das CM-Gerät nach dem Verschließen bis zum Ansteigen des Manometers kräftig geschüttelt. Das Schütteln erfolgt durch kreisende Bewegungen mit einer Dauer von zwei Minuten. Fünf Minuten nach dem Verschließen erfolgt ein erneutes Schütteln mit einer Dauer von einer Minute. Das Ablesen des Wertes erfolgt 10 Minuten nach dem Verschließen des CM-Gerätes und nach einem erneuten kurzen Schütteln für zehn Sekunden. Das mehrfache Schütteln dient der weiteren Zerkleinerung der Probe und somit der Anregung der Reaktion. Der Feuchtegehalt ist aus der Eichtabelle zu entnehmen und in das Protokoll einzutragen. Das Gerät ist anschließend zu entleeren und das Prüfgut zu überprüfen [11]. Nach DIN 18560-1 ist das Prüfgut nur dann komplett zerkleinert, wenn das Bindemittel pulverisiert vorliegt, die Gesteinskörnung kann dabei sichtbar sein [3]. Die maximal zulässigen Feuchtegehalte von Estrichen können aus Tabelle 7.8 abgelesen werden. Die niedrigeren Werte bei Heizestrichen resultieren daraus, dass bei der Erwärmung noch kleine Mengen an Wasser ausgetrieben werden und dies zu schädlichen Folgen am Bodenbelag führen kann. Die Anzahl der Messungen für unbeheizte und beheizte Estriche kann in Tabelle 7.9 abgelesen werden [13]. Da die CM-Messung keine zerstörungsfreie Prüfmethode ist, muss bei Heizestrichen darauf geachtet werden, dass bei der Probenentnahme keine Heizungsrohre beschädigt werden. Aus diesem Grund besteht die Notwendigkeit, rohrfreie Bereiche durch Messpunkte zu markieren. Wird keine Kennzeichnung der Messstellen vorgenommen, müssen beispielsweise thermografische Aufnahmen des Heizestrichs veranlasst oder wärmeempfindliche Folien auf den frisch eingebauten Estrich gelegt werden. Die Anzahl der erforderlichen Messpunkte bei Heizestrichen sind in Tabelle 7.10 angegeben [13].

Tabelle 7.8 Maximaler Feuchtegehalt des Estrichs [13]

Estrichart	Ohne Fußbodenheizung	Mit Fußbodenheizung
Zementestrich	2,0 CM-%	1,8 CM-%[a)]
Calciumsulfatestrich	0,5 CM-%	0,3 CM-%
Magnesiaestrich (Industrie)	1,0 - 3,5 CM-%[b)]	-
Steinholzestrich	2,5 - 10,0 CM-%[b)]	-

a) Unter Stein- und keramischen Belägen 2,0 CM-%
b) Je nach Anteil der organischen Bindemittel; Erfahrungswerte beim Hersteller anfordern

Tabelle 7.9 Anzahl der erforderlichen CM-Messungen [11]

Fläche	Anzahl Messungen
Bis 100 m^2	1 bis 2 Messungen
Über 100 m^2	1 Messung je 200 m^2
Mehrgeschossige Gebäude	Mind. 1 Messung je Etage

Tabelle 7.10 Anzahl der erforderlichen Messstellen bei Heizestrichen [11]

Raum/Fläche	Anzahl der auszuweisenden Messstellen
Raum	Je Raum mind. 2 Messstellen ausweisen
Raum > 50 m^2	Mind. 3 Messstellen ausweisen
Flächen > 200 m^2	Je 200 m^2 3 Messstellen ausweisen

Darrprüfung

Die Darrprüfung bietet die genaueste Möglichkeit zur Feststellung der Estrichfeuchte. Dabei wird das herausgearbeitete Probematerial unmittelbar nach der Entnahme in eine Folie eingewickelt, um beim Transport zum Lager die Stabilität des Feuchtegehaltes sicherzustellen. Durch die Art der Entnahme darf ebenfalls keine Veränderung des Feuchteniveaus eintreten. Im Labor wird das genaue Gewicht der Probe mittels Präzisionswaage ermittelt. Anschließend wird die Probe in einem Trockenschrank bis zu einem konstanten Gewicht getrocknet und anhand der Gewichtsunterschiede der genaue Feuchtigkeitsgehalt bestimmt.

Die Darrtemperatur beträgt bei Zementestrichen ca. 105 °C, bei Calciumsulfatestrichen ca. 40 °C. Es ist zu beachten, dass bei beschleunigten Estrichsystemen Messfehler auftreten können. Grund hierfür ist die höhere Menge an chemisch gebundenem Wasser, das durch die bei der Prüfung eingesetzte Temperatur ausgetrieben und mitgemessen werden kann. Deshalb sind die jeweiligen Herstellervorschriften in diesem Zusammenhang zwingend zu beachten. Durch das Darren wird dem Estrich lediglich das physikalisch gebundene Wasser und nicht das chemisch gebundene Wasser ausgetrieben. Eine Auswertung kann aufgrund der Trocknungsdauer erst nach fünf bis zehn Tagen erfolgen. Die Dauer ist von der Darrtemperatur abhängig [13].

Vergleich zwischen CM-Messung und Darrmethode

Aufgrund der unterschiedlichen Prüfmethoden kommt es zu Differenzen zwischen der CM-Messung und der Darrmethode. Zahlreiche Vergleichsrechnungen haben zu folgenden Umrechnungswerten geführt:

- Zementestrich
  - Darrfeuchtegehalt = CM-Feuchtegehalt + ca. 1,5 M.-%
- Calciumsulfatestrich
  - Darrfeuchtegehalt = CM-Feuchtegehalt
- Magnesiaestrich
  - Darrfeuchtegehalt = CM-Feuchtegehalt + 5,5 M.-%

Trotz der höheren Aussagefähigkeit der Darrmethode enthält sie einige Unsicherheiten. Diese sind beispielsweise die mangelnden verlässlichen Grenzwerte für die Belegung, die relativ ungenauen Messungen sowie die schlechte Einschätzung, wann der Gleichgewichtszustand erreicht ist, die verschiedenen Sorptionsisotherme des eingesetzten Estrichs sowie die Abweichungen, die sich durch die Raumtemperaturen ergeben. Aus diesen Gründen kann die Darrmethode ergänzende Informationen liefern, aber die CM-Messung auf keinen Fall ersetzten [13].

Folienprüfung

Die Folienprüfung dient lediglich als orientierende Vorprüfung bei Heizestrichen. Dabei wird eine ca. 50 × 50 cm große PE-Folie auf die Estrichoberfläche verlegt und an den Rändern abgeklebt. Anschließend wird beobachtet, ob bei maximaler Vorlauftemperatur innerhalb von 24 Stunden Feuchtigkeitsspuren unterhalb der Folie auftreten. Bei der Bildung von Feuchtigkeitsspuren sollte eine CM-Messung für die genaue Ermittlung des Feuchtegehaltes durchgeführt werden [13].

Elektrische und Kapazitative Messmethode

Bei der elektrischen Feuchtmessung handelt es sich um ein Verfahren, bei dem mittels elektrischer Leitfähigkeit des Estrichs die Estrichfeuchte abgeleitet werden kann. Hierbei werden zwei Elektroden in den Estrich eingebracht und die Leitfähigkeit zwischen den Elektroden gemessen. Dabei gilt, dass mit zunehmender Leitfähigkeit auch der Feuchtegehalt im Estrich steigt. Die Kapazitative Feuchtemessung stellt ebenfalls eine Methode zur Messung der Estrichfeuchte dar. An einem Kondensator mit einem hochfrequenten Messstrom wird dabei die Dielektrizitätskonstante des Baustoffs gemessen. Je mehr Feuchtegehalt im Estrich, desto höher auch die Dielektrizitätskonstante. Bei beiden Verfahren besteht die Gefahr, dass enthaltene Metalle und Salze im Estrich die Messergebnisse verfälschen. Diese Methoden dienen ebenfalls als orientierende Messung [13].

Literaturverzeichnis

[1] BauNetz Media GmbH: Calciumsulfatestrich. BauNetz Media GmbH. Online verfügbar unter *https://www.baunetzwissen.de/boden/fachwissen/_estriche/estrichart-calciumsulfatestrich-ca-988095*, zuletzt geprüft am 14. 01. 2018.

[2] Borgmeier, Andrea; Braunreiter, Hans: Bautechnik für Fliesen-, Platten- und Mosaikleger (2009). 1. Auflage: Vieweg + Teubner.

[3] DIN 18560-1: Estriche im Bauwesen – Allgemeine Anforderungen, Prüfung und Ausführung (2015).

[4] DIN 18560-2: Estriche im Bauwesen – Estriche und Heizestriche auf Dämmschichten (schwimmende Estriche) (2009).

[5] DIN 18560-3: Estriche im Bauwesen – Verbundestriche (2006).

[6] DIN 18560-4: Estriche im Bauwesen – Estriche auf Trennschicht (2012).

[7] DIN EN 13813: Estrichmörtel, Estrichmassen und Estriche – Eigenschaften und Anforderungen.

[8] DYWIDAG-Systems International: Haftzugprüfer DYNA Estrich. Online verfügbar unter *https://www.dsi-equipment.com/produkte/geraetetechnik/beton-baustoffe-bauteile/dynaestrich.html*, zuletzt geprüft am 17. 01. 2018.

[9] Günter Neroth, Dieter Vollenschaar: Wendehorst Baustoffkunde (2011). 27. Auflage: Vieweg + Teubner.

[10] Herstermann U.; Rongen L.: Frick/Knöll Baukonstruktionslehre 1 (2010). 35. Auflage: Springer Vieweg (Praxis).

[11] Industrieverband Klebstoffe e. V. (2016): Anerkannte Regeln der Technik bei der CM-Messung.

[12] InformationsZentrum Beton GmbH (2016): Zement-Merkblatt – Zementestriche.

[13] Unger, Alexander: Fußboden-Atlas, Richtig planen – Schäden vermeiden (2000). 2 Bände: QUO-VADO (2).

8 Gestaltung von Wänden und Fußböden

Von Sedat Dökmetas und Ibrahim Ercan

Nach Abschluss der Rohbauarbeiten werden Wände und Fußböden in der Regel unterschiedlich gestaltet. Ziel dieser Gestaltung ist zum einen die Verbesserung des optischen Erscheinungsbildes und zum anderen der Schutz und die Dauerhaftigkeit des Untergrundes. Außerdem können durch die aufgebrachten Materialien die bauphysikalischen Eigenschaften positiv beeinflusst werd en. Im Folgenden werden die unterschiedlichen Gestaltungsmöglichkeiten von Wänden und Fußböden aufgezeigt.

8.1 Bodenbeläge

Die unterschiedliche Nutzung von Aufenthaltsräumen stellt verschiedene Anforderungen an die Fußböden. Dabei ist bei der Planung auf die oberste Schicht, den Bodenbelag, besonders zu achten. Er muss insbesondere konstruktive, wirtschaftliche, physikalische, gestalterische sowie nutzungsbedingte Aspekte einschließen. Allerdings existiert kein Bodenbelag, der alle Anforderungen in gleicher Weise erfüllt, weshalb bei der Auswahl Kompromisse eingegangen werden müssen [11]. An Arbeitsbereiche und -wege werden hohe Anforderungen gestellt. Sie müssen so ausgebildet werden, dass ein sicheres Arbeiten möglich ist. Demnach dürfen Fußböden in Arbeitsbereichen zum einen keine Stolperstellen aufweisen, zum anderen müssen sie rutschhemmend und eben ausgeführt werden. Außerdem müssen sie leicht zu reinigen und an Arbeitsplätzen wärmedämmend sein. Die sichere Begehbarkeit von Fußböden in Außenbereichen muss bei jedem Wetter gewährleistet werden. Durch bestimmte Stoffe besteht in einigen Arbeitsbereichen ein höheres Gleitrisiko. Diese Stoffe sind beispielsweise Fett, Wasser, Staub, Öl oder Lebensmittel.

Für die Auswahl ausreichend rutschhemmender Bodenbeläge in Verkehrs- und Arbeitsbereichen dient einerseits der R-Wert für den Grad der benötigten Rutschhemmung, andererseits der V-Wert als Kennwert für den Verdrängungsraum. Der R-Wert beschreibt die Rutschhemmung beim Begehungsvorgang gemäß DIN 51 130. Die Einteilung erfolgt in fünf Bewertungsgruppen (R 9 bis R 13), wobei mit steigender Bewertungsgruppe höhere

Anforderungen erfüllt werden. Der Verdrängungsraum von Bodenbelägen bietet die Möglichkeit der Aufnahme von gleitfördernden Stoffen in den Hohlraum unterhalb der Geh-Ebene und erweitert dadurch die Rutschhemmung von Bodenbelägen. Der Hohlraum wird gemäß DIN 51 130 ermittelt. So können Bestellungen der Bodenbeläge genauer klassifiziert und den Anforderungen entsprechend durchgeführt werden. Weitere Informationen liefern Herstellerangaben oder Listen mit geprüften Bodenbelägen von der Berufsgenossenschaft Handel und Warendistribution. Bei benachbarten Arbeitsräumen ist insbesondere darauf zu achten, dass die Bodenbeläge in zwei Bewertungsklassen klassifiziert werden (z.B. R 10 und R 11), sodass die Reibungsbedingungen das Gehen nicht bemerkbar beeinflussen [14].

8.1.1 Textile Bodenbeläge

Textile Bodenbeläge werden in der Regel in Form von Bahnen oder Fliesen getuftet, genadelt oder gewebt und in folgende Arten unterschieden in:

- Velours,
- Nadelvlies,
- Schlinge,
- Flachteppichboden.

Ihre Anwendung erfolgt in Bereichen mit hohen Ansprüchen an den Wohnkomfort, die unter anderem durch die Verbesserung der Trittschalldämmung begründet sind. Für den Einsatz von Teppichböden auf Estrichen sind nach DIN 18 356 VOB/C ein Reinigungsschliff, eine Grundierung sowie bei Bedarf eine 2 mm dicke Spachtelung erforderlich. Darüber hinaus muss der Aufbau des textilen Bodenbelages ggf. mit Unterlagen einen Wärmedurchlasswiderstand von $\leq 0{,}15\ (m^2 \cdot K)/W$ aufweisen. Die Verlegung der textilen Bodenbeläge erfolgt, wenn vom Hersteller keine andere Verlegeart zugelassen ist, durch Verkleben mit dem Untergrund. Die Dampfdichtheit von textilen Bodenbelägen nimmt stetig zu; sie ist durch die Ausbildung der Rückenbeschaffenheit steuerbar. Diese kann unbehandelt, beschichtet, latexiert oder mit einem Zweitrücken ausgebildet werden. Die Herstellung von textilen Bodenbelägen erfolgt seit der Einführung der „Gemeinschaft umweltfreundlicher Teppichboden" zunehmend umweltschonender, da die Hersteller ihre Produkte von einem externen Institut prüfen lassen. Bedingt durch die schnelle Verlegung und Flexibilität von Teppichböden ist eine Nutzung der verlegten Räume schneller möglich. Anlässlich der guten Eigenschaften von Teppichböden wie z.B. Farbgestaltung, geringe Wärmeleitung oder höhere Behaglichkeit werden sie weiterhin in Wohnungen eingeplant. Die Anordnung von hochwertigen Teppichen erlaubt durch die weichere Ausführung einen höheren Gehkomfort und eine höhere Trittsicherheit, weshalb sie oft in Pflegeheimen oder Krankenhäusern geplant werden [14].

Verlegearten

Die Verlegetechnik ist hauptsächlich von der jeweiligen Raumnutzung und den voraussichtlichen Beanspruchungen abhängig. Außerdem müssen bei der Verlegewahl die Untergrundbeschaffenheit, die Teppichkonstruktion sowie die wirtschaftlichen Aspekte berücksichtigt werden. Um Verunreinigungen, Schäden und eine problemlose sowie kontinuierliche Verlegung zu gewährleisten, sollten die Teppichböden prinzipiell nach Abschluss der restlichen Ausbauarbeiten verlegt werden. Vor der Verlegung ist die Beschaffenheit des Untergrundes vom Bodenleger sorgfältig zu überprüfen. Die Anforderungen der DIN 18 365 müssen dabei erfüllt sein [11].

Die Befestigungsarten an den Untergrund haben sich in den letzten Jahren stark weiterentwickelt, sodass unterschiedliche Techniken zur Verlegung von Teppichböden einsetzbar sind [14].

- Lose Verlegung

  Die lose Verlegung erfolgt ohne den Teppichbodenrücken mit einer Substanz oder Mechanik zu versehen, um ihn zu fixieren. Es werden zur Fixierung lediglich Fußleisten (Viertelstäbe) verwendet, die auf den Belag gedrückt und an der Wand befestigt werden.

  - Einsatzbereiche sind sehr schwach beanspruchte Räume mit einer geringen Größe [14].

- Verlegung auf Klebeband

  Das doppelseitige Klebeband (Nahtband) wird bei dieser Verlegetechnik auf den Untergrund geklebt und der Belagsrücken anschließend aufgedrückt. Es ist zu beachten, dass bei einer Neuverlegung das Klebeband nicht erneut verwendet werden darf. Es handelt sich hierbei um eine reine Randbefestigung, bei der der Bodenbelag leicht, die Klebebandreste jedoch schwer zu entfernen sind.

  - Einsatzbereiche sind schwach beanspruchte Räume mit einer Größe von 16 bis 20 m^2 [14].

- Verlegung auf Klettband und Klettbahn

  Die Verlegung erfolgt wie bei der Verlegung auf Klebeband mit dem Unterschied, dass die obere Seite des Bandes mit mikrofeinen Häkchen versehen ist. Bei dieser Verlegeart müssen geeignete Beläge verwendet werden, die mit einem entsprechenden Rücken ausgestattet sind (klettfähig). Die Klettbahn stellt die breitere Variante dar und dient insbesondere im Objektbereich zur vollflächigen Befestigung. Das Klettband kann bei einer Neuverlegung wiederverwendet werden. Die Entfernung der Klettbahnen ist nahezu unmöglich. Deshalb müssen sie abgeschliffen oder überspachtelt werden. Bei den Klettbändern können der Bodenbelag leicht, die Kleberückstände jedoch schwer zu entfernen sein.

  - Einsatzbereiche von Klettbändern sind schwach beanspruchte Räume mit einer Größe von 20 bis 25 m^2. Klettbahnen können dagegen in stark beanspruchten Räumen eingesetzt werden [14].

- Verlegung auf einem Haftvlies

  Die Verlegung auf einem Haftvlies erfolgt ohne die Entfernung des alten textilen Bodenbelages. Hierbei wird ein beidseitig mit Klebstoff beschichtetes Vlies auf dem alten Belag ausgerollt und festgedrückt. Anschließend wird die Schutzfolie entfernt und der neue Belag aufgedrückt. Die hohe Menge an benutztem Klebstoff führt zu Unsicherheiten bei staubhaltigen Untergründen. Der Bodenbelag kann ohne weitere Probleme entfernt werden, wobei die Vliesklebereste einen hohen Aufwand zur Entfernung benötigen.

  - Einsatzbereiche sind stark beanspruchte Räume, wobei der Einsatz unter Stuhlrollen aufgrund der möglichen Wellenbildung nicht zu empfehlen ist [14].

- Verlegung auf einer SL-Unterlage

  Bei der Verlegung auf einer selbstliegenden Unterlage wird der Untergrund nicht mit Klebstoffen versehen. Damit werden mögliche Beschädigungen der Untergrundkonstruktion vermieden. Die SL-Unterlage wird lose ausgerollt und der Belag auf dieser fest verklebt, sodass eine Entfernung ohne einen größeren Aufwand erfolgen kann.

  - Einsatzbereiche sind stark beanspruchte Räume, wobei der Einsatz unter Stuhlrollen nicht ratsam ist [14].

- Verlegung mit Hilfe einer Anti-Rutsch-Beschichtung

  Die Anti-Rutsch-Beschichtung dient lediglich zur Verhinderung einer seitlichen Verschiebung des Bodenbelages. Dabei sollen Scherkräfte abgetragen werden, ohne Schälkräfte aufzubauen. Vorteilhaft zeigt sich der Zugang zu einer bestehenden Doppelkonstruktion durch das einfache Zurückklappen des Belages.

  - Einsatzbereiche zeigen sich für schwer beschichtete Teppichböden und Teppichbodenfliesen [14].

- Verlegung mit Hilfe einer Fixierung

  Die Fixierung wird durch einen wasserlöslichen und dünn verlegten Klebstoff erreicht. Zum Entfernen des Belages wird Wasser unter Zusatz von Spülmittel aufgebracht und so die Klebewirkung zerstört. Der Klebstoff kann nach einer kurzen Einwirkung rückstandsfrei entfernt werden, ohne dabei den Untergrund zu beschädigen.

  - Einsatz in allen Bereichen möglich, in denen ein Rückbau des anzubringenden Belages zu einem späteren Zeitpunkt bereits geplant ist [14].

- Verlegung mit Hilfe eines Haftklebstoffs

  Haftklebstoffe sind Mischungen aus einer Anti-Rutsch-Beschichtung und einer Fixierung, die eine zähe Viskosität aufweisen.

  - Einsatzbereich bei allen Teppichböden sowie Elementfliesen [14].

- Verlegung mit Hilfe eines Klebstoffs

  Mit Hilfe eines Klebstoffs erfolgt eine feste und dauerhafte Verbindung des Belages mit dem Untergrund. Wichtige Parameter sind dabei die Auftragsmenge, Riefenhärte nach der Erhärtung und die Ablüftzeit. Die Entfernung des Bodenbelages ist aufgrund der zähen und oft elastischen Klebstoffriefen mit einem hohen Aufwand verbunden.

  - Einsatzbereich in stark bis extrem beanspruchten Räumen [14].

  Die Wahl des Klebstoffs richtet sich nach dem jeweiligen Einsatzgebiet (z. B. geeignet für Stuhlrollen, Fußbodenheizung oder Außenbereich). Außerdem ist die Auswahl von der Untergrundbeschaffenheit, dem Textilbelag und der späteren Beanspruchung abhängig. Die Verlegung erfolgt in der Regel nach der Klappmethode. Dabei werden je nach Raumlänge eine oder mehrere Bahnen mit einer Überlappung verlegt, die an den Längsseiten zurückgeschlagen werden, um anschließend den Klebstoff bogenförmig auf den Untergrund aufzubringen. Die Bahnen werden im Anschluss ins Klebstoffbett eingelegt. Das Ziehen mit einem Nahtspanner kann ein Auseinanderklaffen im Nahtbereich beseitigen [14].

- Verlegung durch Verspannen

  Bei dieser Verlegetechnik werden spezielle Bodenbeläge mit einer Nagelleiste verspannt. Die Beläge müssen in sich stabil sein und aus einem festen Gewebe bestehen.

  - Einsatzbereich in stark beanspruchten Räumen [14].

Diese Methode weist eine längere Lebensdauer des Bodenbelages als bei der Verklebung auf. Außerdem werden bessere Wärme- und Trittschalldämmwerte sowie ein höherer Gehkomfort erreicht. Die Nagelleisten werden ca. 5 mm von der Wand entfernt angebracht und der Bodenbelag eingehängt. Anschließend wird mit einem Kniespanner, der mit seinen Krallen in den Belag greift, die Bahn in Richtung der Leiste gezogen [14].

8.1.2 Holzfußbodenbeläge

Holzfußböden haben sich zu einem modernen Ausbauelement entwickelt und bieten dadurch neue Erfahrungen in der Holz- und Klebstofftechnologie sowie verbesserte Fertigungsverfahren. Mit der Verwendung von Holzfußböden kann eine geringe Wärmeableitung und eine hohe Trittschalldämmung erreicht werden. Zudem sind sie vielfältig in ihrer Gestaltung und umweltfreundlich in Herstellung und Verarbeitung [11]. Durch das hygroskopische Verhalten von Holz werden bei Parkett- und Holzbelägen höhere Anforderungen an den Untergrund gestellt. Der Holzfeuchtegehalt der Beläge ändert sich in Abhängigkeit der Raumtemperatur und -feuchte im Jahreszeitenverlauf. Das dadurch entstehende Quell- und Schwundverhalten wird weiterhin durch die Holzart, Dimensionierung der Elemente und das Verlegemuster beeinflusst [14].

Parkettbeläge

Die Verlegung der üblichen Parkettarten kann auf jedem festen, ebenen und trockenen Untergrund erfolgen. Dabei werden Anforderungen an die Ebenheit sowie an den Feuchte-, Schall- und Wärmeschutz gestellt. In Abhängigkeit von der Parkettart sowie den jeweiligen baulichen Umständen können die Beläge mit unterschiedliche Verlegetechniken (Bild 8.1) auf dem Untergrund eingebaut werden. Es ist zu beachten, dass an allen angrenzenden und durchdringenden Bauteilen eine genügend breite Randfuge (i. d. R. 10 bis 15 mm) berücksichtigt wird. Die Fugen werden mit Hilfe von Holzsockelleisten verdeckt, an der Wand befestigt und in den Eckbereichen auf Gehrung gestoßen [11].

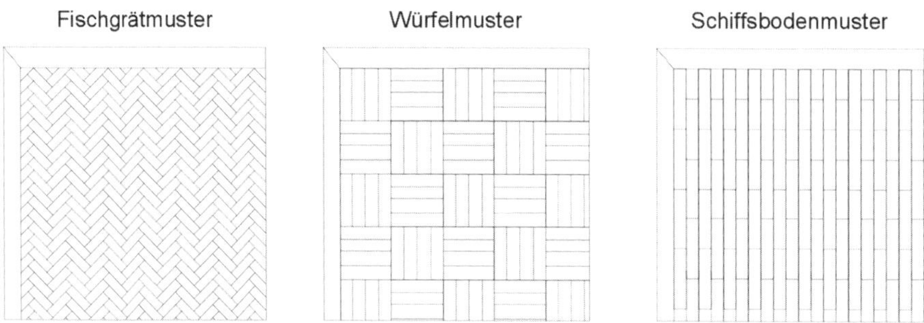

Bild 8.1 Verlegmuster von Parkettböden (Eigene Darstellung i. A. a. [11])

Für die Verlegung von Parkettfußböden werden Klebstoffe (Mischpolymerisate) nach DIN 281 verwendet, die nach dem Austrocknen ihren Endzustand annehmen. Sie können mit unterschiedlichen Komponenten hergestellt werden und sind gemäß Norm unterschieden in Lösungsmittelklebstoffe und wässrige Dispersionsklebstoffe. Bei feuchteempfindlichen Hölzern und Untergründen eignet sich die Verwendung von lösungsmittel- und wasserfreien Reaktionsharzklebstoffen (z. B. EP und PUR), die durch die chemische Reaktion von Harz und Härter ihre Klebewirkung bilden. Die Zusammensetzung der einzelnen Lamellen zu größeren Verlegeeinheiten sowie die Befestigung mit dem Untergrund unterscheidet sich je nach Parkettart [11]. Weitere Eigenschaften der verschiedenen Parkettarten werden in Tabelle 8.1 dargestellt.

Tabelle 8.1 Eigenschaften von Parkettböden [11]

Kriterien/ Parkettart	Gestaltung der Verlegeeinheit	Dicke	Verbindung	Verlegung und Befestigung	Feuchtegehalt
Stabparkett	Kante ringsum genutet	22 mm	Nut + Feder	Vollflächige Verklebung	9 ± 2 %
Massivholzparkett	Kanten rechtwinklig und scharfkantig	10 mm	Stumpfstoß	Stumpf aneinandergestoßen und vollflächig verklebt	9 ± 2 %
Mosaikparkett	Durch Netzgewebe gehaltene Einzellamellen	8 mm	Stumpfstoß	Vollflächige Verklebung der zusammengesetzten Lamellen	9 ± 2 %
Hochkant-Lamellenparkett	Hochkant aneinander gereihte Einzellamellen	8 mm	Nut + Feder	Vollflächige Verklebung	9 ± 2 %
Fertigparkett	Kanten ringsum genutet	6 mm	Nut + Feder	Vollflächig schwimmend, verdeckt genagelt oder schubfest verklebt	8 ± 2 %

Laminatböden

Laminatböden zählen eigentlich nicht zu den üblichen Holzböden und werden in eine eigene Bodenbelagsgruppe eingegliedert. Es besteht eine optische Ähnlichkeit zu den Dielen- und Parkettböden, wobei sich die Eigenschaften (z. B. thermische und mechanische Beanspruchbarkeit) unterscheiden [11]. Sie bestehen aus einem mehrlagigen Aufbau und werden in Form von Dielen oder Platten verlegt. Die DIN EN 13 329 regelt dabei die Laminatböden. Der meist dreischichtige Aufbau besteht aus folgenden Schichten (Bild 8.2):

- Deckschicht

  Bildet die sichtbare und dekorative Lage mit unterschiedlichen Oberflächenstrukturen und Glanzgraden und besteht aus dünnen Lagen eines faserhaltigen Materials (i. d. R. Papier). Die Imprägnierung erfolgt mit aminoplastischen und wärmehärtbaren Harzen (i. d. R. Melaminharz) [5].

- Trägermaterial

  Ist die Kernschicht des Laminatbodens und besteht in der Regel aus einer Spanplatte oder einer mittel- bzw. hochdichten Faserplatte (MDF oder HDF). Durch das Trägermaterial werden die Steifigkeit, Stoßfestigkeit sowie die Dimensionsstabilität beeinflusst.

- Gegenzug

  Wird auf die Unterseite des Trägermaterials aufgeleimt und besteht aus beispielsweise imprägnierten Papieren. Sie dient als Feuchtigkeitsschutz und stabilisiert das fertige Element [11].

Der Laminatboden kann mit einer zusätzlichen Verlegeunterlage besondere Eigenschaften erreichen [5].

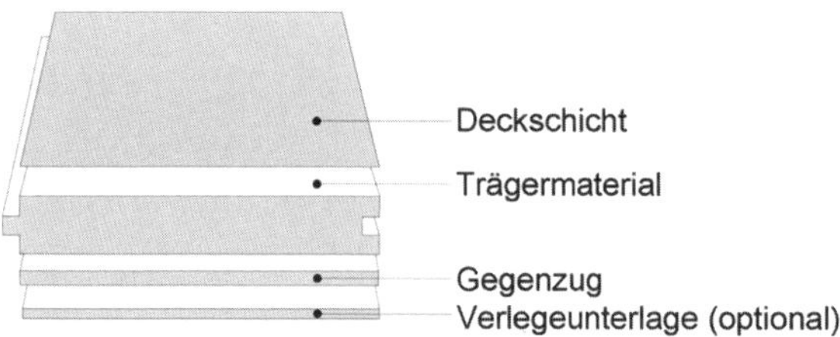

Bild 8.2 Aufbau eines Laminatbodenelements (Eigene Darstellung i. A. a. [5])

Je nach Herstellerangaben kann der Laminatboden wie folgt verlegt werden:

- vollflächig schwimmend auf Dämmschicht mit Nut-Feder-Verleimung,
- vollflächig schwimmend auf Dämmschicht mit leimloser Nut-Feder-Arretierung,
- vollflächig verklebt auf ebenem Untergrund mit Nut-Feder-Verleimung (Sonderfall).

Vor der Verlegung von Laminatböden ist eine richtige Vorbereitung des Untergrundes erforderlich. Die Anforderungen richten sich an die Festigkeit, Ebenheit sowie die Trockenheit. Erhöhte Anforderungen werden gemäß DIN 18 202 an die Ebenheit gestellt, um ein Federn beim Begehen zu vermeiden. Eine vorsorgliche feuchteschutztechnische Maßnahme wird durch die Anordnung einer 0,2 mm dicken PE-Folie auf den Untergrund (Estrich- oder Betonflächen) erreicht, die an den Stößen mindestens 20 cm überlappt und an den Wandflächen hochgeführt wird. Als Trittschalldämmung wird in der Regel eine 2 bis 3 mm dicke Dämmunterlage aus PE-Schaumstoff oder Kork verwendet. Es sind 8 mm breite Randfugen an angrenzenden und durchdringenden Bauteilen sowie ggf. Bewegungsfugen zu berücksichtigen. Der kraftschlüssige Verbund der Elemente wird durch die Nut-Feder-Verleimung (Weißleim, Beanspruchungsklasse D3 nach DIN EN 204) erreicht. Um eine Abdichtung der Fugen gegen einwirkende Feuchtigkeit zu gewährleisten, erfolgt immer eine vollsatte Verleimung. Im Gegensatz dazu lassen sich leimfreie Verlegesysteme mit Klickprofilen (Bild 8.3) einfacher, kostengünstiger und schneller verlegen und sorgen für eine zugfeste und dichte Verbindung im Stoßbereich [11].

Um eine erforderliche Abdichtung der Fugen gegen Feuchtigkeit sicherzustellen, werden die Wangen der Klickprofile im Werk mit einer Kantenhydrophobierung (Imprägnierung) versehen. Somit kann ein Aufquellen oder Aufwölben des Trägermaterials im Stoßbereich verhindert werden [11].

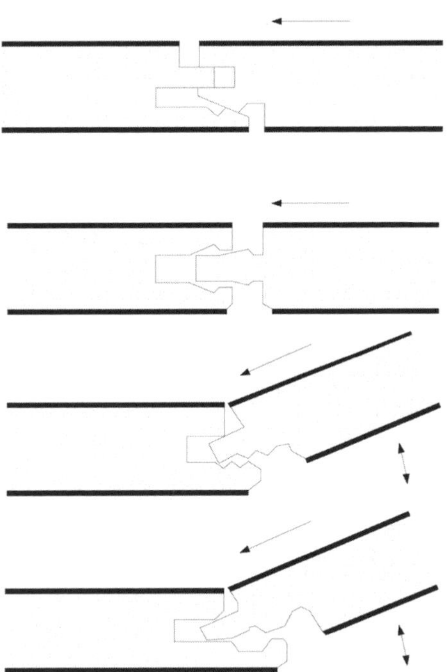

Bild 8.3 Leimfreie Verlegesysteme (Klickprofile) (Eigene Darstellung i. A. a. [11])

Holzdielen

Holzdielen sind Bretter, beispielsweise aus Tanne, Fichte, Lärche, Kiefer oder Douglasie, die auf sowohl auf Massivdecken als auch auf Holzbalkendecken verlegt werden können. Da bei breiteren Dielen eine höhere Verformungsgefahr besteht, werden schmale Dielen bevorzugt. Wie in Bild 8.4 zu sehen ist, werden sie passgenau gehobelt und mit einem Nut-Feder-System versehen (gespundetes Brett nach DIN 4072). Die Feuchteschutzmaßnahmen werden durch die vollflächige Verlegung einer 0,2 mm dicken PE-Folie, der Trittschallschutz durch die Anbringung von Mineralfaserdämmstreifen erreicht [11].

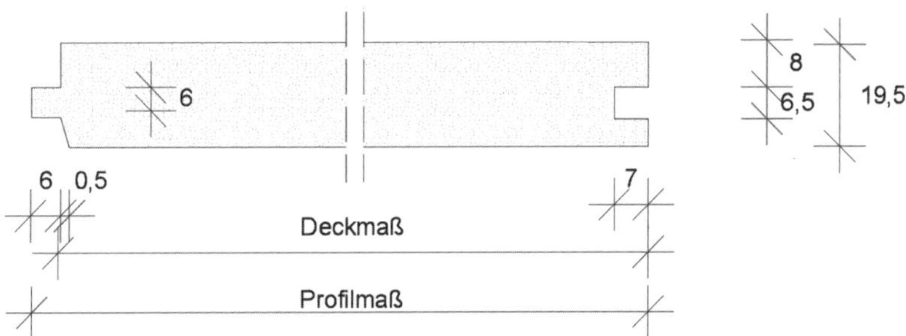

Bild 8.4 Hobeldiele mit Nut-Feder-System (Eigene Darstellung i. A. a. [11])

8.1.3 Elastische Bodenbeläge

Elastische Bodenbeläge können aus verschiedenen Materialien mit unterschiedlichen Eigenschaften bestehen und werden dort eingesetzt, wo die Reinigungsfähigkeit des Bodenbelages eine wichtige Rolle spielt. Die Nutzungsintensität und der Verwendungsbereich entscheiden über die Wahl der Belagsart. Hierbei können folgende Materialien für die Bodenbeläge verwendet werden:

- PVC-Bodenbeläge,
- Polyolefin-Bodenbeläge,
- Quarzvinyl-Bodenbeläge,
- Linoleum-Bodenbeläge,
- Kork-Bodenbeläge,
- Elastomer-Bodenbeläge [11].

Elastische Bodenbeläge sind nicht als abdichtende Maßnahme gegen drückendes Wasser von oben, wie z. B. in Duschräumen, geeignet. Die Nähte und die Anschlussfugen zu den Sockelprofilen können in Abhängigkeit des Materials und der Nutzung verschweißt oder thermisch verfugt werden. Um Unebenheiten auszugleichen, ist der Untergrund (Estrichoberfläche) prinzipiell mit einem Reinigungsschliff, einer Grundierung und einer ca. 2 mm dicken Spachtelmasse zu versehen. Die Bodenbeläge werden mit dem Untergrund vollflächig verklebt, wobei eine lose Verlegung mit ausdrücklicher Bestätigung durch den Hersteller ebenfalls möglich ist. Es ist zu beachten, dass die elastischen Bodenbeläge als Dampfsperre wirken, was bei einem erhöhtem Feuchtegehalt des Estrichs bzw. der Rohbetondecke zu Problemen führen kann. Bei hoher Estrich- bzw. Rohbetonfeuchte sollte aus diesem Grund eine entsprechende Dampfsperre direkt auf die Oberfläche verlegt werden [14]. Die Wahl des Klebstoffes richtet sich nach der Belagsart, der Beschaffenheit des Untergrundes sowie nach den Beanspruchungen. Die Klebstoffe müssen eine feste und dauerhafte Verbindung gewährleisten und dürfen keine gesundheitsschädigenden bzw. raumbelastenden Bestandteile aufweisen, wie z. B. synthetische Weichmacher (Hochsieder). Der Klebstoffauftrag erfolgt normalerweise mit einer Zahnspachtel unter Einhaltung weiterer Verarbeitungsvorschriften der jeweiligen Hersteller. Als Klebstoffarten können Dispersions-, Lösungsmittel-, Kontakt- und Reaktionsklebstoffe eingesetzt werden. Die Lösungsmittel- und Kontaktklebstoffe sind aufgrund ihres Lösungsmittelgehaltes umwelt- und gesundheitsschädlich sowie feuergefährlich und dürfen deshalb nur in Ausnahmefällen verwendet werden [11].

■ 8.2 Fliesen

Die Begriffe Fliesen, Platten und Kacheln werden im allgemeinen Sprachgebrauch oft unbedacht verwendet und in wichtigen Zusammenhängen vertauscht, wie z. B. bei der Beratung des Kunden oder der Erstellung von Baubeschreibungen. Unterschieden werden die Belagsmaterialien hauptsächlich nach der Entstehungsart in natürliche und künstliche Platten (Tabelle 8.2). Natursteinplatten werden in ihrer unterschiedlichen Entstehungsweise in drei Gruppen (magmatische Gesteine, metamorphe Gesteine und Sedimentgesteine) eingeteilt, die sich in ihren Eigenschaften und Anwendungsgebieten unterscheiden. Künstliche Platten dagegen werden industriell hergestellt und bleiben ungebrannt. Durch das Brennen dieser Platten werden sie als keramische Platten bezeichnet. Weiterhin werden diese keramischen Produkte je nach Aufbereitung in Fein- und Grobkeramik unterschieden. Alle Fliesen für Wand- und Bodenbeläge werden dem Bereich der Feinkeramik zugeordnet, wohingegen grobkeramische Beläge als Platten bezeichnet werden. Der Begriff „Platten" beinhaltet somit ungebrannte und grobkeramische Beläge sowie Natursteinerzeugnisse. Kacheln und Fliesen sind in Bezug auf die Herstellung und der Oberfläche ähnlich, jedoch weisen die Kacheln eine wesentlich höhere Dicke auf und sind lediglich für die Herstellung von Kachelöfen geeignet [2].

Tabelle 8.2 Fliesen und Platten [2]

Keramische Erzeugnisse	Natursteine	Nicht keramische Platten
Feinkeramik Steingut STG Irdengut IG Steinzeug STZ	**Magmatische Gesteine** (Erstarrungsgesteine) Granit Basalt Porphyr	**Betonwerksteine** Betonplatten Waschbetonplatten Terrazzoplatten
	Sedimentgesteine (Ablagerungsgesteine) Kalkstein Sandstein Solnhofener Platten Travertin	Glasplatten und -mosaike
Grobkeramik Spaltplatten Spaltriemchen Klinkerplatten Cottoplatten Formsteine	**Metamorphe Gesteine** (Umwandlungsgesteine) Marmor Schiefer Quarzit	Asphaltplatten

Zudem differenziert die DIN EN 14 411 keramische Belagsmaterialien nach ihrem Herstellungsverfahren (Formgebung) und ihrer Wasseraufnahme. Es ist zu beachten, dass die Gruppen keine Hinweise auf den Verwendungszweck geben und die Anforderungen an jede Gruppe den Anhängen A bis M der DIN EN 14 411 entsprechen müssen.

Unterteilung nach dem Herstellungsverfahren

- Gruppe A: Die Fliesen und Platten werden in der gewünschten Länge von einem Strang abgeschnitten (Strangpressen).
- Gruppe B: Die Fliesen und Platten werden aus einer sehr fein gemahlenen Masse unter hohem Druck in Formen gepresst (Trockenpressen) [6].

Außerdem existiert noch die Gruppe C, die nach anderen Verfahren (z. B. durch Gießen) hergestellt, jedoch nach der DIN EN 14 411 nicht weiter berücksichtigt wird.

Unterteilung nach der Wasseraufnahme (Tabelle 8.3)

- Gruppe I: Fliesen und Platten mit geringer Wasseraufnahme von $E \leq 3\,\%$.
  Bei der Gruppe B (trockengepresste Fliesen und Platten) zusätzlich unterteilt in:
  - Gruppe B I a mit $E \leq 0{,}5\,\%$
  - Gruppe B I b mit $0{,}5\,\% < E \leq 3\,\%$
- Gruppe II: Fliesen und Platten mit mittlerer Wasseraufnahme von $3\,\% < E \leq 10\,\%$.
  Bei der Gruppe A (stranggepresste Fliesen und Platten) zusätzlich unterteilt in:
  - Gruppe A II a mit $3\,\% < E \leq 6\,\%$
  - Gruppe A II b mit $6\,\% < E \leq 10\,\%$

  Bei der Gruppe B (trockengepresste Fliesen und Platten) zusätzlich unterteilt in:
  - Gruppe B II a mit $3\,\% < E \leq 6\,\%$
  - Gruppe B II b mit $6\,\% < E \leq 10\,\%$
- Gruppe III: Fliesen und Platten mit hoher Wasseraufnahme von $E > 10\,\%$ [2].

Tabelle 8.3 Einteilung der Fliesen und Platten nach ihrer Wasseraufnahme und Formgebung [6]

Formgebung	Wasseraufnahme (E_b) in Masseprozent			
	Gruppe I $E_b \leq 3\,\%$	Gruppe II_a $3\,\% < E_b \leq 6\,\%$	Gruppe II_b $6\,\% < E_b \leq 10\,\%$	Gruppe III $E_b > 10\,\%$
Verfahren A stranggepresst	Gruppe AI_a $E_b \leq 0{,}5\,\%$	A II_a Teil 1	A II_b Teil 1	A III
	Gruppe AI_b $0{,}5\,\% < E_b \leq 3\,\%$	A II_a Teil 2	A II_b Teil 2	
Verfahren B trockengepresst	Gruppe BI_a $E_b \leq 0{,}5\,\%$	B II_a	B II_b	B III
	Gruppe BI_b $0{,}5\,\% < E_b \leq 3\,\%$			

Bei der Kennzeichnung von Fliesen müssen folgende Punkte enthalten sein:

- Bezeichnung des Herstellers,
- Gütezeichen,
- Herstellungsart und Bezeichnung der Europäischen Norm,
- Nennmaß, Werkmaß (W), Modulmaß (M),
- Oberflächenbeschaffenheit (glasiert GL oder unglasiert UGL).

Bei Fliesen und Platten, die zur Herstellung von Bodenbelägen verwendet werden, sind noch folgende Produktinformationen notwendig:

- Angabe der Verschleißklasse (bei glasierten Fliesen und Platten),
- wenn erforderlich, ein Nachweis der rutschhemmenden Eigenschaft.

Beispiel: Die Bezeichnung einer Spaltplatte lautet:

Stranggepresste Fliese oder Platte; DIN EN 14 411, Anhang A

A I M 25 cm × 12, 5 cm (W 240 mm × 115 mm × 12 mm), GL [2]

8.2.1 Anforderungen

Die Anforderungen differenzieren sich nach den Abmessungen und der Oberflächenbeschaffenheit sowie den chemischen und physikalischen Eigenschaften [6]. Keramische Fliesen und Platten beinhalten die in Bild 8.5 zusammengefassten Abmessungen.

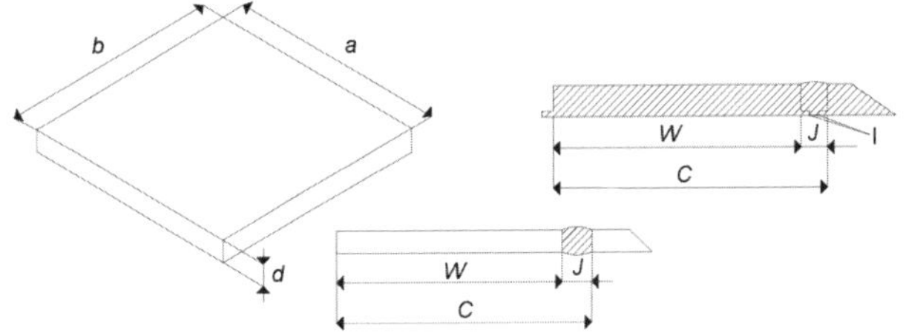

Nennmaß (N): Maß zur Beschreibung einer Fliese oder Platte [cm]
Werkmaß (W): Maß, das vom Hersteller vorgesehen wird [mm]
Istmaß: Tatsächliche Abmessung der Fliese oder Platte [mm]
Koordinierungsmaß (C): Werkmaß zuzüglich der Fugenbreite [mm]
Modulare Maße (M): Basieren auf der Grundlage eines Rastermaßes
M = 100 mm, Angaben als Vielfaches oder eines Teilmaßes von M [2]

Bild 8.5 Bezeichnungen der Fliesen und Platten nach DIN EN 14 411 (Eigene Darstellung i. A. a. [6])

Die physikalischen Anforderungen enthalten die Wasseraufnahme, Frostbeständigkeit, Ritzhärte der Oberfläche, Biegezugfestigkeit, Widerstand gegen Oberflächen- und Tiefenverschleiß sowie die thermische Beständigkeit. Darüber hinaus müssen Fliesen und Platten beständig gegen Haushaltschemikalien, Säuren und Laugen, Badezusätzen oder Fleckenbildnern sein. Die in Tabelle 8.4 gezeigten Toleranzen in Bezug auf die Anforderungen sollten dem Fliesenleger bekannt sein [2].

Tabelle 8.4 Toleranzen [2]

Anforderungen	Toleranzen	Bemerkungen
Länge und Breite	± 0,5 %	Ab 120 cm Kantenlänge
Dicke	± 0,5 mm	Bei 250 bis 500 cm^2
Geradheit der Kanten	± 0,3 %	-
Rechtwinkligkeit	± 0,5 %	-
Ebenflächigkeit	- 0,3 % / + 0,5 %	Mittel- und Kantenwölbung, Windschiefe
Oberflächenbeschaffenheit	Mind. 95 %	Fehlerfreie Oberfläche
Biegefestigkeit	15 N/mm^2 12 N/mm^2	Fliesendicke ≤ 7,5 mm Fliesendicke > 7,5 mm
Wasseraufnahme	10 M.-%	Mittelwert
Ritzhärte	Wand: mind. 3 Boden: mind. 5	Ritzhärte nach Mohs

Weitere Toleranzen wie Grenzabmaße, Winkel- und Ebenheitstoleranzen sind der DIN 18 202 zu entnehmen. Der Fliesenleger hat diese Toleranzen zu prüfen und sorgfältig zu protokollieren [2]. Des Weiteren müssen Fliesen und Platten Anforderungen an die Ritzhärte erfüllen, welche die Oberflächenhärte durch Ritzen mit einem spitzen Material wie z. B. Nagel oder Glas angibt. Rangniedrigere Werkstoffe können dabei durch höhere geritzt werden. Die Ritzhärte von Feinsteinzeugfliesen bzw. -platten, die gesinterte keramische Fliesen oder Platten mit einer Wasseraufnahme von ≤ 0,5 % darstellen, beträgt zwischen 6 und 7. Die Härteskala ist nachstehend dargestellt (Tabelle 8.5) [2].

Tabelle 8.5 Ritzhärte nach Mohs [2]

Werkstoff	Ritzhärte nach Mohs
Talk	Ritzhärte 1
Gips	Ritzhärte 2
Kalkspat	Ritzhärte 3
Flussspat	Ritzhärte 4
Apatit	Ritzhärte 5
Feldspat	Ritzhärte 6
Quarz	Ritzhärte 7
Topas	Ritzhärte 8
Korund	Ritzhärte 9
Diamant	Ritzhärte 10

Die in Kapitel Abschnitt 8.1 beschriebenen R- und V-Werte für Bodenbeläge in Arbeitsräumen liefern mit der Prüfung nach DIN 51 130 folgende Klassifizierungen (Tabelle 8.6 und Tabelle 8.7).

Tabelle 8.6 Zuordnung der Gesamtakzeptanzwinkel zu den Klassen der Rutschhemmung [4]

Gesamtakzeptanzwinkel	Klasse der Rutschhemmung
3° bis ≤ 10°	R 9
11° bis ≤ 19°	R 10
20° bis ≤ 27°	R 11
28° bis ≤ 35°	R 12
≥ 35°	R 13

Tabelle 8.7 Zuordnung des Verdrängungsraumes zur Kennzeichnung [4]

Mindestverdrängungsvolumen in cm^3/dm^2	Kennzeichnung
4	V 4
6	V 6
8	V 8
10	V 10

Bei der Planung ist die abzudichtende Fläche einer Wassereinwirkungsklasse zuzuordnen. Diese Wassereinwirkungsklasse ist abhängig von der Art und der Intensität der Wassereinwirkung und ist in der neuen Abdichtungsnorm DIN 18534 Teil 1 geregelt (Tabelle 8.8) [3].

Tabelle 8.8 Wassereinwirkungsklassen in Innenräumen [3]

Wassereinwirkungsklasse	Wassereinwirkung	
W0-I	Gering	Flächen mit nicht häufiger Einwirkung aus Spritzwasser
Beispiele	Wandflächen in Bädern außerhalb des Duschbereiches oder Küchen, z. B. hinter Waschbecken Bodenflächen ohne Bodenablauf z. B. Hauswirtschaftsräume, Gäste-WCs, Küchen	
W1-I	Mäßig	Flächen mit nicht häufiger Einwirkung aus Brauchwasser, ohne Intensivierung durch anstauendes Wasser
Beispiele	Wandflächen über Badewannen und in den Duschen im Badezimmer Bodenflächen in Bädern ohne/mit Ablauf ohne hohe Wassereinwirkung aus dem Duschbereich Bodenflächen in häuslichen Bereichen mit Ablauf, z. B. Waschmaschinenstellplatz	
W2-I	Hoch	Flächen mit häufiger Einwirkung aus Brauchwasser, vor allem auf dem Boden zeitweise durch anstauendes Wasser intensiviert
Beispiele	Wandflächen von Duschen in Sport- und Gewerbestätten Bodenflächen mit Abläufen und/oder Rinnen, mit bodengleichen Duschen, von Duschen in Sport- und Gewerbestätten	
W3-I	Sehr hoch	Flächen mit sehr häufiger oder lang anhaltender Einwirkung aus Spritz- und/oder Brauchwasser und/oder Wasser aus intensiven Reinigungsverfahren, durch anstauendes Wasser intesiviert
Beispiele	Duschanlagen in Sport- und Gewerbestätten Beckenumgangsbereiche und Wellnessanlagen in Schwimmbädern Flächen in Gewerbestätten, z. B. gewerbliche Küchen, Waschbereiche, lebensmittelverarbeitende Bereiche	

W = Wassereinwirkungsklasse
0 - 3 = Einstufung (gering, mäßig, hoch, sehr hoch)
I = Innen

Aus Bild 8.6 und Bild 8.7 können beispielhaft die Zuordnungen von Flächen zu den jeweiligen Wassereinwirkungsklassen entnommen werden.

mäßige Beanspruchung (W1-I)

hohe Beanspruchung (W2-I)

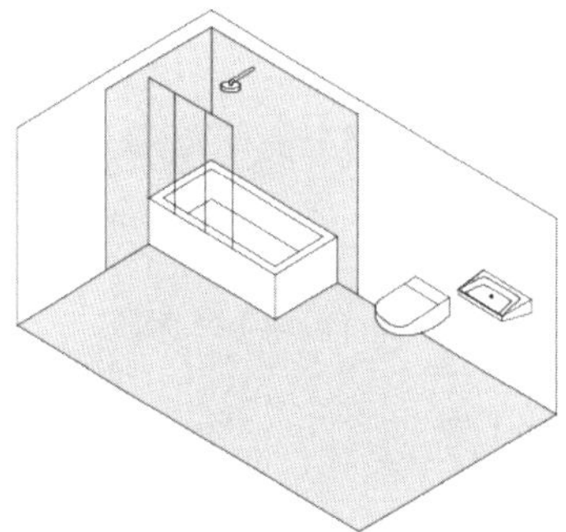

Häusliches Bad mit Badewanne mit Brause und Duschabtrennung

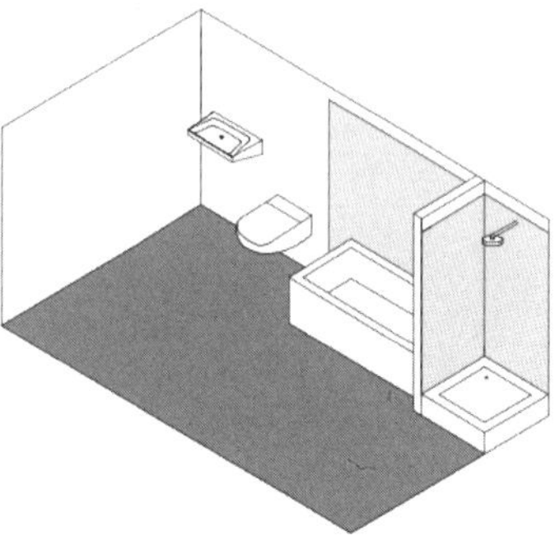

Häusliches Bad mit Badewanne ohne Brause und mit Duschtasse ohne Duschabtrennung

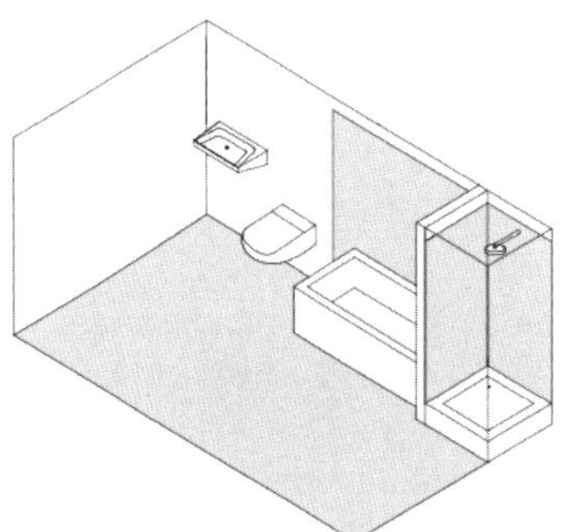

Häusliches Bad mit Badewanne ohne Brause und mit Duschtasse mit Duschabtrennung

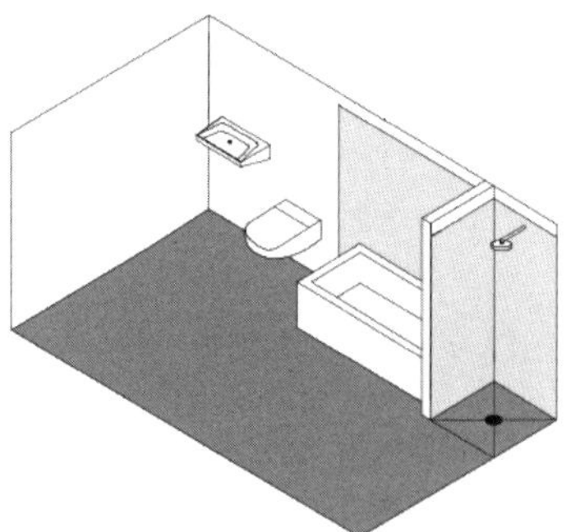

Häusliches Bad mit Badewanne ohne Brause und mit bodengleicher Dusche ohne Duschabtrennung

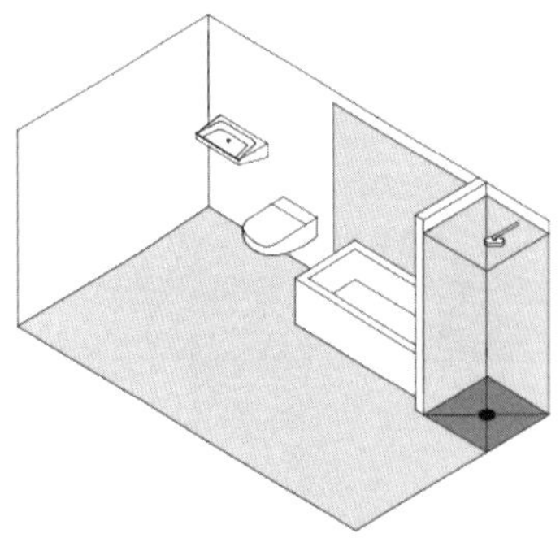

Häusliches Bad mit Badewanne ohne Brause und mit bodengleicher Dusche mit Duschabtrennung

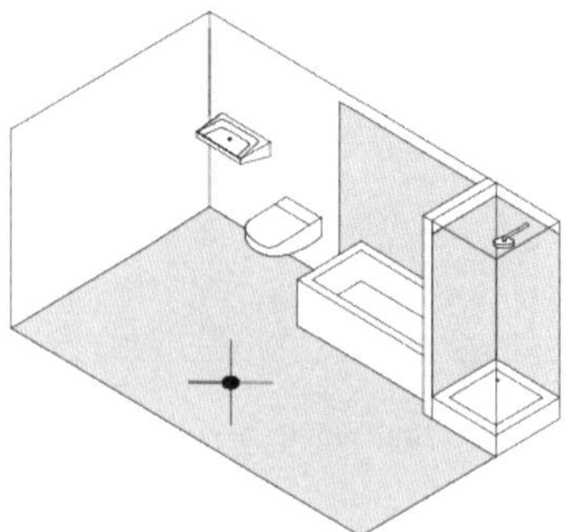

Häusliches Bad mit Badewanne ohne Brause und mit Duschtasse mit Duschabtrennung, Bodenablauf im Raum

Bild 8.6 Beispiel für die Zuordnung von Flächen mit mäßiger und hoher Wassereinwirkung (Eigene Darstellung i. A. a. [3])

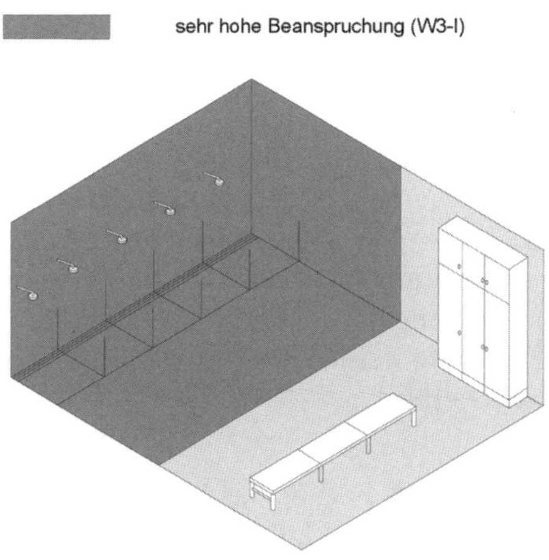

Bild 8.7 Beispiel für die Zuordnung von Flächen mit hoher und sehr hoher Wassereinwirkung (Eigene Darstellung i. A. a. [3])

Zum Verschluss von Bewegungs- oder Anschlussfugen werden Dichtstoffe benötigt. Zu diesem Zweck bestehen verschiedene Dichtstoffe mit unterschiedlichen Eigenschaften, die in nachfolgender Tabelle 8.9 aufgeführt sind.

Tabelle 8.9 Eigenschaften und Anwendungsbereiche von Dichtstoffen [2]

Dichtstoff	Eigenschaften	Anwendung
Silikon, neutral vernetzend	Wasserdampfdurchlässig, sehr gute Witterungsbeständigkeit, nicht überstreichbar, nicht korrosiv, UV-beständig, fungizid wirkend	Anschlussfugen zwischen Belag und Fenstern oder Türen im Innen- und Außenbereich, nicht für Trinkwasserbehälter, nicht in jedem Fall für Natursteine geeignet
Silikon, Acetat vernetzend	Temperaturbeständig bis 300 °C, schnelle Aushärtung, kann fungizid eingestellt sein	Für Trinkwasserbehälter, im Lebensmittelbereich, für medizinische Einrichtungen
Acrylat-Basis	Bewegungsaufnahme 10 % bis 18 %, überstreichbar	Innenausbau, Bewegungsfugen mit geringer Beanspruchung, im frischen Zustand mit Wasser entfernbar
Polyurethan-Basis	Hohe Wasserdampfdurchlässigkeit, gute Witterungsbeständigkeit, überstreichbar, schlagregendicht	Außenabdichtung von Anschlussfugen an Fenstern und Türen
MS-Hybrid-Polymer-Basis	Sehr gut anstrichverträglich, sehr gut witterungs- und alterungsbeständig, nicht korrosiv	Anschlussfugen im Innen- und Außenbereich

8.2.2 Verlegeverfahren

Das Ansetzen von Wandfliesen oder das Verlegen von Bodenfliesen kann im Dünnbett- oder Dickbettverfahren erfolgen. Beide Varianten bieten ihre Vor- und Nachteile.

Dünnbettverlegung

Die Dünnbettverlegung mit einer Dicke von 2 bis 4 mm benötigt einen ebenen Untergrund und gleichmäßig dicke Keramik- und Steinbeläge. Dabei unterscheidet sich die Auswahl des Dünnbettmaterials gemäß DIN EN 12 004 in zementhaltige Mörtel, Dispersionsklebstoffe und Reaktionsharzklebstoffe [10]. Bei der Verlegung werden drei verschiedene Verfahren unterschieden, die nachfolgend erläutert werden [2].

- Floating-Verfahren

  Das Floating-Verfahren stellt die schnellste Methode der Verlegung dar und wird häufig bei Belägen mit normalen Anforderungen angewandt. Dabei wird der Dünnbettmörtel auf den Untergrund aufgetragen und gemäß DIN 18 157-1 zweilagig ausgeführt. Zunächst wird eine dünne Kontaktschicht mittels Glättkelle aufgezogen, worauf der Auftrag des Dünnbettmörtels mit der gezahnten Glättkelle und der notwendigen Dicke erfolgt. Durch das Halten der Zahnkelle in einem Winkel von 45° bis 60° wird die benötigte Tiefe der Stege sichergestellt, die vom Format der Fliesen und Platten abhängig ist (Tabelle 8.10) [2].

Tabelle 8.10 Benötigte Zahntiefe der Kelle [2]

Kantenlänge der Fliesen und Platten	Zahntiefe der Kelle
≤ 50 mm	3 mm
> 50 mm ≤ 108 mm	4 mm
> 108 mm ≤ 200 mm	6 mm
> 200 mm	8 mm

- Buttering-Verfahren

  Während beim Floating-Verfahren der Dünnbettmörtel auf den Untergrund aufgetragen wird, erfolgt beim Buttering-Verfahren der Mörtelauftrag gleichmäßig auf die Rückseite der Fliesen oder Platten. Die Fliesen müssen angesetzt oder verlegt werden, bevor der Dünnbettmörtel beginnt, eine Haut zu bilden. Dieses Verfahren wird hauptsächlich bei Fliesen und Platten mit ungleichen Dicken sowie bei Reparaturarbeiten angewandt [2].

- Floating- Buttering-Verfahren

  Die Kombination beider Verfahren ist das Floating-Buttering-Verfahren. Der Fliesenleger trägt den Mörtel sowohl auf die Fliesen- oder Plattenrückseite als auch auf den Untergrund auf. Durch die Kombination der beiden Einzelverfahren benötigt das Verfahren mehr Zeit und Kosten, bietet allerdings ein fast vollsattes Klebebett. Zum Einsatz kommt das Verfahren bei Fassaden und Flächen, die höher beansprucht werden [2]. Bei hydraulischen Dünnbettmörteln und Reaktionsharzklebstoffen können alle drei Verfahren angewandt werden, während der Auftrag mit Dispersionsklebstoffen nur im Floating-Verfahren möglich ist [2].

Dickbettverlegung

Die früher als Standard-Verlegemethode angewandte Dickbettverlegung wurde durch die Entwicklung von Klebemörteln größtenteils durch die Dünnbettverlegung ersetzt. Das Dickbettverfahren bietet jedoch weiterhin Vorteile gegenüber dem Dünnbettverfahren. Beispielsweise können durch die Verlegung im Dickbett Unebenheiten des Untergrundes oder der Beläge optimal ausgeglichen und somit eine ebene Oberfläche erzielt werden. Der hohe Zeitaufwand sowie die hohen Konstruktionsdicken haben sich jedoch als nachteilig erwiesen. Hinzukommt, dass der hohe Wassergehalt im Verlegemörtel die Schwindverformungen und somit die Rissbildungsgefahr der Fliesen verstärkt [10]. Bei der Verlegung von Bodenfliesen im Dickbett wird zwischen der Einzelverlegung und der Verlegung in einem vorgezogenen Mörtelbett unterschieden. Die beiden Verfahren werden in Kapitel Abschnitt 8.2.4 näher erklärt.

8.2.3 Wandverfliesung

Als Wandbelag können prinzipiell alle Fliesen oder Platten eingesetzt werden, die jedoch aus optischen bzw. funktionellen Betrachtungsweisen oder von der Verlegeart beeinflusst werden können. Der Einsatz von typischen Bodenfliesen als Wandbelag ist durch die heutige Auswahl an chemischen Produkten und Zusatzmitteln ebenfalls möglich. In der Regel erfolgt die Unterscheidung in keramische Materialien (Fliesen und Platten) und nichtkeramische Platten (Naturstein und künstliche Platten). Die allgemeine Bezeichnung als Wandfliese erfolgt für Steingut- und Irdengutfliesen, welche die gleichen Eigenschaften und Einsatzgebiete aufweisen, jedoch in der Herstellung unterschiedlich sind [2]. Die Glasurschicht auf der Fliese gewährt eine schmutz- und wasserabweisende Oberfläche, verleiht der Fliese allerdings keine kratzfeste Oberfläche. Die wichtigsten Eigenschaften von Wandfliesen werden nachstehend aufgeführt:

- geringe Oberflächenhärte (Ritzhärte 4 nach Mohs),
- hohe Wasseraufnahme,
- nicht frostbeständig,
- geringe Druck- und Bruchfestigkeit,
- lichtecht,
- chemische Beständigkeit gegen Haushaltschemikalien und leichte Säuren.

Daraus lassen sich die Anwendungsgebiete von Steingut und Irdengut ableiten. Diese können nur an Wandflächen, in frostfreien Bereichen oder an Wandflächen im Nass- und Trockenbereich zum Einsatz kommen. Die Kennzeichnung von Wandfliesen gemäß DIN EN 14 411 kann beispielsweise wie folgt lauten:

Beispiel

EN 14 411 B III M 15 x 15 (W 148 x 148)

EN 14 411	Euronorm 14 411
B	trocken gepresste Platten
III	Grad der Wasseraufnahme, hier über 10 %
M	Modulmaß, Nennmaß
W	Werksmaß, Herstellungsmaß [2]

Untergrundprüfung

Bevor die Verlegung der Fliesen beginnt, sollte der Fliesenleger den Untergrund geprüft und sich für die richtige Untergrundvorbehandlung entschieden haben. Bei der Prüfung des Untergrundes sind folgende Fragen von Bedeutung:

- Welches Material liegt an den Wänden vor?
- Sind unterschiedliche Materialien verwendet worden?
- Sind Schäden wie Risse, Abwitterungsschäden, Feuchteschäden, Ausblühungen oder Verunreinigungen erkennbar?
- Sind größere Maßabweichungen erkennbar?

Nach der visuellen Prüfung des Untergrundes erfolgt die mechanische Prüfung, die zur Ermittlung der Tragfähigkeit dient [2]. Die in Tabelle 8.11 aufgelisteten Prüfmethoden können hierzu angewandt werden.

Tabelle 8.11 Prüfmethoden zur Beurteilung der Tragfähigkeit von Untergründen [2]

Prüfmethode	Prüfung
Wischprüfung, insbesondere bei Putzen	Kommt es beim Wischen des Untergrundes (mit der Hand oder einem trockenen Schwamm) zum Absanden des Putzes, kann man davon ausgehen, dass der Untergrund in der oberen Zone minderfest ist.
Kratzprüfung bei Beton und Putzen	Ein rautenförmiges Muster wird in den Untergrund eingeritzt. Die Aufbrüche entlang der Linien und besonders an den Kreuzungsstellen geben Auskunft über die Tragfähigkeit des Untergrundes und die Homogenität.
Klopfprüfung bei Beton und Putzen	Mit einem Maurerhammer oder Fäustel klopft der Fliesenleger großflächig den Untergrund bzw. auffällige Stellen leicht ab. Ein heller Klang signalisiert festen Untergrund, ein dunkler dumpfer Klang Hohlstellen. Bei Großprojekten kommt ein elektronisches Hohlstellensuchgerät zum Einsatz.
Benetzungsprüfung, insbesondere bei Beton und Betonfertigteilen, keine Untergründe aus Holz oder Bauplatten	Hierbei prüft man die Saugfähigkeit des Untergrundes mit einer wassergefüllten Sprühflasche. Angemessenes Aufsaugen des Wassers vom Untergrund bestätigt eine gute Saugfähigkeit. Perlt das Wasser dagegen auf der Oberfläche, sind das Hinweise auf Schalungsöl-Rückstände, Farbreste, Fette oder Sinterschichten.
Feuchtemessung, bei Putzen und Beton	Die Inaugenscheinnahme liefert ein sicheres Indiz ob bei Wandbelägen Feuchtigkeitsschäden vorliegen. Der Nachweis kann mit einem CM-Messgerät durchgeführt werden. Die einzige Festlegung für die Restfeuchte gibt es im Wandbereich bei Gipsputz (< 1,0 CM-%), der allerdings kein Ansetzuntergrund ist.

An die fertigen Fliesenbeläge werden hohe Anforderungen gestellt, weshalb der Fliesenleger in der Lage sein muss, die gewünschten Abmessungen herzustellen. Bereits im Rohbau muss er die zu verfliesenden Flächen auf folgende Eigenschaften prüfen:

- Maßhaltigkeit

  Um eventuell anfallende Korrekturarbeiten vornehmen zu können, müssen die Maße der Rohbaukonstruktion aufgenommen werden. Falls die Ausführung der Verlegearbeiten nicht möglich sein sollte, müssen beim Auftraggeber unverzüglich Bedenken angemeldet werden.

- Prüfung der Winkligkeit

  Zu den wichtigsten Eigenschaften des Belages zählt die Rechtwinkligkeit der gefliesten Wände. Sie können durch verschiedene Methoden überprüft werden, wobei der Einsatz von Bauwinkeln aus Stahl oder Aluminium die einfachste Variante darstellt. Allerdings sollten dabei ausreichend lange Schenkel bevorzugt werden, da mit zunehmender Schenkellänge die Messgenauigkeit erhöht wird. Alternativ erfolgt die Messung des rechten Winkels nach dem Lehrsatz des Pythagoras (Bild 8.8). Dieser kann am einfachsten über das Seitenverhältnis 3:4:5 erreicht werden. Dazu haben sich in der Praxis Seitenverhältnisse wie z.B. 0,60 m:0,80 m:1,00 m durchgesetzt. Des Weiteren bietet sich die Prüfung über den Satz des Thales an (Bild 8.8). Dieser Lehrsatz besagt, dass alle Winkel am Halbkreisbogen rechte Winkel sind [2].

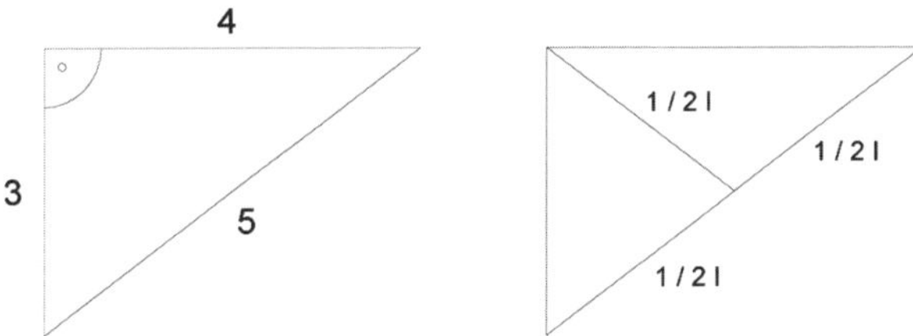

Bild 8.8 Die Winkligkeit kann mit dem Satz des Phytagoras (links) und dem Satz des Thales (rechts) überprüft werden (Eigene Darstellung i. A. a. [2])

Falls die Winkligkeit nicht mehr innerhalb der zulässigen Toleranzen gewährleistet werden kann, sind die Wandbeläge noch ebenflächig, allerdings ist es dann möglich, dass sie nicht mehr rechtwinklig zueinander sind. Daraus resultieren Fugenverläufe des Bodens, die nicht parallel zu den Wandfugen verlaufen und ein trapezförmiger Anschnitt der Ausgleichstreifen [2].

- Prüfung der Ebenheit

  Die Anforderungen an die Ebenheit des Untergrundes (Bild 8.9) sind im Dickbettverfahren nicht die gleichen wie im Dünnbettverfahren. Generell sollten Ebenheitstoleranzen mittels Ansetzmörtel in durchschnittlicher Dicke ausgeglichen werden können [2]. Gemäß DIN 18 202 sind für nicht verputzte Rohbauwände die in Tabelle 8.12 aufgeführten Toleranzen einzuhalten.

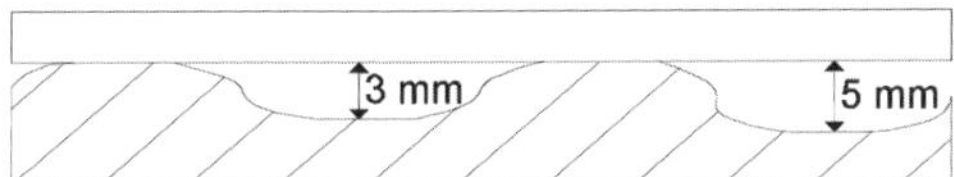

Bild 8.9 Messen der Ebenheit (Eigene Darstellung i. A. a. [2])

Tabelle 8.12 Ebenheitstoleranzen [2]

Abstand der Messpunkte	Zulässige Abweichungen
0,10 m	0,5 cm
1,00 m	1,0 cm
4,00 m	1,5 cm
10,00 m	2,5 cm
15,00 m	3,0 cm

Verlangt der Auftraggeber den Ausgleich der Abweichungen mit einem Unterputz, einer Trockenbaukonstruktion oder einer Spachtelung, stellen diese Arbeiten zusätzliche Leistungen dar [2]. Die Art der Vorbehandlung wird vom Fliesenleger bei der Untergrundprüfung festgelegt. Dabei ist zu berücksichtigen, wie der zu verfliesende Raum später genutzt wird und welche Feuchtigkeitsbeanspruchungsklasse daraus resultiert. Erst dann kann die Auswahl der Belags-, Fugen- und Abdichtungsmaterialen erfolgen. In der Tabelle 8.13 werden unterschiedliche Vorbehandlungsmethoden aufgezeigt, die je nach Untergrundart variieren [2].

Tabelle 8.13 Vorbehandlung des Untergrundes bei Wandverfliesung [2]

Verlegeuntergrund	Eigenschaften und Vorbehandlung
Beton	
A) Glatter Beton	Haftgrund streichen
B) Schalungsrauer Beton	Rufen abschlagen, evtl. Unebenheiten ausspachteln und Haftgrund streichen
Künstliche Mauerwerke	
A) Mauerziegel	Stark saugend und uneben, i. d. R. Spritzbewurf und Unterputz der Putzgruppe P II aufbringen
B) Kalksandstein	Bei unebener Fläche: wie Mauerziegel Bei ebener Fläche: mit Haftgrund vorbehandeln
C) Porenbeton	Sehr stark saugend, bei ebener Ausführung ohne Putz mit Haftgrund vorbehandeln
Gipsbaustoffe	
A) Gipskartonbauplatten (GKB-Platten), Kartonfarbe: Grau-beige, Stempelfarbe: Blau	Geeignet als Untergrund für private Badezimmer, geringe Wasseraufnahme, fungizide Imprägnierung gegen Schimmelpilzbildung, zur Haftverbesserung Haftgrund streichen
B) Gipskartonfeuerschutzplatte (GKF-Platte), Kartonfarbe: Grau-beige, Stempelfarbe: Rot	Wie GKB-Platten
C) Imprägnierte Gipskartonfeuerschutzplatten (GKFI-Platte), Kartonfarbe: Grün, Stempelfarbe: Rot	Kombination von GKB-Platten und GKF-Platten, für Badezimmer geeignet
D) Gipsfaserplatten	Bestehen aus hydrophobiertem Gips mit 20 % Cellulosefasern, Grundierung mit speziellem Haftgrund oder Einlassgrund für Gipsbaustoffe
E) Gipsvliesplatten	Nicht hydrophobiert und nicht für Badezimmer geeignet

Verlegeuntergrund	Eigenschaften und Vorbehandlung
Putzuntergründe	
A) Kalkputz (P I)	Nicht als Verlegeuntergrund geeignet, da keine ausreichende Festigkeit.
B) Kalkzementputz (P II)	Bei ausreichender Festigkeit sind ein Haftgrund aufzubringen und evtl. Unebenheiten auszuspachteln.
C) Zementputz (P III)	Als Verlegeuntergrund bedingt geeignet, da sehr geringe Feuchteaufnahme und somit nicht feuchtigkeitsausgleichend.
D) Gipsputz (P IV)	Vorbehandlung mit Grundierung, für Feuchteräume nicht geeignet, lediglich für die Feuchtebeanspruchungsklassen 0 und A 0 2,
Holzbaustoffe	
Holzspanflachpressplatten Holzfaserplatten Baufurniersperrholz	Feuchteempfindlich, hohes Schwind- und Quellverhalten, hohe Temperaturausdehnung, ungeeignet für Feuchträume
Dämmstoffe	
A) Mineralfaserplatten	Ungeeignet
B) Hartschaumplatten	Geeignet, auch mit aufgespachteltem Gewebe auch ohne Grundierung möglich
C) Polystyrol-Hartschaumplatten	Ungeeignet, da mangelnde Festigkeit
Alter Fliesenbelag	
Festigkeit prüfen, säubern, evtl. ausspachteln und für die Grundierung einen speziellen Haftgrund für Fliesenuntergründe verwenden.	

Verlegung der Wandfliesen

Nach erfolgreicher Prüfung des Untergrundes und einem angebrachten Spritzbewurf kann mit dem eigentlichen Ansetzverfahren der Wandfliesen im Dickbettverfahren begonnen werden. Zunächst werden je eine senkrechte und waagerechte Bezugsachse für die Einrichtung der Wand benötigt. Durch die waagrechte Bezugsachse wird eine Lehre für die erste Schicht hergestellt, die sich auf 100 cm Höhe von der Oberkante des fertigen Fußbodens (OKFF) befindet. Aufgrund der Fuge zwischen Bodenfliesen und Sockelfliesen mit einer Dicke von 7 mm reduziert sich der Abstand auf 99,3 cm. Eine Setzlatte aus Stahl, Holz oder Aluminium kann als Lehre verwendet werden, die vollflächig aufliegen muss und nach Erreichen der benötigten Höhe in Waage gebracht wird. Die waagerechten Bezugsachsen werden durch die senkrechten Bezugsachsen ergänzt, welche die seitlichen Lote beim Ansetzen bilden und an den angrenzenden rechtwinkligen Wänden angeordnet werden [2].

Der benötigte Abstand zwischen Wand und Lotschnur resultiert aus der Mörtelbettdicke zuzüglich Fliesendicke. Die Lotschnur kann frei hängen oder fixiert werden und ist in der Wand oberhalb des Belags mittels Putzhaken fixiert. Nachdem die Wand eingerichtet ist, erfolgt das Herstellen des Ansetzmörtels. Durch das Eintauchen der Fliesen in einen Wassereimer werden die Poren bis etwa zu einem Drittel ihrer Wasseraufnahmefähigkeit gesättigt. Dadurch wird verhindert, dass dem Mörtel das Wasser zu schnell entzogen wird und er an Festigkeit verliert. Jedoch liegt die Entscheidung beim Fliesenleger und seiner Einschätzung zur Saugfähigkeit des Untergrundes. Anschließend beginnt das Ansetzen der Punktfliesen, die beiden äußersten Fliesen, deren lotrechter Sitz sicherheitshalber mit einer Wasserwaage überprüft wird [2].

An den angesetzten Punktfliesen, die bei Bedarf in ihrer Anzahl erhöht werden können, orientiert sich der Fliesenleger nun mittels verbundener Gummischnur für die weiteren Fliesen in der ersten Schicht. Beim Ansetzen der Fliesen ist darauf zu achten, dass diese vollsatt anliegen und keine Hohlräume entstehen. Die Lebensdauer und Funktionalität der Wandfliesen kann durch Hohlstellen beeinträchtigt werden und zu folgenden unerwünschten Erscheinungen führen:

- bei Druckbeanspruchungen der Fliesen zerbrechen diese genau über den Hohlstellen,
- verminderte Haftfestigkeit,
- Platz für eindringendes Wasser und Ungeziefer [2].

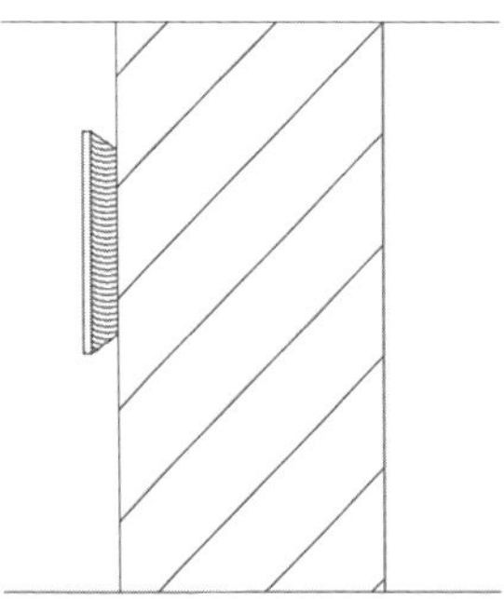

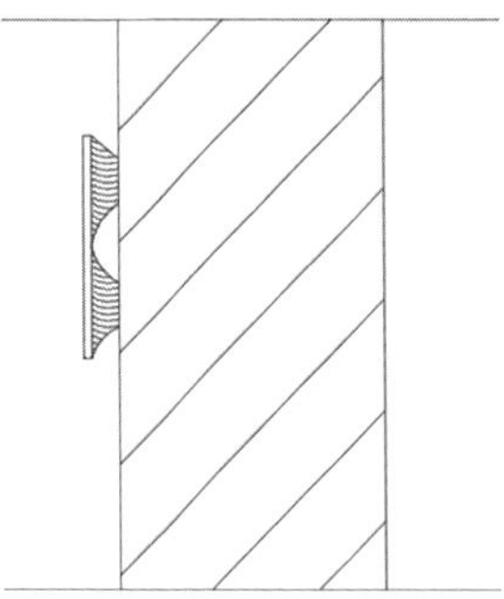

Bild 8.10 Ansetzen der Wandfliesen. Oben: vollsattes Mörtelbett; unten: Hohlräume durch falsches Ansetzen der Fliese (Eigene Darstellung [2])

Sobald der Mörtel auf die Fliese angebracht wird, erfolgt das Ansetzen der Fliese von unten nach oben an die Wand und wird nach dem Andrücken mit dem Kellengriff leicht angeklopft. Dies führt zur Verdichtung des Mörtelbettes sowie zur Verteilung des Mörtels in die freien Räume. Die erste angesetzte Schicht bildet die Grundlage für das gesamte Wand- und Fugenbild. Deshalb werden für einheitliche waagrechte (Lagerfuge) und senkrechte Fugenbreite (Lotfugen) Fliesenkeile aus Kunststoff oder Holz benutzt. Schließlich, wenn die erste Schicht vollständig angesetzt ist, wird eine Schräge aufgezogen, die ein einfacheres Ansetzen der nächsten Schicht ohne Abrutschen ermöglicht. Mit ständiger Kontrolle der Flucht und Ebenflächigkeit werden die restlichen Fliesen analog zur ersten Schicht angesetzt und die Belagsfugen mehrmals abgewischt. Mit Beendigung der Ansetzarbeiten werden die Seiten und der obere Abschluss mit Mörtel ausgeworfen, damit auch in diesen Bereichen ein vollsattes Mörtelbett (Bild 8.10) entsteht [2].

Verfugung der Wandfliesen

Bei unterschiedlichen Untergründen von Wänden und Böden werden bei der Abschlussfuge an der Wand elastische Bewegungsfugen benötigt (Bild 8.11), die regelmäßig überprüft und bei Bedarf erneuert werden müssen. Die Belagsfugen besitzen folgende allgemeine Aufgaben:

- Ausgleich von geringen Spannungen im Belag,
- gestalterische Aufgaben,
- Schutz vor Wassereintritt in den Untergrund,
- Schutz vor Verschmutzung des Untergrundes,
- Ausgleich von Maßtoleranzen der Fliesen.

Je nach Art der Fliesen und Platten, der Belagsbeanspruchung sowie der Raumfunktion werden Belagsfugen gemäß DIN 18 157-1 geregelt. Bei Fliesen mit einer Kantenlänge bis 150 mm ist eine Fugenbreite von ca. 2 mm notwendig, während bei Kantenlängen über 150 mm Fugenbreiten von 2 bis 8 mm benötigt werden. Durch das regelmäßige Abwischen des Mörtels auf den Wandfliesen kann die Trocknung des Mörtels verhindert werden, die ansonsten zu Kratzern auf der Glasur führen kann. Vor dem Verfugen ist eine Wartezeit von 12 bis 24 Stunden einzuplanen, damit die noch offenen Fugen ihre Baufeuchtigkeit abgeben können. Anschließend kann die Verfugung mit einem hydraulisch erhärtenden Mörtel vorgenommen werden, der über die Gummifugenscheibe aufgebracht und diagonal in die Fugen gedrückt wird. Dieser Vorgang wird so lange durchgeführt, bis alle Fugen vollflächig ausgefüllt sind. Das Entfernen von überschüssiger Fugenmasse erfolgt wiederum mit dem Fugengummi, der ohne Fugenmasse über die Fläche abgezogen wird. Das Abwaschen des Fliesenbelages nach der Erhärtungszeit führt zum Entfernen von Unebenheiten und gewährt einen fließenden Übergang zu den Fliesen [2].

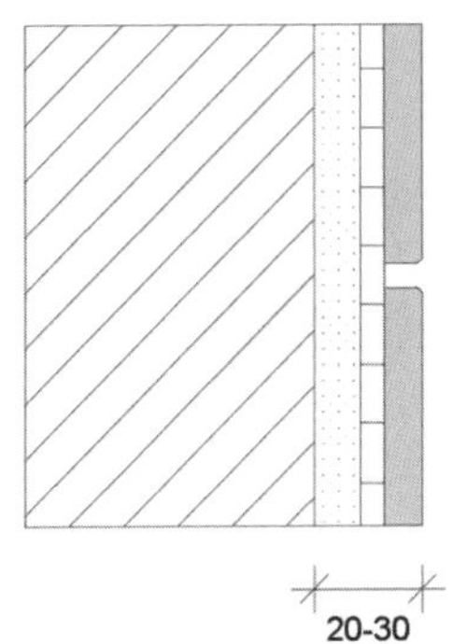

Bild 8.11 Konstruktionsdicken von Wandfliesen (Eigene Darstellung i. A. a. [1])
Links: Wandfliesen im Dünnbett auf ebenem Untergrund
Mitte: Wandfliesen im Dünnbett auf Putz
Rechts: Wandfliesen im Dickbett

8.2.4 Bodenverfliesung

Der Bodenbelag wird in Abhängigkeit der jeweiligen Beanspruchungsart (Wohnbereich oder gewerblicher Bereich) gewählt. Sind höhere Beanspruchungen zu erwarten, werden in der Regel Steinzeugfliesen oder Spaltplatten verwendet. Diese Beläge weisen eine geringe Wasseraufnahme auf und können mit oder ohne Glasur verwendet werden [10]. Werden glasierte Fliesen verwendet, ist der Verschleiß hauptsächlich von der Sauberkeit der Schuhsohlen abhängig. Die Beanspruchung erhöht sich mit zunehmendem Schmutz, der über die Schuhsohlen in die Fliesenbereiche eingebracht wird. Aus diesem Grund sollten in Wohnbereichen keine Straßenschuhe getragen und Matten oder Schuhabstreifer zur Reduzierung der Belastung verwendet werden. Die Beanspruchungen der Fliesen sind nach der DIN EN 154 in fünf Gruppen unterteilt [12].

Untergrundprüfung

Die Untergrundprüfung ist ein sehr wichtiger Teil der Fliesenlegerarbeiten. Ist der Untergrund (z. B. Estrich) nicht fachgerecht hergestellt, kann dies zu großen Schäden führen. Sind Fehler im Untergrund vorhanden, müssen diese vom Fliesenleger unverzüglich angemeldet werden, da ansonsten die ausführende Fliesenlegerfirma oder der verantwortliche Fliesenleger für auftretende Schäden und Mängel haftet.

Die Untergrundprüfung sollte folgende Punkte enthalten:

- Inaugenscheinnahme
  - visuelle Prüfung (z. B. Art des Untergrundes, Schäden),
  - Klopfprüfung (z. B. Hohlstellen, Stabilität),
  - Benetzungsprüfung (z. B. Saugfähigkeit des Belages),
  - Kratzprobe (z. B. Verankerungs- und Tragfähigkeit der Oberfläche).
- Ebenheitsprüfung

  Die Ebenheit wird mit Hilfe eines Richtscheits oder einer Wasserwage geprüft und muss den Ebenheitstoleranzen der DIN 18 202 entsprechen.
- Prüfung der Maße und Rechtwinkligkeit

  Der Fliesenleger hat prinzipiell die Übereinstimmung der tatsächlichen Maße mit den Maßen aus den Plänen bzw. dem Leistungsverzeichnis sowie die Rechtwinkligkeit mit Hilfe eines Bauwinkels zu prüfen.
- Feuchtemessung

  Eine Feuchtemessung wird benötigt, um die Belegreife des Estrichs festzustellen.

  Prüfung der Bewegungsfugen.

  Randfugen, Feldbegrenzungsfugen sowie Randdämmstreifen müssen vorhanden und fachgerecht ausgeführt sein. Somit kommt es zu keiner Zerstörung der Randfugen durch mögliche Verformungen des Estrichs, die durch die dampfdichten Bodenbelagsmaterialien hervorgerufen werden können [2].

Bei der Verfliesung von Badezimmern bzw. Feuchträumen müssen je nach Untergrundart und Feuchtigkeitsbeanspruchungsklasse die in Tabelle 8.14 gezeigten Maßnahmen für die Vorbereitung des Untergrundes ausgeführt werden [2].

Tabelle 8.14 Vorbehandlung des Untergrundes bei Bodenverfliesung in Feuchträumen [2]

Untergrund	Feuchtigkeitsbeanspruchungsklasse 0	Feuchtigkeitsbeanspruchungsklasse A 02	Vorbehandlung
Zement-Estrich	Geeignet	Geeignet	Grundierung und ggf. benetzbaren Ausgleich aufbringen, keine Sinterschicht
Calciumsulfat-Estrich	Geeignet	Nicht geeignet	Abschleifen und spezielle Grundierung aufbringen. Beim Einsatz von selbstnivellierendem Fließestrich ist kein Ausgleich erforderlich
Gussasphalt-Estrich	Geeignet	Geeignet	Grundierung aufbringen und Oberfläche mit Sand abreiben. Da ein maßgenauer Einbau möglich ist, wird kein Ausgleich benötigt
Gipskartonbau-Platten	Geeignet	Nicht geeignet	Grundierung aufbringen
Gipsfaserplatten	Geeignet	Nicht geeignet	Spezielle Grundierung aufbringen
Holzspanplatten	Bedingt geeignet	Nicht geeignet	Biegesteif befestigen und spezielle Grundierung aufbringen
Holzdielen	Bedingt geeignet	Nicht geeignet	Biegesteif befestigen und spezielle Grundierung aufbringen
Keramisches Belagsmaterial	Geeignet	Geeignet	Auf genügende Festigkeit prüfen und nach einer gründlichen Reinigung eine spezielle Grundierung aufbringen

Die Reinigung des Untergrundes kann durch Sandstrahlen, Fräsen oder Schleifen erfolgen. Die Fläche, insbesondere vorhandene Risse und Poren, sind anschließend gründlich zu säubern (Abfegen oder Absaugen) [2].

Verlegung der Bodenfliesen

Um eine bessere Haftung der Fliesen zu ermöglichen, wird zunächst eine Zementpuderschicht oder eine Haftschlämme aufgetragen. Dabei wird der Zement mit der Hand aufgetragen. Es ist darauf zu achten, dass die Ebenheit der Mörtelschicht nicht beeinflusst wird. Zementpuder kann den Haftverbund durch sein starkes Schwindverhalten (7 mm/m) leicht zerstören und sollte deshalb nur im Ausnahmefall verwendet werden. Haftschlämme bieten dagegen die bessere Methode, da sie hoch kunststoffvergütet sowie flexibel sind und somit einen schnellen und dauerhaften Verbund gewährleisten. Zudem kann die Haftschlämme im Gegensatz zum Zementpuder auch dann eingesetzt werden, wenn der Mörtel bereits angezogen hat. Die Fliesen können anschließend in dem gewünschten Verlegemuster und der entsprechenden Anlegeform in die Haftschicht eingelegt und eingeklopft werden. Das Einklopfen erfolgt üblicherweise bei größeren Platten mit einem Gummihammer und bei kleineren Platten mit Hilfe einer ebenen Holzplatte [2].

Die Fliesen und Platten können im Dünnbett- oder Dickbettverfahren verlegt werden (Bild 8.12). Die Verlegung im Dünnbettverfahren benötigt einen ebenen Untergrund sowie gleichmäßig dicke Fliesen. Bei Unebenheiten im Untergrund wird ggf. eine Glätt- oder Ausgleichschicht benötigt. Der Fliesenkleber oder Dünnbettmörtel wird mittels einer Kelle auf die Verlegefläche aufgetragen, mit einem Kammspachtel abgezogen und anschließend die Fliese eingelegt. Die Schichtdicke richtet sich nach dem Fliesenformat und beträgt zwischen 2 bis 5 mm. Das Dünnbettverfahren kann für massive Untergründe und für Trockenbaukonstruktionen angewandt werden [1]. Bei der Verlegung im Dickbett wird zwischen der Einzelverlegung oder der Verlegung in einem vorgezogenen Mörtelbett unterschieden. In beiden Verfahren wird der Untergrund zuerst geprüft, gesäubert und anschließend angefeuchtet.

Bei der Einzelverlegung wird der Verlegemörtel für ein bis zwei Fliesenreihen aufgetragen und der Boden in U-Form angelegt. Nach der Befestigung der Spannschnur (Fliesenhexe) an den beiden außenliegenden Punktfliesen wird der Verlegemörtel mit einer durchschnittlichen Dicke von 20 mm aufgetragen und die Fliesen ca. 8 mm tief eingeklopft. Beim Einklopfen ist darauf zu achten, dass sich die Fliesen nicht verdrehen oder verkanten. Das dabei aus den Fugen austretende Mörtelmaterial sollte direkt mit einer Kelle abgestrichen werden, um somit einen grauen Zementschleier auf dem Belag zu verhindern. Da diese Variante einen hohen Zeitaufwand sowie ein gutes handwerkliches Geschick fordert, wird sie in der heutigen Praxis lediglich in besonderen Fällen ausgeführt, wie z. B. bei der Verlegung von Belägen mit unterschiedlichen Dicken (Natursteine oder handgezogene Fliesen).

Die Verlegung im vorgezogenen Mörtelbett bietet eine effektivere Methode für die Verlegung von Fliesen und Platten. Nach der Aufbringung des Verlegemörtels auf den Untergrund wird dieser verdichtet und abgezogen. Bei einer fachgerechten Ausführung kommt es zu einer hohlraumfreien und hochbelastbaren Mörtelschicht. Die zu vermörtelnde Fläche ist abhängig von der Verlegegeschwindigkeit des Bodenlegers sowie von den Raum- und Außentemperaturen. Zu beachten ist, dass das Verlegen unmittelbar nach dem Mörtelauftrag auszuführen ist, um somit einen späteren Festigkeitsverlust zu vermeiden. Mit dieser Methode wird eine hohe Verlegeleistung bei gleichmäßigen Dicken ermöglicht [2].

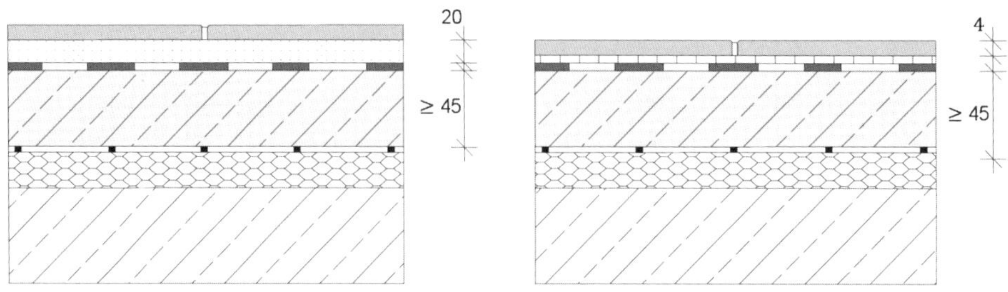

Bild 8.12 Konstruktionshöhen von Bodenfliesen im Dickbettverfahren (links) und im Dünnbettverfahren (rechts) (Eigene Darstellung i. A. a. [1])

Verfugung der Bodenfliesen

Die Verfugung der Belagsfugen erfolgt nach einer ausreichenden Trocknungszeit. Diese beträgt beim Dickbettverfahren ca. 7 bis 14 Tage, beim Dünnbettverfahren ca. 1 bis 3 Tage [1]. Vor dem Verfugen sollten die Fugen sauber ausgekratzt werden, um somit die erforderliche Festigkeit sowie ein einheitliches Fugenbild sicherzustellen. Die Verfugung wird üblicherweise großflächig im Schlämmverfahren durchgeführt. Um eine optimale Qualität und eine gleichmäßige Farbgebung der Fugen zu erreichen, sollten prinzipiell werkseitig hergestellte Fugenmörtel verwendet und die Wassermenge (W/Z-Wert) bei jeder Mischung identisch dosiert werden. Die Wahl des Fugenmörtels richtet sich nach der Fugenbreite. Dabei ist zu beachten, dass je breiter die Fuge ist, desto größere Zuschläge im Fugenmörtel enthalten sind. Im Anschluss an das Einschlämmen wird trockene Fugenmasse über den Bodenbelag zerstäubt und mit einem Gummischieber kräftig abgestoßen. Anschließend wird der Bodenbelag diagonal zur Fliese mit einem Schwamm oder Schwammbrett solange abgewaschen, bis keine Zementschleier mehr sichtbar sind. Hierbei ist darauf zu achten, dass der Mörtel in den Fugen nicht ausgewaschen wird. Belagsfugen müssen folgende Anforderungen erfüllen:

- Dichtigkeit,
- Verbindung der Fliesen,
- Toleranzausgleich der Fliesen,
- Abbau von Belagsspannungen,
- Dampfdurchlässigkeit,
- Gestaltung und optische Wirkung,
- Rissfreiheit,
- Widerstandsfähigkeit gegen mechanische und chemische Belastungen.

Die Fugenbreiten sind in der DIN 18 352 geregelt und richten sich nach der Größe sowie dem Toleranzbereich der Platten. Bei trockengepressten Fliesen mit einer Seitenlänge bis 10 cm beträgt die Fugenbreite 1 bis 3 mm, bei einer Seitenlänge über 10 cm dagegen 2 bis 8 mm. Stranggepresste Fliesen können bei einer Seitenlänge bis 30 cm eine Fugenbreite von 4 bis 10 mm aufweisen. Bei einer Seitenlänge über 30 cm sollte die Fugenbreite mindestens 10 mm betragen [2]. Die bereits im Untergrund vorhandenen Bewegungsfugen (Gebäudetrenn- und Dehnungsfugen) werden in voller Breite im Fliesenbelag übernommen. Die Gebäudetrennfugen können mit dauerelastischem Fugenmaterial oder Profilen geschlossen werden. Die Dehnungsfugen verlaufen geradlinig und folgen nicht den Belagsfugen. Bei der Übernahme der Fuge ist darauf zu achten, dass der Fliesenbelag symmetrisch durch die Dehnungsfuge geteilt wird. Sie werden mit Silikon oder Dehnungsprofilen (Bild 8.13) mit einer Breite von 5 bis 10 mm hergestellt [2].

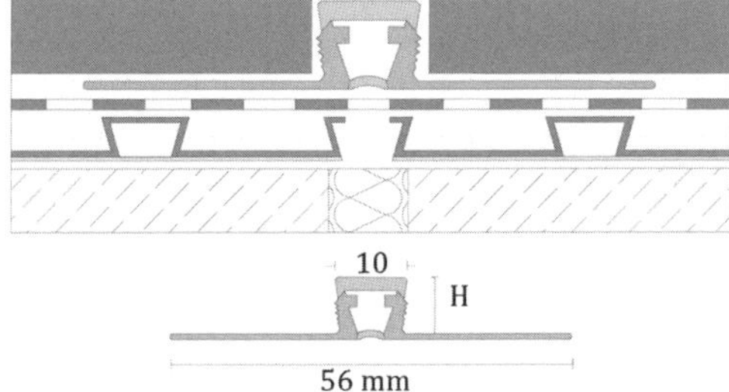

Bild 8.13 Dehnungsprofil im Fliesenbelag (Eigene Darstellung i. A. a. [2])

Eine Hinterfüllung in der Fuge gewährleistet, dass die Tiefe der Silikonfuge der Fugenbreite entspricht (Bild 8.14). Um eine Dreiflankenhaftung zu vermeiden, sollte die Hinterfüllung aus einer geschlossenzelligen Polyethylen-Rundschnur bestehen [2]. Durch die Verwendung eines Primers in den Fugen kann eine bessere Haftung des Silikon-Fugenstoffes sichergestellt werden. Zum Schutz der Fliesenoberflächen kann die Fuge beidseitig abgeklebt werden. Im Anschluss wird die Fuge mit einem Trennmittel besprüht, mit einem Fugenspachtel glatt abgezogen und das Klebeband entfernt. Da die Dehnungsfugen lediglich 20 % Dehnung aufnehmen können, sind Flankenabrisse auf längere Zeit nicht vermeidbar. Aus diesem Grund unterliegt die Fuge einer ständigen Wartung und Überprüfung, weshalb sie auch als Wartungsfuge bezeichnet und im Leistungsverzeichnis als solches zu vereinbaren ist [2].

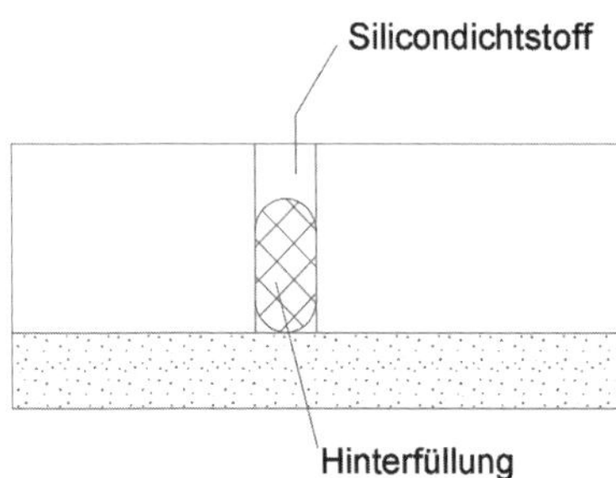

Bild 8.14 Dehnungsfuge aus Silikon im Fliesenbelag (Eigene Darstellung i. A. a. [2])

8.3 Wandbeschichtungen und Wandbekleidungen

Malerarbeiten umfassen die Beschichtung sowie die Bekleidung von Außen- und Innenwänden. Sie werden aus Gründen der Schutzfunktion, Hygiene (vermindert Verschmutzungen und erleichtertet die Reinigung) und aus ästhetischen Gründen zur Farbgebung und Strukturierung auf einen Putzgrund aufgebracht. Eine sorgfältige Untergrundprüfung und ggf. eine Untergrundvorbehandlung werden vor den Anstrich- und Bekleidungsarbeiten vorausgesetzt [13].

8.3.1 Allgemeines

Die Beschichtung (auch Anstrich genannt) entsteht durch das Auftragen (Streichen, Rollen oder Spritzen) von flüssigen bis pastenförmigen Beschichtungsstoffen. Die Haftung beginnt nach der physikalischen Trocknung oder der chemischen Reaktion. Der Auftrag kann aus einer Schicht oder mehreren Schichten (Beschichtungssystem) bestehen. Farbige Beschichtungsstoffe werden aus Bindemitteln, Füllstoffen, Verdünnungsmitteln, Pigmenten als Farbträger und evtl. weiteren Zusätzen (Additiven) hergestellt. Mit den Additiven können dabei besondere Eigenschaften erreicht und somit spezielle Anforderungen erfüllt werden. Pigmente haben die Aufgabe, die Farbe des Untergrundes zu verdecken und eine deckende Wirkung zu gewährleisten. Sie müssen wetter- und UV-beständig sowie zement-, kalk- und lichtecht sein. Mit Hilfe der Bindemittel werden sie untereinander und mit dem Untergrund verbunden. Die Bindemittel bestimmen die Haltbarkeit der Beschichtung und unterscheiden sich in wasserverdünnbare Bindemittel, wie z. B. Zement, Kalk, Dispersionen, und in lösemittelverdünnbare Bindemittel, wie z. B. Lacke, Leinöl, Kunst- und Naturharze. Die gewünschte Konsistenz der Beschichtungsstoffe wird durch die Zugabe von Verdünnungsmitteln erreicht, die bei der Herstellung oder direkt vor der Verarbeitung beigemischt werden. Füllstoffe dienen der Volumenvergrößerung oder der Strukturgebung der Beschichtungsstoffe [13].

Beschichtungsaufbau

Der Aufbau eines Beschichtungssystems hängt von der Beschaffenheit der zu streichenden Fläche, den gestellten Anforderungen sowie den gestalterischen Ansprüchen ab [13]. Ein Beschichtungssystem wird in folgende Einzelschichten unterteilt:

- Grundbeschichtung

  Die Grundierung dient zum einen zur Haftverbesserung zwischen Untergrund und der nachfolgenden Schicht und zum anderen der Untergrundverfestigung. Eine Verringerung der Saugfähigkeit des Untergrundes kann mittels Spezialgrundierung (Tiefengrund) erreicht werden. Die Grundierung kann aus einer oder mehreren Schichten bestehen [13].
- Zwischenbeschichtung

  Die Zwischenbeschichtung wird je nach Bedarf ausgeführt und dient zur Erreichung gewünschter Eigenschaften, wie z. B. Deckfähigkeit, Ebenheit und Schichtdicke [13].
- Deckbeschichtung

  Die Deckbeschichtung bietet den Schlussanstrich und muss mit den Grund- und Zwischenbeschichtung abgestimmt sein. Die aus einer oder mehreren Schichten bestehende Beschichtung schützt die darunterliegenden Schichten und gibt dem System die gewünschte Oberflächenqualität [13].

8.3.2 Deckende Beschichtungssysteme

Leimfarben

Leime werden aus tierischen, synthetischen oder pflanzlichen Grundstoffen, unter Beimengung von Wasser hergestellt. Die Wasserlöslichkeit dieser Farben begrenzt den Einsatzbereich auf Innenräume. Die Leimfarbentechnik war früher weitverbreitet und wird heute so gut wie nicht mehr eingesetzt. Außerdem bietet ein bestehender Leimfarbenanstrich keinen verwendbaren Untergrund und muss somit vor der Aufbringung neuer Tapeten oder anderen Beschichtungen entfernt werden [13].

Kalkfarben

Unter Kalkfarben werden wässrige Aufschlämmungen von gelöschtem Kalk bzw. werkseitig hergestellte Kalkfarben nach DIN EN 459-1 verstanden. Der Baustoff Kalk dient dabei als Bindemittel und gleichzeitig als Weißpigment für die Farbe. Zum Abtönen der Kalkfarbe können maximal zehnprozentige kalkbeständige Buntpigmente verwendet werden.

Die Beständigkeit kann unter geringer Zugabe anderer Bindemittel wie z. B. Kunststoffdispersionen erhöht werden. Kalkfarben können auf allen mineralischen Untergründen der Mörtelgruppen P I, P II und P III und somit auf Außen- und Innenwänden aufgebracht werden. Die Erhärtung erfolgt durch die Aufnahme von Kohlendioxid (Carbonaterhärtung). Gipshaltige Putze sowie bereits mit Lack-, Öl- und Dispersionsfarben gestrichene Flächen bieten keinen geeigneten Untergrund für die Aufbringung von Kalkfarben. Die Vorteile ergeben sich durch die geringen Kosten, die Feuchtigkeitsbeständigkeit sowie die Wasserdampfdurchlässigkeit. Aufgrund der schlechten Wetter- und Wischbeständigkeit sollte zur Erhöhung des Fassadenschutzes eine hydrophobierende Imprägnierung angebracht werden. Weiterhin ist zu beachten, dass Kalkfarben nicht in Gebieten mit starken Luftemissionen verwendet werden sollten, da durch die Einwirkung von schwefeldioxidhaltigen Abgasen eine Zersetzung der Bestandteile stattfindet. Aus diesem Grund beschränkt sich der Anwendungsbereich auf landwirtschaftliche Bauten sowie auf die Denkmalpflege [13].

Kalk-Weißzementfarben

Die aus Kalk, Weißzement und ggf. zementbeständigen Buntpigmenten bestehenden Farben erhärten durch die Hydratation, die unter der Zugabe von Wasser hervorgerufen wird. Im Gegensatz zu Kalkfarben sind Kalk-Weißzementfarben gegenüber schwefeldioxidhaltigen Abgasen weniger empfindlich. Sie können ebenfalls auf allen mineralischen Untergründen der Mörtelgruppen P I, P II und P III und somit auf Außen- und Innenwänden aufgebracht werden. Ungeeignet sind dagegen gipshaltige Untergründe, Kunstharzputze und Dispersionsfarbanstriche [13].

Silikatfarben

Die zweikomponentigen Reinsilikatfarben bestehen aus Kaliwasser, Pigmenten sowie Füllstoffen und somit ausschließlich aus anorganischen Bestandteilen. Aus diesem Grund werden sie auch als Mineralfarben bezeichnet. Das Bindemittel wird durch das kieselsäurige Wasserglas (Fixativ) gebildet. Durch die Verdunstung des Wassers (physikalisch) sowie durch die kristalline Versteinerung (chemisch) wird die Erhärtung erreicht. Durch das Bindemittel entsteht eine widerstandfähige und unlösbare Verbindung mit dem Untergrund (Verkieselung), sodass sie auch gegen die Einwirkung saurer Gase (Industrieabgase) beständig sind und somit für den Denkmalschutz optimal geeignet sind. Silikatfarben bieten außerdem den Vorteil, dass sie auf allen festen mineralischen Untergründen, wie z. B. Kalkputze, Zementputze, Naturstein, Beton oder Ziegelmauerwerk, aufgebracht werden können. Als ungeeignete Untergründe haben sich gipshaltige Putze und Flächen mit organischen Beschichtungen erwiesen. Zudem sind Silikatfarben licht-, wetter- und säurebeständig und somit für den Außen- und Innenbereich geeignet. Durch ihre Offenporigkeit kann jedoch kein Regenschutz des Untergrundes sichergestellt werden, wobei dieses Problem mit der zusätzlichen Aufbringung von hydrophobierenden Imprägnierungen behoben werden kann. Mit der Durchführung sollten erfahrene Firmen beauftragt und die Beratungsdienste der Hersteller in Anspruch genommen werden.

Vor dem Anstrich sind verschmutzte Untergründe sowie alte mineralische Anstriche mit einer Ätzflüssigkeit (Verdünnung mit Wasser im Verhältnis 1 : 5) und einer harten Bürste sorgfältig zu reinigen und anschließend mit reinem Wasser nachzuwaschen. Anteile von Latex-, Öl- oder Dispersionsfarben sind ebenfalls vollumfänglich zu entfernen. Stark saugende Untergründe sind mit einer Grundierung auf Wasserglasbasis zu behandeln. Die Mischung der Silikatfarbe sollte einige Stunden vor dem geplanten Anstrich nach den Herstellervorschriften erfolgen, um somit die Einsumpfzeit sicherzustellen. Es werden zwei Beschichtungen aufgetragen, wobei zu beachten ist, dass zwischen den Schichten eine Trockenzeit von 12 Stunden erforderlich ist. Somit kann eine genügende Erhärtung und Verkieselung erreicht werden. Die erste Schicht wird insbesondere bei stark saugenden Untergründen mit einem höheren Anteil an Fixativ (keinesfalls Wasser) versehen und anschließend mittels Bürste nass in nass aufgetragen. Die zweite Schicht wird in der Regel unverdünnt aufgetragen. Aufgrund der sehr ätzenden Eigenschaft der Silikatfarben sind Augen und Hände vor Spritzern bei der Verarbeitung zu schützen und benachbarte Flächen gründlich abzudecken. Die Dispersions-, und Sol-Silikatfarben sind durch die Weiterentwicklung der Reinsilikatfarben entstanden [13].

Dispersions-Silikatfarben

Dispersions-Silikatfarben sind einkomponentige Farben, denen zusätzlich zum Kaliwasserglas noch bis zu 5% hochpolymere Kunststoffdispersionen beigemischt werden. Sie dienen als stabilisierendes Bindemittel und können durch Silikone zur Verbesserung des Regenschutzes ergänzt werden. Diese Zusätze ermöglichen eine leichtere Verarbeitbarkeit sowie weitere Einsatzmöglichkeiten, ohne dabei die mineralischen Eigenschaften negativ zu beeinflussen. Die Verarbeitung von Dispersions-Silikatfarben erfolgt in der Regel problemloser als bei den Reinsilikatfarben. Mischungsfehler und Schäden durch eine nicht fachgerechte Verarbeitung werden durch den einkomponentigen Aufbau deutlich reduziert. Die Zugabe von Hydrophobierungsmitteln für den Regenschutz erfolgt bei hochwertigen Dispersions-Silikatfarben bereits im Werk [13].

Sol-Silikatfarben

Bei Sol-Silikatfarben wird als Bindemittel eine Kombination aus Wasserglas und Kieselsol eingesetzt. Das Kieselsol bildet ebenfalls eine anorganische und silikatische Substanz, das in reiner Form eine zu geringe Bindekraft aufweist. Durch die entsprechende Beimischung von Wasserglas können jedoch neue Eigenschaften (Verkieselung und Adhäsion) erreicht werden. Somit werden die Haftung auf organischen Untergründen wie z. B. Altbeschichtungen, Kunstharzbeschichtungen oder Dispersionsfarben ermöglicht und neue Anwendungsgebiete für Silikatfarben geschaffen [13].

Dispersionsfarben

Dispersionsfarben bestehen aus wasserverdünnbaren Kunststoffdispersionen (Bindemittel), Pigmenten, Füllstoffen und Additiven. Die Trocknung erfolgt durch das Verdunsten des Wassers, wodurch die festen Bestandteile zurückbleiben und zusammenfließen. Die Erhärtung wird dann durch die Verklebung der Bestandteile untereinander erreicht. Dispersionsfarben weisen dadurch eine geradezu geschlossene und mikroporöse Oberfläche auf, die größtenteils wasserundurchlässig, jedoch genügend wasserdampfdurchlässig ist. Zudem sind sie gut haftende, UV- und wetterbeständige Außenbeschichtungen sowie nassabriebbeständige Innenbeschichtungen für Wände und Decken. Durch die Zugabe entsprechender Bindemittel oder Füllstoffe können Dispersionsfarben mit völlig unterschiedlichen Eigenschaften und Oberflächenstrukturen hergestellt werden. Sie können auf nahezu allen Untergründen eingesetzt werden. Nicht inbegriffen sind Putze der Mörtelgruppe P I (Luftkalkmörtel) und Sanierputze, da die erforderte Wasserdampfdurchlässigkeit bei diesen Arten mit Dispersionsbeschichtungen nicht erreicht werden kann [13].

Silikonharzfarben

Bestandteile von Silikonharzfarben sind Bindemittelkombinationen aus Silikonharzemulsionen und Kunststoffdispersionen, Pigmente, Füllstoffe und Zusatzmittel. Eine wasserabweisende Wirkung (Regenschutz) wird durch die hydrophobe Eigenschaft des Hauptbindemittels (Silikon) ermöglicht und gleichzeitig eine hohe Wasserdampfdurchlässigkeit erreicht. Somit können Silikonharzfarben bezüglich des Diffusionsvermögens mit Silikatfarben und bezüglich der geringen Wasseraufnahme mit Dispersionsfarben verglichen werden. Silikonbeschichtungen können auf mineralischen sowie organischen Untergründen und zudem auf Gipsflächen eingesetzt werden [13].

8.3.3 Fassadenimprägnierungen

Imprägniermittel müssen hydrophobe Eigenschaften aufweisen sowie UV- und alkalibeständig sein. Sie sollen außerdem wenig Lösemittel enthalten und ohne eine Filmbildung als farblose Stoffe tief in den Porenraum von saugenden mineralischen Untergründen eindringen sowie eine wasserabweisende Wirkung erzielen. Dabei soll die Wasserdampfdurchlässigkeit nicht im hohen Maße verringert werden. Imprägnierungen werden als äußerlich nicht erkennbare Schicht auf die oberflächennahen Poren aufgetragen und bestehen aus einem Wirkstoff (z. B. Silikonharz) und einem Lösemittel (z. B. Alkohol) [13]. In der Praxis werden hauptsächlich folgende Fassadenimprägnierungen verwendet:

- Silanimprägnierungen

  Haben ein sehr hohes Eindringvermögen und können auf noch feuchten Untergründen aufgetragen werden, sind jedoch hochpreisige Imprägnierungen.
- Siloximprägnierungen

  Haben ein gutes Eindringvermögen und können auf feuchten, jedoch nicht nassen, Untergründen aufgetragen werden, sind jedoch relativ preiswert.
- Silikonharzimprägnierungen

  Haben eine geringe Eindringtiefe und müssen auf trockenen Untergründen aufgetragen werden. Sie bieten jedoch einen besseren Oberflächenschutz als Silane, können auf allen saugfähigen Untergründen eingesetzt werden und sind preisgünstiger.

Die SMK-Technologie (Silikon-Microemulsionskonzentrat) stellt eine Weiterentwicklung dar. Dabei werden je nach Einsatzgebiet zwei unterschiedliche Wirkstoffe (z. B. Silane und Siloxane) miteinander vermischt und können als umweltfreundliches Produkt auf trockenem bis nassem Untergrund lösemittelfrei aufgetragen werden. Vor Beginn der Imprägnierung ist die Fassadenfläche sorgfältig zu reinigen. Bei einer fachgerechten Durchführung der Arbeiten kann eine Wirkungsdauer von bis zu zehn Jahren erwartet werden [13].

Hydrophobierende Imprägniermittel werden je nach Art und Beschaffenheit der Bausubstanz durch Sprühen, Streichen, Cremen oder Rollen auf den Untergrund aufgebracht. In der Regel werden die Imprägniermittel mit Hilfe von Sprüh- und Flutgeräten bis zur vollständigen Sättigung des Untergrundes aufgebracht. Der Auftrag beim Flutverfahren erfolgt in mehreren Schichten nass in nass. Es wird lediglich die kapillare Saugfähigkeit des Untergrundes genutzt, um das Mittel in den Untergrund einzubringen (Tränkung). Je mehr Imprägnierstoff aufgebracht wird, desto höher ist bei diesem Verfahren auch die Eindringtiefe und desto langanhaltender die Schutzwirkung. Die Imprägniercreme-Technologie ist eine Neuentwicklung, bei der der Auftrag auf kleinen Flächen mittels einer Lammfellrolle, bei größeren Flächen mittels Airless-Geräten im Spritzverfahren erfolgt. Es ist zu beachten, dass Imprägniermittel keine Dichtungsmittel sind und somit bei Flächen, die unter Wasserdruck stehen, nicht verwendet werden dürfen [13].

8.3.4 Beschichtungen auf Putzgrund

Außen- und Innenputze müssen die Anforderungen an die aktuellen Putznormen erfüllen. Sie kommen als ein- oder mehrlagige Schichten mit verschiedenen Oberflächenstrukturen zum Einsatz. Innenputze müssen insbesondere tragfähig und ausreichend fest, Außenputze zusätzlich witterungsbeständig sein, um die Beschichtungen ordnungsgemäß aufnehmen zu können. Zu beachten ist auch die Feuchtebeständigkeit sowie das Festigkeitsgefälle der einzelnen Putzlagen [13]. Die Wahl der Beschichtungsart richtet sich in erster Linie nach der vorhandenen Mörtelgruppe, da aufgrund der unterschiedlichen Mindestdruckfestigkeiten der Mörtel nicht jede Beschichtung aufgetragen werden kann [13]. In Tabelle 8.15 und Tabelle 8.16 sind die Eignungen der Beschichtungen auf den jeweiligen Mörtelgruppen dargestellt.

Tabelle 8.15 Eignung der Beschichtungsstoffe auf verschiedenen Außenputzen [13]

Beschichtungsstoffe	Mörtelgruppen nach DIN 18 550					
	P I a/b	P I c	P II a/b	P III	P IV a/c[a)]	P IV d[a)]
Silikatfarben	+	+	+	+	–	+
Dispersions-Silikatfarben	+	+	+	+	+	+
Silikon-Emulsionen	+	+	+	+	+	+
Silikat-, Silikon-Emulsionen	+	+	+	+	+	+
Weißzementbasis	–	+	+	+	–	–
Dispersionsfarben, wetterbeständig	–	–	+	+	+	–
Gefüllte Dispersionsfarben, wetterbeständig	–	–	+	+	+	–
Kunstharzputze nach DIN 18 558	–	–	+	+	+	–
Dispersionslackfarben	–	–	+	+	+	–
Polymerisatharzlackfarben	–	–	+	+	+	–
Kunstharzlackfarben und Reaktionslackfarben	–	–	+	+	+	–

+ geeignet
– ungeeignet
a) Nur für feuchtigkeitsgeschützte Außenflächen

Tabelle 8.16 Eignung der Beschichtungsstoffe auf verschiedenen Innenputzen [13]

Beschichtungsstoffe	Mörtelgruppen nach DIN 18 550						
	P I a/b	P I c	P II	P III	P IV a/b/c	P IV d	P V
Kalkfarben	+	+	+	+	–	–	–
Kalk-Weißzementfarben	+	+	+	+	–	–	–
Silikatfarben	+	+	+	+	0	0	0
Dispersions-Silikatfarben	+	+	+	+	0	0	0
Strukturbeschichtungen auf Dispersions-Silikatbasis	+	+	+	+	0	0	0
Leimfarben	+	+	+	+	+	+	+
Dispersionsfarben, waschbeständig	–	+	+	+	+	–	+
Dispersionsfarben, scheuerbeständig	–	+	+	+	+	–	+
Dispersionslackfarben	–	–	+	+	+	–	+
Gefüllte Dispersionsfarben	–	–	+	+	+	–	+
Dispersionsfarben mit Raufasereffekt	–	–	+	+	+	–	+
Kunstharzputze nach DIN 18 558	–	–	+	+	+	–	+
Dispersions-Plastikfarben	–	–	+	+	+	–	+
Mehrfarben-Effektlack-farben	–	–	+	+	+	–	+
Polymerisatharzlackfarben	–	+	+	+	+	–	+
Alkydharzlackfarben	–	–	–	–	+	–	+
Epoxidharz- und Poly-urethanlackfarben	–	–	+	+	+	–	+

+ geeignet
- ungeeignet

8.3.5 Wandbekleidungen auf Innenputzen

Wandbekleidungen werden als Bahnen in Rollenform hergestellt und mittels Kleber (Tapetenkleister oder Dispersionskleber) an Decken oder Wänden vollflächig aufgebracht [9]. Sie werden in den europäischen Normen DIN EN 233 und DIN EN 234 in fertige Wandbekleidungen und in Wandbekleidungen für die nachträgliche Behandlung unterteilt. Weiterhin werden sie nach der DIN EN 235 in Abhängigkeit ihres Aufbaus und Materials wie folgt unterteilt:

- Papier-, Vlies-, Kunststoff-, Velours-, und Textilwandbekleidungen,
- Metall-Effekt-Wandbekleidungen,
- Naturwerkstoffwandbekleidungen [13].

Die Eigenschaften der Tapeten sind auf der Rückseite mit den entsprechenden Piktogrammen aus der DIN EN 235, Tabelle 1 abgebildet. Diese Zeichen sind europaweit gültig [9].

Eine Wandbekleidung für die nachträgliche Behandlung ist eine Bekleidung, die im Anschluss der Aufbringung, z. B. durch einen Anstrich, weiterbehandelt werden soll. Hierbei handelt es sich in der Regel um Prägewandbekleidungen oder Raufaser, die generell vor ihrer Weiterbehandlung keine Wasch- oder Farbbeständigkeit aufweisen [8]. Fertige Wandbekleidungen werden dagegen nach dem Tapezieren nicht weiter behandelt und müssen bestimmte Abwaschbarkeits- und Farbechtheitsgrade erfüllen [7].

Vor den Tapezierarbeiten hat der Auftragnehmer den Untergrund sorgfältig zu überprüfen, um bei Bedarf entsprechende Maßnahmen einzuleiten, wie z. B. Säuberung oder Grundierung des Untergrundes. Außerdem ist die Art des Untergrundes (Mörtelgruppe) für die Wahl der Tapetenart entscheidend. In Tabelle 8.17 ist die Eignung der Tapeten auf den jeweiligen Mörtelgruppen dargestellt. Bei einem Tapetenwechsel können diese in der Regel trocken abgezogen werden. Dabei wird unterschieden in:

- Bei spaltbar trocken abziehbaren Tapeten wird lediglich die obere Deckschicht entfernt, wobei die untere Schicht weiterhin an der Wand klebt und somit als Makulaturschicht für die neue Tapete dient.
- Bei restlos trocken abziehbaren Tapeten ist ein vollständiges Abziehen von der Wand aufgrund einer rückseitigen Beschichtung möglich.
- Nicht spaltbare, überstreichbare Tapeten, wie z. B. Raufasertapeten, werden mit Hilfe eine Nadelwalze perforiert und mit einem Lösemittel eingeweicht, um somit eine leichtere Entfernung zu ermöglichen [13].

Tabelle 8.17 Eignung der Wandbekleidung (Tapeten) auf verschiedenen Innenputzen [13]

Wandbekleidung (Tapeten)	Mörtelgruppen nach DIN 18 550						
	P I a/b	P I c	P II	P III	P IV a/b/c	P IV d	P V
Leichte Tapeten	–	+	+	+	+	–	+
Schwere Tapete	–	–	+	+	+	–	+
Spezialtapeten	Nur nach Herstellerangabe						
Wandbekleidung für nachträgliche Behandlung							
–	+	+	+	+	–	+	
–	–	+	+	+	–	+	

\+ geeignet
\- ungeeignet

Literaturverzeichnis

[1] Bohne, Dirk: Technischer Ausbau von Gebäuden, Und nachhaltige Gebäudetechnik (2014). 10. Auflage: Springer Vieweg.

[2] Borgmeier, Andrea; Braunreiter, Hans: Bautechnik für Fliesen-, Platten- und Mosaikleger (2009). 1. Auflage: Vieweg + Teubner.

[3] DIN 18534-1: Abdichtung von Innenrämen – Anforderung, Planungs- und Ausführungsgrundsätze (2017).

[4] DIN 51130: Prüfung von Bodenbelägen – Bestimmung der rutschhemmenden Eigenschaft, Arbeitsräume und Arbeitsbereiche mit Rutschgefahr – Begehungsverfahren – Schiefe Ebene (2014), zuletzt geprüft am 27.01.2018.

[5] DIN EN 13329: Laminatböden, Elemente mit einer Deckschicht auf Basis aminoplastischer, wärmehärtbarer Harze – Spezifikationen, Anforderungen und Prüfverfahren.

[6] DIN EN 14411: Keramische Fliesen und Platten, Definitionen, Klassifizierung, Eigenschaften, Bewertung und Überprüfung der Leistungsbeständigkeit und Kennzeichnung (2016), zuletzt geprüft am 27.01.2018.

[7] DIN EN 233: Wandbekleidungen in Rollen – Festlegungen für fertige Papier-, Vinyl- und Kunststoffwandbekleidungen (2017).

[8] DIN EN 234: Wandbekleidungen in Rollen – Festlegungen für Wandbekleidungen für nachträgliche Behandlung (1997).

[9] DIN EN 235: Wandbekleidungen – Begriffe und Symbole (2002).

[10] Günter Neroth, Dieter Vollenschaar: Wendehorst Baustoffkunde (2011). 27. Auflage: Vieweg + Teubner.

[11] Herstermann U.; Rongen L.: Frick/Knöll Baukonstruktionslehre 1 (2010). 35. Auflage: Springer Vieweg (Praxis).

[12] Krass, Jens; Mitransky, Bärbel; Rupp, Gerhard: Grundlagen der Bautechnik (2009). 1. Auflage: Vieweg + Teubner.

[13] Neumann, D.; Herstermann, U.; Rongen L.: Frick/Knöll Baukonstruktionslehre 2 (2008). 33. Auflage: Springer Vieweg (Praxis).

[14] Unger, Alexander: Fußboden-Atlas, Richtig planen – Schäden vermeiden (2000). 2 Bände: QUO-VADO (2).

9 Gebäudetechnik

Von Sedat Dökmetas und Ibrahim Ercan

Unter Gebäudetechnik wird die komplette Ver- und Entsorgung eines Gebäudes verstanden. Dies beinhaltet die Trinkwasserversorgung, die Energieversorgung zum Heizen, Lüften, Kühlen und zur Warmwasservorbereitung, den Betrieb von Stark- und Schwachstromanlagen sowie die Gebäudeentwässerung. Durch die installierte Gebäudetechnik kann der Verkehrswert eines Gebäudes stark beeinflusst werden. In Ein- und Mehrfamilienhäusern ist ein Kostenanteil von 20 bis 30 % üblich. Zur Erreichung des erwarteten Komforts und der Funktionsfähigkeit, müssen die Anlagen sorgfältig geplant und eingebaut werden [14]. Zudem werden immer höhere Anforderungen an ein nachhaltiges und energieeffizientes Gebäude gestellt [1].

9.1 Wärmeversorgungstechnik

Die Wärmeversorgung von Gebäuden nimmt weltweit und im europäischen Raum immer mehr an Bedeutung zu. Ziel ist die Erstellung einer nachhaltigen Gesamtkonzeption mit geringem Energiebedarf und komfortabler Nutzung des Gebäudes. Dies wird durch die klimaoptimierte Planung von Baukörper, Gebäudehülle und Material erreicht. Abhängig von den Klimazonen erfordert der Gebäudebetrieb eine regelbare Wärmeversorgung. Die Planung eines Wärmeversorgungssystems bedarf einer genauen Analyse der klimatischen Randbedingungen sowie des Nutzungsprofils und muss in Abstimmung mit der Gebäudehülle erfolgen [15].

9.1.1 Wärmeerzeugungsanlagen

Üblicherweise wird für Wohngebäude Wasser als Wärmeträger in Wärmeversorgungsanlagen verwendet. Die Verwendung von Dampf als Wärmeträger erfolgt nur noch in der Industrie. Damit der Energieträger die notwendige Temperatur erreicht, die von den gewählten Heizmitteltemperaturen und den ausgewählten Raumheizflächen abhängt, werden Wärmeerzeugungsanlagen benötigt. Diese verwenden in der Regel Erdgas oder Heizöl als Primärenergieträger, die bei ca. 1000 °C verbrannt werden und die so entstehende Wärme über Wärmetauscher an den Wärmeträger übergeben. Aufgrund der benötigten Heizmitteltemperaturen bis 70 °C ist eine Planung ohne fossile Energieträger empfehlenswert. Alternative Energiequellen aus der Umwelt sind beispielsweise durch die Nutzung von Erdwärme (oberflächennahe Geothermie) mit Wärmepumpenanlagen, durch die Kopplung von Wärme und Strom (Kraft-Wärme-Kopplung) oder durch CO_2-neutrale Energieträger wie Holz möglich. Darüber hinaus besteht die Möglichkeit der saisonalen Energiespeicherung, damit die Energie in Heizperioden zur Verfügung gestellt wird. Damit das angestrebte Ziel der Bundesregierung zur Reduzierung des Heizenergiebedarfs erreicht werden kann, eignen sich unterschiedliche Strategien und Anlagenkonzepte. Dabei wird ein Wärmeversorgungssystem nach dem Standort des Gebäudes und der Effizienz der Anlage bewertet. Als Maßstab zur Bewertung der Effizienz von Heizsystemen dient der Primärenergienutzungsgrad, der das Verhältnis von erzeugter Nutzenergie zur eingesetzten Primärenergie beschreibt. Weiterhin können die freigesetzten CO_2-Emissionen als Maßstab berücksichtigt werden, die ergänzend zum Primärenergienutzungsgrad in Tabelle 9.1 dargestellt sind [1].

Tabelle 9.1 Energetischer Vergleich verschiedener Heizsysteme [1]

Heizsystem	Primärenergienutzungsgrad	CO_2-Emissionen
Elektroheizung (Strommix)	0,30	0,80 - 0,90
Öl-/Gasheizung (Brennwert)	0,80 - 0,85	0,20 - 0,30
Elektrowärmepumpe	1,10 - 1,40	0,25 - 0,30
Gasmotorwärmepumpe	1,50 - 1,80	0,15 - 0,20
Holzpelletheizung	0,60 - 0,70	0,05 - 0,10
Blockheizkraftwerk	1,50	0,00 - 0,05

Wärmeerzeugung mit Gas oder Öl

Mit einem Anteil von ca. 50 % spielt Erdgas als Energieträger für die Wärmeerzeugung im Neubau und Bestand eine bedeutende Rolle. Während Holzverfeuerungen und Wärmepumpen sich weiter verbreiteten, ist die Bedeutung von Heizöl stark gesunken. Beim Einsatz von Erdgas können folgende Wärmeerzeugungssysteme eingesetzt werden:

- Heizkessel-Niedertemperatur- und Brennwerttechnik,
- Gasmotorwärmepumpen,
- Gasabsorptions- und adsorptionswärmepumpen,
- Blockheizkraftwerke,
- Brennstoffzellen.

Demgegenüber können folgende Wärmeerzeugungssysteme mit Heizöl betrieben werden:

- Heizkessel-Niedertemperatur- und Brennwerttechnik,
- Verbrennungsmotorwärmepumpe mit Diesel,
- Blockheizkraftwerk (Mini oder größere BHKWs).

Bild 9.1 stellt eine Anlage mit Wärmeerzeuger und einem Wärmeverteilkreislauf verbunden über einen Vierwegemischer dar. Dabei wird dem Vorlauf des Wärmeverteilerkreises das abgekühlte Wasser aus dem Rücklauf beigemischt. Unter Beachtung von Vorlauftemperatur und Witterung steuert ein Regelgerät die Einstellung des Mischers [1].

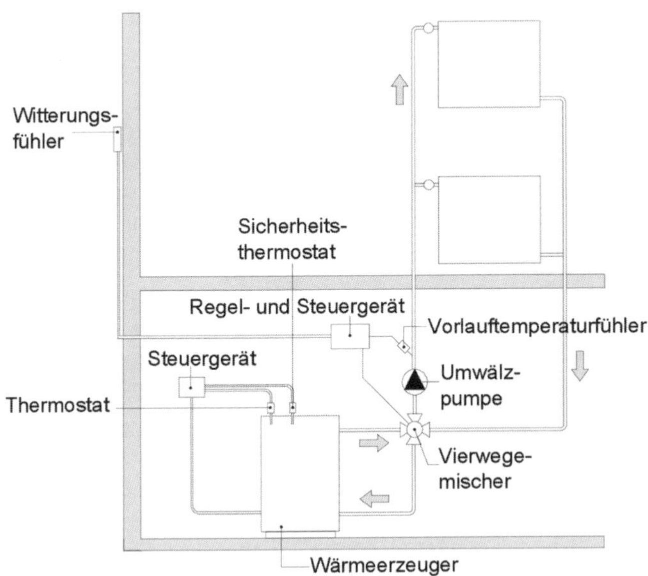

Bild 9.1 Schematische Darstellung einer Wärmeerzeugung mit Wärmeverteilerkreislauf (Eigene Darstellung i. A. a. [1])

Gas-Wasserheizer

Gas-Wasserheizer werden Wärmeerzeugungsanlagen genannt, die entweder als Gas-Durchlaufwasserheizer Warmwasser zum Waschen, Baden oder Spülen oder als Gas-Umlaufwasserheizer wie Gaskessel für die zentrale Wärmeerzeugung einer Warmwasserheizung eingesetzt werden. Die Kombination beider Funktionen enthält der Gas-Kombiwasserheizer. Die Unterscheidung der drei Gas-Wasserheizer ist äußerlich gesehen kaum möglich. Zu den einzelnen Komponenten hinter der Blechverkleidung gehören Ausdehnungsgefäß, Pumpe, Brenner, Strömungssicherung, Wärmetauscher und Regel- sowie Sicherheitseinrichtungen. Da Umlauf- und Kombiwasserheizer einen Elektroanschluss benötigen, ist ein eigener Stromkreis empfehlenswert. Über eine Abgasanlage werden die auftretenden Abgase nach außen geführt. Gas-Umlaufwasserheizer werden an Wänden im Bad oder im Flur aufgestellt und benötigen keinen besonderen Aufstellort. Sie sind in Leistungsstufen zwischen 5 kW (reicht bei Neubauten zur Beheizung von 120 m^2 beheizte Fläche) und 24 kW erhältlich und eignen sich sowohl für konventionelle Heizsysteme als auch für Niedertemperatursysteme. Im Wohnungsbau werden Gas-Durchlaufwasserheizer (Durchlauferhitzer) im Bad angeordnet und versorgen nahezu alle Warmwasser-Zapfstellen einer Wohnung. Sie können neben kleineren auch größere Zapfmengen durchsetzen (ca. 2 - 8 l/min bei 60 °C) [1].

Heizkessel

Heizkessel können sowohl aus Gusseisen als auch aus Stahl sein. Sie besitzen hohe Wirkungsgrade durch aufeinander abgestimmte Elemente wie Brenner, Armaturen und Verdrahtung. Neben den gebräuchlichen Unterdruckkesseln (Naturzugkessel), die einen Unterdruck der Abgasanlage benötigen, werden bei größeren Anlagen Überdruckkessel (Hochleistungskessel) verwendet. Diese erfordern einen geringeren Druck der Abgasanlagen [1].

- Niedertemperaturkessel

  Als Niedertemperaturkessel (NT-Kessel) werden Heizkessel bezeichnet, die einen hohen Wirkungsgrad (ca. 89 - 94 %) aufweisen und durchgehend mit Rücklauftemperaturen von 35 bis 40 °C betrieben werden können. Je nach Auslegung können sie Vorlauftemperaturen von 55 bis 75 °C besitzen und haben daher im Gegensatz zu Standardkesseln (VL-Temperatur bis 90 °C) geringe Wärmeverluste von Kessel und Rohrleitungen [1].
- Brennwertkessel

  Im Vergleich zu Niedertemperaturkesseln sind Brennwertkessel durch die geringeren CO_2-Emissionen umweltfreundlicher und erfordern weniger Energie. Beim Brennvorgang von Brennwertkesseln entstehen Abgase, die Wasserdampf enthalten. Durch die Abkühlung der Abgase unter den Taupunkt kann die gebundene Wärme im Wasserdampf gewonnen werden. So können Wirkungsgrade, bezogen auf den Heizwert, von über 100 % erreicht werden. Der Brennwert beschreibt die Energie eines Brennstoffes bei der vollständigen Verbrennung und liegt bei Erdgas um ca. 11 %, bei Heizöl bei ca. 6 % höher als der Heizwert. Im Gegensatz zum Brennwert berücksichtigt der Heizwert die im Wasserdampf enthaltene Energiemenge nicht [1].

Wärmeerzeugung mit festen Brennstoffen

Im Wohnungsbau besitzen Koks und Kohle keine Bedeutung mehr als Brennstoff für Heizkessel. Stattdessen werden Holzkessel eingesetzt, die durch die Verbrennung von Holz eine Erhöhung des CO_2-Gehaltes der Atmosphäre verhindern. Die Verbrennung von Holzstoffen unterscheidet sich nach der Nennleistung und ist in der 1. Immissionsschutzverordnung geregelt:

- Bis 15 kW Nennleistung dürfen naturbelassene Holzstücke, Hackschnitzel, Reisig und Zapfen verbrannt werden.
- Ab 15 kW Nennleistung dürfen Sägemehl, Späne, Stroh und andere pflanzliche Stoffe verbrannt werden.

Zu den Feststoffen, die nicht verbrannt werden dürfen, zählen Holzteile mit Beschichtungen aus Lacken und Anstrichen mit Holzschutzmitteln. Der Rauminhalt von gestapeltem Holz wird oft in Raummeter (rm) beschrieben und dient auch zur Beschreibung des Heizwerts. Beispielsweise entspricht ein Raummeter Buche ca. 560 kg mit einem Heizwert von 2325 kWh/rm. Als Brennstoff wird Holz in Form von Pellets, Stückholz, Briketts oder Hackgut eingesetzt. Bei Hackgut- bzw. Pelletsfeuerungen erfolgt die Beschickung aus einem Lagerraum mittels Förderschnecken (Bild 9.2). Bedingt durch die kontinuierliche Brennstoffzulieferung können gleichbleibende Wirkungsgrade sowie eine Leistungsanpassung ermöglicht werden. Der Einsatz von Hackgutheizungen setzt die termingerechte Verfügbarkeit in entsprechender Qualität voraus. Dagegen können Pelletheizungen auch bei niedriger Leistung eingesetzt und durch die Homogenität des Brennstoffs gut geregelt werden. Pellets entstehen ohne Bindemittel durch Pressen von Abfällen der holzverarbeitenden Industrie unter hohem Druck. Ihr Durchmesser beträgt 6 bis 8 mm bei einer Länge von 5 bis 30 mm und einem Wassergehalt von höchstens 8 %. Sie besitzen durch den Pressvorgang einen hohen Energieinhalt (4,3 bis 5,0 kWh/kg) und haben eine Dichte von etwa 1,2 t/m³ [1].

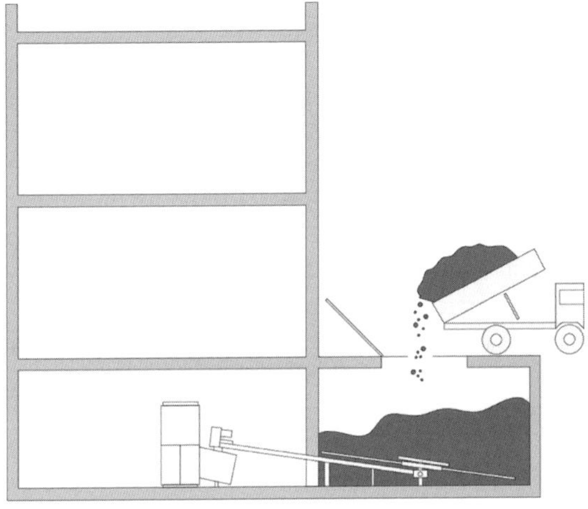

Bild 9.2 Hackschnitzelkessel mit automatischer Beschickung über eine Förderschnecke (Eigene Darstellung i. A. a. [1])

Wärmeerzeugung mit Wärmepumpen

Wärmepumpen sind Heizungsanlagen, die die Wärme aus einer Wärmequelle gewinnen und für Heizwärme nutzbar machen können. Dabei kühlen sie die ständig mit neuer Wärme versorgten Umgebung (Luft, Wasser, Erde) ab und entziehen ihr verwertbaren Wärmegewinn [1]. Das Verhältnis von nutzbarer Wärmeenergie zur aufgenommenen elektrischen Energie des Verdichters wird durch die Leistungszahl COP (Coefficient of Performance) beschrieben. Zur Beschreibung der mittleren Leistungszahl über ein Jahr wird die Jahresarbeitszahl verwendet und beinhaltet außerdem den Stromverbrauch der soleseitigen Pumpen. Anhaltswerte zur Jahresarbeitszahl von elektrisch betriebenen Wärmepumpen sind in Tabelle 9.2 zusammengefasst [1].

Tabelle 9.2 Jahresarbeitszahlen von Wärmepumpen [1]

Wärmequelle	Heiztemperatur Vorlauf/Rücklauf	Jahresarbeitszahl
Grundwasser	55/45	3,8
	45/38	4,6
Erdreich	55/45	3,6
	45/38	4,2
Luft	55/45	2,7
	45/38	3,2

Wärmequelle Luft

Als Wärmequelle mit den geringsten Kosten kann die umgebende Luft verwendet werden. Allerdings ist einerseits die benötigte Luftmenge, andererseits die niedrige Lufttemperatur in den Wintermonaten als problematisch anzusehen, da der Wärmebedarf zu dieser Jahreszeit am größten ist [12]. Deshalb bietet die Nutzung der Abluft aus Lüftungsanlagen mit günstigen Wärme- und Energiepotentialen sowie der permanenten Verfügbarkeit eine gute Alternative [1].

Wärmequelle Erdreich

Eine weitere Energiequelle bildet die Erdoberfläche (Bild 9.3), die ständig von der Sonne aufgeheizt wird. Dabei können entweder Flächenkollektoren im Erdreich oder Erdsonden in Betracht kommen [1]. Zu beachten ist, dass dem Boden nur die Menge an Wärme entzogen werden kann, die ihm über das gesamte Jahr durch solare Einstrahlung hinzugeführt wird. Als Wärmeentzugswert des Bodens kann mit 10 bis 35 W/m^2 gerechnet werden. Diese Werte sind abhängig von der Bodenbeschaffenheit und Bodenfeuchtigkeit, sollten allerdings zur Verhinderung eines Dauerfrosts nicht überschritten werden [12]. Erdkollektorflächen werden in der Regel in 1,5 m bis 2 m Tiefe mit der Verlegung von PE-Rohren in einem Abstand von 50 bis 100 cm hergestellt. Das in den Rohren zirkulierende Glykol-Wassergemisch wird als Sole bezeichnet und besitzt einen Gefrierpunkt bei ca. –20 °C. Die alternative Wärmegewinnung aus dem Erdreich erfolgt durch Erdsonden, also vertikal verlegte Erdreichwärmetauscher, bei denen Rohre bis 100 m tief in die Erde gesenkt werden. Aufgrund des geringeren Flächenbedarfs und den günstigeren Wärmeleistungen wird dieses Verfahren gegenüber den Flächenkollektoren bevorzugt. In Abhängigkeit der Betriebsweise der Anlage, Betriebszeit und Qualität des Untergrundes werden Entzugsleistungen von 20 bis 70 W/m erreicht [1].

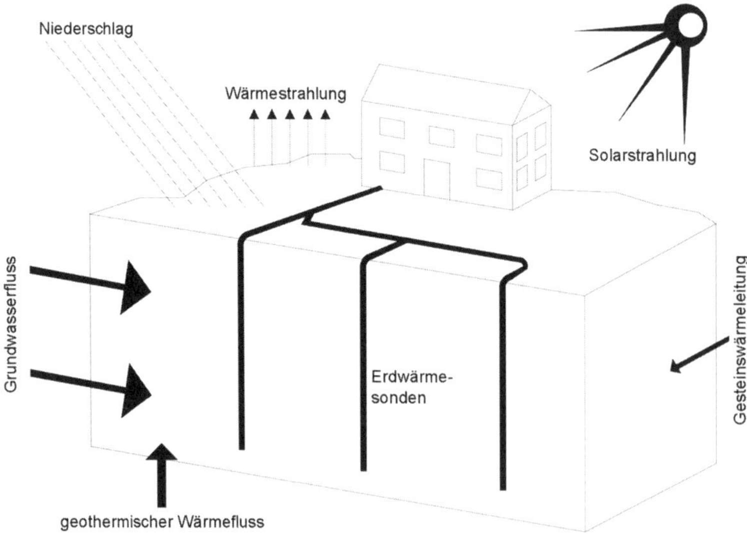

Bild 9.3 Schema der Wärmegewinnung im oberflächennahen Untergrund (Eigene Darstellung i. A. a. [17])

Wärmequelle Energiepfähle

Der Einsatz von bauteilintegrierten Rohrsystemen während der Gründungsphase eines Gebäudes bietet eine kostengünstige Alternative zu Erdreichwärmetauschern. Hierzu eignet sich die Aktivierung von Pfahlgründungen, bei denen alle Pfahlbaumethoden (Ortbeton- oder Fertigpfähle) möglich sind. Als besonders wirtschaftliche Energiepfähle haben sich Fertigpfähle erwiesen. Sie erlauben eine Nutzung ab etwa 6 m. Die Entzugsleistungen variieren je nach Bodenverhältnis und Wärmeübertragung zwischen Rohrbetonpfahl und Erdreich [1].

Wärmequelle Wasser

Durch das konstante Temperaturniveau ermöglicht das Grundwasser die ganzjährige Energienutzung mit annähernd gleichbleibender Leistungszahl der Wärmepumpe. Die Temperaturen des Grundwassers liegen angesichts der jahreszeitlichen Schwankungen zwischen 9 und 14 °C [12]. Allerdings werden Brunnenanlagen als Wärmequelle für Wärmepumpen höchstwahrscheinlich nur noch eine geringe Rolle spielen, da sie mit hohen Investitionskosten, Störungen und behördlichen Vorschriften verbunden sind. Um das Grundwasser nutzen zu können, werden ein Förderbrunnen und ein Schluckbrunnen benötigt. Der Förderbrunnen nimmt das Wasser über einen Verdichter auf und gibt die entstehende Wärme an die Wärmepumpe weiter. Anschließend wird das abgekühlte Wasser über den Schluckbrunnen wieder in das Grundwasser eingeleitet.

Die Nutzung von Oberflächenwasser (Bach-, Fluss- oder Seewasser) ist mit stärkeren jahreszeitlichen Schwankungen verbunden und kann in der Regel nur selten bei größeren und tiefen Gewässern wie Flüssen und Stauseen herangezogen werden. Dabei wird dem Gewässer an einem Wasserfang Wasser entnommen und der Wärmepumpe zugeführt. Nach erfolgreicher Abkühlung wird das Wasser an einer anderen Stelle wieder in das Gewässer eingeleitet [1].

Wärmeerzeugung mit Kraft-Wärme-Kopplung

Trotz hohen Wirkungsgraden von Kraftwerken (bis 40 %) zur Erzeugung von Strom wird die restliche Energie in Form von Abwärme verloren und an die Umgebung abgegeben [1]. Die Idee von Blockheizkraftwerken (BHKW) besteht in der Kopplung von Kraft und Wärme und genauer darin, dass entstehende Abwärme während der elektrischen Energiegewinnung für Heizzwecke genutzt wird (Bild 9.4). Sie besitzen Motoren und Generatoren zur Stromerzeugung, deren Abwärme für die Gebäudeheizung herangezogen wird. Je nach Heizlast können BHKW-Module mit unterschiedlichen Leistungen ausgelegt werden (Tabelle 9.3) [12].

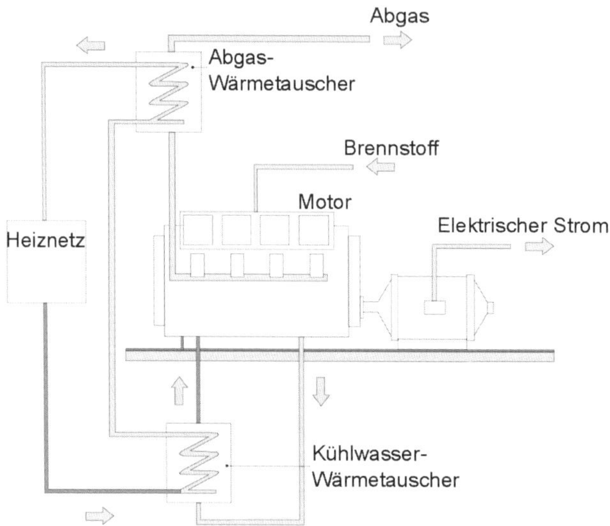

Bild 9.4 Prinzipdarstellung der Kraft-Wärme-Kopplung (Eigene Darstellung i. A. a. [1])

Die Übergabe der gelieferten Wärme vom Wärmeerzeuger erfolgt in der Hausstation. Sie beinhaltet die Übergabestation des Fernwärmeversorgungsunternehmens und die Hauszentrale des Verbrauchers. Um beim Entleeren der Anlage eine Überschwemmung zu verhindern, werden Bodenentwässerungen und Schwellen angeordnet. Die Übergabe wird unterschieden in:

- indirekt: Das Fernwärmenetz wird vom Heizungsnetz getrennt und ein Wärmetauscher eingeschaltet.
- direkt: Das Heizmedium gelangt mittels Hochdruckarmaturen bis in die Heizkörper des Verbrauchers. Die Reduzierung der Heizwassertemperatur findet durch Rücklaufbeimischung statt [12].

Tabelle 9.3 Einteilung und Anwendung von Blockheizkraftwerken [1]

Bezeichnung	Leistungsbereich	Anwendung
Nano-BHKW	1,0 - 2,5	Ein- und Zweifamilienhäuser
Mikro-BHKW	2,5 - 20	Mehrfamilienhäuser
		Gewerbeimmobilien
		Verwaltungsgebäude
Mini-BHKW	20 - 50	Größere Wohnimmobilien
		Objektgebäude
		Nahwärmenetze
Klein-BHKW	> 50	Größere Gebäude
		Nah- sowie Fernwärmenetze
Groß-BHKW	> 2000	Quartier- oder Fernwärmeversorgung

9.1.2 Wärmeverteilernetze

Als Verteilersystem wird die Warmwasserpumpenheizung (WWPH) mit Abstand am häufigsten eingesetzt. Die im Heizkessel erzeugte Wärme wird hierbei mit Hilfe eines Trägermediums (Wasser) in die wärmeabgebenden Heizflächen geführt (Vorlauf). Das bei diesem Vorgang abgekühlte Wasser wird dann in den Kessel zurück transportiert (Rücklauf) und anschließend erneut erwärmt. Eine Pumpe sorgt für den ständigen Umlauf des Wassers. Temperaturbedingte Druckunterschiede und unvermeidliche Volumenvergrößerungen des Wassers bei der Erwärmung werden von einem Ausdehnungsgefäß aufgenommen (Bild 9.5). Das Prinzip einer WWPH wird in Bild 9.6 verdeutlicht. Die maximale Vorlauftemperatur von WWPH beträgt 100 °C, allerdings kann durch die Anhebung des Siedepunktes mit einem mäßigen Überdruck von ca. 2,5 bar, eine Vorlauftemperatur von maximal 105 °C erreicht werden. Heutzutage werden bevorzugt Vorlauftemperaturen zwischen 45 und 70 °C (Niedertemperaturbereich) gewählt. Heißwasserheizungen, die in der Regel in der Fernwärmeversorgung eingesetzt werden, haben dagegen eine Vorlauftemperatur von über 120 °C. Die Temperaturauslegung einer Anlage erfolgt über die Spreizung (Temperaturdifferenz zwischen Vor- und Rücklauf) bei maximaler Leistung, also bei den tiefsten anzunehmenden Außentemperaturen. Als Stand der Technik gelten heute Niedertemperaturheizungen mit Auslegungstemperaturen von beispielsweise 70/55 °C, 60/50 °C oder 55/45 °C [12].

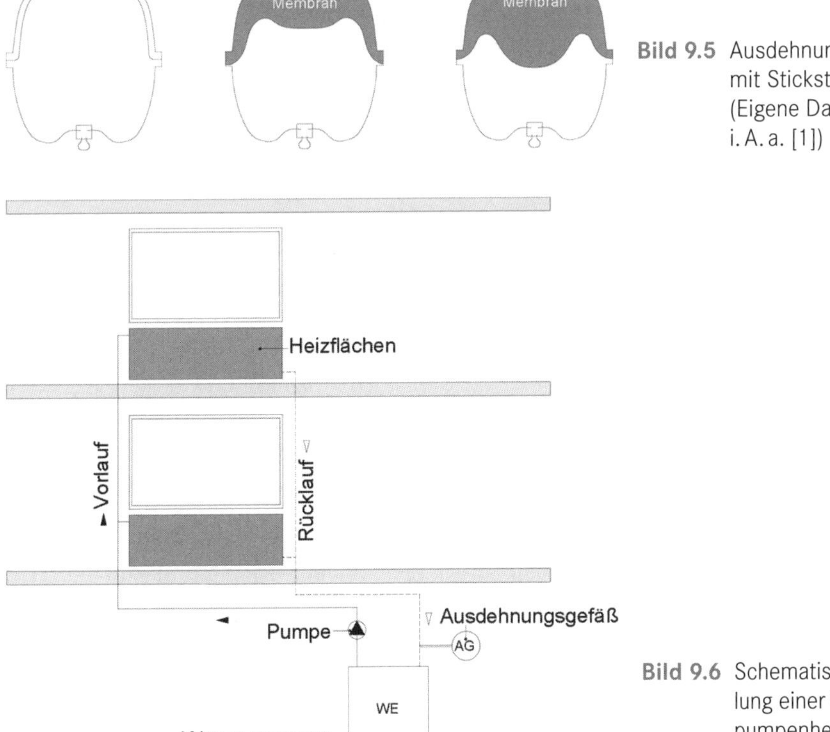

Bild 9.5 Ausdehnungsgefäß mit Stickstoffpolster (Eigene Darstellung i. A. a. [1])

Bild 9.6 Schematische Darstellung einer Warmwasserpumpenheizung (Eigene Darstellung i. A. a. [1])

Die Rohrleitungen der Warmwasserheizungen können aus Stahl, Weichstahl oder Kupfer bestehen. In der Praxis werden hauptsächlich Kupferrohre nach DIN EN 507 in Form von Stangen oder Ringrohren verwendet. Weichstahlrohre bestehen aus dünnwandigem kunststoffummantelten Präzisionsstahlrohr und werden in Ringen von 50 m geliefert. Sie kommen hauptsächlich bei Einrohrheizungen zum Einsatz. Stahlrohre werden trotz des günstigen Preises kaum noch verwendet. Die Rohrleitungen in Zentralheizungssystemen müssen entsprechend der EnEV wärmegedämmt werden. Dabei sind die in der EnEV angegebenen Dämmstoff-Mindestdicken einzuhalten, die sich auf eine Wärmeleitfähigkeit von 0,035 $W/(m^2 \cdot K)$ beziehen. Als überschlägige Faustformel entspricht die Dämmstoff-Mindestdicke dem Innendurchmesser des Rohres [1]. Die Leitungsführung zwischen dem Wärmeerzeuger und der Heizfläche kann im Wohnungsbau in folgenden Varianten ausgeführt werden:

- Heizkörper unter den Fenstern mit einer unteren Verteilung. Steigstränge und Anschlussleitungen befinden sich in der Außenwand. Diese Variante lässt sich lediglich unter Schwierigkeiten realisieren (Bild 9.7, A).
- Heizkörper unter den Fenstern mit zentral angeordneten Steigsträngen, z. B. im Treppenraum. Anschlussleitungen befinden sich unterhalb des schwimmenden Estrichs als Ein- oder Zweirohrsystem. Diese Variante lässt sich gut mit einem Wärmemengenzähler kombinieren und ist somit für die Anwendung in Wohn- und Mieteinheiten geeignet (Bild 9.7, B).
- Heizkörper unter den Fenstern mit dezentralen Steigsträngen an den Innenwänden. Die Anschlussleitungen befinden sich in einer entsprechenden Fußleistenkonstruktion.
- Heizköper unter den Fenstern mit einem Wärmeerzeuger im selben Geschoss (Etagenheizung). Anschlussleitungen befinden sich unterhalb des schwimmenden Estrichs als Ein- oder Zweirohrsystem (Bild 9.7, C).
- Fußbodenheizung mit zentralen Steigsträngen an einer Innenwand. Die Verteilung erfolgt in den einzelnen Stockwerken (Bild 9.7, D) [1].

Bei der Leitungsführung in größeren Gebäuden, wie z. B. Verwaltungsbauten und Schulen, ergibt sich die Notwendigkeit, die vertikalen Stränge zentral durch die Geschosse zu führen und anschließend die horizontale Anbindung der Heizflächen mit einer verdeckten Leitungsstraße herzustellen. In Bezug auf das Rohrsystem für die Wärmeverteilung werden hierbei prinzipiell Zweirohr- und Einrohrsysteme unterschieden. Bei Zweirohrsystemen (Bild 9.8) (Parallelschaltung) wird jedem Heizkörper durch Vorlaufleitungen erwärmtes Wasser mit nahezu gleicher Temperatur zugeführt. Das abgekühlte Wasser wird dann über Rücklaufleitungen in die Heizzentrale zurücktransportiert. Bei diesem System werden die Vor- und Rücklaufstränge nebeneinanderliegend vertikal an die Heizkörper geführt. Die horizontale Verteilerebene befindet sich im Allgemeinen unter der Decke des Kellergeschosses (untere Verteilung). Eine obere Verteilung (im Dachbereich) wird lediglich in Spezialfällen vorgesehen. In der Regel werden bei Zweirohrsystemen zwei Heizkörper in jedem Geschoss mit Vor- und Rücklauf versorgt. Beide Anschlüsse der Heizkörper liegen normalerweise auf derselben Heizkörperseite (gleichseitiger Anschluss) [12]. Heizkörper mit größeren Längen besitzen im Regelfall einen wechselseitigen Anschluss von Vor- und Rücklauf [1].

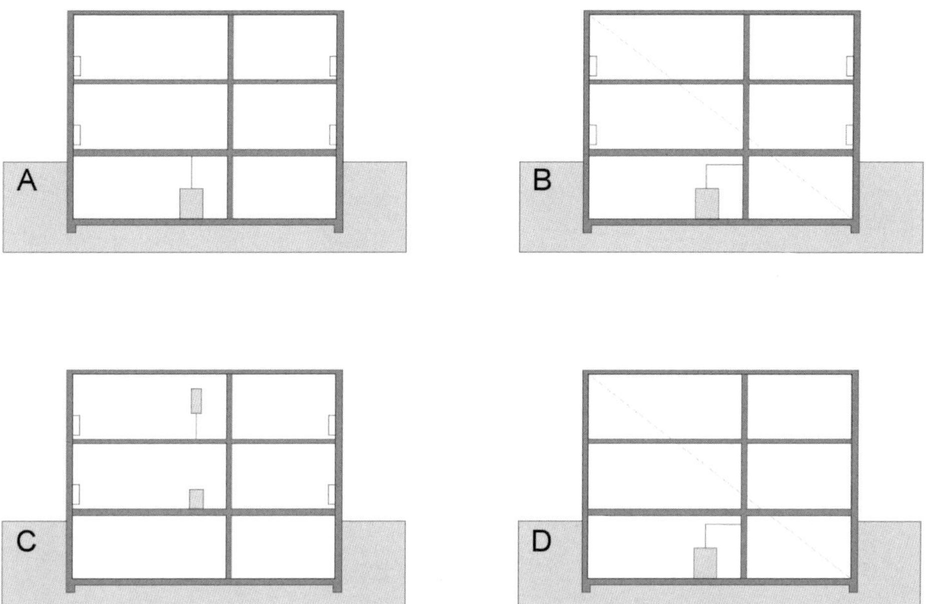

Bild 9.7 Trassenführungen von Heizungsvorlauf und -rücklauf im Wohnungsbau (Eigene Darstellung i. A. a. [12])

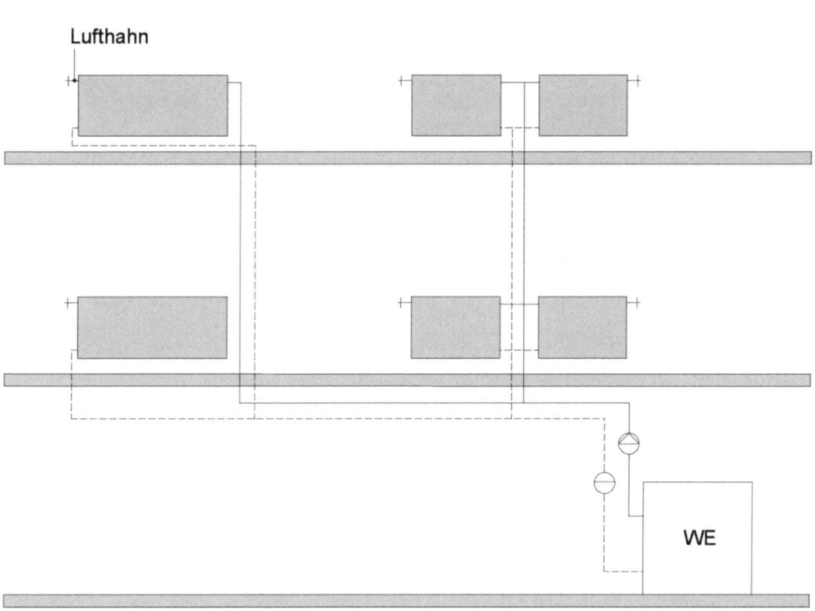

Bild 9.8 Heizkörperanschlüsse bei Zweirohrsystemen (Eigene Darstellung i. A. a. [1])

Bei Einrohrsystemen (Bild 9.9) (Reihenschaltung) sind alle Heizkörper hintereinander an einer Ringleitung angeschlossen. Dabei können folgende Varianten ausgeführt werden:

- Zwangsumlaufsystem

  Die Heizköper bei den Zwangsumlaufsystemen können nicht abgestellt werden, ohne dabei den Wasserkreislauf und die Wärmeabgabe der angeschlossenen Heizkörper zu unterbrechen. Aufgrund der beschränkten Regelmöglichkeit wird diese Variante nicht empfohlen.
- Dreiwegeventilsystem

  Das Dreiwegeventilsystem ermöglicht dagegen den Umlauf einer gleichbleibenden Wassermenge, die durch das Abstellen oder Drosseln anderer Heizkörper nicht gestört wird.
- Nebenschlusssystem

  Die Nebenanschlusssysteme stellen den Heizkörpern so viel Wasser zu Verfügung, wie für die Erfüllung ihrer Funktion benötigt wird. Wie bei den Dreiwegeventilsystemen können auch hier einzelne Heizkörper abgestellt oder gedrosselt werden [1].

9.1.3 Raumheizflächen

Die Wärme von den Heizkörpern wird hauptsächlich durch

- Konvektion,

  z. B. Warmluftheizgeräte, Konvektoren, Radiatoren und Plattenheizkörper, oder
- Strahlung,

  z. B. Decken- und Wandflächenstrahlungsheizungen und Fußbodenheizungen,

an die Umgebung abgegeben. Die Wandtemperaturen bei Strahlungsheizungen sind höher und damit besser als bei Konvektionsheizungen. Zudem erreicht das Raumlufttemperaturprofil einer Strahlungsheizung optimale Zustände. Konvektionsheizungen haben dagegen geringere Anlagekosten und können sich an wechselnde Heizlasten gut anpassen. Außerdem können nachträgliche Änderungen mit einem geringeren Aufwand vorgenommen werden. Jedoch kommt es aufgrund der verstärkten Luftbewegung zu einer vermehrten Staubaufwirbelung.

Heizflächen sind so anzuordnen, dass die Behaglichkeitsbedingungen im Raum optimal sind. Dies kann unter der Beachtung folgender Punkte erreicht werden:

- Vermeidung einer zu hohen Strahlungstemperaturasymmetrie,
- Erwärmung der durch die Fensterfugen einströmenden Luft,
- Verhinderung von Temperaturschichtung,
- Verhinderung von ungünstigen Strömungsverhältnissen [12].

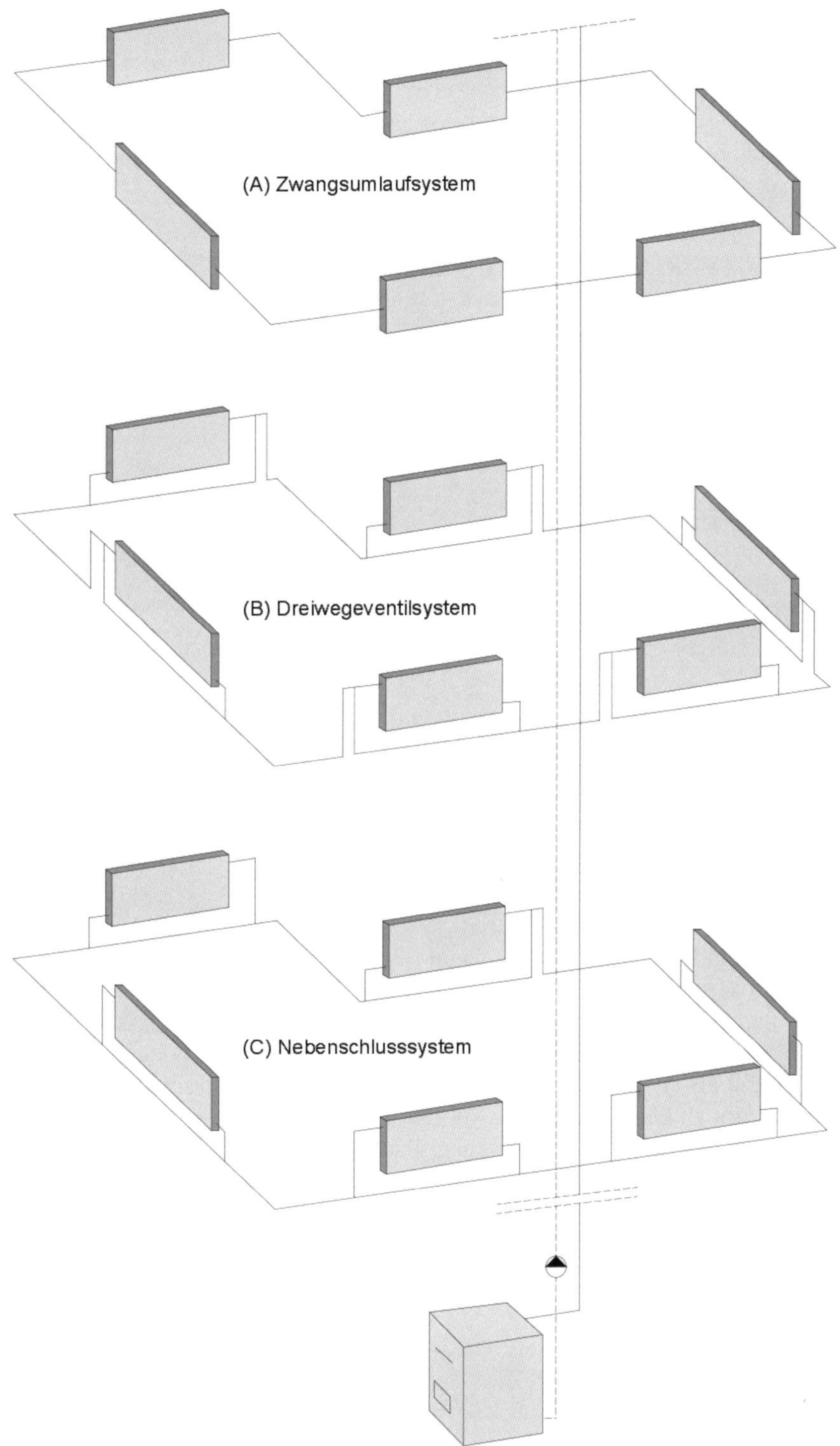

Bild 9.9 Varianten der Einrohrheizung (Eigene Darstellung i. A. a. [1])

Plattenheizkörper

Plattenheizkörper (Bild 9.10), auch Flachheizkörper genannt, besitzen mit ca. 85 % den größten Marktanteil unter den Raumheizkörpern. Sie werden aus glatten oder profilierten wasserdurchflossenen Stahlblechdoppelplatten hergestellt. Die Wärme wird über die Vorderseite durch Strahlung und über die restlichen Flächen durch Konvektion abgegeben [1].

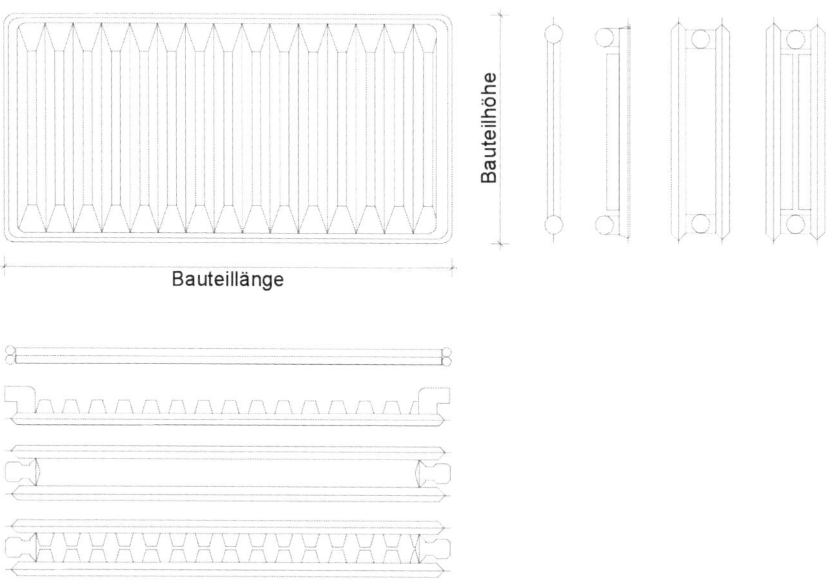

Bild 9.10 Plattenheizkörper (Eigene Darstellung i. A. a. [1])

Gliederheizkörper

Gliederheizkörper (Bild 9.11) bestehen aus Stahl-, Stahlrohr- oder Gussradiatoren [12]. Stahlrohrradiatoren werden auch als Röhrenheizkörper bezeichnet. Sie besitzen keine scharfen Kanten und sind somit kinderfreundlich. Ein weiterer Vorteil ist, dass die Stahlrohrradiatoren eine sehr hohe Leistung, bezogen auf ihre Länge, erzeugen können, jedoch preislich höher liegen als andere Glieder- und Plattenheizkörper. Stahlradiatoren werden aus mehreren Gliedern zu einem Block verschweißt und die Endglieder mit einer oberen und unteren Gewindebohrung (Naben) versehen. Dadurch kann mit Hilfe von Gewinderingen eine Verbindung von mehreren Blöcken erfolgen. Mit der Verwendung von Gussradiatoren kann die beste Korrosionsbeständigkeit erreicht werden [1].

Stahlrohrradiatoren

Gussradiatoren

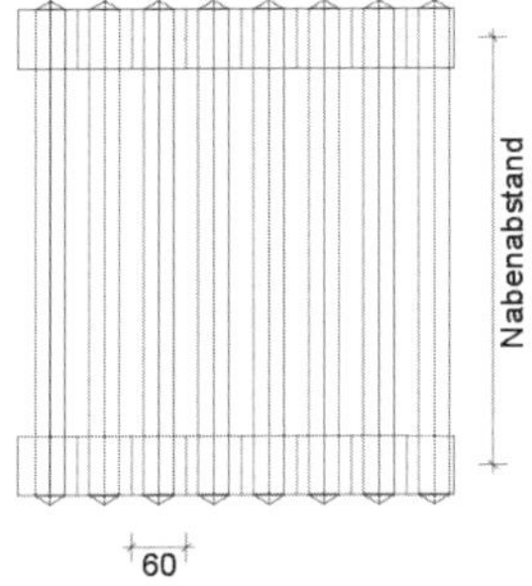

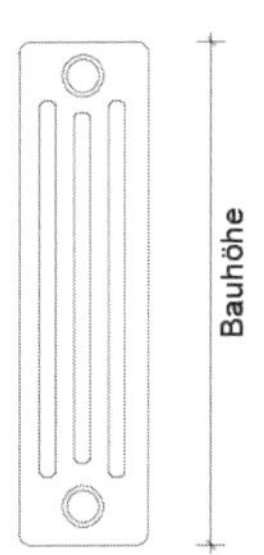

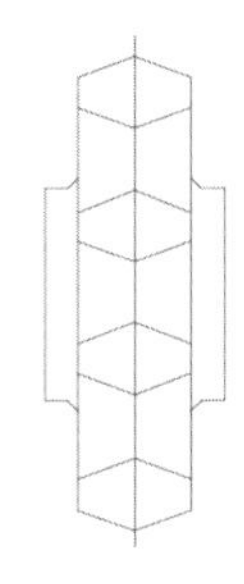

Stahlradiatoren

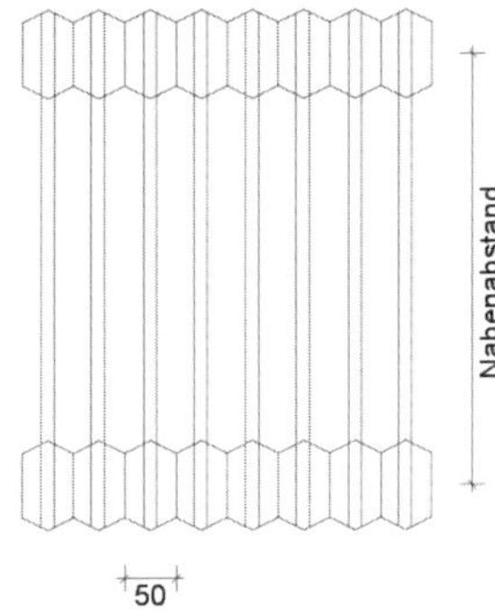

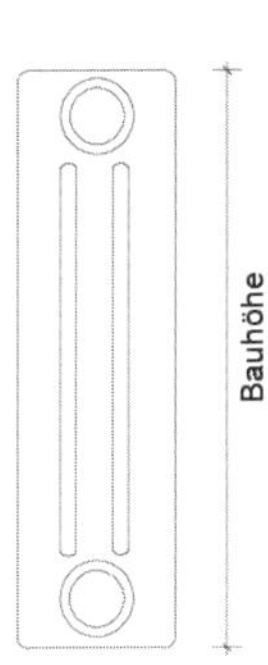

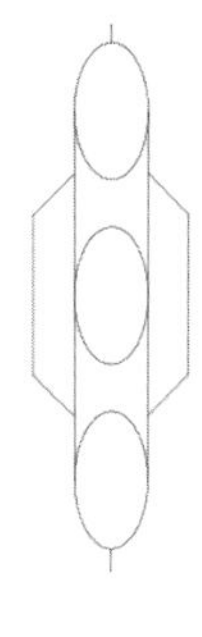

Bild 9.11 Arten von Gliederheizkörpern (Eigene Darstellung i. A. a. [1])

Konvektoren

Konvektoren (Bild 9.12) werden aus dicht mit Blechlamellen besetzten Rohren hergestellt und in schachtartige Nischen eingebaut oder als selbstständiger Heizkörper verwendet. Die an den Lamellen erwärmte Luft erzeugt eine Luftströmung, die den wärmeabgebenden Lamellenblock ununterbrochen durchströmt. Durch Konvektoren können kurze Aufheizzeiten erreicht und große Fensterflächen in Verbindung mit Wärmebänken abgeschirmt werden. Bei der Planung ist auf eine gute Reinigungsmöglichkeit und Zugänglichkeit zu achten [1].

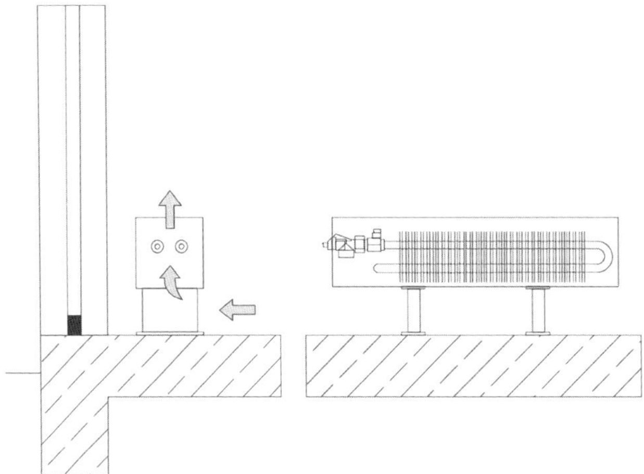

Bild 9.12 Konvektor (Eigene Darstellung i. A. a. [1])

Fußbodenheizungen

Fußbodenheizungen bestehen aus Rohrleitungen, die innerhalb oder unterhalb eines Estrichs angeordnet und mit Heizwasser durchflossen werden. Die Rohdecke ist mit einer ausreichend dimensionierten Wärmedämmung zu versehen. Sie eignen sich besonders für tiefe oder hohe Räume, die durch die Anordnung von Heizkörpern an den Außenwänden nicht ausreichend beheizt werden können. Die Wärmeabgabe der Fußbodenheizung erfolgt hauptsächlich durch Strahlung. Dabei wird eine Temperaturverteilung im Raum bewirkt, die dem Idealverlauf sehr nahekommt. Fußbodenheizungen eignen sich gut für eine Kombination mit Brennwertkesseln und einer Kopplung mit Wärmepumpen, da diese Elemente eine wirtschaftlich vertretbare Maximaltemperatur von 50 bis 60 °C haben. Bei einer Außentemperatur von 0 °C liegt die Oberflächentemperatur bei 22 bis 23 °C, kann jedoch bei tieferen Außentemperaturen bis 25 °C ansteigen. Um Fußbeschwerden und -schwellungen zu vermeiden, liegt der Grenzwert in Daueraufenthaltsbereichen bei 29 °C [1].

Die Rohre der Fußbodenheizung können entsprechend Bild 9.13 verlegt werden. Dabei können folgende Varianten der Rohranordnung erfolgen.

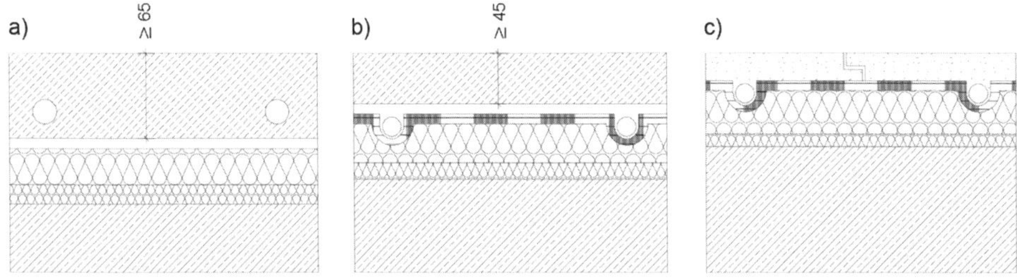

Bild 9.13 Anordnungsvarianten von Fußbodenheizungsrohren (Eigene Darstellung i. A. a. [1])
a) Im Estrich eingebettet
b) Unterhalb des Nassestrichs
c) Unterhalb des Trockenestrichs

Deckenheizungen

Bei Deckenheizungen (Bild 9.14) handelt es sich um Flächenheizungen mit einem hohen Strahlungsanteil und niedrigen Vorlauftemperaturen. Sie werden hauptsächlich im Nichtwohnungsbau eingesetzt. Die Konstruktion basiert in der Regel auf den üblichen Rastermaßen für abgehängte Deckensysteme. Es wird hauptsächlich Aluminium als wärmeleitendes Material eingesetzt und die Rohre, meist aus Kupfer, mäanderförmig aufgebracht. Es können auch Kunststoffrohre als Kapillarrohrmatten eingesetzt werden. Diese werden auf Gipskartondecken aufgelegt oder direkt unter die Betondecke eingebaut und verputzt. Des Weiteren können Rohre in die Betondecke eingebaut werden (Bauteilaktivierung). Hierbei werden Rohrdurchmesser zwischen 20 und 22 mm mittig in der Betondecke eingebaut und zu einem Heizsystem geführt. Durch die Bauteilaktivierung können gute Speichermöglichkeiten durch die Speicherwirkung der Betondecke ermöglicht werden [1].

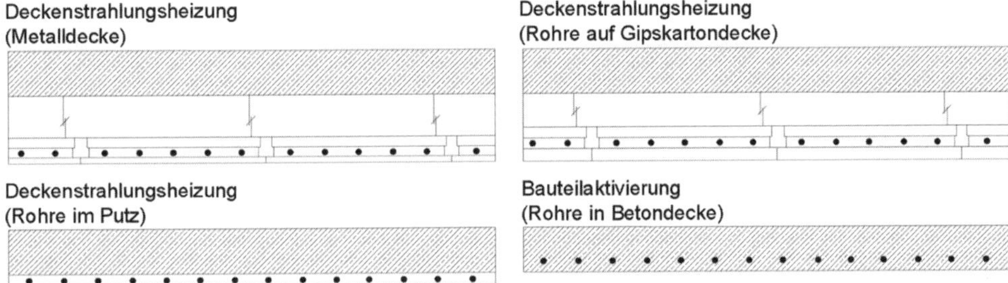

Bild 9.14 Deckentemperierungssysteme (Eigene Darstellung i. A. a. [1])

Wandheizung

Wandheizungen werden prinzipiell wie Fußbodenheizungen ausgebildet und weisen eine hohe Behaglichkeit auf. Die Rohre werden im Wandputz oder hinter einer Verkleidung aus Gipskartonplatten verlegt. Wandflächenheizungen können aufgrund fehlender freier Wandflächen, da oft Stellflächen benötigt werden, nicht beliebig hergestellt werden. Außerdem kann das Einbohren in die Wände zu Problemen führen [12].

■ 9.2 Raumlufttechnik

Die Luftqualität in Räumen gehört zu den bedeutendsten Merkmalen für die Behaglichkeit und den Komfort der Nutzer. Der notwendige Luftaustausch kann entweder über die natürliche oder die maschinelle Lüftung erfolgen. Zur natürlichen Lüftung gehört der Luftaustausch über die Fenster oder andere Öffnungen (Schächte oder Fugen), der durch den Winddruck am und um das Gebäude entsteht. Dagegen findet die maschinelle Lüftung mittels raumlufttechnischer Anlagen statt, welche die Luft fördern, aufbereiten und über geeignete Verteilsysteme in den Räumen abgeben. Sie können beispielsweise durch rechtliche Vorschriften oder aufgrund der Luftdichtheit von Gebäudehüllen notwendig sein [1]. Weiterhin wird im Wohnungsbau die kontrollierte Lüftung als Lüftungssystem angesehen. Sie beinhaltet zwar die gleiche Anlagentechnik wie andere Anlagen für Lüftungssysteme, ist allerdings für geringere Luftvolumenströme konzipiert und kann gleichzeitig zum Heizen und Kühlen verwendet werden. Kontrollierte Lüftungssysteme sind bei den raumlufttechnischen Anlagen (RLT) angesiedelt und können in der Ausführung zentral oder dezentral erfolgen. Die Einteilung der Lufttechnik wird wie folgt dargestellt [1].

- Lufttechnik - Freie Lüftungssysteme
  - Fensterlüftung
  - Schachtlüftung
- Lufttechnik - Raumlufttechnische Anlagen
  - Zentrale Anlagen
    - Luft-Luft-Anlage
    - Luft-Wasser-Anlage
    - Luft-Kältemittel-Anlage
  - Dezentrale Anlagen
    - Fassaden-Lüftungs-Anlagen
    - Umluftanlagen

9.2.1 Freie Lüftungssysteme

Die Zufuhr von sauerstoffreicher Luft in Aufenthaltsräume ist lebensnotwendig und erfordert gleichzeitig auch das Abführen der schadstoffreichen Luft. Es wird zwischen Nennlüftung und Bedarfslüftung unterschieden. [12] Als Nennlüftung wird der bauphysikalisch erforderliche Luftaustausch zur Verhinderung von Bauschäden beschrieben. Denn ein zu geringer Luftwechsel in Verbindung mit hohen Luftfeuchten kann zur Fleckenbildung oder Schimmelpilzbildung führen. Im Gegensatz dazu wird die Bedarfslüftung aus Gründen der Luftverschlechterung durch Gerüche oder Ausdünstungen benötigt. Der empfohlene Luftaustausch beträgt:

- 0,5- bis 1,0-fach/h in Wohn-, Aufenthalts- und Schlafräumen,
- 4,0- bis 5,0-fach/h in innenliegenden Sanitärräumen,
- 0,5- bis 2,5-fach/h in Küchen [1].

Fugenlüftung

Verbunden mit der Verringerung der Lüftungswärmeverluste werden die Fensterfugen in Neubauten nahezu luftdicht hergestellt. Dies hat zur Folge, dass kein ausreichender Luftwechsel stattfinden kann. Die Regelungen zur Luftdurchlässigkeit von Fenstern und Türen erfolgt gemäß DIN 12 207. Nach EnEV werden Gebäude mit bis zu zwei Vollgeschossen in Klasse 2, über zwei Vollgeschosse hinausgehende Gebäude in Klasse 3 eingestuft. Allerdings zeigen erfahrungsgemäß Bauteile wie Rolladenkästen oder Fensterbänke weiterhin eine gewisse Luftdurchlässigkeit auf [1].

Fensterlüftung

Fenster können entweder kurzfristig (Stoßlüftung) oder über eine bestimmte Zeitdauer anhaltend (Dauerlüftung) geöffnet werden (Bild 9.15). Das Stoßlüften stellt dabei die energetisch günstigere Lüftungsform dar, da die gespeicherte Wärme größtenteils im Aufenthaltsbereich beibehalten bleibt. Mit reduzierter Lüftung wird der hygienisch erforderliche Mindestluftaustausch, mit Intensivlüftung der Luftaustausch zur Reduzierung von Lastspitzen gekennzeichnet. Als mögliche Varianten für ein lüftungstechnisches Konzept in Wohnungen kommen die freie sowie die ventilatorgestütze Lüftung vor [12].

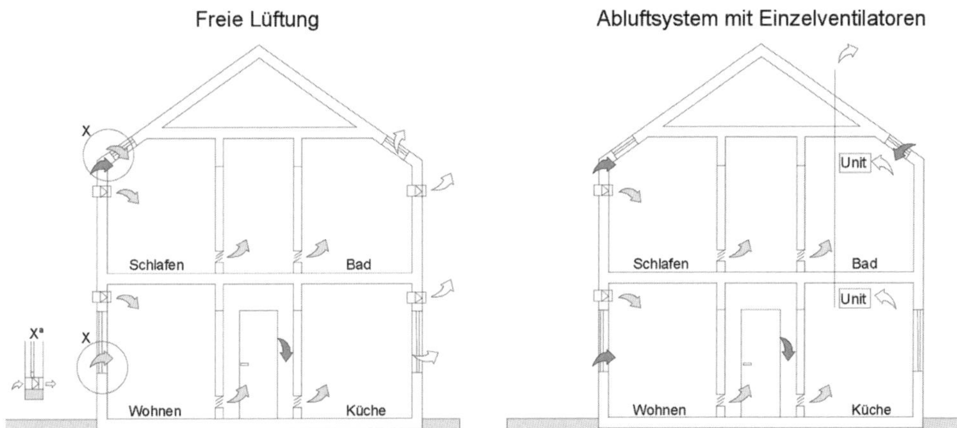

Bild 9.15 Lüftungsmöglichkeiten in Wohnungen (Eigene Darstellung i. A. a. [1])

Lüftungseinrichtungen

Als Ersatz bzw. Unterstützung der Fensterlüftung können Lüftungseinrichtungen wie Ventilatoren, Lüftungsschächte oder Lüftungskanäle fungieren. Sie bieten die Möglichkeit der Querlüftung beispielsweise in Wohnungen mit kleinen Küchen oder fensterlosen Kochnischen. Auch in fensterlosen Bädern und Toiletten müssen sie angeordnet werden, um eine ausreichende Lüftung zu gewährleisten. Durch den Einsatz einer mechanischen Lüftung mit Wärmerückgewinnung ist es möglich, dass zum einen der Raum ausreichend belüftet, zum anderen die Wärmeverluste sich in Grenzen halten. Dabei wird die Abluft in einem Wärmetauscher mit der Frischluft in thermischen Kontakt gebracht, wodurch ca. 80 % der Wärme zurückgewonnen werden kann [1].

9.2.2 Raumlufttechnische Anlagen

Die Unterteilung der Raumlufttechnik erfolgt in die Bereiche Raumlufttechnik und Prozesslufttechnik. Bei der Prozesslufttechnik wird die Luft in einem technischen Prozess innerhalb von Anlagen transportiert, während die Raumlufttechnik die Lüftung und Klimatisierung von Gebäuden beinhaltet. Durch maschinelle Aufbereitung sowie die Verteilung über Lüftungssysteme gelangt die erzeugte Luft in Räume. Gegenüber der natürlichen Lüftung, die thermische Druckunterschiede im Gebäude voraussetzt, wird bei Abluftanlagen künstlicher Unterdruck zur Luftströmung erzeugt und gelangt kontrolliert zum Verbrauchsort. Mit raumlufttechnischen Anlagen können die Reinheit der Luft, Raumlufttemperatur, Luftbewegung oder die Luftfeuchtigkeit beeinflusst werden. Für die Behaglichkeit von Menschen bestehen außerdem Einflussgrößen wie Temperatur der Umschließungsfläche, raumakustische Verhältnisse, Beleuchtung, Dichte der Personenbelegung oder Farbgestaltung. Zusammenfassend enthalten raumlufttechnische Anlagen folgende Aufgaben:

- Erneuerung der Raumluft,
- Reinigen der Raumluft,
- Erwärmen oder Kühlen,
- Be- und Entfeuchtung der Raumluft.

Mit dem Einsatz von raumlufttechnischen Anlagen, vor allem Klimaanlagen, muss mit hohen Anlagekosten verbunden mit Aufwendungen für Betrieb und Wartung, Unterhaltung und Erneuerung gerechnet werden. Deshalb sollten ganzheitliche Konzepte zur Reduzierung des sommerlichen Wärmeeintrags geplant und alle Möglichkeiten dazu bevorzugt werden. Sie entstehen durch die Abstimmung der Energieströme aus der Umgebung auf das Gebäude und setzen aktive Systeme wie Warmwasserpumpenheizung, Wasser-Kühlsysteme und raumlufttechnische Anlagen voraus [1]. Die Notwendigkeit von raumlufttechnischen Anlagen ist beispielhaft in folgenden Situationen gegeben:

- bei Gebäuden mit starken Abgas-, Geruchs- oder Geräuschemissionen,
- bei extremen Windverhältnissen,
- bei kleinen Räumen mit hohem Personenaufkommen über eine längere Zeit,
- bei fensterlosen Räumen,
- bei Versammlungsstätten aufgrund der großen Raumtiefen sowie dem geringen Fensteranteil [9].

Bei der Planung von RLT-Anlagen für einen Neubau müssen System und bauliche sowie nutzungsbedingte Anforderungen aufeinander abgestimmt sein. Dies kann z. B. den Raumbedarf und die Anordnung der Zentrale, die Anordnung der Lufteinlässe bzw. -auslässe oder die Führung der Lüftungskanäle beinhalten. Außerdem sollte die Planung der RLT-Anlage in Abhängigkeit der Nutzung umrüstbar sein [1].

Aufbau von raumlufttechnischen Anlagen

Zu den Aufbauelementen einer RLT-Anlage gehört eine Ansaugvorrichtung für die Außenluft, ein zentrales Aufbereitungsgerät sowie ein Luftverteilnetz mit Luftdurchlässen. Sie kann ihren Zweck entweder nur mit Hilfe der aufbereiteten und transportierten Luft oder in Kombination mit wassergeführten Systemen erfüllen. Hinsichtlich der Funktionsunterscheidung bestehen raumlufttechnische Anlagen mit oder ohne Lüftungsfunktion. Die Lüftungsfunktionen der Anlagen stellen ein ausreichendes Maß an Außenluft sicher und können zudem Funktionen wie Heizen, Kühlen oder Be- und Entfeuchten übernehmen. Der Unterschied von Anlagen ohne Lüftungsfunktion besteht darin, dass sie die verbrauchte Raumluft nicht austauschen. Je nach Art und Weise der Luftbehandlung gemäß den thermodynamischen Behandlungsfunktionen (Heizen, Kühlen, Befeuchten, Entfeuchten) werden Anlagen weiterhin unterschieden und sind in Tabelle 9.4 dargestellt [1]:

Tabelle 9.4 Bezeichnungen von RLT-Anlagen in Abhängigkeit der Luftbehandlungsfunktionen [1]

Anzahl der thermodynamischen Behandlungsfunktionen	Anlagenbezeichnung
Reiner Lufttransport	Lüftungsanlage
Reiner Lufttransport ohne Außenluftanteil	Umluftanlage
Zwei oder drei Behandlungsfunktionen mit Außenluftanteil	Teilklimaanlage
Zwei oder drei Behandlungsfunktionen ohne Außenluftanteil	Umluftteilklimaanlage
Vier Behandlungsfunktionen mit Außenluftanteil	Klimaanlage
Vier Behandlungsfunktionen ohne Außenluftanteil	Umluftklimaanlage

Darüber hinaus werden RLT-Anlagen eingeteilt in:

- Luft-Luft-Anlagen,
- Luft-Wasser-Anlagen,
- Luft-Kältemittel-Anlagen [1].

Luft-Luft-Anlagen

Luft-Luft-Anlagen bereiten ohne den Einsatz von anderen Kühlsystemen die Luft auf. Sie werden in Einkanal- und Zweikanalanlagen unterschieden [1]. Bei Einkanalanlagen (Regelausführung) wird die Luft im Klimagerät auf den Endzustand gebracht und über das Luftkanalnetz in den gewünschten Raum transportiert [14]. Über einen Abluftventilator und ein weiteres Kanalnetz erfolgt der Rücktransport der verbrauchten Luft. Demgegenüber stehen Zweikanalanlagen, die zwei separate Zuluftkanäle mit unterschiedlichen Temperaturen haben und vor Ort auf die gewünschte Temperatur gemischt werden. Aufgrund des hohen Energieaufwands sind sie nur noch in Sanierungen anzutreffen. Beim Entwurf von RLT-Anlagen muss für die Einhaltung der Temperaturschwankungen festgelegt werden, ob die Auslegung des Volumenstroms konstant oder variabel erfolgt. Die Raumluftmenge wird bei Lüftungs- bzw. Teilklimaanlagen durch Außenluft ersetzt [1]. Dabei ist die Außenluft je nach Anforderungen an den Raum zu filtern. Die Anordnung der Filter erfolgt in der Regel vor den Luftauslässen, damit auch mitgeführte Partikel aus dem Luftkanal aufgefangen werden. Für die Verteilung der Zuluft und die Absaugung der Abluft dienen Ventilatoren [6]. Aus wirtschaftlichen Gründen wird auf einen reinen Außenluftbetrieb verzichtet und daher entweder ein Teil der Abluft wieder zugeführt (Mischbetrieb) oder eine Wärmerückgewinnungsanlage installiert. Damit die Abluft in Räumen mit unangenehmen Gerüchen oder sonstiger Luftverschmutzung nicht erneut in Form von gemischter Zuluft zur Verfügung gestellt wird, führt die Abluft solcher Räume direkt ins Freie.

Die Hauptbestandteile von raumlufttechnischen Anlagen bestehen aus den zentralen Luftaufbereitungsgeräten (Zentralgeräte), dem Kanalnetz mit Einbauten (Volumenstromregler, Drosselklappen, Brandschutzklappen) sowie den Luftdurchlässen. Die Zuluft und Abluft wird bei Anlagen mit Verbundlüftung (Regelfall) in getrennten Anlagen geführt. Diese sollten möglichst nahe beieinander stationiert werden, um die Effizienz der Wärmerückgewinnung zu erhöhen. Je nach Anlagenkonfiguration besitzen Zentralgeräte unterschiedliche Einbauten, wie z. B. Kühler, Ventilatoren, Wärmetauscher oder Luftbefeuchter. Als Wärmetauscher gelten außerdem Wärmerückgewinnungssysteme (WRS) in Zentralgeräten, die zur Vorerwärmung der Außenluft eingesetzt werden. Die Bauformen der Wärmetauscher erzielen unterschiedlich hohe Rückwärmezahlen (Tabelle 9.5) und werden unterschieden in:

- Kreislaufverbundsystem

  Beinhaltet je einen Wärmetauscher für die Abluft und Zuluft. Die Wärme wird mittels Trägermedium von der einen Seite zur anderen übertragen. Dieses System wird bei Sanierungen zur Nachrüstung von WRS eingesetzt und ermöglicht Rückwärmezahlen zwischen 50 und 60 %.
- Kreuzwärmetauscher

  Der Wärmeaustausch bei diesem System erfolgt direkt durch Trennung der Stoffströme. Sie ermöglichen 70 bis 80 % Rückwärme.
- Wärmeräder [1]

Tabelle 9.5 Wärmerückgewinnungsklassen [11]

Klasse	η_e 1:1 min [%]
Klasse H1	≥ 71
Klasse H2	≥ 64
Klasse H3	≥ 55
Klasse H4	≥ 45
Klasse H5	≥ 36
Klasse H6	Keine Anforderungen

Die Werte gelten für ausgeglichene Massenströme (1:1). Die Klassen definieren die Qualität der WRG und haben einen starken Einfluss auf den thermischen Energieverbrauch. In nordischen Ländern sind höhere und in südlichen Ländern geringere Klassen gebräuchlich.

Luft-Wasser-Anlagen

Bei Luft-Wasser-Anlagen handelt es sich um raumlufttechnische Anlagen, die in Kombination mit wassergeführten Zusatzheiz- oder Kühleinrichtungen betrieben werden wie z. B. eine Einkanalanlage mit konstantem Volumenstrom und zusätzlichem Raumkühl- oder Heizsystem. Zusätzliche wassergeführte Heiz- oder Kühlsysteme können Kühldeckensysteme, Bauteilaktivierung, Kühlsegel oder Kühlkonvektoren sein. Bedingt durch den besseren Raumkomfort und den geringeren Energieverbrauch hat sich die Kombination von Flächentemperierungen mit RLT-Anlagen in Nichtwohngebäuden gegenüber den Luft-Luft-Anlagen durchgesetzt.

In Bild 9.16 ist eine Luft-Wasser-Anlage mit Deckentemperierungen als Wärme- und Kälteverteilungssystem dargestellt. Sie beinhaltet eine innenliegende Kältemaschine mit außenliegendem Kühlturm. Eine zentrale RLT-Anlage versorgt die Räume mit Zuluft. Die Deckentemperierung erbringt im Heizfall die Heizlast. Gleichzeitig erwärmt die Zuluft die Raumtemperatur. Bedingt durch die Wärmerückgewinnung muss der Wärmeerzeuger nur noch die Restleistung aufbringen. Zur Kühlung wird von der Kältemaschine kaltes Wasser erzeugt, das zur Decken- und Luftkühlung eingesetzt wird. Dieselbe Wärme- und Kälteverteilung gilt für die in Bild 9.17 dargestellte Anlage. Allerdings wird hier Grundwasser als Wärmequelle und Wärmesenke verwendet. Mit einem Wärmeverteilsystem wird geheizt und gekühlt. Dem Grundwasser kann einerseits Wärme mittels Wärmepumpe entzogen werden, andererseits wird es zur Kühlung über einen Zwischenwärmetauscher verwendet. Der Umkehrbetrieb der Wärmepumpe als reversible Wärmepumpe ermöglicht die Nutzung als Kältemaschine [1].

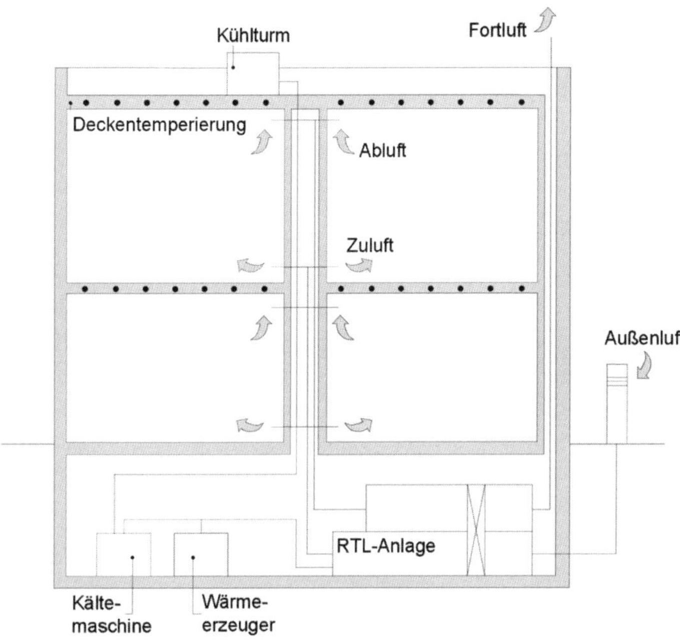

Bild 9.16 Luft-Wasser-Anlage; Kältemaschine innen mit außenliegendem Kühlturm (Eigene Darstellung i. A. a. [1])

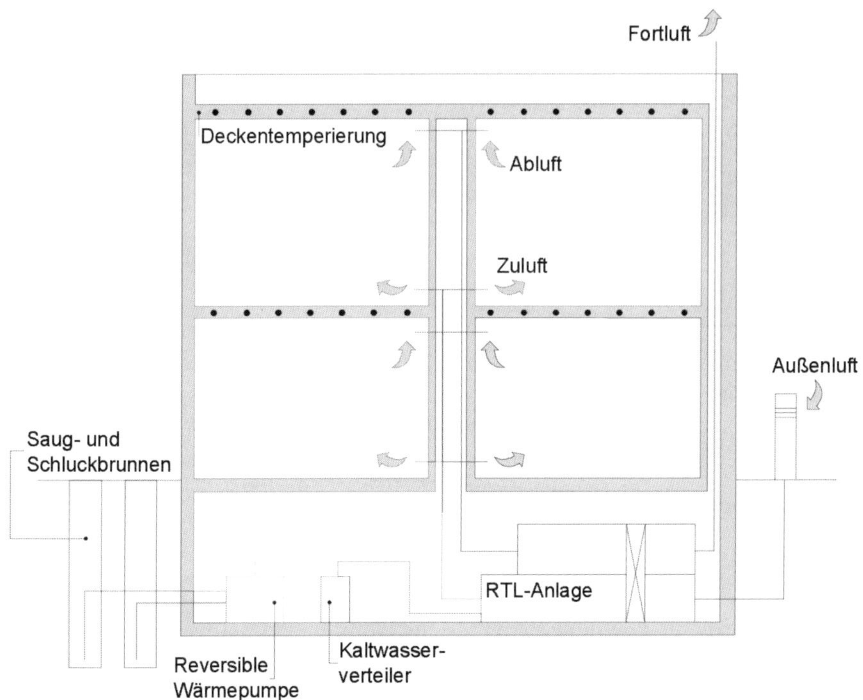

Bild 9.17 Luft-Wasser-Anlage; Wärmequelle und Wärmesenke durch Grundwasserbrunnen (Eigene Darstellung i. A. a. [1])

Luft-Kältemittel-Anlagen

Luft-Kältemittel-Anlagen sind Anlagen, in denen die komplette Kältetechnik bereits installiert ist. Sie werden als Aufputzgerät, Deckeneinbaugerät oder Brüstungsgerät eingesetzt und stellen die günstigere Variante gegenüber den raumlufttechnischen Luft-Luft-Anlagen oder Luft-Wasser-Anlagen dar. Allerdings bringen sie einige Nachteile mit, zu denen hohe Lärmbelästigung, der verwendete Strom als Energiequelle oder Zugerscheinungen gehören. Vorteilhaft sind die Installationsmöglichkeit auch bei beengten Platzverhältnissen und die umgekehrte Nutzung des Kältekreislaufs als Heizung. Im Heizbetrieb findet ebenfalls der Wärmepumpenbetrieb statt, der jedoch aufgrund der niedrigen Außentemperaturen nicht effizient arbeitet. Die Nutzung von Kühlanlagen ist vertretbar, wenn diese nur zeitlich begrenzt stattfindet. Bei größeren Gebäuden sollten nachhaltige Gesamtkonzepte und natürliche Wärmesenken geplant werden. Als Multi-Split-Systeme wird die Zusammenführung von mehreren Luft-Kältemittel-Anlagen mit Splitgerät (Außen-Kälteteil) bezeichnet. Weiterhin existieren Schrank- und Truhenklimageräte, bei denen die gesamte Kältetechnik mit luftgekühlten Kondensatoren integriert und für größere Kühlleistungen (Serverräume, Verkaufsstätten) konzipiert ist. Die Anordnung kann sowohl an der Außenwand mit Außenluftanschluss oder mit Kanalanschluss mit der Außenluft erfolgen [1].

9.2.3 Luftkanäle

Die Lüftungskanäle einer RLT-Anlage sollten schon beim Gebäudeentwurf berücksichtigt werden, da sie ungefähr die Hälfte der Investitionskosten einer RLT-Anlage ausmachen. Folgende Materialien können für Luftkanäle eingesetzt werden:

- Stahlblech (Regelfall),
- Platten aus faserarmiertem Mineralpressstoff,
- Kunststoffe (Sonderfall, da brennbar),
- Aluminium (selten),
- Steinzeugrohre (in Laboratorien),
- flexible Rohre oder Spiralschläuche (nicht zur Überbrückung von Brandabschnitten geeignet).

Die Luftkanäle gelangen von der RLT-Zentrale zu den Räumen. Dabei werden für vertikale Luftkanäle nahezu immer die Schächte im Gebäudekern verwendet. Außerdem sollten die RLT-Zentralen für einen geringen elektrischen Antriebsenergieverbrauch und zur Verringerung der Druckverluste in der Nähe von Schächten und Gebäudekernen platziert werden. Problemstellen in der Kanalführung sind die Anschlüsse der horizontal verlaufenden Kanalschächte an die vertikalen Schächte. Aufgrund der zahlreichen Installationen zwischen Rohdecke und abgehängter Decke sind die Höhen der Anschlussöffnungen begrenzt, weshalb sie eine ausreichende Breite benötigen. Zur Befestigung der Kanäle und Rohre können einbetonierte Ankerschienen in die Schachtwände platziert werden.

Die Anordnung von horizontal verlaufenden Luftkanälen erfolgt in der Regel im Zwischenraum von konstruktiver und abgehängter Decke und erfordert eine Höhe von ca. 60 bis 70 cm. Auch die Nutzung von Unterzügen ist nach Absprache mit dem Statiker möglich [1]. Unter Berücksichtigung der strömungstechnischen Aspekte und des verfügbaren Platzes werden die Lüftungskanäle ausgebildet. Hierin werden Kanäle mit größeren Querschnitten rechteckig ausgeführt, während kleinere Querschnitte hauptsächlich rund ausgebildet werden und strömungstechnisch sowie für Dämmarbeiten vorteilhafter sind [14].

Mit Hilfe von Schalldämpfern aus weichen Stoffen können Strömungs- und Ventilatorgeräusche absorbiert werden. Damit die Geräusche von benachbarten Räumen nicht über die Luftauslässe übertragen werden, sind die Schalldämpfer mit den Trennwänden bzw. Decken zu verbinden [1]. Als weiterer Bestandteil von Luftkanälen sind Revisionsöffnungen zu nennen, die in die Nähe von Richtungsänderungen anzubringen und frühzeitig mit dem Bauherrn abzustimmen sind. Die Abmessungen betragen 30/10 cm oder 60/50 cm bei kriechbaren Öffnungen. Ein Entfall der Revisionsöffnungen kann zu nicht kontrollierbaren Schmutzstellen und somit zu Bakterien führen [6]. Zur Reduzierung der Energieverluste der erwärmten oder gekühlten Luft können Dämmmaßnahmen durchgeführt werden. Ihre Dicken (30 bis 80 mm) sind abhängig vom Kanalquerschnitt und der Temperaturdifferenz zwischen transportierter Luft und Umgebung. Zu beachten ist, dass Abluftkanäle nur dann gedämmt werden, wenn sie in eine Wärmerückgewinnung zugeführt werden. Aus Brandschutzgründen sind nicht brennbare Dämmstoffe einzusetzen [1].

9.2.4 Raumströmung

Die Art und Weise, wie die aufbereitete Luft in einem Raum verteilt wird, ist ausschlaggebend für den Komfort der Nutzer. Ziel ist es, die notwendige Luftmenge ohne Zugerscheinungen und Geräuschbildung über die Luftauslässe zu verteilen. Die Strömungsformen der Luft werden differenziert in Verdrängungslüftung und Mischlüftung.

Die Verdrängungslüftung ist eine Verdrängungsströmung, die nur in Sonderfällen wie OP-Räumen oder Laboratorien Anwendung findet. Die Zuluft wird dabei über die gesamte Wandfläche auf der einen Seite zugeführt und auf der anderen Wandseite abgeführt. Ziel ist die Vermeidung von Luftmischungen und eine komplette Erneuerung der Luft. Wenn die Zuluft energiearm austritt, wird von Verdrängungsströmung gesprochen. Allerdings ist so eine Strömung unter realen Verhältnissen nur schwer bis kaum herstellbar. Stattdessen werden ähnliche Systeme angewandt, die als impulsarme Strömungen gekennzeichnet werden. Als Sonderform der Verdrängungslüftung gehört die Quelllüftung zu den bedeutungsvollsten Strömungsformen, bei der die Luft in Bodennähe impulsarm zugeführt wird. Durch Wärmequellen wie Personen oder Geräte steigt die Luft nach oben (thermischer Auftritt). Die Luftgeschwindigkeiten sind niedriger als bei der Verdrängungsströmung und deshalb komfortabler.

Die meist verbreitete Art der Raumströmung stellt die Mischlüftung dar. Durch die relativ hohen Geschwindigkeiten der Zuluft wird die ruhende Luft mitgerissen (Induktionseffekt). Die Abführung der Luft geschieht in Bodennähe, wodurch sich Temperatur, Luftverunreinigungen und Luftfeuchte etwa gleich verteilen. Die Mischlüftung erlaubt neben dem Zuführen von größeren Luftmengen in einen Raum auch das Abführen von höheren thermischen Lasten. Deshalb ist sie für Räume mit hohem Personenaufkommen gut geeignet. Die angestrebte Induktion, d. h. das Miteinbeziehen der ruhenden Luftteilchen in sogenannte Strömungswalzen, ist in nachfolgenden Strömungsbildern, Bild 9.18, dargestellt [1].

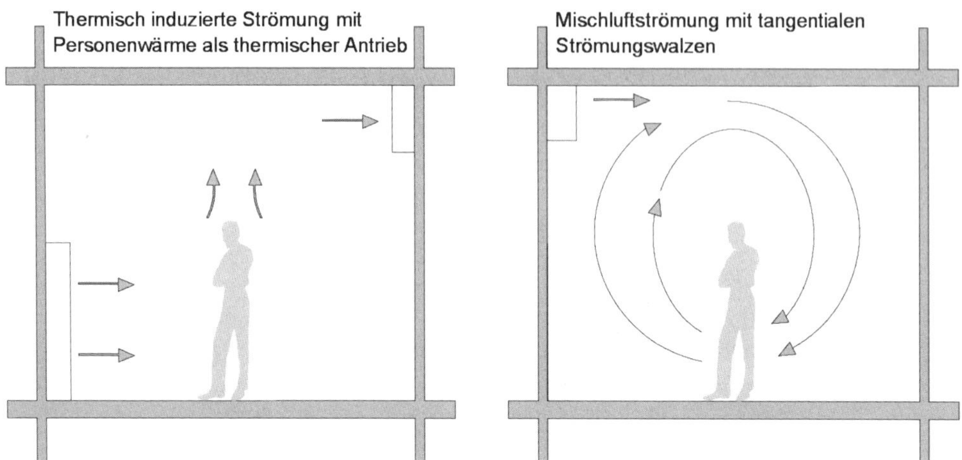

Bild 9.18 Strömungsbilder bei der Mischlüftung (Eigene Darstellung i. A. a. [1])

9.2.5 Brandschutzmaßnahmen

Damit im Brandfall das Feuer und der Rauch über das Kanalsystem nicht in andere Brandabschnitte übertragen werden, sind Brandschutzmaßnahmen erforderlich. Die bauaufsichtlichen Richtlinien über die brandschutztechnischen Anforderungen an Lüftungsanlagen der Bundesländer regeln die Anforderungen an Lüftungsanlagen. Je nach Anzahl der Vollgeschosse müssen die Lüftungsleitungen bestimmte Feuerwiderstandsfähigkeiten aufzeigen. Im Falle von nicht ausreichender Feuerwiderstandsfähigkeit von Kanalwerkstoffen können folgende Maßnahmen getroffen werden:

- Abschottung durch Unterdecken,
- Führen der Lüftungsleitungen durch feuerwiderstandsfähige Schächte und Kanäle,
- Einbau von Brandschutzklappen (Bild 9.19).

Zur Herstellung der Feuerwiderstandsfähigkeit von Stahlblechkanälen (Regelausführung) muss das verzinkte Stahlblech eine zweilagige Dämmschicht aus Mineralfaserplatten oder Silikatplatten erhalten. Die Art des Stahls beeinflusst die Änderungen der Länge unter Temperatureinwirkung und liegt pro 100 K zwischen 1,10 und 1,95 mm/m. Da bis zur Zerstörung des Stahls eine Längenänderung von 8 bis 13 mm stattfindet, müssen Dehnungsmöglichkeiten das Eindrücken von Wänden bzw. die Zerstörung von Brandschutzklappen verhindern. Die Befestigung von waagrechten Kanälen darf nur an Stahlbetonbauteilen, von senkrechten Leitungen nur an Massivwänden erfolgen.

Brandschutzklappen dienen der Abschottung von Kanalquerschnitten im Brandfall. Ihre Anordnung erfolgt im Trennbereich von Brandabschnitten, wo Kanäle durch Wände und Decken hindurchführen. Für die Auslösung der Brandschutzklappen werden Rauchmelder, Thermostate, Schmelzlotglieder oder Steuerbefehle erforderlich. Die Funktionsfähigkeit von Brandschutzklappen muss im Brandfall gegeben sein, auch wenn die angeschlossenen Lüftungskanäle durch andere Einwirkungen abgerissen werden. Dazu müssen sie fest in Decken und Wände installiert werden. Sie können entfallen, wenn die Lüftungskanäle feuerwiderstandsfähig hergestellt werden oder wenn die Lüftungskanäle in einem feuerwiderstandsfähigen Schacht verlegt werden. Zwar sind dann die Herstellkosten der Anlage teurer, jedoch entfallen die Kosten für die Wartung der Brandschutzklappen [1].

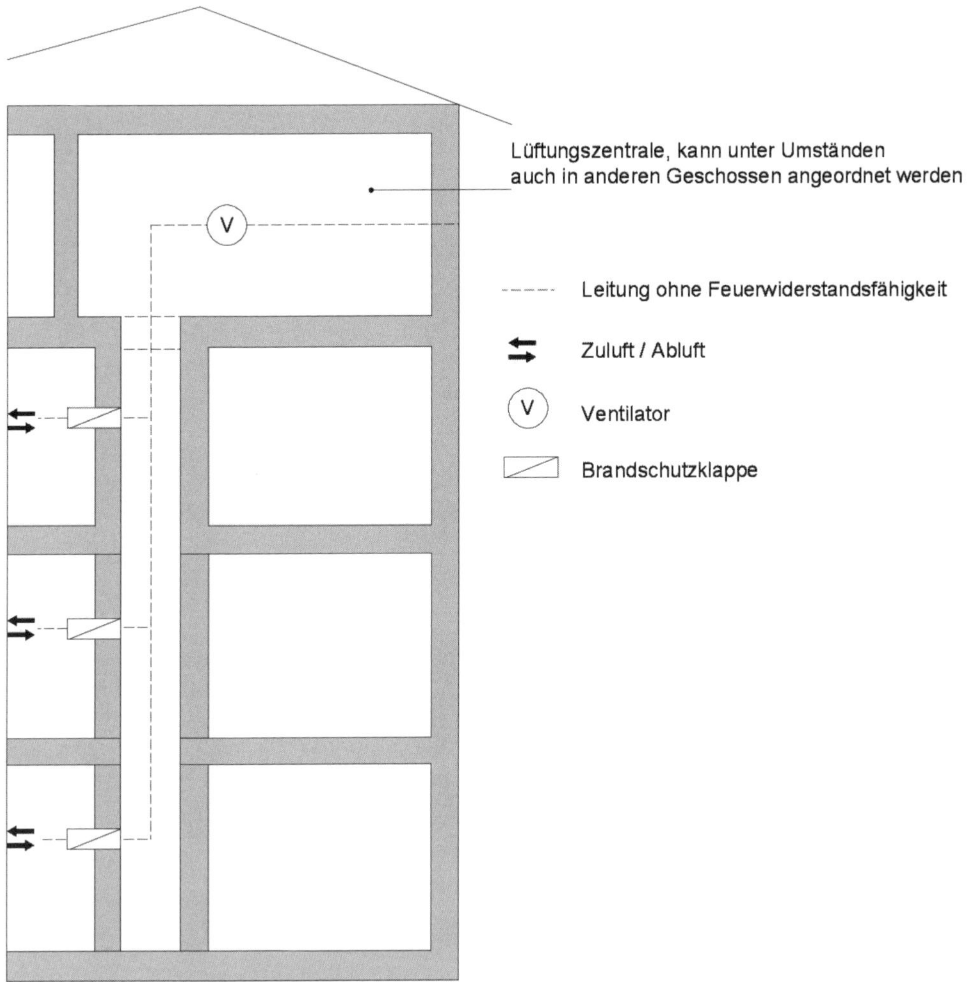

Bild 9.19 Einbau von Lüftungsleitungen in vertikale Schächte mit Brandschutzklappen (Eigene Darstellung i. A. a. [1])

■ 9.3 Wassertechnik

Bei Gebäuden mit Aufenthaltsräumen muss eine Versorgung mit hygienisch einwandfreiem Trinkwasser (frei von Verunreinigungen und kristallklar) prinzipiell sichergestellt und eine ausreichende Wassermenge für die Brandbekämpfung dauernd gesichert werden. In der Regel erfolgt die Versorgung mit Trinkwasser aus dem öffentlichen Netz, dessen Qualität durch die Trinkwasserverordnung (TrinkwV) definiert wird [1]. Nach den §§ 3 - 7 TrinkwV muss das Trinkwasser genusstauglich sein und darf keine gesundheitsschädlichen mikrobiologischen Krankheitserreger sowie keine gesundheitsschädlichen chemischen Stoffe beinhalten [3]. Normalerweise wird das Trinkwasser aus dem Grund- oder Oberflächenwasser gewonnen und mit einem aufwendigen Prozess gereinigt. Die anschließende Desinfektion des Wassers erfolgt durch Ozonierung, Mehrschichtfiltration, Adsorption an Aktivkohle, physikalische Entsäuerung oder UV-Technik [1]. Der Hausanschluss wird von einem Wasserversorgungsunternehmen (Wasserwerk, Tiefbauamt, o. ä.) sichergestellt [1].

9.3.1 Rohrleitungsmaterialien

Die Basismaterialien für Trinkwasserleitungen sind Kupfer, Stahl oder Kunststoff, die sich hauptsächlich durch die Verbindungstechniken unterscheiden (Schweißen, Klemmen, Löten, Pressen oder Schrauben) [12].

Kupferrohre

Werden hauptsächlich für Trinkwasserleitungen verwendet, da sie zum einen korrosionsunempfindlich und zum anderen leicht zu verlegen sind [1].

Stahlrohre

Verzinkte Stahlrohre sind preisgünstiger als Kupferrohre, dürfen jedoch aus Gründen der Korrosionsbeschichtung nicht gebogen werden. Aus diesem Grund müssen bei Richtungsänderungen und Abzweigungen Tempergussfittings eingesetzt werden. Bei einer Mischinstallation (Kupfer- und Stahlrohre) darf das Stahlrohr aus Korrosionsschutzgründen nicht in Fließrichtung hinter dem Kupferrohr eingebaut werden [1].

Edelstahlrohre

Edelstahlrohre sind grundsätzlich hygienisch, korrosionsbeständig sowie einfach zu verlegen. Unter Berücksichtigung der Verarbeitungszeit sind sie ungefähr preisgleich mit Kunststoffrohren [1].

Kunststoffrohre

Kunststoffrohre weisen eine absolute Korrosionsunempfindlichkeit auf und sind gleichzeitig resistent gegenüber Inkrustationen. Außerdem sind sie geräuschärmer als metallische Rohre. Bei der Verlegung, Verarbeitung und Anordnung müssen die herstellerspezifischen Angaben berücksichtigt werden. Kunststoffrohre haben einen höheren Materialpreis als Kupferrohre, dagegen aber niedrigere Montagekosten. Zu bemerken ist, dass Kunststoffrohre nicht für eine Dauerbelastung über 60 °C geeignet sind [1].

9.3.2 Leitungsinstallation

Da der Anschluss bis zum Wasserzähler von dem Wasserversorgungsunternehmen zu stellen ist, beginnt die Installation der Gebäudeleitungen hinter dem Zähler. Dieser kann mittels zwei Absperrventilen ausgewechselt und mit einem Entleerungsventil entleert werden. Ein Rückflussverhinderer verhindert außerdem bei einem Unterdruck im Netz den Rückfluss des Wassers ins Versorgungsnetz. Hinter dem Wasserzähler wird in der Regel die Verteilerbatterie angeschlossen, die es ermöglicht, alle Wohnungen mit einer eigenen Zuleitung zu versehen. Außerdem werden Zuleitungen zu Heizung, Waschküche, Druckspülersystemen und zu frostgefährdeten Bereichen, wie z. B. Garten geführt, bei größeren Gebäuden zusätzlich zu Klimaanlagen, Küchenanlagen, Warmwasserversorgungssystemen und Feuerlöscheinrichtungen. Die einzelnen Leitungen der Verteilerbatterie werden übersichtlich zusammengefasst und beschriftet. Bei Reparaturarbeiten können die Stränge einzeln abgesperrt und entleert werden. In den Steigleitungen werden abzweigende Stockwerksleitungen angeschlossen, die mindestens 1,10 m über der Oberkante des Fußbodens verlaufen. Dabei ist jedes Geschoss bzw. jede Wohnung mit einer Absperreinrichtung auszustatten. Das Wasserleitungssystem in einem Gebäude wird schematisch in Bild 9.20 aufgezeigt. Die Darstellung erfolgt unter Verwendung der Symbole gemäß DIN 1988-200. An den Zapfstellen sollte zwischen dem Auslauf und dem maximalen Wasserspiegel der darunterliegenden Becken, Spülen oder Wannen ein Abstand von mindestens 40 mm liegen. Für die Anschlüsse von Verbrauchsstellen und Stockwerksleitungen im Wohnungsbau werden folgende Querschnitte verwendet [1]:

- Stahlrohre (Nennweite)
  - DN 15 mm
  - DN 20 mm
  - DN 25mm
- Kupferrohre (Außendurchmesser × Wandstärke)
  - 15 × 1,0 mm
  - 20 × 1,5 mm
  - 28 × 1,5 mm

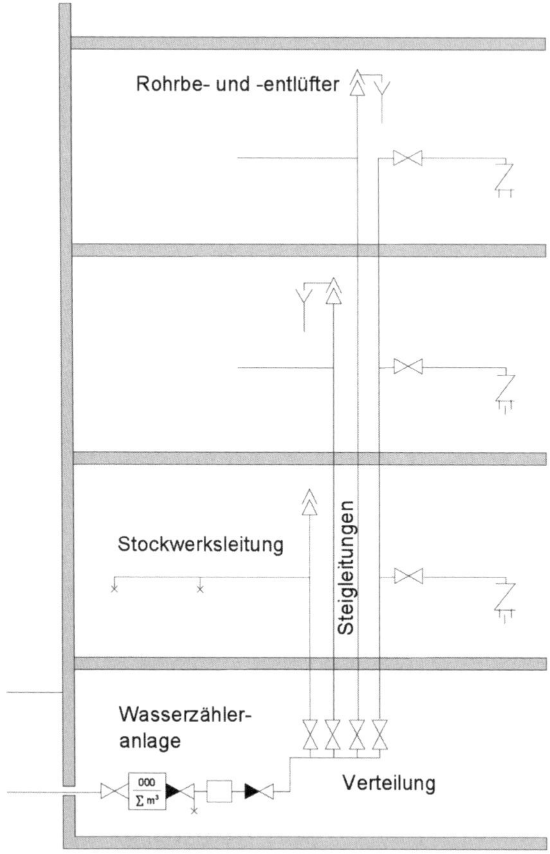

Bild 9.20 Wasserleitungssystem im Gebäude (Eigene Darstellung i. A. a. [1])

Zur Befestigung der Leitungen sollten aus Schallschutzgründen lediglich Rohrschellen mit elastischer Dämmeinlage verwendet (Bild 9.21) und in Wandschlitzen geführte Leitungen mit Dämmstoff umgeben werden. Gemäß DIN 1988-200 ist eine Wärmedämmung vorzusehen, um Schwitzwasserbildung sowie eine Erwärmung des Trinkwassers zu verhindern. Die erforderliche Dämmschichtdicke ist aus der der DIN 1988-200 zu entnehmen. Bevorzugt werden geschlossenzellige Materialien mit einem hohen Wasserdampfdiffusionswiederstand [1].

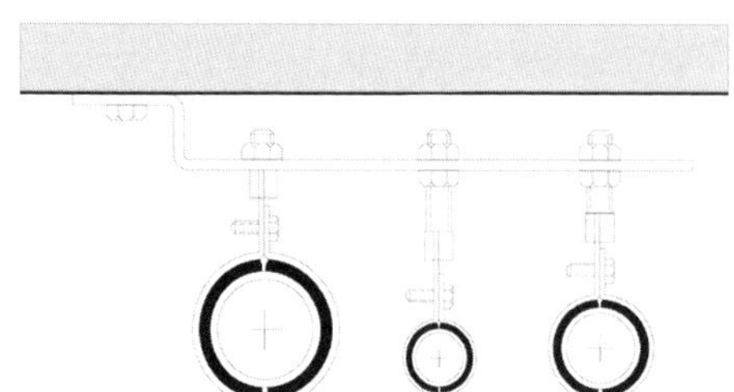

Bild 9.21 Rohrschellen mit elastischer schalldämmender Einlage (Eigene Darstellung i. A. a. [1])

9.3.3 Warmwasserversorgung

Bei Warmwasser handelt es sich in Wassererwärmern bis auf maximal 90 °C erwärmbares Trinkwasser [16]. Das Trinkwarmwasser (TWW) kann zentral oder dezentral erzeugt werden. Bei zentralen Anlagen kann die Wärmeerzeugung aus Energieträgern wie Gas (Biogas oder Erdgas), Öl (Bioöl oder Heizöl), Wärmepumpen oder aus Abwärme erfolgen. Hierbei sind die wesentlichen Bestandteile die thermischen Solarkollektoren, die mit zusätzlichen Systemen gekoppelt sind. Bei dezentralen Anlagen werden normalerweise Strom oder Erdgas für die Wärmeerzeugung eingesetzt. Dabei ist zu bemerken, dass der Einsatz von Strom für die Warmwasseraufbereitung nicht dem Ziel der Nachhaltigkeit entspricht. Die erforderliche Trinkwarmwassertemperatur beträgt an Zapfstellen 40 °C und bei Großküchen bis zu 90 °C. Eine thermische Desinfektion (Vermeidung von Legionellenbildung) wird erst ab einer Temperatur von 60 °C ermöglicht. In Tabelle 9.6 wird die erforderliche Temperatur und der durchschnittliche Bedarf von verschiedenen Verbraucherstellen aufgezeigt. Der durchschnittliche Wasserbedarf beträgt 30 bis 60 Liter pro Person und Tag, bezogen auf eine Wassertemperatur von 60 °C [1].

Tabelle 9.6 Wasserbedarf von Verbraucherstellen [1]

Verbraucherstelle	Wasserbedarf	Temperatur
Badewanne	160 l je nach Wannenvolumen	40 °C
Dusche	40 l bei 5 min Duschbad	37 °C
Waschtisch	5 - 20 l je nach Waschgewohnheit	35 °C
Bidet	10 - 20 l im Durchschnitt	40 °C
Spüle	10 - 20 l pro Spülvorgang	50 °C

Nicht gekoppelte Warmwasserbereitung

Nicht mit der Wärmeerzeugungsanlage gekoppelte Wassererwärmungsgeräte können mit Strom oder Gas betrieben und zentral sowie dezentral eingesetzt werden, um die Bedarfsstellen mit temperiertem Wasser zu versorgen. Dabei kann eine Versorgung von mehreren (Gruppenversorgung) oder von sämtlichen (Zentralversorgung) Zapfstellen durch ein Gerät erfolgen. Dies ist meist ökonomischer als die dezentrale Versorgung einer Verbrauchsstelle mit jeweils einem Wassererwärmungsgerät. Eine Übersicht ist in Bild 9.22 dargestellt [1].

Bild 9.22 Versorgungsvarianten von Verbrauchsstellen (Eigene Darstellung i. A. a. [1])

Elektrisch betriebene Warmwasserbereiter

Die Warmwasserbereiter können direkt an den Verbrauchsstellen (dezentral) installiert werden und bei kurzen Warmwasserleitungen geringe Wasser- und Wärmeverluste verursachen. Als Warmwasserbereiter können Speicher, Boiler oder Durchlauferhitzer eingesetzt werden. Die Speicher bestehen aus wärmegedämmten und stets mit Wasser befüllten Behältern, in denen das Wasser automatisch erhitzt wird [12]. Die Temperatur des Wassers lässt sich zwischen 35 °C und 85 °C regeln, wobei eine Temperatur etwas unter 60 °C empfohlen wird [1]. Unterschieden werden drucklose Speicher (offene Speicher) und druckfeste Speicher (geschlossene Speicher). Drucklose Speicher können eine, druckfeste Speicher dagegen mehrere Zapfstellen versorgen (Bild 9.23), Darstellung ohne Dämmung). Durch das zufließende Kaltwasser wird bei beiden Systemen der erhitzte Inhalt aus dem Speicher herausgedrückt [12].

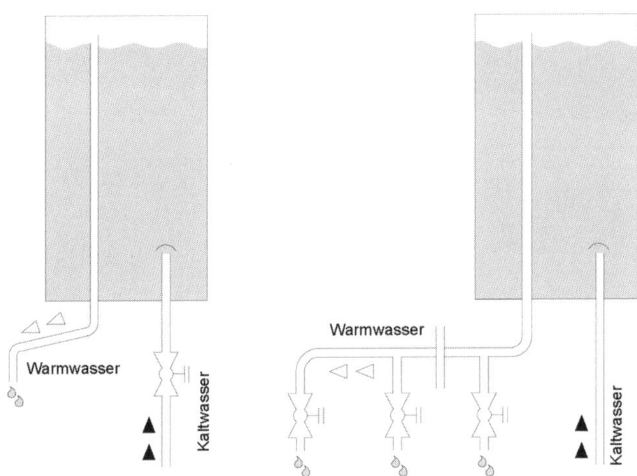

Bild 9.23 Speicher-Systeme: druckloser Speicher (links) und druckfester Speicher (rechts) (Eigene Darstellung i. A. a. [1])

Die Boiler sind wie drucklose Speicher aufgebaut, haben jedoch keine Wärmedämmung. Das Warmwasser kann nicht sofort zur Verfügung gestellt werden und muss bei Bedarf erst erhitzt werden. Hierbei können 80 l Wasser erst nach einer Stunde auf 85 °C aufgeheizt werden. Aus diesem Grund ist der Anwendungsbereich auf Wannen- und Duschbäder beschränkt [1]. Durchlauferhitzer können dagegen das Wasser während dem Durchfluss bis auf 65 °C erhitzen. Somit können längere Standzeiten des Wassers im Behälter und daraus folgende Qualitätsminderungen vermieden werden [12]. Sie besitzen kleine Abmessungen und können somit in beengten Platzverhältnissen verwendet werden. Mit dem Einsatz von Durchlauferhitzern können mehrere Zapfstellen, bei einem Wirkungsgrad von nahezu 100 %, mit Warmwasser versorgt werden [1].

Gasbetriebene Warmwasserbereiter

Gas-Wasserheizer können das Wasser hydraulisch gesteuert im Durchfluss erwärmen. Ihre Leistung sollte auf einen Spitzenbedarf (Badewannenfüllung) ausgelegt sein. Beim Öffnen eines Zapfventiles wird der Gas-Wasserheizer aktiviert und die Entnahmestellen mit Warmwasser versorgt. Bei größerem Wasserbedarf können Gas-Vorratswasserheizer mit druckfesten Behältern mit einem Fassungsvermögen von 80 bis 280 l eingesetzt werden [16].

Solare Trinkwassererwärmung

Thermische Solaranagen werden hauptsächlich als Trinkwarmwasserversorgung im Wohnungsbau eingesetzt. Es können Flach- oder Vakuumkollektoren eingesetzt werden, deren voraussichtlich benötigte Fläche bei Flachkollektoren ungefähr 1,5 bis 2 m^2 pro Person, bei Vakuumkollektoren dagegen ca. 30 % geringer beträgt. Die Neigung der Kollektoren richtet sich nach der jahreszeitlichen Nutzung [1]. Die von den Kollektorflächen aufgegangene Sonnenwärme wird einem Speicher zugeführt, der kürzere Perioden mit nicht genügender Energiezufuhr überbrückt. Die Speichergröße sollte 80 bis 140 l pro Person bzw. 60 bis 70 l pro Kollektorfläche betragen. Thermische Solaranlagen können in den Sommermonaten durchschnittlich 80 % und in den Wintermonaten dagegen 10 % des Wärmebedarfs decken [12].

9.4 Abwassertechnik

Abwasseranlagen haben die Aufgabe, das anfallende Niederschlags- und Schmutzwasser auf bebauten Grundstücken ordnungsgemäß abzuleiten (Bild 9.24). Das Schmutzwasser beispielsweise von Waschtischen, Küchenspülen, WC-Becken oder Bodenabläufen wird mit Hilfe von senkrechten Leitungen im Gebäude einem liegenden Rohrnetz im Erdreich zugeführt. Anschließend gelangt das abgeführte Wasser in die Straßenkanäle von öffentlichen Kanalisationen [12] und fließt nach einer Aufbereitung in einer Sammelkläranlage in ein oberirdisches Gewässer (Vorfluter) [1].

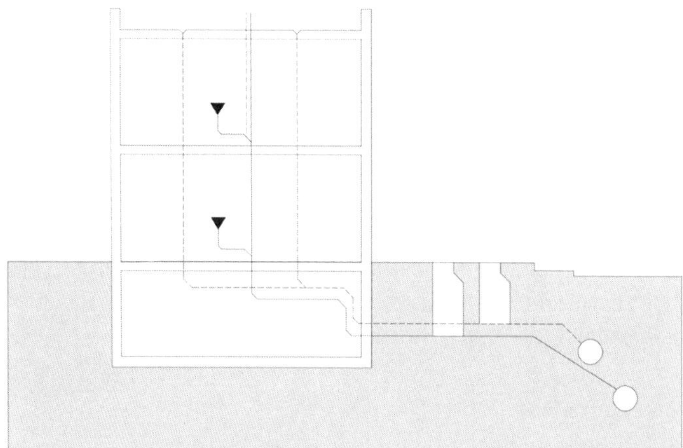

Bild 9.24 Ableitung von Schmutz- und Niederschlagswasser (Eigene Darstellung i. A. a. [1])

Ist keine Versickerung auf dem Grundstück möglich, wird das anfallende Niederschlagswasser (Regenwasser, Hagel oder schmelzender Schnee) von den Dach- oder Hofflächen analog zum Schmutzwasser abgeleitet. Jedoch erübrigt sich eine Aufbereitung in einer Kläranlage [1]. Bei der Ableitung von Schmutz- und Niederschlagswasser werden folgende Systeme unterschieden:

- Mischsystem

  Schmutz- und Niederschlagswasser werden ungetrennt in einem gemeinsamen Rohrsystem der kommunalen Kläranlage (K) zugeführt [1]. Zu bemerken ist, dass auch in einem Mischsystem (Bild 9.25) das Schmutz- und Niederschlagswasser in getrennten Fallleitungen abzuführen sind [1].

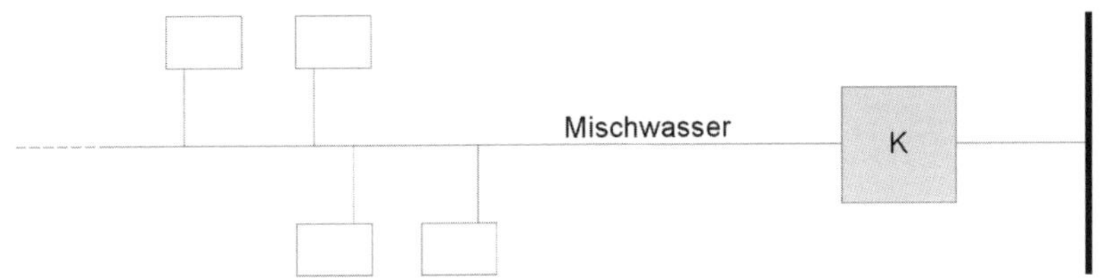

Bild 9.25 Mischsystem (Eigene Darstellung i. A. a. [1])

- Trennsystem

  Schmutz- und Niederschlagswasser werden voneinander getrennt in unterschiedlichen Rohrsystemen abgeführt. Dadurch wird die Kläranlage entlastet (Bild 9.26) [1].

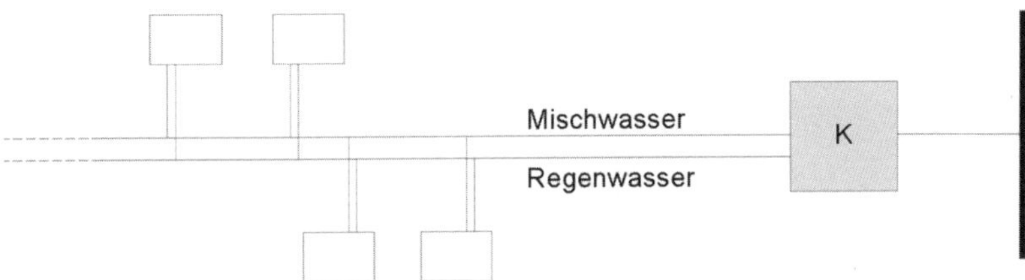

Bild 9.26 Trennsystem (Eigene Darstellung i. A. a. [1])

9.4.1 Entwässerungssysteme

Durch die unterschiedlichen Arten und Anwendungsbereiche von Sanitärgegenständen in zahlreichen Ländern haben sich viele Arten von Entwässerungssystemen entwickelt, die in vier Systemtypen unterteilt werden können.

- System I

  Einzelfallleitung mit teilgefüllten Anschlussleitungen (Füllungsgrad $h/d_i = 0{,}5$)
- System II

  Einzelfallleitung mit teilgefüllten Anschlussleitungen geringer Abmessungen (Füllungsgrad $h/d_i = 0{,}7$)
- System III

  Einzelfallleitung mit vollgefüllten Anschlussleitungen (Füllungsgrad $h/d_i = 1{,}0$)
- System IV

  Anlage mit getrennten Schmutzwasserfallleitungen [10].

In Deutschland sind ausschließlich das System I und das System IV zulässig, die in Bild 9.27 dargestellt sind [1].

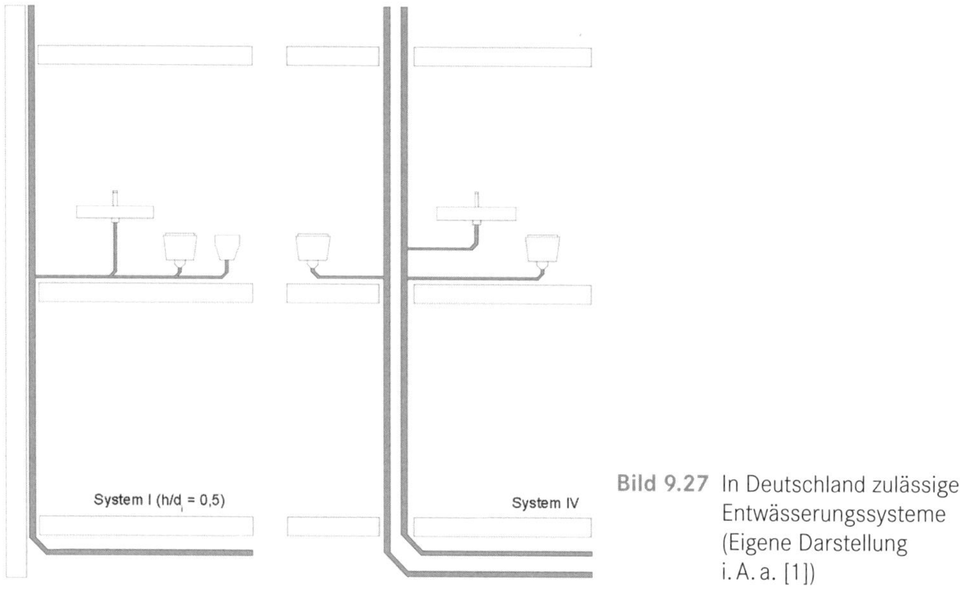

Bild 9.27 In Deutschland zulässige Entwässerungssysteme (Eigene Darstellung i. A. a. [1])

9.4.2 Leitungsabschnitte

Für eine Grundstücksentwässerungsanlage werden unterschiedliche Leitungsabschnitte benötigt, die in der DIN EN 12 056 und DIN 1986-100 definiert sind. Eine Übersicht ist in Bild 9.28 dargestellt [1].

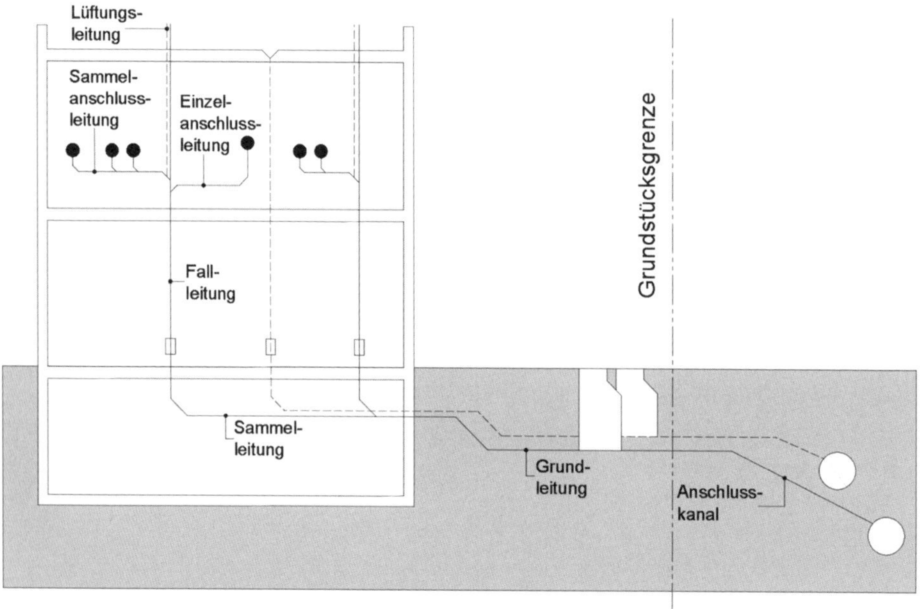

Bild 9.28 Leitungsabschnitte einer Entwässerungsanlage (Eigene Darstellung i. A. a. [1])

- Fallleitung

  Als Fallleitung wird die senkrechte Leitung im Gebäude bezeichnet, die das Schmutz- und Niederschlagswasser in eine liegende Leitung führt und über das Dach entlüftet wird [1]. Dabei wird zwischen Fallleitungen für Schmutzwasser und Fallleitungen für Niederschlagswasser unterschieden [1].
- Grundleitung

  Die Grundleitung liegt im Erdreich oder in der Bodenplatte und ist somit unzugänglich [7]. Sie ist für die Aufnahme des Erdwassers aus Fall- und Anschlussleitungen sowie von Bodeneinläufen zuständig [1].
- Lüftungsleitung

  Die Lüftungsleitung verlängert die Fallleitung über das Dach und sorgt für eine Begrenzung von Druckschwankungen innerhalb der Entwässerungsanlage [10].
- Sammelleitung

  Sammelleitungen liegen nicht im Erdreich oder in der Bodenplatte und sind, ähnlich wie die Grundleitungen, für die Aufnahme des Abwassers aus Fall- und Anschlussleitungen zuständig [7].
- Anschlussleitung

  Unterschieden werden Einzelanschlussleitungen, die eine Verbindung vom Geruchverschluss eines Entwässerungsgegenstandes mit der weiterführenden Leitung herstellen und Sammelanschlussleitungen, die für die Aufnahme des Abwassers von mehreren Einzelanschlussleitungen sorgen und dieses in die weiterführende Leitung weiterleiten [7].
- Anschlusskanal

  Der Anschlusskanal ist die Leitung zwischen dem öffentlichen Abwasserkanal und der ersten Reinigungsöffnung auf dem Grundstück [7].

Fall-, Sammel- und Anschlussleitungen müssen aus heißwasserbeständigen Materialien bestehen, die eine maximale Wassertemperatur von 95 °C vertragen können (Gusseisen, Stahlrohre, Faserzementrohre, Heißwasserbeständige Kunststoffrohre) [1]. Im Gegensatz dazu müssen Grundleitungen so beschaffen sein, dass sie für eine Abwassertemperatur von 45 °C geeignet sind (Steinzeug-, Kunststoff-, Faserzementkanal-, Gusseisen- und Betonrohre) [1].

9.4.3 Reinigungsöffnungen

Alle Fallleitungen für Schmutz- und Niederschlagswasser sind im Fußbereich, ca. 30 bis 40 cm über dem Fußboden, mit einer Reinigungsöffnung zu versehen, um eintretende Verstopfungen mit einer langen Spirale zu beseitigen. Außerdem sind Grundleitungen ebenfalls mit Reinigungsöffnungen auszustatten. Die Grundleitungen können dann mit oder ohne motorbetriebene Spiralen oder mit Hilfe von Hochdruckreinigern gesäubert und bei Bedarf mit einem Prüfgerat kontrolliert werden [1]. Nach DIN 1986-100 sind Reinigungsöffnungen in Abständen von maximal 20 m erforderlich. Dieser Wert kann bei Leitungen bis DN 150 ohne Richtungsänderungen auf maximal 40 m, bei Leitungen ≥ DN 200 in Schächten mit einem offenen Durchfluss auf maximal 60 m erhöht werden [7]. Um die

Zugänglichkeit der Reinigungsöffnungen in den Grundleitungen zu ermöglichen, werden sie in Schächten (Revisionsschächten) angeordnet, die der DIN EN 476 entsprechen müssen [1].

9.4.4 Sicherung gegen Rückstau

Bei einer Überforderung oder Blockade des Aufnahmevermögens einer Entwässerungsanlage kann ein Rückstau von Abwässern auftreten. Bei Schmutzwasserleitungen tritt ein Rückstau in der Regel aufgrund von Verstopfungen auf. Stark gefährdet sind Mischkanalisationen, da starke Regenfälle das Aufnahmevermögen von öffentlichen Kanalisationen sowie von oberirdischen Vorflutern (Bäche oder Flüsse) überfordern können. Dadurch kommt es zu einem unbeeinflussbaren Anstieg des Wasserspiegels im Abwasserleitungsnetz und schließlich zu einem Austritt des Abwassers aus ungesicherten Abläufen. Da ein bestimmter Anteil des Abwassers in einem Mischsystem aus fäkalienhaltigem Schmutzwasser besteht, wird in gefährdeten Ortsteilen eine Rückstauebene von der zuständigen Behörde festgelegt. Ansonsten zählt gemäß DIN 1986-100 die Straßenoberkante an der Anschlussstelle als Rückstauebene. Bei der Sicherung von Ablaufstellen werden folgende Einrichtungen unterschieden:

- Ablaufstellen mit fäkalienfreiem Abwasser
  - Kellerablauf mit Rückstauverschluss
  - Schmutzwassersammelbehälter
- Ablaufstellen mit fäkalienhaltigem Abwasser
  - Rückstauverschluss zum Einbau in Abwasserleitungen
  - Fäkalienhebeanlage [1]

9.5 Elektrotechnik

Zu den elektrischen Anlagen gehören Starkstrom- sowie Schwachstromanlagen. Während Starkstromanlagen für die Erzeugung, Umwandlung, Speicherung und Verteilung der elektrischen Energie genutzt werden, stellen Schwachstromanlagen bzw. Fernmeldeanlagen alle notwendigen Fernmelde- und Informationsverarbeitungsanlagen dar [14]. Das Leiten von Strom erfolgt über lange Strecken mit hohen Spannungen und niedrigen Stromstärken. Dadurch ist es möglich, die Energieverluste sowie die Leitungsquerschnitte klein zu halten. Je nach Inanspruchnahme und Belastbarkeit der Zuleitungen werden die Spannungsbereiche unterschieden. Die Versorgungsvarianten können wie folgt lauten:

- Anschluss an ein Hochspannungsnetz von 110 kV (z. B. Versorgung von Großabnehmern wie Flughäfen oder Industriebetriebe),
- Anschluss an das Mittelspannungsnetz von 10 bis 20 kV und Heruntertransformieren auf eine Verbraucherspannung von 230/400 V (z. B. Versorgung von Kaufhäusern, Verwaltungsgebäuden),

- Anschluss an das Niederspannungsnetz mit 230/400 V, falls die Gesamtlast 100 kW/ Anschluss nicht überschreitet; stellt die Standardversorgung im Wohnungsbau dar.

In Deutschland gilt für Niederspannungsnetze die Nennspannung von 230/400 V. Das öffentliche Stromnetz, in der Regel als Vierleiter-Drehstrom (TN-C Netz) mit vier Leitern ausgeführt (Tabelle 9.7), wird an jedes Gebäude angeschlossen. Die vier Leiter beinhalten drei Phasen L1, L2, L3 und einen Neutralleiter mit Schutzfunktion PEN (Bild 9.29). Dabei liegt zwischen den Phasen und dem Neutralleiter eine Spannung von 230 V, während die Spannung zwischen zwei Phasen 400 V beträgt. Die elektrische Energie mit Netzspannungen von 230/400 V kann genutzt werden als:

- 230 V Wechselstrom für Steckdosen- und Beleuchtungsstromkreise mit drei Leitern (Außenleiter, Neutralleiter, Schutzleiter),
- 400 V Drehstrom mit 4 oder 5 Leitern je nach Gerät (z. B. Herd mit drei Außenleitern, Neutralleiter, Schutzleiter) [1].

Tabelle 9.7 Kennzeichnung von Leitern im Drehstrombereich [1]

Bezeichnung	Kurzzeichen
Neutralleiter (auch Mittelleiter)	N
Schutzleiter (Schutzmaßnahme zur Verhütung eines elektrischen Schlages)	PE (protective earth)
Neutralleiter mit Schutzfunktion (Leiter der die Funktionen von Neutralleiter und Schutzleiter übernimmt)	PEN

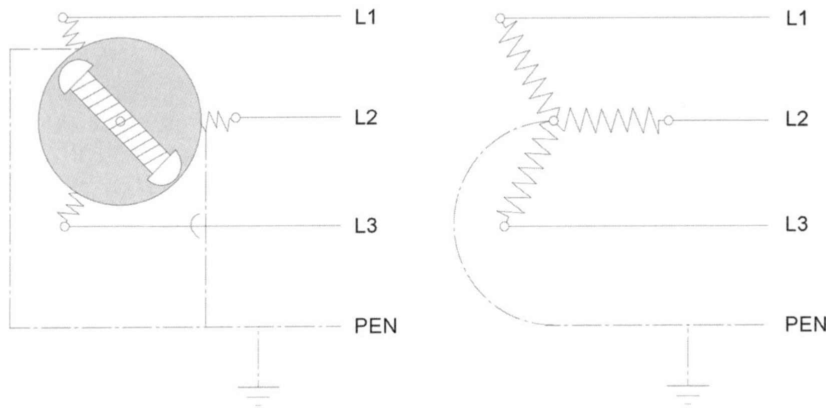

Bild 9.29 Elektrischer Vierleiter-Drehstrom (Eigene Darstellung i. A. a. [1])

Als Gleichstrom wird elektrischer Strom bezeichnet, dessen Ströme und Spannungen konstant sind. Im einfachsten Fall sind solche Stromkreise beispielsweise Taschenlampen oder Batterien [2]. Als Haushaltstrom ist Gleichstrom nur noch in alten Versorgungsanlagen vorzufinden. Dagegen wird Wechselstrom als elektrischer Strom bezeichnet, der seine Polung sinusförmig ändert. Die Verwendung kann entweder als einphasiger Strom oder als dreiphasiger Drehstrom erfolgen (z. B. in Glühlampen oder Kleingeräten) [14].

Die Planung des Hausanschlusses bezüglich der Art der Zuleitung, Trassenführung oder Transformatorenstation muss vom Architekten rechtzeitig mit dem zuständigen Elektrizitätsversorgungsunternehmen (EVU) besprochen werden. Der Zeitpunkt für die Beantragung des Anschlusses an das Niederspannungsnetz sollte am besten vor Baubeginn, spätestens nach Abschluss der Rohbauarbeiten liegen. Mittels Erdkabel oder Freileitung kann anschließend der Hausanschluss vom EVU hergestellt werden und endet am Hausanschlusskasten. Nach Beendigung der Arbeiten durch den Elektroinstallateur unter Berücksichtigung der Technischen Anschlussbedingungen (TAB) kann der Einbau des Zählers beantragt werden [1].

Baustrom

Als Richtwerte für Maschinen und Geräte bei der Baustromversorgung gelten:

- Kräne 5 - 35 kW,
- Mischer 3 - 15 kW,
- Kompressoren 2 - 15 kW,
- Bohrmaschinen 0,5 - 3 kW,
- Schweißgeräte bis 25 kW,
- Lichtstrom 2 - 4 W/m^2.

Der Baustellenstrom wird mittels vorübergehend hergestellten Leitungen zur Baustelle in einen Verteilerschrank geführt. Dieser ist mit Zähler, Steckvorrichtungen und Sicherungselementen ausgestattet. Aus Sicherheits- und Witterungsgründen müssen die Verteilerschränke spritzwassergeschützt und verschließbar sein. Darüber hinaus bietet der FI-Schutzschalter (Fehlerstromschutzschalter) den sichersten Schutz, da er gegenüber anderen Sicherungselementen sehr schnell reagiert. Deshalb ist dieser Schalter durch tägliches Auslösen der Prüftaste auf seine Funktion zu prüfen. Durch Aufteilen der Steckdosenstromkreise auf mehrere FI-Schalter kann bei Großbaustellen verhindert werden, dass auftretende Fehler nicht die gesamte Baustelle stilllegen. Weitere Schutzmaßnahmen für Baustellen mit Starkstromanlagen mit Nennspannungen bis 1000 V sind der DIN VDE 0100-704 sowie den Merkblättern der Berufsgenossenschaft zu entnehmen [1].

9.5.1 Stromnetze

Die Energieversorgung der Verbraucher kann auf unterschiedliche Art und Weise erfolgen. Normale Verbraucher, wie z. B. Steckdosen oder Lichtstromkreise, werden mit Hilfe der allgemeinen Stromversorgung versorgt. Eine Sicherheitsstromversorgung wird bei Anlagen verwendet, die in einem Gefahrenfall Personen schützen sollen. Hierzu zählen beispielsweise Sicherheitsbeleuchtungen und Löschanlagen. Besonders empfindliche Anlagen, wie z. B. Rechenzentren, Flug- oder Tunnelbeleuchtungen, sind ununterbrochen und automatisch über eine unterbrechungsfreie Stromversorgung (USV) zu versorgen [13]. Für die Stromversorgung von kleineren Gebäuden wird neben der Stromeinspeisung ein Zähler und Verteiler je Wohnung bzw. Einheit benötigt. Für größere Gebäuden werden dagegen unterschiedliche Konzepte bei der Planung entwickelt. Bei der Stromverteilung innerhalb eines Gebäudes wird in der Regel eine Gruppenversorgung, Einzelversorgung oder eine Ringsteigleitung vorgesehen werden, da eine einfache Stegleitung die Versorgungssicherheit einschränkt [1].

Zähleranlagen

Zähler sind Messeinrichtungen, die zum Erfassen der elektrischen Energie verwendet werden. Sie sind in hellen, belüfteten, trockenen, staubfreien sowie zugänglichen Räumen anzubringen und gegen Feuchtigkeit, Erschütterung, Verschmutzung und mechanische Beschädigung zu schützen. Vor dem Zähler ist eine Bedienungsfläche von mindestens 1,20 m vorzusehen. Die Höhe bis zur Mitte des Zählers darf vom Fußboden mindestens 1,10 m und maximal 1,85 m betragen. Die Montage kann auf Zählertabellen nach DIN 43 853, bestehend aus Mittelteil, unterer und oberer Abdeckung sowie Abschlussklappe, oder in Zählernischen erfolgen. Bei Mehrfamilienwohngebäuden werden durch die örtlichen Gegebenheiten folgende Anbringungsmöglichkeiten der Zähler unterschieden:

- dezentrale Anordnung

  Die Zähler jedes Geschosses werden auf den jeweiligen Hauptpodesten des Treppenhauses in Zählerschränken untergebracht. Die Zähler werden mittels kurzen Verbindungsleitungen mit der Wohnungsstromkreisverteilung verbunden. Allgemeinzähler und Tarifsteuergerät werden in der Regel im Erdgeschoss angebracht.
- zentrale Anordnung

  Die Zähler werden in der Nähe des Hausanschlusses (Hausanschlussraum, Kellerflur oder Erdgeschoss) untergebracht. Dadurch ergeben sich zwar kurze Hauptleitungen, jedoch längere Verbindungsleitungen zu der Wohnungsstromkreisverteilung. Diese Anbringungsvariante wird immer häufiger von Bauträgern, Bauplanern sowie vom EVU gefordert [14].

Stromkreisverteilung

Die letzte Aufgliederung der Zuleitungen in einzelne abgesicherte Stromkreise erfolgt im Verteiler. Dabei sollen Überstrom-Schutzeinrichtungen (Sicherungen) bei einem Kurz- oder Körperschluss sowie bei einer Leitungsüberlastung den Stromfluss schnellstmöglichst abschalten. Die Fehlerstromschutzschalter (FI-Schutzschalter) können bei Wechselstrom ab 16 A sowie für Drehstrom ab 25 A verwendet werden. Durch die sekundenschnelle Trennung von fehlerhaften Leitungsteilen vom Netz schützen sie vor elektrischen Schlägen. FI-Schutzschalter können mit unterschiedlicher Fehlerstromempfindlichkeit hergestellt werden (0,03 A, 0,3 A, 0,5 A), wobei lediglich der 0,03 A FI-Schutzschalter einen Schutz vor direkter Berührung spannungsführender Teile bietet. Die Stromkreise bestehen aus jeweils eins bis drei Außenleitern (Phasen) mit den dazugehörigen Neutral- und Schutzleitern. Zu bemerken ist, dass lediglich die Außenleiter abzusichern sind und in Neutral- und Schutzleitern keine Sicherungselemente eingebaut werden dürfen [12]. Für folgende Wohnungsinstallationen sollte jeweils ein abgesicherter Stromkreis zur Verfügung stehen:

- Licht und Steckdosen eines Hauptraumes, wie z.B. Küche, Wohn-, Schlaf- oder Kinderzimmer,
- Licht und Steckdosen für mehrere untergeordnete Räume, wie z.B. Bad, WC, Flur oder Diele.

Zu beachten ist, dass nach der DIN VDE 0100-430 Licht- und Steckdosenstromkreise nur mit 16 A abgesichert werden dürfen. Für die gesamte Beleuchtung einer Wohnung bzw. eines Geschosses kann auch ein separater Stromkreis bereitgestellt werden. Dadurch fällt die Raumbeleuchtung im Falle einer Steckdosenüberlastung nicht aus. Außerdem kann somit bei einem Ausfall des Lichtstromkreises der intakte Steckdosenstromkreis für den Anschluss einer Tischlampe genutzt werden. Die DIN 18 015-2 legt eine Mindestanzahl der Stromkreise für Beleuchtung und Steckdosen in einer Wohnung fest:

- 3 Stromkreise: bis 50 m^2 Wohnfläche
- 4 Stromkreise: 50 - 75 m^2 Wohnfläche
- 5 Stromkreise: 75 - 100 m^2 Wohnfläche
- 6 Stromkreise: 100 - 125 m^2 Wohnfläche
- 7 Stromkreise: über 125 m^2 Wohnfläche [1].

9.5.2 Leitungsmaterial

Als Leiterwerkstoff zur Fortleitung der elektrischen Energie wird ausschließlich Kupfer verwendet. Wird solch eine Kupferleitung mit einer Isolierung, meistens aus Kunststoff, umhüllt, wird sie als Ader bezeichnet. Eine Leitung besteht aus mehreren zusammengefassten Adern in einer gemeinsamen Umhüllung. Wird diese Leitung mit einem zusätzlichen metallischen Mantel ausgestattet, ist die Rede von einem Kabel. Dieser Mantel dient als Schutz vor erhöhten mechanischen Beanspruchungen. Die farbliche Aderkennzeichnung (grün/gelb, hellblau, braun, schwarz und grau) von Starkstromkabeln und -leitungen wird von der VDE 0293-308 nach Tabelle 9.8 festgelegt [14].

Tabelle 9.8 Farbkennzeichnung von Adern [14]

Einadrige Ausführung	
Schutzleiter (PE-Leiter)	Grün/gelb
Neutralleiter	Hellblau
Außenleiter (Phasenleiter L1, L2, L3)	Braun, schwarz, grau
Mehradrige Ausführung	
Aderanzahl	**Kennzeichnung**
3	Grün/gelb, braun, hellblau
4	Grün/gelb, braun, schwarz, grau
5	Grün/gelb, braun, schwarz, grau, hellblau

Die Außenleiter und der Neutralleiter dienen zur Fortleitung der elektrischen Energie und gehören zum Betriebsstromkreis. Für Schutzzwecke wird der PE-Leiter (protective earth) verwendet, der auch als Erdleiter bezeichnet wird [2].

9.5.3 Leitungsführung und Verlegung

Die Leitungsführung erfolgt bei Wänden senkrecht oder waagrecht, bei Decken auf direktem Wege zu den Deckenauslässen. Bei verputzten Wänden kann die Wandinstallation in zwei Varianten (Bild 9.30) ausgeführt werden:

- Rundumleitungen ca. 30 cm unter der Decke mit senkrechten Stichleitungen zu darunterliegenden Steckdosen, Schaltern, Leuchten und zu Deckenauslässen. Diese Variante benötigt viele Abzweigdosen.
- Rundumleitungen ca. 30 cm oberhalb des Fußbodens in Steckdosenhöhe [1].

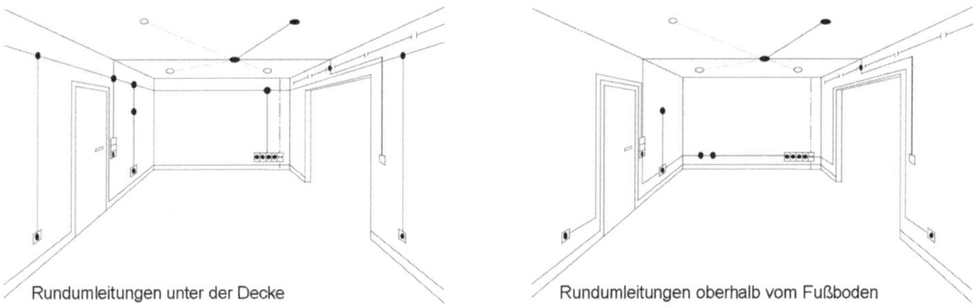

Bild 9.30 Wandinstallationen bei verputzten Wänden (Eigene Darstellung i. A. a. [1])

Die Anordnung der Rundumleitungen 30 cm über dem Fußboden ist zum einen kostengünstiger, zum anderen besteht eine einfache Möglichkeit der Installation von zusätzlichen Leerdosen. So können bei Nutzungsänderungen des Raumes die Leerdosen leicht aktiviert werden. Die gewöhnlichen Dosen sind:

- Abzweigdosen zur Leitungsverbindung mit Durchmessern von 70 bzw. 80 mm und Tiefen von 36 bzw. 65 mm
- Geräteverbindungsdosen oder auch Abzweigschalterdosen, die zur Aufnahme von Steckdosen, Auslässen oder Schaltern dienen. Sie werden an den durchgehenden Leitungen aneinandergereiht.

Zu beachten ist, dass auch Leitungen für Wandleuchten in Anschlussdosen enden, um Gefahren durch freiliegende Leitungsenden vorzubeugen [1]. Weiterhin ist nach DIN 4102-4 bei Wanddicken ≤ 14 cm eine direkt gegenüberliegende Anordnung von Schalterdosen oder Verteilerdosen aus Brandschutzgründen nicht möglich [8]. Aufputzdosen finden bei Wanddicken aus Beton, Mauerwerk oder Bauplatten ≤ 6 cm Anwendung. Damit die verdeckt verlaufenden Leitungen bei nachträglichen Rohrinstallationen nicht beschädigt und durch die Abzweigdosen oder Schalter verfolgbar sind, regelt die DIN 18 015-3 bestimmte Installationszonen [1]:

- Installationszonen für waagrechten Leitungsverlauf:
  - 15 - 45 cm unter der fertigen Decke,
  - 15 - 45 cm über dem fertigen Fußboden,
  - 90 - 120 cm über dem fertigen Fußboden in Räumen mit Arbeitsflächen an Wänden (z. B. Küche, Hausarbeitsraum).

- Installationszonen für senkrechten Leitungsverlauf:
  - 10 - 30 cm neben Türlaibungen, bei einflügeligen Türen an der Schlossseite, bei zweiflügeligen Türen beidseitig,
  - 10 - 30 cm neben Fensterlaibungen,
  - 10 - 30 cm neben Rohbau-Rauminnenecken bzw. Raumaußenecken [5].

Die bevorzugten Maße für die Leitungsführung werden in Bild 9.31 dargestellt.

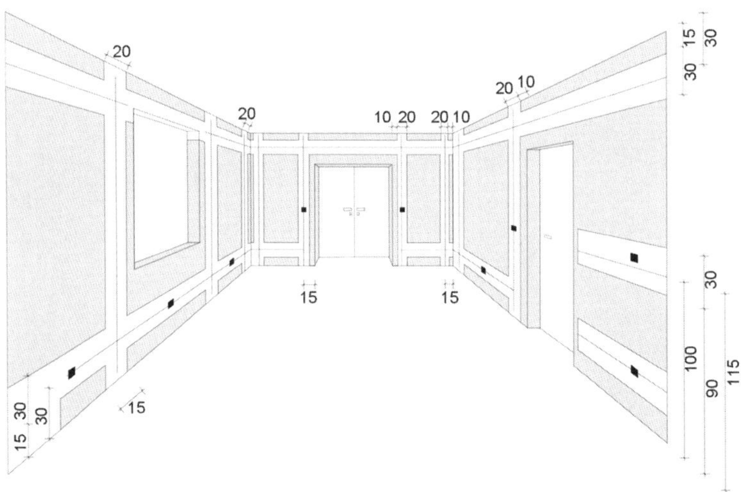

Bild 9.31 Installationszonen mit Vorzugsmaßen der elektrischen Leitungsführung (Eigene Darstellung i. A. a. [1])

Leitungsverlegung in Leichtbauwänden

Für die Leitungsverlegung in Leichtbauwänden sind aufgrund der brennbaren Baustoffe spezielle Verbindungs- und Gerätedosen heranzuziehen. Eine zugfeste Befestigung der bündig in die Beplankung eingebauten Dosen muss sichergestellt werden. Die für die Installation geeigneten Hohlwanddosen werden mit dem Buchstaben H gekennzeichnet. Für horizontal zu verlegende Leitungen sind in Höhe der Installationszonen entsprechende Öffnungen im Ständerwerk herzustellen, es sei denn die Leitungen können in große Hohlräume ausweichen [1].

Leitungsverlegung Fertigbetonbauteile

Bei Fertigbetonbauteilen müssen die Auslässe wie z. B. Schalter oder Steckdosen vor dem Betoniervorgang unverschiebbar fixiert werden, da eine Korrektur im Anschluss nur als Aufputzinstallation möglich ist. Daher wird der Einbau von einigen zusätzlichen Leerrohren und -dosen empfohlen [1].

Literaturverzeichnis

[1] Bohne, Dirk: Technischer Ausbau von Gebäuden, Und nachhaltige Gebäudetechnik (2014). 10. Auflage: Springer Vieweg.

[2] Böker, A.; Paerschke, H.; Boggasch, E.: Elektrotechnik für Gebäudetechnik und Maschinenbau (2017): Springer Vieweg.

[3] Deutsch Verein des Gas- und Wasserfaches: Trinkwasserverordnung, Verordnung über die Qualität von Wasser für den menschlichen Gebrauch. Online verfügbar unter *https://www.dvgw.de/themen/wasser/trinkwasserverordnung/volltext-der-trinkwasserverordnung/*, zuletzt geprüft am 13.02.2018.

[4] Deutsches Institut für Bautechnik (2016): Muster-Richtlinie über brandschutztechnische Anforderungen an Lüftungsanlagen, Muster-Lüftungsanlagen-Richtlinie - M-LüAR.

[5] DIN 18 015-3: Elektrische Anlagen in Wohngebäuden, Leitungsführung und Anordnung der Betriebsmittel (2016).

[6] DIN 1946-4: Raumlufttechnik-Raumlufttechnische Anlagen in Gebäuden und Räumen des Gesundheitswesens (2008).

[7] DIN 1986-100: Entwässerungsanlagen für Gebäude und Grundstücke, Bestimmungen in Verbindung mit DIN EN 752 und DIN EN 12056 (2016).

[8] DIN 4102-4: Brandverhalten von Baustoffen und Bauteilen, Zusammenstellung und Anwendung klassifizierter Baustoffe, Bauteile und Sonderbauteile (2016), zuletzt geprüft am 13.02.2018.

[9] DIN E 1946-6: Raumlufttechnik-Lüftung von Wohnungen, Allgemeine Anforderungen, Anforderungen an die Auslegung, Ausführung, Inbetriebnahme und Übergabe sowie Instandhaltung (2018).

[10] DIN EN 12056-2: Schwerkraftentwässerungsanlagen innerhalb von Gebäuden, Schmutzwasseranlagen, Planung und Berechnung (2001).

[11] DIN EN 13 053 - Lüftung von Gebäuden - Zentrale raumlufttechnische Geräte, Leistungskenndaten für Geräte, Komponenten und Baueinheiten (2012).

[12] Fouad, Nabil A.: Lehrbuch der Hochbaukonstruktionen (2013). 4. Auflage: Springer Vieweg (Lehrbuch).

[13] Kasikci, I.: Elektrotechnik für Architekten, Bauingenieur und Gebäudetechniker, Grundlagen und Anwendung in der Gebäudeplanung (2013): Springer Vieweg.

[14] Laasch, T.; Laasch, E.: Haustechnik, Grundlagen, Planung, Ausführung (2013). 13. Auflage: Springer Vieweg.

[15] Lenz, B.; Schreiber, J.; Stark, T.: Nachhaltige Gebäudetechnik, Grundlagen, Systeme, Konzepte (2010): Detail Green Books.

[16] Schramek, E.R.; Recknagel, H.: Taschenbuch für Heizung + Klimatechnik (2007). 73. Auflage: Oldenburg Industrieverlag.

[17] Verein Deutscher Ingenieure e.V. (2010): VDI 4640: Thermische Nutzung des Untergrunds, Grundlagen, Genehmigungen, Umweltaspekte.

10 Landschaftsbau

Von Sedat Dökmetas und Ibrahim Ercan

Der Landschaftsbau beinhaltet konstruktive Elemente, die im Schnittstellenbereich zwischen Erd- und Massivbau liegen. Hierzu gehören Flächen und Schichten sowie die dazugehörigen Funktionen, wie z.B. Tragen, Entwässern, Versickern und Verdichten. Die Schichten können außerdem Schutz-, Abdeck- und Auflastfunktionen übernehmen oder als Grundlage für den Pflanzen- und Rasenwuchs dienen. Die Elemente des konstruktiven Landschaftsbaus bestehen überwiegend aus Baustoffen, die geschüttet oder in Form von Bahnen flächig verlegt werden [16]. Als optische Grundstücksgrenze, zur Verhinderung von unbefugtem Betreten sowie für den Sichtschutz werden in der Landschaftsplanung Zäune errichtet, die gleichzeitig den Freiraum definieren und das Ortsbild prägen [16].

10.1 Wegebau

Unter Wegebau werden sichtbare Flächen verstanden, die zu den wichtigsten konstruktiven Bestandteilen der Außenanlagenplanung gehören. Neben ihrem hohen Flächenanteil besitzen sie einen hohen funktionalen Stellenwert. Daher stellt ihre Planung und Ausführung einen sehr komplizierten Aufgabenbereich dar. Der Bau von dauerhaft festen Pflasterbelägen war bereits in den antiken Hochkulturen, wie z.B. Ägypten, Griechenland oder dem Römischen Bereich, sehr fortgeschritten. Dies lässt sich durch Entdeckungen von Geologen aus der Zeit um 2600 bis 2200 v. Chr. in der ägyptischen Wüste belegen. Aber auch in Europa sind heute gepflasterte Straßen aus römischer Zeit zu finden [16]. Aus der weit verbreiteten Verlegung mit Findlingen entstand mit zunehmender Zeit das Kleinsteinpflaster, das handlicher und schneller verlegt werden konnte. Hinzu kamen Betonpflaster, die in vielen Formen erhältlich sind und sich als Alternative zu Naturstein- und Klinkerpflaster schnell verbreiteten. Heute werden fein bearbeitete Natur- und Betonsteinbeläge und bunte Beläge aus unterschiedlichen Pflastermaterialien, die auch aus großformatigen Platten bestehen können, eingesetzt. Der Aufbau einer Verkehrsfläche (Bild 10.1) wird nach den Richtlinien für die Standardisierung des Oberbaus von Verkehrsflächen (RStO) differenziert in Oberbau, ggf. Unterbau und Untergrund.

Der Oberbau besteht aus einer Deckschicht und einer oder mehreren Schichten, die auf das Planum angebracht werden. Er kann entweder gebunden (z.B. bei Asphaltbelägen) oder ungebunden (i.d.R. Pflasterdecke) ausgeführt werden. Die Unterscheidung erfolgt je nach Verwendung von hydraulischen oder bituminösen Bindemitteln. Allerdings stellt der ungebundene Oberbau im Bereich von Freiflächen die Regelausführung dar. Der Aufbau einer Belagsfläche in Schichten ist in den ZTV Pflaster StB 06 abgebildet. Dabei richtet sich die Dicke der Trag- und Deckschichten nach den sieben Beanspruchungsklassen aus der RStO. In den mittel bis schwach belasteten Bauklassen 1 bis 4 sind Pflasterdecken möglich, während Plattendecken nur für Rad- und Gehwege möglich sind. Die Dicken der Frostschutzschichten hängen von den einwirkenden Frosteinwirkungszonen im jeweiligen Bauort ab [16]. Folgende Abbildung stellt den typischen Aufbau einer Pflasterbefestigung mit den wesentlichen Vorschriften dar.

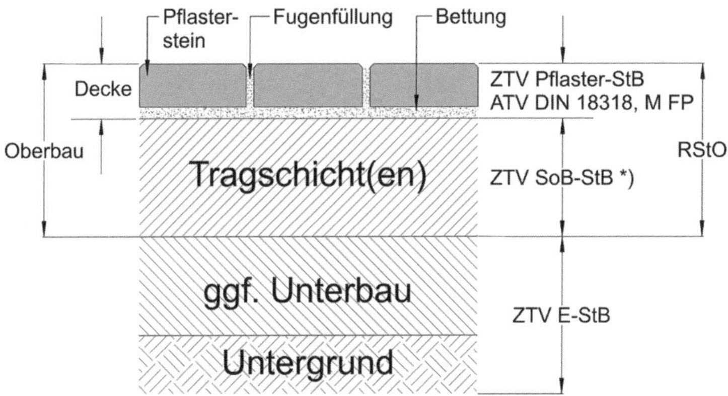

Bild 10.1 Typischer Aufbau einer Pflasterbefestigung mit den wesentlichen Vorschriften [5]

10.1.1 Anforderungen

Die Bezeichnung Verkehrsfläche trifft nicht nur bei Straßen zu. Auch in Außenanlagen wird der Begriff verwendet und stellt jede Art von Befestigung dar, wo sich Menschen bewegen bzw. aufhalten und wo Fahrzeuge fahren bzw. abgestellt werden. Zur Erschließung der Freianlagen und zur Verbindung von Gebäudeteilen werden Verkehrsflächen benötigt. Dabei wird bei der Planung und Herstellung von Verkehrsflächen auf die Regelwerke des Straßenbaus zurückgegriffen. Bei der Planung werden folgende Regelwerke, insbesondere die der Forschungsgesellschaft für das Straßen- und Verkehrswesen (FGSV), herangezogen:

- Empfehlungen für die Anlagen des ruhenden Verkehrs (EAR),
- Empfehlungen für Fußgängerverkehrsanlagen (EFA),
- Empfehlungen für Radverkehrsanlagen (ERA),
- Richtlinien für die Anlage von Autobahnen (RAA),
- Richtlinien für die Anlage von Landstraßen (RAL),
- Richtlinien für die Anlage von Stadtstraßen (RASt).

Den Unterschied zwischen verkehrlichen und städtebaulichen Merkmalen liefert die RASt, die darüber hinaus Hinweise zur Bemessung von Verkehrsflächen beinhaltet. Die verkehrlichen Merkmale beziehen die Verbindungsfunktion, Erschließungsfunktion sowie die Verkehrsbelastung ein, während Gebietscharakter, Nutzungen im Umfeld, Aufenthalt und räumliche Situation zu den städtebaulichen Merkmalen gehören. Die in der RASt enthaltenen Regelungen erstrecken sich auch auf die Planung und Ausführung von Verkehrsflächen und befestigten Flächen in Außenanlagen. Es müssen allerdings folgende Fragestellungen beantwortet werden:

- Wie lassen sich die Verkehrsflächen einbinden?
- Wie stellt sich das Umfeld des Bauwerks mit der Außenanlage dar?
- Welche Aufenthaltsoptionen sollen hergestellt werden?

Die Planungsschritte für die Herstellung von Verkehrsflächen ergeben sich aus der Nutzung, die unterschieden werden kann in:

- Zufahrtsstraßen,
- Feuerwehrwege,
- Fußgängerzonen,
- Parkplätze,
- Geh- und Radwege,
- Garagenzufahrten,
- Hofflächen,
- Terrassen und Sitzplätze [14].

10.1.2 Planung und Maße

Abhängig von den funktionalen und gestalterischen Aspekten, wie auch weiteren Elementen in Außenanlagen, werden die Verkehrsflächen geplant. Im Rahmen der funktionalen Betrachtung werden Plätze und Wege so hergestellt, dass sie mit Aufenthaltsmöglichkeiten in Verbindung gebracht werden. Dies verdeutlicht beispielsweise die Planung der Terrasse in Wohnzimmer- bzw. Wohnküchennähe oder eine kurze Wegeverbindung zwischen Stellplatz und Haustür. Bei der Planung spielen die Abmessungen eine weitere bedeutende Rolle und werden aus den Platzbedürfnissen der Fußgänger oder Fahrzeuge abgeleitet. Die planerische Größe für die Festlegung der Breite von Verkehrsflächen stellt die Regelbreite dar und setzt sich aus den Mindestbreiten der Nutzer und den erforderlichen Bewegungsabständen zusammen [14].

Flächen für Fußgänger

Der lichte Raum für Fußgänger und Radfahrer beträgt nach RASt 2006 je 1,00 m Grundmaß zuzüglich der Breitenzuschläge. Dieser Verkehrsraum muss frei von festen Hindernissen ausgebildet werden. Die Regelbreite für den Fußgängerverkehr setzt sich aus der Breite zum Gehen und dem Bewegungsabstand zum Verkehrsraum zusammen. Bei Fußgängerwegen, die für die Begegnung von zwei Fußgängern ausgelegt sind, ergibt sich nach RASt eine Regelbreite des Seitenraumes von 2,50 m (Bild 10.2) [14].

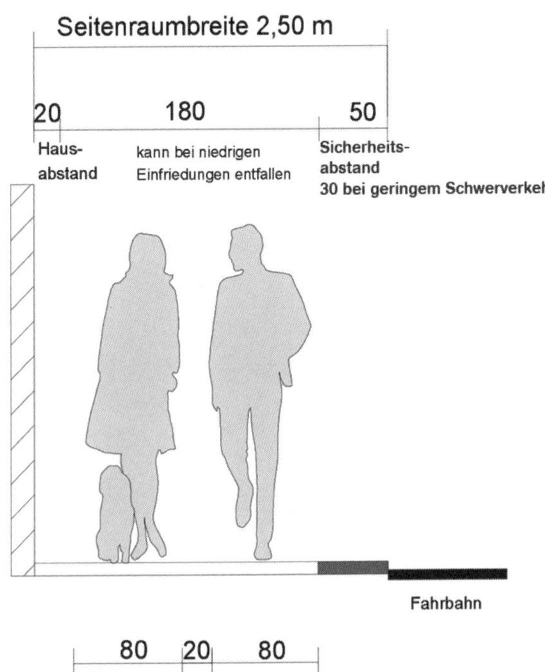

Bild 10.2 Regelbreite des Seitenraumes bei straßenbegleitenden Gehwegen (Eigene Darstellung i. A. a. [12])

Der Seitenraum ergibt sich aus dem Platzbedarf für Fußgänger und den verschiedenen seitlichen Abständen. Dieser wird nicht errechnet, sondern nach EFA vorgegeben:

- Wohnstraßen, Einfriedungen ≤ 0,50 m → 2,10 m,
- Wohnstraßen, Einfriedungen > 0,50 m → 2,30 m,
- straßenunabhängig geführte Wege → 3,00 m,
- geschlossene Bebauung, geringe Dichte → 2,50 m,
- geschlossene Bebauung, mittlere Dichte → 3,00 m,
- geschlossene Bebauung, hohe Dichte → 3,30 m [14].

Mit folgenden Breitenzuschlägen:

- Grünstreifen ohne Bäume → ≥ 1,00 m,
- Straßen mit Bäumen → ≥ 2,00 m,
- Ruhebänke → ≥ 1,00 m,
- Warteflächen an Haltestellen → ≥ 2,50 m,
- Fahrzeugüberhang → 0,70 m,
- Verweilflächen vor Schaufenstern → ≥ 1,00 m [12].

Zur Herstellung von barrierefreien Flächen gelten weitere Anforderungen gemäß DIN 18 040-3. Die genannten Werte gelten zwar für den Straßenverkehr, bieten allerdings gute Richtwerte für Planung von Wegen in Außenanlagen. Demnach sollten Wege im Hausgarten mit einer Breite von ≥ 1,10 m, im Hauseingangsbereich mit einer Breite von ≥ 1,80 m geplant werden [14].

Flächen für Radfahrer

In öffentlich zugänglichen Flächen und Wohnanlagen werden Flächen für den Radverkehr geplant. Sie können entweder zusammen mit Fußgängern, als separater Fahrradstreifen, straßenbegleitend oder als Abstellanlage ausgebildet werden. Als Hinweis für die Planung und Bemessung kann folgende Abbildung herangezogen werden (Bild 10.3). Dabei sollte die Breite mindestens 1,50 m betragen [14].

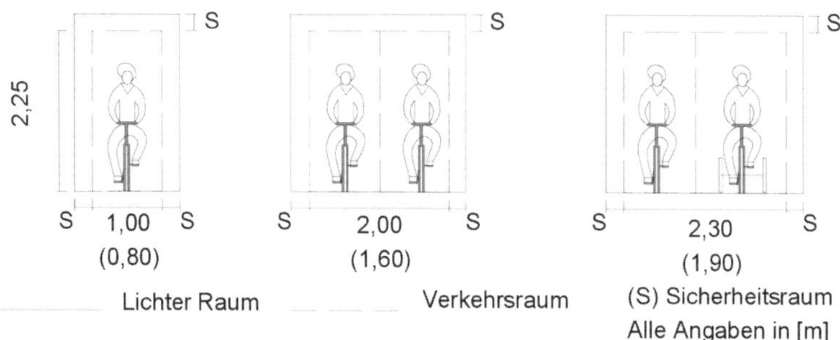

Bild 10.3 Grundmaße [m] für Verkehrsräume und lichte Räume des Radverkehrs (Eigene Darstellung i. A. a. [12])

Flächen für Kraftfahrzeuge

Der Raumbedarf für Kraftfahrzeuge ist abhängig vom Bemessungsfahrzeug und wird zusätzlich durch die Funktion der Verkehrsanlage sowie der beabsichtigten Fahrweise bestimmt. Bedingt durch die zahlreichen Regelungen im Straßenbau können hier nicht alle Regelungen erläutert werden. Deshalb sind während der Planung aktuelle und ausführliche Regelungen heranzuziehen. Außerdem bieten diese Regelwerke nur annähernde Hinweise zur Bemessung von Verkehrsflächen in Außenanlagen. Aus den Fahrzeugabmessungen und den seitlichen Bewegungsräumen resultieren die Grundmaße für Verkehrsräume des Kraftfahrzeugverkehrs. Mittels Zuschlägen können die Grundmaße für sich begegnende und vorbeifahrende Kraftfahrzeuge geplant werden. Zusätzlich müssen Sichtfelder an Einfahrten und Knotenpunkten frei von störenden Hindernissen ausgebildet werden [14].

Flächen für Stellplätze

Abstellplätze für Fahrzeuge werden als Anlagen des ruhenden Verkehrs bezeichnet und kommen im öffentlichen Straßenraum als Parkbuchten oder Längsparkstreifen vor. Darüber hinaus können sie außerhalb des Straßenverkehrs als separate Parkplätze ausgebildet werden. Im öffentlichen Straßenraum ist hauptsächlich die Längsaufstellung seitlich zum Fahrstreifen vorzufinden. Alternativ können Parkplätze in der Schrägaufstellung oder in der Senkrechtaufstellung erfolgen. Letztere benötigt breitere Fahrgassen, da sie für den Verkehr in zwei Richtungen vorgesehen sind [14]. Die Landesbauordnungen regeln die Anzahl der benötigten Stellplätze [14]. Bei der Planung der Pkw-Parkplätze sind folgende Maße für ein Bemessungsfahrzeug zu beachten:

- Radstand,
- Überhanglänge,

- Länge,
- Breite,
- Wendekreishalbmesser.

Um ein bequemes Ein- und Aussteigen zu ermöglichen, wird zwischen zwei abgestellten Fahrzeugen ein Abstand von 0,75 m benötigt. Zudem ist bei behindertengerechten Parkplätzen auf einer Fahrzeugseite ein lichter Abstand von 1,75 m vorzusehen (Bild 10.4, links) [12].

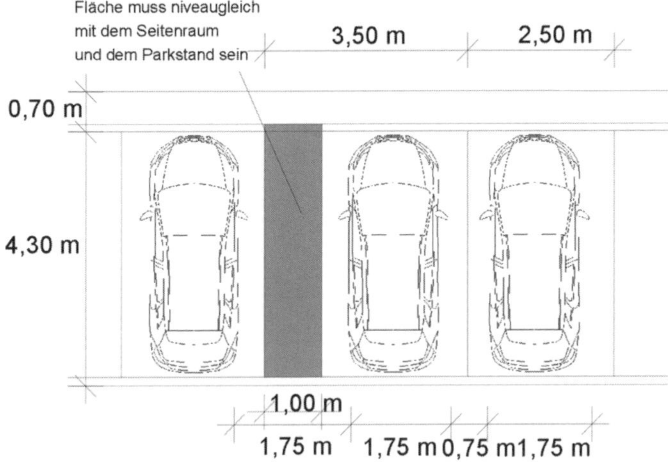

Bild 10.4 Grundmaße für Pkw-Aufstellflächen (Eigene Darstellung i. A. a. [12])

Aufenthaltsflächen

Im öffentlich zugänglichen Raum sind Bemessungen für Aufenthaltsräume sehr unterschiedlich und hängen von verschiedenen Faktoren ab. Dazu muss neben der umgebenden Bebauung und Funktion der Fläche auch das städtebauliche Konzept herangezogen werden. Begrenzungen der Terrassengröße im Hausgartenbereich ergeben sich nur durch die Grundstücksgröße. Folgende Mindestmaße können als Anhaltswerte berücksichtigt werden:

- Balkon mit einem Sitzplatz: 180 × 200 cm
- Balkon mit Bistrotisch und vier kleinen Stühlen: 280 × 180 cm
- Loggien mit einem Liegestuhl: 210 × 350 cm [14]

Grundstücks- und Garagenzufahrten

In Abhängigkeit des Bemessungsfahrzeuges und der beim Einbiegen vorhandenen Wegbreite ergibt sich die Breite von Grundstückszufahrten. Die Mindestbreiten für Pkw-Zufahrten betragen ≥ 2,50 m, während Lkw-Zufahrten eine Breite von ≥ 3,50 m besitzen sollten. Bei Parkplätzen mit mehr als 30 Stellplätzen empfiehlt es sich, die Zufahrten wie bei Einmündungen von Anliegerstraßen zu bemessen [14].

10.1.3 Baugrund

Der Baugrund stellt die Schicht unter dem Oberbau dar und spielt für die Dauerhaftigkeit der Belagsoberfläche eine bedeutende Rolle. Dabei sind Tragfähigkeit, Frostempfindlichkeit und Wasserundurchlässigkeit entscheidende Faktoren, die für die Planung rechtzeitig zu untersuchen sind. Besonders der Feinanteil und der Wassergehalt beeinflussen die Tragfähigkeit des Baugrunds sehr. Auch wenn die Lasten durch den Oberbau verteilt werden, kann ein nicht tragfähiger Baugrund hohe Verkehrslasten nicht ausgleichen und muss daher ein Verformungsmodul von ≥ 45 MPa besitzen. Dieses Verformungsmodul beschreibt die Tragfähigkeit des Untergrundes und wird durch einen Plattendruckversuch nach DIN 18 134 ermittelt. Bei gering belasteten Flächen reicht allerdings ein einfacher Befahrversuch für erste Einschätzungen. Dabei ist die Fläche mit einem schweren Fahrzeug zu befahren und die Tiefen der Fahrspuren zu messen. Ist die Tiefe der Fahrspuren größer als 30 mm, kann zunächst davon ausgegangen werden, dass die Tragfähigkeit des Untergrundes nicht gegeben ist [14].

10.1.4 Oberbau

Die eigentliche Konstruktion einer Verkehrsfläche besteht aus dem Oberbau. Hierzu gehören mehrere Schichten oberhalb des Planums, welche die Belastungen aus dem Verkehr aufnehmen und in den Baugrund ableiten. Der Oberbau wird klassifiziert in Trag- und Deckschicht und wird neben weiteren Begriffen in den Richtlinien für die Standardisierung des Oberbaues von Verkehrsflächen (RStO) folgendermaßen definiert:

- Oberbau: alle Schichten oberhalb des Planums,
- Decke: Decke aus Asphalt, Beton, Pflaster oder Plattenbelag,
- Tragschicht: mit oder ohne Bindemittel,
- Frostschutzschicht: frostunempfindliches Material auf dem Untergrund bzw. Unterbau.

Tragschichten haben die Aufgabe, einwirkende Verkehrslasten auf den Untergrund abzuleiten, damit es zu keinen Verformungen im Oberbau kommt. Sie können in gebundener oder ungebundener Bauweise hergestellt werden, deren Dicke vom anstehenden Baugrund, von der Straßenlage, der Belagsart sowie von der Verkehrslast abhängig ist. Zu den Tragschichten ohne Bindemittel gehören die Frostschutzschicht, Schottertragschicht oder die Kiestragschicht, die bei der Herstellung von Außenanlagen Anwendung finden. Es können je nach Belastung der Fläche unterschiedliche Tragschichten gleichzeitig eingesetzt werden. Dies ist beispielsweise bei Flächen mit geringer Belastung der Fall, bei denen die Frostschutz- und die Tragschicht oft in einer Schicht ausgebildet werden [14].

10.1.5 Deckschichten

Die Deckschichten von Straßen- und Wegebefestigungen nehmen die Verkehrslasten auf und leiten sie an die Tragschichten weiter. Sie können als Asphalt-, Beton-, Pflasterdecke bzw. Plattenbelag hergestellt werden. Zu den Eigenschaften der Deckschichten gehören Verschleißfestigkeit, Ebenflächigkeit, Witterungsbeständigkeit, Griffigkeit sowie die Sicherstellung der Ableitung von Niederschlagswasser [14]. Auch die Lärmentwicklung ist abhängig von der Wahl des Belages. So entstehen bei großformatigem Natursteinpflaster viele Fahrgeräusche, während Asphaltdecken geringere Lärmbelastungen verursachen. Die vielfältigen Gestaltungsmöglichkeiten der Deckschichten erlauben die farbliche Anpassung an angrenzende Gebäude oder Straßen, wodurch raumwirksame Segmente hergestellt werden können. Im Allgemeinen sind Wege oder Plätze so zu gestalten, dass eine Funktion oder Nutzung ableitbar ist [14]. In Außenanlagen können die unterschiedlichen Belagsarten differenziert werden in:

- Beläge aus Natursteinpflaster,
- Beläge aus Betonpflaster,
- Beläge aus Klinkerpflaster,
- Beläge aus Platten [16].

Deckschichten aus Pflaster

Im Allgemeinen können mit Deckschichten aus Pflaster alle Verkehrsflächen mit Rücksicht auf die Verkehrsbelastung befestigt werden. Bedingt durch die Geometrie der Platten sind sie für den Einsatz unter befahrenen Flächen ungeeignet. Für die Sicherheit und Verwendung muss der Pflasterbelag eine permanente und ausreichende Griffigkeit aufweisen. Des Weiteren sind wichtige Bestimmungen in der Planung und Ausführung einzuhalten. Die ungebundene Bauweise stellt bei den Pflasterarbeiten die Regelausführung dar. Hierbei sind kleine Reparaturarbeiten in Verkehrsflächen schnell durchgeführt und unproblematisch. Allerdings muss das Verhalten von Fugenmaterial, Bettung und Unterlage aufeinander abgestimmt sein. Das Gefälle des Belags muss in den Untergrund aufgenommen werden, der bei der Verlegung nicht eingefroren sein darf und darüber hinaus ausreichend fest, tragfähig, profilgerecht und ebenflächig sein muss. Außerdem muss die Kornstruktur der Tragschicht das Eindringen von Bettungsmaterial in den Untergrund verhindern. Deshalb müssen die Bettungs- und Tragschichtmaterialien sowie Fugen- und Bettungsmaterialien aufeinander abgestimmt sein. Um hohe Horizontalbeanspruchungen auf Verkehrsflächen aufnehmen zu können, müssen die Pflasterverbände einen hohen Widerstand gegen Verdrehung und Verkippung aufweisen. Ferner werden ausreichend dicke Pflastersteine benötigt, deren Verlegung gegen das Gefälle erfolgt (d. h. von unten nach oben). Bei der Verlegung von stark geneigten Flächen (ab ca. 15 %) sollte auf die ungebundene Bauweise verzichtet und die Pflasterdecken in gebundener Ausführung hergestellt werden. Zugearbeitete Pflastersteine und Platten bei Anschlüssen dürfen nur dann verwendet werden, wenn die verbleibende kürzere Seite mindestens so lang wie die Hälfte der größten Kantenlänge des ungeschnittenen Steins ist. Die Verwendung dieser Pflastersteine sowie die Ausführung der Anschlüsse sind in der Leistungsbeschreibung festzulegen. Folgende Normen sind für Pflastersteine gültig:

- DIN EN 1342: Pflastersteine aus Naturstein für Außenbereiche,
- DIN EN 1338: Pflastersteine aus Beton,
- DIN EN 1344: Pflasterziegel,
- DIN 18 503: Pflasterklinker [16].

Bei der Ausführung von ungebundenen Deckschichten aus Pflaster und Platten werden folgende Arbeitsschritte durchgeführt:

1. Auf die oberste Tragschicht, die gefälle- und profilgerecht geformt und verdichtet wurde, erfolgt der Auftrag eines Bettungsmaterials in der erforderlichen Dicke zwischen den Randeinfassungen bzw. Entwässerungseinrichtungen. Das Bettungsmaterial besteht aus einem Mineralstoffgemisch mit begrenztem Feinkorn- und Größtkornanteil und sollte bei höheren Belastungen während dem Einbau verdichtet werden. Unzulässige Unebenheiten der Tragschicht dürfen durch die Bettung nicht ausgeglichen werden.
2. Anschließend werden die Pflastersteine oder Platten in die zuvor hergestellte Bettung verlegt. Dabei ist auf eine fluchtgerechte Verlegung mit dem vereinbarten Verband und der vorgegebenen Fugenbreite zu achten. Der Fugenverlauf ist mittels Schnur in Längs- und Querrichtung zu kontrollieren.
3. Danach werden die Fugen mit geeignetem Fugenmaterial vollständig verfüllt. Als Fugenmaterial eignen sich bei maschineller Kehrtätigkeit Natursand, Brechsand, Brechsand-Splitt-Gemisch oder Edelbrechsand. Das überstehende Material wird entfernt.
4. Nach dem Abkehren der Fläche erfolgt das Abrütteln mit einem geeigneten Gerät bis zur endgültigen Standfestigkeit. Es ist darauf zu achten, dass Platten aufgrund ihrer Größe bruchempfindlicher sind als Pflasterbeläge.
5. Abschließend folgt das Füllen der Fugen unter Wasserzugabe. Die Nutzung kann nach kompletter Verfüllung der Fugen freigegeben werden. Allerdings ist ein ausreichend langes Aussetzen an die natürliche Bewitterung empfehlenswert, damit sich die Fugen weiter verfestigen können [16].

Beläge aus Natursteinpflaster

Pflastersteine sind Blöcke aus Naturstein, die durch Schneiden oder Spalten hergestellt werden und eine Mindestnenndicke von 40 mm besitzen. Ihre Nennbreite ist kleiner als das Zweifache der Dicke, während ihre Länge das Zweifache der Breite nicht überschreitet. Zur Beschreibung der Pflastersteine werden Nennmaße verwendet. Das Nennmaß ist ein festgelegtes Maß für die Herstellung, mit dem das Ist-Maß innerhalb festgelegter zulässiger Abweichungen übereinstimmen soll. Hierbei wird zwischen gehauenen und strukturierten Steinflächen differenziert [11]. Hinsichtlich der Abweichungen der Ist-Maße werden folgende Abweichungen unterschieden und in Tabelle 10.1 zusammengefasst:

- Abweichungen von den Nenn-Flächenmaßen und Dicken,
- Abweichungen von der Rechtwinkligkeit,
- Unregelmäßigkeiten von Sichtflächen [16].

Tabelle 10.1 Zulässige Abweichungen der Nenn-Flächenmaße und der Nenndicke [11]

Nennmaß	Flächen	Klasse 0	Klasse 1	Klasse 2
≤ 60 mm	Strukturiert	Keine Anforderungen	± 7 mm	± 5 mm
	Gehauen		± 10 mm	± 7 mm
> 60 ≤ 120 mm	Strukturiert		± 10 mm	± 5 mm
	Gehauen		± 15 mm	± 10 mm
> 120 mm	Strukturiert		± 10 mm	± 7 mm
	Gehauen		± 15 mm	± 12 mm

Bei den Abweichungen der Rechtwinkligkeit (Hinterschnitt) von Seitenflächen (Bild 10.5) dürfen die in Tabelle 10.2 angegebenen Werte nicht überschritten werden.

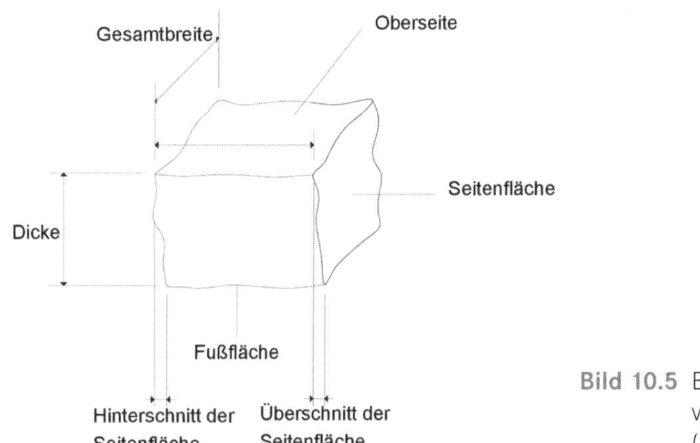

Bild 10.5 Bezeichnungen der Fläche von Pflastersteinen (Eigene Darstellung i. A. a. [11])

Tabelle 10.2 Zulässige Abweichungen von Hinterschnitt der Seiten [11]

Nennmaß	Klasse 0	Klasse 1		Klasse 2	
		Höchstwert auf einer Seite	Höchstwert in Summe	Höchstwert auf einer Seite	Höchstwert in Summe
≤ 60 mm	Keine Anforderungen	10 mm	20 mm	5 mm	10 mm
> 60 mm ≤ 120 mm		15 mm	25 mm	10 mm	15 mm
> 120 mm		25 mm	30 mm	15 mm	20 mm

Bei den Sichtflächen betragen die zulässigen Abweichungen für Unregelmäßigkeiten (Vertiefung oder Erhebung) für gehauene Flächen der Klasse 1 ± 10 mm und der Klasse 2 ± 5 mm. Bei den bearbeiteten Flächen sind Abweichungen der Klasse 1 ± 5 mm und der Klasse 2 ± 3 mm zulässig [11]. Zusätzliche Prüfungen der Pflastersteine auf Frostbeständigkeit, Druckfestigkeit, Abriebwiderstand, Griffigkeit oder Wasseraufnahme sowie die Messung der Ist-Maße sind in gesonderten Normen geregelt. Die Belastbarkeit und optische Wirkung von Pflasterbelägen hängt vom Verband ab. Der Verband stellt die geometrische Anordnung der Steine zueinander bzw. das Fugenbild dar. Das Versetzen der Natursteinpflaster erfolgt im Gegensatz zu Pflasterklinkern, Betonpflastern und Platten nicht auf die vorbereitete Bettung, sondern in die Bettung und wird anschließend mittels Pflasterhammer korrigiert. Bei der Lieferung von Pflastersteinen müssen je nach Verband längere Steine (Bindersteine) enthalten sein, die einerseits zur Sicherstellung des Fugenversatzes, andererseits für Richtungswechsel oder Radialreihen benötigt werden [16]. Es können folgende Verbände hergestellt werden:

- Reihenverband

  Der gängigste Verband, bei dem die Fugen senkrecht zu den Reihen um ca. einen halben Stein versetzt sind.

- Diagonalverband

  Der Diagonalverband ist sehr stabil und empfiehlt sich bei hohen Horizontalbeanspruchungen. Allerdings werden spezielle Anschlusssteine (Dreiecks- bzw. Fünfeckssteine) am Belagsrand benötigt.
- Netzverband

  Beim Netzverband werden Diagonalreihen ohne klaren Fugenversatz verlegt, wodurch ein diagonaler Kreuzfugenverband entsteht. Er wird bei kleinen Steingrößen und geringen Belastungen angewandt, entspricht jedoch nicht der DIN 18 318.
- Römischer Verband

  Der Römische Verband entsteht aus unterschiedlichen Steinformaten, die richtungslos versetzt werden. Durch geeignete Pflasterformate und orthogonaler oder diagonaler Verlegung können belastbare Flächen hergestellt werden.
- Segmentbogenverband

  Die stabilste und gebräuchlichste Verlegung von Natursteinpflaster mit einem Nennmaß von 100 mm wird durch den Segmentbogenverband erzielt. Für gespaltene Steine mit einer Nenndicke ≤ 12 cm ist der Segmentbogenverband gemäß DIN 18 318 der Regelverband. Jedoch werden auch hier zusätzliche schmale oder trapezförmige Pflastersteine benötigt. Grundlage des Segmentbogenverbandes ist ein Viertelkreis.
- Schuppenbogenverband

  Grundlage des Schuppenbogenverbandes ist ein Halbkreis und eignet sich sehr gut für Mosaikpflaster. Gegenüber dem Segmentbogenverband werden die Schuppenbögen jeweils gegenüber versetzt.
- Passe-Verband

  Der Passe-Verband ist ein richtungsloser Verband für Klein- und Mosaiksteinformate mit sehr schmaler Fuge zwischen den Steinen. Dabei wird die Verlegerichtung nach ca. jedem dritten Stein gewechselt.
- Wildpflaster

  Durch die Kombination von Steinen unterschiedlicher Größe, Steinart oder Form kann ein richtungsloser Verband hergestellt werden. Die Verwendung von Bruchsteinen wie z. B. Pflasterabfall oder Findlinge ist üblich [16].

Beispiele zu den Verbänden mit Natursteinpflaster stellt Bild 10.6 dar.

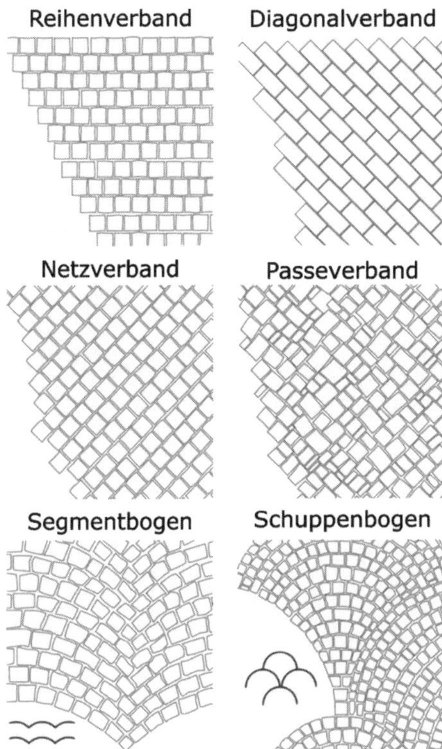

Bild 10.6 Klassische Verbände für Natursteinpflaster [20]

Beläge aus Betonpflaster

In den letzten Jahren hat das Interesse an Belägen aus Betonsteinpflaster erheblich zugenommen. Eine hohe gestalterische Vielfalt sowie die Verwendung in fast allen Verkehrs- und Freiflächen waren dabei ausschlaggebende Punkte [16]. Die Norm DIN EN 1338 definiert Pflastersteine als Betonerzeugnis, das als Belagsmaterial für Oberflächen verwendet wird. Sie müssen zwei Bedingungen erfüllen. Zum einen muss das horizontale Maß in einem Abstand von 50 mm von jeder Kante ≥ 50 mm betragen, zum anderen darf ihre Gesamtlänge nicht größer sein als das Vierfache der Dicke [10]. Nach ZTV Pflaster darf die Gesamtlänge der Pflastersteine 320 mm nicht überschreiten. Die DIN EN 1338 definiert außerdem den durchlässigen Pflasterstein, der durch sein Gefüge den Wasserdurchgang ermöglicht. Dieser wasserdurchlässige Pflasterstein wurde in den vergangenen Jahren vielfach auf gering belasteten Flächen eingesetzt. Des Weiteren existieren weitere Produkte wie Verbundpflastersteine mit verzahnter Form, spezielle Abstandsnocken, Mehrschichtpflasterelemente oder mit Nanopartikeln hergestellte Steine, die eine schadstoff- und CO_2-bindende Wirkung haben. Als Verband für Betonpflastersteine eignen sich überwiegend der Reihenverband oder der richtungslose römische Verband [16].

Beläge aus Klinkerpflaster

In natursteinarmen Gebieten hatte sich die Pflasterung mit Ziegeln als Alternative zu Naturstein durchgesetzt. Auch in Norddeutschland wurden Straßen mit Klinker hergestellt. Der Fischgrätverband war auf innerstädtischen Plätzen aufgrund der besonders guten Stabilität und Belastbarkeit sehr gebräuchlich. Die Formate der Pflasterklinker stehen mit den Pflasterverbänden in Zusammenhang und können neben oktametrischen Formaten auch dezimetrische Formate aufweisen. Pflasterklinker können entweder ungefaste Kanten oder Kanten mit einer Fase besitzen. Je nach Fugenbreite wird zwischen enger (E) und breiter (F) Fuge unterschieden, die auch in der Steinbezeichnung entsprechend gekennzeichnet wird. Nach DIN 18 318 liegt die Fugenbreite für Klinker zwischen 3 bis 5 mm. Die Pflasterklinker können entweder flach oder hochkant verlegt werden. Folgende Möglichkeiten für Verbände ergeben sich aus den typischen Formaten (Bild 10.7):

- Läufer- oder Reihenverband,
- Fischgrätverband,
- Ellbogenverband,
- Diagonalverband,
- Block- oder Parkettverband [16].

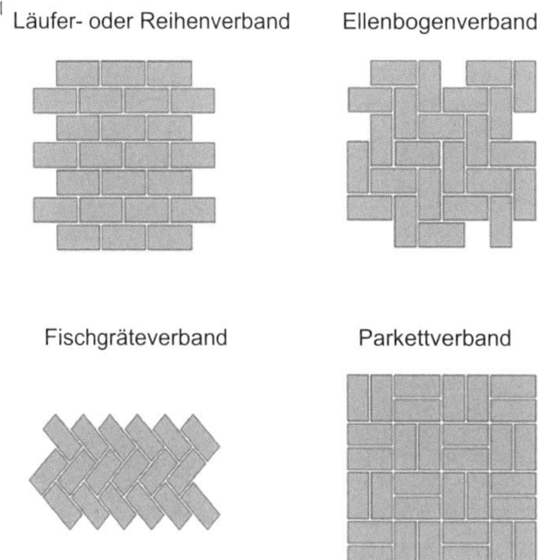

Bild 10.7 Verbände für Klinkerpflaster [4]

Deckschichten aus Platten

Nach RStO eignen sich Plattenbeläge nur in Flächen wie Geh- und Radwege oder Flächen, die nicht regelmäßig mit Kraftfahrzeugen befahren werden. Platten werden durch das Verhältnis ihrer Länge zu Dicke definiert. Jedoch bestehen hierbei unterschiedliche Definitionen in technischen Regelwerken, insbesondere zwischen Platten aus Beton und Naturstein (Tabelle 10.3) [16].

Tabelle 10.3 Definitionen und Anforderungen zu Plattenbelägen im Regelwerk [16]

Technische Regel	DIN EN 1341	DIN EN 1339	ZTV Pflaster-StB	DNV-Merkblatt
Gegenstand, Inhalt	Platten aus Naturstein	Platten aus Beton	Plattenbeläge	Plattenbeläge Naturstein
Definition	Jede Natursteinplatte, die als Straßenbelag eingesetzt wird	Vorgefertigtes Erzeugnis aus Beton, das als Belagsmaterial für Oberflächen verwendet wird	Platten aus Beton, Klinker, Naturstein gemäß TL Pflaster StB	Unterscheiden in Platten und Pflasterplatten, nur anhand der Dimensionen
Anforderungen an Dimensionen	Nennbreite > 150 mm Nennbreite > 2 · Dicke	Gesamtlänge ≤ 1m Gesamtlänge zu Dicke > 4	Gesamtlänge ≤ 600 mm[a)] Gesamtlänge zu Dicke > 4[b)]	Größte Länge zu Dicke ≥ 3 zu 1 Größte Länge zu Dicke ≤ 3 zu 1

a) Bei Betonplatten
b) Bei rechteckiger und quadratischer Form

Bei Plattenbelägen sollte die Bettung eine Dicke von 30 bis 50 mm besitzen und aus Baustoffgemischen 0/4, 0/5 oder 0/8 bzw. 0/11 bei Platten mit Nenndicken ab 120 mm bestehen. Im Gegensatz zu Pflasterbelägen ist bei Platten die gebundene Bauweise verbreiteter. Folgende Verbände eignen sich für Platten:

- Reihenverband,
- Kreuzfugenverband,
- Römischer Verband,
- Polygonalverband (für nicht rechteckige Platten).

Werden Verbände von Platten und Pflastersteinen kombiniert, müssen gemäß DIN 18 318 beide die gleiche Nenndicke besitzen [16].

10.1.6 Einfassungen

Um seitliche Verschiebungen auszuschließen, benötigen besonders Pflastersteine eine Randeinfassung. Aber auch bei anderen Belagsarten können Randeinfassungen zur Trennung von Wegen und Flächen oder als gestalterische Bauteile eingesetzt werden. Randeinfassungen können ebenfalls Teil der Entwässerungseinrichtung sein. Durch Randeinfassungen können folgende Aufgaben miteinander verbunden werden:

- Trennung von Nutzungs- und Funktionsbereichen, wie z. B. fahren oder gehen,
- Verkehrsführung,
- Gestaltung,
- seitliches Widerlager für Trag- und Deckschicht,
- besseres Verdichten während des Einbaus,
- Deckschicht stützen und Setzungen verhindern während der Nutzung.

Randeinfassungen müssen alle Belastungen während der Nutzung ohne Schäden aufnehmen können. Dabei können sie unterschiedlichen Beanspruchungen ausgesetzt sein und müssen deshalb nach der erwarteten Beanspruchung geplant werden. Diese können in geringe (kein Be- und Überfahren durch Schwerverkehr), mittlere (gelegentliches Anfahren durch Schwerverkehr) und hohe (regelmäßiges Anfahren durch Schwerverkehr) Beanspruchung unterteilt werden. Randeinfassungen können ausgebildet werden durch:

- Bordsteineinfassungen mit Hochbord,
- Bordsteineinfassungen als sichtbarer Tiefbord,
- Bordsteineinfassungen als nicht sichtbare Einfassung,
- Einfassungen ohne Bordstein,
- ein- oder mehrzeilige Pflaster- oder Plattenstreifen zur Einfassung,
- Ein- oder mehrzeilige Pflaster- oder Plattenstreifen zur Wasserführung,
- Entwässerungselemente als Kastenrinne [14].

Einfassungen mit Bordsteinen

Zu den Einfassungen mit Bordsteinen gehören sehr vielfältige Ausführungsmöglichkeiten. Bordsteine, Einfassungssteine, Rinnensteine, Bordrinnensteine, Muldensteine aus Beton oder Bordsteine aus Naturstein sind nur einige der Möglichkeiten [14].

Einfassungen ohne Bordsteine

Bei gering belasteten Flächen, wie z. B. in Gärten, Parks oder Höfen, kann der Einsatz von sichtbaren Randeinfassungen aus optischen Gründen entfallen. Dadurch kann das Oberflächenwasser direkt in die Vegetation geleitet werden. Auch die ZTV Wegebau enthält Einfassungen für gering belastete Flächen, z. B. aus Baustahl, Edelstahl, Aluminium oder PVC [14].

Einbau von Einfassungen

Der Einbau von Randeinfassungen erfolgt auf der Frostschutzschicht, bevor die oberste Tragschicht eingebracht wird. Werden beidseitige Randeinfassungen geplant, ist der Abstand auf die Maße der zu verwendenden Pflastersteine oder Platten abzustimmen. Dazu werden die Pflastersteine oft ausgelegt, um auch die geforderte Fugenbreite zu berücksichtigen. Nachdem die Randeinfassungen gesetzt sind, kann der Beton für die Rückenstütze zusammen mit dem Fundamentbeton eingebaut und verdichtet werden. Gemäß DIN 18 318 ist die Rückenstütze in Schalung einzubauen. Um die geforderte Betonqualität erreichen zu können, ist bei Bedarf eine Nachbehandlung durchzuführen. Durch den Nassschnitt können die Bauteile für Randeinfassungen und Entwässerungsrinnen angepasst werden. Die Tragschicht entlang des Fundamentes der Randeinfassung wird nach ausreichender Erhärtung des Fundamentbetons eingebaut. Grundsätzlich kann der Einbau von Randeinfassungen unterschieden werden in:

- Unverfugte Ausführung

  Die Bauteile sind mit Fugenbreiten von 2 bis 6 mm zu versetzen. Dabei sollten die einzelnen Elemente so geschlossen sein, dass ein Eindringen von Bettungs- und Fugenmaterial in die Fugen ausgeschlossen ist. Hierzu können imprägnierte Schaumstoffdichtungsbänder auf Polyurethanbasis (Kompriband) verwendet werden. Die unverfugte Ausführung stellt bei Bordsteinen die Regelausführung dar.
- Verfugte Ausführung

  Bei dieser Ausführung werden die Fugen der Einfassungselemente mit geeignetem Fugenmörtel verfugt. Dazu sind die Bauteile mit Fugenbreiten von 8 bis 10 mm zu versetzen. Durch den Fugenmörtel kann es zu Verschmutzungen angrenzender Bauteile kommen, welche zu vermeiden sind. Zusätzlich müssen in Abhängigkeit der Beanspruchung Bewegungsfugen eingeplant werden, die durchgehend durch das Fundament und mit Rückenstützen herzustellen sind. Bei hohen Belastungen beträgt ihr Abstand 4,00 bis 6,00 m, bei niedrigen Belastungen sollte der Abstand kleiner als 12,00 m sein. Einfassungselemente aus Kunststoff sind gemäß der ZTV Wegebau nur für die Nutzungskategorie N 1 zulässig. Sie werden in der Tragschicht mit verzinkten Erdnägeln (Länge = 15 bis 25 cm) befestigt und besitzen einen Abstand von ≤ 50 cm [14].

10.1.7 Entwässerung

Die Oberflächenentwässerung von Wegen erfolgt über geplante Ablaufpunkte, falls es nicht anderweitig über Randbereiche versickern oder über Gräben abgeführt werden kann. Generell wird das Wasser in Bord- oder Muldenrinnen aufgenommen und zu punktförmigen Hof- oder Straßenabläufen geführt. Alternativ kann es in Kastenrinnen gefasst und zu den Ablaufpunkten geführt werden [14].

Bord- und Muldenrinnen

Für die Planung von Bord- und Muldenrinnen (Bild 10.8) wird ein Längsgefälle von ≥ 0,5 % benötigt. Sie leiten das Wasser über Punktabläufe ab und können wie folgt ausgeführt werden:

- Spitzrinne

  Spitzrinnen besitzen ein Längsgefälle von mindestens 0,5 % und haben im Gegensatz zur Bordrinne eine größere hydraulische Leistung. Dies erlaubt die Nutzung als Ersatz für Gräben bzw. Mulden neben der Straße. Ihre Breite kann bis zu 90 cm betragen. Bedingt durch den großen Unterschied zwischen der Querneigung der Rinne und der Verkehrsfläche ist sie für Fußgänger- und Radwege nicht geeignet.
- Bordrinne

  Bordrinnen werden am Rand von befestigten Flächen eingebaut, deren Querneigung so hoch wie die angrenzende Verkehrsfläche ist. Ihr Längsgefälle beträgt mindestens 0,5 %. Gängige Breiten liegen zwischen 0,15 bis 0,50 m.
- Muldenrinne

  Muldenrinnen können sowohl als seitliche Begrenzung befestigter Flächen als auch innerhalb der befestigten Flächen eingebaut werden. Das Längsgefälle beträgt mindestens 0,5 %. Ihre Breiten unterscheiden sich je nach Beanspruchung. Bei Kraftfahrzeugen werden 0,50 bis 1,00 m Breite sowie eine Tiefe von mindestens 3 cm benötigt, bei Fußgängern eine Breite von mindestens 0,30 m und eine Tiefe von mindestens 2 cm.
- Pendelbordrinne

  Bei Verkehrsflächen mit Längsneigungen unter 0,5 % können anstelle von Kastenrinnen Pendelbordrinnen eingebaut werden. Dabei wird die Querneigung vom Hochpunkt der Rinne zum Einlaufpunkt auf ca. 6 % vergrößert, während die Querneigung der Verkehrsfläche gleichbleibt. Durch den Knick im Verlauf der Rinne besteht ein hohes Unfallrisiko für Fußgänger und Radfahrer.
- Abgewandelte Pendelrinne

  Um das Unfallrisiko im Gegensatz zu üblichen Pendelbordrinnen zu reduzieren, wird bei der abgewandelten Pendelrinne die Querneigung der Wegeoberfläche am Hochpunkt auf eine Mindestquerneigung reduziert. Die Querneigung am Tiefpunkt beträgt durch Verwindung der gesamten Wegebreite ≤ 4 % [14].

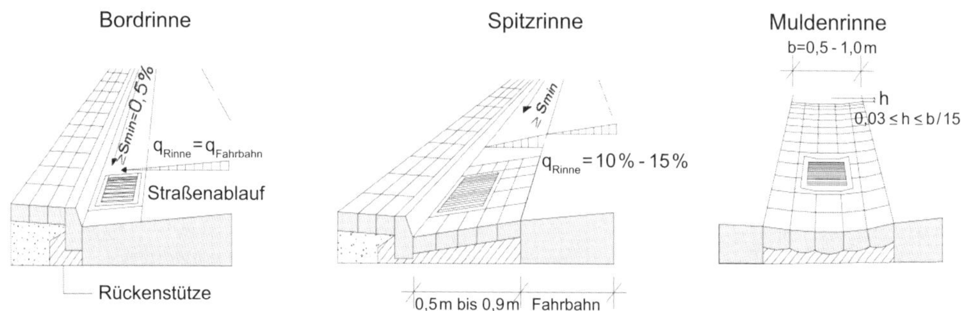

Bild 10.8 Regelform von Bord- und Muldenrinnen (Eigene Darstellung i. A. a. [1])

Kastenrinnen

Als Alternative zu Bord- und Muldenrinnen können innerhalb oder am Rand von Verkehrsflächen Kastenrinnen (Bild 10.9) angeordnet werden. Sie finden Anwendung bei Verkehrsflächen, die in einer Richtung kein Gefälle besitzen (z. B. am Treppenkopf oder bei Gebäudezugängen). Die Verwendung von Kastenrinnen erfolgt bei kurzen Entwässerungsstrecken oder bei geringen Wassermengen ohne Sohlgefälle. Gebräuchliche Nennweiten sind DN 100, DN 150, DN 200 und DN 300. Die Standardbaulänge beträgt 100 cm, während die Bauhöhen ab 60 mm möglich sind. Je nach beabsichtigtem Einsatz sind unterschiedliche Abdeckroste möglich. Das Wasser wird über Sinkkästen oder durch geformte Öffnungen an der Sohle der Rinnen abgeleitet und kann zudem an oberflächennahen weiterführenden Rohrleitungen angeschlossen werden. Werden die Kastenrinnen unter Verkehrsflächen angeordnet, sind sie gegen den Verkehrsdruck zu schützen. Da es eine Vielzahl an Abdeckungen auf dem Markt gibt, werden im Folgenden die wichtigsten aufgeführt:

- Kastenrinnen mit Stegrostabdeckung aus Leichtmetall bzw. Gusseisen,
- Kastenrinnen mit Gitterrostabdeckung aus verzinktem Stahl,
- Kastenrinnen mit Längsrostabdeckung aus nicht rostendem Stahl,
- Schlitzrinne,
- Hohlbordrinne [14].

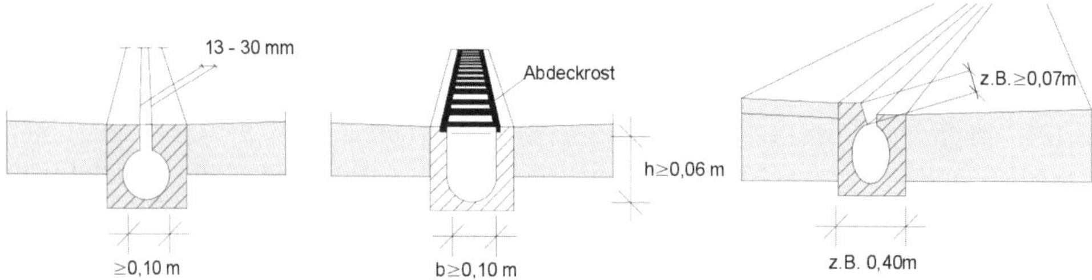

Bild 10.9 Gestaltungsmöglichkeiten von Kastenrinnen (Eigene Darstellung i. A. a. [1])

Punktförmige Abläufe

Als weitere Variante der Oberflächenentwässerung können punktförmige Abläufe eingesetzt werden. Sie unterscheiden sich in Hofabläufe und Straßenabläufe. Hofabläufe können mit einem Radius von 300 mm oder quadratisch (300 mm × 300 mm) in den Bauklassen A 15 und B 125 sowie der Anschlussnennweite DN 100 ausgeformt sein. Dagegen können Straßenabläufe rechteckig (300 × 500 mm) oder quadratisch (500 × 500 mm) in den Bauklassen C 250 bis F 900 sowie der Anschlussnennweite DN 150 ausgebildet werden (Tabelle 10.4).

Straßenabläufe sind Bestandteile der Verkehrsflächen und müssen deshalb ausreichend stabil sein. Dabei wird der Aufsatz der direkten Verkehrsbelastung ausgesetzt und muss zusammen mit dem Unterteil entsprechend der Belastung dimensioniert werden. Die Roste müssen senkrecht zur Verkehrsrichtung ausgerichtet werden, deren Abstände von der Verkehrsart abhängig sind. Für die Einzugsfläche von Straßenabläufen mit stark frequentierten Verkehrsflächen kann als erste Näherung eine Fläche von maximal 400 m^2 angenommen werden. Bei Hofabläufen beträgt diese Fläche lediglich maximal 200 m^2. Punktförmige Abläufe besitzen genormte Bauteile wie Aufsatz aus Gusseisen, Auflagering aus Beton, Unterteil mit oder ohne Schaftkonus aus Beton, Eimer zur Rückhaltung grober Stoffe aus verzinktem Stahl, Boden mit Ablauf sowie weitere Zwischenteile aus Beton in Abhängigkeit der benötigten Tiefe. Bild 10.10 zeigt mögliche Hof- und Straßenabläufe, die entsprechend klassifiziert werden [14].

Bild 10.10 Beispiele für Hof- und Straßenabläufe [2]

Tabelle 10.4 Einbaubereiche und Klassifizierung von Abläufen [14]

Klasse des Aufsatzes	Einbaubereich
A 15	Gruppe 1: Verkehrsflächen, die ausschließlich von Fußgängern oder Radfahrern benutzt werden (z. B. Grünflächen)
B 125	Gruppe 2: Gehwege und vergleichbare Flächen, reine Pkw-Parkflächen bzw. Pkw-Parkdecks
C 250	Gruppe 3: Bordrinnenbereich von Straßen, Leit- und Seitenstreifen, Parkflächen
D 400	Gruppe 4: Fahrbahnen von Straßen, Parkflächen, die auch von Lkw befahren werden können (z. B. BAB-Parkplätze)
E 600	Gruppe 5: Nichtöffentliche Verkehrsflächen für hohe Radlasten (z. B. Industrie- und Gewerbeflächen)
F 900	Gruppe 6: Flugbetriebsflächen von Verkehrsflughäfen, auf denen Flugzeuge landen, starten, rollen oder abgestellt werden können

Entwässerungskanäle

Zur unterirdischen Weiterleitung des Wassers werden Entwässerungsleitungen und -kanäle benötigt. Die Ausführung der Arbeiten ist in der DIN EN 1610 geregelt. Es können unterschiedliche Rohre zur Ausführung kommen, die in der Regel aus Kunststoff, Beton oder Steinzeug bestehen. Das Verlegen der Rohre in die Rohrgräben bedarf einer standfesten und gleichmäßigen Auflage. Nach DIN EN 1610 werden drei Bettungstypen unterschieden:

- Typ 1: Eine zusätzlich eingebaute Bettungsschicht aus Sand oder anderen Bettungsstoffen.
- Typ 2: Das Rohr wird in die Rohrgrabensohle aus gewachsenem Boden eingelassen.
- Typ 3: Das Rohr wird in die Rohrgrabensohle aus gewachsenem Boden aufgelegt.

Anschließend erfolgt der Einbau von steinfreiem und verdichtungsfähigem Boden in die Leitungszonen [14].

10.2 Zäune

Zäune dienen der Begrenzung von Grundstücken und der Abgrenzung von Eigentum sowie als Schutz für besondere Nutzungs- und Gestaltungseinheiten. Sie werden überwiegend aus Metall oder Holz hergestellt, wobei eine Kombination ebenfalls möglich ist. Zäune sind als industriell vorgefertigte Systeme erhältlich, können aber auch individuell handwerklich hergestellt werden [15]. Tore haben eine raumabschließende Funktion und ermöglichen den Durchgang bzw. die Durchfahrt, ohne dabei die Funktion der Zäune durch die erforderliche Öffnung zu stören [14].

10.2.1 Rechtliche Grundlagen

Die rechtlichen Grundlagen für die Herstellung von Zäunen sind hauptsächlich in den Landesbauordnungen sowie im Nachbarrecht geregelt. Da es je nach Bundesland zu Abweichungen kommen kann, ist es empfehlenswert, sich bei der örtlichen Baubehörde über mögliche Vorgaben zu informieren. Außerdem können auch im Bebauungsplan örtliche Bauvorschriften festgelegt werden, die Auflagen für Einfriedungen enthalten können [14].

- Landesbauordnung

  In den Bauordnungen der Länder ist geregelt, inwiefern eine Einfriedung genehmigungsfrei ist. Die Gemeinden bestimmen durch Satzungen örtlicher Bauvorschriften die Notwendigkeit, Zulässigkeit, Art, Gestaltung und die Höhe der Einfriedungen. Da die Grenzabstände in den Landesbauordnungen lediglich für Gebäude festgelegt sind, können Zäune direkt an der Grenze zum Nachbargrundstück errichtet werden. Zu beachten ist, dass bei der Angrenzung an öffentliche Straßen zusätzliche Vorschriften aufgrund der Verkehrssicherheit erlassen werden können [14].

- Nachbarrecht

  Das Nachbarrecht der Länder regelt, unter welchen Bedingungen ein Zaun hergestellt werden kann bzw. hergestellt werden muss und wer die Kosten für die Zaunherstellung übernehmen muss. Außerdem werden die Grenzabstände von Hecken, Bäumen und Sträuchern der einzelnen Länder festgelegt [14].

10.2.2 Gestaltungmöglichkeiten

Die Grundkonstruktion der Zäune besteht, unabhängig vom Material, aus in gleichmäßigen Abständen gesetzten Pfosten und einer Unterkonstruktion, die das Füllmaterial aufnimmt. Das Füllmaterial kann aus Latten, Brettern, Stahlstäben, Stahlmatten oder aus Maschendraht bestehen. Durch die unterschiedliche Anordnung der Pfosten können folgende Typen unterschieden werden:

- Durchlaufender Zaun

  Die Pfosten bei einem durchlaufenden Zaun stehen nicht in der gleichen Ebene wie das Füllmaterial. Das Füllmaterial wird vor den Pfosten geführt und mit Hilfe der Unterkonstruktion von vorne an die Pfosten befestigt. Bei den durchlaufenden Zäunen wird die Längsausdehnung betont, sodass der Zaun länger erscheint. Dies kann durch die horizontale Anordnung von z. B. Brettern weiter verstärkt werden.

- Geteilter Zaun

  Bei dieser Variante wird der Zaun in Felder geteilt. Die Pfosten stehen dabei in gleicher Ebene wie das Füllmaterial. Die entstehenden Abschnitte sowie die sichtbaren Pfosten gliedern den Zaun rhythmisch und betonen die Vertikale, die durch eine stärkere Dimensionierung der Pfosten weiter verstärkt werden kann.

Die Höhe des Zaunes ist auf die Torhöhe, sofern keine baurechtlichen Vorgaben vorhanden sind, abzustimmen. Außerdem soll die Unterkante des Zaunes 5 cm über dem Gelände liegen. Die Farbwahl der Zäune hat ebenfalls einen hohen Stellenwert, da sich die Farben Anthrazit und Schwarz am besten in die Umgebung anpassen und somit optisch kaum sichtbar sind. Bei der Farbe Weiß kommt es dagegen zu einer starken Hervorhebung. Helle Blaugrau-, Grautürkis-, Graugrüntöne oder tiefe Grünschwarztöne stimmen sich gut mit dem Grün der Pflanzen ab [14]. Zäune können neben der Umfriedung des Grundstücks auch Aufgaben wie Sichtschutz oder Sicherung erfüllen. Die Dimensionierung und Gestaltung der Zäune wird durch diese Aufgaben maßgeblich beeinflusst. Bei der Gestaltung und Konstruktion der Zäune müssen folgende Punkte berücksichtig und durchdacht werden:

- Berücksichtigung der jeweiligen Situation und Funktion,
- angemessene Dimensionierung, insbesondere die entsprechende Höhe,
- geeignete Materialwahl,
- geeignete Konstruktionsmethode.

Die wichtigsten Funktionen der Zäune sind in Tabelle 10.5 zusammengefasst.

Tabelle 10.5 Zaunhöhen in Abhängigkeit der Funktion [16]

Funktion		Höhe [cm]	Beispiel
Nutzungsabgrenzung	Nutzungs- und Besitzabgrenzung, symbolisch, optisch wirksam	ca. 40	Grünflächenabsperrzaun, Tiergartenzaun
	Nutzungs- und Besitzabgrenzung, symbolisch, wirksam gegen Betreten/Überlaufen, aber noch übersteigbar	ca. 40 bis 80	Vorgartenzaun
	Nutzungs- und Besitzabgrenzung, funktional	ca. 100 bis 140	Weidezaun, Gartenzaun
Schutzfunktion	Absturzsicherung	90 bzw. 120	Geländer, Brüstung, Zaun an Geländekante
	Schutz von Kindern und Tieren, Schutz gegen Ausreißer und Eindringlinge	ca. 90 bis 120	Gartenzaun, Weidezaun
	Sichtschutz, Schutz gegen Einsicht und Blicke	170 bis 190	Sichtschutzzaun, Sichtschutzwand
	Schutz von Gebäuden und Freiflächen, Eindringsicherung, Übersteigschutz	≥ 200	Einfriedungszaun an gewerblichen oder privaten Anlagen
	Lärmschutz, Schutz gegen Lärm/Verkehrslärm	Nach Berechnung	Lärmschutzzaun, Lärmschutzwand

10.2.3 Holzzäune

Die Herstellung von Holzzaunkonstruktionen erfolgt durch die Befestigung von senkrechten Latten auf hölzernen Querriegeln, die wiederum mit den Pfosten verbunden sind. Die Befestigung kann durch Verschraubung oder Vernagelung erfolgen. Es besteht ebenfalls die Möglichkeit, die Latten wegzulassen und dafür die Anzahl der Querriegel zu erhöhen [14].

Pfosten aus Holz

Die Pfosten können aus runden oder rechteckigen Querschnitten bestehen, wobei die Rechteckquerschnitte eine breitere Befestigungsfläche für die Querriegel aufweisen und die Rundquerschnitte dagegen eine Befestigung in alle Richtungen ermöglichen. Letztere könnten bei nicht rechtwinklig verlaufenden Zäunen von Vorteil sein. Die Pfosten sollten in der Regel nicht ohne vorbeugenden Holzschutz in den Boden eingerammt werden. Einfache Konstruktionen wie z. B. Weidezäune oder provisorische Abschrankungen bilden hierbei eine Ausnahme. Ein gewisser Holzschutz kann durch das Anbrennen des erdberührten Teils des Pfostens erreicht werden, um dadurch die Nahrungsquelle von Holzschädlingen zu zerstören. Aus diesem Grund ist der unbehandelte Einbau der Pfosten auch in Fundamentlöscher aus Kiessand oder Splitt keine dauerhafte Lösung. Eine bessere Variante lässt sich durch die Verwendung von Stahlprofilen (Pfostenträger) als Übergangsbaustoff für die Verbindung zwischen Holzpfosten und Betonfundament erreichen (Bild 10.11) [14].

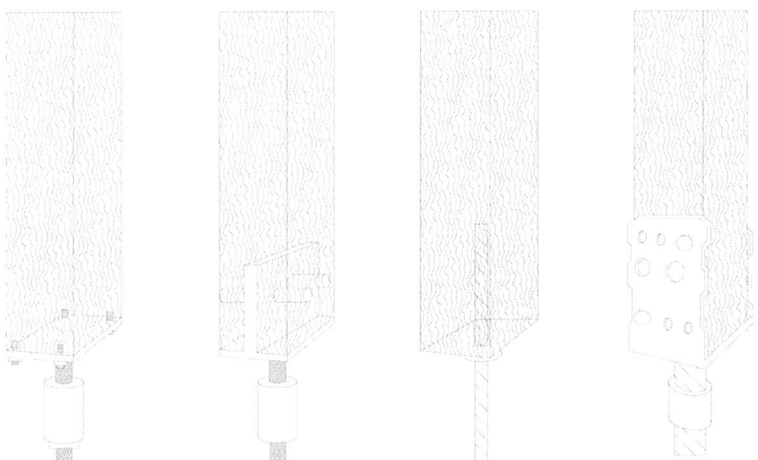

Bild 10.11 Pfostenträger aus Stahl (Eigene Darstellung i. A. a. [6])

Zur Befestigung der Querriegel vor den Pfosten genügt bei einfachen Konstruktionen eine Nagelverbindung. Sind höhere Belastungen zu erwarten, kann eine Verschraubung oder eine Befestigung mit Schraubbolzen erforderlich werden. Sind die Querriegel zwischen den Pfosten zu befestigen, muss ein T-Profil aus Stahl an den Pfosten geschraubt und in den Querriegel eingeschlitzt werden. Es sollten ausschließlich verzinkte oder aus Edelstahl bestehende Befestigungsmitteln eingesetzt werden. Insbesondere bei Eichenholz sind nur Stahlteile aus Edelstahl zu verwenden [14].

Bretterzaun

Der Bretterzaun stellt die einfachste Variante eines Zaunes dar (Bild 10.12). Hierbei werden Bretter mit einer Breite von 10 bis 24 cm oder Halbrundhölzer in zwei bis drei Reihen mit einem Abstand von 3 cm waagerecht an die Pfosten, bei senkrechter Anordnung an die Querriegel geschraubt oder genagelt. Da die Haltekraft des Nagels von dem Reibungswiderstand zwischen Holz und Nagel beeinflusst wird, sollten bei weichen Hölzern mit weiten Jahresringen größere Nageldurchmesser, bei harten Hölzern mit engen Jahresringen kleinere Nageldurchmesser verwendet werden. Die Nagellänge richtet sich nach der zu befestigenden Holzdicke und sollte das Zweieinhalb- bis Dreifache dieser Dicke betragen. Eine Vorfertigung einzelner Felder in einer Werkstatt kann aufgrund des hohen Aufwands sinnvoll sein. Soll der Zaun als Sichtschutz dienen, müssen die Bretter überlappend oder dicht nebeneinander angeordnet werden [14].

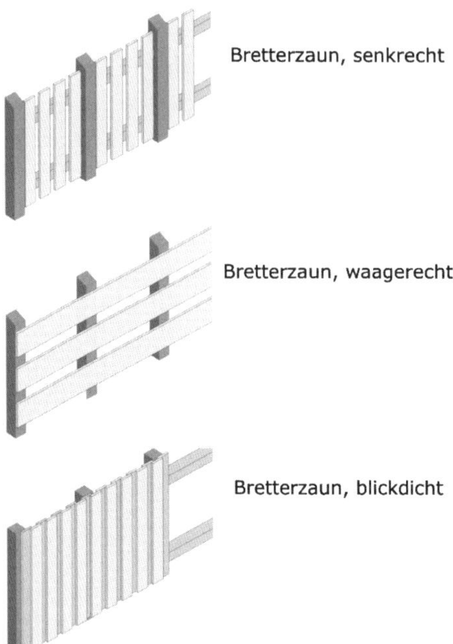

Bild 10.12 Konstruktionsmöglichkeiten von Bretterzäunen [19]

Lattenzaun

Der Lattenzaun gilt als klassischer Vertreter eines Holzzaunes (Bild 10.13). Bei der Errichtung werden Latten mit einer Breite von 6 cm und einem Abstand von ca. 4 bis 5 cm an den Querriegeln befestigt. Der Abstand sollte mindestens zwei Drittel der Lattenbreite und maximal die Lattenbreite betragen. Die Lattendicke sollte 2,4 cm betragen und diesen Wert nicht unterschreiten. Die Querriegel sollten so angeordnet sein, dass sie zum oberen bzw. unteren Lattenende ein Abstand von ca. ein Siebtel der Zaunhöhe haben. Der Einsatz von Rund- und Halbrundhölzern (Staketenzaun) bietet eine weitere Möglichkeit, den Zaun zu gestalten und anzupassen (Bild 10.13) [14].

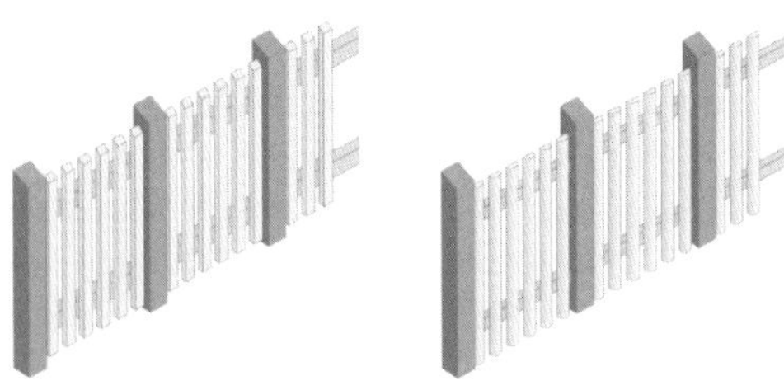

Bild 10.13 Latten- und Staketenzaun [19]

Jägerzaun

Der Jägerzaun (Bild 10.14) stellt eine Variante des Lattenzaunes dar und besteht aus Halbrundhölzern mit senkrecht abgesägten Enden, die in zwei Reihen diagonal verlaufen, wobei die zweite Reihe um 90° gedreht angeordnet wird. Die Halbrundhölzer haben eine

Breite von 4 bis 6 cm und eine Dicke von 2 bis 3 cm und können je nach gewähltem Abstand weit- oder engmaschig angeordnet werden. Neben einem Jägerzaun kann auch ein Scherengitterzaun errichtet werden. Dieser besteht aus Latten und wird mit Hilfe eines Rahmens feldweise hergestellt. Eine Schutzabdeckung aus einem abgeschrägtem Brett oder Kantholz für die oberen Schnittflächen kann bei dieser Ausführung erforderlich werden [14].

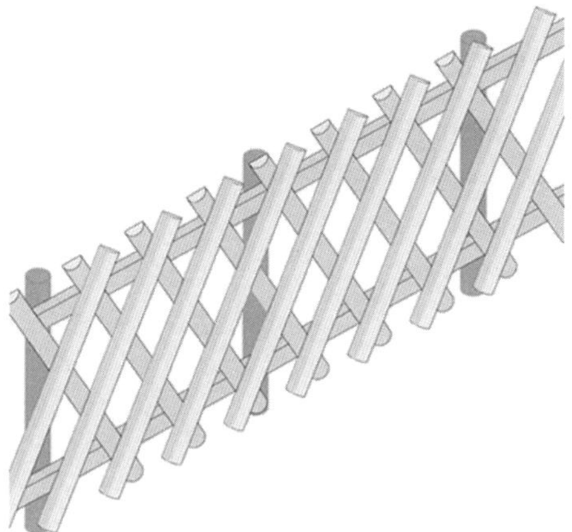

Bild 10.14 Jägerzaun [19]

10.2.4 Metallzäune

Die Herstellung eines Metallzaunes kann auf die gleiche Art und Weise wie die eines Holzzaunes erfolgen. Die Stahlstäbe werden senkrecht, gekreuzt oder diagonal auf die Querriegel genietet oder geschweißt, wobei die einzelnen Bestandteile auch durch einen Rahmen oder Matten ersetzt werden können [14].

Pfosten aus Stahl

Die Stahlpfosten werden in frostfrei errichtete Einzelfundamente mit einer Grundfläche von mindestens 30 × 30 cm und in Abhängigkeit der Zaunhöhe einbetoniert. Da die Oberfläche des Fundamentes nicht sichtbar sein soll, richtet sich die Gründungstiefe des Fundamentes an die Aufbauhöhe des Belages oder der Bodenüberdeckung. Werden Querriegel verwendet, so sind diese mit zwei Verschraubungen pro Verbindungsstelle mit den Pfosten zu verbinden. Beim Einsatz von Rahmen, werden diese über angeschweißte Laschen mindestens zweimal pro Seite mit den Pfosten verbunden. Für Pfostenprofile können folgende Querschnitte verwendet werden:

- Quadratrohre,
- Rechteckrohre,
- T-Stahl,
- Z-Stahl [14].

Stabgitterzaun

Stabgitterzäune bestehen aus den gleichen Elementen wie Lattenzäune, also Pfosten, Querriegel und Füllstäbe (Bild 10.15). Die einzelnen Stäbe aus Stabstahl werden vertikal mit den Querriegeln verschweißt und können quadratisch, rechteckig oder rund mit einem Querschnitt von 10 bis 20 mm ausgebildet werden. Die Querriegel sollten mindestens eine Breite von 20 mm und eine Dicke von 6 mm haben. Empfohlen wird jedoch ein größerer Querschnitt als der der Füllstäbe. Das Verbinden der Zaunelemente untereinander erfolgt mit Hilfe einer Verschraubung an den Laschen, die an einem Stahlpfosten angeschweißt oder bei gemauerten Stützen eingemörtelt sind. Bei zu langen Zaunfeldern bzw. zu großen Pfostenabständen ist der Zaun rückseitig abzustützen. Dies erfolgt durch Streben aus Stabstahl, die an den oberen Querriegeln befestigt und diagonal in ein Fundament hinter der Zaunflucht geführt und befestigt werden. Ist der Stabgitterzaun auf einem Sockel positioniert, so wird die Strebe an diesem befestigt [14].

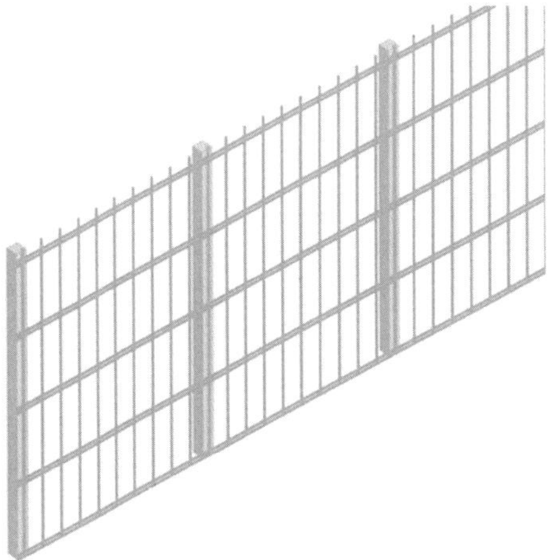

Bild 10.15 Stabgitterzaun [19]

Rahmengitterzaun

Bei dieser Variante der Zaunherstellung wird der Querriegel durch einen Rahmen ersetzt. Die Füllung kann aus Rechteck- oder Rundrohren sowie Stabstählen bestehen. Außerdem können ebenfalls Drahtgitter zum Einsatz kommen, die industriell aus Wellengittern oder Stahldrähten mit einer Drahtstärke von 2 bis 4 mm und einer quadratischen Maschenweite von 15 bis 100 mm hergestellt werden. Die Rahmen werden mittels Verschraubung an angeschweißte Laschen mit den Pfosten verbunden. Die Laschen ermöglichen auch die punktförmige Befestigung von flächigen und selbsttragenden Materialien wie z. B. Blech oder Glas mit dem Rahmen. Werden linienförmige Befestigungen wie z. B. Glashalteleisten für Scheiben benötigt, so sollte der Rahmen aus L- oder T-Profilen bestehen. Zur Sicherstellung des Korrosionsschutzes sollten keine Bohrungen vorgenommen werden [14].

Stahlgittermattenzaun

Stahlgittermattenzäune werden auch Stahlmattenzäune oder Stahlgitterzäune genannt und industriell aus einem rahmenlosen Drahtgitter hergestellt. Dabei werden sie als komplettes System mit Pfosten, Matten, Halterungen und den für die Montage erforderlichen

Spezialwerkzeugen angeboten. Der Korrosionsschutz wird durch eine Verzinkung oder Pulverbeschichtung sichergestellt. Die Matten entstehen durch das Verschweißen von senkrechten Stäben, mit einem Durchmesser von 6 bis 8 mm, zwischen zwei waagerechten Stäben, die einen geringeren Durchmesser aufweisen. Alternativ ist das Verschweißen der Stäbe an einem Flachstahl ebenfalls möglich. Die Standardmaschenhöhe beträgt 50 × 200 mm und 100 × 200 mm und die Mindesthöhe des Zaunes 630 mm. Die Befestigung der Matten erfolgt durch Spezialklemmen oder Klemmleisten vor den Pfosten und kann somit beliebig verlängert werden (Bild 10.16). Die Pfosten werden in einem Abstand von 2,50 m angeordnet und sind je nach Einbausituation in unterschiedlicher Ausführung erhältlich [14].

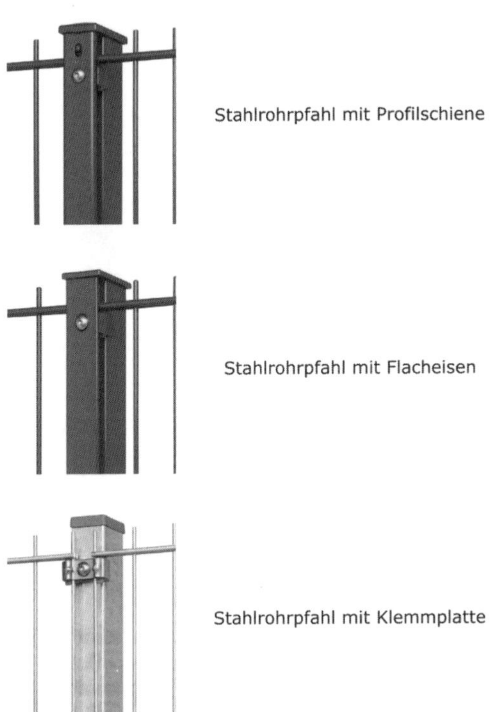

Bild 10.16 Befestigungsmöglichkeiten von Matten [13]

Maschendrahtzaun

Maschendrahtzäune bestehen aus flexiblen Maschendrahtgeflechten, die über die freistehenden Pfosten gespannt und mit Spanndrähten gestrafft werden (Bild 10.17). Die Anzahl der Spanndrähte richtet sich dabei nach der Zaunhöhe. So werden bei einer Höhe bis 1,20 m zwei, bei einer Höhe bis 2,00 m drei Spanndrähte benötigt. Die Befestigung des Maschendrahtes erfolgt über Klammern an den Pfosten. Standardmaschen von Viereckgeflechten haben eine Weite von 40, 50 und 60 mm mit unterschiedlichen Drahtstärken. Im Handel sind Höhen von 0,50 bis 4,00 m erhältlich. Der Maschendraht kann beliebig verlängert und unterbrochen werden. Wie beim Stahlgittermattenzaun wird auch hier der Korrosionsschutz durch eine Verzinkung oder Pulverbeschichtung gewährleistet.

Neben den Viereckgeflechten sind auch Seilnetze mit rautenförmigen Maschen und variablen Maschenweiten erhältlich, die je nach Kundenwunsch hergestellt werden können.

Hierbei werden die Seile mit einem Durchmesser von 1 bis 6 mm durch Klemmen untereinander fixiert. Des Weiteren können auch Knoten- und Gelenkgitter als Geflecht eingesetzt werden. Die Verbindung der Drähte untereinander erfolgt beim Knotengitter mittels Knoten und beim Gelenkgitter mittels eines gelenkigen Spiralknotens. Um eine gewisse Stabilität zu erreichen, werden die Kopf- und Fußdrähte stärker als die Fülldrähte ausgebildet. Knotengitter können mit einer Höhe zwischen 80 und 200 cm, Gelenkgitter mit einer Höhe zwischen 53 und 220 cm für verschiedene Nutzungszwecke in unterschiedlichen Maschenweiten und Materialstärken hergestellt werden. Sechseckgeflechte werden aus dünnen Drähten hergestellt und sind für Einfriedungen nicht geeignet [14].

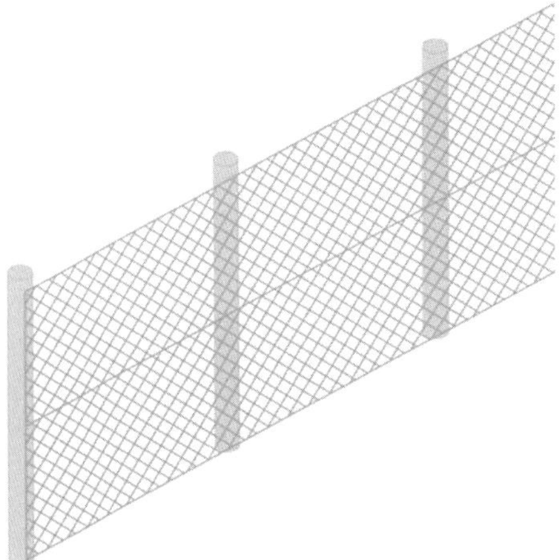

Bild 10.17 Maschendrahtzaun [19]

10.2.5 Gabionen

Unter Gabionen werden geschichtete sowie geschüttete Steinfüllungen in Körben oder Kästen verstanden, die aus einem Metallgitter oder -geflecht hergestellt sind. Gabionen werden in der Landschaftsarchitektur immer öfter als Gestaltungselement und als Ersatz für eine Trockenmauer eingesetzt. Sie können als Stützmauer sowie als freistehendes Wandelement ausgebildet werden. Ursprünglich wurden leere Gitterkörbe angeboten, die nach dem Einbau auf der Baustelle befüllt worden sind. Seit dem Jahr 2002 sind fertig hergestellte und befüllte Steinkörbe im Handel erhältlich [16]. Nach der DIN 18 918 „Ingenieurbiologische Sicherungsbauweisen" werden folgende Arten von Gabionen unterschieden.

- Steingabionen (Drahtschotterkästen)

  Die Drahtkästen werden aus Maschendraht oder Drahtgitter und eventuell mit Zwischenausfachungen hergestellt und anschließend mit witterungsfesten Steinen dicht gelagert befüllt. Die Kästen dürfen sich nur geringfügig verformen und können an den Kanten zusätzlich mit Betonstahl oder Hölzern gegen Verformungen verstärkt werden. Die Maschenweiten der Kästen sind mit dem Füllmaterial abzustimmen. Bei Bedarf können hierzu Geotextilien verwendet werden.

- Erdgabionen (bewehrte Erdkörper, Geotextilien)

  Werden vor Ort hergestellt und sind hangseits offen. Dabei richten sich die Dicke der Schichtpakete sowie die Einbindetiefe nach der Art der Geotextilien und dem Füllmaterial. [9]

Neben der DIN 18 918 ist auch das Merkblatt der Forschungsgesellschaft für Straßen- und Verkehrswege (FGSV) „Merkblatt über Stützkonstruktionen aus Betonelementen, Blockschichtungen und Gabionen“ bei der Planung und Herstellung zu berücksichtigen. Um ein optimales Erscheinungsbild sowie die Dauerhaftigkeit und Funktionstauglichkeit der Gabionen sicherzustellen, werden in dem FGSV-Merkblatt Anforderungen an die eingesetzten Materialien gestellt. Die Funktionstauglichkeit der Gabionen wird hauptsächlich von der Beständigkeit der Gitterkörbe gesteuert. Aus diesem Grund dürfen lediglich auf Langzeitbeständigkeit nachgewiesene Drähte und Stäbe verwendet werden. Durch die Verwendung von Stahlgitterkörben aus feuerverzinkter Qualität oder rostfreien Edelstahlgittern wird eine Dauerhaftigkeit der Verzinkung von mehreren Jahrzehnten garantiert. Für die Verfüllung können plattige oder rundkörnige natürliche Gesteine oder Recyclingmaterial verwendet werden. Je nach Maschenweite des Korbes werden Korngrößen zwischen 80/120 und 120/200 mm eingesetzt. Das Befüllen der Steinkörbe kann maschinell oder in Handarbeit erfolgen und im Werk sowie vor Ort auf der Baustelle geschehen. Um ein hochwertiges Erscheinungsbild zu erreichen, wird die Vorderseite in einem mauerartigen Verband errichtet [16]. Bei der Herstellung von Blockschichten sind regional vorkommende und verwitterungsbeständige Gesteinsblöcke mit einem Volumen von mindestens 0,3 m^3 zu verwenden [9]. Nach der FGSV soll die sichtbare Länge der Blöcke mindestens 80 cm betragen sowie ihre Höhe zwei Drittel der Länge nicht überschreiten und ein Fünftel der Länge nicht unterschreiten. Beim Einsatz von kleinen und unregelmäßigen Blöcken wird eine besonders fachgerechte Montage erfordert, auf deren Ansichtsfläche keine Bearbeitungsspuren erkennbar sein dürfen [16].

10.3 Pflanzenarbeiten

Bei der Verwendung von Pflanzen für den Landschaftsbau sind prinzipiell Pflanzen zu verwenden, die in Baumschulen oder Staudengärtnereien angezogen sind und dort für die Verpflanzung auf einem neuen Gebiet vorbereitet werden. Pflanzen aus Wildbeständen ohne eine derartige Vorbereitung können sich nur schwer oder überhaupt nicht entwickeln. Aus diesem Grund sind solche Pflanzen nur unter einer ausdrücklichen Beauftragung des Auftraggebers einzusetzen. Pflanzen werden in Abhängigkeit ihrer Triebe wie folgt unterschieden:

- Pflanzen mit verholzenen Trieben

  Gehölze, die in Baumschulen herangezogen werden, um zu einem späteren Zeitpunkt auf der Baustelle weiterwachsen zu können.

- Pflanzen mit kräuterartigen Trieben

  Die Triebe dieser Pflanzen vergehen nach einer Vegetationsperiode. Hierzu gehören Stauden (Bambus, Ziergräser, Farne, Halbsträucher, Sumpf- und Wasserpflanzen), Zwiebel-, Einjahrs- und Knollenblumen [14].

Die Bepflanzung kann lediglich unter der Gegebenheit aller erforderlichen Voraussetzungen erfolgreich sein. Hinzu kommt, dass das Pflanzen fachgerecht durchgeführt werden muss. Ein wesentlicher Punkt für den Erfolg bei der Pflanzarbeit ist eine gute Bodenvorbereitung bzw. ein geeigneter Bodenzustand während der Bepflanzung [14].

10.3.1 Bodenvorbereitung

Das Wachstum und die Entwicklung der Pflanzen richten sich individuell nach den Standortgegebenheiten wie Boden-, Licht und Wärmeverhältnisse. Beispielsweise benötigen Moorbeetpflanzen in der Regel einen Standort mit weniger Sonnenlicht und einen sauren Boden, wohingegen die Schwarze Erle und Sal-Weide einen eher feuchten Boden brauchen. Zu den Pflanzen, die einen trockenen Boden verkraften, gehören unter anderem Tamarisken, Besenginster und Schmalblättrige Ölweiden. Im Gegensatz zu den Pflanzen, die einen entsprechenden Standort für ihre Entwicklung benötigten, existieren ebenfalls Pflanzen, die sich auf unterschiedlichen Gebieten entfalten können. Es sollten in erster Linie standortgerechte Pflanzen eingesetzt werden, d. h. Pflanzen, die an dieser Stelle in natürlicher Form vorkommen und sich aufgrund der herrschenden Verhältnisse wohl fühlen. Bei der Verwendung von nicht heimischen sowie nicht standortgerechten Pflanzen müssen entsprechende Bodenvorbereitungen vorgenommen werden, um ausreichend günstige Wachstumsvoraussetzungen zu schaffen [14]. Dies geschieht zunächst durch den Eintrag von viel Sauerstoff in den Boden, was durch eine Auflockerung des Bodens erreicht wird. Anschließend ist eine Anpassung und Verbesserung des Bodens für die geplante Bepflanzung vorzunehmen. Je nach anstehendem Boden erfolgt eine Verbesserung durch die Zugabe von:

- organischen Bodenhilfsstoffen,
- mineralischen Bodenhilfsstoffen,
- Dünger,
- Ton, Schluff,
- Sand, Kies.

Zu beachten ist, dass die Art und Weise einer Bodenverbesserung auf Grundlage einer Bodenuntersuchung erfolgt. Der Feuchtezustand des Bodens bei der Bepflanzung ist ebenfalls ein bedeutender Faktor für eine fachgerechte Bepflanzung. Lässt sich der Boden aufgrund des Feuchtegehaltes nur als zusammenhängendes Stück bewegen, ohne dabei auseinanderzubrechen, sollte keine Bepflanzung erfolgen. Ein Boden mit solch einem hohen Feuchtgehalt würde bei der Wiederverfüllung die Wurzeln der Pflanze an der Wand des Pflanzenloches zusammendrücken und sie nicht ummanteln. Außerdem können beim anschließenden Verdichtungsvorgang die Bodenporen verschmiert und somit der Luft- und Wasseraustausch im Boden verhindert werden. Deshalb sollte nur gepflanzt werden, wenn der Boden bei der Bearbeitung bröckelt.

Wird die Pflanzenfläche ca. acht Wochen vor der Bepflanzung hergerichtet, ist das Unkraut mechanisch mittels Hacken, Grubbern, Eggen oder Fräsen zu entfernen. Bei einem größeren Zeitraum wird eine Zwischenbegrünung benötigt. Hierbei wird die Vegetationsfläche mit schnell wachsenden, einjährigen und meist Stickstoff sammelnden Pflanzen, wie z. B. Lupine oder Klee versehen. Durch die rasch wachsenden Pflanzen kann der Boden in kurzer Zeit beschattet, ein weiteres Keimen von Unkraut vermieden und bestehendes Unkraut vertrieben werden. Des Weiteren wird der gestörte Boden durch die Wurzeln mit Humus angereichert. Bevor die Pflanzarbeit durchgeführt werden kann, ist die Zwischenbegrünung zu mähen und die Blattmasse durch Umgraben oder Pflügen in den Boden einzubringen. Ist das nicht möglich, muss die Blattmasse entfernt und der Boden durch Eggen, Fräsen oder Grubbern für die Pflanzarbeit hergerichtet werden [14].

10.3.2 Pflanzgruben

Die Errichtung von Pflanzgruben ist erforderlich, wenn der anstehende Boden nicht den Anforderungen der Bepflanzung genügt oder durch das Wurzelwachstum oder die Wegebeläge beschädigt werden kann. Pflanzgruben werden ebenfalls benötigt, falls die Baumstandorte im innerstädtischen Bereich, insbesondere in der Nähe von Leitungen, liegen. Ist eine Bodenverbesserung nicht möglich, müssen Substrate eingesetzt werden, die den Anforderungen des Regelwerks „Empfehlungen für Baumpflanzungen Teil 2" der Forschungsgesellschaft Landschaftsentwicklung Landschaftsbau (FLL) entsprechen müssen. Die FLL unterscheidet hierbei drei verschiedene Maßnahmen:

- Nicht überbaute Pflanzgruben: Verwendung von Substraten, die ausschließlich den pflanzlichen Anforderungen entsprechen (Bild 10.18).
- Überbaubare Pflanzgruben: Durch die Verwendung von Substraten, die sowohl den pflanzlichen Anforderungen als auch den Anforderungen aus dem Straßenbau, insbesondere hinsichtlich der Tragfähigkeit, entsprechen, können die Baumgruben unter der Straße geführt werden (Bild 10.18).
- Erweiterter durchwurzelbarer Bodenraum [14].

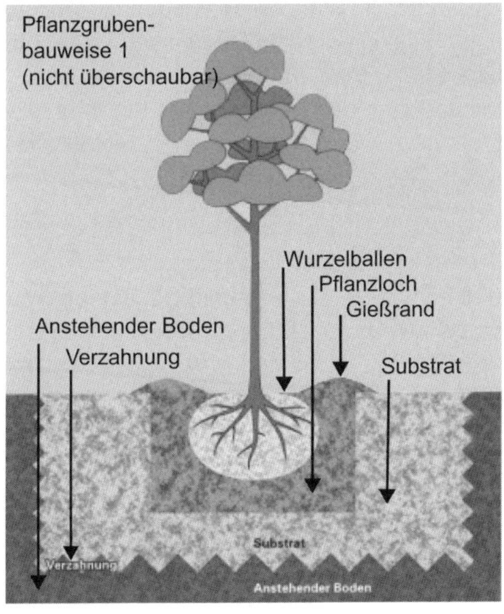

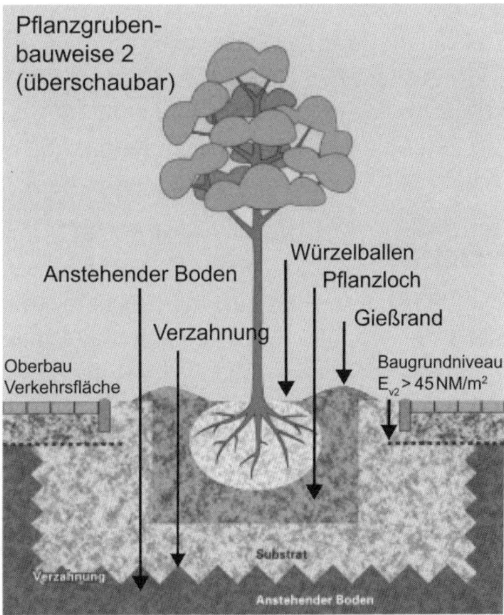

Bild 10.18 Bauweisen von Pflanzgruben [18]

Zur Versorgung der Gehölzer mit genügend Sauerstoff ist das Pflanzloch mit einem Volumen von mindestens 12 m^3 herzustellen. Stellt der anstehende Boden solch einen Raum nicht zur Verfügung, kann durch den Einsatz von Flächen-, Tiefen- oder Grabenbelüftungen der Sauerstoffhaushalt und somit der durchwurzelbare Raum vergrößert werden [14].

10.3.3 Durchführung der Pflanzung

Für einen optimalen Anwuchserfolg ist vor dem Pflanzvorgang eine Vorbereitung der Pflanzen erforderlich [14].

Vorbereitung der Pflanzen

Diese Vorbereitung beinhaltet zum einen den Wurzelschnitt und zum anderen den Pflanzenschnitt. Bei dem Wurzelschnitt werden die verletzten Wurzelteile entfernt und die gesunden Wurzeln angeschnitten. Somit kann sich ein Wundgewebe an den Schnittstellen bilden und daraus neue Wurzeln entstehen. Ein zu starkes Kürzen der Wurzeln ist nicht zulässig, auch wenn dadurch der Einbau sowie die Herstellung des Pflanzloches erleichtert werden. Nur durch ein ausreichendes Wurzelvolumen kann ein größtmöglicher Anwuchserfolg erzielt werden. Bei dem Pflanzenschnitt werden die oberirdischen Pflanzenteile zurückgeschnitten. Der Schnitt soll einen Ausgleich zwischen dem reduzierten Wurzelvolumen, das aufgrund des Herausnehmens aus der Baumschule und dem Rückschnitt entstanden ist, und den oberirdischen Trieben herstellen.

Bei einer Bepflanzung im Herbst genügt ein geringer Rückschnitt, da die Wurzelbildung noch im Herbst vor dem Austrieb einsetzt und somit die Versorgung der Pflanze mit Wasser zum Zeitpunkt des Austriebs sichergestellt ist. Dies bedeutet, dass je später im Frühjahr gepflanzt wird, umso stärker muss der Rückschnitt erfolgen. Ballenlose Sträucher werden normalerweise bis zur Hälfte zurückgeschnitten. Wildrosen, Weiden, Schlehen, Holunder und Jungpflanzen von Laubgehölzen sind dagegen auf ein Drittel zu kürzen. Um die Verdunstungsfläche von Stauden zu reduzieren, werden die ausgetriebenen Krauttriebe nur bei sehr später Pflanzung im Frühjahr entfernt. Bei Solitärpflanzen und Immergrünen Pflanzen kommt es zu keinem Schnitt, sondern lediglich zu einer Entfernung beschädigter Äste [14].

Pflanzung

Die Pflanzen werden nach der Vorbereitung an die jeweilige Stelle gemäß Pflanzplan oder nach den Angaben des Landschaftsarchitekten gelegt. Da die Wurzeln offen liegen und dadurch schnell austrocknen können, sollte unmittelbar nach der Auslegung mit dem Pflanzvorgang begonnen werden. Zum Pflanzen wird eine Pflanzgrube mit dem 1,5-fachen Durchmesser des Wurzelwerkes oder des Ballens ausgehoben. Anschließend wird die Pflanze in das Pflanzloch gesetzt und lockerer Boden eingefüllt [14]. Es ist darauf zu achten, dass die Wurzeln dabei gut umhüllt werden. Durch mehrfaches Schütteln und Bewegen der Pflanze können die vollständige Umhüllung besser erreicht und Hohlräume geschlossen werden. Nach dem Verfüllen wird der Boden kräftig angedrückt, um somit den Kontakt zwischen den Wurzeln und der Erde zu sicherzustellen. Durch das Verdichten kann ein nachträgliches Auffüllen bis zur Höhe des Planums erforderlich werden [14].

Anwässern

Das Anwässern der Pflanzen erfolgt im Anschluss an den Verfüll- und Verdichtungsvorgang. Zu bemerken ist, dass ein leichter Regen das Anwässern nicht ersetzen kann, da die Pflanzen nicht die gesamte Niederschlagsmenge aufnehmen können, sondern lediglich die Tropfen in ihrer unmittelbaren Nähe. Somit muss das Anwässern sorgfältig von Hand erfolgen. Die erforderlichen Wassermengen sind aus der Tabelle 10.6 zu entnehmen [14].

Tabelle 10.6 Richtmengen für das Anwässern nach Pflanzung [14]

Pflanzart		l/m^2
niedrige Stauden niedrige Einjahrsblumen niedrige Zweijahrsblumen		20 bis 30
höhere Stauden größere Einjahrsblumen größere Zweijahrsblumen		20 bis 30
Bodendecker Junggehölze Rosen		20 bis 30
Pflanzenart		**l/St.**
ballenlose Sträucher ballenlose Heckenpflanzen Ballengehölze bis 40 cm Höhe oder Breite		5 bis 10
Heister und Ballenpflanzen bis 200 cm Höhe oder Breite		10 bis 20
Hochstämme Alleebäume Solitärstammbüsche	bis 30 cm Stammumfang	100 bis 200
	bis 30 bis 50 cm Stammumfang	200 bis 400
	über 50 cm Stammumfang	Über 400

10.3.4 Sicherung der Pflanzen

Pflanzen müssen nach dem Pflanzvorgang durch entsprechende Maßnahmen gegen Wind, Austrocknung und Wildschaden geschützt werden. Eine Verankerung wird bei Pflanzen mit großen Angriffsflächen aufgrund der Windbeanspruchung benötigt. Die oberirdischen Pflanzenteile wirken bei einer Windbelastung wie ein Hebel auf das Wurzelwerk. Bei zu hoher Belastung kann die mechanische Verankerung durch die Ballen oder Wurzeln im Boden versagen und dadurch das Wurzelwerk herausgerissen werden. Feine Haarwurzeln, welche die Versorgung der Pflanze übernommen haben, können auch bereits bei leichten Bewegungen beschädigt werden. Die Verankerung hat die Aufgabe, das Wurzelwerk und den Ballen zu fixieren und mögliche Bewegungen durch Windbelastungen zu verhindern. Folgende Verankerungssysteme (Bild 10.19) haben sich in der Praxis bewährt:

- Schrägpfähle,
- Senkrechtpfähle,
- Pfahlgerüst mit zwei bis vier Pfählen,

- Stangenscheren,
- Drahtanker.

Es werden hauptsächlich Holzmaterialien in Form von Holz- oder Baumpfählen und Latten verwendet, die ihre Aufgabe mindestens über zwei Vegetationsperioden erfüllen müssen. Zum Schutz der Holzmaterialien gegen Pilze und Insekten werden weißgeschälte Hölzer mit einer geeigneten Imprägnierung (Holzschutzmittel) verwendet [14].

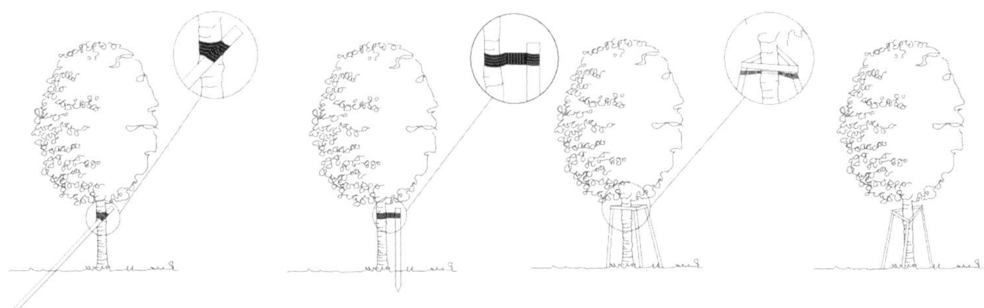

Bild 10.19 Schräg- und Senkrechtpfahl sowie Pfahlgerüst (Eigene Darstellung i. A.a. [17])

Zum Schutz gegen Sonneneinstrahlung bzw. Austrocknung sind die Pflanzen durch reflektierende Anstriche oder schattierenden Matten aus z. B. Schilf oder Bambus zu schützen [7]. Durch diese Maßnahme bleibt gleichzeitig die Luftzirkulation erhalten, die zur Abkühlung der Rindenoberfläche dient [14]. Da Neupflanzungen durch Wildverbiss, beispielsweise verursacht durch Mäuse, Kaninchen, Hasen und Rehwild, stark gefährdet sind, müssen zusätzlich entsprechende Schutzvorkehrungen vorgenommen werden. Dabei können folgende Maßnahmen getroffen werden:

- Anstreichen,
- Spritzen von Wildverbissmitteln,
- Einzäunungen oder Einzelsicherungen mit Drahthosen,
- Stroh oder Reisig [14].

10.4 Rasenarbeiten

Gräser sind in allen Klimazonen der Erde, außer den Polkappen, heimisch und bilden den größten Anteil an der Vegetationsdecke der Erde. Im allgemeinen Sprachgebrauch werden die Begriffe Wiese und Rasen verwendet und unterschieden. Eine Wiese besteht aus natürlich wachsenden Gräsern und Kräutern oder aus angesäten Flächen, die einem landwirtschaftlichen Einfluss unterliegen. Hierbei wird von Nutztieren das Gras abgeweidet und Heu als Winterfutter gewonnen [14]. Ein Rasen dagegen ist eine Pflanzendecke aus Gräsern, die durch Wurzeln und Ausläufer mit der Vegetationstragschicht fest verwachsen sind [8]. Sie können mit Leguminosen und Kräutern durchsetzt sein, unterliegen im Gegensatz zu einer Wiese jedoch keiner landwirtschaftlichen Nutzung.

10.4.1 Rasentypen

Die verschiedenen Rasentypen ermöglichen den Einsatz für viele Bereiche und unterschiedliche Nutzungszwecke [14]. Die Unterteilung der Typen erfolgt nach der DIN 18 917. Sie unterscheiden sich in ihren Anwendungsbereichen und Eigenschaften sowie in den Pflegeansprüchen. Eine Übersicht ist in Tabelle 10.7 dargestellt [8].

Tabelle 10.7 Rasentypen [8]

Rasentyp	Anwendungsbereich	Eigenschaften[a)]	Pflegeansprüche
Zierrasen	Repräsentationsgrün	Dichte teppichartige Narbe aus feinblättrigen Gräsern, Belastbarkeit gering	Hoch bis sehr hoch
Gebrauchsrasen	Öffentliches Grün, Wohnsiedlungen, Hausgärten und Ähnliches	Belastbarkeit mittel, widerstandsfähig gegen Trockenheit	Mittel bis hoch
Strapazierrasen	Sport- und Spielflächen, Liegewiesen, Parkplätze	Belastbarkeit hoch (ganzjährig)	Mittel bis sehr hoch
Landschaftsrasen (Extensivrasen)	Überwiegend extensiv genutzte und/oder gepflegte Flächen im öffentlichen und privaten Grün, in der Landschaft, an Verkehrswegen, für Rekultivierungsflächen, artenreiche und wiesenähnliche Flächen	Rasen mit großer Variationsbreite je nach Ziel und Standort, z. B. Erosionsschutz, Wiederstandfähigkeit auf extremen Standorten, Grundlage zur Entwicklung von standortgerechten Biotopen, im Regelfall nicht oder nur wenig belastbar	Gering bis mittel, in Sonderfällen bis sehr hoch

a) Dichte und Belastbarkeit nehmen mit zunehmendem Schatten ab

10.4.2 Herstellung der Rasenfläche

Die Notwendigkeit, Art und der Umfang der erforderlichen Leistungen richten sich hauptsächlich nach dem Rasentyp, dem Zeitpunkt der Herstellung und den Standortverhältnissen [8]. Da der Rasen immer in Verbindung mit dem Boden betrachtet werden muss, kann zur Anpassung an den Verwendungszweck eine Bodenvorbereitung oder Bodenverbesserung nach der DIN 18 915 erforderlich werden. Um den Boden optimal vorzubereiten, werden vor der Einsaat eine Lockerung des Bodens durchgeführt und bei ungeeigneten oder schlechten Voraussetzungen Bodenverbesserungsmittel und Dünger eingebracht. Bei nichtbindigen Böden ist unter solchen Umständen eine Verbesserung des Wasserhaltevermögens durch die Zugabe von organischen und anorganischen Stoffen (z. B. Kompost) oder die Erhöhung der Bindigkeit durch den Eintrag von bindigem Boden vorzunehmen. Ist ein strapazierbarer Rasen auf einem bindigen Boden vorgesehen, erfolgt die Verbesserung durch den Auftrag und die Einfräsung von gewaschenem Sand oder einem Kies-Sand-Gemisch mit einer Dicke von 4 bis 5 cm. Je nach Bodenart werden mehrere Lagen aufgetragen. Im Anschluss an die Bodenvorbereitung und -verbesserung wird das Feinplanum hergestellt, dessen Anforderungen und Genauigkeiten von dem Planer festzulegen sind. Hierbei werden zum einen eine Ebenheit, welche durch die Spaltweite unter einer Richtlatte mit einer Länge von 4 m bestimmt wird, und zum anderen die zulässige Abweichung der Fertighöhe von der Planhöhe definiert [14].

Zur Keimung und zum Auflaufen benötigen die Ansaaten Bodentemperaturen von mindestens 8 °C sowie eine genügende Bodenfeuchte. Im Normalfall sind diese Voraussetzungen von Mai bis September gegeben. Sind diese Bedingungen nicht gegeben, kann sich das Auflaufen verzögern und unplanmäßige Verschiebungen in der Rasenzusammensetzung ergeben [8]. Bei der Saatgutmenge geht man in der Regel von 30 000 bis 50 000 Körnern pro m^2 aus. Jedoch liegt der Erfolg einer Ansaat nicht nur an der Anzahl der Samenkörner, sondern vielmehr an den Keimbedingungen und äußeren Bedingungen während der Auflaufphase [14]. Die Einbringung des Rasensaatguts muss gleichmäßig erfolgen und darf nicht tiefer als 1 cm eingearbeitet und angedrückt werden. Es ist darauf zu achten, dass während der Ansaat das Saatgut nicht entmischt. Bei Mischungen mit abweichenden Korngrößen sind die großen und kleinen Samen getrennt einzusäen [8]. Bei kleineren Rasenflächen erfolgt die Ansaat von Hand durch Einhaken oder durch die Verwendung von Rasenigeln. Rasenbaumaschinen werden bei größeren Flächen eingesetzt und ermöglichen das Vorverdichten, die Herstellung des Feinplanums, das Einsäen und Festdrücken in einem Arbeitsgang [14].

10.4.3 Fertigrasen

Fertigrasen sind zum Verpflanzen vorbereitete Rasenstücke aus Anzuchtbeständen [8]. Sie können in Standardrollen sowie in verschiedenen Formaten und Schäldicken hergestellt werden. Fertigrasen dürfen keine Mängel aufgrund von Krankheiten, Schädlingen oder Kulturmaßnahmen aufweisen, die den Wert oder die Tauglichkeit mindern. Zudem muss der Fertigrasen gesund und ausgereift sein, um dadurch das Anwachsen sowie die weitere Entwicklung zu gewährleisten [14]. Fertigrasen müssen den Anforderungen der TL-Fertigrasen entsprechen [8]. Nach den neuen Lieferbedingungen der FLL (TL-Fertigrasen) müssen alle in den technischen Lieferbedingungen (TL) festgesetzten Anforderungen durch eine Eignungsprüfung nachgewiesen werden. Der Bericht aus der Eignungsprüfung darf nicht älter als zwei Jahre sein. Es werden unter anderem folgende Anforderungen an den Fertigrasen gestellt:

- Korngrößenverteilung,
- Wasserdurchlässigkeit,
- Wasserkapazität,
- Bodenraktion,
- Filzdicke,
- projektive Bodendeckung,
- Anteil an organischen Substanzen,
- Schnitthöhe,
- Anteil Fremdgräser,
- Abweichungen der Nenndicke und -breite [14].

Verlegung von Fertigrasen

Es wird empfohlen, vor der Verlegung eine phosphorbetonte Düngung der Vegetationsschicht vorzunehmen, um dadurch das Einwurzeln des Fertigrasens zu fördern und den Fertigrasen unmittelbar nach der Anlieferung zu verlegen. Die Verlegung erfolgt durch enges Aneinanderstoßen der einzelnen Bahnen mit versetzten Querstößen. Im Anschluss an das Verlegen sind die Flächen mit einer Rasenwalze anzudrücken und zu bewässern. Die Verlegung des Fertigrasens ist bei Frost, gefrorenem Boden oder bei einer zu hohen Bodenfeuchte nicht zulässig. Zu beachten ist, dass der Anzuchtboden des Fertigrasens auf die Vegetationsschicht abgestimmt sein muss und nicht erheblich bindiger sein darf. Es sollten gleiche oder benachbarte Bodengruppen nach der DIN 18 196 für Anzuchtboden und Vegetationsschicht angestrebt werden. Unter Umständen kann die Vegetationsschicht mit Maßnahmen nach der DIN 18 195 verbessert und angepasst werden [8].

Literaturverzeichnis

[1] Achten, H.; Wetzell, O.; Biener, E.; Dieler, H.; Haße, G.; Jenisch, R. et al.: Bautechnische Zahlentafeln (2013). 28. Auflage: Vieweg + Teubner.

[2] Aco Tiefbau Vertrieb GmbH: Straßen- und Hofabläufe. Online verfügbar unter *http://www.aco-tiefbau.de/produkte/punktentwaesserung/strassen-und-hofablaeufe/*, zuletzt geprüft am 08. 02. 2018.

[3] AFP Marketing GmbH: Winterschutzmatte Schilfrohrmatte. Online verfügbar unter *https://www.winterschutz.de/winterschutzmatte-schilf-natuerliche-schilfrohrmatte-zumstammschutz.html*, zuletzt geprüft am 08. 02. 2018.

[4] Betonverband Straße, Landschaft, Garten e. V.: Verbände. Online verfügbar unter *https://www.betonstein.org/technik/betonpflasterdecke/verbaende/*, zuletzt geprüft am 08. 02. 2018.

[5] Betonverband Straße, Landschaft, Garten e. V. (2010): Pflasterdecken regelrecht herstellen, Unter Berücksichtigung der ATV DIN 18318.

[6] Der Fuchs GmbH: Pfosten sicher befestigen – Pfostenträger und ihre Eigenschaften. Online verfügbar unter *http://www.befestigungsfuchs.de/blog/pfosten-sicher-befestigen-pfostentraeger-und-ihre-eigenschaften/*, zuletzt geprüft am 06. 02. 2018.

[7] DIN 18916: Vegetationstechnik im Landschaftsbau-Pflanzen- und Pflanzarbeiten (2016).

[8] DIN 18917: Vegetationstechnik im Landschaftsbau-Rasen und Saatarbeiten (2016).

[9] DIN 18918: Vegetationstechnik im Landschaftsbau-Ingenieurbiologische Sicherungsbauweisen, Sicherungen durch Ansaaten, Bepflanzungen, Bauweisen mit lebenden und nicht lebenden Stoffen und Bauteilen, kombinierte Bauweisen (2002).

[10] DIN EN 1338: Pflastersteine aus Beton, Anforderungen und Prüfverfahren (2003).

[11] DIN EN 1342: Pflastersteine aus Naturstein für Außenbereiche, Anforderungen und Prüfverfahren (2013).

[12] Forschungsgesellschaft für Straßen- und Verkehrswesen (2006): Richtlinien für die Anlage von Stadtstraßen RASt 06.

[13] Hema – Zaunsysteme GmbH: Rechteckrohrpfahl. Online verfügbar unter *http://www.hema-zaunsysteme.de/produkte/rechteckrohrpfahl.html*, zuletzt geprüft am 06. 02. 2018.

[14] Lay, Björn-Holger; Niesel, Alfred; Thieme-Hack, Martin: Bauen mit Grün, Die Bau- und Vegetationstechnik des Garten- und Landschaftsbaus (2016). 5. Auflage: Ulmer (Fachbibliothek grün).

[15] Lehr, Richard: Taschenbuch für den Garten-, Landschafts- und Sportplatzbau (2013). 7. Auflage: Ulmer.

[16] Schegk, Ingrid; Brandl, Wolfgang: Baukonstruktionslehre für Landschaftsarchitekten (2012). 2. Auflage: Ulmer.

[17] Semper Verde Pflanzenzentrum Ullmer GbR (2014): Pflanzanleitung für Hochstämme.

[18] Vulkatex Riebensahm GmbH: Pflanzengrubenbauweisen. Online verfügbar unter *http://www.vulkatec.de/Begruenung/Baumpflanzungen/Pflanzengrubenbauweisen/?&d=1*, zuletzt geprüft am 08.02.2018.

[19] Wion Media Services GmbH & Co. KG: Einfriedungen. Online verfügbar unter *https://www.bauwion.de/wissen/aussenraum/baukonstruktionen/620-einfriedungen*, zuletzt geprüft am 06.02.2018.

[20] Wion Media Services GmbH & Co. KG: Verlegemuster Pflasterbeläge. Online verfügbar unter *https://www.bauwion.de/begriffe/verlegemuster-pflasterbelage*, zuletzt geprüft am 08.02.2018.

11 Management

Von William Brenk und Oliver Koch

Beauftragt ein Bauherr einen einzelnen Auftragnehmer (AN) mit der Ausführung seines gesamten Bauvorhabens, spricht man in der Regel vom Schlüsselfertigbau (SF-BAU). Der AN schuldet somit alle Bauleistungen, die zur Erstellung eines betriebsbereiten Bauwerks erforderlich sind. Einen solchen AN bezeichnet man als Generalunternehmer oder -übernehmer (GU/GÜ) [5].

Ein GU oder GÜ übernimmt im Allgemeinen nicht alle Leistungen selbst, sondern beauftragt für Teilleistungen oder einzelne Gewerke Nachunternehmer (NU). Hierbei liegt auch der Unterschied eines GU zu einem GÜ. Während der GU eigene gewerbliche Mitarbeiter beschäftigt und die Arbeiten zumindest zum Teil in Eigenleistung erbringt, vergibt der GÜ alle Arbeiten an NUs. Übernehmen GU oder GÜ zusätzlich die Koordination von Planungsleistungen, spricht man von Totalunternehmern (TU) bzw. analog von Totalübernehmern (TÜ). Der Vorteil für den Bauherrn liegt vor allem darin, dass der GU/GÜ ihm gegenüber die Haftung für die gesamte Bauleistung übernimmt. Somit muss sich der Bauherr nicht mit den einzelnen Gewerken beschäftigen und kann sich bei Fragen und Schwierigkeiten immer an seinen Ansprechpartner, den GU/GÜ, wenden [4].

11.1 Der Projektplanungsprozess

Zu Beginn eines jeden Bauvorhabens steht der Bedarf eines potenziellen Auftraggebers (AG) für zusätzlichen Wohnraum, Büroflächen oder sonstiger Infrastruktur. Klassischerweise sucht dieser dann einen Architekten oder planenden Ingenieur auf, um dieses zu besprechen und ggf. erste Ideen zu Papier zu bringen. Im Zuge dessen erarbeiten AG und Planer zusammen die für die Planung wichtigen Rahmenbedingungen wie Kostenrahmen sowie Funktions- und Raumprogramm des späteren Bauwerks. Von zentraler Bedeutung sind in diesem Prozessschritt die planungsrechtlichen Vorschriften, die durch die jeweilige Bauleitplanung (Flächennutzungs- und Bebauungsplan) und die jeweils gültige Landesbauordnung (LBauO) vorgegeben werden.

Auf Basis dieser ersten Eckpunkte entwickelt der Planer zusammen mit dem AG einen Rahmenterminplan (Bild 11.1). Dieser beinhaltet den gesamten Projektzeitraum, von der Konzeption bis zum Nutzungsbeginn in ungefähr 15 bis 30 Vorgängen [9].

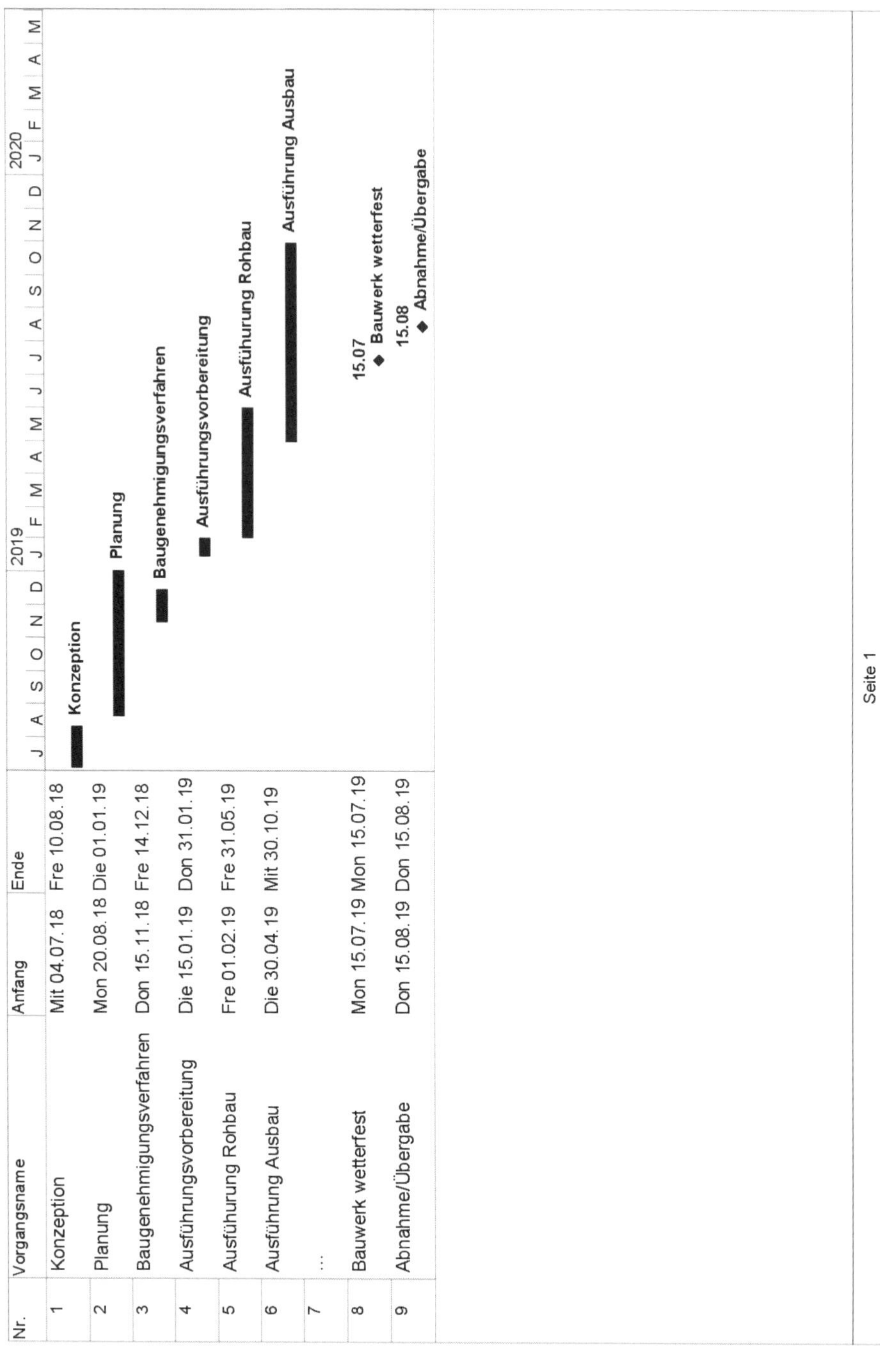

Bild 11.1 Prinzipieller Aufbau eines Rahmenterminplanes (Eigene Darstellung i. A. a [9])

Sind alle genannten Rahmenbedingungen eingehalten, entwickelt der Planer zunächst per Handskizze eine Gebäudehülle und nach Ausreifung mittels CAD-Programm Grundrisse, Schnitte und Ansichten. So können die vom Architekten angefertigten Planunterlagen als CAD-Datei an alle an der Planung Beteiligten zur weiteren digitalen Bearbeitung versendet werden.

Dieses wird auch im folgenden Schritt deutlich. Bei der Gebäudekonzeption ist es unerlässlich, je nach Anforderung geeignete Fachplaner, wie Tragwerksplaner, Schall- und Brandschutzgutachter, hinzuzuziehen.

Das Ergebnis ist wiederum Entscheidungsgrundlage für den AG, inwiefern das bisherige Projekt in der weiteren Planung ausgearbeitet wird [12].

Nach Freigabe der Vorplanung durch den AG folgt die sogenannte Entwurfs- und Genehmigungsphase. Zunächst wird aus der Vorplanung ein Entwurfskonzept generiert, das dem Tragwerksplaner als Berechnungsgrundlage für die Statik dient. In diesem Zuge wird auch der zuvor erstellte Rahmenterminplan zunehmend detailliert und in drei Abschnitte aufgeteilt:

1. Grobterminplan für die Planung,
2. Grobterminplan für die Ausschreibungs- und Vergabephase,
3. Grobterminplan für die Ausführung (Bild 11.2).

In dieser Detaillierungsstufe enthält der Grobterminplan bereits 50 – 100 Vorgänge. Maßgebende Meilensteine sind dabei:

- Baubeginn,
- Schnittstellen zur Planung,
- Starttermine der Ausführung der Einzelgewerke,
- Endtermine der Ausführung der Einzelgewerke,
- Schnittstellen zur Übergabe- und Inbetriebnahmephase,
- Fertigstellungstermine [9].

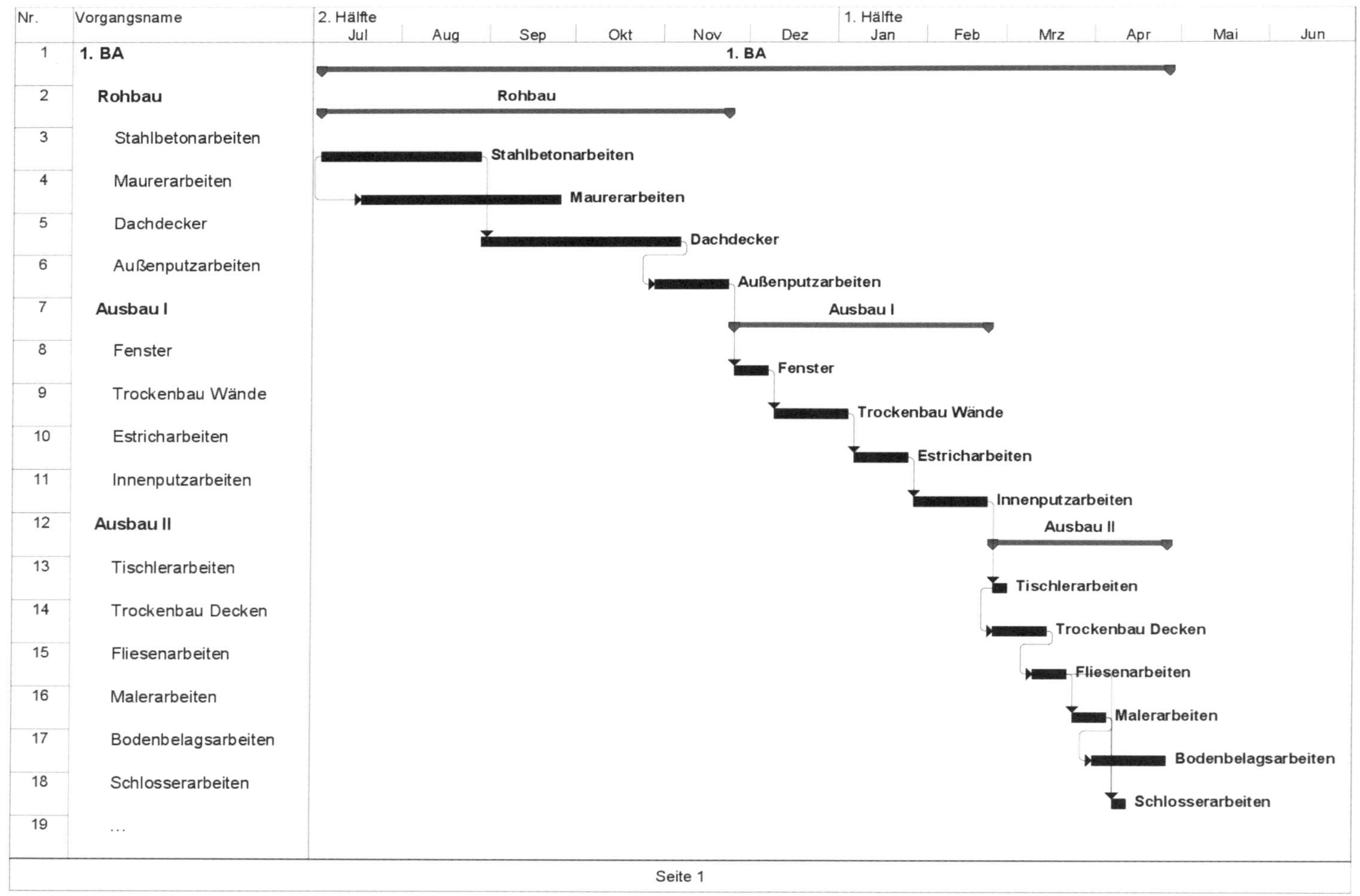

Bild 11.2 Prinzipieller Aufbau eines Grobterminplans zur Bauausführung (Eigene Darstellung i. A. a [9])

Im Anschluss optimieren der verantwortliche Planer und die Fachplaner die Entwürfe Schritt für Schritt. Jede Änderung und Prüfung wird in der Planlegende festgehalten. Ist die Entwurfsplanung weit genug fortgeschritten und das Bauwerk weitestgehend festgelegt, erfolgen die Flächenberechnung nach DIN 277 und 283 und die Kostenschätzung auf Grundlage der DIN 276. Sie ist zugleich Berechnungsgrundlage des Honorars der Planer für die Leistungsphasen 1 bis 4 und Kostenkontrolle des Projekts für den AG.

Sind alle erforderlichen Plan- und sonstige Unterlagen erfasst, werden diese in der Genehmigungsphase zusammengestellt und nach einer letzten Freigabe an die Genehmigungsbehörde zur Beantragung einer Baugenehmigung eingereicht [17]. Der gesamte Ablauf der Entwurfs- und Genehmigungsphase ist in Bild 11.3 dargestellt.

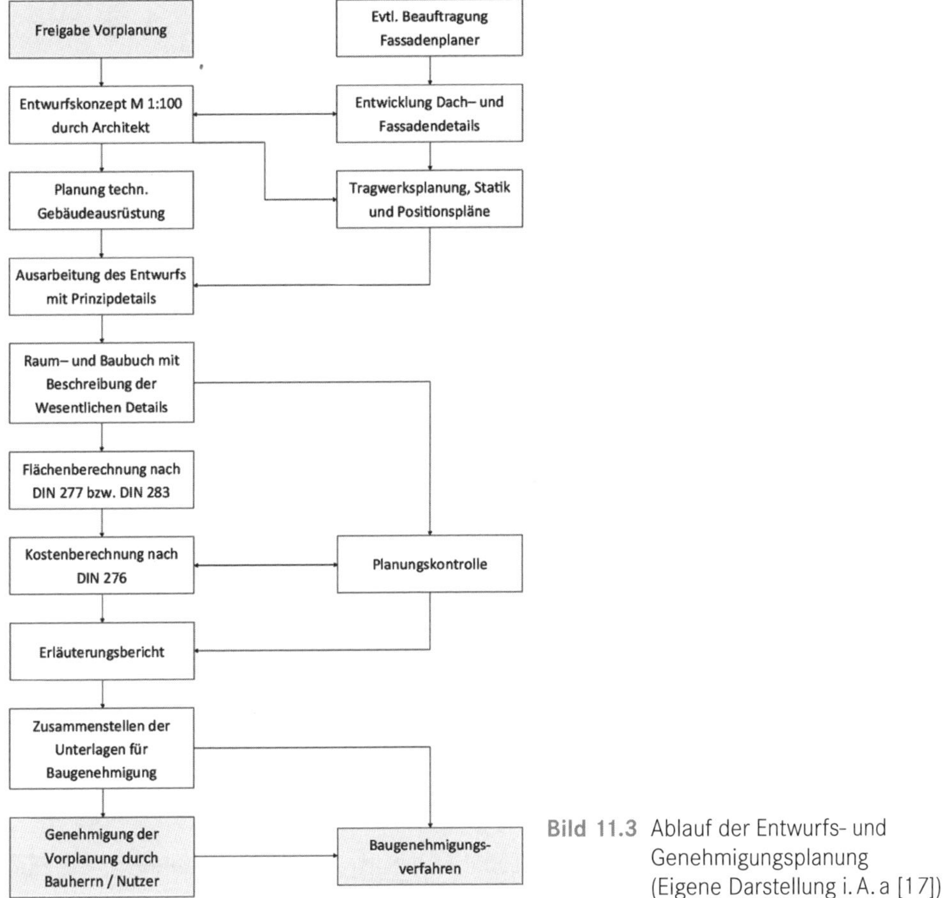

Bild 11.3 Ablauf der Entwurfs- und Genehmigungsplanung (Eigene Darstellung i. A. a [17])

Die Dauer des nun beginnenden Baugenehmigungsverfahrens hängt von durch den Planer beeinflussbaren und nicht-beeinflussbaren Faktoren ab. Beeinflussbar sind u. a. die Vollständigkeit der eingereichten Unterlagen und die richtige Anwendung des jeweils geltenden Baurechts.

Nicht beeinflussbar ist vor allem der Stand der Bauleitplanung, deren Inhalt im Baugesetzbuch (BauGB) in drei Stufen geregelt ist:

1. Flächennutzungsplan (vorbereitende Bauleitplanung, §§ 5 bis 7 BauGB),
2. Bebauungsplan (verbindliche Bauleitplanung, §§ 8 bis 10 BauGB),
3. Baugenehmigungsverfahren nach Landesbauordnung (bspw. §§ 61 bis 70 LBauO RLP) [12].

Der Flächennutzungsplan, gültig für 10 – 15 Jahre, beinhaltet nach § 5 BauGB „[...] die sich aus der beabsichtigten städtebaulichen Entwicklung ergebene Art der Bodennutzung nach den voraussehbaren Bedürfnissen der Gemeinde [...]“ [14]. Die gemeinten Bedürfnisse sind zu kategorisieren nach:

- Sozialpolitik,
- Kulturpolitik,
- Wirtschaftspolitik,
- Gesundheitspolitik.

Flächen, die sich daraus ergeben, werden insbesondere genutzt für die Errichtung von Bauwerken der Abwasserentsorgung, des öffentlichen Bedarfs (Schulen, Kirchen, etc.), zur Erzeugung von erneuerbaren Energien, des öffentlichen Verkehrs, etc. [14]. Nach § 6 BauGB bedürfen sowohl die Einführung als auch jede Änderung des Flächennutzungsplans der Genehmigung durch die obere Bauaufsichtsbehörde.

Ist dieser Schritt erfolgreich abgeschlossen, können alle Bestandteile von jedermann eingesehen werden. Im nächsten Schritt wird von der jeweiligen Gemeinde aus dem Flächennutzungsplan der Bebauungsplan, kurz B-Plan, entwickelt. Ausgelegt ist seine Laufzeit auf ca. 5 Jahre, jedoch ist seine Gültigkeit unbegrenzt. Neben weiteren enthält der Bebauungsplan in einem Plan- und einem Textteil nach § 9 BauGB die nachstehenden Festsetzungen:

- Art und Maß der baulichen Nutzung,
- Bauweise und Stellung der baulichen Anlage,
- die zulässige Höchstzahl von Wohnungen in Wohngebäuden,
- etc. [14].

Die Rahmenbedingungen dieser Festsetzungen gibt die Baunutzungsverordnung (BauNVO) in fünf Abschnitten vor. Wesentliche, geregelte Größen sind wie o. g. im ersten Abschnitt die Art der baulichen Nutzung, im zweiten Abschnitt das Maß der baulichen Nutzung und im dritten Abschnitt die Bauweise. Für den Planer sind die rechtlichen Vorschriften in der sog. Baunutzungsschablone in der Planübersicht des Bebauungsplans enthalten (siehe Bild 11.4).

Zum besseren Verständnis werden die in Bild 11.4 beispielhaft dargestellten Abkürzungen und Bezifferungen in der nachstehenden Tabelle 11.1 erläutert.

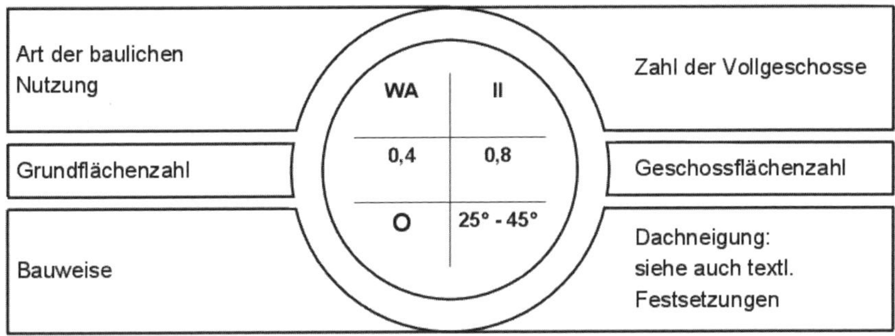

Bild 11.4 Beispiel einer Baunutzungsschablone (Eigene Darstellung)

Tabelle 11.1 Erläuterung Baunutzungsschablone (Eigene Darstellung)

Kategorie	Abkürzung/ Bezifferung	Erläuterung
Art der baulichen Nutzung	WA	WA bedeutet allgemeines Wohngebiet. Nach § 9 Abs. 1 Nr. 1 BauGB i. V. m. § 4 BauNVO sind neben Wohngebäuden Gaststätten, nicht störende Handwerksbetriebe, dem kirchlichen, kulturellen, sozialen, gesundheitlichen, sportlichen Zweck dienende und ausnahmsweise sonstige Gewerbegebäude zulässig. Neben allgemeinen Wohngebieten gibt es bspw. reine Wohngebiete (WR), besondere Wohngebiete (WB), Mischgebiete (MI), Gewerbegebiete (GE), Industriegebiete (GI), etc.
Grundflächenzahl (GRZ)	0,4	Die GRZ (§§ 16 u. 17 BauNVO) gibt das maximal zulässige Verhältnis der bebauten Grundfläche zur Grundstücksfläche an.
Bauweise	O	O steht für offene Bauweise und schreibt nach § 9 Abs. 1 Nr. 2 BauGB i. V. m. § 22 Abs. 2 BauNVO vor, dass das geplante Einzelgebäude, Doppelhaus oder die Hausgruppen mit einem seitlichen Grenzabstand errichtet werden müssen. Genaue Informationen setzt der Bebauungsplan im sogenannten Planteil fest. Neben der offenen Bauweise regelt das BauGB in § 9 Abs. 1 Nr. 2 i. V. m. § 22 Abs. 3 BauNVO die geschlossene Bauweise, nach der Gebäude ohne seitlichen Grenzabstand errichtet werden.
Zahl der Vollgeschosse	II	Nach der LBauO RLP ist ein Vollgeschoss als Geschoss definiert, das im Mittel mehr als 1,40 m über der Geländeoberfläche liegt und bei über zwei Drittel, in Dachgeschossen über drei Viertel seiner Grundfläche eine Höhe von 2,30 m besitzt. Gemessen wird diese von Oberkante Fußboden zu Oberkante Fußboden, bzw. Oberkante Fußboden zu Oberkante Dachhaut.
Geschossflächenzahl (GFZ)	0,8	Die GFZ (§§ 16 u. 17 BauNVO) gibt das maximal zulässige Verhältnis der Gesamtgeschossflächen zur Grundstücksfläche an.
Dachneigung	25° - 45°	Die Dachneigung berechnet sich aus dem Winkel der horizontalen Fläche an jedem beliebigen Punkt des Sparrens zur Sparrenneigung.

Während des Baugenehmigungsverfahrens werden sodann die eingereichten Baugenehmigungsunterlagen auf Grundlage der Festsetzungen in den entsprechenden Landesbauordnungen geprüft.

Dabei müssen die Unterlagen den rechtlichen Vorgaben aus Landesbauordnung, Baugesetzbuch, Baunutzungsverordnung und in verschiedenen Fällen zudem aus Arbeitsstätten-, Wärmeschutz- oder Garagenverordnung entsprechen. Der genaue Umfang ist im jeweiligen Baugenehmigungsantrag geregelt und beinhaltet allgemeine Bauunterlagen, bestehend aus Lageplan, Bauzeichnungen und verschiedenen Beschreibungen, diverse Berechnungen, Darstellung der Grundstücksentwässerung, Bautechnische Nachweise wie bspw. Standsicherheitsnachweise bzw. Schall- oder Wärmeschutznachweise und zusätzliche Bauunterlagen für Bauvorhaben im Außen- oder Infrastrukturbereich.

Erst wenn die Planung baurechtlich genehmigt wurde, empfiehlt es sich, die nun folgende Vergabe vorzubereiten und durchzuführen. Zu diesem Zweck werden nach § 15 Nr. 6 HOAI die benötigten Mengen ermittelt und eine Leistungsbeschreibung aufgestellt. Planer privater Bauvorhaben haben in der Art und Weise der Leistungsbeschreibung weitestgehend freie Hand, empfehlenswert ist jedoch, die Ausschreibung, wie für öffentliche Auftraggeber ohnehin vorgeschrieben, in Anlehnung an § 7 VOB/A durchzuführen. Der Paragraph enthält Grundsätze, die u. a. besagen, dass „die Leistung so eindeutig und erschöpfend zu beschreiben [ist], dass alle Bewerber die Beschreibung im gleichen Sinne verstehen müssen und ihre Preise sich ohne Vorarbeiten berechnen können“ [18]. Die Leistungsbeschreibung kann dabei verschiedene Formen annehmen. Die klassischste Form bleibt die Leistungsbeschreibung mittels Leistungsverzeichnis (LV). Die Erstellung von Leistungsverzeichnissen geschieht heutzutage fast ausschließlich mit sogenannten AVA-Systemen (Ausschreibung-Vergabe-Abrechnung). In diesen Systemen stehen dem Anwender u. a. vorformulierte Ausschreibungstexte aus den Standardleistungsbüchern, kurz StLB zur Verfügung, die seit 1965 vom Gemeinsamen Ausschuss Elektronik im Bauwesen (GAEB) sowie dem Deutschen Verdingungsausschuss für Bauwesen (DVA) stetig weiterentwickelt werden.

Nachdem alle Vertragsunterlagen angefertigt und nochmals geprüft wurden, wird je nach Gesinnung des AGs i. d.R. ein Bieterkreis, der dem AG entweder bekannt ist oder ihm vom Planer empfohlen wurde, aufgefordert, ein wirtschaftliches Angebot abzugeben. Nach Eingang der Angebote fertigt der Planer bzw. der AG einen aufsteigend sortierten Preisspiegel der Angebote an, um sie übersichtlich und vergleichbar zu machen. Die wirtschaftlichsten drei Bieter werden daraufhin zu weiteren Verhandlungsgesprächen eingeladen. Eigens hierfür fertigt der Planer bzw. der AG zu jedem Bieter eine Liste mit potenziellen risiko- und preisreduzierenden Elementen an, damit er während der Verhandlung alle Argumente sofort zur Hand hat. Taktisch klug ist es, die Gespräche mit dem Zweit- oder Drittplatzierten zu beginnen, um eine Preissenkung unter dem Niveau des Erstplatzierten zu erreichen. Erst wenn dieser Schritt funktioniert hat, beginnen die Verhandlungen mit dem vormals Erstplatzierten, der meist seine Preise nochmals weiter nach unten korrigiert.

Der nun folgende Zuschlag für den wirtschaftlichsten Bieter erfolgt durch den AG, nur bei Großprojekten geschieht dies oft durch den Planer. Öffentliche Bauvorhaben sind auch in diesem Schritt sehr stark reglementiert. I. d. R. wird das Vorhaben öffentlich ausgeschrieben [12]. Dies beruht auf dem Grundsatz der Gleichbehandlung nach § 2 Abs. 1 Nr. 2 VOB/A. Öffentliche Ausschreibung bedeutet in diesem Zusammenhang, dass der jeweilige Auftrag auf digitalen Ausschreibungsplattformen, in Tageszeitungen und vor allem in

Amtsblättern veröffentlicht und so für jedermann zugänglich gemacht wird. Abhängig von der kalkulierten Ausführungssumme müssen nach gültigem EU-Recht auch EU-Staaten an der Ausschreibung beteiligt werden. Der Grenzwert liegt hierfür für Vergaben nach der VOB bei Auftragssummen von 5,548 Mio. Euro.

Nach Abgabe der Angebotsunterlagen bleiben diese bis zum vor der Ausschreibung festgelegten Submissionstermin ungeöffnet. Im Beisein jedes Bieters werden die Unterlagen an diesem Tag geöffnet, durchgesehen und in weiteren vier Schritten bewertet:

1. Überprüfung der Angebote auf formale und inhaltliche Mängel (z. B.: Vollständigkeit, Unterschriften, etc.).
2. Überprüfung der Eignung des jeweiligen Bieters.
3. Überprüfung der Angemessenheit des Preises (Der Zuschlag darf nach § 16 Abs. 6 Nr. 1 VOB/A nicht aufgrund von unangemessen hohen oder niedrigen Preisen erteilt werden).
4. Ermittlung des wirtschaftlichsten Angebotes.

Sind alle Kriterien erfüllt, folgen der Zuschlag und der damit in Verbindung stehende Vertragsabschluss. Wichtig ist hierbei, dass jegliche Verhandlungen über Preise, egal welcher Form, nicht zulässig sind [1].

Auf dieser Grundlage kann nun der Bauvertrag geschlossen werden. Bei öffentlichen Aufträgen ist auf Grundlage der Ausschreibung mittels Leistungsverzeichnis und dem § 4 VOB/A i. d. R. ein Einheitspreisvertrag zu verhandeln.

11.2 Die Ausführungsplanung und -steuerung

Den Startschuss für die Projektabwicklung gibt der Vertragsabschluss mit dem AG. Im ersten Schritt müssen auf Auftragnehmerseite nochmals alle Vertragsunterlagen eingesehen und überprüft werden. Dazu empfiehlt es sich, ein sogenanntes Auftragsdatenblatt zu erstellen, in dem alle wichtigen Information wie Umfang, Bauleitung, Bauherrenvertreter, etc. enthalten sind. Dadurch werden möglicherweise schon in diesem frühen Stadium notwendige Änderungen ersichtlich. So kann es etwa Positionen geben, die durch die gewählte Bauweise nicht mehr benötigt werden oder es ist jetzt schon erkennbar, dass aus demselben Grund Nachträge erforderlich werden. Spätestens an dieser Stelle muss von der Projektleitung ein Bauleiter bzw. je nach Größe des Bauvorhabens ein Bauleiterteam bestimmt werden. Optimalerweise ist dies jedoch schon vorher geschehen, sodass die Bauleitung bereits bei der Vertragsprüfung mitwirken konnte, um so frühzeitig das zukünftige Vorhaben kennenzulernen. Dabei ist es notwendig, als Bauleiter nicht nur eine ausgeprägte Fachkompetenz, die sowohl durch ein technisches Studium als auch durch viel Berufserfahrung erlangt werden kann, sondern ebenfalls unternehmerische, betriebswirtschaftliche Kompetenz und vor allem ein hohes Maß an Führungsqualität zu besitzen. Denn nur wer „seine Mitarbeiter durch Delegation von Verantwortung motivieren, die fachliche Qualifikation schätzen und den Einzelnen respektieren“ kann, wird beste Ergebnisse erwarten dürfen [7].

Zu den Aufgaben eines Bauleiters gehört vor allem die Koordinierung der eigenen Mitarbeiter sowie der Mitarbeiter von Subunternehmern, damit ein reibungsloser und ineinandergreifender Ablauf der Produktionsprozesse gewährleistet ist.

Des Weiteren muss er in regelmäßigen Abständen in Begehungen die Qualität der ausgeführten Leistungen anhand der Plan- und Auftraggebervorgaben überprüfen. Die Begehungen dienen zudem auch zum Soll-Ist-Vergleich des vorgegebenen Zeitrahmens und führen bei Nicht-Einhaltung zur Implementierung verschiedener Korrekturmaßnahmen. Jeder Arbeitsschritt ist zur lückenlosen Nachvollziehbarkeit tageweise in einem Bautagebuch aufzuführen, um im Falle von Streitigkeiten um ausgeführte Arbeiten jederzeit eine objektive Argumentationsgrundlage zur Verfügung zu haben. Dazu hält das Bautagebuch die Anzahl und Position der Mitarbeiter, Arbeitsschritte, Dauer der Arbeitsschritte und Witterung des jeweiligen Tages fest. Zusätzlich zu dieser Bauablaufdokumentation werden besondere Bemerkungen dokumentiert. Dies können Änderungsanordnungen oder auch Besprechungsprotokolle sein [13].

Weiterhin ist eine genaue Besichtigung des zukünftigen Baufeldes erforderlich, um neben Planunterlagen und evtl. Fotos einen weiteren, detaillierten Eindruck zu gewinnen. In diesem Zuge sollten alle wichtigen Geländepunkte betrachtet werden, die für die Planung der Baustelleneinrichtung und der Bauverfahren benötigt werden. So ist bspw. ein für die Baustelleneinrichtungsfläche vorgesehener Platz mittels einer vorher erstellten Checkliste zu prüfen, die die folgenden Punkte enthält:

- Sind die Platzverhältnisse ausreichend für die Baustelleneinrichtung?
- Welche Nachbargrundstücke oder Flächen im wirtschaftlichen Operationskreis der Baustelle lassen sich ggf. anmieten oder kaufen? Wer sind dafür die Ansprechpartner?
- Ist das Gelände in dem vertraglich vereinbarten Zustand (bauherrenseitige Leistungen)?
- Sind bestimmte Geräte bei den Verhältnissen nicht einsetzbar (Boden, Gefälle, Gebäudetypen und -höhen im direkten Umfeld, etc.)
- Deutet etwas auf Erschwernisse hin (Nachträge)?
- Ist das Grundstück deutlich markiert (Grenzmarkierung, o. ä.)?
- Wo sind die Anschlüsse für die Versorgung von Strom und Wasser?
- Wo sind die Anschlüsse für die Entsorgung der Baustelle von Abwasser?
- Wo können Baumüll, Erdaushub oder Abbruchmaterial zwischengelagert bzw. deponiert werden?
- Sofern ein Vorunternehmer bereits vorbereitende Tätigkeiten durchgeführt hat (z. B. Herstellung der Baugrube oder die Pfahlgründung): In welcher Bauphase ist die Baustelle und kann die Ausführung zu den vereinbarten Terminen beginnen?
- Wie kann die Verkehrsanbindung an das öffentliche Straßennetz am besten erfolgen, um ein flüssiges, sicheres Ein- und Ausfahren in die bzw. aus der Baustelle zu ermöglichen?
- Ist die erste Kontaktaufnahme mit dem Vorunternehmer und den Nachbarn erfolgt?
- Sind die Adressen der Versorgungs- und Entsorgungsunternehmen, Polizei, Krankenhäuser, Notfallärzte, etc. bekannt? [7]
- Ist die Fläche mit Schwerlastverkehr zu erreichen?
- Können Beschilderungen bspw. für Lieferanten installiert werden?

Mit den im Vertrag vereinbarten Grundlagen sowie dem Ergebnis der Baufeldbegehung können die Auftragnehmer nun ihre Bauabläufe planen. Diese Planung kann in sechs wesentliche Schritte aufgeteilt werden.

In Schritt eins wird zunächst der gesamte Bauablauf identifiziert und dann in einigen Fällen nach Größe und Umfang in vertikale oder horizontale Bauabschnitte gegliedert. Grundsätzlich richtet sich die Abschnittseinteilung aber nach baubetrieblichen (Anzahl der Geschosse, Anzahl der Wände, etc.) oder konstruktiven (Dehnfugen, Betonzusammensetzung, Materialart, etc.) Faktoren.

Zu Beginn von Schritt zwei werden die in der Grobplanung für die Erbringung der Leistungen notwendigen Bauverfahren beleuchtet. In der Grobplanung wurden alle möglichen Ausführungsverfahren aufgelistet und später evaluiert. So ergaben sich einige wenige Bauverfahren, die sowohl Grundlage für die Angebotskalkulation als auch für die Grobterminplanung waren. Im jetzigen Prozessschritt werden eben diese ausgewählten Bauverfahren für eine endgültige Auswahl nochmals anhand folgender Faktoren evaluiert:

- Örtliche Gegebenheiten (Beispiel: Wegen nicht tragfähiger Bodenschichten bis zu einer Tiefe von 15 Metern muss eine Gründung mittels Bohrpfählen erfolgen).
- Bauzeit: Der Auftragnehmer wird eine Bauweise wählen, mit der er im vorgegebenen Zeitrahmen bleibt.
- Kosten: Um den wirtschaftlichen Erfolg so weit wie möglich zu steigern, wählt der Auftragnehmer die wirtschaftlichste Variante.
- Erzielbare Qualität (Beispiel: Um eine Sichtbetonqualität zu erreichen, ist es vorteilhafter eine System-Rahmenschalung zu verwenden als eine vor Ort gezimmerte Schalung).

Anschließend werden in Schritt drei ablaufspezifische Vorgänge festgelegt, die später als zeitliche Vorgabe gelten. Je nach Detaillierungsgrad des späteren Ablaufplans untergliedern sich die Vorgänge in Hauptprozesse und Teilprozesse. Zur besseren Darstellung ihrer Wechselwirkungen werden sie nach DIN 69900 durch sog. Anordnungsbeziehungen in Abhängigkeit gebracht [9]. Diese Verknüpfung ergibt sich „[...] aufgrund technischer, verfahrenstechnischer und/oder technologischer Abhängigkeit [...]“ [9]. Im Bauwesen sind die Abhängigkeiten vorwiegend durch technologische Bedingungen, bspw. dem zwingenden Ablauf von speziellen, aufeinander abgestimmten Herstellungsverfahren gekennzeichnet.

Zu jedem der in Schritt drei definierten Vorgänge wird in einem weiteren Schritt die Produktivität ermittelt, um die Wirtschaftlichkeit des gesamten Produktionsprozesses hervorzuheben. Zu diesem Zweck wird die Produktivität anhand ihrer Messgrößen, den Leistungs- und Aufwandswerten festgestellt. Ist die Produktivität bspw. niedrig, impliziert dies, dass die Aufwandswerte größer als die ihnen gegenüberstehenden Leistungswerte ausfallen. Daraus folgen würden eine Verlängerung der Vorgangsdauer sowie höhere Herstellkosten [2]. Jedoch haben diese beiden Kennzahlen nur eine relative Vorhersagegenauigkeit, die bei jedem neuen Projekt von Baustellen- und Bauwerksbedingungen sowie umfangreichen, innerbetrieblichen Erfahrungen abhängt. Je voraussehbarer also alle beeinflussenden Umstände sind, desto geringer ist das Risiko einer Prognoseungenauigkeit [16].

„Leistungswerte geben an, welche Produktionsmenge in einer bestimmten ausgewählten Zeiteinheit erzeugt wird“ [10]. Die soeben genannten Beeinflussungsparameter lassen sich für die Leistungswerte genau aufschlüsseln und kategorisieren in:

Maschineneinflüsse

- Gerätegröße/Einsatzgewicht,
- Werkzeuge,
- Gerätezustand.

Bedienungspersonal

- Erfahrung,
- Motivation,
- Leistungsfähigkeit.

Zu bearbeitendes Material

- Art,
- Ausprägung.

Einsatzbedingungen auf der Baustelle

- beengte Verhältnisse,
- geforderte Arbeitsgenauigkeit.

Betriebsorganisation auf der Baustelle

- Arbeitsketten,
- Wartungseinrichtungen.

Witterungseinflüsse

- Regen/Frost [15].

Mithilfe und auf Grundlage der soeben genannten, kategorisierten Störfaktoren lassen sich mit folgender Formel Aufwandswerte berechnen:

$$AW = \frac{\sum L_{Std}}{M}$$

Erläuterung der Formelzeichen:
AW = Aufwandswert in [Std/EH]
= Summe der Lohnstunden in [Std]
M = Produktionsmenge in [EH]

Wie zu sehen ist, berechnet sich der Aufwandswert als Quotient der Summe der Lohnstunden und der Produktionsmenge. Dabei werden die Störfaktoren als Aufschläge auf die Summe der Lohnstunden bzw. als Minderung der Produktionsmenge berücksichtigt. Mit dem Ergebnis dieser Berechnung lässt sich nun weiter der Leistungswert berechnen:

$$L = \frac{AK \cdot AZ}{AW}$$

Erläuterung der Formelzeichen:
L = Leistung in [EH/Std]
AK = Arbeitskräfte in [Std/h]
AZ = Arbeitszeit in [h/ZEH]
AW = Aufwandswert in [Std/EH].

Der Leistungswert wiederum ergibt sich als Quotient aus dem Produkt der Arbeitskräfte und der Arbeitszeit und dem zuvor dargestellten Aufwandswert [15]. Neben der Produktivität werden zudem noch die erforderlichen Mengen an Arbeitskräften und Maschinen festgelegt, um im Schritt 5 die Vorgangsdauer berechnen zu können. Dazu wird zu den einzelnen Vorgängen der Gesamtstundenbedarf festgelegt, indem die erforderliche Anzahl der Arbeitskräfte mit der Gesamtstundenzahl der Vorgänge multipliziert wird [9]. Das Ergebnis aller genannten Schritte lässt sich in einem Koordinationsterminplan, der häufig auch Termin- oder Ablaufplan genannt wird, zusammenfassen (siehe Bild 11.5) [3].

Nach der Erstellung wird er zunächst einmal dahingehend überprüft, ob alle bestimmten Vorgänge vorhanden sind und ob deren Ablaufbedingungen stimmen. Dazu gehören Ablauffolge, Verknüpfungen und Folgezeiten [9]. Nach dieser Validierung gilt der Ablaufplan als Ausführungsvorgabe für alle am Projekt beteiligten Unternehmen. Er ist jedoch nicht als statisches Mittel zu sehen, sondern entwickelt sich je nach Baustellengegebenheit weiter. Bei sehr komplexen und spezifischen Projekten kann es erforderlich sein, einen noch detaillierteren, sog. Feinterminplan zu erstellen (siehe Bild 11.6).

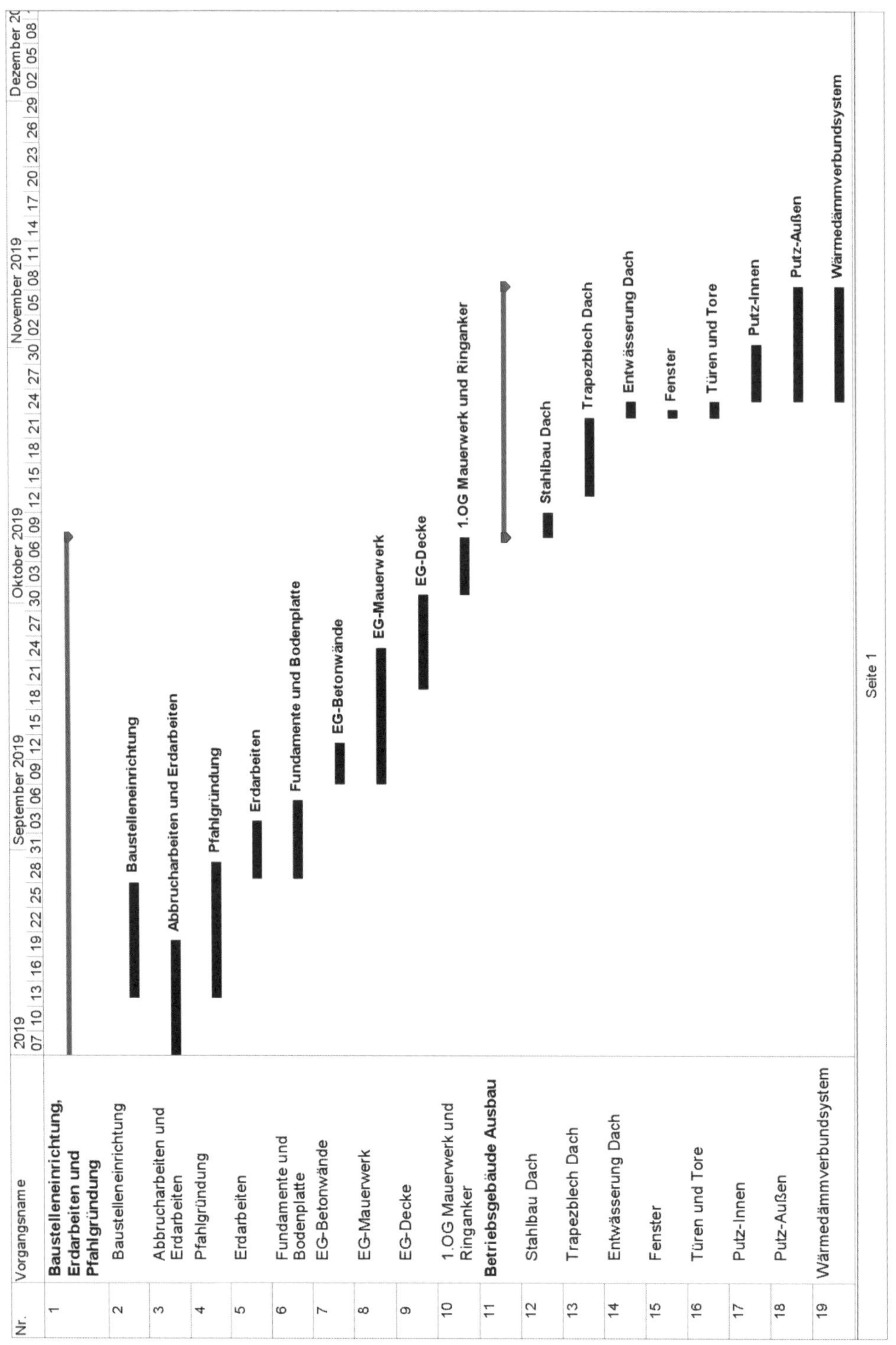

Bild 11.5 Prinzipieller Aufbau eines Koordinationsterminplans (Eigene Darstellung i. A. a. [9])

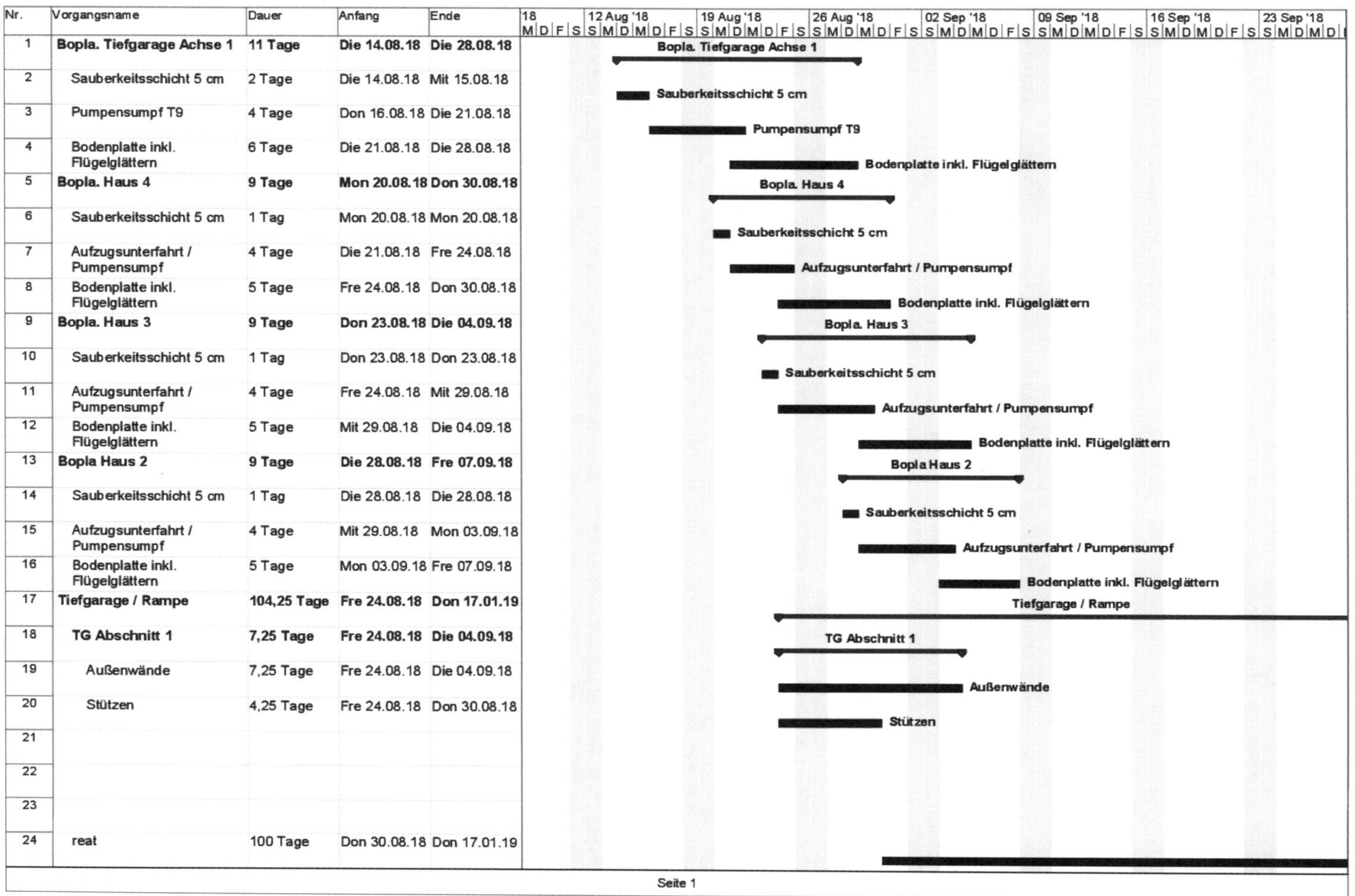

Nr.	Vorgangsname	Dauer	Anfang	Ende
1	**Bopla. Tiefgarage Achse 1**	**11 Tage**	**Die 14.08.18**	**Die 28.08.18**
2	Sauberkeitsschicht 5 cm	2 Tage	Die 14.08.18	Mit 15.08.18
3	Pumpensumpf T9	4 Tage	Don 16.08.18	Die 21.08.18
4	Bodenplatte inkl. Flügelglättern	6 Tage	Die 21.08.18	Die 28.08.18
5	**Bopla. Haus 4**	**9 Tage**	**Mon 20.08.18**	**Don 30.08.18**
6	Sauberkeitsschicht 5 cm	1 Tag	Mon 20.08.18	Mon 20.08.18
7	Aufzugsunterfahrt / Pumpensumpf	4 Tage	Die 21.08.18	Fre 24.08.18
8	Bodenplatte inkl. Flügelglättern	5 Tage	Fre 24.08.18	Don 30.08.18
9	**Bopla. Haus 3**	**9 Tage**	**Don 23.08.18**	**Die 04.09.18**
10	Sauberkeitsschicht 5 cm	1 Tag	Don 23.08.18	Don 23.08.18
11	Aufzugsunterfahrt / Pumpensumpf	4 Tage	Fre 24.08.18	Mit 29.08.18
12	Bodenplatte inkl. Flügelglättern	5 Tage	Mit 29.08.18	Die 04.09.18
13	**Bopla Haus 2**	**9 Tage**	**Die 28.08.18**	**Fre 07.09.18**
14	Sauberkeitsschicht 5 cm	1 Tag	Die 28.08.18	Die 28.08.18
15	Aufzugsunterfahrt / Pumpensumpf	4 Tage	Mit 29.08.18	Mon 03.09.18
16	Bodenplatte inkl. Flügelglättern	5 Tage	Mon 03.09.18	Fre 07.09.18
17	**Tiefgarage / Rampe**	**104,25 Tage**	**Fre 24.08.18**	**Don 17.01.19**
18	**TG Abschnitt 1**	**7,25 Tage**	**Fre 24.08.18**	**Die 04.09.18**
19	Außenwände	7,25 Tage	Fre 24.08.18	Die 04.09.18
20	Stützen	4,25 Tage	Fre 24.08.18	Don 30.08.18
21				
22				
23				
24	reat	100 Tage	Don 30.08.18	Don 17.01.19

Bild 11.6 Prinzipieller Aufbau eines Detailterminplans (Eigene Darstellung i. A. a. [9])

Dies geschieht allerdings meist nur für einzelne Gewerke oder Ausführungsabschnitte, die während der Ausführung ständig überprüft werden müssen. Dazu ist, wie in Bild 11.6 gezeigt, jeder Vorgang in seine einzelnen Arbeitsschritte untergliedert und ermöglicht dadurch einen optimalen Soll-Ist Vergleich. Auch bei starkem Termindruck oder der Koordinierung vieler Gewerke bei beengten räumlichen Verhältnissen ist dieser Schritt zu empfehlen [9].

Im Anschluss an diese Ausführungsvorbereitung, auch Arbeitskalkulation genannt, beginnen die Bauausführung und das damit verbundene Ausführungsmanagement. Im Wesentlichen werden alle Abläufe durch das Baustellencontrolling geplant, gesteuert sowie kontrolliert. Hierzu werden an einem bestimmten Stichtag vergangene Arbeitsschritte und sogar gesamte Projekte bewertet und daraus Prognosen für kommende Prozesse und Projekte abgeleitet. Dadurch soll ein kontinuierlicher Verbesserungsprozess (KVP) erzeugt werden, mit dessen Hilfe eine wirtschaftlich optimale Bauausführung gewährleistet wird. Die Ziele des Controllings sind vor allem:

- Kostenreduktion durch optimierten Bauablauf,
- laufende Überwachung der Baustellenergebnisse,
- frühzeitige Erkennung von Störungen im Bauablauf,
- Einleitung von Gegenmaßnahmen,
- Korrektur von Vergabewerten,
- Lieferung von Prognosewerten für das laufende Projekt,
- Lieferung von Erfahrungswerten für zukünftige Projekte.

Dieser gesamte Prozess von Soll-Ist-Vergleichen geschieht auf Grundlage sog. Plan-Werte, die im Vorfeld der Ausführung in einer Arbeitskalkulation festgelegt wurden. Durch Veränderung im Bauablauf wie z. B. durch unvorhersehbare Ereignisse (z. B. ein trotz Baugrunduntersuchung anders als in der Planung begründeter Bodenaufbau) wird eine Modifizierung der Angebotskalkulation erforderlich. Auch Nachträge, die entweder durch zusätzlich erforderliche Leistungen oder durch Änderungen des Bauherrn notwendig werden, führen zwangsläufig zu einer Modifizierung. Nur dadurch kann eine ständige Aktualität der Angebotskalkulation erreicht werden, damit sie zu jeder Zeit als Kontroll- und Steuerungsinstrument fungieren kann.

Ein Controllingwerkzeug ist dabei der Kosten-Soll-Ist-Vergleich, der erst nach Vorliegen der monatlichen Leistungsmeldung beim Bauleiter durchgeführt werden kann. Ihm können die Ist-Kosten $\mathbf{K}_i$ einer Leistung entnommen werden und mithilfe der folgenden Formel verglichen werden:

$$Ks = Xi \cdot Ps$$

Erläuterung der Formelzeichen:
Ks = Soll-Kosten
Xi = Tatsächlich ausgeführte Menge
Ps = Soll-Einzelkostenansatz.

Zu berücksichtigen ist, dass sowohl den Soll-Kosten als auch den Ist-Kosten dieselbe Leistungsmenge zugrunde liegt. Vor allem muss aber die trivialste Fehlerquelle berücksichtigt werden: eine fehlerhafte Leistungsermittlung durch bspw. Ablesefehler bzw. falsche oder nicht durchgeführte Messinstrumentenkalibrierung [7]. Als weiteres Controllingwerkzeug ist das Leistungs-Controlling zu nennen, das wie auch die Ablaufplanung in verschiedenen Detaillierungsgraden erstellt werden kann. Eine dieser Varianten ist das Wochenleistungs-Controlling (WLC) (siehe Bild 11.7).

Soll-Ist-Prognose Wochenstunden

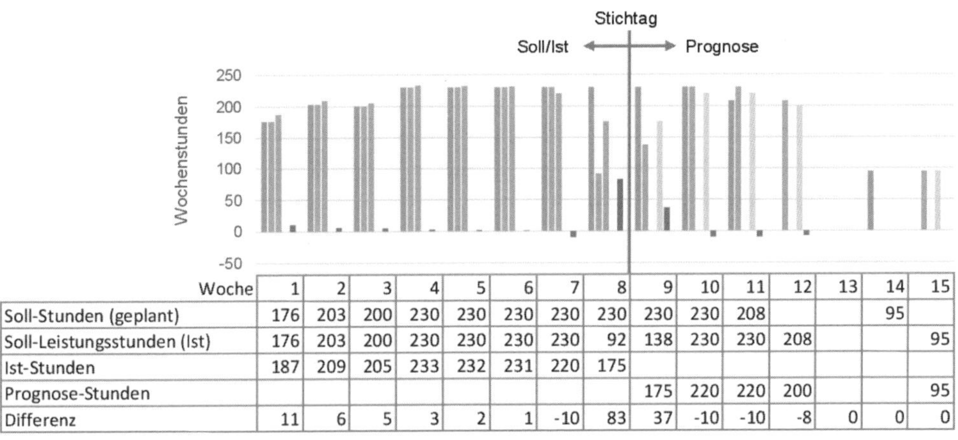

Woche	1	2	3	4	5	6	7	8	9	10	11	12	13	14	15
Soll-Stunden (geplant)	176	203	200	230	230	230	230	230	230	230	208			95	
Soll-Leistungsstunden (Ist)	176	203	200	230	230	230	230	92	138	230	230	208			95
Ist-Stunden	187	209	205	233	232	231	220	175							
Prognose-Stunden									175	220	220	200			95
Differenz	11	6	5	3	2	1	-10	83	37	-10	-10	-8	0	0	0

■ Soll-Stunden (geplant) ■ Soll-Leistungsstunden (Ist) ■ Ist-Stunden ■ Prognose-Stunden ■ Differenz

Bild 11.7 Soll-Ist-Prognose der Wochenstunden (Eigene Darstellung i. A. a. [7])

Kernaufgabe ist der Vergleich der Soll-Stundenvorgabe mit den tatsächlichen Ist-Stundenleistungen. Dies wird an bestimmten Stichtagen für zurückliegende Leistungen durchgeführt. Anhand der roten Balken können so zusätzlich Differenzen in der Vergangenheit festgestellt werden. Auf Grundlage dieser retrograden Analyse ist es nun möglich, Prognosen für die kommenden Wochen zu erstellen und frühzeitig potenzielle Differenzen zu identifizieren. Dadurch ist die Bauleitung im Stande, rechtzeitig Korrekturmechanismen zu implementieren. Im oben gezeigten Beispiel führten die festgestellten Differenzen so zu einer Verschiebung des Fertigstellungstermins um insgesamt eine Woche.

In einem gröberen Detaillierungsgrad kann aus dem Wochenleistungs-Controlling das Monatsleistungs-Controlling (MLC) ermittelt werden. Diese Darstellungsart wird zumeist bei Bauprojekten mit mehrjähriger Projektlaufzeit gewählt. Angedacht ist das Controlling als interne Berichterstattung (Monatsbericht) und natürlich auch als Basis für Soll-Ist-Vergleiche für die Geschäftsleitung. Daher sind neben den Leistungen auch oft die entstandenen Kosten enthalten. Weiterhin enthält der Monatsbericht einen Baustellenkurzbericht, wie bspw. in Bild 11.8 ersichtlich [7].

Monat	Geschoss	Summe Fertigstellungs-grad [%]	Woche Fertigstellungs-grad [%]	Job-Leistung		Summenleistung		Endergebnis Prognose [h]	Bemerkung
				Soll [h]	Ist [h]	Soll [h]	Ist [h]		
1	Vorbereitung	4	100	92	97	92	97		
	1	7	100	84	90	176	187		
	2	15	100	203	209	379	396		
	3	23	100	200	205	579	601		
	4	27	40	92	93	671	694		
	∑ 1. Monat								
2	4	32	60	138	140	809	834		
	5	42	100	230	232	1039	1066		
	6	51	100	230	231	1269	1297		
	8	60	100	230	220	1499	1517		
	9	64	40	92	175	1591	1692	1692	VERZUG!
	∑ 2. Monat			920	998				STICHTAG
3	8	69	60	138		1729		1867	
	9	79		230		1959		2087	
	10	88		230		2189		2307	
	11	96		208		2397		2507	
	∑ 3. Monat			806					
4	Nachbereitung			95		2492		2602	
	∑ 4. Monat			95		2492		2602	

Bild 11.8 Baustellenkurzbericht (Eigene Darstellung i. A. a. [7])

11.3 Lean Construction

Der Begriff „Lean" stammt aus dem Englischen und bedeutet „schlank". Seinen Ursprung hat der Lean-Gedanke von der Produktions-Optimierung (Lean Production = schlanke Produktion), die bei Toyota in den 1940er Jahren in Gang gebracht wurde, um mit den großen Automobilherstellern des Westens mithalten zu können, was auf Grund der Ressourcenknappheit in Japan schwierig war. Taiichi Ohno, Toyotas Chef-Produktionstechniker dieser Zeit, hat diesen Gedankengang maßgeblich beeinflusst. Von ihm stammt die Idee, nicht mehr die Maschinenproduktivität in den Vordergrund zu stellen, sondern stattdessen den Fluss eines einzelnen Produktes zu betrachten. Ziel dabei ist es, die Verschwendung in den Prozessen zu analysieren und zu eliminieren, um somit die Wertschöpfungsdichte zu erhöhen bzw. zu maximieren [8].

Der Begriff „Lean Production" ist auf die Forscher und Autoren Womack, Jones und Roos zurückzuführen. Die Amerikaner analysierten in den 1980er Jahren die Produktionsweise in der Automobilindustrie, unter anderem bei Toyota in Japan. Das Ergebnis ihrer Arbeit, veröffentlicht 1990 in dem Buch „The Machine that Changed the World", ist eine Abgrenzung der bisher praktizierten Massenproduktion von einer „schlanken" Produktion. In ihrem Werk veröffentlichen sie zudem Vorschläge, wie die Umstellung hin zu einer „Lean Production" funktionieren kann [21].

Mit dem Buch „Lean Thinking" von Womack und Jones (1996) wurde die Idee der schlanken Produktion weitergedacht und der Begriff des „Lean Managements" geprägt. Daraus entwickelte sich eine Philosophie sowie Werkezuge, die auf weitere Anwendungsbereiche außerhalb der Automobilindustrie übertragen und adaptiert werden können. Das Buch beinhaltet eine Anleitung dazu, wie man den Gedanken erfolgreich in andere Wirtschaftszweige und -bereiche implementieren kann [20]. Weiterhin wird ein kurzer Exkurs in die

Bauindustrie gegeben, der zur Weiterentwicklung des Lean-Konzeptes auffordert. Der Grundstein für „Lean Construction“ (LC), also die analoge Adaption der Lean Prinzipien auf das Bauwesen, ist gelegt.

Die Schwierigkeit der Anwendung von Lean-Prinzipien im Bauwesen liegt in dem fest verankerten „Unikat-Denken“. Dieses ergibt sich aus der Tatsache, dass kein Bauwerk gleich ist und im Gegensatz zur stationären Industrie keine Serienproduktion vorliegt. Diese Denkweise ist jedoch falsch, zwar ist das fertige Bauwerk in der Regel ein Unikat, doch sind die Prozesse zur Erreichung der funktionstauglichen Fertigstellung oftmals die gleichen. Hieraus wird deutlich, dass die Grundvoraussetzung für eine erfolgreiche Umsetzung der Lean-Philosophie darin liegt, ein Prozess-Denken in der Bauindustrie voranzutreiben, um die Anwendung der Lean-Prinzipien zu gewährleisten [6].

Im Bauwesen angewandte Methoden sind das Last Planner System (LPS), das Lean Construction Management (LCM), die Taktplanung und -steuerung sowie das Location-based Management System [6]. Weiterhin wird mit dem Lean Projekt Delivery System (LPDS) der Fokus auf das Projekt als Ganzes gelegt. Es werden also nicht nur einzelne Prozesse optimiert, sondern auch die Projektabwicklung und damit die Organisation, die hinter den Prozessen steht [8]. Mit Hilfe der Vertragsgestaltung können somit Lean-Prinzipien realisiert werden. Hierfür sei Integrated Project Delivery (IPD) als Vertragsform genannt, wobei der Fokus auf das Potenzial zur wirtschaftlichen Optimierung durch die enge Zusammenarbeit der am Bau beteiligten Personen gelegt wird [6].

11.4 Integrated Project Delivery

Beim Integrated Project Delivery (IPD), also der „integrierten Projektabwicklung“, handelt es sich im Wesentlichen um eine Weiterentwicklung der Vergabeform an einen GU/GÜ. Aus Sicht des Auftraggebers (AG) verändert sich im Verhältnis zum AN faktisch nichts. Er hat eine juristische Person für die gesamte Baumaßnahme als Ansprechpartner [8].

Der wesentliche Unterschied liegt in der internen Organisation der am Bau beteiligten Personen.

11.4.1 Schwierigkeiten der klassischen Vergabe – transactional contract

Die klassische Vergabe wird als „transactional contract“ bezeichnet, wörtlich übersetzt der „Transaktionsvertrag“. Dabei werden in den vertraglichen Regelungen der Austausch von Gütern und Dienstleistungen gegen Vergütung fokussiert. Es werden Verpflichtungen und Vergütungen geregelt [19].

Es entsteht eine vertikale Struktur der am Bau Beteiligten. Verträge werden jeweils zwischen zwei Parteien geschlossen und ansonsten bestehen keine Verbindungen zwischen den einzelnen Akteuren [6]. Die Praxis zeigt, dass diese Art von Baustellenorganisation ineffizient und störungs- bzw. konfliktanfällig ist [8].

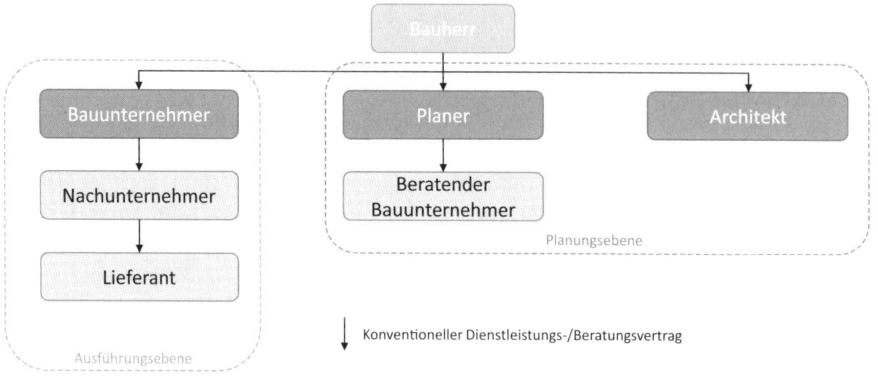

Bild 11.9 Konventionelle Vertragsstruktur (Eigene Darstellung i. A. a. [6])

Noch bevor es zur Vergabe kommt, werden im Rahmen der Ausführungsplanung häufig Fachfirmen zur Beratung hinzugezogen (Bild 11.9). Hieraus lässt sich bereits das erste Problem ableiten. Da zu diesem Zeitpunkt noch nicht feststeht, wer den Auftrag erhalten wird, will der einzelne Unternehmer nicht seine besten Ideen preisgeben. Man möchte konkurrenzfähig bleiben und sich einen möglichen Vorteil für die spätere Angebotsphase wahren. Die Qualität der Planung leidet also unter zurückgehaltenen Ideen [19].

Bei der klassischen Vergabe an einen GU/GÜ schließt dieser Verträge mit seinen NUs. Diese Verträge regeln im Detail, was durch den NU erbracht werden muss, welche Sanktionen ihm bei Nicht-Einhaltung drohen und enthalten Informationen darüber, was der NU nicht zu leisten hat. Die Motivation des einzelnen NUs, etwas zu leisten, was über den Vertrag hinausgeht, ist somit eingeschränkt, auch wenn eine Zusammenarbeit unter den NUs zum Gesamterfolg der Maßnahme beitragen würde [19].

Eben diese Zusammenarbeit ist bei der Vergabe an einen GU/GÜ oft nicht oder nicht ausreichend gegeben. Die Koordination der erforderlichen Teilleistungen gestaltet sich schwer, da die Kommunikation unter den ausführenden Firmen mangelhaft ist. Alle Schwierigkeiten im Bauablauf werden nur zwischen dem NU, bei dem der Fehler auftritt, und dem GU/GÜ kommuniziert. Mögliche Auswirkungen auf weitere Gewerke werden oft vernachlässigt und potenzielle Lösungen somit übersehen [19].

Deutlich wird dies auch darin, dass jeder NU für sich profitorientiert arbeitet, oft auf Kosten des Projekterfolges im Ganzen. Es ergibt sich für den NU kein Mehrwert, wenn er einem anderen NU hilft, so dass oft sogar gegeneinander agiert wird, wenn so die eigene Performance gesteigert werden kann [19].

11.4.2 Lösungsansatz: vertragliche Regelung des Zusammenwirkens der am Bau beteiligten Personen – relational contract

Im Gegensatz dazu steht der „relational contract“, zu Deutsch „beziehungsorientierter Vertrag“. Haupt-Vertragsbestandteil ist die Regelung der Verhältnisse der am Bau Beteiligten untereinander. Im Vordergrund steht der Austausch. IPD ist eine Form des relational contract. Dabei entsteht für jedes Bauprojekt aus dem Zusammenschluss mehrerer Fachfirmen eine eigene kleine Firma [19].

Dieses virtuelle Unternehmen, das IPD-Team, arbeitet hierbei gemeinsam für das Projektziel und teilt Gewinn und Risiko. So steigt die Motivation jedes Einzelnen, den Erfolg des Gesamtprojektes voranzutreiben und damit auch die Hilfsbereitschaft untereinander. Dieses „Bonus-/Malus-Vergütungssystem" wird in der IPD-Vereinbarung festgelegt [6]. Voraussetzung hierfür ist, das „Prinzip der offenen Bücher" [8], denn nur so können Probleme frühzeitig erkannt werden.

Die folgenden Abbildungen zeigen zwei Variationen eines IPD-Vertrages. Bild 11.10 betrachtet den Zusammenschluss der bauausführenden Projektbeteiligten. Das Team schließt mittels eines Vertreters einen Vertrag („primary contract") mit dem Bauherrn, in diesem sind die Rahmenbedingungen und Ziele der Baumaßnahme festgelegt. Außerdem wird ein Vertrag zwischen den Bauunternehmen geschlossen („Team Member Agreement"), mit dem sich die Teammitglieder dazu verpflichten, ihr Möglichstes zu tun, um den Projekterfolg zu ermöglichen. Außerdem wird hier der Verteilungsschlüssel vereinbart. Üblicherweise wird der Vertrag zwischen AG und IPD-Team schon in der Planungsphase geschlossen, um die Vorteile einer engen Zusammenarbeit voll auszunutzen. Bei Bedarf können trotzdem einzelne spezielle Arbeiten an NUs im klassischen Sinne vergeben werden [19].

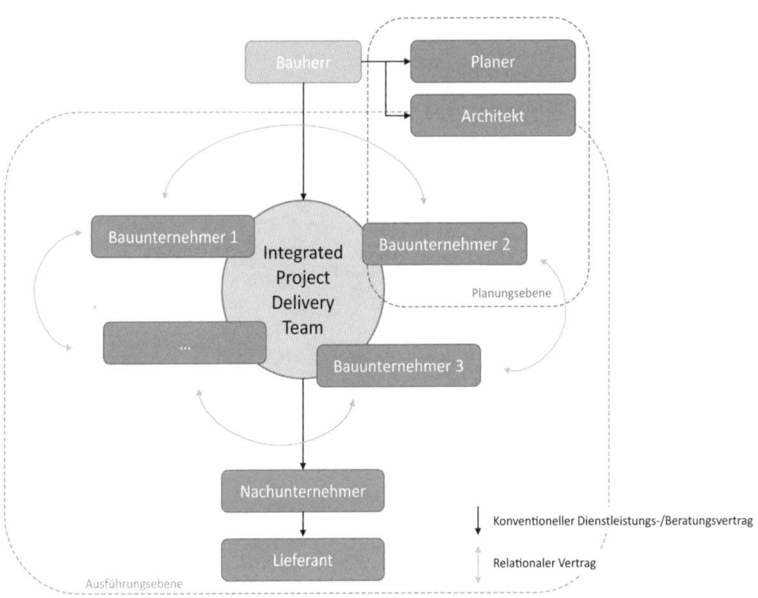

Bild 11.10 IPD-Vertragsstruktur mit IPD-Team bestehend aus ausführenden Bauunternehmen (Eigene Darstellung i. A. a. [19]

Die in Bild 11.11 dargestellte Auslegung des IPD-Prinzips sieht die Gesamtheit der am Projekt Beteiligten als ein Team. Hier werden der Planer, der Architekt und die Bauunternehmen zu einer Risiko- und Gewinngemeinschaft zusammengeschlossen und stehen mit dem Bauherrn als eine zusammenhängende Organisation im Verhältnis. Auch hier ist es gegebenenfalls möglich, zusätzliche NUs außerhalb der IPD-Struktur zu beauftragen [6]. Durch die Aufnahme der Planungsebene in das Team wird die Zusammenarbeit bei der Planung noch enger. Die Unternehmer können den Planer frühzeitig auf bautechnische

Besonderheiten hinweisen. Während der Ausführung können gegebenenfalls erforderliche Änderungen schneller umgesetzt werden, da der Planer noch involviert ist und sein Gewinn an den Projekterfolg gekoppelt ist.

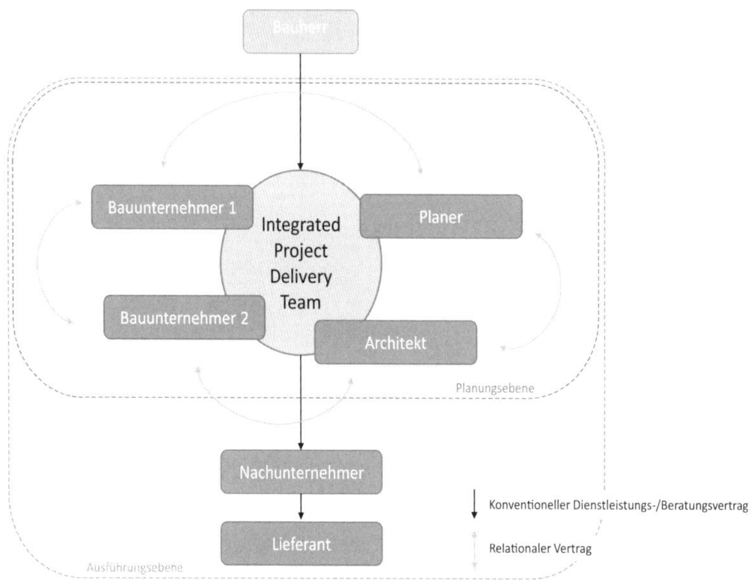

Bild 11.11 IPD-Vertragsstruktur mit IPD-Team bestehend aus allen am Bau beteiligten Personen (Eigene Darstellung i. A. a. [6]

11.5 IPD in Bezug auf die Anwendung der Lean-Prinzipien im Schlüsselfertigbau

In diesem Teil soll das zuvor erläuterte Prinzip des IPD auf die ursprüngliche Fragestellung nach der Anwendung von Lean-Prinzipien im Schlüsselfertigbau zurückgeführt werden.

11.5.1 IPD und LEAN

Ziel dieses Abschnitts ist es, neue Ansätze für die Anwendung der Lean-Prinzipien im Schlüsselfertigbau aufzuzeigen. Nun ist IPD an sich keine Lean-Methode im eigentlichen Sinne. In diesem Teil soll erläutert werden, wie IPD und Lean Management bzw. Lean Construction zusammenwirken. Während bei Lean einzelne Prozesse optimiert werden sollen, beschäftigt sich IPD mit der Organisation der gesamten Projektabwicklung. Der Überbegriff für diesen Ansatz lautet „Lean Project Delivery System" (LPDS) [8]. Im Bereich der Prozessoptimierung werden die Strukturen innerhalb eines Unternehmens bzw. eines Gewerkes umgestellt, hin zu einem „Bottom up-“-System. Hier geben die Facharbeiter vor, wie vorgegangen wird, da sie die nötige Nähe zur praktischen Ausführung haben. Zuvor leitende Stellen des Betriebs sollen das Projekt-Management-Team unterstützen und nicht mehr die Regeln und Anweisungen vorgeben [11]. Mit LPDS wird diese Strukturumwandlung auf die Ebene der Prozessabwicklung gebracht. Hierbei werden nicht mehr nur betriebsinterne Beziehungen strukturiert, sondern das Verhältnis der Unternehmen zueinander betrachtet. Es entsteht eine horizontale Struktur, bei der sich die Projektbeteiligten gegenseitig unterstützen [11].

Grundbausteine für ein Projektumfeld, in dem kontinuierliche Verbesserung im Sinne des Lean Thinking ermöglicht werden kann, sind Transparenz, Vertrauen, Kommunikation und Kollaboration [8]. Denn nur mit Teamarbeit können die Ziele der Lean-Philosophie erreicht werden. Auf genau diese Punkte zielt das Konzept des IPD ab. Durch die vertragliche Regelung des Miteinanders verpflichten sich die Teammitglieder zu eben diesen Punkten.

Ein Lean-Werkzeug, das bei IPD zum Tragen kommt, ist der sogenannte „Big Room“. Dabei setzen sich Vertreter aller Projektbeteiligten in regelmäßigen Abständen zusammen und diskutieren offen und direkt über Belange der Baumaßnahme [8]. Durch IPD wird das Konfliktpotenzial solcher Zusammentreffen minimiert, da alle an einem Strang ziehen. Da alle Beteiligten die gleichen Interessen haben, muss nicht um die Durchsetzung individueller Ziele gekämpft werden.

Das Last Planer System, auf das in diesem Buch nicht weiter eingegangen wird, wird durch IPD vereinfacht. Hierbei werden die Prozesse in einen zeitlichen Rahmen eingeordnet und visualisiert, beginnend mit einem Rahmenterminplan bis hin zur detaillierten Wochenplanung [8]. Durch IPD sind die Interdependenzen der einzelnen Prozesse klarer strukturiert. LPS setzt die Beteiligung aller ausführenden Unternehmen voraus, um die aktuellen besonderen Umstände jedes Arbeitsschrittes direkt in die Wochenplanung einbeziehen zu können. Mit IPD wird diese Kooperation der ausführenden Unternehmen im Vertrag verankert.

Taktplanung und -steuerung, eine weitere Lean-Methode, wird ebenfalls positiv durch IPD beeinflusst. Im Wesentlichen geht es hierbei darum, die Arbeitsschritte einzutakten und Fluss zu ermöglichen. Die verschiedenen Gewerke bewegen sich in einer festen Reihenfolge durch die einzelnen Taktbereiche, also Arbeitsbereiche [8]. Essenziell für den Erfolg der Arbeit in Takten ist die Abstimmung der Gewerke untereinander. Die Transparenz und offene Kommunikationskultur des IPD begünstigen dies.

11.5.2 IPD und SF-Bau

In der Regel handelt es sich bei einem IPD-Vertrag um einen Vertrag im Sinne des schlüsselfertigen Bauens. Anstelle eines GU/GÜs bekommt jedoch ein Team aus Bauunternehmen den Auftrag, ein betriebsbereites Bauwerk zu erstellen. Wenn Planer in dieses Team integriert werden (Bild 11.11), hat man eine vergleichbare Situation wie bei der Vergabe an einen Totalübernehmer. So ist IPD eine spezielle Form des Schlüsselfertigbaus.

11.5.3 Potenziale der Anwendung von IPD gegenüber konventionellem Schlüsselfertigbau

Aus Sicht des AG bleibt der Vorteil des schlüsselfertigen Bauens, nämlich die unkomplizierte Abwicklung mit nur einem Vertragspartner auch bei der Anwendung von IPD erhalten. Da die Struktur zwischen dem Bauherrn und dem AN unverändert einem konventionellen Dienstleistungsvertrag entspricht, ergeben sich für ihn keine Nachteile gegenüber einem GU/GÜ-Vertrag. Er geht somit kein Risiko ein, wenn er mit einem IPD-Team baut. Es ergibt sich die Chance von der optimierten Prozessabwicklung zu profitieren. Doch auch wenn die Ansätze nicht aufgehen, steht er nicht schlechter da als mit einem GU/GÜ.

Der Vorteil liegt in dem Grundsatz, dass bei IPD alle Beteiligten an einem Strang ziehen. Alle haben ein Ziel vor Augen: den Projekterfolg. Dieser wird gemessen in Kosten, Bauzeit und Qualität. In allen drei Bereichen verspricht IPD eine Optimierung. Durch die frühzeitige Einbindung des IPD-Teams bei der Planung können überflüssige Kosten verhindert werden, bevor sie überhaupt entstehen. Durch das gebündelte Fachwissen der Bauunternehmen kann die Planung kosteneffizient gestaltet werden. Umplanungen von der Ausschreibungs- hin zur Ausführungsplanung werden vermieden, da die ausführende Seite direkt einschreiten kann, wenn Planungsfehler passieren.

Während der Ausführung können durch die Zusammenlegung von Ressourcen Kosten eingespart werden. So muss zum Beispiel nicht für jedes Gewerk ein eigener Bagger vorgehalten werden, wenn nicht alle Gewerke gleichzeitig einen Bagger brauchen.

Bei zusätzlich erforderlichen Bauleistungen kann durch die horizontale Struktur der Preis für Nachträge klein gehalten werden. Bei einer klassischen Vertragsstruktur wird der Preis des NUs durch den GU/GÜ um einen eigenen Gewinnanteil bezuschlagt, bevor er dem Bauherrn genannt wird. Dies entfällt bei einer IPD-Struktur. Alle Teammitglieder haben ein besonderes Interesse daran, die Kosten gering zu halten, da sie an dem Kostenrisiko beteiligt sind. Weiterhin werden durch die nachfolgend erläuterte Verkürzung der Bauzeit in der Regel auch Kosten gespart.

Durch die enge Zusammenarbeit und die ständige Kommunikation können Störungen im Bauablauf frühzeitig erkannt und beseitigt werden. Somit werden Stillstandzeiten durch Behinderungen vermieden. Ein typischer Fall der Behinderung ist, dass Arbeiten nicht begonnen werden können, weil das vorangegangene Gewerk noch das Baufeld blockiert. Es bleibt zwar nicht aus, dass es zu Verzögerungen im Bauablauf kommt, aber die Auswirkungen auf nachfolgende Gewerke werden durch flexible Planung minimiert. Somit wird verhindert, dass die bauzeitliche Verlängerung über das Maß der eigentlichen Störung hinaus vergrößert wird. Bei IPD muss ein anderes Gewerk im eigenen Baufeld nicht mal eine Störung sein. Gegebenenfalls können Ausführungsteams für verschiedene Gewerke gebildet werden und somit mehrere Arbeiten gleichzeitig innerhalb eines Baufeldes erledigt werden.

Durch die Verteilung des Risikos auf alle am Bau Beteiligten kann auch die Qualität des Werkes steigen. Die Teammitglieder sind darauf bedacht, offen mit Fehlern umzugehen, da mögliche daraus resultierende Mängel in ihren Haftungsbereich fallen. Bei konventionellen Vertragsstrukturen hingegen haftet nur der GU/GÜ direkt gegenüber dem AG. Somit könnte ein NU einen Fehler vertuschen wollen, da ihm gegenüber nur Regressansprüche geltend gemacht werden können, wenn ihm eine Schuld nachgewiesen werden kann. Er hat keinen direkten Nachteil durch einen aus seinem Fehler resultierenden Mangel am Bauwerk. Außerdem kann ein Unternehmer allein faktisch nicht alle Risiken vermeiden, da er auf manche Risiken einfach keinen Einfluss hat. Dadurch kann sich eine Art Abwehrhaltung entwickeln und die Risikobereitschaft sinken. Dabei kann es sich durchaus lohnen, ein Risiko einzugehen. Innovation wird somit eingeschränkt.

Auch aus Sicht des Unternehmers überwiegen die Vorteile des IPD gegenüber der konventionellen Vertragsform. Vor allem der Unternehmer, der sonst die Rolle des GU/GÜ innehätte, kann über diese Vereinbarung sein individuelles Risiko minimieren. Jedoch muss hier auch erwähnt werden, dass Teammitglieder theoretisch ein höheres Risiko tragen, als es bei einem Nachunternehmer-Verhältnis der Fall wäre. Das tatsächliche Gesamtrisiko, dass auf die Teammitglieder zu verteilen ist, wird aber durch die oben beschriebenen Potenziale der Vertragsgestaltung minimiert. Somit ist dieser Nachteil faktisch keiner.

11.6 Fazit

Zusammenfassend kann man sagen, dass IPD eine sinnvolle Alternative zum konventionellen Schlüsselfertigbau darstellt. Viele Züge des LC erfordern ohnehin Teamarbeit. Ganz ohne integrierte Projektabwicklung ist die Umsetzung von Lean im Schlüsselfertigbau also gar nicht möglich. IPD bietet hierbei die Möglichkeit, die Teamarbeit im Vertrag zu verankern. Damit werden die Teammitglieder zur Einhaltung der „Spielregeln“ für eine gute Zusammenarbeit verpflichtet.

Für den Bauherrn bietet die Zusammenarbeit mit einem IPD-Team eine Chance für optimierte Planung, Bauzeit und Wirtschaftlichkeit der Baumaßnahme. Er muss sich nicht mit vielen Einzelgewerken beschäftigen, sondern hat einen Ansprechpartner von Beginn der Planungsleistungen bis hin zur Fertigstellung.

Die Organisation, die sich hinter diesem „Ansprechpartner“ verbirgt, profitiert von geregelten Prozessen, geteiltem Risiko und potentiell höheren Gewinnen.

Literaturverzeichnis

[1] Auftragsberatungszentrum Bayern e.V. (2014), Richtig Ausschreiben-Checkliste für öffentliche Auftraggeber, in: *http://www.abz-bayern.de/abz/inhalte/Anhaenge/Checkliste.pdf*, abgerufen am 15.7.2015.

[2] Bauer, H. (1995), Baubetrieb, 2. Aufl., Berlin.

[3] Berner, F./Kochendörfer, B./Schach, R. (2009), Grundlagen der Baubetriebslehre 3. Baubetriebsführung, Wiesbaden.

[4] Exporo Investment GmbH. EXPORO: Generalunternehmer – Generalübernehmer. Online verfügbar unter *https://exporo.de/wiki/generalunternehmer-generaluebernehmer/*; zuletzt geprüft am 17.07.2019.

[5] f:data GmbH. Bauprofessor: Schlüsselfertigbau (SF-Bau). Online verfügbar unter *https://www.bauprofessor.de/Schl%C3%BCsselfertigbau%20(SFBau)/fd781f44-3747-4f06-9fbc-f1e1f00a7c13*; zuletzt geprüft am 17.07.2019.

[6] Fiedler, M. (Hrsg.), 2018. Lean Construction – Das Managementhandbuch. Agile Methoden und Lean Management im Bauwesen. München: Springer Gabler Verlag.

[7] Girmscheid, G. (2015), Angebots- und Ausführungsmanagement-prozessorientiert. Erfolgsorientierte Unternehmensführung, 3. Aufl., Berlin.

[8] GLCI-Arbeitsgruppe, 2018. GLCI: Lean Conctruction – Publikationen (GLCI e.V.). Online verfügbar unter *https://www.glci.de/sites/default/files/2018/Publikationen/GLCI-Lean-Construction-Begriffe-und-Methoden.pdf*; zuletzt geprüft am 17.07.2019.

[9] Gralla, M. (2011), Baubetriebslehre, Bauprozessmanagement, Köln.

[10] Hofstadler, C. (2007), Bauablaufplanung und Logistik im Baubetrieb, Berlin, Heidelberg.

[11] Kirsch, J., 2009. Organisation der Bauproduktion nach dem Vorbild industrieller Produktionssysteme. Entwicklung eines Gestaltungsmodells eines ganzheitlichen Produktionssystems für den Bauunternehmer (Bd. Reihe F, Heft 63), Karlsruhe: Universitätsverlag Karlsruhe. Online verfügbar unter *https://publikationen.bibliothek.kit.edu/1000011472/994451*; zuletzt geprüft am 17.07.2019.

[12] Kochendörfer, B./Liebchen, J. (2001), Bau-Projekt-Management. Grundlagen und Vorgehensweisen, Wiesbaden.

[13] Koppe, B./Hoffstadt, H.J. (1994), Abwicklung von Bauvorhaben. Zeitlicher und organisatorischer Ablauf eines Bauvorhabens von den Grundstücksfragen bis zur Abrechnung, 4. Aufl., Köln

[14] Krautzberger, M./Löhr, R.-P./Battis, U. (2009), Baugesetzbuch. BauGB, 11. Aufl., München.

[15] Rauh (2002), Baumaschinen und Verfahrenstechnik: Leistungsberechnung von Baumaschinen, 2. Aufl., Siegen.

[16] Schmidt, H.T. (1970), Grundsätze baubetrieblicher Verfahrenswahl, dargestellt an Transportverfahren auf Grossbaustellen, Wiesbaden, Berlin.

[17] Sommer, H.R. (1994), Projektmanagement im Hochbau. Eine praxisnahe Einführung in die Grundlagen, Berlin.

[18] VOB/A 2012 – Textausgabe/Text Edition. Vergabe- und Vertragsordnung für Bauleistungen, Teil A/German Construction Contract Procedures, Part A (2014a), Wiesbaden.

[19] Matthews, O.; Howell, G., 2005. Integrated Project Delivery an Example of relational contracting, LCI (Hrsg.), Lean Construction Journal: Volume 2 Issue 1, S. 46–61. Online verfügbar unter *http://www.leanconstruction.org/media/docs/lcj/LCJ_05_003.pdf*; zuletzt geprüft am 17.07.2019.

[20] Womack, J.; Jones, D., 2013. Lean Thinking – Ballast abwerfen, Unternehmensgewinne steigern (3. Aufl.), Frankfurt/New York: Campus Verlag.

[21] Womack, J.; Jones, D.; Roos, D., 1990/2007. The Machine That Changed The World with a new Foreword by the authors. London, New York, Sydney, Toronto: Simon & Schuster Verlag.

Index

A

Abdeckkappen 295
Abdichtungssystem 104
Abflussspende 127
Abhänger 199 f.
Abkantung 231
Abläufe 453
Ableitung 161
Abriebfestigkeit 237
Absorberschott 222
Absturzsicherung 274
Abzweigdose 433
Ader 432
Akustikplatte 175
Aluminiumfenster 289
Aluminiumprofil 226
Angebotskalkulation 488
Anhydritestrich 330
Ankerlaschen 313
Ankerschiene 56, 298
Ansaat 470
Anschlagarten 291
Anschlageinrichtungen 162
Anschlussausbildung 217
Anschlussfuge 291, 297
Ansetzmörtel 251
Anti-Rutsch-Beschichtung 357
Anwendungskategorie 159
Arbeitsfuge 34, 114, 345
Armierung 247
Attika 234
Aufenthaltsfläche 441
Aufsatzbänder 321
Aufsatzkranz 160
Aufstocklaschen 22
Aufwandswerte 484
Ausbreitmaß 11
Ausdehnungsgefäß 399
Ausfachungswände 59
Außenanlagenplanung 436
Außenliegende Sonnenschutzanlagen 299
Außenputz 237, 387
Außensockelputz 242
Außentür 301
Aussteifende Wände 61
Aussteifungsprofil 172, 193, 206, 212
Aussteifungsverband 75
Ausstellfenster 281
Austrocknungsbereich 109

B

Balkenlage 75
Balkontüre 282
Balloon-Frame 72
Bandrasterdecke 212
Bandstahl 288
Baugenehmigung 477
Bauholz 68
Bauleitplanung 478
Baunennmaß 42
Baunutzungsverordnung 478
Bauprozess 4
Baurichtmaß 307
Baustelleneinrichtung 482
Baustelleneinrichtungsplanung 4

Baustellenmörtel 53
Baustellensicherung 8
Baustromversorgung 430
Beanspruchungsklassen 107
Bebauungsplan 478
Bedarfslüftung 408
Befahrbares Flachdach 142
Befestigungsmittel 266
Befestigungswinkel 298
Begehbares Flachdach 136
Begrüntes Flachdach 148
Behaglichkeit 402, 409
Belegung 330
Bemessungsfahrzeug 440
Benetzungsprüfung 372
Bentonitabdichtung 118
Bepflanzung 463
Beschichtung 382
Beschläge 320
Betondeckung 36
Betoneinbau 37
Betonierabschnitt 34
Betonierfuge 114
Betonklassifizierung 9
Betonnachbehandlung 38
Betonstabstahl 15
Betonstahl in Ringen 16
Betonstahlmatten 16
Betonsteinpflaster 447
Betonzusatzmittel 9
Bewegliche Sonnenschutzanlagen 300
Bewegungsausgleich 297
Bewegungsfuge 35, 114, 204, 239, 341, 377
Bewegungsfugenprofil 341
Bewehrtes Mauerwerk 63
Bewehrungsdraht 16
Biberschwanzdachziegel 80
Biegezugfestigkeitsklassen 334, 339
Bitumen 119
Bitumenbahnen 119
Bitumendachdichtungsbahnen 120
Bitumenpapier 337
Bitumenschweißbahnen 121
Blendrahmen 274, 313
Blitzschutz 161
- äußerer 161
Blitzschutzklasse 161
Blockbauweise 74
Blockheizkraftwerk 397 f.
Blockrahmen 312
Bodenanschluss 192
Bodenbelag 354
Bodendichtung 306, 324
Bodenschwelle 303
Bodentürschließer 322
Bohlenbauweise 74
Bolzenverbindung 96
Bommerbänder 310
Bördelung 230
Bottom up 495
Brandausbreitung 104
Brandfall 302
Brandriegel 260
Brandschutzeinlagen 303
Brandschutzklappe 416
Brandschutztür 304
Brandüberschlag 260
Brennwertkessel 394
Bretterzaun 457
Brettschichtholz 69
Brettschichtholzherstellung 99
Brettstapelbaueise 74
Bürsten-Streichverfahren 120
Buttering-Verfahren 370

C

Calciumsulfatestriche 330
Chemische Holzschutzmittel 70
CM-Gerät 350
CM-Messung 328, 347, 350, 352 f.
CNC-Maschine 287
Container 8
C-Profil 170

D

Dachbegrünung
- extensive 150
- intensive 149

Dachbegrünungsrichtlinie 148
Dachbelüftung 102
Dachdämmung 101
Dacheindeckung 79
Dachflächen 77
Dachformen 77
Dachneigung 80
Dachrinnen 83
Dachscheiben 86
Dachziegel 80
Dämmplattenverlegung 253
Dämmschicht 333
Dampfbremsen 102
Dampfdiffusionsausgleich 290
Dampfdruckausgleich 295
Dampfsperre 102, 151, 362
Darrprüfung 351
Darrtemperatur 351
Deckenanschluss 193
Deckenbekleidung 199
Deckendurchbiegung 60, 187
Deckeneinbauten 220
Deckenheizung 407
Deckenprofil 171
Deckenraster 205
Deckenschalung 26, 31
Deckenstützen 26
Decklage 201, 316
Deckschicht 442
Dehnfuge 35, 114, 381
Dehnfugenprofil 381
Dehnungsfuge 342
Destillationsbitumen 119
DFG-Forschungsvorhaben 250
Diagonalaussteifung 295
Diagonalbewehrung 253, 259
Dichtprofil 294
Dichtstoffe 369
Dichtstoffgruppen 294
Dickbettverlegung 371, 375
Dielektrizitätskonstante 352
DIN-Links 310
DIN-Rechts 310
Dispersionsfarben 385
Distanzklötze 295
Doppelständerwand 189
doppelter Versatz 87
Drahtanker 66
Drahtgewebe 237
Drahtglas 303
Dränleitung 126
Dränschicht 124, 138, 152
Drehflügelfenster 279
Drehflügeltür 310
Drehkippflügelfenster 280
Drehkreuztür 311
Druckausgleichsschicht 53
Druckbogen 62
Druckgefälle 113
Drucktaster 305
Druckverglasung 294
Druckwasserbereich 108
Druckzone 111
Dübel 186, 247
Dübelarten 97
Duktilitätsklassen 15
Dünnbettmörtel 54
Dünnbettverlegung 370, 380
Duobalken 69
Durchlauferhitzer 422

E

Ebenheitstoleranz 244, 373
Eckausbildung 191
Ecklisenen 230
Eckzargen 315
Einbauleuchten 220
Einbauzarge 283
Einbohrbänder 284, 321
Einbringtemperatur 329
Einbruchhemmende Tür 305
Einbruchhemmung 277
Einbruchsicherheit 305
Eindringtiefe 331
Eindrücktiefe 347
Einfachfenster 273, 275
Einfachständerwand 188
Einfassung 231
Einfriedung 454

Eingeschlitzte Bleche 91
Einhangschienen 227 f.
Einkanalanlage 411
Einlassdübel 96
Einpressdübel 96
Einreiberverschlüsse 285
Einrohrsystem 402
Einschalige Außenwände 64
Einscheibensicherheitsglas 303, 318
Einsteckschlösser 321
Einstemmbänder 284, 321
Einzellast 339 f.
Eisennägel 347
Elastische Bodenbeläge 362
Elektrische Feuchtmessung 352
Elektrische Leitungsführung 434
Elementfassade 265
Energiedurchlassgrad 265
Energiepfähle 397
Energieträger 392
Entkopplung 333
Entlüftungsöffnung 277
Entwässerungssysteme 425
Erdgas 392
Erdkollektor 396
Erdungsanlage 161
Erweichungspunkt 331
Estrich
- schwimmender 192
Estricharten 327
Estrich auf Trennschicht 337
Estrichbewehrung 341
Estrichmatrix 327
Estrichnenndicken 339 f.
Expansionsstreifen 303
Extruderschaum 184

F

Fachwerkbauweise 73
Fallkopf 31
Faltschiebetür 311
Falzbett 295
Falzziegeldeckung 81
Fangeinrichtung 161
Faserbewehrte Putze 250
Faserdämmstoff 169, 183
Fasergehalt 251
Fehlerstromschutzschalter 430
Feinkeramik 363
Fensterabmessung 274
Fensterbänder 284
Fensterbankabdeckung 233
Fensterbankanschluss 256
Fensterbefestigung 297
Fensterbeschläge 284
Fensterdichtung 292
Fenstereckbereich 253
Fensterfugen 274
Fenstergriffe 285
Fensteröffnung 253
Fenstertür 282
Fensterverschlüsse 285
Fersenversatz 87
Fertigteilbau 39
Festpunkt 226 ff.
Feststellanlage 305
Feuchtebeanspruchungsklassen 198
Feuchtebedingungen 108
Feuchtegehalt 358
Feuchtegradienten 345
Feuchtemessung 372
Feuchteschutzschichten 102
Feuchtigkeitsabgabe 345
Feuchtraumplatte 174
Feuerschutzanstrich 304
Feuerschutzplatte 168
Feuerschutzschürze 268
Feuerschutztür 304
Feuerwiderstandsklasse 195
Filterschicht 152
Filtervlies 124
Firstabdeckung 234
Flachdachanschluss 257
Flachdacharten 134
Flachdachbegrünung 148
Flachdachrichtlinie 148, 151
Flächendränschicht 127
Flächenkollektor 396
Flächennutzungsplan 478

Flachheizkörper 404
Flachstahl-Maueranker 305
Flankenübertragung 197
Flex-Deckenschalung 32
Fliesen 362
Fliesenkleber 380
Fließestrich 328
Fließfähigkeit 335
Floating-Verfahren 370
Folienprüfung 352
Freigespannte Flurdecken 213
Frischbetonrohdichte 12
Fugenabdichtung 113
Fugenabschlüsse 35
Fugenbild 210
Fugenbreite 381
Fugendichtband 256
Fugendurchlässigkeit 309
Fugendurchlasskoeffizient 276
Fugenmörtel 381
Fugenverschluss 345
Führungsschiene 311
Funktionsbeschläge 286
Funktionsschichten 137
Fußböden 354
Fußbodenheizung 334, 406
Fußpfetten 97
Futterrahmentür 313
F-Verglasung 304

G

Gabionen 462
Gangflügel 280
Gang-Nail 92
Ganzglastür 318
Gebäudeecke 230
Gefährdungsklassen 70
Gefälle 127
Gefälledämmung 143
Gehkomfort 355, 358
Generalunternehmer 473
Geotextil-Verbundstoffe 124
Gesamtenergiedurchlassgrad 298
Geschossbauweise 72
Giebelwände 85
Gießverfahren 120
Gipsfaserplatte 177
Gipskarton-Erkennungsmerkmale 175
Gipskarton-Feuerschutzplatte 174
Gipskartonplatte 166, 168, 173
Gitterritzgerät 347
Gitterträger 18
Glasfalze 292
Glasfasergewebe 237, 250
Glasfassade 269
Glashalteleiste 269, 283, 297
Glasscheibe 274
Glasurschicht 371
Glaswolle 183
Gleichstrom 429
Gleitebene 228
Gleitpunkt 226
Gleitschiene 322
Grobterminplan 475
Grundierung 238
Grundprofile 203, 206
Grundrissgestaltung 262
Grundwasser 397
Gruppenversorgung 421
Gurt 226
Gussasphalt 151
Gussasphaltestrich 331
G-Verglasung 304

H

Haftbrücke 238
Haftdübel 186
Haftschlämme 380
Haftvlies 356
Haftzugfestigkeit 348
Hakenhöhe 6
Halbhydrat 330
Halbzeuge 289
Halteprofil 270
Hammerschlagprüfung 347
Handzeichen 6
Hängedachrinnen 83
Härteklasse 331

Hartgummi 295
Hart-Polyvinylchlorid 290
Hausanschluss 430
Haustrennwände 66
HDPE-Trägerfolie 121
HD-Ziegel 42
Hebefenster 282
Hebeschiebekippflügelfenster 283
Heizelemente 334
Heizestrich 328, 331, 334 f., 346
Heizkessel 394
Hellbezugswert 254, 259
Hintermauerschale 65
Hinterschnitt 445
Hinterschnittdübel 186
Hochvakuumbitumen 331
Hohlkammersteine 64
Hohlpfannendeckung 81
Hohlprofil 289 f.
Hohlraumfüllung 316
Hohlwanddose 180
Holz-Beton-Verbundbauweise 76
Holzdielen 361
Holzfaserdämmplatte 252
Holzfaserdämmstoff 183
Holzfaserplatte 178
Holzfenster 286
Holzfeuchte 168, 172
Holzfußböden 358
Holzmassivbau 76
Holzrahmenbau 252
Holzrahmenbauweise 73
Holzschutz 70
Holzskelettbau 75
Holzständerbauweise 72
Holztafelbau 76
Holztafelbauweise 73
Holzwerkstoffplatte 178
Hybridträger 75
Hydratation 346
Hydratationswärme 110
Hydrophobierung 252

Imprägnierung 304
Innenanschlag 291
Innenliegende Sonnenschutzanlagen 299
Innenputz 237
Innentür 302
Installationsleitungen 190, 195, 206
Integrated Project Delivery 491
Integrated Project Delivery-Team 493
Integrierte Sonnenschutzanlagen 299
Isolierglasscheibe 292

Jägerzaun 458
Jahresarbeitszahl 395

Kalkfarben 383
Kalksandsteine 46
Kaltselbstklebebahnen 121
Kammersystem 290
Kanalisation 424
Kantenbänder 320
Kapazitative Feuchtemessung 352
Kapillarbereich 109
Kartonummantelung 173
Karusselltür 311
Kassetten 211
Kassettenelemente 228
Kastenfenster 274
Kehlbalken 78
Keilzinken 100
Kellenschnitt 256
Kennzeichnungsschild 304
Keramische Bekleidung 251
Kerbrissspannung 253
Kernbereich 109
Kerve 89
Kiesschicht 127
Kimmschicht 41
Kippflügelfenster 279
Kitt 269

Klappflügelfenster 279
Klebemörtelauftrag 253
Klemmleiste 269
Klemmsysteme 211
Klettbahn 356
Kletterschalung 30
Klickprofile 360
Klinkerpflaster 447
Klopfprüfung 372
Klotzbrücke 295
Knirsch-Verlegung 55
Knotenblech 234
Kokosfaserdämmstoff 183
Kollektor 423
Kombibänder 321
Kommunikation 6, 496
Kondensation 275
Konsistenz 10
Konsolen 298
Konstruktionsbänder 320
Konstruktionsfugen 35
Konstruktionsvollholz 69
Kontaktstöße 89
Kontinuierlicher Verbesserungsprozess 488
Kontrollrohre 126
Konvektion 402
Konvektor 405
Koordinationsterminplan 485
Kopfbänder 86
Korngerüst 331
Korrekturwert 260
Korrosionsschutz 170
Kranauswahl 5
Kratzprüfung 372
Kreuzbalken 69
Kreuzfugen 253
Kühldecken 217
Kunstharzestrich 332
Künstliche Platten 363
Kunststofffenster 290
Kunststoffmodifizierte Bitumendickbeschichtungen 122
k-Wert 105

L

Lagerfuge 55, 376
Lagerfugenbewehrung 63
Lagermatten 17
Lagerung 179
Lagesicherung 89
Lamellen 299
Lamellendecken 215
Laminatböden 359 f.
Längenveränderungen 337
Langfeldplatten 211
Längsbefestigung 188
Längskantenausbildung 177
Laschen 297
Lastangaben 338
Last Planer System 495
Lasur 319
Lattenzaun 458
LD-Ziegel 42
Lean 490
Lean Construction 491
Lean-Prinzipien 494
Lean Projekt Delivery System 491
Leeseite 77
Legionellenbildung 421
Lehre 375
Leichtmauermörtel 53
Leimfarben 383
Leistungsbeschreibung 480
Leistungswerte 484
Leitungsabschnitte 426
Leitungsführung 400
Lichtrasterdecken 213
Lisene 232
Listenmatten 17
Lochleibungsdruck 93
Lotfuge 376
Luftaustausch 276, 408
Luftdichtheit 230
Luftdurchlässigkeit 408
Luftfeuchte 330
Luftkammer 286
Luftkanäle 414
Luftströmung 415

Lufttechnik 408
Luftundurchlässigkeit 309
Luftwechselrate 277
Luvseite 77

M

Magmatite 51
Magnesiaestrich 330
Mantelrohre 116
Markisen 300
Maschendrahtzaun 461
Massivholzbauweise 74
Maueranker 297
Mauerfalz 291, 313
Mauersteine 40
Mauerverband 55
Mauerwerkszargen 315
Medienversorgung 8
Messpunkte 350
Metalldübel 305
Metallpaneel 216
Metallzargen 314
Metallzaun 459
Metamorphite 51
Mindestbetonüberdeckung 36
Mindestdicke 108, 333
Mineralfaserdämmplatte 246, 249
Mineralschaumplatte 244
Mineralwolle 183
- Lamellenplatte 246
- Lamellenstreifen 244
Mischlüftung 415
Mischsystem 424
Mischungsberechnung 329
Mohs 366
Monatsleistungs-Controlling 489
Monoblockwände 190
Montagebehelf 297
Montagedecken 199
Mörtelauftrag 380
Mörtelgruppen 53
Musterbauordnung 265

N

Nadelholz 69
Nagelbauweisen 91
Nagelplatten 92
Nahtband 356
Natursteinpflaster 444
Natursteinplatten 362
Nennlüftung 408
Nennmaß 36, 307
Neopren 295
Nichttragende Außenwände 59
Nichttragende Innenwände 60
Niederschlagswasser 424
Niederspannungsnetz 429
Niedertemperaturkessel 394
Noppenfolien 124
Normalmauermörtel 53
Notdeckung 102
Nutzlast 339 f.
Nutzungsklassen 107

O

Oberbau 437, 442
Oberflächenentwässerung 451
Oberflächenstruktur 237
Oberflächenzugfestigkeit 348
Obergurt 226 f.
Oberputz 240 f., 243 ff., 247, 254
Obertürschließer 322
Oktametrisches Maßsystem 41
Opferputz 239
Oxidation 289

P

Paneeldecken 203, 215
Paneele 227
Parkettarten 359
Parkettböden 358
Partikelschaum 184
Passbolzen 96
PE-Folie 337, 360 f.
Pellet 394

Pendeltür 310
Perimeterdämmung 255
Persönliche Schutzausrüstung 162
Pfettendach 78
Pflanzenschnitt 466
Pflanzenverankerung 467
Pflanzgrube 465
Pflasterstein 443
Pfostenprofil 262
Pfosten-Riegel-Fassade 262
Pfostenträger 457
Phasen 429
Phenolharzplatte 252
Pigmente 382
Platform-Frame 72
Plattenbeläge 448
Plattendicke 203
Plattenspannweite 204
Plattenstreifen 204
Polymerbitumen 119
Polymerhülse 270
Polystyrol-Partikelschaum 245
Polystyrol-Platten 249
Polyurethan-Hartschaum 184
Polyurethanplatte 252
Porenbetonsteine 48
Porenstruktur 251
Porenvolumen 251
Positivlage 227
Potenzialausgleichschiene 161
Pressdachziegel 80
Pressleiste 269
Primärenergieträger 392
Produktivität 483
Profilausbildung 287
Profiltafel 229
Prüfhäufigkeit 14
Pulverbeschichtung 228, 289
Putzarten 236
Putzgrund 238
Putzmatrix 251
Putzmörtelgruppe 239
Putzregel 240, 243
Putzschiene 313
Putzträger 237

Q

Qualität 482
Qualitätssicherung 13
Qualitätsstufen 181
Quarzsand 120
Quasi-Balloon-Frame 72
Quecksilberdruckporosimetrie 251
Quelldruck 118
Querbefestigung 188
Querlüftung 277
Querstoßüberdeckung 230

R

Raffstores 299
Rahmendübel 297
Rahmengitterzaun 460
Rahmenschalung 23, 29
Rahmenstützen 26
Rahmenterminplan 474
Rahmentür 318
Rahmenwerkstoffe 286
Randbegrenzung 333
Randdämmstreifen 378
Randeinfassung 449 f.
Randfuge 345, 358, 360
Randstreifen 345
Rasentypen 469
RASt 438
Rasterdecke 205
Rastermaß 187
Rauchausbreitung 302
Rauchmelder 305
Rauchschutztür 302
Rauch- und Wärmeabzugsanlage 160
Raumakustik 222
Raumbelüftung 273
Raumlufttechnische Anlage 407, 409
Raumlüftung 277
Raummeter 394
Rechtwinkligkeit 373
Regelbreite 438
Regenfallrohre 84
Reinigungsöffnung 427

Resonanzfrequenz 259
Revisionsöffnung 220
Richtschloss 23
Riegelprofil 262
Rigole 128
Ringanker 61
Ringbalken 62
Rinnenarten 452
Rippe 226
Rissarten 110
Rissbreiten 112
Rissbreitenverringerung 341
Risssanierung 346
Risssicherheit 110
Rissverminderung 111
Ritzhärte 366
Ritzmuster 347
Rohglasvlies 337
Rohrdurchführung 147, 234
Röhrenheizkörper 404
Rohrmanschette 234
Rohrschelle 420
Rollformverfahren 227
Rollladenführung 283
Rollladenkastenanschluss 256
Rollos 299
Rücklauf 399
Rückstau 428
Rückstauklappe 128
Rutschhemmung 354, 364, 366
Rütteltisch 11
Rüttelvorgang 38

S

Salzbelastung 243
Salzimprägnierungen 71
Sanierputz 239, 242
Saugfähigkeitsprüfung 347
Säulenschalung 30
Schalenwände 190
Schalhaut 19
Schallabsorption 222
Schalldämpfer 415
Schallschutzfenster 275
Schallschutzklassen 275, 306
Schallschutzplatte 176
Schallschutztür 306
Schallübertragung 192, 221
Schalung 18
Schalungsanker 25, 116
Schalungsarten 27
Schalungsgerüste 21
Schalungsstoß 22
Schalungszubehör 22
Schattenfuge 192, 219
Schaumkunststoff 170, 184
Scheinfuge 115, 343
Scherengestänge 322
Scherfestigkeit 349
Schichtstoffe 319
Schiebefenster 282
Schiebetür 311
Schieferdeckung 82
Schienenbefestigung 249
Schlagregenbeanspruchung 243
Schlagregendichtheit 254, 276
Schlagregenschutz 258
Schlussbeschichtung 259
Schlüsselrosetten 322
Schnellbauschraube 185
Schnellestrich 328
Schraubentypen 185
Schutzschicht 152
Schutztür 302
Schwachstromanlage 428
Schweißbahnen 119
Schweißverfahren 121
Schwellenabdichtung 306
Schwimmender Estrich 197, 333
Schwinden 110
Schwindmaß 330
Schwingflügelfenster 281
Schwitzwasserausfall 295
Sedimentite 51
Seilnetzfassade 272
Seitenraum 439
Sicherheitsstromversorgung 430
Sichtfuge 218
Sichtöffnung 304

Sichtschutz 455
Sickerschacht 126
Sidings 227
Silikatfarben 384 f.
Silikonharzfarben 386
Sockelausbildung 229, 255
Sole 396
Sollbruchstelle 343
Soll-Ist-Vergleich 488
Sommerlicher Wärmeschutz 265
Sonderziegel 43
Sonnenenergie 298 f.
Sonnenspektrum 299
Sorelzement 330
Spannanker 24
Spanplatte 178
Sparrendach 78
Sperrtür 316
Spezialplatte 178
Splitgerät 414
Spreizdübel 186, 313
Spritzbewurf 238
Spritzgieß-Verfahren 294
Sprossenprofil 267
Spülrohre 126
Stabdübel 95 f.
Stabgitterzaun 460
Stahlblechformteile 93
Stahlfenster 288
Stahlgittermattenzaun 460
Stahlkassettenprofil 229
Stahlteile 94
Stahlzargen 315
Ständerkonstruktion 171
Ständerwandprofil 171
Standflügel 280
Standsicherheit 274
Starkstromanlage 428
Starre Sonnenschutzanlagen 299
Steigstrang 400
Steildachanschluss 257
Steinarten 51
Steinwolle 183
Stellplätze 440
Stelzlager 138
Stirnversatz 87
Stockwerkbauweise 73
Stoßfuge 55
Stoßlüftung 277, 408
Strahlenschutzplatte 176
Strahlung 402
Strangdachziegel 80
Strangpresse 363
Straßenbau 437
Stromkreisverteilung 431
Stromleiter 429
Structural-Glazing-Fassade 270
Structural Sealant 270
Stulpfenster 280
Stulptür 311
Stumpfstoßtechnik 56
Stützenfüße 95
Stützenköpfe 27
Stützenschalung 31
Stützweiten 203
Submissionstermin 481
Systemschalung 31

T

Tageslicht 273 f.
Taktplanung und Taktsteuerung 495
Tapete 389
Tapetentür 319
Tauwasserschutz 243
Temperaturentkopplung 258
Temperaturschwankung 346
Textile Bodenbeläge 355
Textilfasergewebe 250
Textilglasfasergewebe 253
Toleranzen 365
Tonmineral 118
Tragende Wände 59
Trägermaterial 359
Trägerschalung 22, 28, 32
Tragfähigkeitsklassen 200
Tragklötze 295
Traglastkurven 6
Tragprofile 203, 206
Trapezprofil 226

Traufenverkleidung 257
Trennfuge 192
Trennmittel 19
Trennschicht 337
Trennstreifen 218
Trennsystem 425
Trennwände 60
Trinkwarmwasser 421
Trinkwasserversorgung 391
Triobalken 69
Trockenpresse 363
Trockenrohdichte 9
Tropfprofil 230
T-Systeme 209
Türabmessung 307
Türbänder 320
Türblatt 316
Türdichtung 324
Türdrückergarnituren 322
Türfutter 313
Türoberfläche 319
Türschilder 322
Türschließer 322
Türschlösser 321
Türschwellen 140
Türzarge 312

U

Überbindemaß 55
Überdeckung 226
Übereinstimmungszeichen 304
Übergabeschacht 126
Überhitzung 299
Überwachungsklasse 13
Umfassungszargen 315
Umkehrdach 137
Unterdecke 199, 221
Untergrundprüfung 378
Untergrundvorbehandlung 378
Untergurt 227 f.
Unterkonstruktion 168, 226
Unterputz 239 ff., 243 f., 247, 250, 252 ff.
U-Profil 170

V

Vakuumbeton 10
Validierung 485
Vegetationsschicht 152
Verbände 445
Verbindungsmittel 263, 297
Verbundestrich 192, 335
Verbundfenster 273
Verbundrahmen 286
Verbundwirkung 173
Verdichten 38
Verdichtungsmaß 10
Verdrängungslüftung 415
Verdrängungsraum 354, 366
Verdübelung 253
Verformungsmodul 442
Verformungsverhalten 307
Verfugung 377
Vergabe 491
Verglasungssystem 292
Verkehrsfläche 436 f.
Verkehrsraum 438
Verkehrswege 8
Verklotzung 295
Verlegeart 355
Verlegemaß 36
Verlegmuster 358
Verlegung 226
Verriegelung 285
Verschleißwiderstand 349
Versickerungsanlage 128
Verspachtelung 181
Verzahnung 56
Verzinkung 289
Vierwegemischer 393
Vollholzleimer 316
Vollsparrendämmung 101
Vorbehandlungsmethoden 374
Vorflut 128
Vorhangfassade 261, 266
Vorlauf 399
Vorsatzschale 187, 190

W

Wabendecken 214
Wandanschluss 191
Wandaußenschale 230
Wandaussteifung 61
Wandbekleidung 226
Wandheizung 407
Wandkopf 234
Wandschalungen 22
Wandtasche 311
Wärmebrückentemperatur 275
Wärmedämmputz 242
Wärmedämmverbundsystem 236
Wärmepumpe 395
Wärmerückgewinnungsklassen 412
Wärmeversorgungsanlage 391
Warmwasserpumpenheizung 399
Warmwasservorbereitung 391
Wasserabgabe 109
Wasseraufnahme 364
Wasserbeanspruchung 105
Wasserbedarf 421
Wassereindringwiderstand 105
Wassereinwirkungsklasse 367
Wasserzementwert 329
Wellprofil 226
Wellprofiltafeln 227
Werkmörtel 53
Werkzeuge 180
Wetterschutzschiene 283
Widerstandsklassen 278, 305
Widerstandszeit 277
Windrispen 85
Winkel-Eckprofil 230
Winterlicher Wärmeschutz 265
Wirkungsgrad 394
Wischprüfung 372
Wochenleistungs-Controlling 489
WU-Beton 105
WU-Richtlinie 107
Wurzelschnitt 466
Wurzelschutz 122
Wurzelschutzfolie 151

Z

Zähleranlage 431
Zapfenbänder 320
Zapfeneinbau 284
Zapfenverbindung 90
Zargenarten 313
Zargenrahmen 313
Zaunhöhen 455
Zellulosefaser 177, 184
Zementestrich 329
Zentralversorgung 421
Ziegelsteine 42
Zierbekleidung 313
Zinküberzug 170
Z-Systeme 206
Zulassungsziegel 43
Zuluftprofil 257
Zusammenarbeit 496
Zwangsbeanspruchung 258
Zwangsspannungen 112
Zwängungsfreiheit 254
Zweikanalanlage 411
Zweirohrsystem 400
Zweischalige Außenwände 65